MATLAB® & Simulink® 工程师系列丛书

MATLAB 数字信号处理 85 个实用案例精讲——入门到进阶

宋知用　编著

本书程序源代码下载

北京航空航天大学出版社

内 容 简 介

本书内容分为三部分。第一部分是介绍数字信号处理中的 Z 变换、离散傅里叶变换 DFT 和快速傅里叶变换 FFT 以及数字滤波器,这是数字信号处理的基础,也是初学者问题最多的部分。在该部分中对于常出现的问题都列举案例说明错误发生的原因和解决的方法。第二部分介绍数字信号处理中常用的一些方法,例如包络、平滑、极值等,又给出对 DFT 延伸中的一些方法和应用,并给出 FFT 的内插和谐波参数的估算等。第三部分介绍了功率谱的估算,给出了非参数法和参数法的功率谱估算。各章都结合内容给出相应的案例进行说明。

本书特点是主要通过案例说明在数字信号处理基础部分编程中常出现的错误和解决方法。本书适用于数字信号处理的初学者,亦可供高年级本科生、研究生和科研工程技术人员参考。

图书在版编目(CIP)数据

MATLAB 数字信号处理 85 个实用案例精讲:入门到进阶 / 宋知用编著. -- 北京:北京航空航天大学出版社,2016.9

ISBN 978-7-5124-2266-7

Ⅰ. ①M… Ⅱ. ①宋… Ⅲ. ①Matlab 软件-应用-数字信号处理 Ⅳ. ①TN911.72

中国版本图书馆 CIP 数据核字(2016)第 234096 号

版权所有,侵权必究。

MATLAB 数字信号处理 85 个实用案例精讲——入门到进阶

宋知用 编著

责任编辑 冯 颖

＊

北京航空航天大学出版社出版发行

北京市海淀区学院路 37 号(邮编 100191) http://www.buaapress.com.cn
发行部电话:(010)82317024 传真:(010)82328026
读者信箱:goodtextbook@126.com 邮购电话:(010)82316936
北京富资园科技发展有限公司印装 各地书店经销

＊

开本:787×1 092 1/16 印张:31 字数:794 千字
2016 年 11 月第 1 版 2023 年 1 月第 3 次印刷 印数:8 001-9 000 册
ISBN 978-7-5124-2266-7 定价:59.90 元

若本书有倒页、脱页、缺页等印装质量问题,请与本社发行部联系调换。联系电话:(010)82317024

序　　言

　　信号处理是信息科学最基础的一门学科,它是所有应用信息处理计算专业的必修课,该课程的特点是有大量的计算训练。MATLAB 是由 MathWorks 公司于 1967 年推出的高效率科学工程计算的高级语言,因其易于学习和使用,目前已经成为世界科技工作者广泛采用的一种语言开发系统。为帮助科技人员更有效地使用 MATLAB 进行信号处理,已经有很多书籍介绍其在各个领域的应用。但是,能同时满足初学者和高级人员的具有聚宝盆式功能的信号处理程序开发经验汇总需求的书籍,却为数不多。本书正是为满足这类需求而撰写的,它以案例的形式,对信号处理实际应用过程中出现过的各类问题进行分析总结,并给出了实用的解决方法。

　　在简要讲述数字信号处理理论的基础上,本书详细给出了 85 个实用信号处理案例及其解决方法。案例涵盖了 MATLAB 函数调用的参数选择、计算误差引入的原因和纠正、相同问题采用不同方法时结果的比较、可能最优方法的选择等问题,读者可以在自己进行程序设计和开发时,将这些案例作为参考,遇到问题时快速找到相应的解决方法,这正是本书的实际应用价值。

　　本书能够提供如此广泛的案例分析,正是基于作者宋知用老师独有的、深厚的数字信号处理知识背景和退休后十余年积极参与 MATLAB 中文论坛工作并解答网友大量问题帖子的经验积累。宋老师从 20 世纪 70 年代起就在计算机上进行数字信号处理程序的应用开发,使用数字信号处理的技术解决声学信号处理的科学工作,真是当时的佼佼者。之后,他又加入了科理高公司,长期从事信号处理的应用工作。最近十余年来,他在 MATLAB 中文论坛上回答并解决了各类问题共 3 000 余个,书中的 85 个案例就是从这些问题中提炼出来的。本书的宝贵之处也正在于此,所以也可以说,此书是师生长期合作的成果。

　　预祝此书成功出版并为读者喜爱,愿读者能从中获取有用的知识和帮助,也祝作者宋知用老师在推广 MATLAB 数字信号处理应用中做出更大的贡献!

袁保宗
北京交通大学
2016 年 4 月

程序源代码下载说明

二维码使用提示：手机安装有"百度云"App的用户可以扫描并保存到云盘中；未安装"百度云"App的用户建议使用QQ浏览器直接下载文件；ios系统的手机在扫描前需要打开QQ浏览器，单击"设置"，将"浏览器UA标识"一栏更改为Android；Android等其他系统手机可直接扫描、下载。

配套资料下载或与本书相关的其他问题，请咨询北京航空航天大学出版社理工图书分社，电话：(010)82317036,(010)82317037。

前　言

在书店和图书馆里，关于数字信号处理的书籍很多，MATLAB 和数字信号处理应用方面的书籍也有很多种了，那为什么我还要写一本有关 MATLAB 在数字信号处理应用方面的书籍呢？

我自本世纪初退休以后总想着还可以做些什么，希望还能发挥余热。因为对数字信号处理和应用一直有着浓厚的兴趣，正好那时有位朋友介绍我到论坛上帮助网友解答相关的问题，从此就走上了这样一条"不归路"。这十几年来我一直在几个论坛社区中参与解答各类有关数字信号处理的问题，其中在 MATLAB 中文论坛社区中待的时间最长。

我在这十多年间解答了数千个问题。在解答问题的过程中，我发现大多都是基础性的问题或与数字信号处理的内容有关，或与 MATLAB 的使用有关，或二者兼有。同学们往往是已经学习了数字信号处理这门课，也学习了 MATLAB 编程的课，但在理解和认识上还不到位，所以遇到实战编程时就会犯这样或那样的错误；而目前已出版的书籍中鲜有对这些问题或错误的处理方法，所以同学们面对出现的错误往往不知所措。MATLAB 中文论坛（或其他论坛）正是提供了这样一个平台，同学们可以把问题贴在论坛上，由版主或热心人士来帮忙解决问题。

由于许多具体问题的解决方法在以往出版的书籍中少有涉及，所以我把这十多年来解答的问题总结成一些案例，整理出版。本书不是纯粹地介绍数字信号处理，也不是纯粹地介绍 MATLAB，而是针对初学者在使用 MATLAB 编写信号处理程序时常犯的错误提出解决方法，内容既涉及数字信号处理，也涉及 MATLAB 编程。

虽然国内外科学编程的语言有许多种，但在国内还是以 MATLAB 为主，许多大专院校也都开设学习 MATLAB 语言的课程。它的主要特点除了编程简单外，还可以应用于各个学科中，不仅用于自然科学，还能应用于人文科学；同时它还有功能强大的工具箱（由全世界的精英为工具箱做贡献）。一些基础性的处理程序都已包含在工具箱中，不需要用户去从事这方面的开发工作，这样就省去了大量的重复性工作。对于用户来说，只需考虑怎么利用工具箱来实现自己的想法和算法。MATLAB 是一种方便、实用、高效的计算机语言。近几年来又支持代码转换，可自动生成可读、可运行、可移植的 C/C++代码，这样方便用户在 MATLAB 平台上建模仿真，然后移植到硬件中去实现。

本书的内容安排如下。

第 1 章讲述 Z 变换和离散傅里叶变换，给出 Z 变换的定义和基本性质，它是离散时间信号与系统分析和处理的主要理论工具。另外还介绍了离散傅里叶变换的导出及基本性质。

第 2 章介绍快速傅里叶变换，包括按时间抽选的基 2 的 FFT 算法和按频率抽选的基 2 的 FFT 算法。另外还介绍了谱分析和窗函数，给出了谱分析的基本方法。

第 3 章介绍数字滤波器的设计，讲述了无限长单位脉冲响应（IIR）数字滤波器的设计方法（包括脉冲响应不变法、双线性变换法及原型变换）和有限长单位脉冲响应（FIR）数字滤波器的设计方法（包括窗函数法、频率采样设计法和最优等波纹法等），并介绍了利用 FDATool 及 Fdesign+design 函数设计数字滤波器的方法。

第4章介绍信号处理中一些实用的方法，包括消除趋势项、极大点和极小点的寻找、包络提取、数据平滑、寻找特殊区间和数据延拓等。

第5章介绍DFT的拓展，包括短时傅里叶变换（STFT）、细化傅里叶变换（ZoomFFT）、线性调频Z变换（CZT）和Goertzel算法。

第6章介绍FFT的内插，以狄里克莱核与窗函数为基础，介绍了比值校正法、能量重心校正法、相位差校正法和全相位校正技术。

第7章为谐波分析，介绍了单峰谱线插入、双峰谱线插入和Prony方法。

第8章为功率谱的估算，介绍了非参数法的功率谱估算（包含相关图法、周期图法和改进周期图法）、参数法的功率谱估算（包含最大熵谱法、自相关法、协方差法、Burg算法估计法和改进协方差法等），讲述了通用的功率谱估算spectrum和psd函数，最后介绍了传递函数和相干函数的估算方法。

本书中经常会调用某些不是MATLAB自带的函数，但它们已被集中在basic_tbx工具箱中。在运行本书的程序前，建议读者把该工具箱设置在工作路径下（用set path设置）。本书的所有函数和程序都已在MATLAB R2009a上调试通过。

在本书的写作过程中，作者得到了北京航空航天大学出版社的陈守平编辑以及MATLAB中文论坛的支持与鼓励，在此向他们表示最真诚的谢意！此外，还要感谢我的家人，她们的默默支持和付出，使我能顺利完成本书的写作，在此向我的家人表示最衷心的感谢！

本书为读者免费提供程序源代码，以二维码的形式印在扉页及序言后，请扫描二维码下载。读者也可以通过网址 http://pan.baidu.com/s/1jI9D3ls 从"百度云"下载全部资料。同时，北京航空航天大学出版社联合MATLAB中文论坛为本书设立了在线交流平台，网址：http://www.ilovematlab.cn/forum-259-1.html。我们希望借助这个平台实现与广大读者面对面交流，解决大家在阅读本书过程中遇到的问题，分享彼此的学习经验，从而达到共同进步的目的。

由于编写时间仓促，加之作者学识所限，书中如有错误或疏漏之处，恳请广大读者和各位专家批评指正。本书勘误网址：http://www.ilovematlab.cn/thread-481275-1-1.html。

作　者

2016年5月

目 录

第1章 Z变换和离散傅里叶变换 ··········· 1
1.1 Z变换 ··········· 1
1.1.1 Z变换的表示式 ··········· 1
1.1.2 Z变换的收敛域 ··········· 3
1.1.3 基本Z变换对 ··········· 4
1.1.4 线性系统的Z变换 ··········· 5
1.1.5 Z变换特性 ··········· 5
1.1.6 Z逆变换 ··········· 6
1.2 DFT的由来 ··········· 9
1.3 DFT的性质 ··········· 13
参考文献 ··········· 15

第2章 快速傅里叶变换和频谱分析 ··········· 16
2.1 快速傅里叶变换(FFT) ··········· 16
2.1.1 基2时间抽取FFT算法 ··········· 17
2.1.2 基2频率抽取FFT算法 ··········· 19
2.1.3 快速傅里叶逆变换(IFFT)算法 ··········· 22
2.1.4 案例2.1:快速傅里叶变换的MATLAB函数 ··········· 22
2.1.5 案例2.2:如何经IFFT后得到实数序列 ··········· 26
2.1.6 案例2.3:如何使实数序列在时间域上位移后也为实数序列 ··········· 31
2.2 离散信号的谱分析 ··········· 38
2.2.1 案例2.4:频谱图中频率刻度(横坐标)的设置 ··········· 39
2.2.2 案例2.5:如何计算正弦信号的幅值和初始相角 ··········· 42
2.2.3 案例2.6:怎样认识一个单频的正弦信号的相位谱 ··········· 45
2.2.4 案例2.7:为什么FFT后得到的频谱大部分都为0 ··········· 48
2.2.5 案例2.8:如何把频谱图的纵坐标设置为分贝刻度 ··········· 50
2.2.6 频谱分析过程中的混叠现象、栅栏现象和泄漏现象 ··········· 53
2.2.7 案例2.9:同样经矩形窗截断,为什么有的发生泄漏而有的没有发生泄漏 ··········· 56
2.2.8 窗函数 ··········· 58
2.2.9 案例2.10:加窗函数后频谱幅值变了,如何修正 ··········· 61
2.2.10 分辨率 ··········· 63
2.2.11 案例2.11:如何选择采样频率和信号长度 ··········· 65
2.2.12 案例2.12:FFT中的补零问题 ··········· 67
2.2.13 快速卷积和快速相关 ··········· 73
2.2.14 案例2.13:能否用循环相关计算延迟量 ··········· 79

参考文献 ··· 84

第3章 数字滤波器的设计 ·· 85

3.1 数字滤波器基础 ·· 85
3.1.1 数字滤波器的传递函数 ··· 85
3.1.2 数字滤波器的频率响应分析 ··· 87
3.1.3 数字滤波器的分类 ··· 88
3.1.4 数字滤波器的构成 ··· 90

3.2 典型模拟低通滤波器 ··· 93
3.2.1 巴特沃斯模拟低通滤波器 ·· 93
3.2.2 切比雪夫Ⅰ型和Ⅱ型模拟低通滤波器 ·· 94
3.2.3 椭圆型模拟低通滤波器 ··· 96
3.2.4 模拟原型低通滤波器的频率变换 ··· 97
3.2.5 模拟滤波器设计的 MATLAB 函数 ··· 97
3.2.6 案例3.1:巴特沃斯、切比雪夫Ⅰ型、切比雪夫Ⅱ型和椭圆型滤波器的相同和不同之处 ··· 102
3.2.7 案例3.2:设计模拟滤波器的几种编程方法的相同和不同之处 ······················· 104
3.2.8 案例3.3:在频带变换的模拟滤波器设计中,怎样计算 Wn 和 Bs ··················· 105

3.3 利用脉冲响应不变法设计 IIR 数字滤波器 ··· 107
3.3.1 脉冲响应不变法变换原理 ·· 107
3.3.2 模拟滤波器的数字化方法 ·· 108
3.3.3 混叠失真 ·· 109
3.3.4 用脉冲响应不变法设计数字滤波器的优缺点 ··· 110

3.4 利用双线性变换法设计 IIR 数字滤波器 ·· 111
3.4.1 双线性变换法的变换原理 ·· 111
3.4.2 双线性变换法的优缺点 ··· 113
3.4.3 利用双线性变换法设计数字滤波器的步骤 ·· 114

3.5 陷波器与全通滤波器 ··· 115
3.5.1 陷波器 ··· 115
3.5.2 全通滤波器 ·· 116

3.6 IIR 数字滤波器设计的 MATLAB 函数 ··· 118

3.7 IIR 滤波器设计的案例 ··· 123
3.7.1 案例3.4:用留数求得脉冲不变法数字滤波器与调用 impinvar 函数得到的是否一样 ··· 123
3.7.2 案例3.5:在调用 bilinear 函数时为何有的 Fs 处用实际频率值,有的却用 Fs=1 ··· 125
3.7.3 案例3.6:为什么不能用 impinvar 函数 ·· 128
3.7.4 案例3.7:为什么滤波器的输出会溢出或没有数值 ································· 131
3.7.5 案例3.8:用 bilinear 函数时,如果 Wp 和 Ws 都没有先做预畸会有什么结果 ··· 137
3.7.6 案例3.9:如何把任意 S 系统转换为 Z 系统 ·· 138
3.7.7 案例3.10:把滤波器的滤波过程用差分方程的运算来完成 ························· 142
3.7.8 案例3.11:滤波函数 filter 的调用格式为[y,zf]=filter(b,a,x,zf),其中的 zi 和 zf 有何作用 ··· 148

3.7.9	案例 3.12：如何使用数字陷波器滤除工频信号	151
3.7.10	案例 3.13：如何设计数字全通滤波器对 IIR 滤波器进行相位补偿	153
3.7.11	案例 3.14：为什么零相位滤波在起始和结束两端都受瞬态效应的影响	154
3.8	线性相位与 FIR 系统的相位特性	158
3.9	FIR 型数字滤波器的窗函数设计法	161
3.9.1	理想数字滤波器的单位脉冲响应	162
3.9.2	FIR 型数字滤波器的矩形窗设计法	162
3.9.3	窗函数设计法	165
3.10	FIR 型数字滤波器的频率采样设计法	167
3.10.1	预期频率特性的设置方法	167
3.10.2	频率采样法的设计过程	167
3.10.3	频率采样法的改进	168
3.11	最优等波纹 FIR 滤波器的设计	169
3.11.1	最小最大化问题的设计	170
3.11.2	对极值数目的限制	171
3.11.3	Parks-McClellan 算法	172
3.12	FIR 滤波器设计中的 MATLAB 函数	172
3.13	FIR 滤波器设计的案例	176
3.13.1	案例 3.15：在窗函数法设计 FIR 中如何选择窗函数和阶数 N	176
3.13.2	案例 3.16：用 ideal_lp 函数和 fir1 函数设计的滤波器是否相同	178
3.13.3	案例 3.17：用凯泽窗设计 FIR 滤波器的优点	181
3.13.4	案例 3.18：为什么 FIR 滤波器不适用于设计数字陷波器	183
3.13.5	案例 3.19：通过 FIR 滤波器的输出，延迟量如何校正	185
3.13.6	案例 3.20：通过 fir2 函数设计任何响应的 FIR 滤波器	188
3.13.7	案例 3.21：通过 firpm 函数设计的 FIR 滤波器为什么达不到指标要求	190
3.13.8	案例 3.22：如何设计多频带的 FIR 滤波器	194
3.13.9	案例 3.23：如何用 FIR 滤波器设计数字微分器	197
3.13.10	案例 3.24：如何用 FIR 滤波器设计数字希尔伯特变换器	198
3.14	用 FDATool 设计数字滤波器	200
3.14.1	IIR 滤波器设计	200
3.14.2	FIR 滤波器设计	209
3.14.3	SOS 系数的进一步说明	211
3.14.4	案例 3.25：如何把 SOS 或 Hd 转变为滤波器的系数	212
3.15	用 fdesign 和 design 设计数字滤波器	215
3.15.1	案例 3.26：为什么在使用 design 函数时常会出现"invalid design method"	222
3.15.2	案例 3.27：用 fdesign+design 的方法与前几节介绍的经典方法设计的滤波器是否相同	226
3.15.3	案例 3.28：用 fdesign+design 方法有什么优点	230
3.16	三分之一倍频程滤波器	233

　　3.16.1　案例3.29：以FFT-IFFT分析方法求出三分之一倍频程滤波器各频带的声压级 …… 234
　　3.16.2　案例3.30：以降采样方法求出三分之一倍频程滤波器各频带的声压级 …… 237
　　3.16.3　案例3.31：用fdesign+design方法求出三分之一倍频程滤波器各频带的声压级 …… 240
参考文献 …… 242

第4章　信号处理中简单实用的方法 …… 243
4.1　最小二乘法拟合消除趋势项 …… 243
　　4.1.1　消除趋势项函数 …… 244
　　4.1.2　案例4.1：基线漂移的修正 …… 244
4.2　寻找信号中的峰值和谷值 …… 247
　　4.2.1　MATLAB中峰谷值检测的函数 …… 247
　　4.2.2　案例4.2：已知一个脉动信号，如何求信号的周期 …… 248
　　4.2.3　案例4.3：如何利用findpeaks函数求谷值 …… 249
　　4.2.4　案例4.4：在findpeakm函数用'q'参数时如何进行内插 …… 251
4.3　信号中包络的提取 …… 256
　　4.3.1　希尔伯特变换 …… 256
　　4.3.2　案例4.5：用希尔伯特变换计算信号的包络 …… 259
　　4.3.3　案例4.6：用求极大值和极小值的方法来计算信号的包络线 …… 262
　　4.3.4　案例4.7：用倒谱法来计算语音信号频谱的包络线 …… 266
4.4　提取信号中的特殊区间 …… 268
　　4.4.1　寻找特殊区间的MATLAB函数 …… 268
　　4.4.2　案例4.8：如何从一组数据中取得波谷的开始位置和结束位置 …… 269
4.5　平滑处理 …… 272
　　4.5.1　案例4.9：五点三次平滑法 …… 272
　　4.5.2　案例4.10：在带噪数据中如何寻找极小值——介绍MATLAB自带的平滑函数smooth …… 274
　　4.5.3　案例4.11：在Savitzky-Golay平滑滤波时如何选择窗长和阶数 …… 278
4.6　数据的延拓 …… 282
　　4.6.1　自回归模型的基本理论 …… 282
　　4.6.2　前向预测与后向预测 …… 284
　　4.6.3　前向预测与后向预测的MATLAB函数 …… 285
　　4.6.4　案例4.12：如何消除信号经零相位滤波后两端的瞬态效应 …… 287
　　4.6.5　案例4.13：消除希尔伯特变换的端点效应 …… 289
参考文献 …… 291

第5章　DFT的拓展 …… 292
5.1　短时傅里叶变换 …… 292
　　5.1.1　短时傅里叶变换和短时傅里叶逆变换 …… 292
　　5.1.2　短时傅里叶变换的MATLAB函数 …… 293
　　5.1.3　案例5.1：调用tfrstft函数后用什么方法作STFT的谱图 …… 295
　　5.1.4　案例5.2：如何通过spectrogram得到一些特定频率的频谱 …… 303

5.1.5　案例5.3：能否对信号的STFT谱图再逆变换转成时间序列 …… 308

5.2　细化FFT(Zoom-FFT) …… 310
5.2.1　经典的复调制频谱细化分析方法 …… 310
5.2.2　复解析带通滤波器的复调制频谱细化分析方法 …… 312
5.2.3　细化频谱分析的MATLAB函数 …… 316
5.2.4　案例5.4：在函数exzfft_ma中频率刻度是如何计算的 …… 318
5.2.5　案例5.5：如何利用细化频谱提取间谐波的频率 …… 321

5.3　线性调频Z变换(CZT) …… 322
5.3.1　线性调频Z变换的原理 …… 322
5.3.2　MATLAB的线性调频Z变换函数 …… 324
5.3.3　案例5.6：CZT能细化频谱吗 …… 324

5.4　Goertzel算法 …… 329
5.4.1　Goertzel算法简介 …… 329
5.4.2　DTMF信号简介 …… 331
5.4.3　Goertzel算法对DTMF的应用 …… 332
5.4.4　Goertzel算法和DTMF编解码的MATLAB函数 …… 333
5.4.5　案例5.7：如何产生DTMF编码和如何利用Goertzel算法在带噪DTMF中提取出数值 …… 334

参考文献 …… 342

第6章　DFT的内插 …… 344

6.1　狄里克莱核与窗函数 …… 344
6.1.1　连续信号与加矩形窗相乘的傅里叶变换 …… 344
6.1.2　连续信号离散化 …… 344
6.1.3　离散矩形窗序列与狄里克莱核 …… 345
6.1.4　余弦窗函数及其离散傅里叶变换 …… 347

6.2　比值法校正 …… 347
6.2.1　矩形窗的比值法校正 …… 347
6.2.2　汉宁窗的比值法校正 …… 349
6.2.3　比值校正法的MATLAB函数 …… 350
6.2.4　案例6.1：如何消除信号中正弦信号的干扰 …… 352

6.3　能量重心校正法 …… 356
6.3.1　能量重心校正频率、幅值和相角的原理 …… 357
6.3.2　能量重心校正法的MATLAB函数 …… 358
6.3.3　案例6.2：能量重心校正法与比值校正法的比较 …… 359

6.4　相位差校正法 …… 360
6.4.1　时域平移相位差校正法 …… 361
6.4.2　改变窗长的相位差校正法 …… 363
6.4.3　通用相位差法 …… 363
6.4.4　相位差的校正计算公式 …… 365

- 6.4.5 通用相位差校正法的 MATLAB 函数 …………………………………………… 366
- 6.4.6 案例 6.3：旋转机械的振动测试 …………………………………………… 367
- 6.4.7 案例 6.4：感应电机转子故障电流的分析 …………………………………… 369
- 6.4.8 案例 6.5：ZFFT 分析后的相位差校正法 …………………………………… 373
- 6.5 全相位校正技术 ……………………………………………………………………… 375
  - 6.5.1 全相位的数据结构和预处理 ………………………………………………… 375
  - 6.5.2 全相位中的卷积窗函数 ……………………………………………………… 377
  - 6.5.3 全相位 FFT 谱分析 …………………………………………………………… 377
  - 6.5.4 FFT/apFFT 综合相位差校正法 ……………………………………………… 379
  - 6.5.5 全相位时移相位差法校正法 ………………………………………………… 379
  - 6.5.6 全相位校正技术的 MATLAB 函数 …………………………………………… 380
  - 6.5.7 案例 6.6：传统 FFT 相位差校正法与 FFT/apFFT 综合相位差校正法、全相位时移相位差校正法比较 …………………………………………………………… 383
- 参考文献 …………………………………………………………………………………… 386

第 7 章 谐波分析 ………………………………………………………………………… 387

- 7.1 窗函数的进一步介绍 ………………………………………………………………… 387
  - 7.1.1 Blackman-Harris 窗函数 ……………………………………………………… 388
  - 7.1.2 Rife-Vincent 窗函数 …………………………………………………………… 389
  - 7.1.3 Nuttall 窗函数 ………………………………………………………………… 390
- 7.2 单峰谱线插值算法 …………………………………………………………………… 390
  - 7.2.1 单峰谱线插值算法原理 ……………………………………………………… 390
  - 7.2.2 基于多项式逼近的单峰谱线插值 …………………………………………… 391
  - 7.2.3 常用窗函数单峰谱线的修正公式 …………………………………………… 392
  - 7.2.4 案例 7.1：如何求不同余弦窗函数单峰修正法中 $\alpha = g^{-1}(\beta)$ 的系数和 $\lambda(\gamma)$ 的系数 …………………………………………………………………………… 393
  - 7.2.5 案例 7.2：用不同窗函数对一组谐波数据进行计算比较 …………………… 397
- 7.3 双峰谱线插值算法 …………………………………………………………………… 401
  - 7.3.1 双峰谱线插值算法原理 ……………………………………………………… 401
  - 7.3.2 基于多项式逼近的双峰谱线插值 …………………………………………… 401
  - 7.3.3 常用窗函数双峰谱线的修正公式 …………………………………………… 402
  - 7.3.4 案例 7.3：怎么求出不同余弦窗函数双峰修正法中 $\alpha = g^{-1}(\beta)$ 的系数和 $\nu(\gamma)$ 的系数 ………………………………………………………………………… 403
  - 7.3.5 案例 7.4：用不同窗函数对一组谐波数据进行计算比较 …………………… 405
- 7.4 Prony 法 ……………………………………………………………………………… 411
  - 7.4.1 Prony 法原理 …………………………………………………………………… 411
  - 7.4.2 Prony 法的 MATLAB 函数 …………………………………………………… 412
  - 7.4.3 案例 7.5：能否用 Prony 法分析处理谐波信号 ……………………………… 413
  - 7.4.4 案例 7.6：用 Prony 法分析处理暂态信号 …………………………………… 416
- 参考文献 …………………………………………………………………………………… 420

第 8 章 功率谱的估算 …………………………………………………………………… 422

- 8.1 平稳随机信号及其特征描述 ………………………………………………………… 422

8.2 非参数法的功率谱估计 ·· 427
8.2.1 相关图法 ·· 427
8.2.2 周期图法 ·· 428
8.2.3 周期图法的改进（一）：平滑单一周期图 ··························· 429
8.2.4 周期图法的改进（二）：多个周期图求平均 ··························· 430
8.2.5 非参数法功率谱估计的 MATLAB 函数 ······························ 431
8.2.6 案例 8.1：求功率谱密度时，调用 FFT 与调用 periodogram 函数有何差别 ·············· 434
8.2.7 案例 8.2：对周期图法和自相关法求出的功率谱进行比较 ··············· 435
8.2.8 案例 8.3：对周期图法和改进周期图法求出的功率谱进行比较 ··········· 437
8.2.9 案例 8.4：已知功率谱密度，能否求出对应的时域信号 ················· 438

8.3 参数法的功率谱估计 ·· 442
8.3.1 最大熵法 ·· 443
8.3.2 自相关法 ·· 444
8.3.3 协方差法 ·· 445
8.3.4 Burg 算法估计法 ·· 445
8.3.5 改进的协方差估计法 ··· 447
8.3.6 AR 模型阶数的确定 ·· 448
8.3.7 AR 模型功率谱密度估算的 MATLAB 函数 ························· 449
8.3.8 案例 8.5：比较四种 AR 模型功率谱密度估算的方法 ··················· 451

8.4 MATLAB 中通用的功率谱估算函数 ···································· 453
8.4.1 通用功率谱估算函数 spectrum 和 psd 的介绍 ······················ 453
8.4.2 案例 8.6：用传统功率谱函数和用 spectrum+psd 函数有何差别 ········ 458

8.5 传递函数和相干函数的估算 ··· 462
8.5.1 传递函数和相干函数的估算方法 ································· 463
8.5.2 MATLAB 中的传递函数和相干函数 ······························· 464
8.5.3 案例 8.7：已知输入和输出序列，如何求传递函数 ···················· 465
8.5.4 案例 8.8：用求自谱和互谱的方法求得相干函数与调用 mscohere 函数得到的相干函数是否有差别 ························· 466
8.5.5 案例 8.9：调用 mscohere 函数时其中的参数如何选择 ················· 470

参考文献 ·· 473

附录 MATLAB 函数速查表 ·· 474

第 1 章
Z 变换和离散傅里叶变换

1.1 Z 变换[1-4]

Z 变换在离散时间信号与系统中的地位相当于拉普拉斯变换在连续时间信号与系统中的地位。在连续系统中我们主要用拉普拉斯变换来处理，而在离散系统中我们将用 Z 变换来处理。Z 变换可用于求解常系数差分方程，估算一个输入给定的线性时不变系统的响应以及设计线性滤波器。本节将简单介绍 Z 变换以及如何用 Z 变换来解决各种问题。

1.1.1 Z 变换的表示式

设有连续时间信号 $x(t)$，它有拉普拉斯变换 $X(s)$，所以有 $x(t) \leftrightarrow X(s)$。经离散化，每隔一个采样周期 T_s 取一个样点，按照拉普拉斯变换延迟定理，有 $x(t-nT_s) \leftrightarrow e^{-snT_s} X(s)$。对离散时间序列 $x(k)=\{x(0), x(1), x(2), \cdots\}$，用拉普拉斯变换的延迟定理可表示为 $X_A(s) = x_A(0) + x_A(1)e^{-sT_s} + x_A(2)e^{-2sT_s} + \cdots$，其中 $x_A(n)$ 和 $X_A(s)$ 表示采样后的时间信号和对应的拉普拉斯变换。$X_A(s)$ 可以重新写为

$$X_A(s) = \sum_{n=-\infty}^{\infty} x_A(nT_s) e^{-nsT_s} \tag{1-1-1}$$

式中：$x_A(nT_s)$ 是模拟信号 $x(t)$ 在各个 nT_s 时刻的采样值。

拉普拉斯表示法的问题就是需要在每个延迟项后增加一个延迟算子 e^{-snT_s}。对于周期性采样信号而言，必须乘以无穷多个延迟表达式。这显然很麻烦，所以很快演变出了一种简单的表示方法，即

$$z = e^{sT_s} \quad \text{或} \quad z^{-1} = e^{-sT_s} \tag{1-1-2}$$

这样就得到 Z 变换的表示式

$$X(z) = \sum_{n=-\infty}^{\infty} x(n) z^{-n} \tag{1-1-3}$$

其中有关系

$$X(z)|_{z=e^{sT}} = X(e^{sT}) = X_A(S) \tag{1-1-4}$$

这样就从连续系统的拉普拉斯变换转换成离散系统的 Z 变换，所以 Z 变换就是离散系统的拉普拉斯变换。

式(1-1-3)是双边 Z 变换，但对于因果关系的时间序列，单边 Z 变换是用单边求和的形式来描述的，即

$$X(z) = \sum_{n=0}^{\infty} x(n) z^{-n} \tag{1-1-5}$$

而对于有限时间序列，如 $x(n)$ 序列长为 N，Z 变换的表达式用有限项求和的形式来描述，即

$$X(z) = \sum_{n=0}^{N-1} x(n) z^{-n} \quad (1-1-6)$$

S 平面与 Z 平面的映射关系如下:在 S 平面上一般用直角坐标系统,复变量 s 表示为

$$s = \sigma + j\Omega$$

而在 Z 平面上往往用极坐标系统,将复变量 z 表示为

$$z = re^{j\omega}$$

将以上两式代入式(1-1-2),得

$$re^{j\omega} = e^{(\sigma+j\Omega)T} = e^{\sigma T} e^{j\Omega T} \quad (1-1-7)$$

式中:把 T_s 简写为 T,又等式两边的模值部分与相角部分分别相等,即

$$\left. \begin{array}{l} r = e^{\sigma T} \\ \omega = \Omega T \end{array} \right\} \quad (1-1-8)$$

式(1-1-8)表明,z 的模值 r 与 s 的实部 σ 有关,而 z 的幅角 ω 与 s 的虚部 Ω 有关。

下面先来看 r 与 σ 的关系。r 表示 z 的模值,或者说表示 z 变量到原点的距离;而 σ 表示 s 变量的实部。由式(1-1-8)可得二者的对应关系为

$$\left. \begin{array}{l} \sigma = 0 \rightarrow r = 1 \\ \sigma < 0 \rightarrow r < 1 \\ \sigma > 0 \rightarrow r > 1 \end{array} \right\} \quad (1-1-9)$$

这说明 S 平面的虚轴(即 $\sigma=0$ 时)映射到 Z 平面上是半径为 $1(r=1)$ 的圆,即单位圆;而 S 的左半平面($\sigma<0$)映射到 Z 平面上是单位圆内区域($r<1$);S 平面的右半平面($\sigma>0$)映射到 Z 平面上是单位圆外($r>1$)。这种映射关系如图 1-1-1 所示。

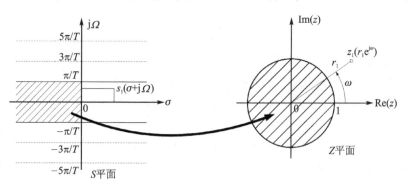

图 1-1-1 S 平面到 Z 平面的映射关系($z=re^{j\omega}$)

在图 1-1-1 中,在 S 平面上还特意标出了一个 s_1 点,在 S 平面的右半平面中;它映射到 Z 平面对应为 z_1 点,在单位圆外,这显然是由于 s_1 的实部 $\sigma>0$ 的缘故。

再看由式(1-1-8)表示的 S 平面的虚变量 Ω 与 Z 平面的幅角 ω 的关系,显然 $\omega=\Omega T$ 是一种线性关系。当 $\Omega=0$ 时,$\omega=0$,这说明 S 平面的实轴映射到 Z 平面上是正实轴。结合式(1-1-9)的意义可以想到,S 平面上的原点 $s=0$ 正好映射到 Z 平面的 $z=1$ 处。

当 $\Omega\neq 0$ 时,这种映射关系变得稍复杂一些。当 Ω 由 $-\pi/T$ 增长到 π/T 时,即从 $-\Omega_s/2$ 增长到 $\Omega_s/2$ 时(因为抽样频率 $\Omega_s=2\pi/T$),ω 从 $-\pi$ 增长到 π,对应 Z 平面上的幅角旋转了一周。也就是说,S 平面的虚轴仅从 $-\pi/T$ 到 π/T 的区段,就已经映射了整个 Z 平面,此时可结合 S 的实部关系一起考虑;如果 $\sigma<0$,则对应于 Z 平面单位圆内旋转了一周;如果 $\sigma>0$,则对

应于 Z 平面单位圆外旋转了一周;如果 $\sigma=0$,则对应于 Z 平面单位圆上旋转了一周。这个意义亦可由图 1-1-1 看出。当 S 的虚部 Ω 由 π/T 增长到 $3\pi/T$(即 Ω 由 $\Omega_s/2$ 增长到 $3\Omega_s/2$)时,ω 由 π 增长到 3π,由于 $z=re^{j\omega}$ 是 ω 的周期函数,所以此时仍映射到 Z 平面上的同样位置,只不过在旋转一周的基础上再重复旋转一周而已,因而在 Z 平面上重叠一次。这种多值函数的映射关系可以想象成将 S 平面"裁成"一条条宽度为 Ω_s 的横带。这些横带中的每一条都同样地映射到整个 Z 平面上且相互重叠在一起。因此

$$H(z)|_{z=e^{sT}} = \frac{1}{T}\sum_{k=-\infty}^{\infty} H_a(s-jk\Omega_s) = \frac{1}{T}\sum_{k=-\infty}^{\infty} H_a\left(s-jk\frac{2\pi}{T}\right) \qquad (1-1-10)$$

在 MATLAB 的符号运算中有 Z 变换的函数 ztrans。

例 1-1-1 当 $|a|<1$ 时,将 $x(n)=a^n u(n)$ 进行 Z 变换,运行命令如下:

```
syms a n        %声明符号变量
x = a^n;
X = ztrans(x);
X
```

得到的结果如下:

X = -z/(a-z)

该结果用公式表示为

$$X(z) = \frac{1}{1-az^{-1}}$$

这与表 1-1-1 中的 $a^n u(n)$ 项的 Z 变换式一样,详见 1.1.3 小节。

例 1-1-2 将正弦波 $x(n)=\sin(an)u(n)$ 进行 Z 变换,运行命令如下:

```
syms a n        %声明符号变量
x = sin(a*n);
X = ztrans(x)
```

得到的结果如下:

X = (z*(sin a))/(z^2 - 2*cos a*z + 1)

该结果用公式表示为

$$X(z) = (\sin a)z/(z^2 - 2z\cos a + 1)$$

这也与表 1-1-1 中的 $x(n)=\sin(an)u(n)$ 项的 Z 变换式一样,详见 1.1.3 小节。

1.1.2 Z 变换的收敛域

一般来说,序列的 Z 变换 $X(z) = \sum_{n=-\infty}^{\infty} x(n)z^{-n}$ 并不一定对任何 z 值都收敛,在 Z 平面上满足级数收敛的区域就称为收敛域(Region of Convergence,ROC)。根据级数的知识,级数一致收敛的条件是绝对可积。也就是说,如果在 Z 平面上的某处(即某个 z 值点)级数一致收敛,则对此 z 值应该有

$$\sum_{n=-\infty}^{\infty} |x(n)z^{-n}| < \infty \qquad (1-1-11)$$

即其各项模值的和必须有界。由此可以想到，Z 平面上的收敛域总是环状的。式(1-1-11)可以表示为

$$\left|\sum_{n=-\infty}^{\infty}x(n)z^{-n}\right|=\sum_{n=-\infty}^{\infty}|x(n)|\cdot|z^{-n}|<\infty \qquad (1-1-12)$$

式(1-1-5)幂级数的收敛域由满足不等式(1-1-12)的全部 z 值所组成。因此，若某个 z 值(如 $z=z_1$)是在 ROC 内，那么全部由 $|z|=|z_1|$ 确定的圆上的 z 值也一定在 ROC 内。结果收敛域一定由在 Z 平面内以原点为中心的圆环所组成。收敛域的外边界是一个圆(或者可能向外延伸至无穷大)，而内边界也是一个圆(或者 ROC 向内可包括原点)，如图 1-1-2 所示。如果 ROC 包括单位圆，自然就意味着 Z 变换对 $|z|=1$ 收敛，或者说，序列的傅里叶变换收敛。相反，若 ROC 不包括单位圆，则傅里叶变换就绝不收敛。

一般来说，级数在 Z 平面上的收敛域范围可以表示为

$$R_1<|Z|<R_2 \qquad (1-1-13)$$

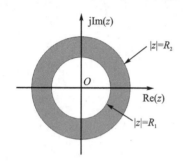

图 1-1-2 Z 变换的收敛域

这表明收敛域是一个以 R_1 和 R_2 为半径的两个圆所围成的环带区域(如图 1-1-2 所示)，其中 R_1 表示内圆半径，R_2 表示外圆半径。R_1、R_2 也称为收敛半径。

1.1.3 基本 Z 变换对

通常，简单信号的 Z 变换很少按前面介绍的方法进行计算，而是通过查表和已知的 Z 变换特性(参考 1.1.5 小节)综合求得。表 1-1-1[4] 列出了部分基本函数(信号)的 Z 变换对以及相应的 ROC。

表 1-1-1 部分基本函数的 Z 变换对以及相应的 ROC

编号	序列	变换	ROC
1	$\delta(n)$	1	所有 z
2	$u(n)$	$\dfrac{1}{1-z^{-1}}$	$|z|>1$
3	$-u(-n-1)$	$\dfrac{1}{1-z^{-1}}$	$|z|<1$
4	$\delta(n-m)$	z^{-m}	全部 z 除去 0(若 $m>0$)或 ∞(若 $m>0$)
5	$a^n u(n)$	$\dfrac{1}{1-az^{-1}}$	$|z|>|a|$
6	$-a^n u(-n-1)$	$\dfrac{1}{1-az^{-1}}$	$|z|<|a|$
7	$na^n u(n)$	$\dfrac{az^{-1}}{(1-az^{-1})^2}$	$|z|>|a|$
8	$-na^n u(-n-1)$	$\dfrac{az^{-1}}{(1-az^{-1})^2}$	$|z|<|a|$

续表 1-1-1

编号	序列	变换	ROC
9	$[\cos(\omega_0 n)]u(n)$	$\dfrac{1-(\cos\omega_0)z^{-1}}{1-(2\cos\omega_0)z^{-1}+z^{-2}}$	$|z|>1$
10	$[\sin(\omega_0 n)]u(n)$	$\dfrac{(\sin\omega_0)z^{-1}}{1-(2\cos\omega_0)z^{-1}+z^{-2}}$	$|z|>1$
11	$[r^n\cos(\omega_0 n)]u(n)$	$\dfrac{1-(r\cos\omega_0)z^{-1}}{1-(2r\cos\omega_0)z^{-1}+z^{-2}}$	$|z|>r$
12	$[r^n\sin(\omega_0 n)]u(n)$	$\dfrac{(r\sin\omega_0)z^{-1}}{1-(2r\cos\omega_0)z^{-1}+z^{-2}}$	$|z|>r$
13	$\begin{cases}a^n, & 0\leqslant n\leqslant N\\ 0, & \text{其他}\end{cases}$	$\dfrac{1-a^N z^{-N}}{1-az^{-1}}$	$|z|>0$

1.1.4　线性系统的 Z 变换

在 Z 平面上对数字线性系统进行建模和分析时,常用的方法是用 δ 函数作为输入激励序列,通过系统输出(即脉冲响应)来分析线性系统。根据这些研究,可以推导出任意输入信号的线性系统响应。一般情况下,松弛型(初始条件为零)线性常系数系统或滤波器的输入-输出关系可由差分方程表示为

$$\sum_{m=0}^{N} a_m y(n-m) = \sum_{m=0}^{M} b_m x(n-m) \qquad (1-1-14)$$

式中:$y(n)$ 为第 n 次的输出采样值;$x(n)$ 为第 n 次的输入采样值。

假设 $y(n)$ 的 Z 变换为 $Y(z)$,$x(n)$ 的 Z 变换为 $X(z)$,则依据延迟定理 $y(n-m)\leftrightarrow z^{-m}Y(z)$ 及 $x(n-m)\leftrightarrow z^{-m}X(z)$,可得

$$\left(\sum_{m=0}^{N} a_m z^{-m}\right)Y(z) = \left(\sum_{m=0}^{M} b_m z^{-m}\right)X(z) \qquad (1-1-15)$$

$Y(z)$ 与 $X(z)$ 的比值为传递函数,记为 $H(z)$。对于式(1-1-14)描述的线性系统,其传递函数为

$$H(z) = \dfrac{Y(z)}{X(z)} = \dfrac{\sum_{m=0}^{M} b_m z^{-m}}{\sum_{m=0}^{N} a_m z^{-m}} \qquad (1-1-16)$$

式(1-1-15)和式(1-1-16)描述了输入信号 Z 变换和输出信号 Z 变换之间的转换关系,该转换关系涵盖了系统的大量信息。

1.1.5　Z 变换特性[1-2]

一般认为,大部分的重要信号可由表 1-1-1 中的一个或多个初等函数表示,然而这些原始信号可能需要经过适当的调整、修改并组合。通过表 1-1-2 所列的 Z 变换特性可知如何通过初等信号的变换和组合来构建复杂信号。

表 1-1-2 Z变换的特性

编号	特性	时间序列	Z变换
1	齐次性	$ax(n)$	$aX(z)$
2	可加性	$x_1(n)+x_2(n)$	$X_1(z)+X_2(z)$
3	线性	$ax_1(n)+bx_2(n)$	$aX_1(z)+bX_2(z)$
4	位移性	$x(n-n_0)$	$z^{-n_0}X(z)$
5	复共轭性	$x^*(n)$	$X^*(z^*)$
6	折叠性	$x(-n)$	$X(1/z)$
7	复数调制	$e^{j\theta}x(n)$	$X(e^{-j\theta}z)$
8	乘复幂级数	$a^n x(n)$	$X(z/a)$
9	线性加权	$nx(n)$	$-z\dfrac{dX(z)}{dz}$
10	卷积	$x_1(n)*x_2(n)$	$X_1(z)X_2(z)$
11	乘积	$x_1(n)x_2(n)$	$\dfrac{1}{j2\pi}\oint_c X_1(v)X_2\left(\dfrac{z}{v}\right)v^{-1}dv$
12	帕塞瓦尔(Parseval)定理	$\displaystyle\sum_{n=-\infty}^{\infty}x_1(n)x_2^*(n)=\dfrac{1}{j2\pi}\oint_c X_1(v)X_2^*\left(\dfrac{1}{v^*}\right)v^{-1}dv$	

1.1.6 Z 逆变换[2-3]

已知函数 $X(z)$ 及其收敛域,反过来求序列的变换称为 Z 逆变换,表示为

$$x(n)=Z^{-1}[X(z)] \tag{1-1-17}$$

Z 逆变换的一般公式为

$$x(n)=\frac{1}{2\pi j}\oint_c X(z)z^{n-1}dz,\qquad c\in(R_{x1},R_{x2}) \tag{1-1-18}$$

式中:c 是包围 $X(z)z^{n-1}$ 所有极点的逆时针闭合积分路线,通常选 Z 平面收敛域内以原点为中心的圆,如图 1-1-3 所示。

以下由 Z 变换定义表达式导出逆变换式(1-1-18)。已知

$$X(z)=\sum_{n=-\infty}^{\infty}x(n)z^{-n}$$

将上式两端分别乘以 z^{m-1},然后沿围线 c 积分,得到

$$\oint_c z^{m-1}X(z)dz=\oint_c\left[\sum_{n=-\infty}^{\infty}x(n)z^{-n}\right]z^{m-1}dz$$

积分与求和互换,得

$$\oint_c z^{m-1}X(z)dz=\sum_{n=-\infty}^{\infty}x(n)\oint_c z^{m-n-1}dz \tag{1-1-19}$$

根据复变函数中的柯西定理,已知

$$\oint_c z^{k-1}dz=\begin{cases}2\pi j,& k=0\\ 0,& k\neq 0\end{cases}$$

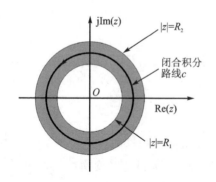

图 1-1-3 Z 逆变换积分围线的选择

这样,式(1-1-19)的右边只存在 $m=n$ 一项,其余均等于 0。于是式(1-1-19)变成

$$\oint_c X(z)z^{n-1}\mathrm{d}z = 2\pi\mathrm{j}x(n)$$

即

$$x(n) = \frac{1}{2\pi\mathrm{j}}\oint_c X(z)z^{n-1}\mathrm{d}z \qquad (1-1-20)$$

直接计算围线积分是比较麻烦的,实际上求 Z 逆变换时,往往不必直接计算围线积分。求 Z 逆变换的常用方法有三种:围线积分法(留数法)、部分分式展开法和幂级数展开法(长除法)。以下对这三种方法进行简单介绍。

1. 用留数定理求 Z 逆变换

如果 $X(z)z^{n-1}$ 在围线 c 内的极点用 z_k 表示,根据留数定理

$$\frac{1}{2\pi\mathrm{j}}\oint_c X(z)z^{n-1}\mathrm{d}z = \sum_k \mathrm{Re}\,s[X(z)z^{n-1}, z_k] \qquad (1-1-21)$$

式中:$\mathrm{Re}\,s[X(z)z^{n-1}, z_k]$ 是被积函数 $X(z)z^{n-1}$ 在极点 $z=z_k$ 处的留数,所以 Z 逆变换等于围线 c 内所有极点的留数之和。不同极点的留数求法如下:

如果 z_k 是单极点,则

$$\mathrm{Re}\,s[X(z)z^{n-1}, z_k] = (z-z_k)\cdot X(z)z^{n-1}\,|_{z_k}$$

如果 z_k 是 N 重极点,则

$$\mathrm{Re}\,s[X(z)z^{n-1}, z_k] = \frac{1}{(N-1)!}\frac{\mathrm{d}^{N-1}}{\mathrm{d}z^{N-1}}[(z-z_k)^N\cdot X(z)z^{n-1}]\,|_{z_k}$$

MATLAB 中有求多项式有理分式的极点留数的函数 residuez,下面对该函数进行介绍。

2. 用部分分式法求 Z 逆变换

当 Z 变换式是一个多项式的有理分式时,可以用部分分式分解法,它利用 Z 变换表(表 1-1-1 或者其他类似的 Z 变换表)进行逆变换。数字信号处理中遇到的通常都是这种情况。

若 $X(z)$ 是 z^{-1} 的有理函数,可用部分分式分解的方法将其变成简单因式项(一阶)的和,由 Z 变换表可查出对应于这个因式项的序列,然后再叠加起来。

用部分分式法求 Z 逆变换过程如下:

设 $X(z)$ 为

$$X(z) = \frac{b_0 + b_1 z^{-1} + \cdots + b_M z^{-M}}{1 + a_1 z^{-1} + \cdots + a_N z^{-N}} \qquad (1-1-22)$$

$$X(z) = \underbrace{\frac{\bar{b}_0 + \bar{b}_1 z^{-1} + \cdots + \bar{b}_M z^{-M}}{1 + a_1 z^{-1} + \cdots + a_N z^{-N}}}_{\text{真有理分式}} + \underbrace{\sum_{k=0}^{M-N} C_k z^{-k}}_{\text{若}M\geqslant N\text{,则为直接多项式}} \qquad (1-1-23)$$

式(1-1-22)等号右边第一项是真有理分式部分,第二项是直接多项式(无穷项)部分。

将真有理分式部分 $X_1(z)$ 进行部分分式展开,得

$$X_1(z) = \sum_{k=1}^{N}\frac{R_k}{1-p_k z^{-1}} \qquad (1-1-24)$$

式中:p_k 是 $X(z)$ 的第 k 个极点,R_k 是该极点 p_k 处的留数。假设它们都是单极点,则留数 R_k 由下式给出:

$$R_k = \frac{b_0 + b_1 z^{-1} + \cdots + b_{N-1} z^{-(N-1)}}{1 + a_1 z^{-1} + \cdots + a_N z^{-N}}(1-p_k z^{-1})\bigg|_{z=p_k} \qquad (1-1-25)$$

若 p_k 是一个 r 重极点,则其分解式如下:

$$\sum_{l=1}^{r} \frac{R_{k,l} \cdot z^{-(l-1)}}{(1-p_k z^{-1})^l} = \frac{R_{k,1}}{1-p_k z^{-1}} + \frac{R_{k,2} \cdot z^{-1}}{(1-p_k z^{-1})^2} + \cdots + \frac{R_{k,r} \cdot z^{-(r-1)}}{(1-p_k z^{-1})^r} \quad (1-1-26)$$

式中留数 $R_{k,l}$ 可使用通用公式计算,因太繁琐这里从略。由于 Z 变换多项式已分解为多个分母为 z 的一次项而分子为常数的简单分式,它们的 Z 逆变换可以从表 1-1-1 中查出,其基本形式为

$$Z^{-1}\left(\frac{R_k}{1-p_k z^{-1}}\right) = p_k^n u(n)$$

因此,可求出式(1-1-24)的 Z 逆变换 $x(n)$ 为

$$x(n) = \sum_{k=1}^{N} R_k p_k^n u(n) + \underbrace{\sum_{k=0}^{M-N} C_k \delta(n-k)}_{\text{若} M \geqslant N} \quad (1-1-27)$$

由此可以看出,实现部分分式法并不容易。首先,求出分母多项式的根,以便找到极点。其次,要求出这些极点上的留数。从上例看到,即使是对单极点的逆变换也是很繁琐的,所以用计算机取代人工是十分必要的。

MATLAB 提供了极点留数计算的两个函数 residue 和 residuez。前者是对拉普拉斯算子 s 的,适用于连续系统;而后者是对 Z 变换算子的,适用于离散系统。这里只介绍 residuez,它是信号处理工具箱中的函数。其基本调用格式为

[r,p,C] = residuez(b,a)

其中:b 和 a 为按 z^{-1} 的升幂排列的多项式(1-1-22)的分子和分母的系数向量;p 为分母的根向量,也就是 $X(z)$ 的极点向量;r 为对应于根向量中各个根的留数向量;C 为无穷项多项式系数向量,仅在 $M \geqslant N$ 时存在。

知道了 r、p、C 向量,就可把上述多项式分解为如下式(1-1-28)的形式,所有的常数都成为已知数。

对

$$\frac{B(z)}{A(z)} = \frac{r(1)}{1-p(1)z^{-1}} + \frac{r(2)}{1-p(2)z^{-1}} + \cdots + \frac{r(N)}{1-p(N)z^{-1}} + C(1) + C(2)z^{-1} + \cdots$$
$$(1-1-28)$$

作 Z 逆变换,得出其时域信号的表达式为

$$y(n) = r(1)p(1)^n u(n) + \cdots + r(N)p(N)^n u(n) + C(1)\delta(n) + C(2)\delta(n-1) + \cdots$$
$$(1-1-29)$$

式中:$u(n)$ 是阶跃函数,在 $n<0$ 时为 0,在 $n>0$ 时为 1,保证了 $y(n)$ 是右序列。

3. 幂级数法(长除法)求 Z 逆变换

已知由右序列得到的 Z 变换在 $z=\infty$ 的邻域解析。也就是说,可以把有理分式

$$X(z) = \frac{b_0 + b_1 z^{-1} + \cdots + b_M z^{-M}}{1 + a_1 z^{-1} + \cdots + a_N z^{-N}}$$

在 $z=\infty$ 的邻域展开为 z^{-1} 的幂级数。幂级数展开可以用多项式相除的方法实现。其方法是把分子、分母的系数都按 z^{-1} 的升幂排列,然后用除法求商。

在 MATLAB 的符号运算中也有 Z 逆变换的函数 iztrans。当已知 $X(z)$ 时,可以通过

iztrans函数求出$x(n)$。

例1-1-3 已知$X(z)=z/(z-0.5)$,把$X(z)$进行Z逆变换,运行命令如下:

```
syms z n;
X = z/(z - 0.5);
x = iztrans(X,z,n);
```

得到的结果如下:

```
x = (1/2)^n
```

该结果用公式表示为

$$x(n) = (0.5)^n u(n)$$

这与表1-1-1中的$z/(z-a)$项的Z逆变换一样。

例1-1-4 已知$X(z)=z^2/(z-1)^2$,把$X(z)$进行Z逆变换,运行命令如下:

```
syms z n;
X = (z^2)/(z-1)^2;
x = iztrans(X,z,n);
```

得到的结果如下:

```
x = n + 1
```

该结果用公式表示为

$$x(n) = (1+n)u(n)$$

这时$X(z)=z^2/(z-1)^2$对应的$x(n)$是$u(n)$和$nu(n)$的组合。通过表1-1-1一样可以得到这样的结果。

当用函数iztrans处理高阶$X(z)$的Z逆变换时,有的时候很难解释Z逆变换符号运算的结果[1]。

1.2 DFT的由来[5]

1. 连续时间非周期序列的傅里叶变换(FT)

设任意一个信号$x(t)$为连续时间非周期信号,它的傅里叶变换关系如式(1-2-1)所示。$x(t)$是时间域的信号,$X(j\omega)$是频率域的谱值,它们的关系实际上是傅里叶积分。

$$\left. \begin{array}{l} x(t) \leftrightarrow X(j\omega) \\ X(j\omega) = \int_{-\infty}^{+\infty} x(t) e^{-j\omega t} dt \\ x(t) = \frac{1}{2\pi} \int_{-\infty}^{+\infty} X(j\omega) e^{j\omega t} d\omega \\ 条件:\int_{-\infty}^{+\infty} |x(t)| dt < \infty \end{array} \right\} \quad (1-2-1)$$

式(1-2-1)中的关系反映了时间域的连续函数对应于频域的非周期性,而时域的非周期性造成频域是连续的谱。

2. 连续时间周期序列的傅里叶级数(FS)

当$x(t)$为连续时间周期性信号时(设周期为T_0),傅里叶变换可转换成傅里叶级数,如下:

$$x(t) = \frac{a_0}{2} + \sum_{n=1}^{\infty}[a_n\cos(2\pi nf_0 t) + b_n\sin(2\pi nf_0 t)] \qquad (1-2-2)$$

式中：f_0 是基频，$f_0 = 1/T_0$。三角函数正弦和余弦的幅值 a_n 和 b_n 由以下积分给出

$$\left. \begin{aligned} a_n &= \frac{2}{T_0}\int_{-T_0/2}^{T_0/2} x(t)\cos(2\pi nf_0 t)\mathrm{d}t, \quad n = 0,1,2,\cdots \\ b_n &= \frac{2}{T_0}\int_{-T_0/2}^{T_0/2} x(t)\sin(2\pi nf_0 t)\mathrm{d}t, \quad n = 1,2,\cdots \end{aligned} \right\} \qquad (1-2-3)$$

可以看出时域连续函数造成频域是非周期的谱，而时域的周期性造成频域的离散（非连续）频谱。

由三角函数的关系可导出

$$x(t) = \frac{a_0}{2} + \frac{1}{2}\sum_{n=1}^{\infty}(a_n - \mathrm{j}b_n)\mathrm{e}^{\mathrm{j}2\pi nf_0 t} + \frac{1}{2}\sum_{n=1}^{\infty}(a_n + \mathrm{j}b_n)\mathrm{e}^{-\mathrm{j}2\pi nf_0 t} \qquad (1-2-4)$$

引入 n 有负值，由式(1-2-3)可得

$$\left. \begin{aligned} a_{-n} &= \frac{2}{T_0}\int_{-T_0/2}^{T_0/2} x(t)\cos(-2\pi nf_0 t)\mathrm{d}t = \frac{2}{T_0}\int_{-T_0/2}^{T_0/2} x(t)\cos(2\pi nf_0 t)\mathrm{d}t = a_n, \quad n = 0,1,2,\cdots \\ b_{-n} &= \frac{2}{T_0}\int_{-T_0/2}^{T_0/2} x(t)\sin(-2\pi nf_0 t)\mathrm{d}t = -\frac{2}{T_0}\int_{-T_0/2}^{T_0/2} x(t)\sin(2\pi nf_0 t)\mathrm{d}t = -b_n, \quad n = 1,2,\cdots \end{aligned} \right\}$$

$$(1-2-5)$$

以及

$$\left. \begin{aligned} \sum_{n=1}^{\infty} a_n\mathrm{e}^{-\mathrm{j}2\pi nf_0 t} &= \sum_{n=-1}^{-\infty} a_n\mathrm{e}^{\mathrm{j}2\pi nf_0 t} \\ \sum_{n=1}^{\infty} \mathrm{j}b_n\mathrm{e}^{-\mathrm{j}2\pi nf_0 t} &= -\sum_{n=-1}^{-\infty} \mathrm{j}b_n\mathrm{e}^{\mathrm{j}2\pi nf_0 t} \end{aligned} \right\} \qquad (1-2-6)$$

把式(1-2-6)代入式(1-2-4)，可得

$$x(t) = \frac{a_0}{2} + \frac{1}{2}\sum_{n=1}^{\infty}(a_n - \mathrm{j}b_n)\mathrm{e}^{\mathrm{j}2\pi nf_0 t} + \frac{1}{2}\sum_{n=-1}^{-\infty}(a_n + \mathrm{j}b_n)\mathrm{e}^{-\mathrm{j}2\pi nf_0 t} = \sum_{n=-\infty}^{\infty} \alpha_n\mathrm{e}^{\mathrm{j}2\pi nf_0 t}$$

$$(1-2-7)$$

式(1-2-7)是傅里叶级数的指数形式，其中

$$\alpha_n = \frac{1}{2}(a_n \pm \mathrm{j}b_n), \quad n = 0, \pm 1, \pm 2, \cdots \qquad (1-2-8)$$

把式(1-2-3)和式(1-2-5)代入式(1-2-8)，可得

$$\alpha_n = \frac{1}{T_0}\int_{-T_0/2}^{T_0/2} x(t)\mathrm{e}^{-\mathrm{j}2\pi nf_0 t}\mathrm{d}t, \quad n = 0, \pm 1, \pm 2, \cdots \qquad (1-2-9)$$

3. 离散时间非周期序列的离散时间傅里叶变换(DTFT)

若信号 $x(n)$ 为离散时间非周期信号，则由式(1-2-1)可导出

$$\left. \begin{aligned} X(\mathrm{j}\Omega) &= \sum_{n=-\infty}^{\infty} x(n)\mathrm{e}^{-\mathrm{j}\Omega n} \\ x(n) &= \frac{1}{2\pi}\int_0^{2\pi} X(\mathrm{j}\Omega)\mathrm{e}^{\mathrm{j}\Omega n}\mathrm{d}\Omega \\ 条件: \sum_{n=-\infty}^{\infty} |x(n)| &< \infty \end{aligned} \right\} \qquad (1-2-10)$$

由此可以看出时域的离散特性造成频域是周期性的谱,而时域的非周期性造成频域是连续的频谱。

4. 离散时间周期序列的离散时间傅里叶级数(DFS)

当信号 $\tilde{x}(n)$ 为离散时间又是周期信号时,设周期为 N,则有关系 $\tilde{x}(n)=\tilde{x}(n+rN)$($r$ 为任意整数)。

由式(1-2-8)和式(1-2-10)可导出

$$\left.\begin{aligned} \tilde{X}(k) &= \sum_{n=0}^{N-1}\tilde{x}(n)\mathrm{e}^{-\mathrm{j}2\pi kn/N} = \sum_{n=0}^{N-1}\tilde{x}(n)W_N^{kn} \\ \tilde{x}(n) &= \frac{1}{N}\sum_{k=0}^{N-1}\tilde{X}(k)\mathrm{e}^{\mathrm{j}2\pi kn/N} = \sum_{k=0}^{N-1}\tilde{X}(k)W_N^{-kn} \end{aligned}\right\} \quad (1-2-11)$$

式中:$W_N = \mathrm{e}^{-\mathrm{j}2\pi/N}$;$k,n = 0,1,\cdots,N-1$。

式(1-2-11)可证明 $\tilde{X}(k)$ 是一个周期序列,即有 $\tilde{X}(k)=\tilde{X}(k+mN)$,其中 m 是整数,$\tilde{X}(k)$ 的周期也是 N。可以看出时域的离散特性造成频域是周期性的谱,而时域的周期性造成频域是离散的频谱。

5. 有限长度序列的离散时间序列的傅里叶变换(DFT)

一般的数据 $x(n)$ 都是有限长度序列的离散时间序列,但我们可以把它在时间轴上向左右双向无限周期性地拓展(如图 1-2-1 所示)。拓展后的 $x(n)$ 实际上已变成为了 $\tilde{x}(n)$,所以它的傅里叶变换就是 DFS,$x(n)$ 是 $\tilde{x}(n)$ 中的一个周期,$x(n)$ 的 DFT 就是 $\tilde{x}(n)$ 在一个周期上的 DFS。由此可得 DFT 为

$$\left.\begin{aligned} X(k) &= \sum_{n=0}^{N-1}x(n)\mathrm{e}^{-\mathrm{j}2\pi kn/N} = \sum_{n=0}^{N-1}x(n)W_N^{kn} \\ x(n) &= \frac{1}{N}\sum_{k=0}^{N-1}X(k)\mathrm{e}^{\mathrm{j}2\pi kn/N} = \sum_{k=0}^{N-1}X(k)W_N^{-kn} \end{aligned}\right\} \quad (1-2-12)$$

式中:W_N 称为旋转因子,$W_N = \mathrm{e}^{-\mathrm{j}2\pi/N}$;$k,n = 0,1,\cdots,N-1$。

式(1-2-12)包含以下内容:

① $x(n)$ 和 $X(k)$ 都是周期序列,周期为 N。

② $x(n)$ 中的 n 实际为 nT,即 nT 的样点值,其中 T 是采样周期。

③ $X(k)$ 中的 k 实际为 $k\Delta f$,即谱线对应的频率值,其中 Δf 是频谱的频率间隔,也称为频率的分辨率。

④ 由于 n 与 k 取值为 $0,1,\cdots,N-1$,所以频率刻度从 0 开始。

一般 $x(n)$ 是时域的,$X(k)$ 是频域的,因此得到了 $X(k)$,也就是我们常说的进行了频谱分析。在上述转换中,物理量采样周期 T、频率间隔 Δf 和采样频率 f_s 的关系为

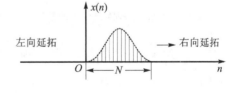

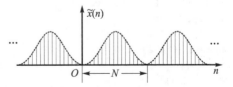

图 1-2-1 $x(n)$ 拓展为 $\tilde{x}(n)$,构成周期序列

$$T = \frac{1}{f_s}, \quad T_p = NT, \quad \Delta f = \frac{f_s}{N} = \frac{1}{NT} = \frac{1}{T_p} \quad (1-2-13)$$

式中：T_p 是信号 $x(n)$ 序列的长度。

6. DFT 与 DTFT 及 Z 变换的关系[5-6]

若 $x(n)$ 为 N 点有限长序列，则其 Z 变换、DTFT 及 DFT 分别为

$$X(z) = \sum_{n=0}^{N-1} x(n) z^{-n} = \sum_{n=0}^{N-1} x(n) (re^{j\omega})^{-n} \quad (1-2-14)$$

$$X(e^{j\omega}) = \sum_{n=0}^{N-1} x(n) e^{-j\omega n} = X(z)\mid_{z=e^{j\omega}} \quad (1-2-15)$$

$$X(k) = \sum_{n=0}^{N-1} x(n) e^{-j\frac{2\pi}{N}nk} = X(e^{j\omega})\mid_{\omega=\frac{2\pi}{N}k} \quad (1-2-16)$$

如图 1-2-2 所示，$X(z)$ 是 z 在 Z 平面上 $X(z)$ 收敛区间内取的值，而 $X(e^{j\omega})$ 是仅在单位圆上取的值，$X(k)$ 是在单位圆上 N 个等间距的点上取的值。我们可以用 $X(k)$ 来表示 $X(z)$ 和 $X(e^{j\omega})$：

$$X(z) = \sum_{n=0}^{N-1} \left[\frac{1}{N}\sum_{k=0}^{N-1} X(k) e^{j\frac{2\pi}{N}nk}\right] z^{-n} = \frac{1}{N}\sum_{k=0}^{N-1} X(k) \sum_{n=0}^{N-1} (e^{j\frac{2\pi}{N}k} z^{-1})^n$$

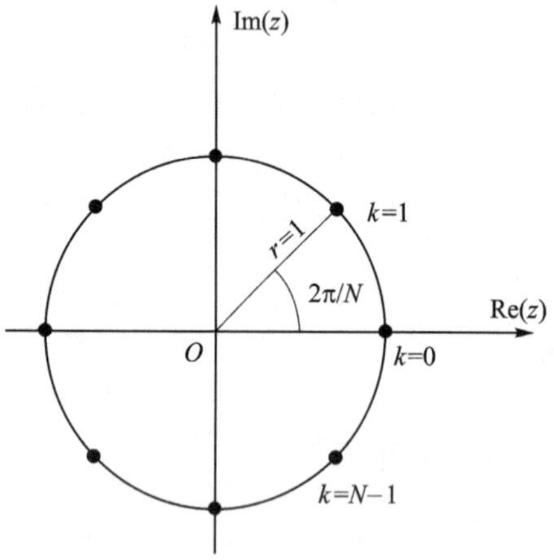

即

$$X(z) = \frac{1-z^{-N}}{N} \sum_{k=0}^{N-1} \frac{X(k)}{1-e^{j\frac{2\pi}{N}k} z^{-1}} \quad (1-2-17)$$

式(1-2-17)说明，N 点序列的 Z 变换可由其 N 点 DFT 系数来表示。令 $z=e^{j\omega}$，则有

$$X(e^{j\omega}) = \frac{1-e^{-j\omega N}}{N} \sum_{k=0}^{N-1} \frac{X(k)}{1-e^{j\frac{2\pi}{N}k} e^{-j\omega}} = \frac{1-e^{-j\omega N}}{N} \sum_{k=0}^{N-1} \frac{X(k)}{1-W_N^{-k} e^{-j\omega}} \quad (1-2-18)$$

式(1-2-18)说明，连续谱 $X(e^{j\omega})$ 也可以由其离散谱 $X(k)$ 经插值后得到。

图 1-2-2 三个变换自变量的取值

下面给出 MATLAB 的 dft、idft[6] 和 dtft[7] 的函数：

```
function [Xk] = dft(xn,N);
% Computing Discrete Fourier Transform
n = [0:1:N-1];
k = [0:1:N-1];
WN = exp(-j*2*pi/N);
nk = n'*k;
WNnk = WN.^nk;
Xk = xn * WNnk;

function [xn] = idft(Xk,N);
% Computing Inverse Discrete Fourier Transform
n = [0:1:N-1];
k = [0:1:N-1];
WN = exp(-j*2*pi/N);
```

```
nk = n' * k;
WNnk = WN.^(-nk);
xn = (Xk * WNnk)/N;

function [X,ph] = DTFT(x,W,n0)
% Computes the DTFT of a given sequence x[n] for digital frequency vector W,
%     regarding the first sample as the n0-th one.
x = x(:).';
Nt = length(x);
n = 0:Nt-1;
ifnargin<3, n0 = -floor(Nt/2); end
X = x * exp(-1j*(n+n0)'*W);
ifnargout == 2, ph = angle(X); X = abs(X);   end
```

1.3 DFT 的性质[4,8-9]

1. 线性性质

若 $x_1(n)$ 和 $x_2(n)$ 都是 N 点序列,其 DFT 分别是 $X_1(k)$ 和 $X_2(k)$,则

$$\text{DFT}[ax_1(n)+bx_2(n)] = aX_1(k)+bX_2(k) \tag{1-3-1}$$

2. 正交性

矩阵为

$$\boldsymbol{W}_N = [\boldsymbol{W}^{nk}] = \begin{bmatrix} W^0 & W^0 & W^0 & \cdots & W^0 \\ W^0 & W^1 & W^2 & \cdots & W^{N-1} \\ W^0 & W^2 & W^4 & \cdots & W^{2(N-1)} \\ \vdots & \vdots & \vdots & \ddots & \vdots \\ W^0 & W^{N-1} & W^{2(N-1)} & \cdots & W^{(N-1)(N-1)} \end{bmatrix} \tag{1-3-2}$$

$$\left. \begin{aligned} \boldsymbol{X}_N &= [X(0),X(1),\cdots,X(N-1)]^\mathrm{T} \\ \boldsymbol{x}_N &= [x(0),x(1),\cdots,x(n-1)]^\mathrm{T} \end{aligned} \right\} \tag{1-3-3}$$

可以把 DFT 写为矩阵形式

$$\boldsymbol{X}_N = \boldsymbol{W}_N \boldsymbol{x}_N \tag{1-3-4}$$

由于(*表示取共轭,以下相同)

$$\boldsymbol{W}_N^* \boldsymbol{W}_N = \sum_{k=0}^{N-1} \boldsymbol{W}^{mk} \boldsymbol{W}^{-nk} = \sum_{k=0}^{N-1} \boldsymbol{W}^{(m-n)k} = \begin{cases} N, & m=n \\ 0, & m \neq n \end{cases} \tag{1-3-5}$$

故 $\boldsymbol{W}_N^*$ 和 $\boldsymbol{W}_N$ 是正交的,即 $\boldsymbol{W}_N$ 是正交矩阵,DFT 是正交变换。进一步推导可得

$$\boldsymbol{W}_N^* \boldsymbol{W}_N = N\boldsymbol{I} \quad \text{或} \quad \boldsymbol{W}_N^{-1} = \frac{1}{N}\boldsymbol{W}_N^* \tag{1-3-6}$$

式中:$\boldsymbol{I}$ 是单位矩阵。这样 DFT 的逆变换又可表示为

$$\boldsymbol{x}_N = \boldsymbol{W}_N^{-1} \boldsymbol{X}_N = \frac{1}{N} \boldsymbol{W}_N^* \boldsymbol{X}_N \tag{1-3-7}$$

3. 移位性(时间域位移和频率域位移)

将 N 点序列 $x(n)$ 位移 m 个样点,时间域的移位性有

$$\text{DFT}[x(n+m)] = W_N^{-mk} X(k) \tag{1-3-8}$$

或
$$\text{DFT}[x(n-m)] = W_N^{mk} X(k) \quad (1-3-9)$$

而频率域的移位性有
$$\text{IDFT}[X(k+m)] = W_N^{mk} x(n) \quad (1-3-10)$$

或
$$\text{IDFT}[X(k-m)] = W_N^{-mk} x(n) \quad (1-3-11)$$

式中：$W_N = e^{-j\frac{2\pi}{N}}$。

4. 对称性

① 若 $x(n)$ 为复序列，其 DFT 为 $X(k)$，则
$$\text{DFT}[x^*(n)] = X^*(k) \quad (1-3-12)$$

② 若 $x(n)$ 为实序列，则
$$\left.\begin{array}{l} X^*(k) = X(-k) = X(N-k) \\ X_R(k) = X_R(-k) = X_R(N-k) \\ X_I(k) = -X_I(-k) = -X_I(N-k) \\ |X(k)| = |X(N-k)| \\ \arg[X(k)] = -\arg[X(-k)] \end{array}\right\} \quad (1-3-13)$$

式中：$X_R(k)$ 表示 $X(k)$ 的实部，而 $X_I(k)$ 表示 $X(k)$ 的虚部。这条性质十分重要，因为我们平时处理的大部分信号数据都是实数序列。这条性质告诉我们，实数序列经 FFT 后，实部是偶对称的，虚部是奇对称的。

③ 若 $x(n) = x(-n)$，即 $x(n)$ 为偶序列，则 $X(k)$ 是实偶序列。

④ 若 $x(n) = -x(-n)$，即 $x(n)$ 为奇序列，则 $X(k)$ 是虚奇序列。

5. 离散时间卷积定理

若有限时间长度的时间序列 $x(n)$ 和 $h(n)$，它们的 DFT 分别为 $X(k)$ 和 $H(k)$，它们的卷积为
$$y(n) = \sum_{m=0}^{N-1} h(m) x(n-m) \quad (1-3-14)$$

则 $y(n)$ 的 DFT 也就是 $Y(k)$ 为
$$Y(k) = H(k) X(k) \quad (1-3-15)$$

6. 离散时间相关定理

若有限时间长度的时间序列 $x(n)$ 和 $y(n)$，它们的 DFT 分别为 $X(k)$ 和 $Y(k)$，它们的相关函数为
$$r(n) = \sum_{m=0}^{N-1} x(m) y(n+m) \quad (1-3-16)$$

则 $r(n)$ 的 DFT 也就是 $R(k)$ 为
$$R(k) = X^*(k) Y(k) \quad (1-3-17)$$

7. 帕塞瓦尔(Parseval)定理

若时间序列 $x(n)$，其 DFT 为 $X(k)$，则有
$$\sum_{n=0}^{N-1} |x(n)|^2 = \frac{1}{N} \sum_{k=0}^{N-1} |X(k)|^2 \quad (1-3-18)$$

这里给出了不同变换形式的帕塞瓦尔定理,它们都反映了信号在一个域及其对应的变换域中的能量守恒原理。

参考文献

[1] Tayloy Fred J. 数字滤波器原理及应用(借助 MATLAB)[M]. 程建华,袁书明,译. 北京:国防工业出版社,2013.

[2] 赵春晖,陈立伟,马惠珠,等. 数字信号处理[M]. 北京:电子工业出版社,2013.

[3] 陈怀琛. 数字信号处理教程——MATLAB 释义与实现[M]. 北京:电子工业出版社,2004.

[4] 奥本海姆 A V,谢弗 R W. 离散时间信号处理[M]. 刘树棠,黄建国,译. 西安:西安交通大学出版社,2001.

[5] 祁才君. 数字信号处理技术的算法分析与应用[M]. 北京:机械工业出版社,2005.

[6] 恩格尔 维纳 K,普罗克斯 约翰 G. 数字信号处理使用——MATLAB[M]. 西安:西安电子科技大学出版社,2002.

[7] http://www.mathworks.com/matlabcentral/fileexchange/37604-matlab-simulink-for-digital-signal-processing.

[8] 胡广书. 数字信号处理——理论、算法与实现[M]. 北京:清华大学出版社,1997.

[9] Brigham E O. Fast Fourier Transform[M]. Upper Saddle River:Prentice-Hall,1973.

第 2 章
快速傅里叶变换和频谱分析

2.1 快速傅里叶变换(FFT)

在1.2节中已介绍了 DFT 为

$$\left.\begin{array}{l} X(k) = \sum_{n=0}^{N-1} x(n) e^{-j2\pi kn/N} = \sum_{n=0}^{N-1} x(n) W_N^{kn} \\ x(n) = \frac{1}{N}\sum_{k=0}^{N-1} X(k) e^{j2\pi kn/N} = \frac{1}{N}\sum_{k=0}^{N-1} X(k) W_N^{-kn} \end{array}\right\} \quad (2-1-1)$$

式中：$W_N = e^{-j2\pi/N}$；$k, n = 0, 1, \cdots, N-1$。

我们首先估算一下 DFT 的运算量。一般来说，$x(n)$ 和 W_N^{nk} 都是复数，$X(k)$ 也是复数，因此每计算一个 $X(k)$ 值，就需要 N 次复数乘法（$x(n)$ 与 W_N^{nk} 相乘）以及 $N-1$ 次复数加法，而 $X(k)$ 一共有 N 个点（索引是从 0 取到 $N-1$），所以完成整个 DFT 运算共需 N^2 次复数乘法和 $N(N-1)$ 次复数加法。复数运算实际上是由实数运算来完成的，式(2-1-1)的第 1 式可写为

$$X(k) = \sum_{n=0}^{N-1} x(n) W_N^{nk} = \sum_{n=0}^{N-1} \{\text{Re}[x(n)] + j\{\text{Im}[x(n)]\}\}[\text{Re}(W_N^{nk}) + j\text{Im}(W_N^{nk})] =$$

$$\sum_{n=0}^{N-1} \{\text{Re}[x(n)]\text{Re}(W_N^{nk}) - \text{Im}[x(n)]\text{Im}(W_N^{nk}) +$$

$$j\{\text{Re}[x(n)]\text{Im}(W_N^{nk}) + \text{Im}[x(n)]\text{Re}(W_N^{nk})\}\} \quad (2-1-2)$$

由式(2-1-2)可知，一次复数乘法需要 4 次实数乘法和 2 次实数加法，一次复数加法则需要 2 次实数加法。因而每运算一个 $X(k)$ 需 $4N$ 次实数乘法和 $2N+2(N-1)=2(2N-1)$ 次实数加法。所以整个 DFT 运算共需要 $4N^2$ 次实数乘法和 $N\times 2(2N-1)=2N(2N-1)$ 次实数加法。

上述统计与实际需要的运算次数有些出入，因为某些 W_N^{nk} 可能是 1 或 j 就无需相乘了，例如 $W_N^0=1, W_N^{N/2}=-1, W_N^{N/4}=j, W_N^{3N/4}=-j$ 等就无需相乘。但为了比较，一般不考虑这些特殊情况，而是把 W_N^{nk} 都视为复数，当 N 很大时，这种特例的比重就很小。

综上，直接计算 DFT 时，乘法次数和加法次数都是与 N^2 成正比的，当 N 很大时，运算量很可观，例如，当 $N=8$ 时，DFT 需要 64 次复乘；而当 $N=1024$ 时，DFT 所需复乘为 1 048 576 次，即一百多万次复乘运算。因此需要改进 DFT 的计算方法，以大大减小运算量。

已知 $x(n)$ 而求出 $X(k)$ 将需要 N^2 次复数乘。为了减小运算量，Cooley 和 Tukey 在 1965 年提出了快速傅里叶变换的方法。其中主要利用了：

① 将长序列 DFT 分解为短序列的 DFT。
② 利用旋转因子 W_N^{kn} 的周期性、对称性和可约性：

周期性：$W_N^{(k+N)n} = W_N^{k(n+N)} = W_N^{kn}$。

对称性:$W_N^{k(n+N/2)} = -W_N^{kn}$ 和 $(W_N^{kn})^* = W_N^{-kn}$。

可约性:$W_N^{kn} = W_{mN}^{mkn}$ 和 $W_N^{kn} = W_{N/m}^{kn/m}$(其中 m 为整数,N/m 也为整数)。

利用旋转因子的这些特性,把 $x(n)$ 分为子序列的 DFT 来实现整个序列的 DFT。有基 2 时间抽取(Radix-2 Decimation in Time)FFT 算法和基 2 频率抽取(Radix-2 Decimation in Frequency)FFT 算法。

同时还必须要强调的是,FFT 并不是一种新的变换方法,而是加速 DFT 的运算,它还是 DFT。下面介绍基 2 时间抽取 FFT 算法和基 2 频率抽取 FFT 算法。

2.1.1 基 2 时间抽取 FFT 算法[2]

基 2 时间抽取 FFT 算法利用变换核 W_N 的对称性,对有限长序列 $x(n)(n=0,1,\cdots,N-1)$ 和 $N=2^M$ 不断进行奇偶抽取,直到分解成一系列长度等于 2 的短序列,最终只需计算长度等于 2 的短序列的 DFT 变换。

1. 序列的奇偶抽取

(1) 序列的一次奇偶抽取

由式(2-1-1)可得

$$X(k) = \sum_{n=0}^{N-1} x(n) W_N^{nk} = \underbrace{\sum_{r=0}^{N/2-1} x(2r) W_N^{2kr}}_{\text{序列偶数部分}} + \underbrace{\sum_{r=0}^{N/2-1} x(2r+1) W_N^{k(2r+1)}}_{\text{序列奇数部分}} =$$

$$\sum_{r=0}^{N/2-1} x(2r)(W_N^2)^{rk} + W_N^k \sum_{r=0}^{N/2-1} x(2r+1)(W_N^2)^{rk} =$$

$$\sum_{r=0}^{N/2-1} x_1(r)(W_N^2)^{rk} + W_N^k \sum_{r=0}^{N/2-1} x_2(r)(W_N^2)^{rk} \quad (2-1-3)$$

式中:$x_1(r) = x(2r), x_2(r) = x(2r+1), r = 0, 1, \cdots, \frac{N}{2}-1$。

又考虑 W_N^{nk} 的可约性,$W_N^2 = e^{-j\frac{2\pi}{N} \times 2} = e^{-j\frac{2\pi}{N/2}} = W_{N/2}$,式(2-1-3)可改写为

$$X(k) = \sum_{r=0}^{N/2-1} x_1(r) W_{N/2}^{rk} + W_N^k \sum_{r=0}^{N/2-1} x_2(r) W_{N/2}^{rk} = X_1(k) + W_N^k X_2(k) \quad (2-1-4)$$

式中:$X_1(k)$ 与 $X_2(k)$ 分别是 $x_1(r)$ 与 $x_2(r)$ 的 $N/2$ 点 DFT:

$$X_1(k) = \sum_{r=0}^{N/2-1} x_1(r) W_{N/2}^{rk} = \sum_{r=0}^{N/2-1} x(2r) W_{N/2}^{rk} \quad (2-1-5)$$

$$X_2(k) = \sum_{r=0}^{N/2-1} x_2(r) W_{N/2}^{rk} = \sum_{r=0}^{N/2-1} x(2r+1) W_{N/2}^{rk} \quad (2-1-6)$$

由于 $X(k)$ 是长度为 N 的序列,当计算大于或等于 $N/2$ 时刻的 $X(k)$ 值时,需要利用 $X_1(k)$ 和 $X_2(k)$ 的周期性(周期为 $N/2$)。对式(2-1-4)进行适当修正,即

$$X\left(k+\frac{N}{2}\right) = X_1\left(k+\frac{N}{2}\right) + W_N^{k+\frac{N}{2}} X_2\left(k+\frac{N}{2}\right) = X_1(k) - W_N^k X_2(k) \quad (2-1-7)$$

式中:$k = 0, 1, \cdots, \frac{N}{2} - 1$。

由式(2-1-4)和式(2-1-7)可得序列一次奇偶抽取的 DFT 变换计算过程为

$$X(k) = X_1(k) + W_N^k X_2(k), \quad k = 0,1,\cdots,\frac{N}{2}-1 \atop X\left(k+\frac{N}{2}\right) = X_1(k) - W_N^k X_2(k), \quad k = 0,1,\cdots,\frac{N}{2}-1 \} \quad (2-1-8)$$

一次奇偶抽取示意图见图 2-1-1。

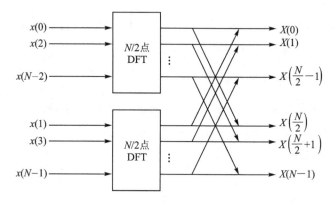

图 2-1-1 序列的一次奇偶抽取

一次奇偶抽取后的计算复杂性为：2个长度等于 $N/2$ 的 DFT 计算量为 N 次复数乘法和 $2N$ 次复数加法。所以复数乘法次数等于 $N^2/2+N$，比直接计算时的复乘次数 N^2 减少了约 $1/2$。

(2) 序列的多级奇偶抽取

当 $x_1(n)$、$x_2(n)$ 序列的长度大于 2 时，采用类似求 $X(k)$ 的方法对序列 $x_1(n)$、$x_2(n)$ 进行奇偶抽取后间接计算 $X_1(k)$、$X_2(k)$，可降低 $X_1(k)$、$X_2(k)$ 的计算复杂性。逐级奇偶抽取，最终将长度为 N 的序列 $x(n)$ 分解为一系列长度等于 2 的短序列。

图 2-1-2 所示为长度为 $N=2^3$ 序列的基 2 时间抽取分解过程。

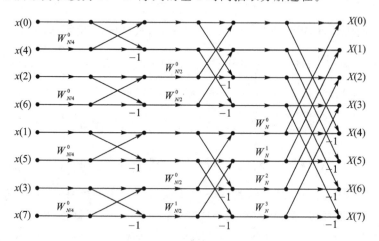

图 2-1-2 基 2 时间抽取奇偶分解示意图（$N=2^3$）

(3) 基 2 时间抽取 FFT 算法的计算量

观察图 2-1-2 所示的分解过程，整个基 2 时间抽取 DFT 算法由图 2-1-3 所示的若干次蝶形运算组成。

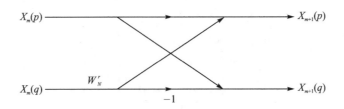

图 2-1-3　第 m 级第 i 组第 j 次蝶形运算结构

对于长度为 2^M 的输入序列 $x(n)$，基 2 时间抽取 FFT 算法共经过 M 级奇偶抽取，每级有 $N/2$ 次蝶形运算，每次蝶形运算包括一次复数乘法和两次复数加法。基 2 时间抽取 FFT 算法总的复数乘法次数为 $M\frac{N}{2}\times 1=\frac{N}{2}\log_2 N$，总复数加法次数为 $M\frac{N}{2}\times 2=N\log_2 N$。相对直接 DFT 变换的乘法改善比为

$$\beta_2=\frac{N^2}{\frac{N}{2}\log_2 N}=\frac{2N}{\log_2 N}$$

以 $N=1024$ 为例，FFT 的复数乘法运算次数为 $\frac{N}{2}\log_2 N=5120$，而 DFT 的复数乘法运算次数是 1048576，可得 $\beta_2=204.8$，即运算量为 DFT 的 $1/204.8$，大大提高了运算速度。

2. 基 2 时间抽取 FFT 算法特性

（1）码位倒序特性

从图 2-1-2 可以看出，逐级奇偶抽取之后，输入端序列不再按自然顺序排列。

设序列 $x(n)$ 的第 n 个索引号的二进制表示为 $n=(n_{M-1}n_{M-2}\cdots n_1 n_0)_2$。逐级奇偶抽取之后，第 n 个输入对应 $x(n)$ 的索引号为 $n'=(n_0 n_1 \cdots n_{M-2} n_{M-1})_2$，称索引号 n' 是索引号 n 的（二进制）码位倒序。

在进行基 2 时间抽取 FFT 算法时，首先要对原序列 $x(n)$ 进行码位倒序排列运算。

（2）同址运算

从图 2-1-3 可以看出，每一级每次蝶形运算的输出仅与本次蝶形运算的输入及本次蝶形运算所处的位置有关。因此，在本次蝶形运算完成之后，其输入值 $X_m(p)$、$X_m(q)$ 不必保存（其他次蝶形运算不再会使用这两个参数），本次蝶形运算的输出可以存入本次蝶形运算的输入存储单元之中，这就是同址运算，即输入/输出序列共享存储单元。同址运算带来如下两项优良特性：

① 除少量中间存储单元和存放变换核 W_N^r 系数的存储单元外，基 2 时间抽取 FFT 算法只需 N 个存储单元（N 是序列长度）。

② 如果在每一级配备 $N/2$ 个处理器，则每级的 $N/2$ 次蝶形运算可以同时计算，FFT 算法的并行运算结构可以最大限度地提高计算效率。

2.1.2　基 2 频率抽取 FFT 算法[2]

基 2 频率抽取 FFT 算法是将输出序列 $X(k)$（也是 N 点序列）按其索引号 k 的奇偶分解为越来越短的序列，具体如下：

设序列点数为 $N=2^M$，M 为正整数，在把输出 $X(k)$ 按索引号 k 的奇偶分组之前，先把输入序列 $x(n)$ 按索引号 n 分成前、后两部分：

$$X(k) = \sum_{n=0}^{N-1} x(n)W_N^{nk} = \sum_{n=0}^{N/2-1} x(n)W_N^{nk} + \sum_{n=N/2}^{N-1} x(n)W_N^{nk} =$$

$$\sum_{n=0}^{N/2-1} x(n)W_N^{nk} + \sum_{n=0}^{N/2-1} x\left(n+\frac{N}{2}\right)W_N^{(n+\frac{N}{2})k} =$$

$$\sum_{n=0}^{N/2-1} \left[x(n) + x\left(n+\frac{N}{2}\right)W_N^{Nk/2}\right]W_N^{nk}, \quad k=0,1,\cdots,N-1 \quad (2-1-9)$$

式中用的是 W_N^{nk}，而不是 $W_{N/2}^{nk}$，因而这并不是 $N/2$ 点 DFT。

由于 $W_N^{N/2} = -1$，故 $W_N^{Nk/2} = (-1)^k$，式(2-1-9)变为

$$X(k) = \sum_{n=0}^{N/2-1} \left[x(n) + (-1)^k x\left(n+\frac{N}{2}\right)\right]W_N^{nk}, \quad k=0,1,\cdots,N-1 \quad (2-1-10)$$

当 k 为偶数时，$(-1)^k = 1$；当 k 为奇数时，$(-1)^k = -1$。因此，按 k 的奇偶可将 $X(k)$ 分为两部分，令

$$k = 2r$$
$$k = 2r+1$$

其中 $r = 0, 1, \cdots, \frac{N}{2}-1$，则式(2-1-10)可以分割为两部分：

$$X(2r) = \sum_{n=0}^{N/2-1} \left[x(n) + x\left(n+\frac{N}{2}\right)\right]W_N^{2nr} = \sum_{n=0}^{N/2-1} \left[x(n) + x\left(n+\frac{N}{2}\right)\right]W_{N/2}^{nr}$$
$$(2-1-11)$$

$$X(2r+1) = \sum_{n=0}^{N/2-1} \left[x(n) - x\left(n+\frac{N}{2}\right)\right]W_N^{n(2r+1)} = \sum_{n=0}^{N/2-1} \left\{\left[x(n) - x\left(n+\frac{N}{2}\right)\right]W_N^n\right\}W_{N/2}^{nr}$$
$$(2-1-12)$$

式(2-1-11)为输入 $x(n)$ 的前一部分与后一部分之和的 $N/2$ 点 DFT，式(2-1-12)为输入 $x(n)$ 的前一部分与后一部分之差再与 W_N^n 之积的 $N/2$ 点 DFT，令

$$\left.\begin{array}{l} x_1(n) = x(n) + x\left(n+\frac{N}{2}\right), \quad n=0,1,\cdots,\frac{N}{2}-1 \\ x_2(n) = \left[x(n) - x\left(n+\frac{N}{2}\right)\right]W_N^n, \quad n=0,1,\cdots,\frac{N}{2}-1 \end{array}\right\} \quad (2-1-13)$$

$$\left.\begin{array}{l} X(2r) = \sum_{n=0}^{N/2-1} x_1(n)W_{N/2}^{nr}, \quad r=0,1,\cdots,\frac{N}{2}-1 \\ X(2r+1) = \sum_{n=0}^{N/2-1} x_2(n)W_{N/2}^{nr}, \quad r=0,1,\cdots,\frac{N}{2}-1 \end{array}\right\} \quad (2-1-14)$$

式(2-1-13)的运算关系可以用图 2-1-4 所示的蝶形运算来表示。

这样，我们就把一个 N 点 DFT 按 k 的奇偶分解为两个 $N/2$ 点的 DFT 了，如式(2-1-14)所示。当 $N=8$ 时，上述分解过程如图 2-1-5 所示。

与时间抽取法的推导过程一样，由 $N=2^M$ 可知 $N/2 = 2^{M-1}$ 仍是一个偶数，因而可以将每个 $N/2$ 点 DFT 的输出再按索引号分解为偶数组与奇数组，这就将 $N/2$ 点 DFT 进一步分解为两个 $N/4$ 点 DFT。

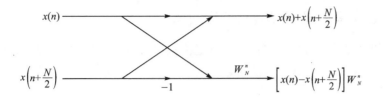

图 2-1-4　按频频率抽取蝶形运算结构

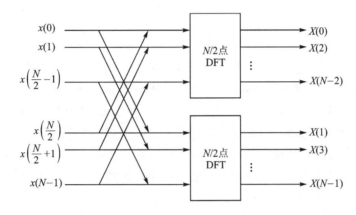

图 2-1-5　频率抽取法将 N 点 DFT 分解为两个 N/2 点的 DFT

这样的分解可以一直进行到第 M 级（$N=2^M$），第 M 级实际上是做两点 DFT，它只有加减运算。M 级的 $N/2$ 个两点 DFT 的 N 个输出就是 $x(n)$ 的 N 点 DFT 的结果 $X(k)$。图 2-1-6 所示为一个 $N=2^3=8$ 的按频率抽取法的完整 FFT 结构。

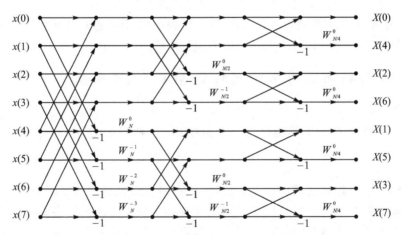

图 2-1-6　基 2 频率抽取分解示意图（$N=2^3$）

基 2 频率抽取 FFT 算法与基 2 时间抽取 FFT 算法一样具有码位倒序和同址运算的特性。但在基 2 频率抽取 FFT 运算中，并不是 $x(n)$ 在运算前先码位倒序排列，$x(n)$ 按自然顺序排列，而是将计算得到的 $X(k)$ 按码位倒序排列。因此，为了得到顺序排列的 $X(k)$，需要把 $X(k)$ 再进行一次码位倒序排列。

2.1.3 快速傅里叶逆变换(IFFT)算法

FFT 算法的思想同样适用于离散傅里叶逆变换(IDFT)运算。本小节将研究快速傅里叶逆变换(IFFT)。将 IDFT 公式

$$x(n)=\frac{1}{N}\sum_{n=0}^{N-1}X(k)W_N^{-nk}, \quad n=0,1,\cdots,N-1 \qquad (2-1-15)$$

与 DFT 公式

$$X(k)=\sum_{n=0}^{N-1}x(n)W_N^{nk}, \quad k=0,1,\cdots,N-1 \qquad (2-1-16)$$

进行比较可以看出,只要把 DFT 运算中的每一个系数 W_N^{nk} 换成 W_N^{-nk},最后再乘以常数 $1/N$,则以上所述的按时间抽取或按频率抽取的 FFT 都适用于 IDFT 运算。有的计算机编程语言对 FFT 变换编程时,用同一个函数来完成 FFT 正变换和逆变换(例如 FORTRAN 的 FFT 函数[5,6,9])。在 FFT 函数中增加一个参数,当 FFT 正变换时该参数为 0,当 FFT 逆变换时该参数为 1。这些函数的运算就是在该参数为 1 时把系数 W_N^{nk} 换成 W_N^{-nk},最后再乘以常数 $1/N$。

下面给出一种完全不用改变 FFT 的程序就可以计算 IFFT 的方法[2]。参见式(1-3-7),对 IDFT 公式(2-1-15)取共轭

$$x^*(n)=\frac{1}{N}\sum_{n=0}^{N-1}X^*(k)W_N^{nk}$$

因而

$$x(n)=\frac{1}{N}\left[\sum_{n=0}^{N-1}X^*(k)W_N^{nk}\right]^*=\frac{1}{N}\{DFT[X^*(k)]\}^* \qquad (2-1-17)$$

这说明只要先将 $X(k)$ 取共轭就可直接利用 FFT 子程序,然后再将运算结果取一次共轭,并乘以 $1/N$,即可得到 $x(n)$ 值。FFT 运算和 IFFT 运算也可共用一个子程序函数。

2.1.4 案例 2.1:快速傅里叶变换的 MATLAB 函数

1. 概述

MATLAB 中自带了 FFT 的函数 fft()和函数 ifft(),调用格式为

```
X = fft(x,N);
```

其中:x 是输入序列,可以是实数也可以是复数;X 是 FFT 变换后的输出序列;N 是作 FFT 变换的长度,当缺 N 时就以 x 序列的长度作为 FFT 变换的长度。设置 N 后,当 x 序列的长度大于 N 时,取 x 序列 N 长作 FFT 变换(即对 x 序列进行截断);当 x 序列的长度小于 N 时,在 x 后补零至 N 长再作 FFT 变换。

同时在 MATLAB 中提供了快速傅里叶逆变换的函数 ifft(),调用格式为

```
x = ifft(X);
```

其中:X 是输入序列;x 是输出序列。

本案例为便于读者了解 FFT 的运算过程和编程,提供一个用 MATLAB 语言编写的基 2 时间抽取的 FFT 函数。

2. 解决方法

FFT 运算主要是在蝶形运算的基础上构成的，在运算前又要对输入序列进行码位倒序的排列，因此首先要说明两个问题：码位倒序和蝶形运算两节点的距离及 W_N^r 的设置。之后就能编写 FFT 程序了。

(1) 码位倒序排列的方法

在 2.1.1 小节中介绍了码位倒序的构成。设序列 $x(n)$ 的第 n 个索引号的二进制表示为 $n = (n_{M-1} n_{M-2} \cdots n_1 n_0)_2$，它对应的码位倒序号为 $n' = (n_0 n_1 \cdots n_{M-2} n_{M-1})_2$，即把 n 的二进制码位颠倒排列。在表 2-1-1 中给出了 $N=8$ 时各 n 和对应的 n'。

表 2-1-1 $N=8$ 的码位倒序排列

自然顺序排列 n	二进制数	倒序二进制数	倒序顺序排列 n'
0	000	000	0
1	001	100	4
2	010	010	2
3	011	110	6
4	100	001	1
5	101	101	5
6	110	011	3
7	111	111	7

在 MATLAB 中对于一个序列 n，可以通过一条语句计算出该序列码位倒序序列 n'，该语句为

nxd = bin2dec(fliplr(dec2bin([1:N]-1,m)))+1;

其中：N 是序列的长度；m 是 N 的 2 的幂次。为了说明该语句是怎么运行的，这里编了一个小程序：

```
N=8; m=3;                % 设置 N 和 m
x = 1:N                  % 产生自然顺序序列
x1 = dec2bin(x-1,m)      % x-1 后十进制数转换成二进制数
x2 = fliplr(x1)          % 把 x1 左右反转
x3 = bin2dec(x2)         % 把 x2 二进制数转换成十进制数
y = x3+1                 % x3+1 后输出
```

说明：在 MATLAB 中，一个数组的索引是从 1 开始的，而在码位倒序计算中是从 0 开始的，所以索引序列在计算倒序前先减 1；又计算出码位倒序的序列后要转成 MATLAB 相应数组的索引号，则要加 1，这就是 x-1 和 y=x3+1 的原因。在程序中又用了 MATLAB 中自带的十进制转二进制的函数 dec2bin 和二进制转十进制的函数 bin2dec。

计算结果如下：

```
x  = 1   2   3   4   5   6   7   8            顺序排列 1,…,8
x1 = 000 001 010 011 100 101 110 111          x1=x-1 以二进制排列
x2 = 000 100 010 110 001 101 011 111          x1 的倒序排列
```

| x3= | 0 | 4 | 2 | 6 | 1 | 5 | 3 | 7 | 二进制转成十进制 |
| y= | 1 | 5 | 3 | 7 | 2 | 6 | 4 | 8 | 把 x3 转换成 MATLAB 的数组索引号 |

计算结果中的 x1、x2 和 x3 与表 2-1-1 中的后 3 列完全一样，而 x 和 y 是 MATLAB 中相应数组的索引号，必须从 1 开始。

(2) 蝶形运算两节点的距离及 W_N^r 的计算

在基 2 时间抽取法 FFT 运算中，若序列 $x(n)$ 长 $N=2^M$，从 $x(n)$ 变换到 $X(k)$ 经过 M 级奇偶抽取和蝶形迭代运算，设任意一级为 m 级 ($m=1,2,\cdots,M$)，每一级中有 $N/2$ 组蝶形运算对。参看图 2-1-2，第 1 级运算是在相邻两点之间进行的，此时蝶形运算两节点之间的距离为 1；第 2 级中蝶形运算两节点之间的距离为 2；……可推出，任意 m 级中蝶形运算两节点之间的距离 N_r 为

$$N_r = 2^{m-1} \qquad (2-1-18)$$

同样若序列 $x(n)$ 长 $N=2^M$，共有 M 级运算。参看图 2-1-2，第 1 级中两节点间乘的 W_N^r 为 $W_{N/4}^0$ 或 W_2^0，即为 $W_{2^1}^r$，$r=0$；第 2 次抽取为 $W_{2^2}^r$，$r=0,1$；……不难推出，对于任意一次 m 抽取有

$$W_{N_m}^r = W_{2^m}^r, \quad r=0,1,\cdots,2^{m-1}-1 \qquad (2-1-19)$$

式中：N_m 是旋转因子 $W_{N_m}=\exp(-j2\pi/N_m)$ 指数内的分母值，它与 N_r 的关系为

$$N_m = 2^m = 2N_r \qquad (2-1-20)$$

而 r 是在一组蝶形运算中旋转因子可取的值，共可取 2^{m-1} 个。

按式 (2-1-9)，以 $N=2^3(M=3)$ 为例，可得

第 1 级 $m=1$ 时，$W_2^r = W_{N/4}^r (r=0)$。

第 2 级 $m=2$ 时，$W_4^r = W_{N/2}^r (r=0,1)$。

第 3 级 $m=3$ 时，$W_8^r = W_N^r (r=0,1,2,3)$。

从图 2-1-2 中还可以看到，在第 1 级中共分成 4 组蝶形运算对，每一组中只有 1 对蝶形运算，两节点之间的距离为 1；在第 2 级中共分成 2 组蝶形运算对，每一组中只有 2 对蝶形运算，两节点之间的距离为 2。以 $N=2^M$ 来说，第 1 级中将有 $N/2=2^{M-1}$ 组；第 2 级中将有 $N/4=2^{M-2}$ 组；……任意 m 级时将有 $N_g=2^{M-m}$ 组，每一组中有 2^{m-1} 对蝶形运算，并且上一组第 1 个索引号与下一组第 1 个索引号之间的间隔为 2^m，即与 N_m 相等。

3. 实例

基 2 时间抽取 FFT 函数 myditfft 的程序清单如下[1]：

```
function y = myditfft(x)
m = nextpow2(length(x));N = 2^m;        % 求 x 的长度对应的 2 的最低幂次 m
if length(x)<N
    x = [x,zeros(1,N-length(x))];       % 若 x 的长度不是 2 的幂，补零到 2 的整数幂
end
nxd = bin2dec(fliplr(dec2bin((1:N)-1,m)))+1;  % 求 1:2^m 数列的码位倒序序列
y = x(nxd);                              % 将 x 按码位倒序顺序排列存放在 y 中
for mm = 1:m                             % 将 DFT 作 m 级运算，从左到右，每级作 N/2 组蝶形运算
    Nmr = 2^mm;u = 1;                    % 计算每级运算时的旋转因子 WN 中的分母 Nmr，并初始化 u
    WN = exp(-1i*2*pi/Nmr);              % 计算每级运算时的旋转因子 WN
    for j = 1:Nmr/2                      % 计算每级中有 Nmr/2 组的各蝶形运算
```

```
    for k = j:Nmr:N                  % 计算不同组之间的索引改变
        kp = k + Nmr/2;              % 进行一组蝶形运算
        t = y(kp) * u;
        y(kp) = y(k) - t;
        y(k) = y(k) + t;
    end
    u = u * WN;                      % 修改旋转因子 WN
  end
end
```

说明：

① 函数的输入序列为 x，输出序列为 y。

② 当输入序列 x 不为 2 的整数次幂时，函数为自动地寻找最接近的 2 的整数次幂长度，x 序列不足的部分以 0 补充。

③ 在输入 x 后先做了码位倒序顺序排列。

④ 在本函数中每级中的各蝶形运算不是按一组一组进行的，而是按乘相同的 $W_{N_m}^r$ 来计算的，而且该参数在本函数中用 u 来表示。初始时 u=1，表示 $W_{N_m}^0$。

⑤ 在相同的 $W_{N_m}^r$ 下，一组与下一组索引号的间隔为 2^m（在本函数中用 Nmr 来表示），所以函数里最内层的循环把步长设为 Nmr。

为了验证函数的正确性，下面编写了一段小程序，把相同输入序列经 myditfft 函数的结果与 MATLAB 中自带的 fft 函数的结果进行比较：

```
N = 16;                % 设置 N 为 16
x = randn(1,N);        % 产生随机数
y = myditfft(x);       % 调用 myditfft 函数
z = fft(x);            % 调用 fft 函数
```

将 y 和 z 的实部和虚部分别作图，如图 2-1-7 所示。

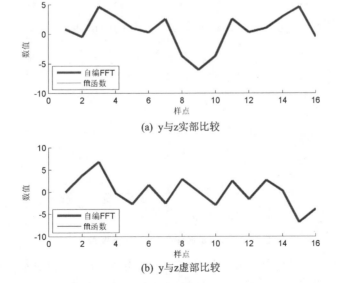

(a) y 与 z 实部比较

(b) y 与 z 虚部比较

图 2-1-7　myditfft 函数和 fft 函数结果比较

2.1.5 案例2.2：如何经IFFT后得到实数序列

1. 概述

我们处理的大部分数据都是实数序列。设有实数序列 $x(n)$，把 $x(n)$ 经 FFT 转到频域中为 $X(k)$，然后在频域中进行处理，处理完后经 IFFT 变成实数序列。本案例将说明如何经 IFFT 后得到实数序列。

2. 理论基础

设 $x(n)$ 为实数序列时，$X(k)$ 具有对称特性。由离散傅里叶性质可知 $X(k)$ 有如下对称特性（见式(1-3-13)）：

$$\left.\begin{array}{l} X_R(k) = X_R(-k) = X_R(N-k), \quad k=0,1,\cdots,N-1 \\ X_I(k) = -X_I(-k) = -X_I(N-k), \quad k=0,1,\cdots,N-1 \end{array}\right\} \quad (2\text{-}1\text{-}21)$$

式中：$X_R(k)$ 是 $X(k)$ 的实部，$X_I(k)$ 是 $X(k)$ 的虚部，即实部具有偶对称，虚部具有奇对称（又称为共轭对称）。如果希望由 $X(k)$ 经 IFFT 得到的 $x(n)$ 是实数序列，则 $X(k)$ 必须具有满足这种共轭对称的特性。

3. 解决方法

(1) 寻找在 MATLAB 下谱线索引号的对称关系

在式(2-1-21)中 k 在 0~N-1 范围内变化，但在 MATLAB 中不论是 x(n) 还是 X(k)，其中索引号的变化在 1~N 范围内，那么它们的对称关系又怎么表示或体现呢？以下通过例子说明 MATLAB 下 X(k) 的对称特性。

以下程序中设置了 N=32，通过矩形波形的 FFT 观察对称特性：

```
N = 32;                    % 设置N长
x = zeros(1,N);            % 构成矩形波形
x(7:26) = 1;
X = fft(x);                % FFT
```

x(n) 的波形如图 2-1-8 所示，X(k) 的实部与虚部的图形如图 2-1-9 所示。

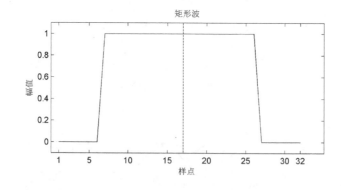

图 2-1-8 矩形波的波形（N 为偶数）

在图 2-1-9 中标出了 2 个索引号 k 与 k'。k 在式(2-1-1)中表示 X(k) 的索引号，在 0~N-1（即 0~31）范围内；而 k' 是 MATLAB 数组的索引号或在图 2-1-9 中表示第几条谱线，在 1~N（即 1~32）的范围内，k 与 k' 相差 1。

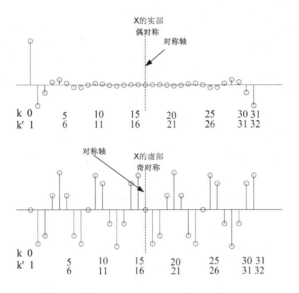

图 2-1-9 N 为偶数的矩形波 FFT 分析

当 N 为偶数时（这里取 N=32），对称轴在 $\frac{N}{2}+1$ 处，即图 2-1-9 中的第 17 条谱线处（$k'=17,k=16$，图中用虚线表示）。在 X(k) 实部中对称轴左边的谱线与右边的谱线互为偶对称，X(k) 虚部中对称轴左边的谱线与右边的谱线互为奇对称，即有

$$Xr(2)=Xr(32),Xr(3)=Xr(31),\cdots,Xr(16)=Xr(18)$$
$$Xi(2)=-Xi(32),Xi(3)=-Xi(31),\cdots,Xi(16)=-Xi(18)$$

这里用 Xr 表示在 MATLAB 中 X(k) 的实部，Xi 表示 X(k) 的虚部，括号中的数码是数组 X(k) 的索引号 k'，而第 1 条谱线和第 17 条谱线没有相应对称的谱线。对应索引号 k' 的对称关系有

$$k'=2,3,4,5,6,7,\cdots,16 \Leftrightarrow 32,31,30,29,28,27,\cdots,18$$

下面再观察 N 为奇数的情形。以下程序中设置了 N=33，通过矩形波形的 FFT 观察对称特性：

```
N = 33;                    % 设置N长
x = zeros(1,N);            % 构成矩形波形
x(7:27) = 1;
X = fft(x);                % FFT
```

x(n) 的波形如图 2-1-10 所示，X(k) 的实部与虚部的图形如图 2-1-11 所示。

图 2-1-11 和图 2-1-9 一样，也标出了 2 个索引号 k 与 k'。k 是式(2-1-1)中表示的索引号，为 0~N-1，即在 0~32 的范围内；而 k' 是在 MATLAB 数组中的索引号，为 1~N，即在 1~33 的范围内，k 与 k' 相差 1。

当 N 为奇数时（这里取 N=33），对称轴在 $\frac{N}{2}+1$ 处，为非整数，所以不存在一条谱线在对称轴上，而是在两条谱线（第 17 条与第 18 条）之间，图中用虚线表示。一样在 X(k) 实部中对称轴左边的谱线与右边的谱线互为偶对称，X(k) 虚部中对称轴左边的谱线与右边的谱线互为奇对称，即有

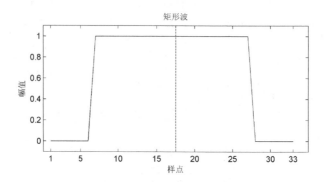

图 2-1-10 矩形波的波形（N 为奇数）

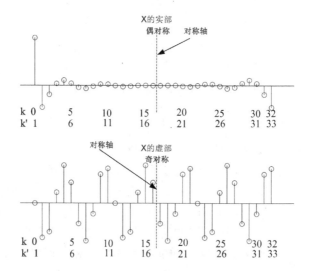

图 2-1-11 N 为奇数的矩形波 FFT 分析

$$Xr(2)=Xr(33), Xr(3)=Xr(32), \cdots, Xr(17)=Xr(18)$$
$$Xi(2)=-Xi(33), Xi(3)=-Xi(32), \cdots, Xi(17)=-Xi(18)$$

第 1 条谱线没有相应对称的谱线。对应索引号 k' 的对称关系有

$$k'=2,3,4,5,6,7,\cdots,17 \Leftrightarrow 33,32,31,30,29,28,\cdots,18$$

对于任意 N 值，不论它为偶数或奇数，k' 的值是容易知道的，它表示 MATLAB 中数组 X(k) 的索引编号或 X(k) 谱图中第几条谱线；而在已知 k' 后怎样计算出对称索引号呢？设对称索引号为 m，按以上的推导可以归结为

$$m = N - k' + 2 \tag{2-1-22}$$

即在 MATLAB 中已知某条谱线，就能按式(2-1-22)计算出它的对称谱线的索引号。

当 N 为奇数时，只有 k=0 没有对应的对称谱线，也就是 k'=1 没有对应的对称谱线。

(2) 只知 X(k) 的一半谱线，如何得到 x(n) 为实数序列

在许多数字信号处理中只对 X(k) 对称轴左边的谱线进行处理（也就是正频率的分量），处理完成以后要求通过傅里叶逆变换得到实数序列。在这种情况下如何构成整个 X(k)，以及如何保证 X(k) 逆变换后得到的 x(n) 为实数序列呢？共有两种方法。

方法一：对于 N 为偶数和 N 为奇数稍有一些不同，先设 N 为偶数。当 N 为偶数时，已知了 X(k) 对称轴左边的谱线，即 $k'=1,\cdots,\frac{N}{2}+1\left(k'\text{取}\frac{N}{2}+1\text{ 是对称轴的位置}\right)$ 等谱线都是已知的，则可以利用式(2-1-22)求出相对应的对称谱线的值。设 X(k) 长 $\frac{N}{2}+1$，代表 X(k) 在 $k'=1,\cdots,\frac{N}{2}+1$ 的值，则

```
X1 = conj(X(N/2：-1：2))     共 N/2 - 1 个
X = [X X1]
```

此时细观察的话，有 $X\left(\frac{N}{2}+2\right)=\mathrm{conj}\left(X\left(\frac{N}{2}\right)\right),\cdots,X(N)=\mathrm{conj}(X(2))$，X(k) 构成为一个共轭对称的序列。

当 N 为奇数时，已知了 X(k) 对称轴左边的谱线，即 $k'=1,\cdots,(N+1)/2$ 等谱线都是已知的，设 X(k) 长 (N+1)/2，代表 X(k) 在 $k'=1,\cdots,(N+1)/2$ 的值，则

```
X1 = conj(X((N+1)/2：-1：2))     共 (N-1)/2 个
X = [X X1]
```

方法二：对于 N 为偶数和 N 为奇数也稍有一些不同，先设 N 为偶数。在第一种方法中用 X 的倒序排列放在 X1 中，而倒序排列还有一种方法可用 fliplr 函数来完成。

当 N 为偶数时，已知了 X(k) 对称轴左边的谱线，即 $k'=1,\cdots,\frac{N}{2}+1$ 等谱线都是已知的，设 X 序列是行序列，则可以有

```
X1 = fliplr(X(2：end-1))
X = [X conj(X1)]
```

当 N 为奇数时，可以编写为

```
X1 = fliplr(X(2：end))
X = [X conj(X1)]
```

这样就构成了共轭对称关系的 X(k) 序列。

这里还有一点要特别注意：当 x(n) 经 FFT 后得到 X(k) 时，对称轴的右边是负频率区域，对称轴的左边是正频率区域；而在 IFFT 之前也必须把负频率区域安排在对称轴的右边。

4. 实 例

例 2-1-1(pr2_1_1)　在图 2-1-11 的基础上，X(k) 对称轴的左边只取 1~6 条谱线，设置对称轴右边的谱线，以保证 X(k) 逆变换后得到的 x(n) 为实数序列。

为了保证 X(k) 逆变换后得到的 x(n) 为实数序列，即要求相应的谱线满足共轭对称的条件，要按式(2-1-22)计算出相应谱线在数组中的索引号。已知 $k'=1,2,\cdots,6$，当 N 为奇数时，$k'=1$ 没有相应的对称谱线，所以只需计算 $k'=2,3,\cdots,6$ 时的对称谱线索引号。按式(2-1-22)，对应的谱线索引号为 $33,\cdots,29$。程序 pr2_1_1 清单如下：

```
% pr2_1_1
clear all; clc; close all;
```

```
N = 33;                              % 设置 N 长
x = zeros(1,N);                      % 构成矩形波形
x(7:27) = 1;
X = fft(x);                          % FFT
Y = zeros(1,33);                     % 初始化 Y
Y(1:6) = X(1:6);                     % 设定只取 1～6 条谱线
Y(29:33) = X(29:33);                 % 构成相应对称的谱线
y = ifft(Y);                         % FFT 逆变换
n = 1:N;
% 作图
subplot 211; plot(n,real(y),'k');
xlabel('样点'); ylabel('幅值');
title('x(n)实部')
subplot 212; plot(n,imag(y),'k');
xlabel('样点'); ylabel('幅值');
title('x(n)虚部')
```

说明：在计算 X(k)时已给出了对称轴右边的谱线,所以直接用 X(k)来设置 Y(k);而没有从 X(k)在对称轴左边的谱线求出 Y(k)在对称轴右边的谱线。当然也可以用上述方法,从 X(k)在对称轴左边的谱线求出 Y(k)在对称轴右边的谱线。

运行程序 pr2_1_1 后如图 2-1-12 所示。

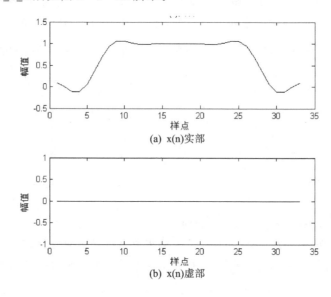

图 2-1-12 x(n)的实部和虚部

从图 2-1-12 中可看出,x(n)的虚部为 0,说明是一个实数序列。

例 2-1-2(pr2_1_2) 同 pr2_1_1,但只已知 N=33,X(k)长 17,其中只有前 6 个值,其他值均为 0,用前面介绍的方法一构成 X(k),保证 X(k)逆变换后得的 x(n)为实数序列,程序不在这里列出了,可以从本书的附带程序中找到,其计算结果和图 2-1-12 一样。

例 2-1-3(pr2_1_3) 同 pr2_1_1,但只已知 N=33,X(k)长 17,其中只有前 6 个值,其他值均为 0,用前面介绍的方法二构成 X(k),保证 X(k)逆变换后得的 x(n)为实数序列。程序也不在这里列出了,可以从本书的附带程序中找到,其计算结果和图 2-1-12 一样。

5. 案例延伸

有时我们可以发现 X(k)按方法一或方法二进行设置,即满足共轭对称的条件,但为什么 IFFT 后得到的 x(n)虚部不为 0 呢?

我们把 X(k)已经设置成共轭对称的结构,从理论上来说,IFFT 后得到的 x(n)应该为实数序列,但计算结果有时虚部不完全为 0,其原因是计算机有限字长的计算产生了误差。从三角函数的 π 来说,它为无限长,在 FFT 变换中的相应正弦值、余弦值都应无限长,但计算机中由于双精度的浮点表示,对 π 进行了截断,用有限字长来近似,其他的三角函数值也都是用有限字长表示,所有这一切都带来了误差。2.1.6 小节的案例 2.3 是按方法一设置 X(k)的,但得到的 x(n)虚部不为 0,且虚部的量级在 10^{-17} 上,非常小。同时还须强调,虽然 x(n)虚部很小,但在 FFT 逆变换输出时(如用于作图、保存或其他处理)一般都先取 $\mathrm{real}(x(n))$ 后再进一步处理,这样就把很小的虚部完全删除了,否则可能会给后续的处理带来错误,或运算中出错。

2.1.6 案例 2.3:如何使实数序列在时间域上位移后也为实数序列

1. 概 述

按 DFT 的性质,在时间域上对序列进行位移后得到的是一个复数序列,而实际上我们有时希望位移后得到的是一个实数序列。

2. 理论基础

设实数序列 $x(n)$,长为 N,$n=0,1,\cdots,N-1$。由 DFT 的性质式(1-3-8)得到时间域的位移特性有

$$\left.\begin{array}{l} \mathrm{DFT}[x(n-m)] = W_N^{mk} X(k) = X(k)\mathrm{e}^{-\mathrm{j}\frac{2\pi}{N}mk} \\ \mathrm{DFT}[x(n+m)] = W_N^{-mk} X(k) = X(k)\mathrm{e}^{\mathrm{j}\frac{2\pi}{N}mk} \\ W_N = \mathrm{e}^{-\mathrm{j}\frac{2\pi}{N}} \end{array}\right\} \quad (2-1-23)$$

在参考文献[5]中给出了式(2-1-23)的证明,其中 m 是一个整数,可以是正值或负值。因为对 $X(k)$ 乘以 W_N^{mk},这样就破坏了原 $X(k)$ 的共轭对称关系,使 IFFT 后得到的 $x(n-m)$ 不再保证是实数序列。

(1) 把一个相角的位移设置成样点的位移

在信号处理中正弦信号经常表示为 $x(n)=A\cos(2\pi f_0 n/f_s + \theta)$,其中 f_s 是采样频率,f_0 是正弦信号的频率,A 是信号的幅值,θ 是信号的初始相角。而初始相角值也相当于一个时间的位移量,在式(2-1-23)中时间域的位移是按样点来计算的,那么这里的初始相角表示多少位移量呢?

信号可进一步表示为

$$x(n) = A\cos(2\pi f_0 n/f_s + \theta) = A\cos[2\pi f_0 (n+d)/f_s]$$

由上式可得

$$2\pi f_0 d/f_s = \theta$$

然后导出

$$d = \theta f_s / 2\pi f_0 \quad (2-1-24)$$

d 值就是所要求的相角代表的位移样点量,而且位移样点量不一定要整数,经常带有小数值。

(2) 位移 d 与 W_N^{mk} 的关系

从以上推导可以看出

$$x(n) = A\cos(2\pi f_0 n/f_s + \theta) = A\cos[2\pi f_0 (n+d)/f_s]$$

而要使信号恢复到初始相角为 0，则相当于要设置一个函数 $y(n)$，满足 $y(n)=x(n-d)$，从这一关系和式(2-1-23)，可得到

$$\left. \begin{array}{r} Y(k) = X(k)W_N^{dk} \\ W_N^{dk} = \exp(-\mathrm{j}2\pi dk/N) \end{array} \right\} \quad (2-1-25)$$

但要按式(2-1-23)进行位移，则 m 必须为整数，而我们给出的 d 不是整数。在以下案例分析中讨论 m 为非整数时的结果。

3. 案例分析

我们先观察一个例子。设 x=cos(2*pi*f0*n/fs+ph1)，其中 fs 采样频率为 2 000 Hz，信号频率 f0 为 100 Hz，ph1 是信号的初始相角 -pi/3，n 是样点值，信号长度 N 为 40。希望通过位移使该信号的初始相角为 0。

```
fs = 2000;                      % 采样频率
N = 40;                         % 信号长度
n = 0:N-1;                      % 样点序列
f0 = 100; ph1 = -pi/3;          % 初始频率和初始相角
x = cos(2*pi*f0*n/fs+ph1);      % 余弦信号序列
X = fft(x);                     % FFT
df = fs/N;                      % 计算频率间隔
n2 = 1:N/2+1;                   % 计算正频率部分
freq = (n2-1)*df;               % 计算频率刻度
nk = f0/df+1;                   % 信号在 nk 谱线上
A = abs(X(nk))*2/N;             % 计算幅值
Theta = angle(X(nk));           % 计算初始相角
```

我们省略了程序的作图部分，运行后可以得到余弦信号 x 的波形图和通过 FFT 后的频域图，如图 2-1-13 所示。

在程序中又计算出信号的幅值和初始相角为

A = 1.00,   Theta = -1.047 198

pi/3 的数值即 1.047 198，故通过 FFT 得到的信号幅值和初始相角与设置值完全相符。

对于本例来说，初始相角值 ph1 为负值，对应的样点值 d 也为负值，波形又要左移。按照前面理论基础的讨论，$X(k)$ 应该乘以 $W_N^{-|d|k}$，或 $\mathrm{e}^{\mathrm{j}\frac{2\pi}{N}|d|k} = \exp(-\mathrm{j}2\pi dk/N)$。在以上程序的基础上继续编写为

```
d = ph1*fs/f0/(2*pi);           % 计算位移量
Ex = exp(-1j*2*pi*n*d/N);       % 计算旋转因子 W^(dk)
Y = X.*Ex;                      % FFT 后乘旋转因子
y = ifft(Y);                    % FFT 逆变换
d1 = ceil(ph1*fs/f0/(2*pi));    % 位移量取整值
Ex1 = exp(-1j*2*pi*n*d1/N);     % 重复以上运算计算出 y1
Y1 = X.*Ex1;
y1 = ifft(Y1);
```

得到位移后的序列 y 和 y1，并画出 y 和 y1 的实部(如图 2-1-14 所示)。

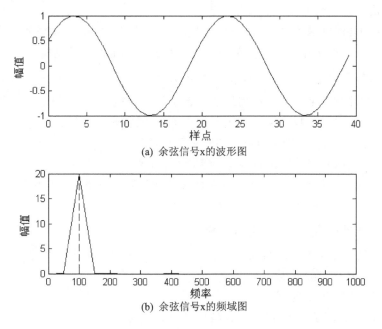

(a) 余弦信号x的波形图

(b) 余弦信号x的频域图

图 2-1-13　余弦信号 x 的波形图和 FFT 后的频域图

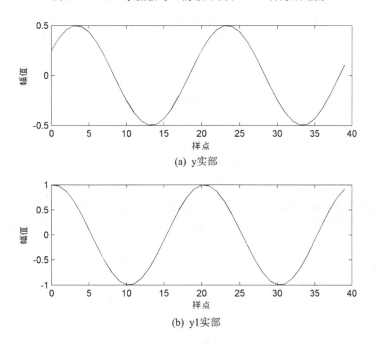

(a) y实部

(b) y1实部

图 2-1-14　余弦信号位移后的波形图

从图 2-1-14 中可以发现，y 波形并没有被位移，初始相位和原始波形一样，所以在程序中进一步计算了 y1，其中只取位移量的实部。而计算出的 y1 波形被位移了，初始相位接近于 0，但也不为 0。这就是说，当 d 为非整数时不能按式(2-1-23)进行位移，取整数后虽能位移但位移后初始相位不为 0，满足不了要求。以下我们将讨论如何把实数序列在时间域上位移非整数位移量后依然为实数序列。

4. 解决方法

要使实数序列在时间域上位移后依然为实数序列有两种方法：一是把实数序列变为复数序列；二是按照 2.1.5 小节中案例 2.2 的方法在频域构成共轭对称的结构。

（1）方法一：把实数序列 $x(n)$ 转换为复数序列

要把一个实数序列转换为复数序列可通过希尔伯特变换，在 MATLAB 中利用 hilbert 函数可方便地实现。在希尔伯特变换后再进行位移运算，具体步骤如下：

① 把 $x(n)$ 通过希尔伯特变换（调用 hilbert 函数）得到 $x'(n)$；
② FFT 后为 $X'(k)$，并乘以旋转因子 W^{dk}，$Y(k)=X'(k) \cdot W^{dk}$；
③ $Y(k)$ 经 IFFT 后得到 $y(n)$，$y(n)$ 的实数部分就是我们需要的位移后的序列。

在下面的例 2-1-4 中将给出这种方法的计算。

（2）方法二：在频域构成共轭对称的结构

$X(k)$ 乘以旋转因子 W^{dk} 后按照 2.1.5 小节中案例 2.2 的方法构成共轭对称频谱，以保证 $x(n)$ 为实数序列。具体步骤如下：

① 把 $x(n)$ 通过 FFT 后为 $X(k)$；
② $X(k)$ 乘以旋转因子 W^{dk}，$Y(k)=X(k) \cdot W^{dk}$；
③ $Y(k)$ 只取正频率部分，按式（2-1-22）求出的负频率部分，共同构成 $Y(k)$；
④ $Y(k)$ 经 IFFT 后得到 $y(n)$，$y(n)$ 的实数部分就是我们需要的位移后的序列。

在下面的例 2-1-5 中将给出这种方法的计算过程。

此外应注意，在这里讨论的是针对信号 $x=\cos(2*pi*f0*n/fs+ph1)$，其中 ph1 为负值，我们要计算的是 $x(n+d)$，所以按式（1-3-8）乘以 W^{dk}；如果要计算的对象是 $x(n-d)$，则按式（1-3-8）应乘以 W^{-dk}，以上计算步骤中都应该乘以 W^{-dk}。

5. 实 例

例 2-1-4（pr2_1_4） 信号 $x=\cos(2*pi*f0*n/fs+ph1)$，其中采样频率 fs 为 2 000 Hz，信号频率 f0 为 100 Hz，ph1 是信号的初始相角 $-pi/3$，n 是样点值，信号长度 N 为 40。希望通过位移使该信号的初始相角为 0。

通过希尔伯特变换，把实数序列 $x(n)$ 先转换为复数序列 $x'(n)$，按式（2-1-24）计算出位移的样点值 d 和旋转因子 $\exp(-j2\pi dk/N)$，把 $x'(n)$ FFT 后的 $X'(k)$ 乘以旋转因子，又 IFFT 变换为 $y(n)$，取 $y(n)$ 的实数部分。

相应的程序清单如下：

```
% pr2_1_4
clear all; clc; close all;

fs = 2000;                      % 采样频率
N = 40;                         % 信号长度
n = 0:N-1;                      % 样点序列
f0 = 100; ph1 = -pi/3;          % 初始频率和初始相角
x = cos(2*pi*f0*n/fs+ph1);      % 余弦信号序列
x1 = hilbert(x);                % 进行希尔伯特变换
X = fft(x1);                    % FFT
d = ph1*fs/f0/(2*pi);           % 计算位移量
Ex = exp(-1j*2*pi*n*d/N);       % 计算旋转因子 W^(dk)
```

```
Y = X .* Ex;                    % FFT 后乘以旋转因子
y = ifft(Y);                    % FFT 逆变换

y1 = real(y);                   % 取 y 的实部
Y1 = fft(y1);                   % FFT
df = fs/N;                      % 计算频率间隔
nk = floor(f0/df) + 1;          % 信号在 nk 谱线上
A = abs(real(Y1(nk))) * 2/N;    % 计算幅值
Theta = angle(Y1(nk));          % 计算初始相角
fprintf('A = %5.2f    Theta = %5.6f\n',A,Theta)
% 作图
subplot 211; plot(x,'k');
axis([1 N -1.1 1.1]);
title('原始信号'); ylabel('幅值'); xlabel('样点');
subplot 212; plot(real(y),'k');
axis([1 N -1.1 1.1]);
title('位移后信号的实部'); ylabel('幅值'); xlabel('样点');
set(gcf,'color','w')
```

说明：

① 在计算出 y 后只取 y 的实部为 y1,作为实数序列位移后的输出。

② 计算 y1 的 FFT 为 Y1,通过 Y1 求出输出信号的幅值和初始相角。

从 Y1 计算出输出信号 y1 的幅值和初始相角为

$$A = 1.00, \quad Theta = 0.000000$$

可以看出位移后的输出信号幅值还是 1,并且初始相角为 0,完全满足要求。余弦信号位移前、后的波形比较如图 2-1-15 所示。

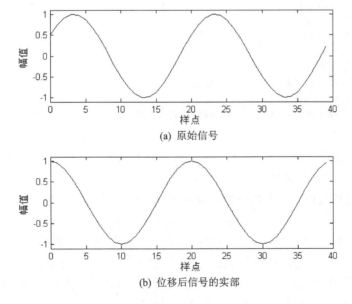

图 2-1-15　余弦信号位移前、后的波形比较(按方法一)

例 2-1-5(pr2_1_5)　同例 2-1-4,有信号 x=cos(2 * pi * f0 * n/fs+ph1),其中采样频率 fs 为 2 000 Hz,信号频率 f0 为 100 Hz,ph1 是信号的初始相角-pi/3,n 是样点值,信号长

度 N 为 40。希望通过位移使该信号的初始相角为 0。

我们这里用方法二来处理。FFT 后得 X(k)，乘以旋转因子 W^{dk}，并只取正频率部分，按式(2-1-22)得到负频率部分，构成共轭对称的结构。通过 IFFT 得到 y。程序清单如下：

```
% pr2_1_5
clear all; clc; close all;

fs = 2000;                          % 采样频率
N = 40;                             % 信号长度
n = 0:N-1;                          % 样点序列
f0 = 100; ph1 = -pi/3;              % 初始频率和初始相角
x = cos(2*pi*f0*n/fs + ph1);        % 余弦信号序列
X = fft(x);                         % FFT
d = ph1*fs/f0/(2*pi);               % 计算位移量
Ex = exp(-1j*2*pi*n*d/N);           % 计算旋转因子 W^(-dk)
X1 = X.*Ex;                         % FFT 后乘以旋转因子
X1 = X1(1:N/2+1);                   % 取正频率部分
Y = [X1 conj(X1(end-1:-1:2))];      % 构成共轭对称
y = ifft(Y);                        % FFT 逆变换
y1 = real(y);                       % 取 y 的实部
df = fs/N;                          % 计算频率间隔
nk = floor(f0/df) + 1;              % 信号在 nk 谱线上
Y1 = fft(y1);                       % 对 y1 作 FFT
A = abs(real(Y1(nk)))*2/N;          % 计算 y1 幅值
Theta = angle(Y1(nk));              % 计算 y1 初始相角
fprintf('A = %5.2f    Theta = %5.6f\n',A,Theta)
% 作图
subplot 311; plot(n,x,'k');
axis([0 N-1 1.1 1.1]);
title('原始信号'); ylabel('幅值');
subplot 312; plot(n,real(y),'k');
axis([0 N-1 1.1 1.1]);
title('位移后信号 y 的实部'); ylabel('幅值');
subplot 313; plot(n,imag(y),'k');
title('位移后信号 y 的虚部'); ylabel('幅值'); xlabel('样点');
set(gcf,'color','w');
```

运行程序后得到的图形如图 2-1-16 所示。为了观察 IFFT 后 y 序列的虚部，在 IFFT 后没有立即取实部，在图中也画出了 y 的虚部。

以上程序中又对位移后的序列计算幅值和相位，给出的结果为

A=1.00,   Theta=0.000000

说明原信号初始相角为 ph1，经位移后初始相角为 0，把原始信号位按要求位移。

由图 2-1-16 可以看到位移后的信号虚部数值不完全为 0，而是在 10^{-17} 量级上振荡，说明即使把 X(k) 设置成为共轭对称的结构，如 2.1.5 小节案例 2.2 中指出的，也不能保证 IFFT 后就是实数序列，虚部还有微小的误差。我们想要得到实数序列，要用 real(y(n)) 删除虚部。

6. 案例延伸

在例 2-1-4 和例 2-1-5 中，信号的采样频率为 2 000 Hz，信号频率为 100 Hz，所以信号的周期为 20 样点。数据长 40，正好为 2 个周期，这种情况称为整周期采样。但实际上很难

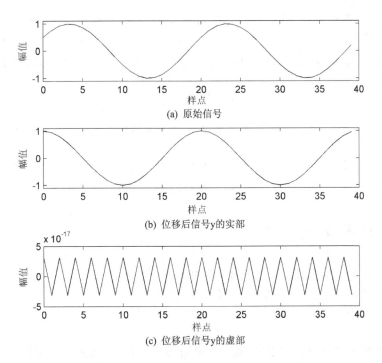

图 2-1-16 余弦信号位移前后的波形比较（按方法二）

达到整周期的,在非整周期采样时,位移情况又如何？在 pr2_1_4 程序的基础上仅改变 N,取 N=45,计算结果如图 2-1-17 中的"原始信号"所示。

从图 2-1-17 中可以看出,位移后的波形左边部分反映了位移 pi/3,使初始相位为 0,如同例 2-1-4 的结果,但波形的右边出现了不连续的情况。产生这样结果的原因是式(1-3-8)和式(2-1-23)表示 DFT 的时间域位移特性是循环位移特性,当一个波形向左边位移出一部

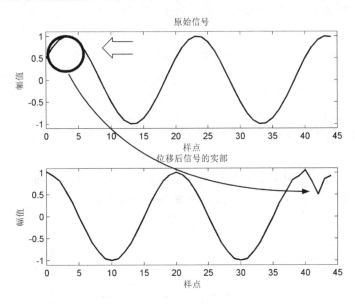

图 2-1-17 在非整周期采样下位移后得到的信号波形图

分时,这移出去的波形会补在原波形的右边(如图2-1-17所示)。要解决这一问题,可采取4.6节中介绍的延伸办法。

以上讨论的都是时间域上的位移,实际上频率域的位移和时间域的位移类似,由式(1-3-9)有

$$\left.\begin{array}{l}\text{IDFT}[X(k+m)] = W_N^{mk} x(n) \\ \text{IDFT}[X(k-m)] = W_N^{-mk} x(n) \\ W_N = e^{-j2\pi/N}\end{array}\right\} \quad (2-1-26)$$

式中:$\pm m$ 表示位移向左移或向右移,并与时间域位移一样,要根据 $\pm m$ 来选择旋转因子是取 W_N^{mk} 还是取 W_N^{-mk}。频率域的位移将在第5章中用到。

2.2 离散信号的谱分析

在实际工程测量中信号往往是连续的,设为 $x(t), t=-\infty \sim +\infty$。当 $x(t)$ 满足绝对可积时,通过傅里叶变换分析可得到该信号的频谱为

$$X(j\omega) = \int_{-\infty}^{+\infty} x(t) e^{-j\omega t} dt \quad (2-2-1)$$

但实际模拟信号既无法用解析式表示,也无法在计算机中运算,故通过采集器对工程信号进行采集,采样频率为 f_s,采样周期为 T_s($T_s=1/f_s$)。在时间域以 T_s 间隔对 $x(t)$ 均匀采样,$x(n)=x(nT_s)=x(t)|_{t=nT_s}$,则式(2-2-1)可近似表示为离散序列 $x(n)$ 的 DTFT,即

$$X(e^{j\Omega}) = \sum_{n=-\infty}^{\infty} x(n) e^{-j\Omega n} \quad (2-2-2)$$

其中假设了数字角频率 Ω 和模拟角频率 ω 的对应关系为

$$\Omega = \omega T_s \quad (2-2-3)$$

此时,数字角频率和模拟角频率呈线性关系,且当数字角频率 $\Omega=\pi$ 时对应的模拟角频率为 $\omega=0.5\omega_s$($\omega_s=2\pi f_s$);当 $\Omega=2\pi$ 时对应的模拟角频率为 $\omega=\omega_s$ 或 $f=f_s$。从式(2-2-2)中可看出,$X(e^{j\Omega})$ 是 Ω 的连续函数,并且是周期性函数,周期为 2π,即有

$$X(e^{j(\Omega+2\pi)}) = \sum_{n=-\infty}^{\infty} x(n) e^{-jn(\Omega+2\pi)} = \sum_{n=-\infty}^{\infty} x(n) e^{-jn\Omega} e^{-j2\pi n} = X(e^{j\Omega})$$

$X(e^{j\Omega})$ 的区间在 $-f_s/2$ 和 $f_s/2$ 之间($f_s/2$ 常被称为奈奎斯特频率,Nyquist Frequency),然后在 Ω 轴上向左、右两边无限延伸,也相当于采样序列模拟频谱以 $\omega_s(2\pi f_s)$ 为周期向两旁无限延伸。

在实际处理中:$x(n)$ 是取有限长的序列,$n=0,\cdots,N-1$;$X(j\Omega)$(即 $X(e^{j\Omega})$)也是取离散值,为 $X(k)$;把数字角频率 Ω 在 $0\sim 2\pi$ 区间内等分成 N 份,即 $n=0,\cdots,N-1$。把 DTFT 转化为 DFT,表示式如下:

$$\left.\begin{array}{l}X(k) = \sum_{n=0}^{N-1} x(n) W_N^{nk}, \quad k=0,1,\cdots,N-1 \\ x(n) = \sum_{k=0}^{N-1} X(k) W_N^{-nk}, \quad n=0,1,\cdots,N-1 \\ W_N = e^{-j2\pi/N}\end{array}\right\} \quad (2-2-4)$$

通过DFT对连续非周期信号频谱进行近似分析。在近似分析过程中,将会出现三种现象:混叠现象、栅栏现象和泄漏现象。将在2.2.6小节中将讨论这些现象,这里先给出一些谱分析中常见的错误。

2.2.1 案例2.4:频谱图中频率刻度(横坐标)的设置

1. 概述

时域信号经FFT变换后得到了频谱,在作图时还必须设置正确的频率刻度,这样才能从图中得到正确的结果。在本案例中介绍如何设置正确的频率刻度。

2. 案例分析

先来看一个例子,由于设置了错误的频率刻度而不能得到正确的结果。有一余弦信号,信号频率为30 Hz,采样频率100 Hz,信号长128,在FFT后做谱图。程序可以简单地编写为

```
fs = 128;                        % 采样频率
N = 128;                         % 信号长度
t = (0:N-1)/fs;                  % 时间序列
y = cos(2 * pi * 30 * t);        % 余弦信号
Y = fft(y,N);                    % FFT
f = linspace(0,64,64);           % 设置频率刻度
stem(f,abs(Y(1:64)),'k');        % 作图
xlim([25 35]);
xlabel('频率(Hz)'); ylabel('幅值');
```

运行程序后得图2-2-1。谱分析后,最大值谱线应该在30 Hz处。从图2-2-1中看到得到的最大值谱线在30 Hz与31 Hz之间,这表明信号不是30 Hz的正弦信号,其频率在30 Hz与31 Hz之间,这明显不符合初始设置。发生这种错误的原因是频率刻度的设置错误。

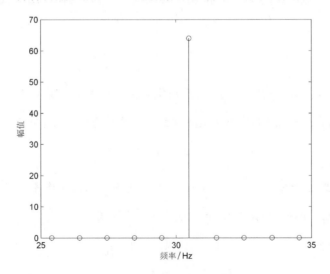

图2-2-1 错误的频率刻度设置得到的谱图

3. 解决方法

当N为偶数和N为奇数时频率刻度的设置方法稍有不同,如图2-2-2所示。这里先讨论N为偶数的情况,然后再讨论N为奇数的情况。

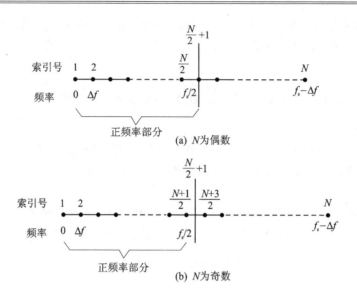

图 2-2-2 N 为偶数和 N 为奇数时的频率刻度设置

(1) 当 N 为偶数时频率刻度设置方法一

信号长为 N, 采样频率为 f_s, 在 DFT(FFT) 以后信号的频率在 $-\frac{f_s}{2}$ 和 $\frac{f_s}{2}$ 之间, 谱线之间的频率间隔为

$$\Delta f = \frac{f_s}{N} = \frac{1}{NT_s} \qquad (2-2-5)$$

式中: T_s 是采样周期。频率刻度从 0 开始, 最大频率为 $\frac{f_s}{2}$。频率刻度简单设置如图 2-2-2(a) 所示。

$$\text{freq} = (0:N-1) \times \frac{f_s}{N}$$

给出的频率刻度为 $0, \Delta f, \cdots, \frac{f_s}{2}, \cdots, f_s - \Delta f$, 但实际不存在大于 $\frac{f_s}{2}$ 的频率分量, 大于 $\frac{f_s}{2}$ 的频率分量实际是负频率的分量。为了给出从负频率到正频率的全部分量, 频率刻度应为

$$\text{freq} = (0:N-1) \times \frac{f_s}{N} - \frac{f_s}{2} \qquad (2-2-6a)$$

这样给出的频率刻度是: $-\frac{f_s}{2}, -\frac{f_s}{2} + \Delta f, \cdots, 0, \Delta f, \cdots, \frac{f_s}{2} - \Delta f$, 其中不包括 $\frac{f_s}{2}$。

如果只计算正频率的情形, 则可以表示为以下两种形式:

$$\text{freq} = \left(0:\frac{N}{2}-1\right) \times \frac{f_s}{N} \qquad (2-2-6b)$$

$$\text{freq} = \left(0:\frac{N}{2}\right) \times \frac{f_s}{N} \qquad (2-2-6c)$$

以上两个表示式的区别是: 式(2-2-6b) 给出的是 $\frac{N}{2}$ 个, 没有包括 $\frac{f_s}{2}$, 只到 $\frac{f_s}{2} - \Delta f$; 而式(2-2-6c) 给出的是 $\frac{N}{2}+1$ 个, 包括 $\frac{f_s}{2}$。

(2) 当 N 为偶数时频率刻度设置方法二

有人喜欢用 linspace 函数来设置频率刻度。linspace 函数的调用格式如下：

F = linspace(x1,x2,N)

表示在 x1 和 x2 之间等分为 N 份后赋予矢量 **F**。

如果想用 linspace 函数设置正、负频率，则可以表示为

freq = linspace(0,fs,N+1) – fs/2
freq = Freq(1:N)

将在 0 和 $f_s - \Delta f$ 之间等分为 N 份，但稍有些不方便，所以就用 0 到 f_s 之间等分为 $N+1$ 份，而在使用时只取前 N 份。

如果想设置正频率，则可以表示为

freq = linspace(0,fs/2,N/2+1)

这相当于式(2-2-6c)。

(3) 当 N 为奇数时频率刻度设置方法一

设 N 为奇数时(参看图 2-2-2(b))，频率刻度仍写为

$$\text{freq} = (0:N-1) \times f_s/N$$

其中 Δf 如式(2-1-5)所示，N 条谱线中第 1 条谱线对应的频率是 0，第 2 条谱线对应的频率是 Δf，最后一根谱线对应的频率是 $f_s - \Delta f$。从图 2-2-2(b)中可看出，频率刻度中不存在一条谱线的频率对应于 $f_s/2$，这是因为 $f_s/2$ 对应的索引号是 $N/2+1$，但它不是一个整数，所以不存在这样的索引号。$f_s/2$ 的位置处在 $(N+1)/2$ 和 $(N+3)/2$ 这两条谱线中间。当 N 为奇数时，一般把第 1 条谱线到第 $(N+1)/2$ 条谱线之间的谱线称为正频率部分，而 $(N+1)/2$ 和 $(N+3)/2$ 这两条谱线形成共轭对称。在处理双边谱时，考虑到负频率，则频率刻度设置为

$$\text{freq} = \frac{(0:N-1) \times f_s}{N} - \frac{(N-1) \times f_s}{2N} \qquad (2-2-7a)$$

如果只设置正频率部分，则有

$$\text{freq} = [0:(N-1)/2] \times f_s/N \qquad (2-2-7b)$$

(4) 当 N 为奇数时频率刻度设置方法二

同 N 为偶数时频率刻度设置方法二，用 linspace 函数设置正、负频率，其调用格式为

freq = linspace(0,fs,N+1) – (N–1)*fs/N/2
freq = Freq(1:N)

若只设置正频率，则有

freq = linspace(0,fs/2–fs/N/2,(N+1)/2)

4. 实 例

例 2-2-1(pr2_2_1) 有一余弦信号，信号频率为 30 Hz，信号为 $x(t) = \cos(2\pi \times 30t)$，采样频率 $f_s = 128$ Hz，样本长度 $N = 128$。在 FFT 后作谱图，给出正确的频率刻度。

程序清单如下：

```
% pr2_2_1
clear all; clc; close all;

fs = 128;                        % 采样频率
N = 128;                         % 信号长度
t = (0:N-1)/fs;                  % 时间序列
y = cos(2*pi*30*t);              % 余弦信号
y = fft(y,N);                    % FFT
freq = (0:N/2)*fs/N;             % 按式(2-2-6c)设置正频率刻度
% 作图
stem(freq,abs(y(1:N/2+1)),'k')
xlabel('频率(Hz)'); ylabel('幅值');
title('(b) 只有正频率刻度')
xlim([25 35]);
set(gcf,'color','w');
```

运行程序后得图 2-2-3，图中频率刻度符合式(2-2-6)，只用了正频率来表示。本例中用的信号与案例分析中用的信号是相同的，但从图 2-2-3 中可看到，最大值的谱线在 30 Hz 处，与信号设置频率一致。

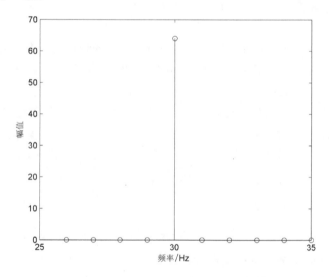

图 2-2-3　正确的频率刻度设置得到的谱图

2.2.2　案例 2.5：如何计算正弦信号的幅值和初始相角

1. 概　述

如果已知一个正弦信号的幅值，在 FFT 后频域上该信号谱线的幅值与设置值不同，而是大了许多；如果不知道某一正弦信号的幅值，又如何通过 FFT 后在频域上求出该正弦信号的幅值呢？

2. 理论基础

设有一正弦信号为

$$x(t) = A\cos(\omega_0 t + \theta) = \frac{A}{2}[e^{j(\omega_0 t + \theta)} + e^{-j(\omega_0 t + \theta)}] \qquad (2-2-8)$$

信号的幅值为 A，初始相角为 θ。以采样频率 f_s 采样后，FFT(DFT)只取有限项的 n 值（设共 N 项），其离散化的表达式为

$$x(n) = \frac{A}{2}[e^{j(2\pi f_0 n/f_s + \theta)} + e^{-j(2\pi f_0 n/f_s + \theta)}], \quad n = 0, 1, \cdots, N-1 \qquad (2-2-9)$$

若取傅里叶变换的正频率部分，则有

$$X(k) = \frac{A}{2}\sum_{n=0}^{N-1} e^{j2\pi f_0 n/f_s} e^{-j2\pi nk/N} e^{j\theta} = \frac{Ae^{j\theta}}{2}\sum_{n=0}^{N-1} e^{-j2\pi n(k/N - f_0/f_s)} =$$

$$\frac{Ae^{j\theta}}{2}\sum_{n=0}^{N-1} e^{-j2\pi n(k/N - l/N)} = \frac{Ae^{j\theta}}{2}\sum_{n=0}^{N-1} e^{-j2\pi nK} =$$

$$\frac{Ae^{j\theta}}{2}e^{-j(N-1)\pi K} \sin\left(\frac{2\pi KN}{2}\right) / \sin\left(\frac{2\pi K}{2}\right), \quad k = 0, 1, \cdots, \frac{N}{2} \qquad (2-2-10)$$

式中：$K = \frac{k-l}{N}$。又进一步假设，正弦信号的频率 f_0 是 Δf 的整数倍（Δf 是频谱中谱线之间的频率间隔，或称为分辨率，即 f_s/N），即有 $f_0 = l\Delta f$，表示 f_0 与 FFT 后频谱上的某根谱线相重合，可令 f_0 与第 k 条谱线相重合，即 $k=l$，所以有 $K = \frac{k-l}{N} = 0$。由 $K=0$ 和式(2-2-10)可得

$$X(l) = \frac{NA}{2}e^{j\theta} \qquad (2-2-11)$$

导出

$$\left.\begin{array}{l} A = \dfrac{2|X(l)|}{N} \\ \theta = \arctan X(l) \end{array}\right\} \qquad (2-2-12)$$

求出了信号幅值 A，同时也求出了初始相角 θ。

① 这种方法求出正弦信号幅值 A 和初始相角 θ 是在信号的频率 f_0 与 FFT 后频谱上的某根谱线相重合的条件下。

② 如果 f_0 在两条谱线之间，则不能用这种方法来计算。这就是栅栏效应（在 2.2.6 小节中将进行说明），我们将在第 6 章介绍用内插的方法来计算信号在两条谱线之间分量的频率、幅值和初始相角。

③ 当 $f_0 = 0$ 时，不存在负频率部分，所以 $l=0$ 的幅值 $A = \frac{|X(l)|}{N}$；初始相角 $\theta = 0$。

同时从式(2-2-10)得到，对于所有 $K = \frac{k-l}{N} \neq 0$，设 $k-l = \pm 1, \pm 2, \cdots$，此时 $\sin(\pi KN) = 0$，使 $k \neq l$ 的 $X(k)$ 值均为 0。

3. 实 例

例 2-2-2(pr2_2_2) 设信号采样率为 1000 Hz，由两个余弦信号组成，频率分别为 f1=50 Hz 和 f2=65.75 Hz，幅值都为 1，初始相角都为 0，信号长度为 1000，通过 FFT 求出两个正弦信号的幅值和初始相角。

程序清单如下：

```
% pr2_2_2
```

```
clear all; clc; close all;
fs = 1000;                                        % 采样频率
N = 1000;                                         % 信号长度
t = (0:N-1)/fs;                                   % 设置时间序列
f1 = 50; f2 = 65.75;                              % 两信号频率
x = cos(2 * pi * f1 * t) + cos(2 * pi * f2 * t);  % 设置信号
X = fft(x);                                       % FFT
Y = abs(X) * 2/1000;                              % 计算幅值
freq = fs * (0:N/2)/1000;                         % 设置频率刻度
[A1, k1] = max(Y(45:65));                         % 寻求第1个信号的幅值
k1 = k1 + 44;                                     % 修正索引号
[A2, k2] = max(Y(60:70));                         % 寻求第1个信号的幅值
k2 = k2 + 59;                                     % 修正索引号
Theta1 = angle(X(k1));
Theta2 = angle(X(k2));
% 显示频率、幅值和初始相角
fprintf('f1 = %5.2f    A1 = %5.4f    Theta1 = %5.4f\n',freq(k1),A1,Theta1);
fprintf('f2 = %5.2f    A2 = %5.4f    Theta2 = %5.4f\n',freq(k2),A2,Theta2);
% 作图
subplot 211; plot(freq,Y(1:N/2 + 1),'k'); xlim([0 150]);
xlabel('频率/Hz'); ylabel('幅值'); title('频谱图');
subplot 223; stem(freq,Y(1:N/2 + 1),'k'); xlim([40 60]);
xlabel('频率/Hz'); ylabel('幅值'); title('50Hz 分量');
subplot 224; stem(freq,Y(1:N/2 + 1),'k'); xlim([55 75]);
xlabel('频率/Hz'); ylabel('幅值'); title('65.75Hz 分量');
set(gcf,'color','w');
```

参数如下：

$$f1=50.00, \quad A1=0.9896, \quad Theta1=0.0089$$
$$f2=66.00, \quad A2=0.9010, \quad Theta2=-0.7864$$

其中 f1 和 f2 表示两信号的频率，A1 和 A2 表示两信号的幅值，Theta1 和 Theta2 表示两信号的初始相角。第 2 个信号在两条谱线之间，所以给出的参数有很大的误差；而第 1 个信号非常接近于设置值，但还是有一定的误差，这完全是由第 2 个信号泄漏所造成的（2.2.6 小节中将介绍泄漏，2.2.9 小节中将介绍通过加窗函数处理该信号，以减少泄漏，对信号参数的估算值能更精确一些）。

运行程序 pr2_2_2 后得如图 2-2-4 所示幅值频谱图。

4. 案例延伸 1：计算出的初始相角值是针对余弦信号的

例 2-2-3(pr2_2_3)　同例 2-2-2，仅把第 1 个信号换成正弦信号，其他都不变，运行结果会怎么样？程序清单不在这里列出，仅在 pr2_2_2 中稍作修改：

```
x = sin(2 * pi * f1 * t) + cos(2 * pi * f2 * t);      % 设置信号
```

计算后得频谱图类似于图 2-2-3，但计算出的参数有些不同，为

$$f1=50.00, \quad A1=0.9913, \quad Theta1=-1.5813$$
$$f2=66.00, \quad A2=0.9010, \quad Theta2=-0.7864$$

第 2 个信号在 2 条谱线之间，暂不考虑；而第 1 个信号计算得的频率和幅值和例 2-2-2 的结果相接近，但初始相角相差较大。

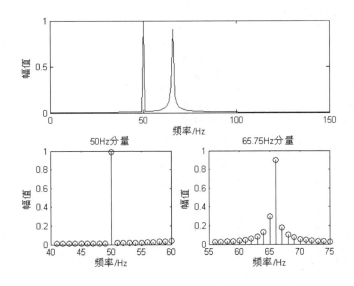

图 2-2-4　运行 pr2_2_2 后的幅值频谱图

对信号的设置中，正弦信号的初始相角为 0，但为什么计算出的初始相角为 -1.5813（接近于 -pi/2 = -1.570796）呢？因为用 angle 函数寻找信号初始相角时给出的相角值是针对余弦函数的，即由 angle 函数给出的初始相角是针对 $\cos(2\pi nt + \theta)$ 表达式中的 θ 值。当一个信号用正弦表达式 $\sin(2\pi nt)$ 来表示时，计算出的初始相角是 $\theta = -\pi/2$ 或 $\theta = \pi/2$，即有 $\pi/2$ 的差值（当正弦表达式初始相角不为 0 时，也一样会有 $\pi/2$ 的差值）。计算结果是 $\pi/2$ 还是 $-\pi/2$ 并不一定，由于误差的随机性造成了该数的随机性。

5. 案例延伸 2：整周期采样

在理论基础部分假设正弦信号的频率 f_0 是 Δf 的整数倍，即有 $f_0 = l\Delta f$，l 是整数，满足这一条件采得的数据称为整周期采样。把这一条件再进一步展开，可得

$$\frac{f_0}{f_s/N} = l \tag{2-2-13}$$

这说明在已知采样频率 f_s、数据长度 N 及正弦信号频率 f_0 下，当满足式 (2-2-13) 时，该数据对 f_0 信号是整周期采样。例如：在例 2-2-2 中，该数据对 f1=50 是整周期采样，而对 f2=66.75 不是整周期采样。

2.2.3　案例 2.6：怎样认识一个单频的正弦信号的相位谱

1. 概　述

我们在实际处理时经常遇到只有一个正弦信号的情况，其频率为 f_0，在谱分析以后，除了在 f_0 处有相位数值外，其他频率处都有相位数值，这些数值是从哪里来的？

2. 案例分析

例 2-2-4(pr2_2_4)　设信号采样率为 1000 Hz，有一个余弦信号，其频率为 f0=50 Hz，幅值都为 1，初始相角都为 pi/3=1.0472，信号长度为 1000，观察信号的相位谱。

程序清单如下：

```
% pr2_2_4
```

```
clear all; clc; close all;

fs = 1000;                          % 采样频率
f0 = 50;                            % 信号频率
A = 1;                              % 信号幅值
theta0 = pi/3;                      % 信号初始相角
N = 1000;                           % 信号长度
t = (0:N-1)/fs;                     % 设置时间序列
x = A * cos(2 * pi * f0 * t + theta0);   % 设置信号
X = fft(x);                         % FFT
n2 = 1:N/2 + 1;                     % 设置索引号序列
freq = (n2 - 1) * fs/N;             % 设置频率刻度
% 第一部分
THETA = angle(X(n2));               % 计算初始相角
Am = abs(X(n2));                    % 计算幅值
ph0 = THETA(51);                    % 计算信号的初始相角
fprintf('ph0 = %5.4e    %5.4e    %5.4e\n',real(X(51)),imag(X(51)),ph0);
% 作图
subplot 211; plot(freq,abs(X(n2)) * 2/N,'k');
xlabel('频率/Hz'); ylabel('幅值')
title('幅值谱图')
subplot 212; plot(freq,THETA,'k')
xlabel('频率/Hz'); ylabel('初始角/弧度')
title('相位谱图')
pause
```

运行程序 pr2_2_4 后得如图 2-2-5 所示的幅值谱图和相位谱图。

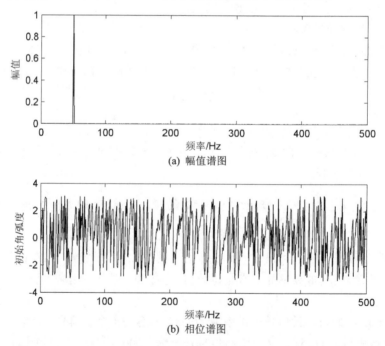

图 2-2-5　运行 pr2_2_4 后的幅值谱图和相位谱图

我们看到图 2-2-5(b)的相位谱图会感到很奇怪,信号只有一个单频的正弦信号,其频率为 50 Hz,从图 2-2-5(a)的幅值谱图上可以明显看到在 50 Hz 处有一个峰值,其他频率的幅值都为 0(本数据对 50 Hz 是整周期采样),但相位谱却非常乱,每个频率都有一个初始相位。

3. 解决方法

首先观察一下 50 Hz 和其他频谱线的实部和虚部。先把 50 Hz 这条谱线的实部和虚部显示出来,得到

实部 = 2.500 0e+002, 虚部 = 4.330 1e+002, ph0 = 1.047 2e+000

计算出的这些数值都是对的,ph0 = 1.047 2e+000 = pi/6。

取 $X(k)$ 前 5 个分量观察它们的实部、虚部和相应的初始相角,它们的数值为

索引号	1	2	3	4	5
实部	−1.039 2e−013	2.538 1e−013	4.154 2e−014	−1.687 6e−013	−7.044 3e−014
虚部	0.000 0e+000	−3.566 3e−014	1.148 4e−013	2.421 9e−013	−2.996 6e−014
初始相角	3.141 6	−0.139 6	1.223 7	2.179 4	−2.739 4

从给出的 $X(k)$ 前 5 个分量来看,实部和虚部的值都是 $10^{-14} \sim 10^{-13}$ 量级,这是由计算误差产生的,使用反三角函数后就能得到相应的初始相位数值,分布在 −pi 和 pi 之间,造成了相位值的混乱。而其他频率分量也差不多是这样的量级,要消除这种相角初始值的混乱,可在程序中设置一个阈值 Th。在本程序中有用的频率分量只有 50 Hz 一条谱线,阈值比较容易选择;若频谱中有用的频率分量有多条谱线,则可以寻找有用的频率分量中的最小幅值 Amin,而要把阈值 Th 设置成 Th<Amin。程序 pr2_2_4 的第二部分就是按这样的思想编写的,程序清单如下:

```
% 第二部分
Th = 0.1;                          % 设置阈值
thetadex = find(Am<Th);            % 寻找小于阈值的那线谱线的索引
THETA1 = THETA;                    % 初始化 THETA1
THETA1(thetadex) = 0;              % 对于小于阈值的那条谱线,初始相位都为 0
% 作图
figure
pos = get(gcf,'Position');
set(gcf,'Position',[pos(1), pos(2)-100,pos(3),(pos(4)-160)]);
plot(freq,THETA1,'k')
xlabel('频率/Hz'); ylabel('初始角/弧度')
title('相位谱图')
set(gcf,'color','w');
```

运行 pr2_2_4 第二部分后得到的相位谱图如图 2-2-6 所示。与图 2-2-5 完全不同,图 2-2-6 中没有混乱的初始相位角了,只在 50 Hz 处有一个初始相位角值,数值为 1.047 2。

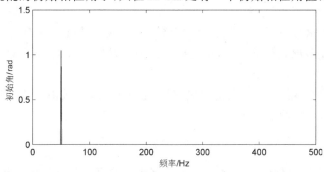

图 2-2-6 清除处理后的相位谱图

2.2.4 案例2.7:为什么FFT后得到的频谱大部分都为0

1. 概述

在许多实际信号分析处理中信号经FFT变换后得到的频谱谱线值几乎都为0,本节就来介绍这是如何形成的,又该如何去解决。

2. 案例分析

例2-2-5(pr2_2_5) 读入一组实验数据文件(文件名为qldata.mat),作出该组数据的频谱图。程序清单如下:

```
% pr2_2_5
clear all; clc; close all;

load qldata.mat              % 读入数据
N = length(y);               % 数据长度
time = (0:N-1)/fs;           % 时间刻度
% 第一部分
Y = fft(y);                  % FFT
n2 = 1:N/2+1;                % 取正频率索引序列
freq = (n2-1)*fs/N;          % 频率刻度
% 作图
subplot 211; plot(time,y,'k'); ylim([0 15]); grid;
title('有趋势项的数据')
xlabel('时间/s'); ylabel('幅值');
subplot 212; plot(freq,abs(Y(n2)),'k')
title('有趋势项的数据频谱')
xlabel('频率/Hz'); ylabel('幅值');
set(gcf,'color','w');
pause
```

运行程序pr2_2_5的第一部分后得到qldata.mat文件数据的波形图和频谱图,如图2-2-7所示。

从图2-2-7(b)来看,谱图中什么都没有,似乎都为0,这怎么解释呢?如果把该频谱图中的低频部分放大,如该图中的小图所示,则可看到在0频率(直流)处有一个很大的分量,而其他频率分量都很小,所以在0频率处有一个峰值,然后就衰减下来。

我们再仔细观察一下图2-2-7(a)的波形图,在该波形中有一个明显的趋势项,正因为该趋势项的存在而使得谱分析中有很大的直流分量。

3. 解决方法

为了得到较好的谱分析,对于任意一组数据序列都应先消除直流分量和趋势项。趋势项又分为线性趋势项和多项式趋势项,这里主要讨论消除线性趋势项,第4章中将介绍消除多项式趋势项。

在MATLAB中有mean函数求出直流分量,由detrend函数消除线性趋势项。

mean函数的调用格式如下:

```
xm = mean(x)
```

其中:x是一个含有直流分量的一维序列;xm是该序列的直流分量。要消除直流分量可写为

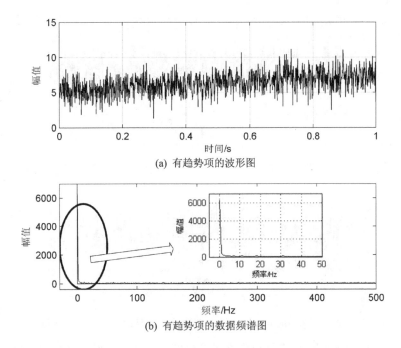

(a) 有趋势项的波形图

(b) 有趋势项的数据频谱图

图 2-2-7 qldata.mat 文件数据的波形图和频谱图

xd = x - xm   或   xd = x - mean(x)

其中:xd 是消除直流分量后的数据序列。

detrend 函数调用格式如下:

xd = detrend(x)

其中:x 是一个含有趋势项的一维序列;xd 是消除趋势项后的数据序列。

利用 detrend 函数消除了 qldata.mat 文件数据中的趋势项,并做 FFT 谱分析,得到消除趋势项后数据的频谱。程序 pr2_2_5 第二部分就是按这样的思路编写的,程序清单如下:

```
% 第二部分
x = detrend(y);                    % 消除趋势项
X = fft(x);                         % FFT
% 作图
figure
subplot 211; plot(time,x,'k'); ylim([-5 5]); grid;
title('消除趋势项后的数据')
xlabel('时间/s'); ylabel('幅值');
subplot 212; plot(freq,abs(X(n2)),'k');
title('消除趋势项后的数据频谱')
xlabel('频率/Hz'); ylabel('幅值');
set(gcf,'color','w');
```

运行程序 pr2_2_5 第二部分后得图 2-2-8 所示波形图和频谱图。

从图 2-2-8(b)中可看到,已没有很大的直流分量,频谱图能正常显示出来。

4. 案例延伸

有时在做数据 FFT 谱分析时只用一组数据中的一小部分来分析,而这部分的数据可能在

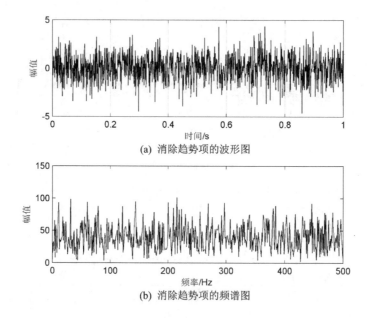

(a) 消除趋势项的波形图

(b) 消除趋势项的频谱图

图 2-2-8 qldata.mat 文件数据消除趋势项后的波形图和频谱图

数值上也是非常小的,FFT 后频谱中的幅值几乎也都接近于 0。因此,建议在做谱分析之前先把待分析的数据显示出来观察一下,了解信号幅值的范围,这样就可以知道 FFT 后频谱幅值的范围。

2.2.5 案例 2.8:如何把频谱图的纵坐标设置为分贝刻度

1. 概述

在信号的频谱分析中,有时频谱的幅值有很大的动态范围,必须要把幅值取对数转换成为分贝值。

2. 案例分析

例 2-2-6(pr2_2_6) 读入一组实验数据文件(文件名为 sndata1.mat),作出该组数据的频谱图。寻找谱图中的最大峰值和最小峰值的大小和频率。程序清单的第一部分如下:

```
% pr2_2_6
clear all; clc; close all;

load sndata1.mat              % 读入数据
X = fft(y);                   % FFT
n2 = 1:L/2+1;                 % 计算正频率索引号
freq = (n2-1)*fs/L;           % 频率刻度
% 第一部分
% 线性幅值作图
pos = get(gcf,'Position');
set(gcf,'Position',[pos(1), pos(2)-100,pos(3),(pos(4)-140)]);
plot(freq,abs(X(n2)),'k'); grid
xlabel('频率/Hz'); ylabel('幅值')
title('线性幅值')
set(gcf,'color','w');
```

pause

运行程序 pr2_2_6 后得如图 2-2-9 所示频谱图。这是一个多谐波的频谱图，最大峰值从图中很容易得到，在 850 Hz 附近，而最小峰值在图中不容易找到，1 500～2 700 Hz 之间的幅值太小了不容易分辨。在这种情形下很难在线性幅值的图中找出最小峰值。

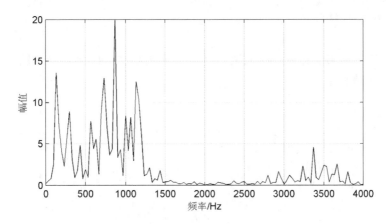

图 2-2-9 sndata1 数据的线性幅值频谱

3. 解决方法

有两种解决方法：一种是 Y 轴用对数坐标；另一种是对幅值取对数，转换成分贝值后再画图。

(1) Y 轴用对数坐标

作图时，Y 轴用对数坐标。在 MATLAB 中，X 轴、Y 轴或 X-Y 轴可以用对数坐标。相应的函数分别是 semilogx、semilogy 和 loglog，这三个函数都是作图时用的函数，相当于常用的作图函数 plot。例如我们要把 Y 轴用对数坐标，只要将原 plot(x,y) 改为 semilogy(x,y) 就可以了。

(2) 转换为分贝值后再作图

已知信号 y(n) 在 FFT 后的幅值为 abs(Y)，可以把它们转换为分贝值，一般用

$$Y\_db = 20 * \log10(abs(Y)) \qquad (2-2-14)$$

其中是把 abs(Y) 取以 10 为底的对数，再乘以 20。这样作图时就把原幅值之间的动态范围缩小了，容易在图中看出各峰值。

程序 pr2_2_6 第二部分清单如下：

```
% 第二部分
% 用对数坐标作图
figure
pos = get(gcf,'Position');
set(gcf,'Position',[pos(1), pos(2)-100,pos(3),(pos(4)-140)]);
semilogy(freq,abs(X(n2)),'k'); grid;
xlabel('频率/Hz'); ylabel('幅值')
title('对数坐标幅值'); hold on
set(gcf,'color','w');
% 计算分贝值作图
```

```
figure
X_db = 20 * log10(abs(X(n2)));
pos = get(gcf,'Position');
set(gcf,'Position',[pos(1),pos(2)-100,pos(3),(pos(4)-140)]);
plot(freq,X_db,'k'); grid;
xlabel('频率/Hz'); ylabel('幅值/dB')
title('分贝幅值'); hold on
set(gcf,'color','w');
```

运行程序 pr2_2_6 第二部分后得如图 2-2-10 和图 2-2-11 所示频谱图,分别表示 Y 轴用对数坐标和分贝值显示。

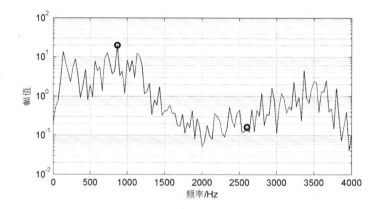

图 2-2-10　sndata1 数据 Y 轴用对数坐标显示的频谱图

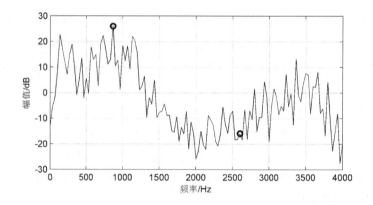

图 2-2-11　sndata1 数据 Y 轴用分贝值显示的频谱图

在图 2-2-10 和图 2-2-11 中最大峰值和最小峰值都用黑圈表示,可以求出最大峰值为 25.97 dB,频率为 866.7 Hz;而最小峰值为 −15.9 dB,频率为 2 600 Hz。从数值上来看,最大峰值和最小峰值的差值大于 40 dB,所以用分贝值表示无论视觉观察还是数值计算都更为方便,用对数坐标显示,虽观察有改进,但计算上不如用分贝值方便。

以上计算分贝都是按式(2-2-14)进行的,其中把幅值为 1 作为 0 dB。

4. 案例延伸

有时在计算声压时希望频谱图能用声压级来表示,声压级也是分贝值,但在计算声压级时 0 dB 有一个标准值,即 2×10^{-5} Pa(Pa 是压力单位)。

在声学标准中规定,1 000 Hz 下声压为 2×10^{-5} Pa 时为 0 dB,计算声压级时都要和这个标准值进行比较,这就要求对整套声学仪器和记录设备都进行校准。当把声波经调理采样进入计算机时,大部分是电压信号,若知道系统的灵敏度,即计算机中录入多少数值,则对应的声压就为多少。

大部分用户估计很难有这种条件进行校正,但有的厂家生产的声级计把接收到的声波录制成 wav 文件,录入的数据都已校正为以 Pa 为单位(当然声级计本身要经过校正),这些数据可直接参与声压级的计算。以下就是一个计算声压级的例子,wav 文件就是这类声级计录制的。

例 2-2-7(pr2_2_7) 读入一组实验数据文件(文件名为 sndwav1.wav),作出该组数据的频谱图并转换成声压级图。

程序 pr2_2_7 清单如下:

```
% pr2_2_7 from sp21
clear all; clc; close all

[x,fs] = wavread('sndwav1.wav');   % 读入数据
N = length(x);                      % 数据个数
time = (0:N-1)/fs;                  % 时间刻度
p0 = 2e-5;                          % 参考声压
nfft = 2^nextpow2(N);               % 把FFT的个数扩展为2的整数次幂
n2 = 1:nfft/2+1;                    % 正频率的索引号
X = fft(x,nfft);                    % FFT
freq = (0:nfft/2)*fs/nfft;          % 计算频率刻度
X_abs = abs(X(n2))*2/N;             % 计算幅值
X_level = 20*log10(X_abs/p0);       % 计算声压级
% 作图
subplot(211);
plot(time,x,'k');
xlabel('时间/s'); ylabel('幅值/pa')
title('信号的波形图')
subplot 212; plot(freq/1000,X_level,'k');
xlabel('频率/kHz'); ylabel('声压级/dB')
title('信号的声压级谱图'); axis([0 24 -35 35]);
set(gcf,'color','w');
```

在程序中求出频谱幅值后除以 p0,再取以 10 为底的对数成为分贝值,构成了声压级。

运行 pr2_2_7 后得如图 2-2-12 所示波形图和声压级谱图。

2.2.6 频谱分析过程中的混叠现象、栅栏现象和泄漏现象

1. 混叠现象

信号 $x(t)$ 经 DFT 计算出频谱 $X(k)$,它是 $X(j\omega)$ 周期化的采样值,如果连续信号 $x(t)$ 不是带限信号,或者采样频率不满足采样定理,在连续信号离散化时,就会出现信号频谱的混叠。

要解决连续信号 $x(t)$ 离散化过程中的频谱混叠,主要有两种方法:①对于带限连续信号,只需提高采样频率使之满足时域采样定理;②对于非带限连续信号,可根据实际信号对其进行抗混叠滤波(通过一个低通滤波器),使之成为带限信号。

工程实际中的连续信号一般都不是带限信号,连续信号在采样前通常都经过一个模拟低

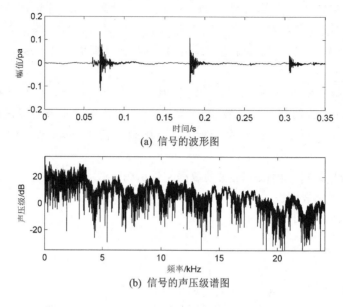

(a) 信号的波形图

(b) 信号的声压级谱图

图 2-2-12 sndwav1 信号的波形图和声压级谱图

通滤波器（又称为抗混叠滤波器）进行低通滤波，以减小混叠误差。低通滤波器的截止频率应该满足

$$f_c \leqslant f_s/2 \tag{2-2-15}$$

使采样频率大于信号最高频率的 2 倍，或信号的最高频率小于奈奎斯特频率，以满足采样定理。

2. 栅栏现象

DFT 得到的频谱 $X(k)$ 只能是非周期信号连续频谱 $X(j\omega)$ 上的有限离散频点上的采样值。由于 $X(k)$ 是离散序列，因而无法反映采样点之间的细节，就如同隔着百叶窗观察窗外的景色一样，这种现象称为栅栏现象。栅栏现象是利用 DFT 分析非周期信号连续频谱过程中无法克服的现象，有时频谱中的某些重要信息恰好就在取样点之间，将被错过而检测不到。为了改善栅栏现象，把被"栅栏"挡住的频谱分量检测出来，可在原记录序列后面补零以增加 DFT 的长度，即增加频域 $X(k)$ 上的采样点数 N，改变离散谱线的分布，就可能检测出原来看不到的频谱分量，如图 2-2-13 所示。在图中通过 DTFT 得到的信号频谱用灰色线表示，图中用垂直黑线画出了通过 FFT 得到的谱线，是 DTFT 频谱离散频点的采样值，可明显看到在两条谱线中间的一些频谱特性没有反映出来。

图 2-2-4 中信号由两个正弦分量组成，它的频谱中第 2 个分量就在两条谱线之间，这就是栅栏效应造成的，不能检测出对应分量的频率、幅值和初始相位等参数。

3. 泄漏现象

对于连续信号的采样序列进行 DFT 运算，由于时间长度取有限值，即将信号截断，使信号的带宽被扩展了，这种现象称为泄漏。下面讨论泄漏是如何产生的。

设有一个连续的单一频率信号

$$x_m(t) = A_m e^{j\omega_m t} \tag{2-2-16}$$

由傅里叶变换可知，正弦和余弦的傅里叶变换对为[5]

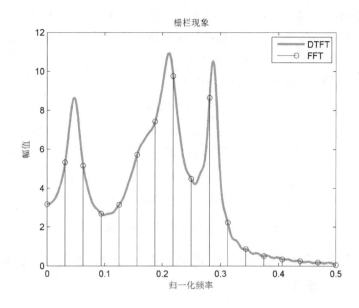

图 2-2-13 频谱分析中的栅栏现象

$$A\cos(2\pi f_0 t) \Leftrightarrow \frac{A}{2}\delta(f-f_0) + \frac{A}{2}\delta(f+f_0)$$

$$A\sin(2\pi f_0 t) \Leftrightarrow -\mathrm{j}\frac{A}{2}\delta(f-f_0) + \mathrm{j}\frac{A}{2}\delta(f+f_0)$$

又设 $\omega_m = 2\pi f_0$,这样式(2-2-16)的傅里叶变换关系有

$$A\mathrm{e}^{\mathrm{j}2\pi f_0 t} = A\cos(2\pi f_0 t) + \mathrm{j}A\sin(2\pi f_0 t) \Leftrightarrow$$

$$\frac{A}{2}\delta(f-f_0) + \frac{A}{2}\delta(f+f_0) + \mathrm{j}\left[-\mathrm{j}\frac{A}{2}\delta(f-f_0) + \mathrm{j}\frac{A}{2}\delta(f+f_0)\right] = A\delta(f-f_0)$$

即

$$x_m(t) = A_m \mathrm{e}^{\mathrm{j}\omega_m t} \Leftrightarrow X_m(f) = A_m \delta(f-f_0) \tag{2-2-17}$$

对连续信号进行截断,相当于在连续时间函数上乘以一个矩形窗函数。该矩形窗函数可表示为

$$w_T(t) = \begin{cases} 1, & -\frac{T}{2} < t \leqslant \frac{T}{2} \\ 0, & \text{其他} \end{cases} \tag{2-2-18}$$

$w_T(t)$ 的傅里叶变换如下[5]:

$$W_T = T\frac{\sin(\pi T f)}{\pi T f} = \frac{\sin(\pi T f)}{\pi f} = \frac{\sin(\omega T/2)}{\omega/2} \tag{2-2-19}$$

连续函数 $x_m(t)$ 乘以窗函数 $w_T(t)$,得到时间有限的信号 $x_T(t)$ 如下:

$$x_T(t) = x_m(t)w_T(t) \tag{2-2-20}$$

由傅里叶变换的性质可知,$x_T(t)$ 的傅里叶变换 $X_T(\omega)$ 为 $X_m(\omega)$ 和 $W_T(\omega)$ 的卷积,即有

$$X_T(\omega) = 2\pi A_m \int W_T(f-\tau)\delta_{\omega_m}(\tau)\mathrm{d}\tau = 2\pi A_m T \frac{\sin\left(\frac{\omega-\omega_m}{2}T\right)}{\frac{\omega-\omega_m}{2}T} \tag{2-2-21}$$

由于窗函数是对称的,得到$X_T(\omega)$是实函数。这时可以看到式(2-2-21)与式(2-2-17)的区别:在式(2-2-17)中,连续信号的傅里叶变换只在ω_0处有一个δ函数,但当连续信号被截断并离散化以后(用式(2-2-21)表示),信号的谱线已不限于一个δ函数,而是扩散了,即由于对连续信号截断(加窗)而出现泄漏现象,如图2-2-14所示。

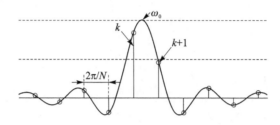

图2-2-14 经矩形窗截断后的频谱

2.2.7 案例2.9:同样经矩形窗截断,为什么有的发生泄漏而有的没有发生泄漏

1. 概 述

在信号处理中,经常会遇到经窗函数截断以后,有的没有发生泄漏(见图2-2-2),但有的发生了泄漏。

2. 案例背景

例2-2-8(pr2_2_8) 有一个余弦信号,信号频率30 Hz,信号为$x(t)=\cos(2\pi\times 30t)$,采样频率fs=128 Hz,样本长度分别取N=128和N=100,在FFT后作谱图并比较谱图中的差别。程序分两部分,程序清单如下:

```
% pr2_2_8
clear all; clc; close all;
fs = 128;                        % 采样频率
% 第一部分
N = 128;                         % 信号长度
t = (0:N-1)/fs;                  % 时间序列
y = cos(2 * pi * 30 * t);        % 余弦信号
Y = fft(y,N);                    % FFT
freq = (0:N/2) * fs/N;           % 按式(2-2-7)设置频率刻度
n2 = 1:N/2 + 1;                  % 计算正频率的索引号
Y_abs = abs(Y(n2)) * 2/N;        % 给出正频率部分的频谱幅值
% 作图
subplot 211; stem(freq,Y_abs,'k')
xlabel('频率(Hz)'); ylabel('幅值');
title('(a) Fs = 128Hz, N = 128')
axis([10 50 0 1.2]);
% 第二部分
N1 = 100;                        % 信号长度
t1 = (0:N1-1)/fs;                % 时间序列
y1 = cos(2 * pi * 30 * t1);      % 余弦信号
Y1 = fft(y1,N1);                 % FFT
freq1 = (0:N1/2) * fs/N1;        % 按式(2-2-7)设置频率刻度
n2 = 1:N1/2 + 1;                 % 计算正频率的索引号
```

```
Y_abs1 = abs(Y1(n2)) * 2/N1;         % 给出正频率部分的频谱幅值
% 作图
subplot 212; stem(freq1,Y_abs1,'k')
xlabel('频率(Hz)'); ylabel('幅值');
title('(b) Fs = 128Hz, N = 100')
axis([10 50 0 1.2]); hold on
line([30 30],[0 1],'color',[.6 .6 .6],'linestyle','- -');
plot(30,1,'ko','linewidth',5)
set(gcf,'color','w');
```

运行程序 pr2_2_8 后得如图 2-2-15 所示频谱图。

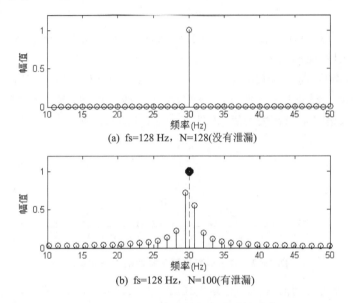

(a) fs=128 Hz, N=128(没有泄漏)

(b) fs=128 Hz, N=100(有泄漏)

图 2-2-15 没有泄漏与有泄漏的对比

在程序两部分中用相同的信号,中心频率 f0=30,采样频率 fs=128,差别仅是 FFT 的长。在 N=128 的谱图上只在 30 Hz 处有一条谱线,其他频点的幅值都为 0;而在 N=100 的谱图上有明显的泄漏现象,谱线用黑实线表示。最大两根谱线在 30 Hz 两侧,图中用虚线和黑圈点表示了 30 Hz 的频率点。为什么当 N=128 时 FFT 后没有泄漏,而当 N=100 时 FFT 后就有泄漏?

3. 案例分析

由式(2-2-21)可知在加矩形窗之后,单一频率信号的频谱图表达式为

$$X_T(\omega) = 2\pi A_m T \frac{\sin\left(\dfrac{\omega - \omega_m}{2}T\right)}{\dfrac{\omega - \omega_m}{2}T}$$

已不是一个单一的 δ 函数,而是有泄漏的存在。设信号是频率为 f_0,当取信号为整周期采样时,信号的频率 $f_0 = l\Delta f, l = k, f_0$ 将与某一条谱线相重合,如同例 2-2-8 的程序第一部分表示的那样,即第 k 条谱线频率为 f_0。整周期采样后得到的幅值谱图如图 2-2-15(a) 和图 2-2-16 所示。

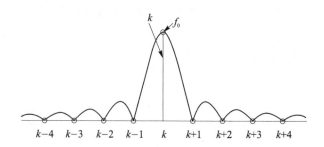

图 2-2-16 整周期采样时的幅值谱图

在整周期采样后得到的 $X_T(\omega)$ 也是由式(2-2-21)表示,一样存在着泄漏的可能性,但由于信号频率 f_0 与第 k 条谱线重合,$k\pm i$(i 为整数值)的任意谱线正好落在 $X_T(\omega)$ 的零点上,所以在谱图中就没有显示泄漏现象。

当取信号为非整周期采样时,信号的频率 f_0 不与 FFT 后某一条谱线重合,而是像例 2-2-8 的程序第二部分表示的那样,f_0 落在两条谱线的中间,例如落在第 k 和 $k+1$ 条谱线之间,其中第 k 条谱线是局部极大值,如图 2-2-15(b) 和图 2-2-17 所示。

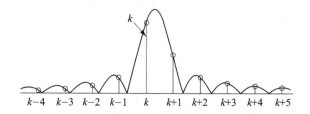

图 2-2-17 非整周期采样时的幅值谱图

在非整周期采样时得到的 $X_T(\omega)$ 也是由式(2-2-21)表示的,一样存在着泄漏的可能性,由于信号频率 f_0 在两条谱线之间,第 k 条谱线虽是局部的最大值,但不与 f_0 相重合,则 $k\pm i$(i 为整数值)的任意谱线都是 $X_T(\omega)$ 函数上的非零值,所以在谱图中存在泄漏现象。

4. 解决方法

为了防止泄漏,对于单频信号可以调整采样频率使之构成整周期采样(例如在电力监测设备中,有的会用锁相技术跟踪信号频率以调整采样频率),但大多数实际信号处理中的信号不是单频(或单频+谐波),而是多频率的,所以泄漏是难免的。在有泄漏的情形中只能想方设法减小泄漏的影响,比如利用将在 2.2.8 小节中讨论的窗函数。虽然上述已在截断的讨论中加了矩形窗函数,但矩形窗函数的泄漏是最大的,还有其他窗函数能更好地减少泄漏。

2.2.8 窗函数

当对连续信号进行截断时,如上所述,等于乘以一个矩形窗函数。对于一个正弦信号来说,原连续信号的频谱是应在 ω_0 处有一个 δ 函数,而一旦信号被截断和离散化,其频谱如图 2-2-13 所示,峰值处被扩散了;而且一旦截断不作其他说明,则是加了矩形窗函数。窗函数除了矩形窗函数以外,还有许多其他的窗函数,设置其他窗函数的目的是减少频谱的泄漏。

下面给出了几种常用的窗函数在离散时域和频域的表示式[8]。

(1) 矩形窗

$$w(n) = R_N(n) = \begin{cases} 1, & 0 \leqslant n \leqslant N-1 \\ 0, & 其他 \end{cases}$$

$$W(\omega) = W_R(\omega) = \frac{\sin(\omega N/2)}{\sin(\omega/2)} e^{-j\left(\frac{N-1}{2}\right)\omega}$$ (2-2-22)

(2) 汉宁(Hanning)窗

$$w(n) = \left[0.5 - 0.5\cos\left(\frac{2\pi n}{N}\right)\right] R_N(n)$$

$$W(\omega) = 0.5 W_R(\omega) + 0.25\left[W_R\left(\omega - \frac{2\pi}{N}\right) + W_R\left(\omega + \frac{2\pi}{N}\right)\right]$$ (2-2-23)

(3) 海明(Hamming)窗

$$w(n) = \left[0.54 + 0.46\cos\left(\frac{2\pi n}{N}\right)\right] R_N(n)$$

$$W(\omega) = 0.54 W_R(\omega) + 0.23\left[W_R\left(\omega - \frac{2\pi}{N}\right) + W_R\left(\omega + \frac{2\pi}{N}\right)\right]$$ (2-2-24)

(4) 布莱克曼(Blackman)窗

$$w(n) = \left[0.42 - 0.5\cos\left(\frac{2\pi n}{N}\right) + 0.08\cos\left(\frac{4\pi n}{N}\right)\right] R_N(n)$$

$$W(\omega) = 0.42 W_R(\omega) + 0.25\left[W_R\left(\omega - \frac{2\pi}{N}\right) + W_R\left(\omega + \frac{2\pi}{N}\right)\right] +$$

$$0.04\left[W_R\left(\omega - \frac{4\pi}{N}\right) + W_R\left(\omega + \frac{4\pi}{N}\right)\right]$$ (2-2-25)

以上各式中,$W(\omega)$是每一种窗函数的傅里叶变换。

图 2-2-18 和图 2-2-19 分别给出了这四种窗函数的波形图和傅里叶变换后的幅值图。图 2-2-19 中的横坐标是归一化频率,纵坐标是分贝值,最大值为 0 dB。

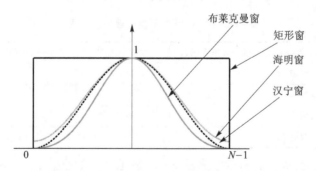

图 2-2-18 四种常用窗函数的时域波形图

在频谱图中,这四种常用窗函数还有一些重要的参数,包括第一旁瓣的衰减、主瓣宽度和旁瓣的衰减率等。关于这些参数的定义请参看图 2-2-20。

图 2-2-20 中,B 是窗函数在频域中幅值归一化后主峰下降 3 dB 的带宽,A 是第一旁瓣与主峰相比的衰减量(单位为 dB),D 是旁瓣谱峰值渐近衰减的速度(单位为 dB/oct)。以上四种常用窗函数的参数列于表 2-2-1 中。

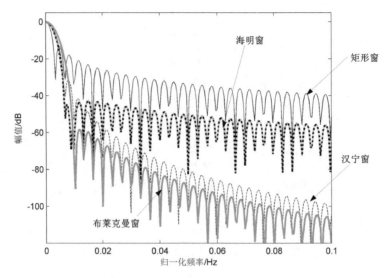

图 2-2-19 四种常用窗函数频率-幅值曲线图

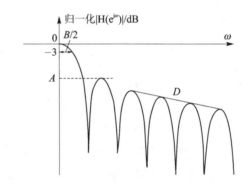

图 2-2-20 窗函数频谱中几个参数的定义

表 2-2-1 四种常用窗函数的参数表

窗函数名称	第一旁瓣衰减 A	主瓣带宽 B	旁瓣峰值衰减 D
矩形窗	-13	$4\pi/N$	-6
汉宁窗	-32	$8\pi/N$	-18
海明窗	-41	$8\pi/N$	-6
布莱克曼窗	-58	$12\pi/N$	-18

对于实际信号序列,该如何选取窗函数呢?一般来说,选择第一旁瓣衰减大,旁瓣峰值衰减快的窗函数有利于缓解截断过程中产生的频谱泄漏问题。但具有这两个特性的窗函数,其主瓣宽度较大,相应会带来一些副作用,应用中需根据具体情况折中地选择。

设信号中包含 f_a 和 f_b 两个频率分量,窗函数的选择与两个频率分量的间距以及两个频率分量的幅度比例密切相关。窗函数选择的一般准则如表 2-2-2 所列[3]。

表 2-2-2 窗函数选择的一般准则

幅值比例	频率间隔	窗函数必须具备的特性
小	大	一般
小	小	主瓣窄
大	大	阻带衰减大
大	小	阻带衰减大,采样长度 N 大

主瓣窄的窗函数一般旁瓣泄漏大,频谱泄漏主要集中在旁瓣范围内。旁瓣衰减大的窗函数,一般主瓣较宽,泄漏主要集中在主瓣范围内。

当选择加窗 DFT 时,从 2.2.2 小节中已知采样长度 N 的选择与最小频域分辨率有关,而从表 2-2-1 中看到采样长度 N 还与窗函数的主瓣宽度相关,所以 N 的选择应为

$$N \geqslant \frac{f_s}{\Delta f_{\min}} K \qquad (2-2-26)$$

式中:K 为窗函数的主瓣宽度与矩形窗的主瓣宽度之比。

根据窗函数对数据处理的影响,可参照下列原则选取理想的窗函数:
① 窗函数频谱的主瓣应尽可能地窄,以提高谱估计时的频域分辨率和减小泄漏。
② 尽量减小窗函数频谱的最大旁瓣的相对幅度,以使旁瓣高度随频率尽快衰减。
若以上两条不能同时得到满足,则往往是增加主瓣宽度以换取对旁瓣的抑制。

总之,在应用窗函数时,除要考虑窗函数频谱本身的特性外,还应充分考虑被分析信号的特点及具体处理要求。

2.2.9 案例 2.10:加窗函数后频谱幅值变了,如何修正

1. 概述

通过前面的分析可以看到,在加窗函数前、后计算的频谱幅值发生了变化(矩形窗除外),这个变化是怎么发生的? 该如何修正幅值呢? 下面以汉宁窗函数为例进行说明。

2. 理论分析

(1) 矩形窗函数和汉宁窗函数的频谱

先来说明矩形窗函数的频谱。设离散的矩形窗函数 $r_N(n)$ 为

$$r_N(n) = \begin{cases} 1, & n=0,1,\cdots,N-1 \\ 0, & \text{其他} \end{cases} \qquad (2-2-27)$$

$r_N(n)$ 的离散时间傅里叶变换(DTFT)为

$$R_N(e^{j\omega}) = \sum_{n=0}^{N-1} r_N(n) e^{-j n\omega} = \sum_{n=0}^{N-1} e^{-j n\omega} = \frac{e^{-jN\omega}-1}{e^{-j\omega}-1} \qquad (2-2-28)$$

利用三角函数的关系,由式(2-2-28)可导出

$$R_N(\omega) = \frac{1-e^{-j\omega N}}{1-e^{-j\omega}} = \frac{e^{-j\omega N/2}(e^{j\omega N/2}-e^{-j\omega N/2})}{e^{-j\omega/2}(e^{j\omega/2}-e^{-j\omega/2})} = e^{-j\omega(N-1)/2} \frac{\sin(\omega N/2)}{\sin(\omega/2)} \qquad (2-2-29)$$

式(2-2-29)就是矩形窗函数 DTFT 的频谱[8]。这里给出了式(2-2-22)的推导过程。

设汉宁窗函数为

$$w_H(n) = [0.5-0.5\cos(2\pi n/N)] * r_N(n), \quad n=0,1,\cdots,N-1 \qquad (2-2-30)$$

式中：$r_N(n)$就是式(2-2-27)的矩形窗函数。由式(2-2-23)$w_H(n)$的离散时间傅里叶变换(DTFT)为[3]

$$W_H(\omega) = 0.5R_N(\omega) + 0.25 * [R_N(\omega - 2\pi/N) + R_N(\omega + 2\pi/N)] \quad (2-2-31)$$

式中的R_N就是矩形窗函数的DTFT频谱，由式(2-2-29)表示；而式(2-2-31)给出了汉宁窗函数DTFT的频谱。

(2) 汉宁窗的幅值修正计算[7]

设修正系数为K，定义为

$$K_H = A_R/A_H \quad (2-2-32)$$

式中：A_R为矩形窗的幅值，A_H为汉宁窗的幅值。把式(2-2-29)与式(2-2-31)相除，令$\omega=0$，有

$$K_H = \frac{R_N(0)}{W_H(0)} = \frac{R_N(0)}{0.5R_N(0) + 0.25 * [R_N(-2\pi/N) + R_N(2\pi/N)]} = 2$$

将上式中$\omega = 2\pi/N$代入到式(2-2-29)中，$R_N(\pm 2\pi/N)$的值为0。所以得到$K_H=2$，K_H表示为汉宁窗的修正系数。

(3) 其他窗函数的表达式和修正系数

海明窗函数的表达式为

$$w_M(n) = [0.54 - 0.46\cos(2\pi n/N)] * r_N(n), \quad n = 0,1,\cdots,N-1 \quad (2-2-33)$$

布莱克曼窗函数的表达式为

$$w_H(n) = [0.42 - 0.5\cos(2\pi n/N) + 0.08 * \cos(4\pi n/N)] * r_N(n), \quad n = 0,1,\cdots,N-1$$
$$(2-2-34)$$

不同窗函数计算修正系数都可以按计算汉宁窗修正系数的方法来计算。在本章参考文献[7]中给出了不同窗函数幅值和能量的恢复系数。下面把一些主要窗函数的幅值恢复系数列在表2-2-3中，表内MATLAB函数中的N是窗函数的长度。

表2-2-3 常用窗函数的恢复系数

窗函数名称	窗函数的MATLAB函数	幅值相等恢复系数	功率相等恢复系数
矩形窗	boxcar(N)	1	1
汉宁窗	hanning(N)	2	1.633
海明窗	hamming(N)	1.852	1.586
布莱克曼窗	blackman(N)	2.381	1.812

3. 实例

例2-2-9(pr2_2_9) 信号与例2-2-2中的信号相同，由两个余弦信号组成，频率分别为f1=50 Hz和f2=65.75 Hz，幅值都为1，初始相角都为0，信号长度为1000，采样频率为1000 Hz。通过加汉宁窗函数FFT求出两个正弦信号的幅值和初始相角。

程序清单如下：

```
% pr2_2_9
clear all; clc; close all;

fs = 1000;                      % 采样频率
```

```
N = 1000;                              % 信号长度
t = (0:N-1)/fs;                        % 设置时间序列
f1 = 50; f2 = 65.75;                   % 两信号频率
x = cos(2 * pi * f1 * t) + cos(2 * pi * f2 * t);   % 设置信号
wind = hanning(N)';
X = fft(x. * wind);                    % 乘以窗函数并作 FFT
Y = abs(X) * 2/1000;                   % 计算幅值
freq = fs * (0:N/2)/1000;              % 设置频率刻度
[A1, k1] = max(Y(45:65));              % 寻求第 1 个信号的幅值
k1 = k1 + 44;                          % 修正索引号
[A2, k2] = max(Y(60:70));              % 寻求第 1 个信号的幅值
k2 = k2 + 59;                          % 修正索引号
Theta1 = angle(X(k1));                 % 计算信号 f1 的初始相角
Theta2 = angle(X(k2));                 % 计算信号 f2 的初始相角
Y1 = Y * 2;                            % 对加窗后的幅值进行修正
% 显示频率和幅值
fprintf('f1 = %5.2f    A1 = %5.4f    A11 = %5.4f…
    Theta1 = %5.4f\n',freq(k1),A1,A1 * 2,Theta1);
fprintf('f2 = %5.2f    A2 = %5.4f    A21 = %5.4f…
    Theta2 = %5.4f\n',freq(k2),A2,A2 * 2,Theta2);
% 作图
subplot 211; plot(freq,Y(1:N/2 + 1),'k'); xlim([40 75]);
line([0 100],[.5 .5],'color','k');
xlabel('频率/Hz'); ylabel('幅值'); title('(a)频谱图 - 幅值修正前');
subplot 212; plot(freq,Y1(1:N/2 + 1),'k'); xlim([40 75]);
line([0 100],[1 1],'color','k');
xlabel('频率/Hz'); ylabel('幅值'); title('(b)频谱图 - 幅值修正后');
set(gcf,'color','w');
```

在本程序中对信号加了窗函数后再作 FFT，求得两个信号的频率、幅值和初始相角值为

f1＝50.00   A1＝0.5005   A11＝1.0010   Theta1＝－0.0000
f2＝66.00   A2＝0.4806   A21＝0.9612   Theta2＝－0.7846

其中 f1 和 f2 表示两信号的频率，A1 和 A2 表示两信号修正前的幅值，A11 和 A21 表示两信号修正后的幅值，Theta1 和 Theta2 表示两信号的初始相位角。在例 2-2-2 中已指出第 2 个信号在两条谱线之间，在第 6 章中将会进一步讨论；而第 1 个信号的幅值和初始相角非常接近于设置值，误差比例 2-2-2 的结果有很大的改善（例 2-2-2 中求得信号 f1 的幅值为 A1＝0.9896，初始相角为 Theta1＝0.0089）。这说明两个问题：①在例 2-2-2 中幅值和初始相角产生的误差是由第 2 个信号的泄漏造成的；②加了窗函数以后能减小泄漏，但幅值还是有些误差，若使用泄漏更小的窗函数则可进一步提高幅值的精度。

运行 pr2_2_9 后得幅值修正前、后的频谱图比较，如图 2-2-21 所示。

在图 2-2-21(a)中画了一条幅值为 0.5 的直线，可以看到 f1 信号在幅值修正前的幅值为 0.5；而在图 2-2-21(b)中画了一条幅值为 1.0 的直线，可以看到 f1 信号在幅值修正后的幅值为 1。由此说明用修正系数能修正加窗信号频谱中的幅值参数。

2.2.10 分辨率

分辨率有两种含义[4]：一种是指在谱分析中将信号 $x(n)$ 中两个靠得很近的谱峰仍然能保持分辨的能力；另一种是指在使用 DFT 时，在频率轴上的所能得到的最小频率间隔。在本章

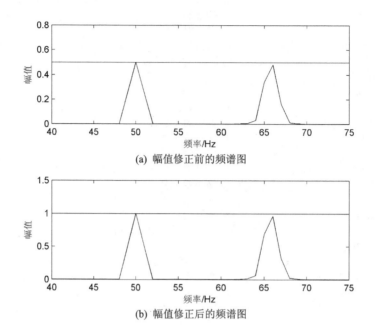

(a) 幅值修正前的频谱图

(b) 幅值修正后的频谱图

图 2-2-21 加窗信号 FFT 后幅值修正前、后的频谱图比较

参考文献[8]中把第一种分辨率称为物理分辨率，而把第二种分辨率称为计算分辨率。

1. 物理分辨率

设信号 $x(t)$ 的最高频率分量为 f_c，要求信号 $x(t)$ 在离散后谱分析中两个频率间隔为 f_δ 的谱峰仍能分辨。为了满足采样定理，可以导出采样频率 f_s：

$$f_s \geqslant 2f_c \qquad (2-2-35)$$

即采样频率应大于信号最高频率的两倍。当信号取有限长 T 秒部分后得 $x_T(t)$，又经过采样，信号成为离散值 $x_M(nT_s)$，简写为 $x(n)$，其中 T_s 是采样周期（$T_s=1/f_s$），M 是 $x(n)$ 的样点数，有

$$M = T/T_s \qquad (2-2-36)$$

从有限长离散傅里叶变换（见式(2-2-5)）可知，离散频谱的频率间隔为 $\Delta f = f_s/N = 1/(T_s N)$。为了满足谱分析中两个频率间隔为 f_δ 的谱峰仍能分辨，即要求 $\Delta f \leqslant f_\delta$，可得到

$$f_\delta \geqslant \Delta f = 1/(MT_s) = f_s/M \qquad (2-2-37a)$$

这样可以进一步确定 M 或者 T 的长度：

$$M \geqslant \frac{f_s}{f_\delta} = \frac{1}{f_\delta T_s} \quad \text{或} \quad MT_s = T \geqslant \frac{1}{f_\delta} \qquad (2-2-37b)$$

将

$$T_{\min} = MT_s = \frac{1}{f_\delta} \qquad (2-2-37c)$$

定义为最小记录长度，即当要求在谱分析中两个频率间隔为 f_δ 的谱峰仍能分辨，则信号的最小长度为 $T_{\min}$。$T_{\min}$ 只与 f_δ 要求有关，故称式(2-2-37a)中的 $\Delta f = f_s/M$ 为物理分辨率，其中 f_s 是采样频率，M 是数据的实际样点数。但以上的推导都是在矩形窗的条件下得到的，若加其他窗函数，则由式(2-2-26)可知，式(2-2-37b)将改变为

$$M \geqslant \frac{f_s}{f_\delta} K \qquad (2-2-38)$$

式中:K 为窗函数的主瓣宽度与矩形窗的主瓣宽度之比。

2. 计算分辨率

离散频谱的频率间隔为 $\Delta f = f_s/N = 1/(T_s N)$,其中 N 可以不等于 M,且常对数据进行补零(在 2.2.12 小节的案例 2.12 中将讨论数据补零后的 FFT)。例如数据长 M,且 M 不为 2^k,在进行 FFT 时常把数据补零使数据长度为 $N = 2^k$(k 为正整数),以便于使用 FFT 的运算。这时 Δf 只是谱分析中谱线之间的频率间隔,它与 f_s 和 N 有关,即与具体计算有关,故称为计算分辨率。

2.2.11 案例 2.11:如何选择采样频率和信号长度

1. 概　述

在实际信号分析中经常会遇到要分辨出频率间隔为 f_δ 的两个分量,在这种情形中如何选择采样频率和信号的长度呢?

2. 案例分析

设有一个信号 $x(t)$ 由三个正弦信号组成,其频率分别是 $f_1 = 1$ Hz,$f_2 = 2.5$ Hz,$f_3 = 3$ Hz,即

$$x(t) = \sin(2\pi f_1 t) + \sin(2\pi f_2 t) + \sin(2\pi f_3 t)$$

下面介绍如何选择采样频率 f_s 和信号长度 N。

因为信号的最高频率 f_c 为 3 Hz,故按采样定理 $f_s \geqslant 2f_c = 6$,选择 $f_s = 10$ Hz。由频域分辨分析可知,若要区分 1 kHz 和 2.5 kHz 的频率分量,则按式(2-2-32b),最小采样长度 N_1 必须满足

$$N_1 \geqslant \frac{f_s}{\Delta f_{\min}} = \frac{10}{2.5-1} = 6.6$$

若要区分 2.5 kHz 和 3 kHz 的频率分量,则最小采样长度 N_2 必须为

$$N_2 \geqslant \frac{f_s}{\Delta f_{\min}} = \frac{10}{3-2.5} = 20$$

因此,为了能区分各频率的峰值,信号最小长度为 20。

3. 实　例

例 2-2-10(pr2_2_10)　某信号由 3 个正弦信号组成,频率分别为 1 Hz、2.5 Hz、3 Hz,采样频率为 10 Hz。分别以数据长度 N=20、40、128 来分析该信号。

程序清单如下:

```
% pr2_2_10
clear all; clc; close all;

M = 256; fs = 10;                          % 设置数据长度 M 和采样频率 fs
f1 = 1; f2 = 2.5; f3 = 3;                  % 设置 3 个正弦信号的频率
t = (0:M-1)/fs;                            % 设置时间序列
x = cos(2*pi*f1*t) + cos(2*pi*f2*t) + cos(2*pi*f3*t);   % 计算出信号波形

X1 = fft(x,20);                            % 进行 FFT
```

```
X2 = fft(x,40);
X3 = fft(x,128);
freq1 = (0:10) * fs/20;                    % 计算3个信号在频域的频率刻度
freq2 = (0:20) * fs/40;
freq3 = (0:64) * fs/128;
plot(freq1,abs(X1(1:11)),'k:'); hold on    % 作图
plot(freq2,abs(X2(1:21)),'k-');
plot(freq3,abs(X3(1:65)),'k-','color',[.6 .6 .6],'linewidth',2);
legend('N=20','N=40','N=128');
title('不同N值的DFT变换');
xlabel('频率/Hz'); ylabel('幅值');
set(gcf,'color','w');
```

运行 pr2_2_10 后得不同 N 值的 DFT 频谱图，如图 2-2-22 所示。

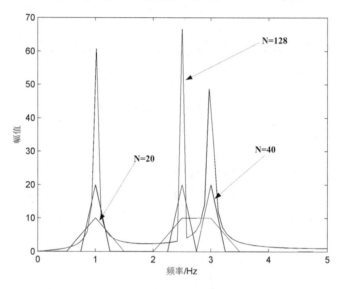

图 2-2-22 不同 N 值的 DFT 频谱图

从图 2-2-22 可以看出，当 N=20 点时，虽然 2.5 Hz 和 3 Hz 这两个峰值大致能分开，但还是不太明显，可以认为是两个峰值，也可能被误认为有一个峰值在这两点之间。当 N=40 时这两个峰值就十分明显了，因为 N 增加一倍后在这两点之间增加了一个谷值，从而突出了峰值。而当 N=128 时峰值更明显了，但由于栅栏现象和矩形窗泄漏存在，3 个正弦信号虽然输入时幅值相同，但从频域上反映出的幅值各不相同。

4. 案例延伸

在以上例子中3个正弦信号的幅值是相同的，但大多数情形中相邻正弦信号幅值不相同，有时差值很大。

例 2-2-11(pr2_2_11) 已知信号 $x(t)$ 中 50 Hz 频率分量的幅值为 311，46 Hz 频率分量的幅值为 1.55，采样频率 $f_s=8$ kHz。要求 46 Hz 信号的幅度分析精度不低于 5%，试问[3]：

① 选择何种类型窗函数较合适？

② 采样长度 N 应为多少？

③ 分析信号的实际频谱。

由于 50 Hz 频率分量幅度远大于 46 Hz 频率分量,需要防止 50 Hz 频率分量对 46 Hz 频率分量的泄漏,同时考虑 46 Hz 频率分量分析精度的要求,允许 50 Hz 频率分量的最大泄漏为

$$20\lg\left|\frac{1.55}{311}\times 5\%\right|=-80\ \text{dB}$$

以上介绍的窗函数中没有一个窗函数的第一旁瓣衰减能达到 -80 dB;但可以选择旁瓣衰减大、高频衰减速度快的窗函数,以满足实际衰减要求。根据表 2-2-1,选择布莱克曼窗比较合适。布莱克曼窗第 3 个旁瓣衰减为 $(-58-18\times 3)$ dB $=-112$ dB。

此时,采样长度的选择不但要考虑窗函数的主瓣宽度,还要考虑旁瓣位置:

$$N\geqslant\frac{f_s}{\Delta f_{\min}}(K+M)=\frac{8\,000}{50-46}\times(3+3)=12\,000$$

式中:K 为窗函数的主瓣宽度与矩形窗的主瓣宽度之比,M 为旁瓣位置。按表 2-2-1 中信息矩形窗的主瓣宽度为 $4\pi/N$,而布莱克曼窗的主瓣宽度为 $12\pi/N$,所以 $K=3$;又取布莱克曼窗第 3 个旁瓣,$M=3$。

程序清单如下:

```
% pr2_2_11
clear all; clc; close all;
f1 = 50; a1 = 311.46;              % 设置第 1 个分量的频率与幅值
f2 = 46; a2 = 1.57;                % 设置第 2 个分量的频率与幅值
N = 12000;                         % 设置数据长度 N
fs = 8000;                         % 设置采样频率 fs
t = (0:N-1)/fs;                    % 设置时间刻度
x = a1 * cos(2 * pi * f1 * t) + a2 * cos(2 * pi * f2 * t);   % 设置信号
freq = (0:N/2) * fs/N;             % 设置频率刻度
wind = blackman(N)';               % 给出布莱克曼窗函数
X = fft(x. * wind);                % FFT
plot(freq,20 * log10(abs(X(1:N/2 + 1))),'k');   % 作图
grid; xlim([0 100])
xlabel('频率/Hz'); ylabel('幅值/dB');
title('信号谱图');
```

运行该程序得如图 2-2-23 所示信号谱图。本程序说明了在已知信号时如何选择窗函数和 FFT 的长度。

2.2.12 案例 2.12:FFT 中的补零问题

1. 概述

在 FFT 时经常会对输入序列补零,最常见的是补零后把 N 设置为 $N=2^k$(k 是一个正整数)。由于采集到的实验数据序列长度 M 往往不是 2 的整数次幂,因此可通过补零使 FFT 时长度为 $N=2^k$。

2. 理论基础

在第 1 章 DFT 和 Z 变换的关系式(1-2-17)中曾指出

$$X(k)=\sum_{n=0}^{N-1}x(n)\mathrm{e}^{-\mathrm{j}\frac{2\pi}{N}nk}=X(\mathrm{e}^{\mathrm{j}\omega})|_{\omega=\frac{2\pi}{N}k},\quad k=0,1,\cdots,N-1$$

DFT 是在 Z 平面单位圆上均匀分布的 N 个点,相隔为 $2\pi/N$,参见图 1-2-2。

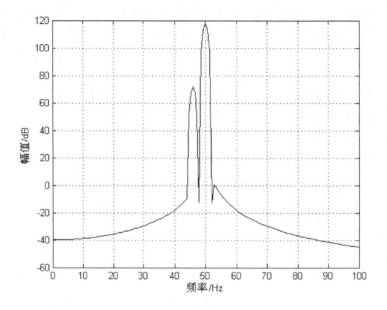

图 2-2-23 运行程序 pr1_5_3 所得信号谱图

设对原数据序列 $x(n)$ 补零,使序列长为 $2N$,则序列有

$$x_1(n) = \begin{cases} x(n), & 0 \leqslant n \leqslant N-1 \\ 0, & N \leqslant n \leqslant 2N-1 \end{cases}$$

DFT 有

$$X_1(k) = \sum_{n=0}^{N-1} x_1(n) e^{-j\frac{2\pi}{2N}nk} = \sum_{n=0}^{N-1} x_1(n) e^{-j\frac{\pi}{N}nk}, \quad k=0,1,\cdots,2N-1$$

与式(1-2-17)相比较可得

$$X_1(k) = \sum_{n=0}^{N-1} x'(n) e^{-j\frac{\pi}{N}nk} = X(e^{j\omega})\big|_{\omega=\frac{\pi}{N}k}, \quad k=0,1,\cdots,2N-1 \quad (2-2-39)$$

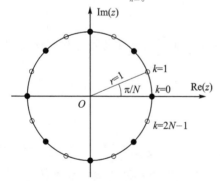

图 2-2-24 数据序列补零后 DFT 在 Z 平面上的取值

数据序列补零后 DFT 在 Z 平面上的取值如图 2-2-24 所示。

在 Z 平面的单位圆上黑色实心圆点是 $X(k)$ 的值,即在 $x(n)$ 没有补零时 DFT 后的值;而图中还有空心圆点,这是 $X_1(k)$ 新增加的值,即在补零后为 DFT 增加的值。从图中可看出这些新增的值是内插在 $X(k)$ 值之间。所以补零是对原有 $X(k)$ 进行插值[3,9,12]。

以上是取长度为 $2N$,把它推广为 rN。如果 r 为整数,补零后的长度是 N 的整数倍,则同 $2N$ 类似,将在 $X(k)$ 值之间进行插值。如果 r 不为整数,则 rN 应为整数。设 $L=rN$,由式(1-2-17)可得

$$X_2(k) = \sum_{n=0}^{N-1} x_2(n) e^{-j\frac{2\pi}{L}nk} = X(e^{j\omega})\big|_{\omega=\frac{2\pi}{L}k}, \quad k=0,1,\cdots,L-1$$

L 点的 DFT 相当于单位圆中取了不相同的值,虽然在 r 不为整数时得到的频谱可能与原先的频谱看起来有所差别,但它们是有关联的,都是从 $X(e^{j\omega})$ 取样得到的,只是取样的间隔不同而已[8]。

3. 实 例

例 2-2-12(pr2_2_12) 信号 x(n) 由两个余弦分量组成,它们的频率为 f1=30 Hz 和 f2=65.5 Hz,采样频率为 fs=200 Hz,数据长度 N=200。用 200 和 400 进行 FFT,比较它们的结果。

数据长度 N=200,当用 L=400 点进行 FFT 时,相当于在 x(n) 的 200 个数据样点后补了 200 个零值。程序 pr2_2_12 清单如下:

```
% pr2_2_12
clear all; clc; close all;

fs = 200;                                    % 采样频率
f1 = 30; f2 = 65.5;                          % 两信号频率
N = 200;                                     % 信号长度
n = 1:N;                                     % 样点索引
t = (n-1)/fs;                                % 时间刻度
x = cos(2*pi*f1*t) + cos(2*pi*f2*t);         % 信号
X1 = fft(x);                                 % 按 N 点进行 FFT
freq1 = (0:N/2)*fs/N;                        % N 点时正频率刻度
X1_abs = abs(X1(1:N/2+1))*2/N;               % 信号幅值
L = 2*N;                                     % 补零后 FFT 长度
X2 = fft(x,L);                               % 按 L 长进行 FFT
freq2 = (0:L/2)*fs/L;                        % L 点时频率刻度
X2_abs = abs(X2(1:L/2+1))*2/N;               % 信号幅值
% 作图
subplot 211; plot(freq1,X1_abs,'k');
grid; ylim([0 1.2]);
xlabel('频率/Hz'); ylabel('幅值');
title('(a) 补零前 FFT 谱图')
subplot 212; plot(freq2,X2_abs,'k');
grid; ylim([0 1.2]);
xlabel('频率/Hz'); ylabel('幅值');
title('(b) 补零后 FFT 谱图')
set(gcf,'color','w');
```

运行程序 pr2_2_12 后得信号 x(n) 在补零前、后的频谱图比较,如图 2-2-25 所示。

在图 2-2-25(a) 中补零之前,谱分析中对 f2 信号是模糊的,由于泄漏,频带被拓宽了;而补零以后在图 2-2-25(b) 中可以看到,在 65.5 Hz 处有一个峰值。这是因为补零以后能改善栅栏效应,使原先不清晰的谱线显现了。

同时应注意到频率刻度和计算幅值的变化。在 pr2_2_12 中补零之前,我们用以前介绍过的方法计算频率刻度 freq=(0:N/2)*fs/N,并计算信号的幅值 Am=abs(X*2/N),其中 N 是信号的长度,也是 FFT 的点数。但补零至 L 长后,FFT 的点数也是 L,计算频率刻度 freq=(0:L/2)*fs/L,而计算信号的幅值还是 Am=abs(X*2/N),虽然数据长度在补零后增长到 L,但数据的有效长度还是 N,且计算幅值是要以有效长度来计算的。

此外还可以看到,在图 2-2-25(a) 中 f1 只是一条谱线,而在图 2-2-25(b) 中 f1 除了一

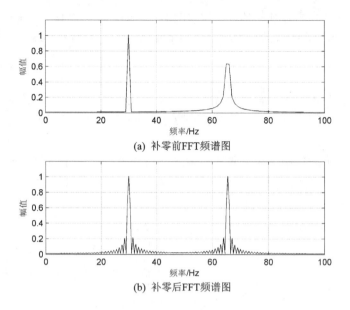

(a) 补零前FFT频谱图

(b) 补零后FFT频谱图

图 2-2-25 信号 x(n)在补零前、后的频谱图比较

个峰值外在它的周围还有一些波纹振荡,这是泄漏造成的。在 2.2.7 小节的案例 2.9 中已说明过,当一个正弦信号整周期采样后在离散时域将无限延伸,相当于变为无限长的连续信号。但是在本例中 N=200 时是整周期采样的正弦信号,当 N=400 时由于补零信号已不是整周期采样的正弦信号,即使它将无限延伸也不会与无限长连续正弦信号相当,所以在截断以后一样会产生泄漏,在本小节案例延伸 2 中将进一步说明。

例 2-2-13(pr2_2_13) 我们用 pr2_2_10 中的信号,由 3 个正弦信号组成,频率分别为 1 Hz、2.5 Hz、3 Hz,采样频率 fs 为 10 Hz,信号长度为 N=10。我们通过补零观察是否能分辨 2.5 Hz 与 3 Hz。

在 pr2_2_10 中已知,要能分辨 2.5 Hz 与 3 Hz,则 N 至少长为 20。当 N=40 时,能很清楚地看出 2.5 Hz 与 3 Hz 分别有一个峰值。本程序分为两部分,先以 N=10 进行 FFT,再以 N=40(等于 10 个数据后补了 30 个零值)进行 FFT,观察它们的频谱。

程序 pr2_2_13 清单如下:

```
% pr2_2_13
clear all; clc; close all;

M = 10; fs = 10;                                            % 设置数据长度 M 和采样频率 fs
f1 = 1; f2 = 2.5; f3 = 3;                                   % 设置 3 个正弦信号的频率
t = (0:M-1)/fs;                                             % 设置时间序列
x = cos(2*pi*f1*t) + cos(2*pi*f2*t) + cos(2*pi*f3*t);       % 计算信号波形

X1 = fft(x);                                                % FFT 变换
freq1 = (0:5)*fs/10;                                        % 计算 3 个信号在频域的频率刻度
X2 = fft(x,40);                                             % FFT 变换
freq2 = (0:20)*fs/40;                                       % 计算 3 个信号在频域的频率刻度
% 作图
plot(freq1,abs(X1(1:6)),'k-.',freq2,abs(X2(1:21)),'k');
title('不同 N 值的 DFT 变换');
```

```
xlabel('频率/Hz'); ylabel('幅值');
legend('FFT 变换长为 10','FFT 变换长为 40')
et(gcf,'color','w');
```

运行 pr2_2_13 后得补零前、后的 FFT 谱图比较,如图 2-2-26 所示。

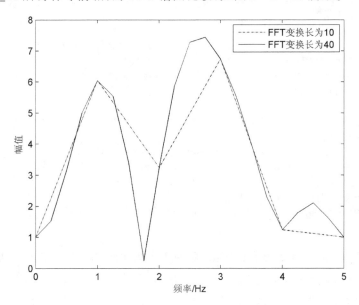

图 2-2-26 补零前、后的 FFT 谱图比较

图 2-2-26 中所示虚线是 FFT 变换长度为 10。按 pr2_2_10 的讨论,N=10 是不能分辨 2.5 Hz 与 3 Hz 的频率分量的,但能分辨 1 Hz 与 2.5 Hz 分量,所以图中有 2 个虚线的峰值。但当对数据补零,使 FFT 长为 40 时,计算结果在图中用实线表示,可以看出还是 2 个峰值,与 FFT 长为 10 的结果相类似。在 pr2_2_10 中当 N=40 时,可清楚分辨 2.5 Hz 与 3 Hz,现在通过补零的方法一样取 FFT 长为 40,但结果完全不同。说明补零不能增加物理分辨率,只能增加计算分辨率。要增加物理分辨率,唯一的方法是增加信号的有效长度[4,12]。

4. 案例延伸 1:如何画出如图 2-2-18 所示的窗函数谱图

以矩形窗为例,由矩形窗的表示式(2-2-15)可得

$$w(n) = R_N(n) = \begin{cases} 1, & 0 \leqslant n \leqslant N-1 \\ 0, & \text{其他} \end{cases}$$

以 N 点对 $w(n)$ 作谱图,又对矩形窗的数据补零,再作出谱图,两者进行比较。

例 2-2-14(pr2_2_14) 设 N=256,用 boxcar 函数产生矩形窗,以 N=256 进行 FFT,又以 N=2048 点进行 FFT,比较它们的谱图。

程序 pr2_2_14 清单如下:

```
% pr2_2_14
clear all; clc; close all;

N = 256;                          % 窗长度
x = boxcar(N);                    % 设置矩形窗
% 第一部分
X1 = fft(x);                      % FFT
```

```
X1_abs = abs(fftshift(X1));              % 计算幅值
freq1 = ( -128:127)/N;                   % 频率刻度 1
subplot 311; plot(freq1,X1_abs,'k');     % 作图
xlim([ -0.1 0.1]);
xlabel('归一化频率'); ylabel('幅值');
title('补零前 FFT 谱图')
    % 第二部分
X2 = fft(x,N*8);                         % 对矩形窗补零后 FFT
X2_abs = abs(fftshift(X2));              % 计算幅值
freq2 = ( -N*4:N*4-1)/(N*8);             % 频率刻度 2
subplot 312; plot(freq2,X2_abs,'k');     % 作图
xlim([ -0.1 0.1]);
xlabel('归一化频率'); ylabel('幅值');
title('补零后 FFT 谱图')
X2_dB = 20*log10(X2_abs/(max(X2_abs)) + eps);  % 幅值取分贝值
subplot 313; plot(freq2,X2_dB,'k');      % 作图
axis([0 0.1 -50 5]);
xlabel('归一化频率'); ylabel('幅值/dB');
title('(c) 补零后 FFT 谱图 - 分贝值')
set(gcf,'color','w');
```

运行程序 pr2_2_14 后得矩形窗补零前、后的频谱图比较,如图 2-2-27 所示。

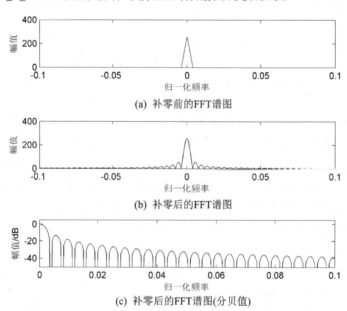

图 2-2-27 矩形窗补零前、后的谱图比较

在程序 pr2_2_14 第一部分中,$N=256$,作 256 点的 FFT,得图 2-2-27(a)。从图中可看到矩形窗的谱图并不像图 2-2-19 那样,只有一条谱线,且没有泄漏。这是怎么回事?

从式(2-2-22)可得到矩形窗的谱函数为

$$W(\omega) = W_R(\omega) = \frac{\sin(\omega N/2)}{\sin(\omega/2)} e^{-j\left(\frac{N-1}{2}\right)\omega}$$

在 N 点 DFT 后离散频率为 $\omega_k = 2\pi k/N (k=0,1,\cdots,N-1)$。把 ω_k 代入上式可以发现,除 $k=0$ 外,其他频点的幅值都为 0,这就是为什么在图 2-2-27(a)中除 0 点有谱线外,其他

都为 0 值。

要得到如图 2-2-19 所示的矩形窗谱图(把 0 值之间泄漏的值都能绘制出来),可以通过对数据补零得到。在程序 pr2_2_14 第二部分 $N=256$,但 FFT 变换长度 $L=2048$,其中在数据后补了 $1792(256×7)$ 个零值。FFT 后的结果见图 2-2-27(b),同时对 FFT 后的幅值取分贝值后的结果见图 2-2-27(c),这就是图 2-2-19 中矩形窗的谱图。

5. 案例延伸 2:补零后怎么会产生泄漏

在运行 pr2_2_12 后得图 2-2-25,在图 2-2-25(a)中没有补零时 30 Hz 的信号而只得到一条谱线,而补零以后图 2-2-24(b)中 30 Hz 的信号怎么就有了泄漏呢?

在 2.2.7 小节的案例 2.9 中已说明过为什么整周期采样的正弦信号的谱线只有一条,没有泄漏。实际上,这时并不是没有泄漏,而是在谱线的各频点上正好与式(2-2-21)中 $X_T(\omega)$ 的零点相重合(如图 2-2-16 所示),而在补零后频域上的样点数增加了一倍,即在 $X_T(\omega)$ 任意两个零点之间都增加(内插)了一个点(如图 2-2-28 所示),就把原来没有显示出的泄漏都显示出来了。这就是产生泄漏的原因。

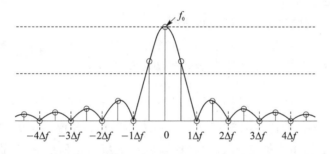

图 2-2-28 正周期采样的单频正弦信号补零后的幅值谱图
(Δf 是没有内插时谱线之间的频率间隔)

2.2.13 快速卷积和快速相关

1. 循环卷积和循环相关

在 1.3 节中介绍 DFT 性质时已给出了离散时间的卷积定理和相关定理。

(1) 离散时间的卷积定理

若有限时间长度的时间序列 $x(n)$ 和 $h(n)$,它们的离散傅里叶变换分别为 $X(k)$ 和 $H(k)$,它们的卷积为

$$y(n) = \sum_{m=0}^{N-1} h(m)x(n-m) \qquad (2-2-40)$$

则 $y(n)$ 的 DFT $Y(k)$ 为

$$Y(k) = H(k)X(k) \qquad (2-2-41)$$

如果通过 $Y(k)$ 傅里叶逆变换得到

$$y_c(n) = \text{IFFT}[Y(k)] \qquad (2-2-42)$$

则 $y_c(n)$ 与 $y(n)$ 还是有差别的,式(2-2-40)表示的是线性卷积,而通过式(2-2-41)和式(2-2-42)得到的 $y_c(n)$ 是循环卷积(Circular Convolution)。DFT 可以通过 FFT 来实现,所以用 FFT 可实现快速的循环卷积(在本小节中还会介绍通过 FFT 实现线性卷积)。

(2) 离散时间的相关定理

若有限时间长度的时间序列 $x(n)$ 和 $y(n)$，它们的 DFT 分别为 $X(k)$ 和 $Y(k)$，它们的相关为

$$r(n) = \sum_{m=0}^{N-1} x(m) y(n+m) \quad (2-2-43)$$

则 $r(n)$ 的离散傅里叶变换 $R(k)$ 为

$$R(k) = X^*(k) Y(k) \quad (2-2-44)$$

如果通过 $R(k)$ 傅里叶逆变换得到

$$r_c(n) = \text{IFFT}[R(k)] \quad (2-2-45)$$

则 $r_c(n)$ 与 $r(n)$ 还是有差别的，式(2-2-43)表示的是线性相关，而通过式(2-2-44)和式(2-2-45)得到的 $r_c(n)$ 是循环相关(Circular Correlation)。DFT 可以通过 FFT 来实现，所以用 FFT 可实现快速的循环相关(在本小节中还会介绍通过 FFT 实现线性相关)。循环相关有时也可用于时延的检测，请参看例 2-2-15。

2. 两个有限长序列的快速线性卷积算法[1,3]

若有限时间长度的时间序列为 $x(n)$ 和 $h(n)$，设 $x(n)$ 是 N 点有限长序列，$n \in [0, N-1]$，$h(n)$ 是 M 点有限长序列，$n \in [0, M-1]$，则它们的线性卷积为

$$y(n) = x(n) * h(n) = \sum_{k=0}^{M-1} h(k) x(n-k), \quad n = 0, 1, \cdots M+N-2 \quad (2-2-46)$$

线性卷积输出序列的取位范围为 $n \in [0, N+M-2]$，序列长度 $L = N+M-1$。

观察式(2-2-46)，由于每点 $x(n)$ 肯定要与 $h(n)$ 的所有点相乘一次，故直接计算线性卷积的乘法次数为

$$m_d = N \cdot M \quad (2-2-47a)$$

若 $h(n)$ 具有对称性(系统为线性相位特性)，则直接计算时的乘法次数可减少一半，即

$$m_d = N \cdot M/2 \quad (2-2-47b)$$

利用循环卷积计算线性卷积时，为防止混叠，首先要将序列 $x(n)$ 和 $h(n)$ 补零至长度大于或等于 L，即

$$x'(n) = \begin{cases} x(n), & 0 \leqslant n \leqslant N-1 \\ 0, & N \leqslant n \leqslant L-1 \end{cases} \quad (2-2-48)$$

$$h'(n) = \begin{cases} h(n), & 0 \leqslant n \leqslant M-1 \\ 0, & M \leqslant n \leqslant L-1 \end{cases} \quad (2-2-49)$$

然后分别用 FFT 算法计算序列 $x'(n)$ 和 $h'(n)$ 的 DFT 变换 $X'(k)$ 和 $H'(k)$，再利用循环卷积定理可得

$$y_L(n) = x'(n) \otimes h'(n) = \text{IFFT}[X'(k) H'(k)], \quad n = 0, 1, \cdots, L-1 \quad (2-2-50)$$

实际应用中，若按 2.1 节介绍的基 2 时间抽取法或基 2 频率抽取法实现 FFT，则要求 L 是 2 的整数幂次。为满足此条件，L 肯定大于或等于 $N+M-1$；此时，取循环卷积结果 $y_L(n)$ 的前 $N+M-1$ 个值，即可得到线性卷积结果。

设 m_{FFT} 为按式(2-2-50)计算所需要的乘法次数，m_d 为按式(2-2-40)计算所需要的乘法次数，则把

$$\beta_{\text{CONV}} = \frac{m_\text{d}}{m_{\text{FFT}}} \qquad (2-2-51)$$

定义为快速卷积与直接线性卷积相比的乘法改善比,在本章参考文献[3]中给出了不同 N 和 M 值的改善比值,如表 2-2-4 所列。

表 2-2-4 不同序列长度快速卷积算法改善比

长度 效率	$N=32$ $M=32$	$N=64$ $M=64$	$N=128$ $M=128$	$N=256$ $M=256$	$N=512$ $M=512$	$N=1024$ $M=1024$	$N=1024$ $M=32$	$N=2048$ $M=32$
β_{CONV}	1.325	1.391	4.942	8.845	16.02	29.27	1.933	1.798

从计算量对比可得出以下结论:
① 当序列长度 N、M 相近,且小于 64 点时,快速卷积并没有提高效率。
② 当序列长度 N、M 相近,且大于 64 时,快速卷积效率随序列长度的增加而提高。
③ 当序列长度 $N+M$ 较大,同时 N 与 M 相差较大时,快速卷积效率的提高不明显。

3. 有限长序列和无限长序列的快速卷积

实际中经常遇到这样的情况,线性离散系统的脉冲响应 $h(n)$ 是有限的,设长为 N,而系统输入序列 $x(n)$ 是连续不断地采样进入(实时系统中),$x(n)$ 经过系统 $h(n)$ 后的输出为

$$y(n) = x(n) * h(n) = \sum_{k=0}^{N-1} h(k)x(n-k)$$

计算输出时,并不需要(也不可能)采样完所有输入序列后再计算,可采取分段线性卷积的方法计算系统的输出序列。可用两种方法来实现:重叠相加法(Overlap-add)和重叠存储法(Overlap-save)。

(1) 重叠相加法

将 $x(n)$ 分段,任意一段为 $x_i(m)$,相邻两段之间互不重叠,每段长为 M,则有

$$x_i(m) = \begin{cases} x(n), & (i-1)M+1 \leq n \leq iM \\ 0, & \text{其他} \end{cases} \quad 1 \leq m \leq M \text{ 且 } i=1,2,\cdots$$

$$(2-2-52)$$

且

$$x(n) = \sum_{i=1}^{\infty} x_i(m), \quad 1 \leq m \leq M \text{ 且 } n=(i-1)M+m \qquad (2-2-53)$$

把每段数据 $x_i(m)$ 和 $h(n)$ 进行补零,使其长度都为 $N+M-1$,则有

$$\tilde{x}_i(m) = \begin{cases} x_i(m), & 1 \leq m \leq M \\ 0, & M+1 \leq m \leq N+M-1 \end{cases} \qquad (2-2-54)$$

$$\tilde{h}(m) = \begin{cases} h(m), & 1 \leq m \leq N \\ 0, & N+1 \leq m \leq N+M-1 \end{cases} \qquad (2-2-55)$$

计算 $\tilde{h}(n)$ 和 $\tilde{x}_i(n)$ 的卷积(用 * 表示),得到 $y_i(n)$,即

$$y_i(n) = \tilde{x}_i(n) * \tilde{h}(n) \qquad (2-2-56)$$

式中:$n=(i-1)M+1,\cdots,iM+N-1$。若式(2-2-56)的卷积通过 DFT 和 IDFT 变换来完成,则有

$$\left.\begin{array}{l}\tilde{X}_i(k) = \text{DFT}[\tilde{x}_i(n)] \\ \tilde{H}(k) = \text{DFT}[\tilde{h}(n)]\end{array}\right\} \qquad (2-2-57)$$

$$Y_i(k) = \tilde{X}_i(k) \times \tilde{H}(k) \qquad (2-2-58)$$

$$y_i(n) = \text{IDFT}[Y_i(k)] \qquad (2-2-59)$$

因为时域的卷积可表示为频域的相乘。我们注意到,$y_i(n)$长为$N+M-1$,而$\tilde{x}_i(m)$的有效长度为M,故相邻两段$y_i(n)$之间有$N-1$长度的数据在索引号上相互重叠。以$y_i(n)$和$y_{i+1}(n)$为例来观察:

$$y_i(n), \quad n=(i-1)M+1,\cdots,iM,iM+1,\cdots,iM+N-1$$

$$y_{i+1}(n), \quad n=iM+1,\cdots,iM+N-1,iM+N,\cdots,(i+1)M+N-1$$

$y_i(n)$最后$N-1$个数据与$y_{i+1}(n)$最前面的$N-1$个数据有相同的索引号,把相同索引号的重叠部分相加,便与不重叠部分共同构成输出序列:

$$y(n) = x(n)*h(n) = \sum_i y_i(n) \qquad (2-2-60)$$

重叠相加法计算的示意图如图2-2-29所示。

在 MATLAB 中有函数 fftfilt() 是以重叠相加法计算线性卷积的,其调用格式为

$$Y = \text{fftfilt}(h,x,n)$$

式中:h 是系统脉冲响应;x 是被分析信号;n 是设置 $N+M-1$ 的长度。在 fftfilt 函数内部会按 nfft=2^nextpw(n),即应用 FFT 算法时自动选择与 n 最接近的 2 的幂次方,以便按基 2 的 FFT 进行运算。

(2) 重叠存储法

$h(n)$ 与重叠相加法相同,在后面补零值,有

$$\tilde{h}(m) = \begin{cases} h(n), & 1 \leq n,m \leq N \\ 0, & N+1 \leq m \leq N+M-1 \end{cases} \qquad (2-2-61)$$

但对 $x_i(m)$ 的分段处理方法与重叠相加法完全不同,每段长为 $N+M-1$,要求分段后每段的最后一个数据点都在 iM 处($i=1,2,\cdots$),而第 1 段($i=1$)数据段的最后一点在 M 处,其长度只有 M,达不到 $N+M-1$,就只能往前向补 $N-1$ 个零值,所以在分段前数据 $x(n)$ 要前向补 $N-1$ 个零值,它的结构如图 2-2-30 所示。

$$\tilde{x}(n) = \begin{cases} 0, & 1 \leq n \leq N-1 \\ x(n-N+1), & N \leq n \leq N+N_1-1 \end{cases} \qquad (2-2-62)$$

将前向补零后的 $\tilde{x}(n)$ 进行分段,每段 $x_i(m)$ 为

$$x_i(m) = \tilde{x}(n), \quad (i-1)M+1 \leq n \leq iM+N-1, 1 \leq m \leq N+M-1, i=1,2,\cdots$$

$$(2-2-63)$$

计算 $\tilde{h}(m)$ 和 $x_i(m)$ 的卷积,得到 $y_i(m)$,即

$$y_i(m) = x_i(m)*\tilde{h}(m) \qquad (2-2-64)$$

同样通过 DFT 实现 $\tilde{h}(m)$ 和 $x_i(m)$ 作卷积,每段卷积结果舍去前 $N-1$ 个点,只保留最后 M 个值,即每次卷积只取 $y_i(m)$ 最后 M 个值,即

$$\tilde{y}_i(n) = y_i(m), \quad N \leq m \leq N+M-1, i=1,2,\cdots \text{且} (i-1)M+1 \leq n \leq iM$$

$$(2-2-65)$$

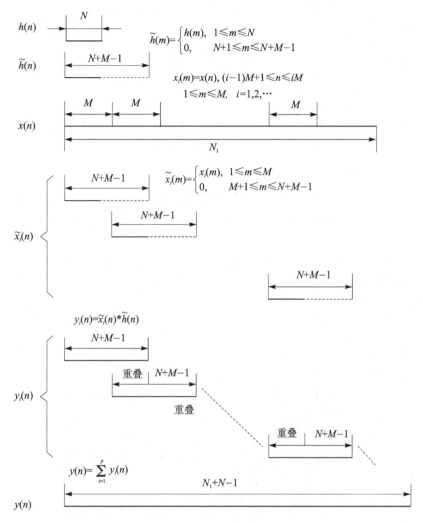

图 2-2-29 重叠相加法运算示意图

输出序列 $y(n)$ 为

$$y(n) = \sum \widetilde{y}_i(n) \qquad (2\text{-}2\text{-}66)$$

重叠存储法的运算示意图如图 2-2-30 所示。

4. 两个有限长序列的快速线性相关算法[3]

设两个有限长序列 $x(n), n=0,1,\cdots,N-1$ 和 $y(n), n=0,1,\cdots,M-1$,则它们的线性相关定义为

$$r_{xy}(n) = \sum_{m=0}^{M-1} x(n+m) y^*(m) \qquad (2\text{-}2\text{-}67)$$

相关序列 $r_{xy}(n)$ 的非零取值区间为 $n \in [-(M-1), N-1]$,相关长度 $L=N+M-1$。根据循环相关定理 $R_{xy}(k)=X(k)Y^*(k)$,可利用 FFT 算法计算线性相关,其计算过程如下:

① 为防止循环卷积产生混叠,首先将 $x(n)$、$y(n)$ 补零至长度大于或等于 L(同时保证 L 为 2 的幂次方,以便利用基 2 的 FFT 运算),得 $x_1(n)$ 和 $y_1(n)$。

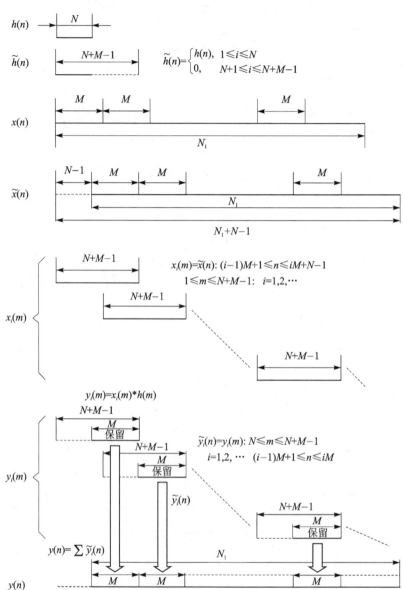

图 2-2-30 重叠存储法运算示意图

$$x_1(m) = \begin{cases} x(m), & 1 \leqslant m \leqslant N \\ 0, & N+1 \leqslant m \leqslant N+M-1 \end{cases} \quad (2-2-68)$$

$$y_1(m) = \begin{cases} y(m), & 1 \leqslant m \leqslant M \\ 0, & M+1 \leqslant m \leqslant N+M-1 \end{cases} \quad (2-2-69)$$

② 用 FFT 算法计算 $x_1(n)$ 和 $y_1(n)$ 的 DFT 变换得 $X_1(k)$ 和 $Y_1(k)$：

$$\left.\begin{aligned} X_1(k) &= \mathrm{DFT}(x_1(n)) \\ Y_1(k) &= \mathrm{DFT}(y_1(n)) \end{aligned}\right\} \quad (2-2-70)$$

③ 利用循环卷积定理得线性相关：

$$R'_{xy}(k) = X_1(k) Y_1^*(k) \quad (2-2-71)$$

$$r'_{xy}(n) = \text{IDFT}(R'_{xy}(k)) \qquad (2-2-72)$$

④ 对 $r'_{xy}(n)$ 做适当修正得到实际相关序列 $r_{xy}(n)$。

循环卷积结果 $r'_{xy}(n)$ 主值区间的取值范围为 $n \in [0, L-1]$，而实际相关序列 $r_{xy}(n)$ 的取值范围为 $n \in [-(M-1), (N-1)]$。为了从 $r'_{xy}(n)$ 推导出 $r_{xy}(n)$，需把 $r'_{xy}(n)$ 调整到区间 $[-(M-1), (N-1)]$ 中，以得到实际线性相关 $r_{xy}(n)$ 值。

2.2.14 案例2.13：能否用循环相关计算延迟量

1. 概述

在信号处理领域中，我们经常会用到自相关函数和互相关函数，例如利用自相关函数在语音信号处理中提取基音频率，又例如常利用互相关函数提取两接收信号之间的时间延迟。一般是用线性相关函数，但用 FFT 方法可快速计算线性相关和循环相关。循环相关比线性相关的计算量更小，那么是否能用循环相关获取延迟量呢？

2. 理论基础

相关函数由式(2-2-67)表示为

$$R_{xy}(n) = \sum_{m=0}^{N-1} x(m)y(n+m)$$

可展开为[11]

$$R_{xy}(n) = \sum_{m=0}^{N-n-1} x(m)y(n+m) + \sum_{m=N-n}^{N-1} x(m)y(n+m) = R_{xyn}(n) + R_{xy(N-n)}(n)$$

$$(2-2-73)$$

$R_{xyn}(n)$ 和 $R_{xy(N-n)}(n)$ 如图 2-2-31 所示。通过 FFT 快速计算相关，当 FFT 和 IFFT 变换的长度为 N 时，$R_{xyn}(n)$ 和 $R_{xy(N-n)}(n)$ 叠加在一起，得到的是循环相关；当 FFT 和 IFFT 变换的长度为 $2N$ 时，$R_{xyn}(n)$ 和 $R_{xy(N-n)}(n)$ 分别在不同的区间中，得到的是线性相关。

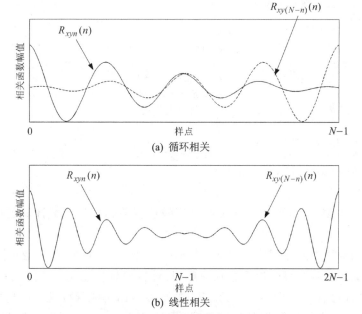

图 2-2-31 循环相关和线性相关

从图 2-2-31 可以看出,当相关函数的峰值结构衰减很快时,在循环相关中 $R_{xy(N-n)}(n)$ 不会破坏 $R_{xyn}(n)$ 中的峰值,这样就能从循环相关中提取峰值,从而得到延迟量;而当相关函数的峰值结构衰减很慢时,在循环相关中 $R_{xy(N-n)}(n)$ 破坏了 $R_{xyn}(n)$ 中的峰值大小和位置,就不能从循环相关中提取峰值了。

3. 实 例

例 2-2-15(pr2_2_15) 从 delaydata1.txt 文件读入两通道数据,分别设为 x 和 y。它们之间的延迟量为 54 个样点,以 xcorr、快速线性相关和循环相关计算延迟量,比较它们的结果。

程序 pr2_2_15 清单如下:

```
% pr2_2_15
clear all; clc; close all;

xx = load('delaydata1.txt');            % 读入数据
x = xx(:,1);                            % 设为 x
y = xx(:,2);                            % 设为 y
N = length(x);                          % 数据长度
[Rxy,lags] = xcorr(y,x);                % 用 xcorr 计算线性相关
% 快速计算线性相关
X = fft(x,2*N);                         % FFT
Y = fft(y,2*N);                         % FFT
Sxy = Y.*conj(X);
sxy = ifftshift(ifft(Sxy));             % IFFT,调整序列排列
Cxy = sxy(2:end);                       % 只取 2*N-1 点
% 作图
subplot 211;
line([lags],[Rxy],'color',[.6 .6 .6],'linewidth',3); hold on
plot(lags,Cxy,'k'); axis([-100 100 -50 200]);
box on; title('(a)两种方法得到 x 和 y 的线性相关')
xlabel('样点'); ylabel('相关函数幅值')
legend('xcorr','快速线性相关',2)
% 计算循环相关
Xc = fft(x);                            % FFT
Yc = fft(y);                            % FFT
Scxy = Yc.*conj(Xc);
scxy = ifftshift(ifft(Scxy));           % IFFT,调整序列排列
Ccxy = scxy(2:end);                     % 只取 N-1 点
lagc = -N/2+1:N/2-1;                    % 设置延迟序列
% 作图
subplot 212; plot(lagc,Ccxy,'k');
axis([-100 100 -50 200]); title('(b)x 和 y 的循环相关')
xlabel('样点'); ylabel('相关函数幅值')
set(gcf,'color','w')
```

运行程序 pr2_2_15 后得到两序列 x 和 y 用线性相关和循环相关计算延迟量的比较,如图 2-2-32 所示。

在本程序中用两种方法计算线性相关:用 xcorr 函数和 FFT,得图 2-2-32(a),可以看出这两种方法得到的相关函数很好地重叠在一起,且计算出延迟量为 54 个样点。而通过 FFT 计算得的循环相关函数显示在图 2-2-32(b)中,可以看出也能很好地反映出延迟量为 54 个样点。delaydata1.txt 文件的数据是振动信号,周期性不强,所以可以用循环相关法提取延

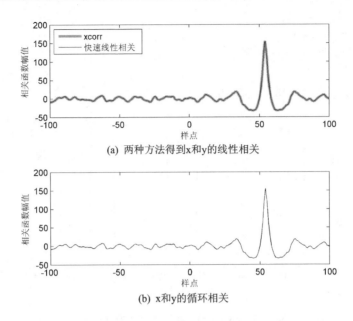

图 2-2-32 两序列 x 和 y 用线性相关和循环相关计算延迟量的比较

迟量。

4. 案例延伸 1

在例 2-2-15 中，由于信号不是周期性的，故可以使用快速循环相关来计算两序列的时间延迟。这里再来观察一个周期性信号的例子。

例 2-2-16(pr2_2_16) 从 delaydata3.txt 文件读入两通道数据，分别设为 x 和 y。它们是矩形脉冲，两序列之间的延迟量为 14 个样点，以 xcorr 线性相关和循环相关计算延迟量，并比较它们的结果。

程序 pr2_2_16 清单如下：

```
% pr2_2_16
clear all; clc; close all;

xx = load('delaydata3.txt');          % 读入数据
x = xx(:,1);                          % 设为 x
y = xx(:,2);                          % 设为 y
N = length(x);                        % 数据长度
fs = 1000;                            % 采样频率
Xc = fft(x);                          % FFT
Yc = fft(y);                          % FFT
Scxy = Yc.*conj(Xc);                  % 计算循环相关
scxy = ifftshift(ifft(Scxy));
Ccxy = scxy(2:end);                   % 循环相关函数
lagc = -N/2+1:N/2-1;                  % 延迟量刻度
% 作图
subplot 211; plot(lagc,Ccxy,'k');
title('(b) x 和 y 的循环相关');
xlabel('样点'); ylabel('相关函数幅值');
[Rxy,lags] = xcorr(y,x);              % 计算线性相关
% 作图
```

```
subplot 212; plot(lags,Rxy,'k');
title('(a) x 和 y 的线性相关 ')
xlabel(' 样点 '); ylabel(' 相关函数幅值 ')
set(gcf,'color','w')
```

x 和 y 两通道的波形图如图 2-2-33 所示。

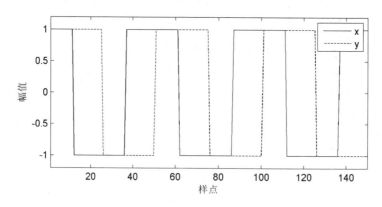

图 2-2-33　x 和 y 两通道信号的波形图

从图 2-2-33 中可看到 y 对 x 有 14 个样点的延迟量。运行 pr2_2_16 后得图 2-2-34。用循环相关法计算得到的相关系数中有几个数值相同的峰值(见图 2-2-34(a)),不可能找最大峰值来获取延迟量;而通过线性相关仍可以观察到它们之间的延迟关系(见图 2-2-34(b)),进一步计算的话能提取到延迟量为 14 个样点。

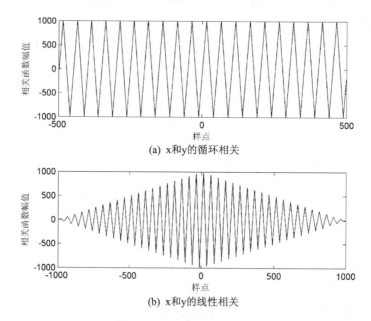

图 2-2-34　两序列 x 和 y 用线性相关和循环相关计算延迟量

通过运行程序 pr2_2_16 说明,当信号是周期性的时,就不能从循环相关函数中获取延迟量,这也说明了要从循环相关函数中获取延迟量是有条件的。

5. 案例延伸 2：fftshift 函数与 ifftshift 函数

在本章程序中已有多次用到 fftshift 函数和 ifftshift 函数。

① 式(2-1-1)已给出了 DFT 和 IDFT 的变换关系，DFT 的变换关系有

$$X(k) = \sum_{n=0}^{N-1} x(n) e^{-j2\pi kn/N}$$

累加是从 $n=0$ 至 $n=N-1$，相对于 $x(0)$ 至 $x(N-1)$，即从时间上来说是从 $t=0$ 开始累加的，一直到 $t=T$（T 为信号的时长）。得到的 k 也是从 $k=0$ 至 $k=N-1$，对应的频谱中的频率为 $0, \Delta f, \cdots, \frac{f_s}{2} - \Delta f, -\frac{f_s}{2}, -\frac{f_s}{2} + \Delta f, \cdots, -\Delta f$（其中 Δf 是频谱中的频率间隔，参见 2.2.1 小节）。也就是 DFT 后频谱中的第 1 条谱线对应于 0 Hz 频率，即为直流，如图 2-2-35 所示。

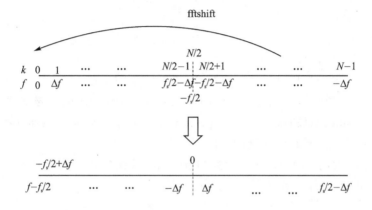

图 2-2-35　DFT 后频谱谱线索引和频率

在图 2-2-35 中 k 是 $X(k)$ 中的索引号，f 是对应的频率。图 2-2-35 上半部分是经过 DFT 后索引号和频率的对应位置，但我们经常希望负频率在 0 频率的左边，所以通过 fftshift 来转移谱线。经 fftshift 函数后得到如图 2-2-35 下半部分的频率对应位置。

② IDFT 的变换关系有

$$x(n) = \frac{1}{N} \sum_{k=0}^{N-1} X(k) e^{j2\pi kn/N}$$

我们一样可以从中看出，累加是从 $k=0$ 至 $k=N-1$，对应的频谱中的频率为 $0, \Delta f, \cdots, \frac{f_s}{2} - \Delta f, -\frac{f_s}{2}, -\frac{f_s}{2} + \Delta f, \cdots, -\Delta f$。也就是 IDFT 时频谱中的第 1 条谱线对应于 0 Hz 频率，即为直流。而 IDFT 后得到的时间序列 $x(n), n$ 是从 $n=0$ 至 $n=N-1$，对应于 $x(0)$ 至 $x(N-1)$。

在处理信号时，经常是把信号 FFT 后取正频率部分，对正频率部分进行各种处理。在处理结束后，一方面要按 2.1.5 小节中所述的方法，补足负频率部分，另一方面还要把频谱的频率按这样的顺序排列：$0, \Delta f, \cdots, \frac{f_s}{2} - \Delta f, -\frac{f_s}{2}, -\frac{f_s}{2} + \Delta f, \cdots, -\Delta f$，然后再进行 IDFT。

在通过 FFT 和 IFFT 做快速相关时（如 pr2_2_15），IDFT 后求出的序列第 1 个样点对应于 $n=0$，相当于延迟时间 $\tau=0$。但在该序列中还包含 τ 为负值的部分，所以通过 ifftshift 函数把 $\tau=0$ 的样点转换到整个序列的中心点，τ 为负值的部分安排在该点的左侧。

③ 当 N 为偶数和奇数时，fftshift 函数和 ifftshift 函数转移样点的个数是不一样的。

先设 N 为偶数，$N=16$，原序列排列为

1 2 3 4 5 6 7 8 9 10 11 12 13 14 15 16

把该序列经 fftshift，得

9 10 11 12 13 14 15 16 1 2 3 4 5 6 7 8

把该序列经 ifftshift，得

9 10 11 12 13 14 15 16 1 2 3 4 5 6 7 8

从以上两个结果可以看出，当 N 为偶数时，fftshift 和 ifftshift 函数转移样点后的结果是相同的，都是把序列右侧 $N/2$ 个样点转移到序列的左侧。

再设 N 为奇数，$N=17$，原序列排列为

1 2 3 4 5 6 7 8 9 10 11 12 13 14 15 16 17

把该序列经 fftshift，得

10 11 12 13 14 15 16 17 1 2 3 4 5 6 7 8 9

把该序列经 ifftshift，得

9 10 11 12 13 14 15 16 17 1 2 3 4 5 6 7 8

从以上两个结果可以看出，当 N 为奇数时，fftshift 和 ifftshift 函数转移样点的结果是不相同的。在执行 fftshift 函数时，把 $(N-1)/2$ 个样点转移到序列的左侧；而在执行 ifftshift 函数时，把 $(N+1)/2$ 个样点转移到序列的左侧。

由此可知，当 N 为偶数时，fftshift 函数和 ifftshift 函数是可以互换使用的；而当 N 为奇数时 fftshift 函数和 ifftshift 函数就不能互换使用了。

参考文献

[1] 陈怀琛. 数字信号处理教程——MATLAB 释义与实现[M]. 北京：电子工业出版社，2004.

[2] 赵春晖，陈立伟，马惠珠，等. 数字信号处理[M]. 北京：电子工业出版社，2013.

[3] 祁才君. 数字信号处理技术的算法分析与应用[M]. 北京：机械工业出版社，2005.

[4] 胡广书. 数字信号处理——理论、算法与实现[M]. 北京：清华大学出版社，1997.

[5] Brigham E O. Fast Fourier Transform[M]. Upper Saddle River：Prentice-Hall，1973.

[6] Abraham P，Bede L. Digital Signal Processing—Theory，Design and Implementation[M]. Jhon Wiley & Sons，1976.

[7] 焦新涛，丁康. 加窗频谱分析的恢复系数及其求法[J]. 汕头大学学报，2003，18(3)：26-30，38.

[8] 胡广书. 数字信号处理导论[M]. 北京：清华大学出版社，2005.

[9] Gold B，Radar C M. Digital Processing of Signal[M]. New York：McGraw-Hill，1969.

[10] 刘广臣，等. 数字信号处理中的加窗问题研究[J]. 长沙大学学报，2003，17(4).

[11] Otnes R K，Enochson L. Digital Time Series Analysis[M]. Hoboken：John Wiley & Sons，1972.

[12] Madisetti Vijay K. Digital Signal Processing Handbook[M]. Boca Raton：CRC Press，2010.

第 3 章 数字滤波器的设计

在信号处理过程中,所处理的信号往往混有噪声,从接收到的信号中消除或减弱噪声是信号传输和处理中十分重要的问题。根据有用信号和噪声的不同特性,提取有用信号的过程称为滤波,实现滤波功能的系统称为滤波器。在以往的模拟电路中用的都是模拟滤波器,在近代电信设备和各类控制系统中,由于数字化的普及,数字滤波器已得到了广泛的应用。

数字滤波器与传统模拟滤波器在实现方式上存在很大的差异。传统的模拟滤波器主要是硬件实现,它的硬件部分主要包括电容、电感和电阻等元件,而数字滤波器在硬件实现上主要涉及 A/D 转换器、D/A 转换器、寄存器、存储器及微处理器等。数字滤波器的另一特点是可以用软件实现,即通过编程用算法来实现。数字滤波器与模拟滤波器相比,有其独特的优点,比如体积小、成本低、参数容易调整、有较高的精度、工作效率高等,但它们也有共同之处,例如滤波器的选频特性,即都用频率响应作为滤波器的主要技术指标。

3.1 数字滤波器基础[1]

3.1.1 数字滤波器的传递函数

1. 数字滤波器传递函数的定义

对于模拟滤波器,描述系统特性用常系数微分方程。设 $x(t)$ 和 $y(t)$ 分别是模拟滤波器的输入和输出,可用下列微分方程来表示其时域关系:

$$a_n y^{(n)}(t) + a_{n-1} y^{(n-1)}(t) + \cdots + a_1 y^{(1)}(t) + a_0 y(t) = \\ b_m x^{(m)}(t) + b_{m-1} x^{(m-1)}(t) + \cdots + b_1 x^{(1)}(t) + b_0 x(t) \quad (3-1-1)$$

式中:$a_m, \cdots, a_0$ 及 $b_n, \cdots, b_0$ 均为与系统有关的常数。

对其两边作拉普拉斯变换并化简得模拟滤波器的传递函数为

$$H(s) = \frac{Y(s)}{X(s)} = \frac{b_m s^m + b_{m-1} s^{m-1} + \cdots + b_1 s + b_0}{a_n s^n + a_{n-1} s^{n-1} + \cdots + a_1 s + a_0} = \frac{\sum_{i=0}^{m} b_i s^i}{\sum_{j=0}^{n} a_j s^j} \quad (3-1-2)$$

对于数字滤波器,描述系统特性用差分方程。设其输入序列为 $x(k)$,输出序列为 $y(k)$,则它们之间的关系可以用差分方程来表示:

$$y(k) + a_1 y(k-1) + a_2 y(k-2) + \cdots + a_N y(k-N) = \\ b_0 x(k) + b_1 x(k-1) + b_2 x(k-2) + \cdots + b_M x(k-M) \quad (3-1-3)$$

式中:$y(k)$ 系数一般取 $a_0=1;a_1,a_2,\cdots,a_N$ 及 $b_0,b_1,b_2,\cdots,b_M$ 为常系数;对特定的系统,M 和 N 为常数,分别代表输出最高阶数和输入最高阶数。

同样,可以对式(3-1-3)两边作 Z 变换,并化简得数字滤波器的传递函数为

$$H(z) = \frac{Y(z)}{X(z)} = \frac{\sum_{m=0}^{M} b_m z^{-n}}{1 + \sum_{n=1}^{N} a_n z^{-m}} \quad (3-1-4)$$

在模拟滤波器中,可以通过传递函数来描述滤波器的特性。式(3-1-1)反映了时域输入和输出之间的动态变化关系;式(3-1-2)反映了复频域(或频域)输入和输出之间的关系,即

$$H(s) = \frac{Y(s)}{X(s)} \quad (3-1-5)$$

式(3-1-5)一般是复变量 s 的有理分式函数,其分子多项式的根为系统的零点,分母多项式的根为系统的极点。可以通过这些关系式,在时域或者在变换域求系统的响应,即可以通过 $H(s)$ 来描述和反映滤波器的特性。

与模拟滤波器类似,可以将离散时间系统输出和输入 Z 变换的比值定义为数字滤波器的传递函数:

$$H(z) = \frac{Y(z)}{X(z)} \quad (3-1-6)$$

式(3-1-6)一般是复变量 z 的有理分式。其零点、极点定义与模拟滤波器一致。

与模拟滤波器类似,其传递函数可以有多种求法。数字滤波器传递函数的直接求法是利用描述其输入与输出关系的差分方程通过变换域方法求得。

反之,当数字滤波器的传递函数已知时,对于任意输入序列可由式(3-1-6)求得数字滤波器的输出序列:

$$y(k) = Z^{-1}[Y(z)] = Z^{-1}[H(z)X(z)] \quad (3-1-7)$$

式中:$Z^{-1}[\cdot]$ 表示 Z 变换的逆变换。

2. 数字滤波器传递函数与单位脉冲响应

在模拟滤波器中,传递函数 $H(s)$ 与其单位脉冲函数 $\delta(t)$ 的响应 $h(t)$ 有如下密切的关系:

$$H(s) = L[h(t)] \quad (3-1-8)$$

式中:$L[\cdot]$ 表示拉普拉斯变换。

在数字滤波器中,单位脉冲序列 $\delta(k)$ 的响应为 $h(k)$,它与数字滤波器传递函数 $H(z)$ 的关系如下:

$$H(z) = Z[h(k)] \quad (3-1-9)$$

式中:$Z[\cdot]$ 表示 Z 变换。

由此可知数字滤波器的传递函数 $H(z)$ 等于滤波器单位脉冲响应序列 $h(k)$ 的 Z 变换。因此,只要知道了数字滤波器的单位脉冲响应序列 $h(k)$,就可以通过 Z 变换求得数字滤波器的传递函数 $H(z)$。反过来,在知道数字滤波器传递函数 $H(z)$ 的情况下,也可以通过对其求 Z 变换的逆变换得到数字滤波器的单位脉冲响应序列 $h(k)$。

对于模拟滤波器,由信号与系统知识可知,其脉冲响应 $h(t)$ 反映了系统在时域的特性,而其传递函数 $H(s)$ 反映了系统在复频域的特性。可以通过 $h(t)$ 和 $H(s)$ 分别求得其对任意信号的响应。

设任意输入信号为 $x(t)$,输出信号为 $y(t)$,则

$$y(t) = x(t) * h(t) \quad (3-1-10)$$

$$Y(s) = X(s)H(s) \quad (3-1-11)$$

式中：* 表示卷积。

同样，对于数字滤波器，若系统为任意稳定因果系统，输入序列为 $x(k)$，输出信号为 $y(k)$，则有如下关系：

$$y(k) = x(k) * h(k) = \sum_{n=0}^{N} x(n) h(k-n) \tag{3-1-12}$$

$$Y(z) = X(z) H(z) \tag{3-1-13}$$

因此，数字滤波器的传递函数对于分析离散系统特性、求解其响应都非常有用。同时，它也可以用来求解差分方程。

正如可以通过模拟滤波器的传递函数分析滤波器的频率响应特性一样，也可以利用数字滤波器的传递函数来分析其频率响应特性。

3.1.2 数字滤波器的频率响应分析

数字滤波器的一个重要特性是它的选频特性。所谓选频特性是指滤波器对不同频率信号的选择通过性，即每一个频率成分通过滤波器后其幅值和相位的变化特性。

对于模拟滤波器，只要将其传递函数 $H(s)$ 中的复变量 s 用纯虚数 $j\omega$ 替代，即在 S 复平面的虚轴上取值，就可用 $H(j\omega)$ 来表示模拟滤波器的频率特性，即

$$H(j\omega) = \frac{Y(j\omega)}{X(j\omega)} = \frac{b_m (j\omega)^m + b_{m-1} (j\omega)^{m-1} + \cdots + b_1 (j\omega) + b_0}{a_n (j\omega)^n + a_{n-1} (j\omega)^{n-1} + \cdots + a_1 (j\omega) + a_0} = A(\omega) e^{j\varphi(\omega)} \tag{3-1-14}$$

式中：$A(\omega) = |H(j\omega)| = \sqrt{\text{Re}[H(j\omega)]^2 + \text{Im}[H(j\omega)]^2}$，表示滤波器的幅频特性；$\varphi(\omega) = \angle H(j\omega) = \arctan \frac{\text{Im}[H(j\omega)]}{\text{Re}[H(j\omega)]}$，表示滤波器的相频特性。

模拟滤波器的频率响应 $H(j\omega)$ 实际上就是其单位脉冲序列 $\delta(t)$ 的响应 $h(t)$ 的傅里叶变换，它也可由模拟滤波器的传递函数 $H(s)$ 求得。与此对应，数字滤波器的频率响应 $H(e^{j\omega})$ 也为其单位脉冲序列 $h(k)$ 的离散傅里叶变换，也可由其传递函数 $H(z)$ 求得。

由单位脉冲响应序列 $h(k)$ 可以求得其频率响应函数

$$H(e^{j\omega}) = \sum_{-\infty}^{\infty} h(k) e^{-jk\omega} \tag{3-1-15}$$

傅里叶变换、拉普拉斯变换与 Z 变换是信号分析与处理的三大重要变换域，它们之间既有区别，又有联系，在一定的条件下可以互相转换。

由 Z 变换和拉普拉斯变换的关系可知，在一般情况下有

$$z = e^{sT} \tag{3-1-16}$$

式中：复变量 $s = \sigma + j\omega$；T 为采样周期，T 归一化后即 $T=1$，式(3-1-16)可写成

$$z = e^s \tag{3-1-17}$$

当 $s = j\omega$ 时，即 $z = e^{j\omega}$，可由数字滤波器的传递函数 $H(z)$ 得到其频率响应函数

$$H(e^{j\omega}) = \frac{\sum_{m=0}^{M} b_m e^{-jm\omega}}{1 + \sum_{n=1}^{N} a_n e^{-jn\omega}} = |H(e^{j\omega})| e^{j\varphi(\omega)} \tag{3-1-18}$$

式中：$|H(e^{j\omega})|$ 为数字滤波器的幅频特性；$\varphi(\omega)$ 为相频特性。

由 $z = e^{j\omega}$ 可知，数字滤波器的频率响应是由数字滤波器的传递函数在 Z 平面单位圆上的取值来决定的。这与模拟滤波器的频率响应由其传递函数在 S 平面虚轴上的取值来决定是相对应的。

虽然 S 平面的虚轴和 Z 平面上的单位圆相对应，但并不是一一对应的关系(可参看 1.1.1 小节)。S 平面虚轴上 $-\frac{\omega_s}{2} \leqslant \omega \leqslant \frac{\omega_s}{2}$ 的一段，即可对应 Z 平面上的一个单位圆。S 平面虚轴上的点沿虚轴每移动一个 ω_s，Z 平面单位圆上的对应点就绕单位圆转一周。由此可见，数字滤波器的频率特性是角频率 ω 的周期函数，即

$$H(e^{j\omega}) = H(e^{j(\omega + n\omega_s)}) \tag{3-1-19}$$

式中：n 为整数；ω 为数字角频率；ω_s 为 ω 的圆周期，$\omega_s = 2\pi$。

数字滤波器的频率特性具有周期性，这是与模拟滤波器相比的显著不同点之一。

在模拟滤波器中，可以通过其传递函数 $H(s)$ 在 S 平面上的零点、极点分布来分析其频率响应特性，同样数字滤波器也可以通过其传递函数 $H(z)$ 在 Z 平面上的零点、极点分布来定性地分析其频率响应特性。设数字滤波器的传递函数为

$$H(z) = \frac{\prod_{m=1}^{M}(z - z_m)}{\prod_{n=1}^{N}(z - z_n)} \tag{3-1-20}$$

式中：z_m 为零点；z_n 为极点。

由式(3-1-20)可得数字滤波器的频率响应特性为

$$H(e^{j\omega}) = \frac{\prod_{m=1}^{M}(e^{j\omega} - z_m)}{\prod_{n=1}^{N}(e^{j\omega} - z_n)} = |H(e^{j\omega})| e^{j\varphi(\omega)} \tag{3-1-21}$$

令 $e^{j\omega} - z_m = B_m e^{j\theta_m}$，$e^{j\omega} - z_n = A_n e^{j\psi_n}$，则

$$|H(e^{j\omega})| = \frac{\prod_{m=1}^{M} B_m}{\prod_{n=1}^{N} A_n} \tag{3-1-22}$$

$$\varphi(\omega) = \sum_{m=1}^{M} \theta_m - \sum_{n=1}^{N} \psi_n \tag{3-1-23}$$

式(3-1-22)为数字滤波器的幅频特性，式(3-1-23)为数字滤波器的相频特性。

3.1.3 数字滤波器的分类

数字滤波器有多种分类方法，每一种方法都从不同的侧面揭示了数字滤波器的特性，主要有按频率分布特性的分类方法、按实现方式的分类方法和按脉冲响应特性的分类方法。

1. 按频率分布特性分类

按频率分布特性分类方法与传统的模拟滤波器分类方法一致，将数字滤波器分为低通、高通、带通和带阻四类，如图 3-1-1 所示。

这种分类方法从频域的角度阐述了滤波器对频率的选择特性。在实际应用中，对于频率

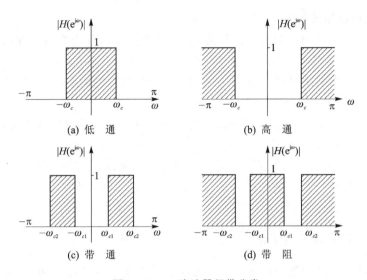

(a) 低　通　　　　　(b) 高　通

(c) 带　通　　　　　(d) 带　阻

图 3-1-1　滤波器频带分类

分布可分的信号,可选择性通过,以达到滤波的目的。

2. 按实现方式分类

按实现方式的不同,数字滤波器可以分为非递归型(Nonrecursive)数字滤波器和递归型(Recursive)数字滤波器两大类。

非递归型数字滤波器是指差分方程中现时的输出与各过去时刻的输出值 $y(k-1)$, $y(k-2),\cdots,y(k-M)$ 无关,只与其当前输入 $x(k)$ 及之前输入 $x(k-1),x(k-2),\cdots,x(k-N)$ 有关。其差分方程表示为

$$y(k)=a_0x(k)+a_1x(k-1)+\cdots+a_Nx(k-N)=\sum_{n=0}^{N}a_nx(k-n) \quad (3-1-24)$$

其结构框图如图 3-1-2 所示,图中 z^{-1} 表示单位延时器。

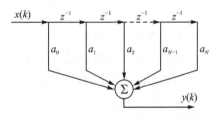

这种滤波器只有前馈支路,而没有反馈支路。这是非递归型数字滤波器的一个重要特点。

递归型数字滤波器不仅与现在和之前的输入有关,还与之前的输出有关,表达递归型数字滤波器的差分方程为式(3-1-3),其结构如图 3-1-3 所示。

图 3-1-2　非递归型数字滤波器结构图

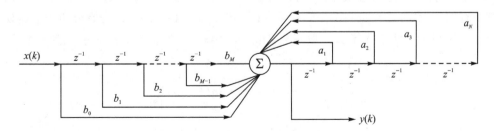

图 3-1-3　递归型数字滤波器结构图

3．按脉冲响应特性分类

按数字滤波器对脉冲响应的特性来分类，数字滤波器可以分为有限脉冲响应 FIR(Finite Impulse Response)数字滤波器和无限脉冲响应 IIR(Infinite Impulse Response)数字滤波器。

FIR 滤波器的传递函数只有零点，不含极点，它的单位脉冲响应 $h(k)$ 只包含有限个非零值，即这种数字滤波器的脉冲响应是时间有限的。

IIR 滤波器既有零点又有极点，它的脉冲响应 $h(k)$ 中含有无限多个非零值，即这种滤波器的脉冲响应是无限长时间序列，在一定的时间后可能变小，但不会为零。

一般情况下，FIR 滤波器比较适合用非递归型方式来实现，而 IIR 滤波器比较适合用递归型方式来实现。但无论是 FIR 滤波器还是 IIR 滤波器，都可用两种方法中的任一种来实现，只是按上述方法更简便而已。

3.1.4 数字滤波器的构成[2]

从数字滤波器的传递函数可以分析数字滤波器的频率响应特性。同时，也可以根据其传递函数来构成或设计一个滤波器，以实现对信号中特定频率成分的滤波功能。

数字滤波器的构成方法一般可以分为直接构成法和间接构成法。间接构成法又可分为串联(级联)构成法和并联构成法。

不论采用哪一种方法，数字滤波器最终都可以采用软件方案或硬件方案来实现。所谓软件方案，是指根据已知的传递函数求出该滤波器的算法(差分方程)，然后由计算机编程来实现此算法。所谓硬件方案，是指需要由延时器、加法器和乘法器等数字部件组成的数字网络来实现。

1．直接构成法

非递归数字滤波器的直接构成法如图 3-1-2 所示。递归数字滤波器的差分方程如下：

$$y(k) = \sum_{m=0}^{M} b_m x(k-m) - \sum_{n=1}^{N} a_n y(k-n) \tag{3-1-25}$$

直接构成法也已由图 3-1-3 示出。把图 3-1-3 调整一下即得图 3-1-4(a)，可以看出数字滤波器输出的计算需要用到当前时刻 k 以前的输入序列和输出序列，只不过对序列进行了相应的加权。图 3-1-4(a)的表示方法称为直接构成法Ⅰ型，图中 z^{-1} 表示单位延时器。直接构成法Ⅰ型比较直观，便于理解。图中单位延时器的多少，反映了数字滤波器在硬件结构上对存储量的要求，在实际应用中，一般不直接用上述直接构成法Ⅰ型的框图来构成硬件网络系统，而是通过一些技巧，降低滤波器对硬件存储量的要求。最常用的方法是共用存储单元。图 3-1-4(a)中 M 个过去输入样值和 N 个过去输出样值都必须事先存储在各延时单元中，为了减少存储单元，可以设定一个中间变量 $w(k)$，将式(3-1-25)中的计算分两步来实现，这样就可以分时利用存储单元了。一般只需 N 和 M 中较大的那个数字即可。计算过程如下(设 $N>M$)：

$$\left.\begin{array}{l} w(k) = x(k) - \sum_{n=1}^{N} a_n w(k-n) \\ y(k) = \sum_{m=0}^{M} b_m w(k-m) \end{array}\right\} \tag{3-1-26}$$

式(3-1-26)的实现框图如图 3-1-4(b)所示，称为直接构成法Ⅱ型，因其系数一一对应,故改变参数也很方便。

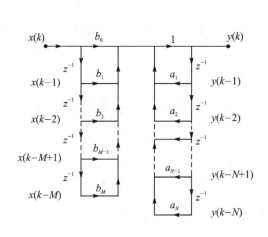
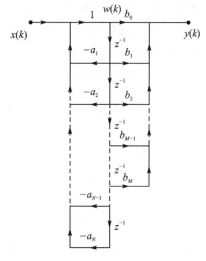

(a) 直接构成法Ⅰ型　　　　　(b) 直接构成法Ⅱ型

图 3-1-4　数字滤波器的直接构成法

2. 间接构成法

直接构成法简单、直观,但也有局限性,特别是在高阶数字滤波器中,各系数的变化对其频率响应影响比较大,在精度达不到要求的情况下,很难保证滤波器的性能。所以,在实际中经常将高阶数字滤波器分解成一系列低阶数字滤波器,然后再按一定的规则将它们组合起来。

(1) 级联构成法

级联构成法(又称串联构成法)将高阶数字滤波器分解成一系列低阶数字滤波器,比如一阶或二阶,然后将其级联成高阶数字滤波器。其构成框图如图 3-1-5 所示。

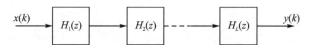

图 3-1-5　级联构成法高阶数字滤波器构成框图

级联型数字滤波器的传递函数等于各子系统传递函数的乘积,即

$$H(z) = \prod_{i=1}^{N} H_i(z) \quad (3-1-27)$$

(2) 并联构成法

并联构成法将高阶数字滤波器分解成一系列低阶数字滤波器,然后将其并联来实现高阶滤波器的功能。其构成框图如图 3-1-6 所示。

并联后系统的传递函数等于各子系统传递函数的和,即

$$H(z) = \sum_{i=1}^{N} H_i(z) \quad (3-1-28)$$

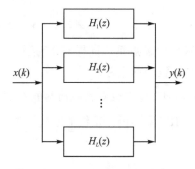

图 3-1-6　并联构成法高阶数字滤波器构成框图

无论是采用级联构成法还是并联构成法,其中各子系统都可采用直接构成法来实现。

3. 数字滤波器的格形结构[2,13]

除了以上介绍的结构外还有格形结构。格形结构的主要特点是对字长效应不敏感,数值计算稳定性高,得到了广泛应用。

(1) FIR 型全零点系统的格形结构

设 FIR 型全零点系统的 Z 域系统函数 $H(z)=1+\sum_{i=1}^{M}b(i)z^{-1}$,它的格形结构如图 3-1-7 所示,其中 k_i 是反射系数。

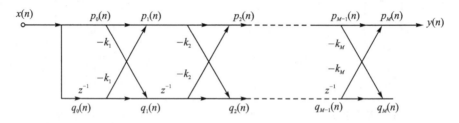

图 3-1-7　全零点 FIR 型数字滤波器的格形结构图

对一个 M 阶 FIR 系统来说,共有 M 级($i=0,1,\cdots,M-1$)级联的格形运算,通过倒递推不难得到格形结构的反射系数 $k_i(i=0,1,\cdots,M-1)$,反射系数的绝对值均小于 1。

(2) IIR 型全极点系统的格形结构

设 IIR 型全极点系统的系统函数为

$$H(z)=\frac{1}{A(z)}=\frac{1}{1+\sum_{i=1}^{M}a(i)z^{-1}}$$

其格形结构如图 3-1-8 所示[2]。

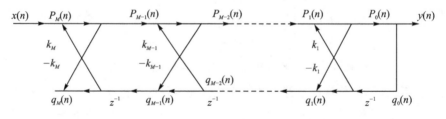

图 3-1-8　全极点 IIR 型数字滤波器的格形结构图

M 阶全极点系统同样有 M 级($i=0,1,\cdots,M-1$)级联的格形运算,也可以通过倒递推关系得到各级反射系数。

(3) IIR 型零极点系统的格形结构

设 IIR 型零极点系统的系统函数为

$$H(z)=\frac{B(z)}{A(z)}=\frac{1+\sum_{i=1}^{M}b(i)z^{-1}}{1+\sum_{i=1}^{M}a(i)z^{-1}}$$

其格形结构如图 3-1-9 所示[2]。

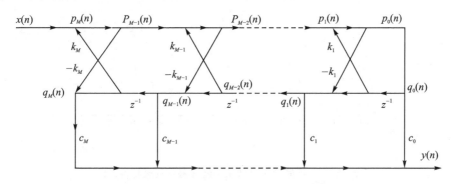

图 3-1-9 IIR 型零极点数字滤波器的格形结构图

对 M 阶零极点 IIR 系统来说,共有 M 个反射系数和 $M+1$ 个前馈系数。当 $k_1=k_2=\cdots=k_{M-1}=0$ 时,格形结构转化成 FIR 型格形结构;当 $c_1=c_2=\cdots=c_{M-1}=0$ 时,格形结构转化成 IIR 型全极点格形结构。有关 IIR 系统格形结构的系数计算参阅参考文献[2,13]。

3.2 典型模拟低通滤波器[2-3,14]

本节介绍一些典型的模拟滤波器,主要说明数字滤波器的设计和应用。为什么要介绍模拟滤波器呢?原因是有些数字滤波器是以模拟滤波器为原型,把它们转换成数字滤波器的。在本节中介绍模拟滤波器并不是要说明模拟滤波器如何设计和实现,而是要说明模拟滤波器的一些特性,为以后采取某些方法转换成数字滤波器打下基础。

典型模拟低通滤波器有巴特沃斯(Butterworth)、切比雪夫(Chebyshev)Ⅰ型、切比雪夫Ⅱ型和椭圆型(Elliptic)滤波器等。

3.2.1 巴特沃斯模拟低通滤波器

1. 巴特沃斯滤波器的幅频特性

巴特沃斯滤波器的幅度平方特性定义为

$$|H_B(e^{j\omega})|^2 = \cfrac{1}{1+\left(\cfrac{\omega}{\omega_c}\right)^{2N}} \qquad (3-2-1)$$

式中主要参数有 2 个:N(正整数)是滤波器的阶次;ω_c 是通带截止频率。

图 3-2-1 给出了相同 ω_c 下,不同阶次巴特沃斯滤波器的幅频特性曲线,图中 ω/ω_c 是归一化频率。

巴特沃斯滤波器的幅频特性有如下特点:

➤ 直流增益等于 1。在 $\omega=0$ 处,$|H_B(e^{j\omega})|^2$ 的前 $2N$ 阶导数均等于零,在低频处具有最平坦的特性。

➤ 当 $\omega=\omega_c$ 时,$|H_B(e^{j\omega_c})|=\dfrac{1}{\sqrt{2}}=0.707$,$|H_B(e^{j\omega_c})|^2=0.5$,波纹 $\delta_c=10\lg|H_B(e^{j\omega_c})|^2=3$ dB,且与阶次无关。

➤ 通带和阻带频率响应具有单调下降的特性。

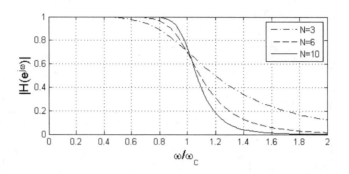

图 3-2-1 不同阶次巴特沃斯滤波器的幅频特性曲线

2. 巴特沃斯滤波器的传递函数和极点

设与巴特沃斯滤波器幅频特性对应的模拟传递函数为 $H_B(s)$，并且限定 $H_B(s)$ 的脉冲响应 $h_B(t)$ 是实数，则

$$|H_B(j\omega)|^2 = H_B(j\omega)H_B^*(j\omega) = H_B(j\omega)H_B(-j\omega) = H_B(s)H_B(-s)|_{s=j\omega}$$

将 $\omega = s/j$ 代入幅频特性式(3-2-1)，得

$$H_B(s)H_B(-s) = \frac{1}{1+\left(\dfrac{s}{j\omega_c}\right)^{2N}} \quad (3-2-2)$$

从式(3-2-2)可知，$2N$ 个极点均匀分布在以 ω_c 为半径的圆上。根据模拟滤波器的稳定性要求，将左边平面的 N 个极点分配给 $H_B(s)$，右边平面的 N 个极点分配给 $H_B(-s)$，则

$$H_B(s) = \frac{\omega_c^N}{\prod_{k=0}^{2N-1}(s-s_k)}$$

$$s_k = (j\omega_c)(-1)^{1/2N} = \omega_c e^{j(N+1+2k)\pi/2N} \quad (3-2-3)$$

式中：$k = 0, 1, \cdots, 2N-1$。

当 $\omega_c = 1$ 时，可以得到不同阶次 N 的巴特沃斯原型低通滤波器传递函数 $H_B^N(s)$（也是被截止频率归一化后的传递函数）为

$$H_B^N(s) = \frac{1}{D_B^N(s)} = \frac{1}{a_0+a_1s+a_2s^2+\cdots+a_Ns^N} \quad (3-2-4)$$

在实际处理中，N 阶巴特沃斯原型低通滤波器选用左半平面的极点，它的传递函数为

$$H_B(s) = \frac{\omega_c^N}{\prod_{k=0}^{N-1}(s-s_k)} = \frac{1}{D_B^N(s)} \quad (3-2-5)$$

式中：$s_k = e^{j(N+1+2k)\pi/2N}$（$k = 0, 1, \cdots, N-1$）；$D_B^N(s)$ 是 $H_B^N(s)$ 中的分母部分，是一个多项式，一般可以由 N 阶巴特沃斯原型低通滤波器的极点计算出来。

3.2.2 切比雪夫Ⅰ型和Ⅱ型模拟低通滤波器

巴特沃斯滤波器在通带和阻带上的响应都是单调的。切比雪夫滤波器具有波动性，它有两种类型：切比雪夫Ⅰ型滤波器在通带中具有等波纹响应，而切比雪夫Ⅱ型滤波器在阻带中具有等波纹响应。等波纹特性比单调特性的滤波器具有较低的阶次。因此，对于相同的指标，切

比雪夫滤波器比巴特沃斯滤波器的阶数低。

1. 切比雪夫低通滤波器的幅频特性

切比雪夫低通滤波器分为Ⅰ型和Ⅱ型。切比雪夫Ⅰ型低通滤波器的幅度平方特性为

$$|H_{C1}(e^{j\omega})|^2 = \frac{1}{1+\varepsilon^2 T_N^2(\omega/\omega_c)} \quad (3-2-6)$$

切比雪夫Ⅱ型低通滤波器的幅度平方特性为

$$|H_{C2}(e^{j\omega})|^2 = \frac{1}{1+[\varepsilon^2 T_N^2(\omega_c/\omega)]^{-1}} \quad (3-2-7)$$

式中：ε 为波纹系数，由通带内的允许波纹确定；$T_N(x)$ 是 N 阶切比雪夫多项式，即

$$T_N(x) = \begin{cases} \cos[N\cos^{-1}(x)], & 0 \leqslant x \leqslant 1 \\ \cosh[N\cosh^{-1}(x)], & 1 < x < \infty \end{cases} \quad (3-2-8)$$

其递推计算公式为

$$\left.\begin{array}{l} T_0(x) = 1, \quad N=0 \\ T_1(x) = x, \quad N=1 \\ T_{N+1}(x) = 2xT_N(x) - T_{N-1}(x), \quad N>1 \end{array}\right\} \quad (3-2-9)$$

$T_N(x)$ 的主要性质有：

- 当 $0 \leqslant x \leqslant 1$ 时，$T_N(x)$ 在 $-1 \sim 1$ 之间振荡。
- 当 $1 < x < \infty$ 时，$T_N(x)$ 将单调增至 ∞。

因此，切比雪夫Ⅰ型低通滤波器在通带区间内 $(0 \leqslant \omega \leqslant \omega_c)$ 幅频特性在 $1 \sim 1-\delta_1$ 之间等波纹波动，波动次数与 N 是奇数还是偶数有关。$|H_{C1}(e^{j\omega})|^2$ 在 $\omega=0$ 处有两种可能的取值：当 N 为奇数时，$|H_{C1}(e^{j\omega})|^2=1$；当 N 为偶数时，$|H_{C1}(e^{j\omega})|^2=1-\delta_1$。在 $\omega/\omega_c=1$ 处，不论 N 为奇数还是偶数，都有 $|H_{C1}(e^{j\omega})|^2=1-\delta_1$。幅频特性在过渡带和阻带是单调下降的。切比雪夫Ⅱ型模拟低通滤波器的幅频特性在通带和过渡带具有单调下降的特性，且在 $\omega=0$ 处具有平坦特性，在阻带具有等波纹特性，波动次数与 N 是奇数还是偶数有关。

图 3-2-2 所示为切比雪夫Ⅰ型低通滤波器的典型幅频特性曲线，δ_1 和 δ_2 与设置的波纹系数 ε 和阻带衰减有关，ω/ω_c 为归一化频率。图 3-2-3 所示为切比雪夫Ⅱ型低通滤波器的典型幅频特性曲线。

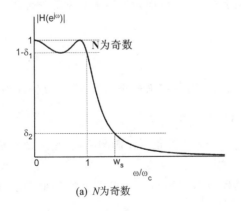
(a) N 为奇数

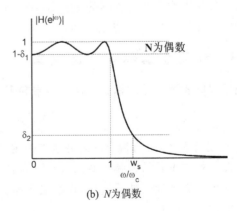
(b) N 为偶数

图 3-2-2　切比雪夫Ⅰ型低通滤波器的幅频特性曲线

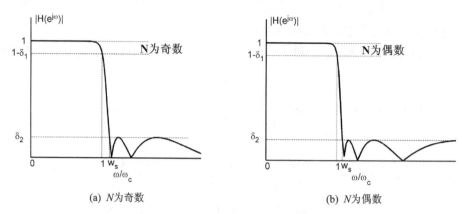

(a) N 为奇数 (b) N 为偶数

图 3-2-3 切比雪夫 Ⅱ 型低通滤波器的幅频特性曲线

2. 切比雪夫低通滤波器的传递函数和极点

和巴特沃斯低通滤波器一样，切比雪夫低通滤波器有

$$|H_{C1}(j\omega)|^2 = H_{C1}(j\omega)H_{C1}^*(j\omega) = H_{C1}(j\omega)H_{C1}(-j\omega) = H_{C1}(s)H_{C1}(-s)|_{s=j\omega}$$

将 $\omega = s/j$ 代入幅频特性式(3-2-6)和式(3-2-7)，并令 $\omega_c = 1$，可以得到不同阶次 N 的切比雪夫原型低通滤波器传递函数 $H_{C1}^N(s)$ 和 $H_{C2}^N(s)$（也是被截止频率归一化后的传递函数）为

$$H_{C1}^N(s)H_{C1}^N(-s) = \frac{1}{1+\varepsilon^2 T_N^2(s/j)} \quad (3-2-10)$$

和

$$H_{C2}^N(s)H_{C2}^N(-s) = \frac{1}{1+[\varepsilon^2 T_N^2(j/s)]^{-1}} \quad (3-2-11)$$

在给定具体滤波器参数后可以求得切比雪夫原型低通滤波器传递函数为

$$H_{C1}^N(s) = \frac{b_0}{1+a_1 s+a_2 s^2+\cdots+a_N s^N} \quad (3-2-12)$$

以及

$$H_{C2}^N(s) = \frac{b_0+b_1 s+b_2 s^2+\cdots+b_N s^N}{1+a_1 s+a_2 s^2+\cdots+a_N s^N} \quad (3-2-13)$$

切比雪夫 Ⅰ 型低通滤波器的 $H_{C1}^N(s)$ 在 S 平面上只有极点，而切比雪夫 Ⅱ 型低通滤波器的 $H_{C2}^N(s)$ 在 S 平面上既有极点，又有零点。

3.2.3 椭圆型模拟低通滤波器

椭圆型低通滤波器的幅频特性在通带和阻带内均具有等纹波特性，其幅度平方特性为

$$|H_E(e^{j\omega})|^2 = \frac{1}{1+\varepsilon^2 U_N^2(\omega/\omega_c)} \quad (3-2-14)$$

式中：ε 为波纹系数，由通带内的允许波纹确定；$U_N(x)$ 是 N 阶雅可比椭圆函数，是一个复杂的函数。图 3-2-4 所示为椭圆型低通滤波器的典型幅频特性曲线。

和切比雪夫低通滤波器一样，在给定具体滤波器参数后可以求得椭圆型原型低通滤波器传递函数($\omega_c = 1$)如下：

$$H_E^N(s) = \frac{b_0+b_1 s+b_2 s^2+\cdots+b_N s^N}{1+a_1 s+a_2 s^2+\cdots+a_N s^N} \quad (3-2-15)$$

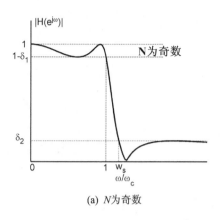
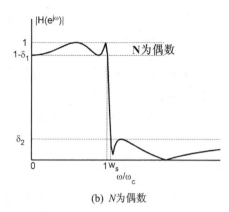

(a) N 为奇数　　　　　　　　　(b) N 为偶数

图 3-2-4　椭圆型低通滤波器的典型幅频特性曲线

3.2.4　模拟原型低通滤波器的频率变换

设计模拟滤波器时,已知滤波器的具体指标后常常先设计模拟原型低通滤波器,通过适当的频率变换可转换成满足滤波器具体指标的各类滤波器(低通、高通、带通和带阻)。

模拟原型低通滤波器的特点如下:$\omega_c = 1$ rad/s,若已知滤波器阶数,则可以求出某类型模拟滤波器的零点和极点,进一步能构成 S 平面上的传递函数,例如式(3-2-4)、式(3-2-12)、式(3-2-13)和式(3-2-15)所示。

在模拟滤波器设计中一般通带的频率不会为 1 rad/s,而是有某个频率值,设为 ω_P(对低通或高通),或为 ω_L 和 ω_H(对带通或带阻),则把模拟原型低通滤波器通过频率-频率变换规则映射到最终的模拟滤波器上。频率-频率变换规则列于表 3-2-1 中。

表 3-2-1　模拟原型低通滤波器频率-频率变换表

N 阶原型	频率-频率变换	最终阶数
低通→低通	$s \leftarrow s/\omega_P$	N
低通→高通	$s \leftarrow \omega_P/s$	N
低通→带通	$s \leftarrow (s^2 + \omega_H \omega_L)/s(\omega_H - \omega_L)$	$2N$
低通→带阻	$s \leftarrow s(\omega_H - \omega_L)/(s^2 + \omega_H \omega_L)$	$2N$

3.2.5　模拟滤波器设计的 MATLAB 函数[5]

在这里讨论模拟滤波器并不是要构成一个模拟滤波器,而是在模拟滤波器的基础上通过某种变换,转换成数字滤波器(将在以后几节中讨论),使相应的数字滤波器也有模拟滤波器的某些特性。

在 MATLAB 中常用的模拟滤波器设计函数如下。

1. 模拟滤波器阶数选择函数

(1) 巴特沃斯模拟滤波器阶数的选择

函数:buttord

功能:计算巴特沃斯模拟滤波器的阶数

调用格式：

[n,Wn] = buttord(Wp,Ws,Rp,Rs,'s')

(2) 切比雪夫Ⅰ型模拟滤波器阶数的选择

函数：cheb1ord
功能：计算切比雪夫Ⅰ型模拟滤波器的阶数
调用格式：

[n,Wn] = cheb1ord(Wp,Ws,Rp,Rs,'s')

(3) 切比雪夫Ⅱ型模拟滤波器阶数的选择

函数：cheb2ord
功能：计算切比雪夫Ⅱ型模拟滤波器的阶数
调用格式：

[n,Wn] = cheb2ord(Wp,Ws,Rp,Rs,'s')

(4) 椭圆型模拟滤波器阶数的选择

函数：ellipord
功能：计算椭圆型模拟滤波器的阶数
调用格式：

[n,Wn] = ellipord(Wp,Ws,Rp,Rs,'s')

说明：

以上4个函数中都带有's'，表示设计模拟滤波器，输出参数中的n是求出滤波器最小的阶数，Wn是等效低通滤波器的截止频率；Wp和Ws分别是通带和阻带的频率（截止频率）。当Wp>Ws时，为高通滤波器；当Wp和Ws为二元矢量时，为带通或带阻滤波器，这时求出的Wn也是二元矢量。

2. 在MATLAB中设计模拟滤波器的函数

(1) 巴特沃斯模拟滤波器的设计

函数：butter
功能：巴特沃斯模拟滤波器的设计
调用格式：

[b,a] = butter(n,Wn,'s')
[b,a] = butter(n,Wn,'ftype','s')

(2) 切比雪夫Ⅰ型模拟滤波器的设计

函数：cheby1
功能：切比雪夫Ⅰ型模拟滤波器的设计（通带等波纹）
调用格式：

[b,a] = cheby1(n,Rp,Wn,'s')

[b,a] = cheby1(n,Rp,Wn,'ftype','s')

(3) 切比雪夫Ⅱ型模拟滤波器的设计

函数:cheby2

功能:切比雪夫Ⅱ型模拟滤波器的设计(阻带等波纹)

调用格式:

[b,a] = cheby2(n,Rs,Wn,'s')
[b,a] = cheby2(n,Rs,Wn,'ftype','s')

(4) 椭圆型模拟滤波器的设计

函数:ellip

功能:椭圆型模拟滤波器的设计

调用格式:

[b,a] = ellip(n,Rp,Rs,Wn,'s')
[b,a] = ellip(n,Rp,Rs,Wn,'ftype','s')

说明:

以上4个函数中都带有 's',表示设计模拟滤波器,输入参数中 n 表示为低通模拟滤波器的阶次,Wn 表示为截止频率,无论高通、带通和带阻滤波器,在设计中最终都等效于一个低通滤波器,而等效低通滤波器的 n 和 Wn 可由以上求阶次的函数计算得到。Rp 表示通带内的波纹(单位为 dB),Rs 表示阻带的衰减(单位为 dB)。以上的函数并不是都用到这4个参数,有的用2个参数,有的用3个参数或4个参数。

当 Wn=[W1　W2](Wl<W2)时,表示设计一个带通滤波器,函数将产生一个 2n 阶的数字带通滤波器,其通带频率为 W1<ω<W2。

当带有参数 'ftype' 时,表示可设计出高通或带阻滤波器:

- 当 ftype=high 时,设计出截止频率为 Wn 的高通滤波器。
- 当 ftype=stop 时,设计出带阻滤波器,这时 Wn=[W1　W2],且阻带频率为 W1<ω<W2。

3. 模拟低通滤波器原型设计函数

(1) 巴特沃斯滤波器原型

函数:buttap

功能:巴特沃斯模拟低通滤波器原型

调用格式:

[z,p,k] = buttap(n)

(2) 切比雪夫Ⅰ型滤波器原型

函数:cheb1ap

功能:切比雪夫Ⅰ型模拟低通滤波器原型

调用格式:

[z,p,k] = cheb1ap(n,Rp)

（3）切比雪夫Ⅱ型滤波器原型

函数：cheb2ap

功能：切比雪夫Ⅱ型模拟低通滤波器原型

调用格式：

[z,p,k] = cheb2ap(n,Rs)

（4）椭圆型滤波器原型

函数：ellipap

功能：椭圆型模拟低通滤波器原型

调用格式：

[z,p,k] = ellipap(n,Rp,Rs)

说明：

以上4个函数中，n是由模拟滤波器阶次函数求出的阶次；Rp、Rs分别是通带内的波纹系数和阻带内的波纹系数，单位都是dB。通过以上4个函数可以求出原型滤波器的传递函数，一般表示为

$$H(s) = k \frac{(s-z_1)(s-z_2)\cdots(s-z_n)}{(s-p_1)(s-p_2)\cdots(s-p_n)} \tag{3-2-16}$$

当然有的滤波器原型没有零点，只有极点。

4．频率变换函数

（1）低通到带通变换

函数：lp2bp

功能：低通到带通模拟滤波器变换

调用格式：

[bt,at] = lp2bp(b,a,Wo,Bw)
[At,Bt,Ct,Dt] = lp2bp(A,B,C,D,Wo,Bw)

（2）低通到高通变换

函数：lp2hp

功能：低通到高通模拟滤波器变换

调用格式：

[bt,at] = lp2hp(b,a,Wo)
[At,Bt,Ct,Dt] = lp2hp(A,B,C,D,Wo)

（3）低通到带阻变换

函数：lp2bs

功能：低通到带阻模拟滤波器变换

调用格式：

```
[bt,at] = lp2bs(b,a,Wo,Bw)
[At,Bt,Ct,Dt] = lp2bs(A,B,C,D,Wo,Bw)
```

(4) 低通到低通变换

函数：lp2lp

功能：低通到低通模拟滤波器变换

调用格式：

```
[bt,at] = lp2lp(b,a,Wo)
[At,Bt,Ct,Dt] = lp2lp(A,B,C,D,Wo)
```

说明：

以上 4 个函数将截止频率为 1 rad/s 的模拟低通滤波器原型变换成带通滤波器、高通滤波器、带阻滤波器和低通滤波器。最终的高通滤波器或低通滤波器截止频率为 Wo，最终的带通滤波器或带阻滤波器的中心频率为 Wo，带宽为 Bw：

```
Wo = sqrt(W1 * W2)
Bw = W2 - W1
```

这里假设低端截止频率为 W1，高端截止频率为 W2。

函数中输入参数 b 和 a，或 A、B、C、D 都必须为模拟滤波器原型的系数。模拟低通滤波器原型可表示为

$$H(s) = \frac{b_1 s^M + \cdots + b_M s + b_{M+1}}{a_1 s^N + \cdots + a_N s + a_{N+1}} \qquad (3-2-17)$$

若以连续状态方程表示低通滤波器原型，则低通滤波器可表示为

$$\left. \begin{array}{l} \dot{x} = Ax + Bu \\ y = Cx + Du \end{array} \right\} \qquad (3-2-18)$$

5．滤波器频率分析函数

函数：freqs

功能：已知模拟滤波器系数 b 和 a，求出模拟滤波器的幅值响应和相角响应

调用格式：

```
[H,w] = freqs(b,a)
[H,w] = freqs(b,a,n)
H = freqs(b,a,w)
```

说明：在调用格式[H,w]＝freqs(b,a)中，freqs 函数自定义计算 200 个模拟频率，响应曲线在 H 中，对应的模拟角频率在矢量 w 中。参数 b 和 a 是模拟滤波器的系数，对应的传递函数如式(3-2-17)所示。当要修改模拟频率的个数时，可以设置参数 n，调用格式[H,w]＝freqs(b,a,n)。也可以设置模拟角频率矢量 w，调用格式 H＝freqs(b,a,w)。

6．模拟系统留数计算函数

函数：residue

功能：计算模拟系统的留数和极点

调用格式：

```
[r,p,k] = residue(B,A)
```

说明：一般可把模拟系统表示为

$$H(s) = \frac{b_0 + b_1 s + b_2 s^2 + \cdots + b_M s^M}{1 + a_1 s + a_2 s^2 + \cdots + a_N s^N} = \sum_{i=1}^{N} \frac{R_i}{s - p_i} + K(s)$$

式中：p_i 是系统的极点；R_i 是该极点的留数，当 $M \geq N$ 时，会有 s 多项式的系数向量 $K(s)$。在调用本函数 residue 中，B 和 A 是模拟系统的系数，p 是极点 p_i 的向量，r 是留数 R_i 的向量。当 $M \geq N$ 时，$K(s)$ 的多项式向量为 k，当 $M < N$ 时，k 为空序列。

3.2.6 案例3.1：巴特沃斯、切比雪夫Ⅰ型、切比雪夫Ⅱ型和椭圆型滤波器的相同和不同之处

1. 概 述

在3.2.5小节中已介绍了用MATLAB设计巴特沃斯、切比雪夫Ⅰ型、切比雪夫Ⅱ型和椭圆型滤波器的函数，我们用MATLAB的函数，在相同的条件下观察巴特沃斯、切比雪夫Ⅰ型、切比雪夫Ⅱ型和椭圆型滤波器，再进一步比较它们的相同和不同之处。

2. 实 例

例3-2-1(pr3_2_1) 设计一个模拟带通滤波器，带通值为 wp1=0.2π，wp2=0.3π，带阻值 ws1=0.1π，ws2=0.4π，Rp=1，Rs=20。对这些指标分别以巴特沃斯、切比雪夫Ⅰ型、切比雪夫Ⅱ型和椭圆型设计四类模拟滤波器。

程序清单如下：

```
% pr3_2_1
clear all; close all; clc;
wp = [0.2 * pi 0.3 * pi];              % 设置通带频率
ws = [0.1 * pi 0.4 * pi];              % 设置阻带频率
Rp = 1; Rs = 20;                       % 设置波纹系数
% 巴特沃斯滤波器设计
[N,Wn] = buttord(wp,ws,Rp,Rs,'s');     % 求巴特沃斯滤波器阶数
fprintf('巴特沃斯滤波器 N = %4d\n',N);  % 显示滤波器阶数
[bb,ab] = butter(N,Wn,'s');            % 求巴特沃斯滤波器系数
W = 0:0.01:2;                          % 设置模拟频率
[Hb,wb] = freqs(bb,ab,W);              % 求巴特沃斯滤波器频率响应
plot(wb/pi,20 * log10(abs(Hb)),'b')    % 作图
hold on

% 切比雪夫Ⅰ型滤波器设计
[N,Wn] = cheb1ord(wp,ws,Rp,Rs,'s');    % 求切比雪夫Ⅰ型滤波器阶数
fprintf('切比雪夫Ⅰ型滤波器 N = %4d\n',N); % 显示滤波器阶数
[bc1,ac1] = cheby1(N,Rp,Wn,'s');       % 求切比雪夫Ⅰ型滤波器系数
[Hc1,wc1] = freqs(bc1,ac1,W);          % 求切比雪夫Ⅰ型滤波器频率响应
plot(wc1/pi,20 * log10(abs(Hc1)),'k')  % 作图

% 切比雪夫Ⅱ型滤波器设计
[N,Wn] = cheb2ord(wp,ws,Rp,Rs,'s');    % 求切比雪夫Ⅱ型滤波器阶数
fprintf('切比雪夫Ⅱ型滤波器 N = %4d\n',N); % 显示滤波器阶数
[bc2,ac2] = cheby2(N,Rs,Wn,'s');       % 求切比雪夫Ⅱ型滤波器系数
[Hc2,wc2] = freqs(bc2,ac2,W);          % 求切比雪夫Ⅱ型滤波器频率响应
plot(wc2/pi,20 * log10(abs(Hc2)),'r')  % 作图
```

```
% 椭圆型滤波器设计
[N,Wn] = ellipord(wp,ws,Rp,Rs,'s');        % 求椭圆型滤波器阶数
fprintf('椭圆型滤波器 N = %4d\n',N)          % 显示滤波器阶数
[be,ae] = ellip(N,Rp,Rs,Wn,'s');            % 求椭圆型滤波器系数
[He,we] = freqs(be,ae,W);                   % 求椭圆型滤波器频率响应
% 作图
plot(we/pi,20 * log10(abs(He)),'g')
axis([0 max(we/pi) -30 2]);
legend('巴特沃斯滤波器','切比雪夫Ⅰ型滤波器','切比雪夫Ⅱ型滤波器','椭圆型滤波器')
xlabel('角频率{\omega}/{\pi}'); ylabel('幅值/dB')
set(gcf,'color','w');
line([0 max(we/pi)],[-20 20],'color','k','linestyle','--');
line([0 max(we/pi)],[-1 -1],'color','k','linestyle','--');
line([0.2 0.2],[-30 2],'color','k','linestyle','--');
line([0.3 0.3],[-30 2],'color','k','linestyle','--');
```

运行程序 pr3_2_1 后得到这四类模拟滤波器的阶数如下：

    巴特沃斯滤波器　　　　　　N＝4；

    切比雪夫Ⅰ型滤波器　　　　N＝3；

    切比雪夫Ⅱ型滤波器　　　　N＝3；

    椭圆型滤波器　　　　　　　N＝2。

同时得到四类模拟滤波器的幅值响应曲线，如图 3-2-5 所示。

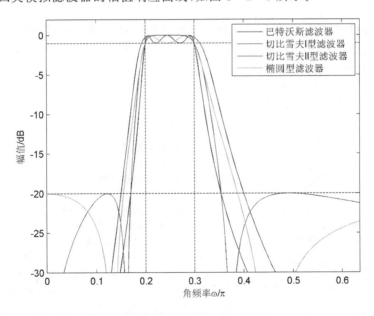

图 3-2-5　四类模拟带通滤波器幅值响应曲线比较

3. 讨　论

① 我们对设计模拟滤波器的要求是：带通为 wp1＝0.2π，wp2＝0.3π，带阻为 ws1＝0.1π，ws2＝0.4π，Rp＝1，Rs＝20。在图 3-2-5 中 0.2 和 0.3（单位为 pi）处画了两条竖虚线，可以看出这四类带通滤波器通带区间都在 0.2～0.3 之内。又在纵坐标-1 dB 和-20 dB 处画了两条横虚线，也可以看出通带内起伏在-1～0 dB 之间，阻带都小于或等于-20 dB。

这说明四类滤波器的幅频响应曲线形状虽不完全相同,但都满足了初始设计的要求。

② 在运行程序 pr3_2_1 时把每个滤波器的阶数都显示了出来,可以看到,在满足相同的设计要求的条件下,巴特沃斯滤波器用了 4 阶,阶数最多;切比雪夫 I 型滤波器和切比雪夫 II 型滤波器用了 3 阶;椭圆型滤波器用了 2 阶,阶数最少。阶数少,相应的滤波器系数就少,在实现时就能减小运算量。

③ 从图 3-2-5 中可看出,巴特沃斯和切比雪夫 II 型滤波器在通带是平坦的,切比雪夫 I 型和椭圆型滤波器在通带有波纹,而切比雪夫 II 型和椭圆型滤波器在阻带有波纹。

④ 从图 3-2-5 中还可看出,在满足相同的设计要求的条件下,切比雪夫 II 型滤波器和椭圆型滤波器在过渡带内衰减更陡。

3.2.7 案例 3.2:设计模拟滤波器的几种编程方法的相同和不同之处

1. 概 述

在 3.2.5 小节中介绍了模拟滤波器设计的函数,有两种编程方法可以设计同一类型的模拟滤波器。这里以巴特沃斯滤波器为例,在给出滤波器的具体指标后:一种方法是由 buttord 和 butter 这两个函数求出模拟滤波器的系数;另一种方法是已知滤波器的阶数,先求出巴特沃斯原型低通滤波器的零极点及原型低通滤波器的系数,再按频带变换转换到要求的频带滤波器上,求出要求滤波器的系数。下面介绍一个实例,对两种方法进行比较。

2. 实 例

例 3-2-2(pr3_2_2) 用两种方法设计一个巴特沃斯低通滤波器,要求为:$wp=0.2\pi$, $ws=0.3\pi$, $Ap=3$, $As=20$。

程序清单如下:

```
% pr3_2_2
clear all; close all; clc;

wp = 0.2 * pi;                                      % 设置通带频率
ws = 0.3 * pi;                                      % 设置阻带频率
Rp = 3; Rs = 20;                                    % 设置波纹系数

[N,Wn] = buttord(wp,ws,Rp,Rs,'s');                  % 求巴特沃斯滤波器阶数
[bn,an] = butter(N,Wn,'s');                         % 求巴特沃斯滤波器系数
fprintf('巴特沃斯滤波器 N = %4d\n',N)                 % 显示滤波器阶数
% 显示系数
fprintf('%5.6e   %5.6e   %5.6e   %5.6e   %5.6e   %5.6e   %5.6e\n',bn);
fprintf('%5.6e   %5.6e   %5.6e   %5.6e   %5.6e   %5.6e   %5.6e\n',an);

[z,p,k] = buttap(N);                                % 设计低通原型数字滤波器
[Bap,Aap] = zp2tf(z,p,k);                           % 零点、极点增益形式转换为传递函数形式
[bb,ab] = lp2lp(Bap,Aap,Wn);                        % 低通滤波器频率转换
% 显示系数
fprintf('%5.6e\n',bb);
fprintf('%5.6e   %5.6e   %5.6e   %5.6e   %5.6e   %5.6e   %5.6e\n',ab);
```

计算给出巴特沃斯低通滤波器的阶数是 6 阶,由 buttord 和 butter 这两个函数求出的滤波器系数为

```
bn=0.000 000e+000    0.000 000e+000    0.000 000e+000    0.000 000e+000
     0.000 000e+000    0.000 000e+000    7.043 835e−002
an=1.000 000e+000    2.482 973e+000    3.082 577e+000    2.426 206e+000
     1.273 064e+000    4.234 915e−001    7.043 835e−002
```

通过低通滤波器原型和频带变换求出的滤波器系数为

```
bb=7.043 835e−002
ab=1.000 000e+000    2.482 973e+000    3.082 577e+000    2.426 206e+000
     1.273 064e+000    4.234 915e−001    7.043 85e−002
```

3. 讨 论

在程序 pr3_2_2 中用了两种编程方法求出都满足设计要求的巴特沃斯低通滤波器,从显示出的滤波器系数看到,这两种方法给出的系数是完全相同的,说明在设计模拟滤波器时用任何一种方法都可以。

但两者也稍有差别,由 buttord 和 butter 这两个函数求出的滤波器系数中,系数 bn 是一个 1×7 的矢量,尽管在该矢量中前 6 个元素都为 0,但它有 7 个元素。而通过低通滤波器原型和频带变换求出的滤波器系数中,系数 bb 只是一个数值,即为 1×1 的变量。它们在给出系数的结构上有所不同。

4. 案例延伸

在程序 pr3_2_2 中给出的 bn 系数共有 7 个元素,它们表示 s 多项式中的哪一项的系数?或者 S 变换中系数应该怎么表示呢? 在式(3−2−17)中给出了传递函数系数的排列关系:

$$H(s) = \frac{b_1 s^M + \cdots + b_M s + b_{M+1}}{a_1 s^N + \cdots + a_N s + a_{N+1}}$$

在程序 pr3_2_2 中求出的阶数是 6 阶,所以 s 多项式也是 6 阶,共有 7 个系数,所以系数 bn 的 7 个元素分别表示了 $s^6, s^5, \cdots, s^1, s^0$ 各项前的系数,只是前 6 个系数都为 0,只有 s^0 的系数不为 0。

S 变换中系数的表示:如果是一个 2 阶系统,系数 bs 和 as 都应该有 3 项,表示为 bs=[b3,b2,b1],as=[a3,a2,a1]。如果在 bs 中,b3 和 b2 都为 0,则 bs=b1 也是可以的,即可以把 b1 前所有的 0 值都省略了;如果在 bs 中,b2 和 b1 都为 0,则 bs=[b3,0,0],即不能把 b3 后所有的 0 值省略,都要写明为 0。

以上说明了 S 变换中系数的表示,也可看出 bb 表示为 1×1 的变量与系数 bn 有 1×7 的矢量是等价的。

3.2.8 案例 3.3:在频带变换的模拟滤波器设计中,怎样计算 Wn 和 Bs

1. 概 述

设计了低通滤波器的原型后,按设计要求转换到带通(或带阻滤波器),频带转换函数有 lp2bp(ba,as,Wo,Bs) 或 lp2bs(ba,as,Wo,Bs),其中 Wo,Bs 为 Wo = sqrt(W1 * W2),Bs = W2−W1。那么 W1 是 W2 通带频率,还是阻带频率,还是其他频率? 我们还是以一个实例来说明。

2. 实例

下面以巴特沃斯滤波器为例,仍按照 pr3_2-1 中设计带通滤波器的要求。

例 3-2-3(pr3_2_3) 设计一个巴特沃斯模拟带通滤波器,用频带转换方法编程。带通值为 wp1=0.2π,wp2=0.3π,带阻值为 ws1=0.1π,ws2=0.4π,Rp=1,Rs=20。

程序清单如下:

```
% pr3_2_3
clear all; close all; clc;

wp = [0.2 * pi 0.3 * pi];                               % 设置通带频率
ws = [0.1 * pi 0.4 * pi];                               % 设置阻带频率
Rp = 1; Rs = 20;                                        % 设置波纹系数

% 巴特沃斯滤波器设计
[N,Wn] = buttord(wp,ws,Rp,Rs,'s');                      % 求巴特沃斯滤波器阶数
fprintf('巴特沃斯滤波器 N = % 4d\n',N)                   % 显示滤波器阶数
[bn,an] = butter(N,Wn,'s');                             % 求巴特沃斯滤波器系数
W1 = Wn(1); W2 = Wn(2);                                 % 设置 W1,W2
Wo = sqrt(W1 * W2);
Bw = W2 - W1;
[z,p,k] = buttap(N);                                    % 设计低通原型数字滤波器
[Bap,Aap] = zp2tf(z,p,k);                               % 零点、极点增益形式转换为传递函数形式
[bb,ab] = lp2bp(Bap,Aap,Wo,Bw);                         % 低通滤波器频率转换
W = 0:0.01:2;                                           % 设置模拟频率
[Hn,wn] = freqs(bn,an,W);                               % 求巴特沃斯滤波器频率响应
[Hb,wb] = freqs(bb,ab,W);                               % 求巴特沃斯滤波器频率响应
% 作图
plot(wn/pi,20 * log10(abs(Hn)),'r','linewidth',2)
hold on
plot(wb/pi,20 * log10(abs(Hb)),'k')                     % 作图
title('两种编程方法设计巴特沃斯带通滤波器');
xlabel('角频率{\omega}/{\pi}'); ylabel('幅值/dB')
set(gcf,'color','w');
axis([0 max(wb/pi) -30 2]);
legend('第 1 种编程方法 ','第 2 种编程方法 ')
line([0 max(wb/pi)],[-20 -20],'color','k','linestyle','--');
line([0 max(wb/pi)],[-1 -1],'color','k','linestyle','--');
line([0.2 0.2],[-30 2],'color','k','linestyle','--');
line([0.3 0.3],[-30 2],'color','k','linestyle','--');
```

运行程序 pr3_2_3 后得图 3-2-6。

3. 讨 论

在程序中怎么判断选择的 W1 和 W2 是否正确呢?因为不论用 wp 的值还是 ws 的值都可以设为 W1 和 W2,并能设计出带通滤波器,但这样的设计得到的带通滤波器是不能满足设计要求的。

在这里,先由 buttord 和 butter 这两个函数求出滤波器系数 bn 和 an,又从 buttord 给出的参数 Wn 中选取 W1 和 W2,计算出 Wo 和 Bs,再求出滤波器系数 bb 和 ab。这两组系数都画出了幅频曲线,从图 3-2-6 中可以看到这两条曲线完全重合。

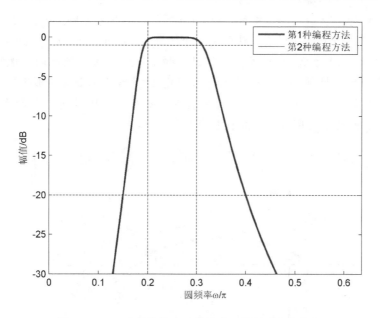

图 3-2-6 两种编程方法带通滤波器的幅频曲线图

3.3 利用脉冲响应不变法设计 IIR 数字滤波器

利用模拟滤波器的设计结果来求相应的数字滤波器,可以用映射的方法来完成。就是要把 S 平面映射到 Z 平面,使模拟系统函数 $H_a(s)$ 变换成等价的数字滤波器的系统函数 $H(z)$。这种由复变量 s 到复变量 z 之间的映射(变换)关系,必须满足以下三条基本要求:

第一,$H(z)$ 的频率响应要能模仿 $H_a(s)$ 的频率响应,即 S 平面的虚轴必须映射到 Z 平面的单位圆上,也就是频率轴要对应。

第二,因果稳定的 $H_a(s)$ 能映射成因果稳定的 $H(z)$。也就是 S 平面的左半平面 $\sigma<0$ 必须映射到 Z 平面单位圆的内部 $|z|<1$。

第三,变换前、后的滤波器在时域或频域的主要特征(频率响应或脉冲响应等)应尽可能相同或接近。

从模拟滤波器映射成数字滤波器,也就是使数字滤波器能模仿模拟滤波器的特性,工程中通常采用脉冲响应不变法和双线性变换法。

3.3.1 脉冲响应不变法变换原理

脉冲响应不变法是从滤波器的脉冲响应出发,使数字滤波器的单位脉冲响应序列 $h_e(n)$ 模仿模拟滤波器的脉冲响应 $h_a(t)$,即将 $h_a(t)$ 进行等间隔采样并乘以采样周期 T,这样即可保证传递函数不随采样频率而变化。$h_e(n)$ 与 $h_a(t)$ 的采样值满足[3]

$$h_e(n) = T \cdot h(n) = T \cdot h_a(nT) \tag{3-3-1}$$

式中:T 是采样周期。

如果令 $H_a(s)$ 是 $h_a(t)$ 的拉普拉斯变换,$H_e(z)$ 是 $h_e(n)$ 的 Z 变换,则利用采样序列的 Z 变换与模拟信号的拉普拉斯变换之间有关系 $z=e^{sT}$,见式(1-1-2)。又从第 1 章对 Z 变换与 S

变换的映射关系(参见式(1-1-9)和图1-1-1)中可知,在S平面中从$-\Omega_s/2 \sim \Omega_s/2$(抽样角频率$\Omega_s = 2\pi/T$),相当于$-\pi/T \sim \pi/T$映射到整个$Z$平面,由$\pi/T \sim 3\pi/T$也映射到整个$Z$平面,在$S$平面上"裁成"多条宽为$\Omega_s$的"横带"。这些横带中的每一条都同样地映射到整个$Z$平面上且互相重叠在一起,如图3-3-1所示。因此,脉冲响应不变法并不相当于从S平面到Z平面的简单代数映射关系,由于S平面每一横条都要重叠地映射到Z平面上,这正好反映了$H_e(z)$和$H_a(s)$的周期延拓函数之间有变换关系,所以有

$$H_e(z)|_{z=e^{sT}} = \sum_{k=-\infty}^{\infty} H_a(s - jk\Omega_s) = \sum_{k=-\infty}^{\infty} H_a\left(s - jk\frac{2\pi}{T}\right) \quad (3-3-2)$$

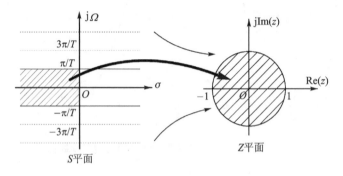

图 3-3-1 脉冲响应不变法的映射关系

3.3.2 模拟滤波器的数字化方法

脉冲响应不变法是一种时域响应等价的方法。按脉冲响应不变法的变换原理将$H_a(s)$直接转换为数字滤波器$H_e(z)$,数字化过程主要有以下步骤:

① 根据已知的模拟滤波器传递函数$H_a(s)$,用拉普拉斯反变换求出它的脉冲响应$h_a(t)$。
② 对此脉冲响应进行采样,再乘以T,得到等价的脉冲响应$h_e(n) = T \cdot h_a(t)|_{t=nT}$。
③ 对$h_e(n)$求Z变换,得到其数字系统的传递函数$H_e(z)$。

例如:设计一个低通数字滤波器,用脉冲响应不变法来设计低通数字滤波器的过程为:首先按给定的数字低通滤波器的技术指标ω_p、ω_s、R_p和A_s设计一个等价的模拟滤波器,然后把它映射成所期望的数字滤波器。

1. 脉冲响应不变法数字滤波器具体的设计步骤[3]

① 首先按给定的指标ω_p和ω_s,确定采样周期T并选择模拟频率。

$$\Omega_p = \omega_p/T \quad 和 \quad \Omega_s = \omega_s/T \quad (3-3-3)$$

② 根据指标Ω_p、Ω_s、R_p和A_s,设计模拟滤波器$H_a(s)$。这可由3.2节介绍的四种原型(巴特沃斯、切比雪夫Ⅰ型、切比雪夫Ⅱ型、椭圆型)滤波器之一来实现。

③ 利用部分分式展开式,把$H_a(s)$写成

$$H_a(s) = \sum_{k=1}^{N} \frac{A_k}{s - s_k} \quad (3-3-4)$$

模拟滤波器的脉冲响应为

$$h_a(t) = L^{-1}[H_a(s)] = \sum_{k=1}^{N} A_k e^{s_k t} u(t) \quad (3-3-5)$$

式中：$u(t)$ 是单位阶跃函数。

④ 对此脉冲响应进行采样，并乘以 T，得到等价的脉冲响应序列

$$h_e(n) = T \cdot h_a(nT) = T \cdot \sum_{k=1}^{N} A_k e^{s_k nT} u(nT) = T \cdot \sum_{k=1}^{N} A_k (e^{s_k T})^n u(n) \quad (3-3-6)$$

⑤ 对 $h_e(n)$ 求 Z 变换，因为式(3-3-6)求和号中的每一个单项都是 n 的幂次函数，很容易查表得知它对应于单个数字极点 $p_{dk} = e^{p_{ak} T}$，由此得到等价的数字滤波器的传递函数 $H_e(z)$ 为

$$H_e(z) = \sum_{n=-\infty}^{\infty} h_e(n) z^{-n} = T \cdot \sum_{n=0}^{\infty} \sum_{k=1}^{N} A_k (e^{s_k T} z^{-1})^n =$$

$$T \cdot \sum_{k=1}^{N} A_k \sum_{n=0}^{\infty} (e^{s_k T} z^{-1})^n = \sum_{k=1}^{N} \frac{T \cdot A_k}{1 - e^{s_k T} z^{-1}} \quad (3-3-7)$$

这个数字传递函数 $H_e(z)$ 和原来的模拟传递函数 $H_a(s)$ 在脉冲响应方面是等价的，那么在频率特性方面是否等价呢？对式(3-3-6)两端作傅里叶变换，就可得到等价数字滤波器的频率响应和原来模拟滤波器的频率响应间的关系，即式(3-3-2)在频域的表示式为

$$H_e(e^{j\omega}) = H_e(e^{j\Omega T}) = \sum_{k=-\infty}^{\infty} H_a(j\Omega - jk\Omega_g) \quad (3-3-8)$$

2. 脉冲不变法中 $H_a(s)$ 和 $H_e(z)$ 的对应关系

将式(3-3-4)的 $H_a(s)$ 和式(3-3-7)的 $H_e(z)$ 加以比较，可以看出：

① S 平面的每一个单极点 $s = s_k$ 变换到 Z 平面上 $z = e^{s_k T}$ 处的单极点。

② $H_a(s)$ 与 $H_e(z)$ 的部分分式的系数是相同的，都是 A_k。

③ 如果模拟滤波器 $H_a(s)$ 是因果稳定的，则所有极点 s_k 位于 S 平面的左半平面，即 $\mathrm{Re}[s_k] < 0$，变换后的数字滤波器的全部极点在单位圆内，即 $|e^{s_k T}| = e^{\mathrm{Re}[s_k] T} < 1$，因此数字滤波器 $H_e(z)$ 也是因果稳定的。

④ 虽然单位脉冲响应不变法能保证 S 平面极点与 Z 平面极点有这种代数对应关系，但并不等于整个 S 平面与 Z 平面有这种代数对应关系，比如数字滤波器的零点位置与模拟滤波器零点位置就没有这种代数对应关系，而是随 $H_a(s)$ 的极点 s_k 以及系数 A_k 两者而变化。

由于 $h_a(t)$ 是实数，因而 $H_a(s)$ 的极点必然以共轭对存在，即若 $s = s_k$ 为极点，其留数为 A_k，则必有 $s = s_k^*$ 亦为极点，且其留数为 A_k^*。因而这样一对共轭极点，其 $H_a(s)$ 变成 $H_e(z)$ 关系为

$$\frac{A_k}{s - s_k} \rightarrow \frac{A_k}{1 - e^{s_k T} z^{-1}}$$

$$\frac{A_k^*}{s - s_k^*} \rightarrow \frac{A_k^*}{1 - e^{s_k^* T} z^{-1}}$$

3.3.3 混叠失真

式(3-3-8)表示了数字滤波器的频率响应和原来模拟滤波器频率响应间的关系：

$$H_e(e^{j\omega}) = \sum_{k=-\infty}^{\infty} H_a(j\Omega - jk\Omega_g)$$

可以看出，等价数字滤波器的频率响应是模拟滤波器频率响应的周期延拓。正如采样定理所要求的，只有当模拟滤波器的频率响应是带限的，且频带限于奈奎斯特频率范围以内：

$$\left.\begin{array}{l} H_a(j\Omega) = 0 \\ |\Omega| \geqslant \dfrac{\pi}{T} = \dfrac{\Omega_s}{2} \end{array}\right\} \qquad (3-3-9)$$

才能使等价数字滤波器的频率响应重现模拟滤波器的频率响应,避免混叠现象的产生。此时有

$$\left.\begin{array}{l} H_e(e^{j\omega}) = H_a(j\Omega) = H_a(j\omega/T) \\ |\omega| \leqslant \pi \end{array}\right\} \qquad (3-3-10)$$

如果模拟滤波器不能满足频带限于奈奎斯特频率以内,则会产生混叠现象从而造成失真。

但是,任何一个实际的模拟滤波器频率响应都不是严格带限的,变换后就会产生周期延拓分量的频谱折叠,即当采样时模拟滤波器响应曲线在奈奎斯特频率以外的部分会折叠到奈奎斯特频率以内,从而产生频率响应的混叠失真,如图 3-3-2 所示。这时数字滤波器的频率响应就不同于原模拟滤波器的频率响应,而带有一定的失真。模拟滤波器的频率响应在奈奎斯特频率以上衰减越大和越快,变换后的频率响应混叠失真就越小。这时,采用脉冲响应不变法设计数字滤波器才能收到良好的效果。

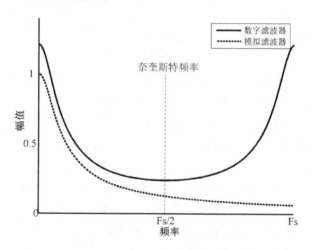

图 3-3-2 脉冲不变法数字滤波器设计中的混叠现象

3.3.4 用脉冲响应不变法设计数字滤波器的优缺点

从以上讨论可以看出,利用脉冲响应不变法设计的数字滤波器的单位脉冲响应完全模仿模拟滤波器的单位脉冲响应,使得时域逼近良好,而且模拟频率 Ω 和数字频率 ω 之间呈线性关系 $\omega = \Omega T$。因而,一个线性相位的模拟滤波器通过脉冲响应不变法得到的仍然是一个线性相位的数字滤波器。脉冲响应不变法的最大缺点是频率响应的混叠效应。所以,脉冲响应不变法只适用于限带的模拟滤波器(例如衰减特性很好的低通或带通滤波器),而且高频衰减越快,混叠效应越小。

至于高通和带阻滤波器,由于它们在高频部分不衰减,因此将完全混淆在低频响应中。如果要对高通和带阻滤波器采用脉冲响应不变法,就必须先对高通和带阻滤波器加一个保护滤波器,滤掉高于奈奎斯特频率的频率分量,然后再使用脉冲响应不变法转换为数字滤波器。当然这样会增加设计的复杂性和滤波器的阶数。

3.4 利用双线性变换法设计 IIR 数字滤波器

3.4.1 双线性变换法的变换原理[1,3-4]

脉冲响应不变法的主要缺点是产生频率响应的混叠失真,这是从 S 平面到 Z 平面是多值的映射关系所造成的,即在 S 平面上每一条宽为 Ω_s 的"横带"都同样地映射到整个 Z 平面上,且互相重叠在一起。为了克服这一缺点,可以采用非线性频率压缩方法,将整个频率轴上的频率范围压缩到 $-\pi/T \sim \pi/T$ 之间,再用 $z=e^{sT}$ 转换到 Z 平面上。也就是说,第一步先将整个 S 平面压缩映射到 S_1 平面的 $-\pi/T \sim \pi/T$ 一条横带里;第二步再通过标准 Z 变换关系 $z=e^{sT}$ 将此横带变换到整个 Z 平面上去。这样就使 S 平面与 Z 平面之间建立了一一对应的单值关系,消除了多值变换性,也就消除了频谱混叠现象。映射关系如图 3-4-1 所示。

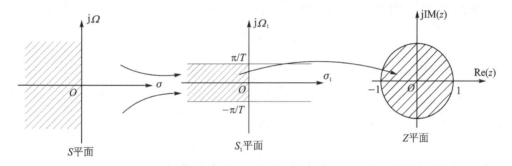

图 3-4-1 双线性变换的映射关系

要将 S 平面的整个虚轴 $j\Omega$ 压缩到 S_1 平面 $j\Omega_1$ 轴上的 $-\pi/T$ 到 π/T 段上,可以通过以下的正切变换实现:

$$\Omega = \tan\frac{\Omega_1 T}{2} \qquad (3-4-1)$$

式中:T 仍为采样周期。当 Ω_1 由 $-\pi/T$ 经过 0 变化到 π/T 时,Ω 由 $-\infty$ 经过 0 变化到 $+\infty$,也即映射了整个 $j\Omega$ 轴。将式(3-4-1)写成

$$j\Omega = \frac{e^{j\Omega_1 T/2} - e^{-j\Omega_1 T/2}}{e^{j\Omega_1 T/2} + e^{-j\Omega_1 T/2}}$$

将此关系解析延拓到整个 S 平面和 S_1 平面,令 $j\Omega = s, j\Omega_1 = s_1$,则得

$$s = \frac{e^{s_1 T/2} - e^{-s_1 T/2}}{e^{s_1 T/2} + e^{-s_1 T/2}} = \tanh\frac{s_1 T}{2} = \frac{1-e^{-s_1 T}}{1+e^{-s_1 T}} \qquad (3-4-2)$$

再将 S_1 平面通过以下标准 Z 变换关系映射到 Z 平面:

$$z = e^{s_1 T} \qquad (3-4-3)$$

经以上两次变换得到 S 平面和 Z 平面的单值映射关系为

$$s = \frac{1-z^{-1}}{1+z^{-1}} \qquad (3-4-4)$$

$$z = \frac{1+s}{1-s} \qquad (3-4-5)$$

式(3-4-4)与式(3-4-5)是 S 平面与 Z 平面之间的单值映射关系。这种变换都是两个

线性函数之比,因此称为双线性变换法。

一般来说,为了使模拟滤波器的某一频率与数字滤波器的任一频率有对应的关系,可引入待定常数 c,使式(3-4-1)和式(3-4-2)变成

$$\Omega = c \cdot \tan \frac{\Omega_1 T}{2} \quad (3-4-6)$$

仍将 $z = e^{s_1 T}$ 代入式(3-4-4),可得

$$s = c \cdot \tanh \frac{s_1 T}{2} \quad (3-4-7)$$

$$s = c \cdot \frac{1-z^{-1}}{1+z^{-1}} \quad (3-4-8)$$

$$z = c \cdot \frac{1+s}{1-s} \quad (3-4-9)$$

常数 c 如何选择呢?可以设定模拟滤波器与数字滤波器在低频处有较确切的对应关系,即在低频处有 $\Omega \approx \Omega_1$。当 Ω_1 较小时,有

$$\tan \frac{\Omega_1 T}{2} \approx \frac{\Omega_1 T}{2}$$

由式(3-4-6)及 $\Omega \approx \Omega_1$ 可得

$$\Omega \approx \Omega_1 \approx c \cdot \frac{\Omega_1 T}{2}$$

因而得到

$$c = 2/T \quad (3-4-10)$$

此时,模拟原型滤波器的低频特性近似等于数字滤波器的低频特性。

双线性变换法一样是利用模拟滤波器设计数字滤波器,就是要把 S 平面映射到 Z 平面,使模拟系统函数 $H_a(s)$ 变换成所需的数字滤波器的系统函数 $H(z)$。这种由复变量 s 到复变量 z 之间的映射(变换)关系,必须满足以下两条基本要求:

① $H(z)$ 的频率响应要能模仿 $H_a(s)$ 的频率响应,即 S 平面的虚轴 $j\Omega$ 必须映射到 Z 平面的单位圆上,也就是频率轴要对应。

② 因果稳定的 $H_a(s)$ 应能映射成因果稳定的 $H(z)$,也就是 S 平面的左半平面 $\text{Re}[s] < 0$ 必须映射到 Z 平面单位圆的内部 $|z| < 1$。

以下将判断式(3-4-8)与式(3-4-9)的双线性变换是否符合上述映射变换应满足的两条基本要求。

首先,把 $z = e^{j\omega}$(表示 Z 平面的单位圆圆周)代入式(3-4-8),可得

$$s = c \frac{1-e^{-j\omega}}{1+e^{-j\omega}} = jc \cdot \tan \frac{\omega}{2} = j\Omega \quad (3-4-11)$$

即可看出 S 平面的虚轴映射到 Z 平面的单位圆圆周。

其次,将 $s = \sigma + j\Omega$ 代入式(3-4-9),得

$$z = \frac{c-s}{c+s} = \frac{(c+\sigma)+j\Omega}{(c-\sigma)-j\Omega}$$

和

$$|z| = \sqrt{\frac{(c+\sigma)^2 + \Omega^2}{(c-\sigma)^2 + \Omega^2}} \quad (3-4-12)$$

可看出:当 $\sigma<0$ 时,$|z|<1$;当 $\sigma>0$ 时,$|z|>1$;当 $\sigma=0$ 时,$|z|=1$。也就是说,S 平面的左半平面映射到 Z 平面的单位圆内,S 平面的右半平面映射到 Z 平面的单位圆外,S 平面的虚轴映射到 Z 平面的单位圆周上。因此,稳定的模拟滤波器经双线性变换后所得的数字滤波器也一定是稳定的。

3.4.2 双线性变换法的优缺点

双线性变换法与脉冲响应不变法相比,其主要的优点是避免了频率响应的混叠现象。这是因为 S 平面与 Z 平面是单值的一一对应关系。S 平面整个 $j\Omega$ 轴单值地对应于 Z 平面单位圆的圆周,即频率轴是单值变换关系。这个关系如式(3-4-11)所示,进一步可写为

$$\Omega = c \cdot \tan\frac{\omega}{2} \qquad (3-4-13)$$

上式表明,S 平面的 Ω 与 Z 平面的 ω 呈非线性的正切关系,如图 3-4-2 所示。

从图 3-4-2 可看出,在零频率附近,模拟角频率 Ω 与数字频率 ω 之间的变换关系接近于线性关系;但当 Ω 进一步增加时,ω 增长得越来越慢,最后当 $\Omega \to \infty$ 时,ω 终止在奈奎斯特频率 $\omega \to \pi$ 处,因而双线性变换就不会出现由于高频部分超过奈奎斯特频率而混淆到低频部分去的现象,从而消除了频率混叠现象。

但是双线性变换的这个特点是靠频率的严重非线性关系而得到的,如式(3-4-13)及图 3-4-2 所示。由于这种频率之间的非线性变换关系,故也就产生了新的问题。首先,一个线性相位的模拟滤波器经双线性变换后得到非线性相位的数字滤波器,不再保持原有的线性相位了;其次,这种非线性关系要求模拟滤波器的幅频响应必须是分段常数型的,即某一频率段的幅频响应近似等于某一常数(这正是一般典型的低通、高通、带通、带阻型滤波器的响应特性),不然

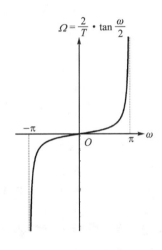

图 3-4-2 双线性变换法的频率变换关系

变换所产生的数字滤波器幅频响应相对于原模拟滤波器的幅频响应会有畸变。

对于分段常数的滤波器,双线性变换后仍得到幅频特性为分段常数的滤波器,但是各个分段边缘的临界频率点产生了畸变,这种频率的畸变可以通过频率的预畸来加以校正。也就是将临界模拟频率事先加以畸变,然后经变换后正好映射到所需要的数字频率上。如果给出的是待设计的带通滤波器的数字域截止频率(通带、阻带截止频率)ω_1、ω_2、ω_3 和 ω_4,按线性变换,则其所对应的模拟滤波器的 4 个截止频率分别是

$$\Omega_1 = \frac{\omega_1}{T}, \quad \Omega_2 = \frac{\omega_2}{T}, \quad \Omega_3 = \frac{\omega_3}{T}, \quad \Omega_4 = \frac{\omega_4}{T}$$

但是模拟滤波器的这 4 个频率经双线性变换后(利用非线性的频率变换关系 $\omega = 2\arctan\frac{\Omega}{2}$,所得到的数字滤波器截止频率显然不等于原来要求的 ω_1、ω_2、ω_3 和 ω_4。因而需要将频率加以预畸,即按式(3-4-13)先进行转换,将这组数字频率 $\omega_i (i=1,2,3,4)$ 变换成一组模拟频率 Ω_i $(i=1,2,3,4)$,利用这组模拟频率来设计模拟带通滤波器,这就是所要求的模拟原型。对此模拟原型滤波器采用双线性变换,即可得到所需要的数字滤波器,它的截止频率正是我们原来所

要求的一组 $\omega_i(i=1,2,3,4)$。双线性变换频率的非线性预畸过程如图 3-4-3 所示。

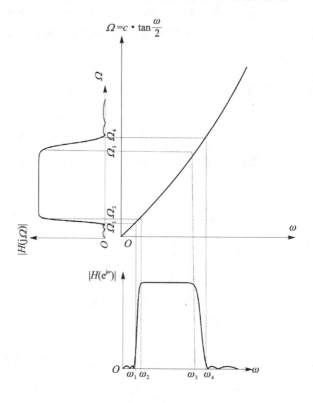

图 3-4-3 双线性变换频率的非线性预畸

3.4.3 利用双线性变换法设计数字滤波器的步骤

利用双线性变换法设计 IIR 数字低通滤波器的步骤如下,已给出数字滤波器的具体技术指标 ω_p、ω_s、R_p 和 A_s。

① 选择 T 值,一般取采样周期。

② 对边缘频率 ω_p 和 ω_s 进行预畸处理,即根据式(3-4-13)计算 Ω_p 和 Ω_s:

$$\Omega_p = c \cdot \tan\frac{\omega_p}{2}, \quad \Omega_s = c \cdot \tan\frac{\omega_s}{2}, \quad c = \frac{2}{T}$$

③ 设计模拟滤波器 $H_a(j\Omega)$,使之满足技术指标 Ω_p、Ω_s、R_p 和 A_s,这在 3.1.1 小节中已讨论过。

④ 最后令

$$H(z) = H_a(s)\Big|_{s=c\frac{1-z^{-1}}{1+z^{-1}}} = H_a\left(\frac{2}{T} \cdot \frac{1-z^{-1}}{1+z^{-1}}\right) \qquad (3-4-14)$$

进一步化简后得到 z^{-1} 的有理函数的 $H(z)$,即

$$H(z) = \frac{\sum\limits_{k=0}^{N} a_k z^{-k}}{\sum\limits_{k=0}^{N} b_k z^{-k}} = \frac{a_0 + a_1 z^{-1} + a_2 z^{-2} + \cdots + a_N z^{-N}}{1 + b_1 z^{-1} + b_2 z^{-2} + \cdots + b_N z^{-N}} \qquad (3-4-15)$$

若 $H(z)$ 阶数较高,则可以把 $H(z)$ 分解成并联的子系统函数(子系统函数相加)或级联的子系统函数(子系统函数相乘),使每个子系统函数都变成低阶的(例如一阶或二阶)。

3.5 陷波器与全通滤波器

3.5.1 陷波器[8-10]

在信号测量中,有时信号会被一些干扰的正弦信号所淹没,所以要通过一些窄带滤波器把这些正弦信号滤除。陷波器的目的就是构成窄带滤波,用来滤除这些单个的正弦干扰信号,而其他频率成分都能通过。

这里讨论二阶数字陷波器,假设要滤除的频率为 ω_0,所以滤波器的幅度特性在 $\omega=\omega_0$ 处为零,在其他频率上接近常数,这就构成了滤除单频干扰的滤波器。

零点 $z=\mathrm{e}^{\pm\mathrm{j}\omega_0}$ 使滤波器的幅度特性在 $\omega=\pm\omega_0$ 处为零。为使幅度离开 $\omega=\pm\omega_0$ 后迅速上升到一个常数,将两个极点放在非常靠近零点的地方,极点为 $z=r\mathrm{e}^{\pm\mathrm{j}\omega_0}$,传递函数为

$$H(z) = \frac{b_0(z-\mathrm{e}^{\mathrm{j}\omega_0})(z-\mathrm{e}^{-\mathrm{j}\omega_0})}{(z-r\mathrm{e}^{\mathrm{j}\omega_0})(z-r\mathrm{e}^{-\mathrm{j}\omega_0})} = \frac{b_0[1-2(\cos\omega_0)z^{-1}+z^{-2}]}{1-2r(\cos\omega_0)z^{-1}+r^2z^{-2}} \qquad (3-5-1)$$

式中:$0 \leqslant r \leqslant 1$。极点的位置是在 $z=r\mathrm{e}^{\pm\mathrm{j}\omega_0}$,其中半径 r 与陷波器的带宽有关。设陷波器在 $-3\ \mathrm{dB}$ 处的频带定义为带宽 Bw,则 Bw 和增益系数 b_0 为

$$\mathrm{Bw} = (1-r)f_s, \quad b_0 = \frac{|1-2r\cos\omega_0+r^2|}{2|1-\cos\omega_0|} \qquad (3-5-2)$$

当使用归一化频率时,Bw$=1-r$。当取不同 r 和带宽 Bw 时,不仅有不同的 $-3\ \mathrm{dB}$ 处的频带,还使陷波器有不同的深度,如图 3-5-1 所示。

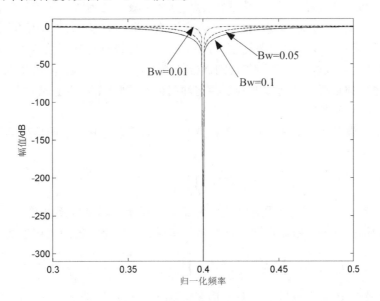

图 3-5-1 不同带宽 Bw 下陷波器的幅频曲线

如果 r 比较小,而滤波器的阻带宽 Bw 较宽,则对 $\omega=\pm\omega_0$ 附近的频率分量会有显著影响;而当 $r \to 1$ 时陷波器带宽 Bw 减小,同时陷波深度也减小。所以设计陷波器时须根据实际

要求选择合适的 r 值。

3.5.2 全通滤波器[8,15]

全通滤波器是指幅度响应等于与频率无关的常数(通常等于1)的滤波器,所有频率分量都以相同增益通过,因此全通滤波器的唯一限制是对它的幅度响应:

$$|H(e^{j\omega})|=1, \quad 0\leqslant\omega\leqslant 2\pi \tag{3-5-3}$$

而对相位响应没有特殊的限制。

为了满足式(3-5-3)的约束条件,全通滤波器传递函数有如下形式:

$$H_{ap}(z)=\frac{a_N+a_{N-1}z^{-1}+\cdots+z^{-N}}{1+a_1z^{-1}+\cdots+a_Nz^{-N}}=\frac{\sum_{i=0}^{N}a_i z^{-N+i}}{\sum_{i=0}^{N}a_i z^{-i}}, \quad a_0=1 \tag{3-5-4}$$

即分子和分母多项式的系数相同但排列次序相反,称为反射对称。所有系数 a_i 均假设为实数。

很容易证明式(3-5-4)的传递函数满足式(3-5-3)的约束条件。若式(3-5-3)的分母多项式用 $A(z)$ 表示,则分子多项式为 $z^{-N}A(z^{-1})$。因此,式(3-5-4)可简化为

$$H_{ap}(z)=z^{-N}\frac{A(z^{-1})}{A(z)} \tag{3-5-5}$$

由式(3-5-5)计算幅度响应,得到

$$|H_{ap}(e^{j\omega})|=\left.\frac{|z^{-N}||A(z^{-1})|}{|A(z)|}\right|_{z=e^{j\omega}}=\frac{|A(e^{-j\omega})|}{|A(e^{j\omega})|}=1$$

这说明式(3-5-4)的传递函数的确满足式(3-5-3)的约束条件。

由式(3-5-5)看出,若 $p_i=re^{j\theta}$ 是一个极点,则在该极点的倒数位置上必然存在一个零点 $z_i=p_i^{-1}=r^{-1}e^{-j\theta}$。因此,极点和零点的数目必然相等。由于假设 $H_{ap}(z)$ 所有系数为实数,故极点或者为实数,或者为成对的共轭复数。这样,每个实数极点在其倒数位置上伴随有一个实数零点,而每对共轭复数极点在它们各自的倒数位置上各有一个复数零点,这两个复数零点也相互为共轭关系。如果要求全通滤波器是稳定和因果的,则全部极点必须在单位圆内,因此全部零点必然都在单位圆外。

根据全通滤波器的极点和零点的分布特点,一个 N 阶全通滤波器的传递函数可以用它的极点和零点表示为

$$H_{ap}(z)=\prod_{i=1}^{N}\frac{z^{-1}-p_i^*}{1-p_i z^{-1}} \tag{3-5-6}$$

即极点 $z=p_i$ 与零点 $z=(p_i^*)^{-1}$ 成对出现。为保证全通滤波器是因果和稳定的,要求所有极点在单位圆内,即 $|p_i|<1$。用极点和零点表示的实系数全通滤波器的通用形式如下:

$$H_{ap}(z)=\prod_{i=1}^{K_R}\frac{z^{-1}-\alpha_i}{1-\alpha_i z^{-1}}\times\prod_{i=1}^{K_C}\frac{(z^{-1}-\beta_i^*)(z^{-1}-\beta_i)}{(1-\beta_i z^{-1})(1-\beta_i^* z^{-1})} \tag{3-5-7}$$

式中:α_i 是实数极点,β_i 是复数极点。对于因果和稳定全通滤波器有 $|\alpha_i|<1$ 和 $|\beta_i|<1$。K_R 是实数极点数目,也是实数零点数目;K_C 是复数极点数目,也是复数零点数目。

$N=1$ 对应于最简单的一阶全通滤波器,它们的传递函数为

$$H_{ap}(z) = \frac{z^{-1} - \alpha_1}{1 - \alpha_1 z^{-1}} \qquad (3-5-8)$$

当 $N=2$ 时,有

$$H_{ap}(z) = \frac{(z^{-1} - \beta_1^*)(z^{-1} - \beta_1)}{(1 - \beta_1 z^{-1})(1 - \beta_1^* z^{-1})} \qquad (3-5-9)$$

式中:α_1 是实数极点,对应的实数零点是 α_1^{-1},如图 3-5-2(a)所示。若令复数极点 $\beta_1 = re^{j\theta}$,则对实系数 $H_{ap}(z)$ 必有共轭复数极点 $\beta_1^* = re^{-j\theta}$,它们对应的复数零点分别为 $(\beta_1^*)^{-1} = (re^{-j\theta})^{-1} = r^{-1}e^{j\theta}$ 和 $\beta_1^{-1} = r^{-1}e^{-j\theta}$,可见两个复数零点也有共轭关系,如图 3-5-2(b)所示。注意互为倒数的复数极点和复数零点的位置关系,图中极点用○表示,零点用△表示。

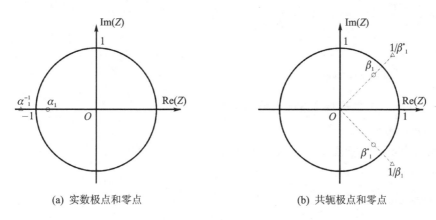

(a) 实数极点和零点　　　　　　(b) 共轭极点和零点

图 3-5-2　全极点滤波器极点、零点图

只有 1 个极点 $z_1 = re^{j\omega}$ 和 1 个零点 $(z_1^*)^{-1} = r^{-1}e^{j\omega}$ 的全通滤波器的频率响应为

$$H_{ap}(e^{j\omega}) = \frac{e^{-j\omega} - re^{-j\theta}}{1 - re^{j\theta}e^{-j\omega}} = e^{-j\omega}\frac{1 - r\cos(\omega-\theta) - jr\sin(\omega-\theta)}{1 - r\cos(\omega-\theta) + jr\sin(\omega-\theta)}$$

可直接根据上式写出相位响应表示式:

$$\varphi_{ap}(\omega) = -\omega - 2\arctan\frac{r\sin(\omega-\theta)}{1 - r\cos(\omega-\theta)} \qquad (3-5-10)$$

由此求出群延时:

$$\tau_g(\omega) = -\frac{d\varphi_{ap}(\omega)}{d\omega} = \frac{1-r^2}{1+r^2 - 2r\cos(\omega-\theta)} \qquad (3-5-11)$$

由于假设全通滤波器是因果和稳定的,因而有 $r<1$,所以 $\tau_g(\omega) \geqslant 0$。

高阶全通滤波器的群延时等于式(3-5-7)所决定的群延时之和,所以高阶全通滤波器的群延时总是正的。

全通滤波器的应用之一是进行相位补偿或相位均衡。具体说,由于 IIR 滤波器很难实现线性相位,因此,常在 IIR 滤波器设计好以后,级联一个全通滤波器,并调节全通滤波器的相位响应,以补偿 IIR 滤波器原来的非线性相位。这样可以得到具有近似线性相位响应的 IIR 滤波器,因此有时把全通滤波器称为相位均衡器。

3.6 IIR 数字滤波器设计的 MATLAB 函数[5]

在 IIR 数字滤波器设计中有直接的设计函数，即在已知数字滤波器的指标后调用函数直接设计得到滤波器的系数，或者先设计模拟滤波器，再通过转换得到数字滤波器的系数。以下分别给出它们的 MATLAB 函数。不论用哪一种方法设计的数字滤波器都以巴特沃斯、切比雪夫 I 型、切比雪夫 II 型和椭圆型模拟滤波器为原型，并把它们映射为数字滤波器。

1. IIR 数字滤波器阶数选择函数

(1) 巴特沃斯数字滤波器阶数的选择

函数：buttord

功能：计算巴特沃斯数字滤波器的阶数

调用格式：

[n,Wn] = buttord(Wp,Ws,Rp,Rs)

(2) 切比雪夫 I 型数字滤波器阶数的选择

函数：cheb1ord

功能：计算切比雪夫 I 型数字滤波器的阶数

调用格式：

[n,Wn] = cheb1ord(Wp,Ws,Rp,Rs)

(3) 切比雪夫 II 型数字滤波器阶数的选择

函数：cheb2ord

功能：计算切比雪夫 II 型数字滤波器的阶数

调用格式：

[n,Wn] = cheb2ord(Wp,Ws,Rp,Rs)

(4) 椭圆型数字滤波器阶数的选择

函数：ellipord

功能：计算椭圆型数字滤波器的阶数

调用格式：

[n,Wn] = ellipord(Wp,Ws,Rp,Rs)

说明：

以上 4 个函数与在模拟滤波器设计中一样，只是在输入参数中不再带有 's'。输出参数中的 n 是求出滤波器最小的阶数，Wn 是等效低通滤波器的截止频率；Wp 和 Ws 分别是通带和阻带的频率（截止频率），是归一化的角频率，单位为 rad/pi，数值在 0～1 之间。当 Wp>Ws 时，为高通滤波器；当 Wp 和 Ws 为二元矢量时，为带通或带阻滤波器，这时求出的 Wn 也为二元矢量。

2. 模拟滤波器数字化

(1) 脉冲响应不变法

函数：impinvar

功能：脉冲响应不变法实现模拟到数字的滤波器变换

调用格式：

[bz,az] = impinvar(b,a,Fs)
[bz,az] = impinvar(b,a)

说明：b 和 a 是模拟滤波器系数，bz 和 az 为数字滤波器的系数，两者通过脉冲不变法的变换，把模拟滤波器的脉冲响应按 Fs 采样后等同于数字滤波器的脉冲响应。而在使用 impinvar(b,a)时其中 Fs 默认为 1 Hz。

(2) 双线性 Z 变换法

函数：bilinear

功能：双线性 Z 变换法实现模拟到数字的滤波器变换

调用格式：

[bz,az] = bilinear(b,a,Fs)
[zd,pd,kd] = bilinear(z,p,k,Fs)

说明：b 和 a 是模拟滤波器系数，bz 和 az 为数字滤波器的系数，两者通过双线性 Z 变换法把模拟滤波器的系数变换为数字滤波器的系数。z、p、k 为模拟滤波器的零极点和增益，zd、pd、kd 为数字滤波器的零极点和增益，Fs 为采样频率。

3. 直接设计数字滤波器的函数

(1) 巴特沃斯模拟滤波器的设计

函数：butter

功能：巴特沃斯模拟滤波器设计

调用格式：

[b,a] = butter(n,Wn)
[b,a] = butter(n,Wn,'ftype')

(2) 切比雪夫Ⅰ型模拟滤波器的设计

函数：cheby1

功能：切比雪夫Ⅰ型模拟滤波器设计（通带等波纹）

调用格式：

[b,a] = cheby1(n,Rp,Wn)
[b,a] = cheby1(n,Rp,Wn,'ftype')

(3) 切比雪夫Ⅱ型模拟滤波器的设计

函数：cheby2

功能：切比雪夫Ⅱ型模拟滤波器设计（阻带等波纹）

调用格式：

[b,a] = cheby2(n,Rs,Wn)
[b,a] = cheby2(n,Rs,Wn,'ftype')

（4）椭圆型模拟滤波器的设计

函数：ellip

功能：椭圆型模拟滤波器设计

调用格式：

[b,a] = ellip(n,Rp,Rs,Wn)
[b,a] = ellip(n,Rp,Rs,Wn,'ftype')

说明：

以上4个函数与在模拟滤波器设计中一样，只是在输入参数中不再带有 's'。输入参数中，n 表示低通模拟滤波器的阶次，Wn 表示截止频率，无论高通、带通或带阻滤波器，在设计中最终都等效于一个低通滤波器，而等效低通滤波器的 n 和 Wn 可由"IIR 数字滤波器阶次选择的函数"中的有关函数计算得到。Rp 表示通带内的波纹（单位为 dB），Rs 表示为阻带的衰减（单位为 dB）。以上函数并不是都用到这4个参数，有的用2个参数，有的用3个参数或4个参数。

当 Wn=[W1 W2]（W1<W2）时，表示设计一个带通滤波器，函数将产生一个 2n 阶的数字带通滤波器，其通带频率为 W1<ω<W2。

当带有参数 'ftype' 时表示可设计出高通或带阻滤波器：

> 当 ftype=high 时，设计出截止频率为 Wn 的高通滤波器。
> 当 ftype=stop 时，设计出带阻滤波器，这时 Wn=[W1 W2]，且阻带频率为 W1<ω<W2。

4. 滤波器特性分析函数

（1）数字滤波器频率特性分析1

函数：freqz

功能：已知数滤波器系数 b 和 a，求出数字滤波器的幅值响应和相角响应

调用格式：

[H,w] = freqz(b,a)
[H,w] = freqz(b,a,n)
[H,f] = freqz(b,a,n,Fs)
[H,w] = freqz(b,a,n,'whole')
[H,f] = freqz(b,a,n,'whole',Fs)
H = freqs(b,a,w)
freqz(b,a)

说明：在调用格式[H,w]=freqz(b,a)中，freqz 函数自定义计算512个数字频率，响应曲线在 H 中，对应的数字角频率在矢量 w 中，w 在 0~π 区间内，表示归一化角频率。参数 b 和 a 是数字滤波器的系数。设置参数 n 后，即表示频率矢量和 H 都有 n 个元素；当带有采样频率 Fs 后，输出频率矢量 f，将在 0~Fs/2 的区间内。设置参数 'whole' 后频率将在 0~2π 区间内，或在 0~Fs 的区间内。当不带任何输出参数时，freqz(b,a)将直接显示出该滤波器的幅频响应曲线与相频响应曲线。

(2) 数字滤波器频率特性分析 2

函数：fvtool

功能：显示出数字滤波器的响应曲线

调用格式：

fvtool(b,a)
fvtool(Hd)
fvtool(b$_1$,a$_1$,b$_2$,a$_2$,...b$_n$,a$_n$)
fvtool(Hd$_1$,Hd$_2$,...)

说明：输入参数 b 和 a 是数字滤波器系数；b$_1$,a$_1$,b$_2$,a$_2$,…,b$_n$,a$_n$ 是多个滤波器的系数（要求多个滤波器的响应曲线在一张图上画出）；Hd 是滤波器系数集合；Hd$_1$,Hd$_2$,… 是多个滤波器的系数集合。从调用格式可以看出，多个滤波器的响应曲线通过本函数一次就能同时画在一张图上。

在 3.15 节的例 3-15-1 中将会结合具体的案例进一步说明 fvtool 函数的功能。

(3) 群延迟的频率分析

函数：grpdelay

功能：已知数字滤波器系数 b 和 a，求出数字滤波器群延迟随频率变化的曲线

调用格式：

[gd,w] = grpdelay(b,a)
[gd,w] = grpdelay(b,a,n)
[gd,f] = grpdelay(b,a,n,Fs)
[gd,w] = grpdelay(b,a,n,'whole')
[gd,f] = grpdelay(b,a,n,'whole',Fs)
gd = grpdelay(b,a,w)
grpdelay(b,a)

说明：grpdelay 函数类似于 freqz 函数，自定义计算 512 个数字频率，设置 n 后就有 n 个数字频率。延迟量曲线在 gd 中，对应的数字角频率在矢量 w 中，w 在 0~π 区间内，表示归一化角频率。w 和 gd 的长度或为 512 个（默认值）或为 n 个。参数 b 和 a 是数字滤波器的系数，对应的群延迟响应为

$$\tau_g(\omega) = -\frac{d\varphi(\omega)}{d\omega} \qquad (3-6-1)$$

带有采样频率 Fs 时，输出频率矢量 f 将在 0~Fs/2 的区间内。设置参数 'whole' 后频率将在 0~2π 区间内，或在 0~Fs 区间内。不带任何输出参数时同 freqz(b,a)，将直接显示出该滤波器的群延迟随频率变化的曲线。

(4) 产生数字滤波器的脉冲响应

函数：impz

功能：已知数字滤波器系数 b 和 a，求出数字滤波器的脉冲响应

调用格式：

[h,t] = impz(b,a)
[h,t] = impz(b,a,n)

```
[h,t] = impz(b,a,n,Fs)
impz(b,a,n,Fs)
```

说明：b和a为数字滤波器系数；n为脉冲响应样点总数；Fs为采样频率，默认值为1；h为滤波器单位脉冲响应向量；t为[0:n-1]'，是h对应的时间向量。当函数输出默认时，绘制滤波器脉冲响应图；当n为默认时，函数自动选择n值。

（5）绘制离散系统的零极点图

函数：zplane

功能：已知数字滤波器零极点z和p，或系数b和a，绘出系统的零极点图

调用格式：

```
zplane(z,p)
zplane(b,a)
```

说明：z和p为零极点向量（为复数），b和a为滤波器的系数（为实数）。函数在Z平面绘出零点和极点。极点用×表示，零点用○表示。

5. 滤波使用函数

（1）数字滤波

函数：filter

功能：实现数字滤波器对数据的滤波

调用格式：

```
y = filter(b,a,x)
[y,zf] = filter(b,a,x,zi)
```

说明：b和a为数字滤波器系数；x为滤波器的离散输入；y为滤波器的输出；y为与x具有相同大小的向量；zi和zf表示x在分段滤波时的初始状态和最终状态（在3.7.8小节中有更详细的介绍）。

（2）零相位数字滤波

函数：filtfilt

功能：实现数字滤波器对数据进行零相位滤波

调用格式：

```
Y = filtfilt(b,a,x)
```

说明：b和a为数字滤波器系数；x为滤波器的离散输入；y为滤波器的输出。

6. 数字陷波器和全相位数字滤波器的相关函数

（1）数字陷波器设计

函数：iirnotch

功能：数字陷波器设计

调用格式：

```
[b,a] = iirnotch(Wo,Bw)
```

说明:Wo 是陷波器的中心频率,Bw 是陷波器的带宽,参数 b 和 a 是数字滤波器的系数。

(2) 全相位数字滤波器

函数:iirgrpdelay

功能:设计一个在已知频率范围内接近规定群延迟的全相位数字滤波器

调用格式:

[b,a] = iirgrpdelay(N,F,Edges,Gd)

说明:N 是全通滤波器的阶数(N 必须是偶数);F 和 Gd 是指在某一频率区间内群延迟的指标,F 和 Gd 都是矢量,Gd 是通带的边缘值;b 和 a 是数字滤波器的系数。

7. 数字系统留数的计算函数

函数:residuez

功能:计算数字系统的留数和极点或计算数字系统系数。

调用格式:

[r,p,k] = residuez(B,A)
[B,A] = residuesz(r,p,k)

说明:调用格式为[r,p,k]=residuez(B,A)已在 1.1.6 小节介绍 Z 逆变换时介绍过,它和模拟系统的 residue 函数类似,这里不再赘述了。这里是当已知数字系统的极点向量 p,留数向量 r 和剩余多项式 k 时,计算出数字系统的系数 B 和 A。

8. 一些有用的 MATLAB 函数[5,13]

有一些 MATLAB 函数不是 MATLAB 自带的,而是由其他一些书本自编的,但对 IIR 和 FIR 滤波器设计和应用很有用。

这些函数已包含在本书附带程序包中的 basic_tbxsp 子目录中。

函数:freqz_m

功能:分析滤波器的幅值响应的线性值、分贝值、相位响应及群延迟响应与频率的关系

调用格式:

[db,mag,pha,grd,w] = freqz_m(b,a)

说明:db 是幅值响应的分贝值;mag 是幅值响应的线性值;pha 是相位响应;grd 是群延迟响应;w 是归一化的角频率。本函数类似于 freqz 函数,但侧重不一样。函数 freqz 是得到滤波器的传递函数 H,是一个复数;而函数 freqz_m 是得到我们分析时经常用到的一些参数。

3.7 IIR 滤波器设计的案例

3.7.1 案例 3.4:用留数求得脉冲不变法数字滤波器与调用 impinvar 函数得到的是否一样

1. 概 述

在 3.3.2 小节中介绍了用留数的方法把模拟滤波器转换成数字滤波器,而在 3.3.4 小节中给出了脉冲响应不变法的函数 impinvar,这两种方法得到的结果一样吗?通过以下介绍,我

们可以看到这两种方法得到的结果一样。

2. 理论基础

已知一个模拟系统传递函数 $H_a(s)$ 的 S 变换表达式，按 3.3.2 小节中介绍的先把该表达式展开，使之成为

$$H_a(s) = \sum_{k=1}^{N} \frac{A_k}{s - s_k}$$

经拉普拉斯逆变换，模拟滤波器的脉冲响应为

$$h_a(t) = L^{-1}[H_a(s)] = \sum_{k=1}^{N} A_k e^{s_k t} u(t)$$

式中：$u(t)$ 是单位阶跃函数。

对此脉冲响应进行采样，并乘以 T，得到等价的脉冲响应序列如下：

$$h_e(n) = T \cdot h_a(nT) = T \cdot \sum_{k=1}^{N} A_k e^{s_k nT} u(nT) = T \cdot \sum_{k=1}^{N} A_k (e^{s_k T})^n u(n)$$

对 $h_e(n)$ 求 Z 变换，得到等价的数字滤波器的传递函数 $H_e(z)$ 如下：

$$H_e(z) = \sum_{n=-\infty}^{\infty} h_e(n) z^{-n} = T \cdot \sum_{n=0}^{\infty} \sum_{k=1}^{N} A_k (e^{s_k T} z^{-1})^n =$$

$$T \cdot \sum_{k=1}^{N} A_k \sum_{n=0}^{\infty} (e^{s_k T} z^{-1})^n = \sum_{k=1}^{N} \frac{T \cdot A_k}{1 - e^{s_k T} z^{-1}}$$

只要已知 $H_a(s)$ 中的 A_k 和 s_k，就能求得数字滤波器的传递函数 $H_e(z)$。而在已知 $H_a(s)$ 后通过求极点能得到 s_k，通过求取留数能得到 A_k，所以有了 $H_a(s)$ 就能通过求取留数的脉冲不变法将模拟滤波器转换成数字滤波器。

3. 实 例

例 3-7-1(pr3_7_1) 已知模拟滤波器系数为 bs=[1,1] 和 as=[1,5,6]，通过求极点和留数，及脉冲响应不变的原理，将其转换成数字滤波器，并与 impinvar 函数得到的数字滤波器进行比较。

程序清单如下：

```
% pr3_7_1

clear all; clc; close all;

bs = [1,1]; as = [1,5,6];                    % 系统分子分母系数向量
Fs = 10; T = 1/Fs;                           % 采样频率和采样间隔
[Ra,pa,ha] = residue(bs, as);                % 将模拟滤波器系数向量变为模拟极点和留数
pd = exp(pa * T);                            % 将模拟极点变为数字(Z平面)极点 pd
[bd,ad] = residuez(T * Ra, pd, ha);          % 用原留数 Ra 和数字极点 pd 求得数字滤波器系数
t = 0:0.1:3;                                 % 时间序列
ha = impulse(bs,as,t);                       % 计算模拟系统的脉冲响应
hd = impz(bd,ad,31);                         % 数字系统的脉冲响应
% 调用 impinvar 函数计算数字滤波器系数
[Bd,Ad] = impinvar(bs,as,Fs);
fprintf('bd = %5.4f    %5.4f    ad = %5.4f    %5.4f    %5.4f\n\n',bd,ad);
fprintf('Bd = %5.4f    %5.4f    Ad = %5.4f    %5.4f    %5.4f\n',Bd,Ad);
% 作图
```

```
plot(t,ha*T,'r','linewidth',3); hold on; grid on;
plot(t,hd,'k');
legend('模拟滤波器脉冲响应','数字滤波器脉冲响应');
xlabel('时间/s'); ylabel('幅值/dB');
title('原模拟滤波器的脉冲响应与数字滤波器的脉冲响应比较')
set(gcf,'color','w')
```

运行本程序后给出留数法求出的数字滤波器系数如下：
bd＝0.1000 －0.0897 ad＝1.0000 －1.5595 0.6065

通过调用 impinvar 函数求出的数字滤波器系数如下：
Bd＝0.1000 －0.0897 Ad＝1.0000 －1.5595 0.6065

可以看到这两种方法求出的数字滤波器系数完全一致。运行本程序后还给出了模拟滤波器的脉冲响应和数字滤波器的脉冲响应图如图 3-7-1 所示。从图中可看到模拟滤波器的脉冲响应与数字滤波器的脉冲响应重合在一起，这就是反映了脉冲不变法的特点，展示了模拟系统和数字系统有相同的脉冲响应。

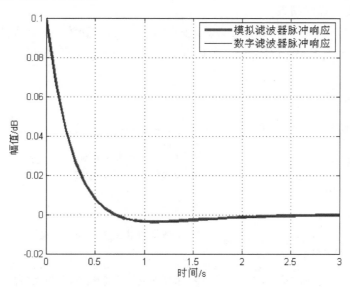

图 3-7-1 模拟滤波器与数字滤波器脉冲响应曲线比较图

3.7.2 案例 3.5：在调用 bilinear 函数时为何有的 Fs 处用实际频率值，有的却用 Fs＝1

1. 概　述

在双线性设计滤波器时，有先对频率进行预畸，再设计模拟滤波器，把模拟滤波器的系数 bs 和 as 代入双线性 Z 变换 bilinear 函数中，求出数字滤波器系数。而 bilinear 函数的调用格式为：[Bz,Az]＝bilinear(bs,as,Fs)。如果信号的采样频率为 1000 Hz，为什么有的调用时用 [Bz,Az]＝bilinear(bs,as,1000)，有的调用时用 [Bz,Az]＝bilinear(bs,as,1)？什么情况下用第一种形式，什么情况下用第二种形式？二者的区别是什么？

2. 理论基础

在设计数字滤波器时先给出数字滤波器的指标，例如采样频率为 1000 Hz，通带和阻带的截止频率为 fp=100 Hz 和 fs=200 Hz,Rp=2,Rs=40。

从 3.3.2 小节双线性 Z 变换法理论中获知,数字滤波器某一个频率 ω 对应的模拟频率 Ω 之间的关系式(3-4-13)可表示为:

$$\Omega = \frac{2}{T}\tan\frac{\omega}{2} \qquad (3-7-1)$$

式中:T 为采样周期。由数字频率 ω 求出对应的模拟频率 Ω 的过程称为预畸。预畸中的关键是取什么样的采样周期,此采样周期决定了在 bilinear 函数中用什么样的采样周期。

同时从图 3-4-2 中看到,ω 的取值范围为 $-\pi \sim \pi$。因此,对于工程中的实际频率一定要用 Fs/2 进行归一处理,以保证在 $-\pi \sim \pi$ 区间中。

3. 实例

例 3-7-2(pr3_7_2) 用双线性 Z 变换设计切比雪夫 I 型数字滤波器,滤波器参数有采样频率为 1000 Hz,通带和阻带的截止频率为 fp=100 Hz 和 fs=200 Hz,Rp=2,Rs=40,并且要求在调用[Bz,Az]=bilinear(bs,as,Fs)函数时用 Fs=1000 和 Fs=1 两种方法,比较这两种方法是否能得到一样的结果。

在以下程序中,我们用两种方法来计算,按式(3-7-1)设置两个时间周期,一个是按实际的采样频率 Fs=1000,Ts=1/Fs;另一个设置 Fs=1,T=1。程序清单如下:

```
% pr3_7_2
clear all; close all; clc;

fp = 100; fs = 200;                    % 设置通带和阻带
Fs = 1000;                             % 采样频率
Rp = 2; Rs = 40;                       % 通带波纹和阻带衰减
wp = fp * 2 * pi/Fs;                   % 把通带和阻带设为角频率
ws = fs * 2 * pi/Fs;
T = 1;                                 % T = 1
Ts = 1/Fs;                             % Ts = 1/Fs
Wp = 2/Ts * tan(wp/2);                 % 把通带和阻带按 Fs 进行预畸
Ws = 2/Ts * tan(ws/2);
% 第 1 种方法
[N,Wn] = cheb1ord(Wp,Ws,Rp,Rs,'s');    % 求原型模拟低通滤波器的阶数和带宽
[bs,as] = cheby1(N,Rp,Wn,'s');         % 求模拟低通滤波器的系数
[B,A] = bilinear(bs,as,Fs);            % 按 Fs 把模拟低通滤波器的系数转换成数字滤波器
% 显示滤波器系数
fprintf('B = %5.6f   %5.6f   %5.6f   %5.6f   %5.6f\n',B);
fprintf('A = %5.6f   %5.6f   %5.6f   %5.6f   %5.6f\n',A);
[H1,f1] = freqz(B,A,1000,Fs);          % 计算数字滤波器的响应曲线
% 第 2 种方法
Wp = 2/T * tan(wp/2);                  % 把通带和阻带按 Fs=1 进行预畸
Ws = 2/T * tan(ws/2);
[N,Wn] = cheb1ord(Wp,Ws,Rp,Rs,'s');    % 求原型模拟低通滤波器的阶数和带宽
[bs,as] = cheby1(N,Rp,Wn,'s');         % 求模拟低通滤波器的系数
[B,A] = bilinear(bs,as,1);             % 按 Fs=1 把模拟低通滤波器的系数转换成数字滤波器
% 显示滤波器系数
fprintf('B = %5.6f   %5.6f   %5.6f   %5.6f   %5.6f\n',B);
fprintf('A = %5.6f   %5.6f   %5.6f   %5.6f   %5.6f\n',A);
[H2,f2] = freqz(B,A,1000,Fs);          % 计算数字滤波器的响应曲线,恢复原采样频率
% 作图
```

```
subplot 211; plot(f1,20 * log10(abs(H1)),'k','linewidth',2)
xlabel('频率/Hz'); ylabel('幅值/dB')
title('切比雪夫Ⅰ型低通滤波器幅频响应(bilinear 中 Fs = 1000)')
axis([0 300 -50 5]); % grid;
line([100 100],[-50 5],'color','k','linestyle',':');
line([200 200],[-50 5],'color','k','linestyle',':');
line([0 300],[-40 -40],'color','k','linestyle','- -');
line([0 300],[-2 -2],'color','k','linestyle','- -');
[H2,f2] = freqz(B,A,1000,Fs);
subplot 212; plot(f2,20 * log10(abs(H2)),'k','linewidth',2)
xlabel('频率/Hz'); ylabel('幅值/dB')
title('切比雪夫Ⅰ型低通滤波器幅频响应(bilinear 中 Fs = 1)')
axis([0 300 -50 5]); % grid;
line([100 100],[-50 5],'color','k','linestyle',':');
line([200 200],[-50 5],'color','k','linestyle',':');
line([0 300],[-40 -40],'color','k','linestyle','- -');
line([0 300],[-2 -2],'color','k','linestyle','- -');
set(gcf,'color','w')
```

前面已讲过用两种方法,第一种是设 Fs=1 000,Ts= 1/Fs;第二种是设 Fs=1,T= 1。在运行程序 pr3_7_2 后给出两种方法计算得的滤波器系数,结果如下:

第一种方法(Fs=1 000,Ts= 1/Fs):
B=0.001 315 0.005 260 0.007 890 0.005 260 0.001 315
A=1.000 000 -3.191 027 4.149 363 -2.570 304 0.638 454

第二种方法(Fs=1,T= 1):
B=0.001 315 0.005 260 0.007 890 0.005 260 0.001 315
A=1.000 000 -3.191 027 4.149 363 -2.570 304 0.638 454

可以发现这两种方法得到的滤波器系数完全一样。本程序还给出了两种方法得到的滤波器幅值响应曲线图,如图 3-7-2 所示。从图中可以看到,这两种方法得到的幅频响应曲线完全相同。

从程序的运行可以看到这两种方法是一样的,得到相同的结果,它们只是同一个双线性 Z 变换数字滤波器中两种稍有不同的方法。如同理论基础中所述,关键是式(3-7-1)中 T 的选取;当选用 $T=1$ 时,在[Bz,Az]=bilinear(bs,as,Fs)函数中选用 Fs=1/T=1;当选用 $T=0.001$ 时,在[Bz,Az]=bilinear(bs,as,Fs)函数中选用 Fs=1/T=1 000。

4. 总 结

在很多有关 MATLAB 数字信号处理的书籍中给出的通带和阻带往往已是归一化了的,例如给出 fp=0.2 * pi 和 fs=0.4 * pi 等,又假设 T=1(所以 Fs=1),所以不涉及用 Fs 进行归一。在实际工程处理中,我们对双线性 Z 变换滤波器的设计总结出如下几点:

① 如果给出的数字滤波器指标已经归一,则在计算模拟频率 Ω 时不需要再除以 Fs/2。同时可设置 T=1,Fs=1,进行预畸和模拟滤波器的设计。转换成数字滤波器用[Bz,Az]=bilinear(bs,as,1)。

② 如果工程上给出实际的频率,则按式(3-7-1)和图 3-4-2,数字角频率 ω 应在 $-\pi\sim\pi$ 之间,所以要把实际的频率除以 Fs/2 再乘以 pi,给出归一化的角频率。在这个基础上一样可以按①的方法设计数字滤波器。

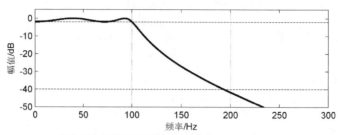

(a) 切比雪夫Ⅰ型低通滤波器幅频响应(bilinear中Fs=1000)

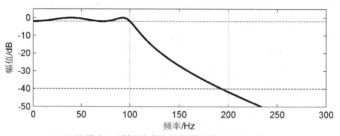

(b) 切比雪夫Ⅰ型低通滤波器幅频响应(bilinear中Fs=1)

图 3-7-2　用双线性 Z 变换两种方法所得的切比雪夫低通滤波器幅频响应曲线图

③ 同②，但在求出归一化角频率后，可假设 T=1/Fs，其中 Fs 是实际的采样频率，以这样的 T 值进行预畸和模拟滤波器的设计。当转换成数字滤波器时，[Bz,Az]=bilinear(bs,as,Fs) 中的 Fs 就要用实际频率值。

5. 案例延伸

在设计滤波器时都先给出滤波器的具体指标 fp、fs 和 Fs 等，要用归一化频率。严格来说，归一化频率应该是用采样频率 Fs 进行归一的，但为什么在实际处理时常用 Fs/2 来进行归一呢？

细看可以发现，用 Fs/2 来进行归一实际上就是用 Fs 来归一。例如 fp=100，Fs=1000，归一时应为

wp = 2 * pi * fp/Fs = pi * fp/(Fs/2) = 0.2pi

可以看到是以 Fs 进行归一的。在 3.6 节的 IIR 数字滤波器阶次选择函数参数中的 wp 和 ws 都是归一化的角频率，单位为 rad/pi，所以都应按上式来计算，但可简化为

wp = fp/(Fs/2) = 0.2

上式中省略了 pi，是因为以 pi 为单位。所以习惯上常说用 Fs/2 来进行归一，实际上隐含了用 Fs 归一化处理。

3.7.3　案例 3.6：为什么不能用 impinvar 函数

1. 概　述

调用 MATLAB 函数设计了模拟滤波器，得到了相应的滤波器系数，但在调用 impinvar 函数转换成数字滤波器系数时出现了错误。

2. 案例分析

有一个语音信号(在San2.wav文件中),采样频率为8000 Hz,但在高频处含有一个啸叫信号。但为了尽可能地保留语音信号的特性,设计一个巴特沃斯滤波器,通带截止频率为3400 Hz,阻带截止频率为3700 Hz,通带波纹为0.8 dB,阻带衰减为50 dB。程序清单如下:

```
[y,Fs] = wavread('San2.wav');          % 读入数据
fc = 3400;fb = 3700;                    % 设置通带和阻带截止频率
Rp = 3; Rs = 60;                        % 设置通带波纹和阻带衰减
Wp = 2 * pi * fc;Ws = 2 * pi * fb;      % 把通带阻带频率归一化
[N,Wn] = buttord(Wp,Ws,Rp,Rs,'s');      % 得到模拟滤波器原型阶数和带宽
[bs,as] = butter(N,Wn,'s');             % 得到模拟滤波器系数
[b,a] = impinvar(bs,as,Fs);             % 经脉冲不变法转换成数字滤波器
freqz(b,a);                             % 观察数字滤波器的响应曲线
```

但当程序运行到[b,a]=impinvar(bs,as,fs)语句时出现了错误信息:

```
??? Error using ==> roots at 28
Input to ROOTS must not contain NaN or Inf.

Error in ==> impinvar at 67
pt = roots(a).';

Error in ==> xu11 at 21
[b,a] = impinvar(bs,as,fs);
```

在MATLAB命令窗中看一下即可发现,滤波器的阶数N竟达到82,这个值对于任何一个IIR滤波器来说都因阶数太大而难以实现。这样的结果可能是由以下原因造成的:①滤波器类型选择不合适;②过渡带选择太窄;③选择由模拟滤波器转换成数字滤波器的方法不合适。

3. 解决方法

由于信号是采样频率为8000 Hz的语音信号,对于语音处理来说要保留尽可能多的语音成分,所以通带选择为3400 Hz,是合适的;由于啸叫声在3800 Hz附近,把阻带截止频率设为3700 Hz 也是对的,所以在通带和阻带上没有多大修改的余地,滤波器的类型可以更改为椭圆型滤波器,该类滤波器有较陡的过渡带。又信号的采样频率为8000 Hz,奈奎斯特频率为4000 Hz,而通带和阻带截止频率都在奈奎斯特频率附近,如果选择脉冲不变法同样是不合适的。从3.3.3小节知道脉冲不变法转换成数字滤波器后会产生混叠现象,所以改用双线性Z变换法把模拟滤波器转换为数字滤波器。

4. 实 例

例3-7-3(pr3_7_3) 设计一个椭圆型滤波器,通带截止频率为3400 Hz,阻带截止频率为3700 Hz,通带波纹为0.8 dB,阻带衰减为50 dB。先设计成模拟滤波器,再经双线性Z变换转换成数字滤波器。用该滤波器处理San2.wav文件,把语音中的啸叫声过滤掉。程序清单如下:

```
% pr3_7_3
clear all; close all; clc;

[y,Fs] = wavread('San2.wav');          % 读入数据
fc = 3400;fb = 3700;                    % 设置通带和阻带截止频率
```

```
Rp = 3;Rs = 60;                                    % 设置通带波纹和阻带衰减
wp = 2 * pi * fc/Fs;ws = 2 * pi * fb/Fs;           % 计算归一化频率
Ts = 1/Fs;
Wp = 2/Ts * tan(wp/2.);Ws = 2/Ts * tan(ws/2.);     % 模拟频率进行预畸
[M,Wn] = ellipord(Wp,Ws,Rp,Rs,'s');                % 得到模拟滤波器原型阶数和带宽
[bs,as] = ellip(M,Rp,Rs,Wn,'s');                   % 得到模拟滤波器系数
[b,a] = bilinear(bs,as,Fs);                        % 双线性Z变换得数字滤波器系数

x = filter(b,a,y);                                 % 对数据进行滤波
Y = fft(y);                                        % 求输入和输出信号的谱图
X = fft(x);
N = length(x);
n2 = 1:N/2;
freq = (n2 - 1) * Fs/N;
% 作图
[H,ff] = freqz(b,a,1000,Fs);                       % 观察数字滤波器的响应曲线
plot(ff,20 * log10(abs(H)),'k');
xlabel('频率/Hz'); ylabel('幅值/dB')
title('椭圆型滤波器幅频响应曲线');
ylim([-80 10]); grid;
set(gcf,'color','w');
figure
subplot 211; plot(freq,abs(Y(n2)),'k');            % 输入信号谱图
xlabel('频率/Hz'); title('输入信号谱图')
subplot 212; plot(freq,abs(X(n2)),'k');            % 输出信号谱图
xlabel('频率/Hz'); title('输出信号谱图')
set(gcf,'color','w');
```

程序运行后得到的椭圆型滤波器阶数仅为5,从这点上可以看出在相同的指标下,巴特沃斯滤波器完全不能实现,而椭圆型滤波器方便地实现了。

滤波器的幅频响应曲线如图3-7-3所示,而输入信号和输出信号的频谱如图3-7-4所示。

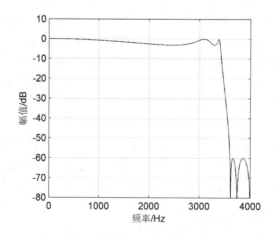

图3-7-3 椭圆型低通滤波器的幅频响应曲线

从图3-7-4中可看到输入信号在3800 Hz附近有明显的峰值,而经滤波后峰值已经完全消失了。

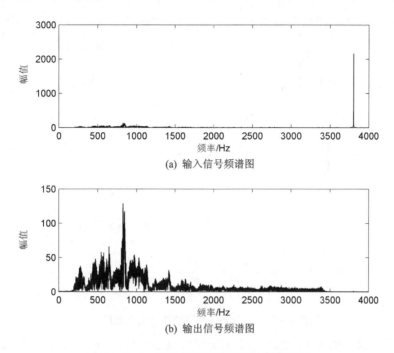

(a) 输入信号频谱图

(b) 输出信号频谱图

图 3-7-4　输入信号与输出信号的频谱图

3.7.4　案例 3.7：为什么滤波器的输出会溢出或没有数值

1. 概　述

有时调用 MATLAB 函数设计了 IIR 数字滤波器，得到了数字滤波器系数，然后对测量数据进行数字滤波。但为什么滤波器的输出数据会溢出，或完全没有数据输出，画出的图是空的？

出现上述现象的原因往往是滤波器设计时参数给得不合理，例如过渡带太窄，求得的滤波器的阶数太高，从而使滤波器不稳定，造成数据出现 inf 或 NAN。

2. 案例分析

信号从 bzsdata.mat 文件读入，它由数个正弦信号与随机噪声叠加而成，采样频率为 250 Hz。信号中有一个 5 Hz 的正弦信号，要求设计一个巴特沃斯滤波器，通带频率为 1.5～10 Hz，阻带频率为 1 Hz 和 12 Hz，而 Ap=3,As=15。程序清单如下：

```
load bzsdata.mat                    % 读入数据
Fs2 = Fs/2;                         % 奈奎斯特频率
N = length(bzs);                    % 原始数据长
t = (0:N-1)/Fs;                     % 设置时间

fp1 = [1.5 10];                     % 通带频率
fs1 = [1 12];                       % 阻带频率
wp1 = fp1/Fs2;                      % 归一化通带频率
ws1 = fs1/Fs2;                      % 归一化阻带频率
Ap = 3; As = 15;                    % 通带波纹和阻带衰减
[n,Wn] = buttord(wp1,ws1,Ap,As);    % 求滤波器原型阶数和带宽
[bn1,an1] = butter(n,Wn);           % 求数字滤波器系数
[H,f] = freqz(bn1,an1,250,Fs);      % 求数字滤波器幅频曲线
```

读入数据时也读入采样频率为 250 Hz。滤波器的幅频曲线如图 3-7-5 所示。

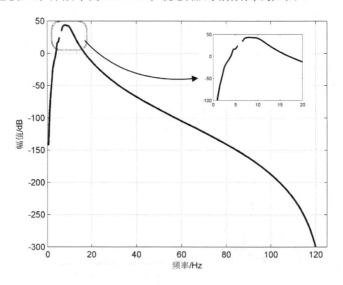

图 3-7-5 巴特沃斯滤波器的幅频曲线

计算出的滤波器阶数为 16 阶(等效的低通通波器是 8 阶,转到带通为 16 阶),但从图中可以看到,在频率 6 Hz 附近幅频曲线不连续,为此把幅频曲线的 0~20 Hz 段放大显示在图 3-7-5 右上角的小图中。如果把滤波器幅值的数值打印出来,可以看到在频率 6.5 Hz 处幅值为 Inf(无穷大),这样的滤波器显然不适合做进一步的滤波处理(如果滤波一定会发生数据溢出,甚至也会产生 Inf 或 NAN)。从图中还可看到,原设计要求通带为 1.5~10 Hz,增益为 0 dB,峰值在 10 Hz 附近,且有增益应为 40 dB。

3. 解决方法

若低通滤波器的截止频率或带通滤波器的中心频率相对采样频率低(f_c/f_s),或者滤波器的过渡带很窄,则在设计滤波器后往往可发现滤波器的阶数很大,或是滤波器的响应曲线很差。在这种情况,通过降低信号的采样频率,再以降低的采样频率设计数字滤波器,会取得较好的效果(这种现象在 3.15.3 小节中还会做进一步的分析)。

采样频率为 250 Hz,通带频率为 1.5~10 Hz,该通带中心频率为 $f_0 = \sqrt{f_{p1} f_{p2}} = 3.87$ Hz。采样频率 f_s 与带通滤波器的中心频率之比(f_s/f_0)有将近 65 倍之高,这就是造成滤波器失调的原因。如果把信号降采样以后再滤波就能解决。这一问题为了保持滤波后的数据与原数据有相同的采样率,可以把滤波器的输出数据经增采样恢复到原采样频率。

降采样时取什么样的采样频率呢? 降采样后,新的采样频率为 fs1,一般应使 fs1/f0<15 较好。所以在本案例中把采样频率降为 1/5,为 50 Hz。

4. 实例

例 3-7-4(pr3_7_4) 信号从 bzsdata.mat 文件中,采样频率为 250 Hz。把信号降采样为 50 Hz 后设计一个巴特沃斯滤波器,通带频率为 1.5 Hz,阻带频率为 10 Hz,Ap=3,As=15。信号通过滤波器后经增采样,恢复滤波后的信号还是 250 Hz 的采样频率。程序清单如下:

```
% pr3_7_4
```

```
clear all; clc; close all;

load bzsdata.mat                          % 读入数据
N = length(bzs);                          % 原始数据长
t = (0:N-1)/Fs;                           % 设置时间

x = resample(bzs,1,5);                    % 降采样
N1 = length(x);                           % 降采样后的长度
fs = Fs/5;                                % 降采样后的采样频率
fs2 = fs/2;                               % 降采样后采样频率的一半
t1 = (0:N1-1)/fs;                         % 降采样后的时间刻度

fp1 = [1.5 10];                           % 通带频率
fs1 = [1 12];                             % 阻带频率
wp1 = fp1/fs2;                            % 归一化通带频率
ws1 = fs1/fs2;                            % 归一化阻带频率
Ap = 3; As = 15;                          % 通带波纹和阻带衰减
[n,Wn] = buttord(wp1,ws1,Ap,As);          % 求滤波器原型阶数和带宽
[bn1,an1] = butter(n,Wn);                 % 求数字滤波器系数
[H,f] = freqz(bn1,an1,1000,fs);           % 求数字滤波器幅频曲线

y1 = filter(bn1,an1,x);                   % 对降采样后的数据进行滤波
y = resample(y1,5,1);                     % 对滤波器输出恢复原采样频率
% 作图
figure(1)
subplot 311; plot(t,bzs,'k');
xlabel('时间/秒'); title('原始数据波形')
subplot 312; plot(t1,x,'k');
xlabel('时间/秒'); title('降采样后数据波形')
subplot 313; plot(t,y,'k');
xlabel('时间/秒'); title('滤波后数据波形')
set(gcf,'color','w');
figure(2)
plot(f,abs(H));
grid; axis([0 25 0 1.1]);
xlabel('频率/Hz'); ylabel('幅值')
title('巴特沃斯滤波器的幅值响应')
set(gcf,'color','w');
```

程序 pr3_7_4 运行中首先将信号降采样至 50 Hz,数字滤波器是在采样频率为 50 Hz 的基础上设计的,得到滤波器的幅频响应曲线如图 3-7-6 所示。

滤波前的信号波形、降采样后的信号波形与滤波后恢复原始采样频率后的输出波形图如图 3-7-7 所示。

5. 案例延伸

当低通滤波器的截止频率或带通滤波器的中心频率相对采样频率低(fc/fs),或过渡带太窄时,不一定会像本案例中响应曲线一样出现不连续,但往往滤波器的阶数会很大,或是滤波器的响应曲线很差。在这种情况下,通过降采样后来处理可取得较好的效果。

例 3-7-5(pr3_7_5) 有一组气象资料的数据,如图 3-7-8 所示(数据在 jandata.mat 中),数据的采样频率是 1 个样点/min。现要设计一个滤波器,提取周期为 10~20 h 的信号。

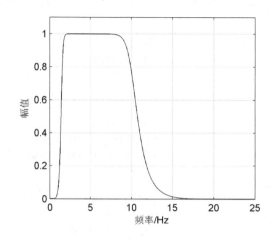

图3-7-6 降采样后设计的巴特沃斯滤波器幅频曲线

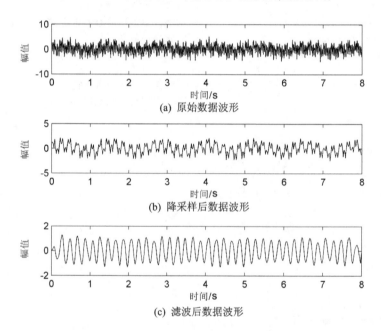

(a) 原始数据波形

(b) 降采样后数据波形

(c) 滤波后数据波形

图3-7-7 滤波前后信号输入、输出的波形图

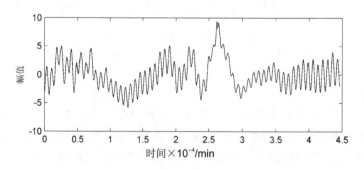

图3-7-8 一组气象资料数据的波形图

这一个问题实际上并不是太难解决的,但:①采样频率不是用 Hz,而是用 1/min,这与我们平时用的单位稍有不同,会不太习惯;②在要求数据滤波时,只给出一个通带的要求,没有给出其他指标,如何来设计滤波器呢?

在工程应用中,一些具体的测量其采样率往往不是以 Hz(1/s)为单位,而是以 1/min、1/h、1/d(天)或一些空间长度 1/cm、1/m,或速度、加速度等为单位。但在处理中,不论采样率是什么样的单位,都可以当作单位为 Hz 进行处理。

同样是在工程上往往说不出滤波器的具体指标,只给出一个通带的要求。我们在进行滤波器设计时,可以先假定某一种滤波器,将该滤波器的阶数设为 4 阶,然后进行滤波器的设计,并进行数据滤波处理。观察处理后是否满足工程上的要求,如果不满足,则可以增减滤波器阶数或改变滤波器类型等来满足工程上的要求。

在本例中,设采样率是 1 个样点/min,则信号周期为 10～20 h 对应的频率为 1/1 200～1/600(1/min),这样 fs/f0 之比大约在 1000 的量级,显然太大了。所以按例 3-7-4 所述把信号降采样,降到 1 个样点/h(即要降采样率 60 倍),选用切比雪夫 II 型滤波器。

滤波器的通带频率在采样频率为 1/h 的条件下,fp=[1/20 1/10]=[0.05 0.1],我们把阻带频率设为 fs=[0.025 0.15],通带波纹设为 Ap=1,阻带衰减为 As=50。有了这些条件就能设计滤波器了。

程序清单如下:

```
% pr3_7_5
clear all; clc; close all;

load jandatas.mat                        % 导入数据
N1 = length(z);                          % 原始数据长
Fsm = 1;                                 % 原始采样频率为 1 个样点/min
y = resample(z,Fsm,60);                  % 降采样 60 倍
N = length(y);                           % 降采样后的长度
hour = 0:N-1;

Fsh = 1;                                 % 降采样后采样频率为 1 个样点/h
fp = [0.05 0.1];                         % 通带频率
fs = [0.025 0.15];                       % 阻带频率
Ap = 1; As = 50;                         % 通带波纹和阻带衰减
Wp = fp * 2/Fsh; Ws = fs * 2/Fsh;        % 归一化通带和阻带频率
[M,Wn] = cheb2ord(Wp,Ws,Ap,As);          % 求滤波器原型阶数和带宽
[bn,an] = cheby2(M,As,Wn);               % 求数字滤波器系数
[H,f] = freqz(bn,an,1000,1);             % 求数字滤波器幅频曲线

x = filter(bn,an,y);                     % 对降采样后的数据进行滤波
xx = resample(x,60,1);                   % 对滤波器输出恢复原采样频率
xx = xx(1:N1);                           % 求取与输入序列相同长度和单位
% 作图
figure(1)
plot(f,20 * log10(abs(H)),'k');
axis([0 0.2 -70 10]);  grid;
title('椭圆型滤波器幅频响应曲线');
xlabel('时间/小时'); ylabel('幅值/dB');
set(gcf,'color','w');
```

```
figure(2)
subplot 211;plot(hour,y,'k');
xlim([0 max(hour)]);
title('降采样后的数据');xlabel('时间/小时');
subplot 212;plot(minute/10000,xx,'k');
title('滤波后周期为 10～20 小时的数据');xlabel('时间/万分钟');
set(gcf,'color','w');
```

运行程序 pr3_7_5 后,得到滤波器的幅频响应曲线如图 3-7-9 所示,降采样后数据波形图和滤波后数据的波形图如图 3-7-10 所示。

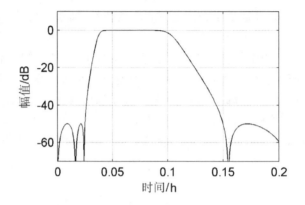

图 3-7-9　降采样后设计的切比雪夫Ⅱ型滤波器幅频响应曲线

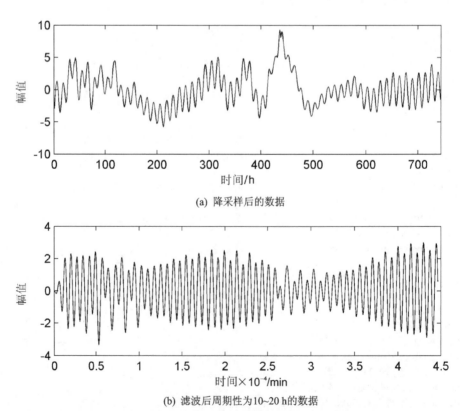

(a) 降采样后的数据

(b) 滤波后周期性为 10~20 h 的数据

图 3-7-10　降采样后的数据波形图和滤波后的数据波形图

3.7.5 案例3.8：用bilinear函数时，如果Wp和Ws都没有先做预畸会有什么结果

1. 概　述

在用双线性Z变换对IIR数字滤波器设计时，3.4节中已讲到，要把数字滤波器的通带和阻带的角频率参数先做预畸，得到模拟滤波器的频带要求后再设计模拟滤波器。但如果某种情况下没有做预畸处理，而是直接用数字通带和阻带的角频率值代替了模拟通带和阻带的角频率值参与计算，将会发生什么样的情况呢？

2. 理论基础

我们在3.4节中已讲到若要用双线性Z变换，那么在模拟滤波器设计之前，模拟滤波器的频率参数要按式(3-7-1)即 $\Omega=(2/T)\cdot\tan(\omega/2)$ 来进行预畸，已知数字频率 ω 求出模拟频率 Ω。ω 与 Ω 的关系如图3-4-2所示，从式(3-7-1)中可以看出，当 ω 较小时，ω 与 Ω 的数值比较接近：

$$\lim_{\omega\to 0}\Omega=\lim_{\omega\to 0}\frac{2}{T}\tan\frac{\omega}{2}\approx\frac{2}{T}\cdot\frac{\omega}{2}=\frac{\omega}{T}$$

当 ω 值比较小又取 $T=1$ 时，$\Omega\approx\omega$，这说明 ω 值比较小时可以用 ω 去代替 Ω；但随着 ω 的增大，ω 与 Ω 的偏离越来越大，当 ω 接近 π 时(奈奎斯特频率处)，Ω 趋向于 ∞。所以这时若用 ω 去代替 Ω，则设计出的数字系统将偏离原来的要求，往往得到比原设定的指标要小的数值，ω 越接近 π 值，偏差的数值越大。

3. 实　例

例3-7-6(pr3_7_6)　设计一个切比雪夫带通滤波器，采样频率为1000 Hz，滤波器参数为 fp=[100 200]，fs=[50 250]，Rp=2 和 Rs=40。用双线性Z变换法，但不进行频率的预畸。比较模拟滤波器和数字滤波器的幅频响应曲线，程序清单如下：

```
% pr3_7_6
clear all; clc; close all;

fp = [100 200]; fs = [50 250];          % 设置数字滤波器的通带和阻带
Fs = 1000;                              % 采样频率
Rp = 2; Rs = 40;                        % 设置通带的波纹和阻带的衰减
wp = 2 * fp * pi; ws = 2 * fs * pi;     % 把通带和阻带换算成角频率
[N,Wn] = cheb2ord(wp,ws,Rp,Rs,'s');     % 计算模拟滤波器的阶数和带宽
[Bs,As] = cheby2(N,Rs,Wn,'s');          % 计算模拟滤波器系数
[Hs,w] = freqs(Bs,As);                  % 计算模拟滤波器的响应曲线
[Bz,Az] = bilinear(Bs,As,1000);         % 通过双线性Z变换转换成数字滤波器系数
[Hz,fz] = freqz(Bz,Az,1000,Fs);         % 计算数字滤波器的响应曲线
% 作图
line(w/2/pi,20 * log10(abs(Hs)),'color',[.6 .6 .6],'linewidth',3);
grid; axis([0 500 -60 5]); hold on
plot(fz,20 * log10(abs(Hz)),'k');
legend('模拟滤波器','数字滤波器')
xlabel('频率/Hz'); ylabel('幅值/dB');
title('不进行预畸的数字滤波器与模拟滤波器响应曲线比较')
set(gcf,'color','w'); box on
```

运行程序 pr3_7_6 后得图 3-7-11。从图中可以看出，在约 170 Hz 以下，黑线（数字滤波器的幅频曲线）与灰线（模拟滤波器的幅频曲线）基本重合；而在 170 Hz 以上，黑线与灰线偏离，偏差随频率的增加而增加。这与理论基础中所讨论的一致。所以若以不预畸的频率用双线性 Z 变换法设计数字滤波器，其结果是：①数字滤波器的频率指标将偏离原要求的频率指标，频率越接近奈奎斯特频率则偏差越大；②设计出的低通、带通和带阻数字滤波器频带变窄了，而高通数字滤波器频带变宽了。

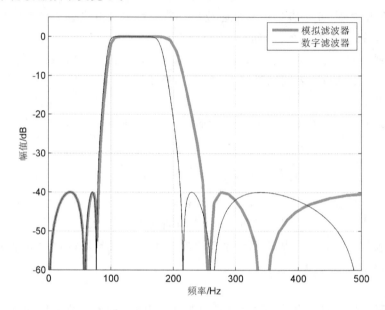

图 3-7-11 在双线性 Z 变换中不进行预畸，模拟滤波器和数字滤波器幅频曲线的比较图

3.7.6 案例 3.9：如何把任意 S 系统转换为 Z 系统

1. 概　述

在工程上我们经常需要把一个模拟系统转换成数字系统，以便能在数字计算机上进行处理。该系统可能不是一个滤波器，并没有通带和阻带的定义，仅有一个 S 系统（模拟系统）的表示式。那么在这种情况下能否把模拟系统转变为数字系统呢？实际上是完全可以的，同样有两种方法：脉冲不变法的转换和双线性 Z 变换法的转换。

2. 案例分析[6-7]

在电力系统中，闪变作为评定电能质量的重要指标，可以更直接、更迅速地反映出电网的供电质量。而闪变测量的中心环节是要模拟人对电压波动的频率响应，即模拟灯—眼—脑环节。由 EIC 推荐的灯—眼—脑环节的传递函数为

$$K(s) = \frac{K\omega_1 s}{s^2 + 2\lambda s + \omega_1^2} \times \frac{1 + s/\omega_2}{(1 + s/\omega_3)(1 + s/\omega_4)} \qquad (3-7-2)$$

式中：

$$\omega_1 = 2\pi 9.15494 \quad \omega_2 = 2\pi 2.27979 \quad \omega_3 = 2\pi 1.22535$$
$$\omega_4 = 2\pi 21.9 \quad K = 1.74802 \quad \lambda = 2\pi 4.05981$$

它的实质是用传递函数 $K(s)$ 逼近觉察率为 50% 的视感度曲线。

在数字化过程中就要把 S 平面的传递函数 $K(s)$ 转换为 Z 平面上的传递函数。在随后的实例中采用了脉冲不变法的转换和双线性 Z 变换法的转换 $K(s)$ 函数。

3. 解决方法

式(3-7-2)中是两个 S 系统：

$$K(s) = \frac{K\omega_1 s}{s^2 + 2\lambda s + \omega_1^2} \times \frac{1 + s/\omega_2}{(1 + s/\omega_3)(1 + s/\omega_4)} = H_1(s) \times H_2(s) = \frac{B(s)}{A(s)}$$

$$H_1(s) = \frac{K\omega_1 s}{s^2 + 2\lambda s + \omega_1^2}$$

$$H_2(s) = \frac{1 + s/\omega_2}{(1 + s/\omega_3)(1 + s/\omega_4)}$$

已知 $K(s)$ 函数中的参数值，可以先分别求出 $H_1(s)$ 和 $H_2(s)$ 系统的分子和分母的系数，再通过卷积求出 $B(s)$ 和 $A(s)$ 中的系数。有了 $B(s)$ 和 $A(s)$ 的系数就可以通过脉冲不变法或双线性 Z 变换法得到 $B(z)$ 和 $A(z)$ 的系数。

4. 实 例

例 3-7-7(pr3_7_7) 用双线性 Z 变换把式(3-7-2)表示的 S 函数 $K(s)$ 转换成数字系统，系统的采样频率为 400 Hz。程序清单如下：

```
% pr3_7_7
clear all; clc; close all;

K = 1.74802;                              % K(r)中的参数值
w1 = 2 * pi * 9.15494;
w2 = 2 * pi * 2.27979;
w3 = 2 * pi * 1.22535;
w4 = 2 * pi * 21.9;
lemda = 2 * pi * 4.05981;
Fs = 400;                                 % 采样频率
% 把 K(r)中的各参数值转为 2 个子系统的系数
b(1) = K * w1; b(2) = 0;                  % 第 1 子系统分子
a(1) = 1/w2; a(2) = 1;                    % 第 2 子系统分子
c(1) = 1; c(2) = 2 * lemda; c(3) = w1 * w1; % 第 1 子系统分母
d(1) = 1/w3/w4; d(2) = 1/w3 + 1/w4; d(3) = 1; % 第 1 子系统分母

B = conv(b,a);                            % 求出模拟系统的分子的系数
A = conv(c,d);                            % 求出模拟系统的分母的系数
[Hs,whs] = freqs(B,A);                    % 求模拟系统响应曲线

[num,den] = bilinear(B,A,Fs);             % 双线性 Z 变换求出数字系统分子和分母的系数
[Hz,wz] = freqz(num,den);                 % 求数字系统的响应曲线
% 作图
plot(whs/2/pi,abs(Hs),'k:')
axis([0 30  0 1.2]); box on; hold on
plot(wz/pi * Fs/2,abs(Hz),'k');
title('K(s)模拟响应曲线和数字响应曲线比较');
xlabel('频率/Hz'); ylabel('幅值')
legend('模拟系统','数字系统');
set(gcf,'color','w');
```

运行程序 pr3_7_7 后得图 3-7-12。我们把 $K(s)$ 的模拟响应曲线和双线性 Z 变换后的

数字响应曲线画在同一张图中，以方便比较。从图中可以看到，模拟系统的曲线（虚线）和数字系统的曲线（实线）基本重合在一起。但如果仔细观察的话，还是能发现在 15 Hz 以下两条曲线完全重合，但 15 Hz 以上实线稍稍地偏离了虚线。这就是在例 3-7-5 中介绍的，若在双线性 Z 变换前对频率没有预畸，则在双线性 Z 变换后的响应曲线会偏离原始响应曲线，频率越高则偏离越大。但在本例中主要频率都在低频区，所以只有小小的偏离。

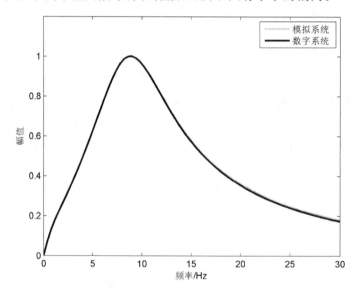

图 3-7-12　通过双线性 Z 变换得到数字系统的视感度系数特性曲线

例 3-7-8(pr3_7_8)　用脉冲不变法把式(3-7-2)表示的 S 函数 $K(s)$ 转换成数字系统，系统的采样频率为 400 Hz。

本程序基本上和程序 pr3_7_7 一样，只是把 bilinear 函数换成 impinvar 函数，程序清单这里不再列出，但读者在本书附带的程序包中能找到。运行程序 pr3_7_8 后得图 3-7-13。从图上可看到，不论 15 Hz 以下还是 15 Hz 以上，两曲线都能很好地重合在一起。

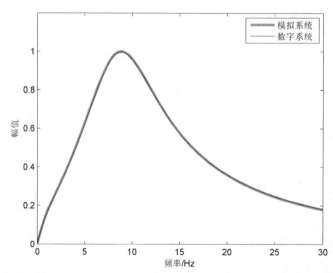

图 3-7-13　通过脉冲不变法得到数字系统的视感度系数特性曲线

5. 案例延伸

从以上讨论中可以看到,任意 S 系统都能通过脉冲不变法或双线性 Z 变换法把模拟系统转变为数字系统的,但是采样频率的选择还是很重要的,要选择合适的采样率。

从 3.7.5 小节的案例 3.8 中知道,当使用双线性 Z 变换时不对一些关键频率进行预畸的话,则在变换后这些关键频点会变小,不是原设计的值;而且越接近奈奎斯特频率,则产生的偏差越大。当使用脉冲不变法时,在 3.3 节中已介绍过使用这种方法在奈奎斯特频率处会产生折叠,而使数字系统的响应曲线发生改变。所以这两种方法在奈奎斯特频率附近都存在各自的问题,要减小对响应曲线的不利影响,唯有加大采样频率。在图 3-7-14 中给出了 pr3_7_7 和 pr3_7_8 采样频率改为 100 Hz 后所得的结果(原采样频率为 400 Hz),可以看出这些数字系统的曲线已偏离了模拟系统的曲线了。

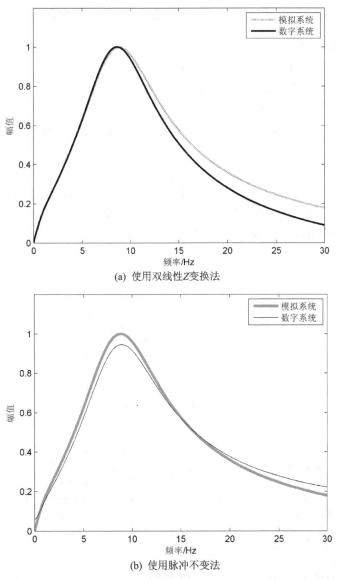

图 3-7-14 程序 pr3_7_7 和 pr3_7_8 改变采样频率为 100 Hz 后得到的视感度系数特性曲线

3.7.7 案例 3.10：把滤波器的滤波过程用差分方程的运算来完成

1. 概 述

在滤波器设计完成后，为了能把滤波过程写成 C 语言或其他语言，不可能调用 MATLAB 中的 filter 函数，只能用差分方程来进行运算。在知道滤波器系数后如何用差分方程来表示，又如何进行 MATLAB 的仿真，这是在硬件实现中被普遍关心的问题。

在本案例中首先讲述差分方程的表示和实现，再进一步介绍高阶滤波器传递函数分解成二阶或一阶的级联。

2. 理论基础

从式(3-1-18)可得到数字滤波器传递函数 Z 变换的一般表示式为

$$H(z) = \frac{b_0 + b_1 z^{-1} + \cdots + b_M z^{-M}}{1 + a_1 z^{-1} + \cdots + a_N z^{-N}} = \frac{Y(z)}{X(z)} \qquad (3-7-3)$$

这样就可以写成相应的差分方程为

$$y(n) = b_0 x(n) + b_1 x(n-1) + \cdots + b_M x(n-M) - a_1 y(n-1) - \cdots - a_N y(n-N)$$

有了差分方程的表示式，就不难用 MATLAB 语言来仿真实现了。

3. 实 例

例 3-7-9 (pr3_7_9) 从电力系统中得到畸变的电流信号，它由基波和奇次谐波组成：

$$i_d(t) = \sum_{n=1}^{\infty} \frac{10}{\pi n} \sin(n\omega t), \quad n = 1, 3, 5, \cdots$$

通过低通滤波获取 50 Hz 的基波信号，所以设计一个椭圆型带通滤波器，通带 fp=[40 60]，fs=[30 80]，Rp=1，Rs=40，采样频率为 1600 Hz。滤波过程中用 filter 和差分方程运算这两种方法滤波，并进行比较。程序清单如下：

```
% pr3_7_9
clear all; clc; close all;

fs = 1600;                          % 采样频率
f0 = 50;                            % 基波频率
N = 400;                            % 数据长度
t = (0:N-1)/fs;                     % 时间刻度
x = zeros(1,N);                     % x 初始化
for k = 1 : 2 : 10                  % 产生信号
    x = x + (10/pi/k) * sin(2 * pi * k * f0 * t);
end

fs2 = fs/2;                         % 奈奎斯特频率
wp = [40 60]/fs2; ws = [30 80]/fs2; % 通带和阻带
Rp = 1; Rs = 40;                    % 通带波纹和阻带衰减
[M,Wn] = ellipord(wp,ws,Rp,Rs);     % 求原型滤波器阶数和带宽
[B,A] = ellip(M,Rp,Rs,Wn);          % 求数字滤波器系数
[H,f] = freqz(B,A,1000,fs);         % 滤波器响应曲线
gdy = grpdelay(B,A,1000,fs);        % 群延迟响应曲线
% 显示数字滤波器系数
fprintf('B = %5.6e  %5.6e  %5.6e  %5.6e\n',B);
fprintf('\n');
```

```matlab
fprintf('A = %5.6f  %5.6f  %5.6f  %5.6f\n',A);
fprintf('\n');
% 方法一
yy = filter(B,A,x);                       % 方法一:用 filter 函数对输入信号滤波
% 方法二
for k = 1 : 6                             % 初始化
    xx(k) = 0; y(k) = 0;
end

for k = 7 : N + 6                         % 方法二:用差分方程对输入信号滤波
    j = k - 6;
    xx(k) = x(j);
    y(k) = B(1) * xx(k) + B(2) * xx(k - 1) + B(3) * xx(k - 2) + B(4) * xx(k - 3) + B(5) * xx(k - 4)...
        + B(6) * xx(k - 5) + B(7) * xx(k - 6) - A(2) * y(k - 1) - A(3) * y(k - 2) - A(4) * y(k - 3)...
        - A(5) * y(k - 4) - A(6) * y(k - 5) - A(7) * y(k - 6);
end
y = y(7:end);                             % 输出信号 y
% 作图
figure(1)
subplot 211; plot(f,20 * log10(abs(H)),'k');
title('椭圆型带通滤波器幅频响应曲线 ')
xlabel('频率/Hz'); ylabel('幅值/dB');
axis([0 100 - 60 5]); grid;
subplot 212; plot(f,gdy,'k');
title('椭圆型带通滤波器群延迟响应曲线 ')
xlabel('频率/Hz'); ylabel('群延迟 ');
xlim([0 100]); grid
set(gcf,'color','w');
figure(2)
subplot 211; plot(t,x,'k');
title('输入信号波形 ');
xlabel('时间/s'); ylabel('幅值 ');
subplot 212; line(t,yy,'color',[.6 .6 .6],'linewidth',3); hold on
plot(t,y,'k');
title('输出信号波形 ');
legend('1','2',2)
xlabel('时间/s'); ylabel('幅值 '); box on;
set(gcf,'color','w');
```

说明:为什么要在初始化时设置 y(1)～y(6) 和 x(1)～x(6) 都为 0? 如果计算 y(1) 将会怎样? 通过程序求出的滤波器阶数是 6 阶,B 和 A 都有 7 个系数。

$$y(1) = b(1)x(1) + b(2)x(0) + \cdots + b(7)x(-5) - a(2)y(0) - \cdots + a(7)y(-5)$$

上式的运算是根本不可能实现的,因为在 MATLAB 中不存在数组的索引号为 0 或负值。但在滤波过程中 x 与 y 又必须用到每个 n 的前 6 个值,这样我们把信号之前补了 6 个 0,而信号从索引 7 开始。而在滤波完成后又把 y 的前 6 个值删除,所以有 y=y(7:end) 语句。

运行程序 pr3_7_9 后得到滤波器系数如下:

B= 2.644083e−003   −1.026060e−002   1.259251e−002   1.878734e−017
    −1.259251e−002   1.026060e−002   −2.644083e−003
A= 1.000000   −5.809305   14.173227   −18.585499   13.814789

−5.519 215　0.926 052

滤波器幅频响应曲线和群延迟曲线图如图 3-7-15 所示。

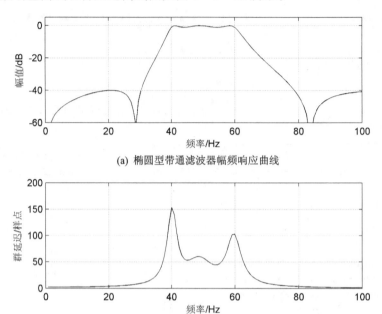

(a) 椭圆型带通滤波器幅频响应曲线

(b) 椭圆型带通滤波器群延迟响应曲线

图 3-7-15　滤波器幅频响应曲线和群延迟曲线

滤波器的输入信号和输出信号的波形图如图 3-7-16 所示,其中把用 filter 函数的滤波方法称为方法一,把用差分方程的滤波方法称为方法二。

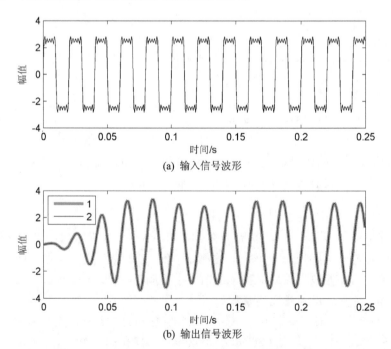

(a) 输入信号波形

(b) 输出信号波形

图 3-7-16　两种不同方法得到的滤波器输出数据的比较

从图 3-7-16 中可以看到,方法一和方法二得到的滤波器输出数据是重合在一起的。但是为什么输出数据的开始部分(>0.05 s)有一个缓慢上升的过程?这是由两个原因造成的:其一滤波器有延迟,从图 3-7-15(b)的群延迟曲线图上可看到,在 50 Hz 处约有 50 个样点的延迟;其二是任何一个滤波器(不论模拟滤波器还是数字滤波器)都有一个瞬态过程。对于滤波器的延迟可以通过零相位滤波或补偿群延迟的方法加以校正,而对于瞬态过程没有什么办法可以消除。

4. 案例延伸

在滤波器设计完成后,出现运算时稳定性的考虑,或为了在 DSP 上实现方便,常把高阶的数字滤波器分解成二阶和一阶的子系统的级联,如 3.1 节所述(参见图 3-1-5)。在本章参考文献[5]中提供了把滤波器直接形式的系数分解成级联或并联形式子系统系数的函数,以及相应的滤波函数。这些函数已在本书附带的程序 basic_tlxsp 子目录中,对几个主要函数说明如下。

(1) 直接形式转为级联形式

函数:dir2cas

功能:把直接形式的滤波器系数转为级联形式的滤波器系数

调用格式:

[b0,B,A] = dir2cas(b,a)

(2) 级联形式转为直接形式

函数:cas2dir

功能:把级联形式的滤波器系数转为直接形式的滤波器系数

调用格式:

[b,a] = cas2dir(b0,B,A)

(3) 级联实现滤波

函数:casfiltr

功能:把级联形式的滤波器对信号进行滤波处理

调用格式:

y = casfiltr(b0,B,A,x)

说明:b0 是增益系数;B 和 A 是级联子系统滤波器系数矩阵(分子和分母),每一行有 3 个元素,代表一个二阶或一阶滤波器的系数;b 和 a 是直接形式的滤波器系数(分子和分母);x 和 y 是输入信号和输出信号。在 B 和 A 中如果有一个是一阶的,则它同样有 3 个元素,但代表 z^{-2} 的项(即第 3 个元素)为 0。

(4) 直接形式转为并联形式

函数:dir2par

功能:把直接形式的滤波器系数转为并联形式的滤波器系数

调用格式:

```
[C,B,A] = dir2par(b,a)
```

(5)并联形式转为直接形式

函数：par2dir

功能：把并联形式的滤波器系数转为直接形式的滤波器系数

调用格式：

```
[b,a] = par2dir(C,B,A)
```

(6)级联实现滤波

函数：parfiltr

功能：把并联形式的滤波器对信号进行滤波处理

调用格式：

```
y = parfiltr(C,B,A,x)
```

说明：C是并联中的直通项，B和A是并联子系统滤波器系数矩阵(分子和分母)，每一行有3个元素，代表一个二阶或一阶滤波器的系数，b和a是直接形式的滤波器系数(分子和分母)，x和y是输入信号和输出信号。

例3-7-10(pr3_7_10) 同例3-7-9,但把直接形式的滤波器分解成级联形式,把滤波过程用casfiltr和差分方程运算这两种方法滤波,并进行比较。

程序清单如下：

```
% pr3_7_10
clear all; clc; close all;

fs = 1600;                              % 采样频率
f0 = 50;                                % 基波频率
N = 400;                                % 数据长度
t = (0:N-1)/fs;                         % 时间刻度
x = zeros(1,N);                         % x初始化
for k = 1 : 2 : 10                      % 产生信号
    x = x + (10/pi/k) * sin(2 * pi * k * f0 * t);
end

fs2 = fs/2;                             % 奈奎斯特频率
wp = [40 60]/fs2; ws = [30 80]/fs2;     % 通带和阻带
Rp = 1; Rs = 40;                        % 通带波纹和阻带衰减
[M,Wn] = ellipord(wp,ws,Rp,Rs);         % 求原型滤波器阶数和带宽
[B,A] = ellip(M,Rp,Rs,Wn);              % 求数字滤波器系数
[H,f] = freqz(B,A,1000,fs);             % 滤波器响应曲线
gdy = grpdelay(B,A,1000,fs);            % 群延迟响应曲线

[b0,b,a] = dir2cas(B,A);                % 把滤波器系数分解为串级子系统的系数
fprintf('B1 = %5.6f   %5.6f   %5.6f\n',b(1,:));
fprintf('A1 = %5.6f   %5.6f   %5.6f\n',a(1,:));
fprintf('\n');
fprintf('B2 = %5.6f   %5.6f   %5.6f\n',b(2,:));
```

```
fprintf('A2 = %5.6f    %5.6f    %5.6f\n',a(2,:));
fprintf('\n');
fprintf('B3 = %5.6f    %5.6f    %5.6f\n',b(3,:));
fprintf('A3 = %5.6f    %5.6f    %5.6f\n',a(3,:));
fprintf('\n');
% 方法一
yy = casfiltr(b0,b,a,x);                   % 方法一:用 casfiltr 函数对输入信号滤波
% 方法二
u(1) = 0; u(2) = 0;                        % 初始化
v(1) = 0; v(2) = 0;
y(1) = 0; y(2) = 0;
xx(1) = 0; xx(2) = 0;
% 方法二:用子系统的差分方程对输入信号滤波
for k = 3 : N + 2
    j = k - 2;
    xx(k) = x(j);
    u(k) = b(1,1) * xx(k) + b(1,2) * xx(k-1) + b(1,3) * xx(k-2) - a(1,2) * u(k-1) - a(1,3) * u(k-2);
    v(k) = b(2,1) * u(k) + b(2,2) * u(k-1) + b(2,3) * u(k-2) - a(2,2) * v(k-1) - a(2,3) * v(k-2);
    y(k) = b(3,1) * v(k) + b(3,2) * v(k-1) + b(3,3) * v(k-2) - a(3,2) * y(k-1) - a(3,3) * y(k-2);
end
y = b0 * y(3:end);                         % 输出信号 y
% 作图
subplot 211; plot(t,x,'k');
title('输入信号波形');
xlabel('时间/s'); ylabel('幅值');
subplot 212; line(t,yy,'color',[.6 .6 .6],'linewidth',3); hold on
plot(t,y,'k');
title('输出信号波形');
legend('1','2',2)
xlabel('时间/s'); ylabel('幅值'); box on;
set(gcf,'color','w');
```

说明:求出的椭圆型带通滤波器为 6 阶,在分解为级联时分为 3 个 2 阶滤波器子系统,每一个 2 阶滤波器在差分运算时对每一个输入 n 要用到前 2 个时刻 n−1 和 n−2 的输入,所以初始化时不仅设置了 x(1)~x(2) 和 y(1)~y(2) 为 0 ,还对滤波器的输出量也进行了初始化。

运行程序 pr3_7_10 后显示出分解级联 3 个滤波器的系数:

第 1 个 2 阶:B1＝1.000000　 −1.893 202　 1.000000
　　　　　 A1＝1.000000　 −1.923 504　 0.959 676
第 2 个 2 阶:B2＝1.000000　 −1.987 388　 1.000000
　　　　　 A2＝1.000000　 −1.924 752　 0.978 946
第 3 个 2 阶:B3＝1.000000　 −0.000 000　 −1.000 000
　　　　　 A3＝1.000000　 −1.961 050　 0.985 717

在程序 pr3_7_10 中把用 casfiltr 函数的滤波方法称为方法一,把通过差分方程的滤波方法称为方法二。

运行程序 pr3_7_10 后得图 3-7-17,从图中可以看出,不论用 casfiltr 函数的滤波方法还是分解后用差分方法级联滤波,都得到一样的结果。

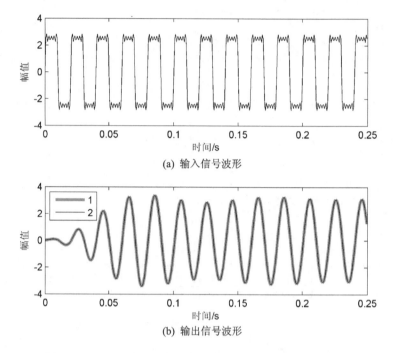

(a) 输入信号波形

(b) 输出信号波形

图 3-7-17 两种不同方法得到滤波器输出数据波形的比较

3.7.8 案例 3.11：滤波函数 filter 的调用格式为 [y,zf]＝filter(b,a,x,zf)，其中的 zi 和 zf 有何作用

1. 概 述

一般调用 filter 函数只是用这样的格式：y＝filter(b,a,x)，因为我们一般也只处理一组数据，这样用并没有错。但如果是分段处理数据 x，就可以发现在滤波过程中一段和一段数据之间产生不连续，怎么才能使分段处理的数据连续呢？解决方法就是用 [y,zf]＝filter(b,a,x,zf) 的调用格式。

2. 案例分析

先看一个例子。要求和例 3-7-9 相同，只是数据更长，但由于是实时处理，每次只能处理 400 个数，处理完一组数后再处理下一组数，这样不断运行下去。本例中仅观察相邻两组数，取 N＝800。

例 3-7-11(pr3_7_11) 从电力系统中得到畸变的电流信号（同例 3-7-9），它由基波和奇次谐波组成，通过低通滤波获取 50 Hz 的基波信号。设计一个椭圆型带通滤波器，通带 fp＝[40 60]，fs＝[30 80]，Rp＝1，Rs＝40，采样频率为 1600 Hz，数据长度 800，把数据分段（每段长 400）用 filter 函数进行滤波，观察分段数据之间能否连续。程序清单如下：

```
% pr3_7_11
clear all; clc; close all;

fs = 1600;                          % 采样频率
f0 = 50;                            % 基波频率
N = 800;                            % 数据长度
```

```
t = (0:N-1)/fs;                          % 时间刻度
x = zeros(1,N);                          % x 初始化
for k = 1 : 2 : 10                       % 产生信号
    x = x + (10/pi/k) * sin(2 * pi * k * f0 * t);
end

fs2 = fs/2;                              % 奈奎斯特频率
wp = [40 60]/fs2; ws = [30 80]/fs2;      % 通带和阻带
Rp = 1; Rs = 40;                         % 通带波纹和阻带衰减
[M,Wn] = ellipord(wp,ws,Rp,Rs);          % 求原型滤波器阶数和带宽
[B,A] = ellip(M,Rp,Rs,Wn);               % 求数字滤波器系数
x1 = x(1:400); x2 = x(401:800);          % 设置相邻的两组数据
% 第一部分 – 用 filter 函数但不带 zi 和 zf 参数
y1 = filter(B,A,x1);                     % 分别对两组数据滤波
y2 = filter(B,A,x2);
y = [y1 y2];                             % 把两组数合并成输出数据
% 作图
figure(1)
subplot 211; plot(t,x,'k');
title('输入信号波形');
xlabel('时间/s'); ylabel('幅值');
subplot 212; plot(t,y,'k');
title('不带 zi 和 zf 参数 filter 的输出信号波形');
xlabel('时间/s'); ylabel('幅值');
set(gcf,'color','w');
```

运行程序 pr3_7_11 的第一部分,得图 3-7-18。

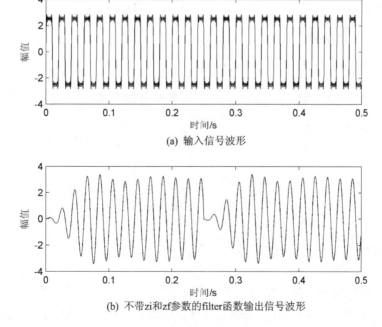

(a) 输入信号波形

(b) 不带 zi 和 zf 参数的 filter 函数输出信号波形

图 3-7-18 输入信号波形与 filter 函数不带 zi 和 zf 参数分段输出的信号波形

从图 3-7-18 中看到数据分 2 段滤波时,这 2 段输出数据不连续,这显然不是我们实时处理中想要的结果。这是由什么原因造成的呢?

在例 3-7-7 中说明了在滤波器输出的开始部分为什么会有一个逐渐上升的过程,除滤波器延迟外,主要是瞬态过程,用 filter 函数或是用差分方程来滤波都有这样的过程。在差分方程中我们看得很清楚,为了能对前端的输入数据进行处理,必须要进行一个初始化:$y(1)$ ~ $y(M)$ 及 $x(1)$ ~ $x(M)$ 清零(见程序 pr3_7_9 或 pr3_7_10),这表示在输入数据之前没有任何数据的存在。filter 函数内部也一样有这样的初始化过程,所以在程序 pr3_7_9 中函数 filter 和用差分方程滤波后的输出数据重合在一起。但对于本程序中的第 2 段数据就不应再出现这个瞬态过程了,因为在第 2 段数据之前已有第 1 段数据的存在。程序的第一部分中并没有把第 1 段滤波存在的信息"保留"给第 2 段,所以第 2 段处理时还"认为"不存在第 1 段的处理,进行了初始化,形成了一个瞬态过程。

filter 函数就有这样的参数,在处理了第 1 段数据后可以保留某些状态转交给第 2 段(或下一段),使滤波处理中不需要重新初始化,而是接着以前的状态继续往下处理,这就是 zi 和 zf 参数的作用。

zi 和 zf 参数分别都是一列数据,其长度等于滤波器的阶数。zi 是处理本段数据的初始状态,当本段是第 1 段时可以不写(默认时 zi 是一列零值数据),当第 1 段处理完成后还可保留处理的最后状态,可把最后状态保留在 zf 参数,而该 zf 参数就是下一段处理中的 zi 了。所以在程序第二部分中有

```
zi = zeros(6,1);                    % 初始化
[u1,zf] = filter(B,A,x1,zi);        % 处理第 1 组数据滤波
zi = zf;
[u2,zf] = filter(B,A,x2,zi);        % 处理第 2 组数据滤波
```

程序第二部分的清单如下:

```
% 第二部分 - 用 filter 函数并使用 zi 和 zf 参数
zi = zeros(6,1);                    % 初始化
[u1,zf] = filter(B,A,x1,zi);        % 分别对两组数据滤波
zi = zf;
[u2,zf] = filter(B,A,x2,zi);
u = [u1 u2];                        % 把两组数合并成输出数据
% 作图
figure(2)
pos = get(gcf,'Position');
set(gcf,'Position',[pos(1), pos(2)-100,pos(3),(pos(4)-200)]);
plot(t,u,'k');
title('带 zi 和 zf 参数 filter 的输出信号波形');
xlabel('时间/s'); ylabel('幅值');
set(gcf,'color','w');
```

运行程序 pr3_7_11 第二部分后得图 3-7-19。

从图 3-7-19 中可以看出,在 2 段输出数据之间已看不到任何痕迹了,2 段输出数据完全重合在一起,与一次处理 800 个点数据的输出相同。

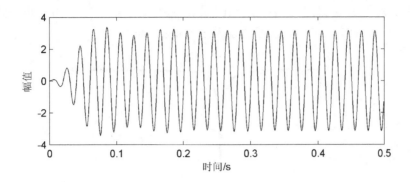

图 3-7-19　filter 函数带有 zi/zf 参数分段输出的波形图

3.7.9　案例 3.12：如何使用数字陷波器滤除工频信号

1. 概　述

在实际测量时经常会受到工频信号(交流 50 Hz)的干扰,有时干扰还很大,有用信号完全被淹没了。可以应用数字陷波器来消除工频信号的干扰。

2. 实　例

有一个心电信号,但测量时由于设备的问题受到工频信号的干扰,并完全被干扰所淹没。请设计一个数字陷波器来恢复心电信号。

例 3-7-12(pr3_7_12)　心电信号的数据在 noisyecg.mat 中,设计数字陷波器滤除干扰噪声。程序清单如下：

```
% pr3_7_12
clear all; clc; close all;

load('noisyecg.mat');              % 读入信号数据和采样频率
x = noisyecg;                      % 信号为 x
N = length(x);                     % 信号长为 N
t = (0:N-1)/fs;                    % 时间刻度
fs2 = fs/2;                        % 设置奈奎斯特频率
W0 = 50/fs2;                       % 陷波器中心频率
BW = 0.1;                          % 陷波器带宽

[b,a] = iirnotch(W0,BW);           % 设计 IIR 数字陷波器
y = filter(b,a,x);                 % 对信号滤波
% 作图
subplot 211; plot(t,x,'k');
xlabel('时间/s'); ylabel('幅值');
title('带噪心电波形图')
subplot 212; plot(t,y,'k');
xlabel('时间/s'); ylabel('幅值');
title('消噪后心电波形图')
set(gcf,'color','w');
```

说明：在调用 iirnotch 函数时,Wo 和 Bw 参数都是归一化的频率值,在 0～1 之间。因为要滤除的成分是 50 Hz,所以归一化时用奈奎斯特频率进行归一化处理。

运行程序 pr3_7_12 后得图 3-7-20 和图 3-7-21,其中图 3-7-20 给出了陷波器的幅值响应曲线,图 3-7-21 给出了陷波器的输入波形和输出波形。

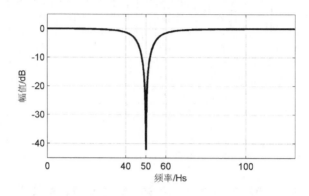

图 3-7-20　陷波器的幅值响应曲线图

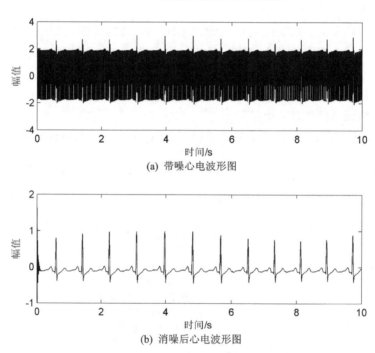

图 3-7-21　受工频干扰的心电信号在陷波器处理前、后的波形图

从图 3-7-21 中可以看到,在滤波前,带噪信号中的噪声完全淹没了心电信号,除了几个峰值外什么也看不出来;但在滤波后恢复了心电信号,但在初始部分还是有瞬态现象存在。

3. 讨　论

有时,在工频干扰中不限于只有基频 50 Hz,往往还带有它的谐波。所以在处理之前先做谱分析,观察除基波外还有几个谐波。除基波的陷波器外,还可设计谐波的陷波器,把它们级联在一起,以滤除基波和谐波。

有时处理的不是 50 Hz 工频信号,而是在信号中混有其他的正弦信号。这时先要做谱分析,甚至对干扰的正弦信号要用校正法(将在第 6 章中介绍)求出该信号的频率,才能进一步进行陷波处理。

3.7.10 案例3.13：如何设计数字全通滤波器对IIR滤波器进行相位补偿

1. 概 述

IIR滤波器在通带内不同频率的相移既不是线性的，也不是一个常值，使IIR滤波器的输出信号不同频率成分的延迟不可控制和调整。为了解决这个问题，可以在IIR滤波器后级联一个全通滤波器来调整输出信号的相移。下面通过实例进行说明。

2. 实 例

例3-7-13(pr3_7_13) 设计一个巴特沃斯数字低通滤波器，采样频率为4000 Hz，滤波器通带400 Hz，阻带600 Hz，通带波纹和阻带衰减为Rp＝3和Rs＝20。在该滤波器之后级联一个全极点滤波器，使在通带内的时延接近于一个常数值。程序清单如下：

```
% pr3_7_13
clear all; close all; clc;

fc = 400;fb = 600;                            % 设置通带和阻带频率
Rp = 3;Rs = 20;                               % 设置通带波纹和阻带衰减
Fs = 4000; Fs2 = Fs/2;                        % 采样频率和奈奎斯特频率
Wp = fc/Fs2; Ws = fb/Fs2;                     % 通带和阻带归一化频率
[N,Wn] = buttord(Wp,Ws,Rp,Rs);                % 设计巴特沃斯原型滤波器
[bn,an] = butter(N,Wn);                       % 求出滤波器系数 bn,an
[H1,w] = freqz(bn,an);                        % 计算响应曲线
Hgd = grpdelay(bn,an);                        % 计算群延迟曲线

F = 0:0.001:Wp;                               % 通带区间
g = grpdelay(bn,an,F,2);                      % 求出通带群延迟
Gd = max(g) - g;                              % 给出一个反向群延迟值
% 设计一个IIR全通滤波器
[num,den,tau] = iirgrpdelay(4, F, [0 0.2], Gd);

B = conv(num,bn);                             % 两滤波器级联后的系数
A = conv(den,an);
[Ho,wo] = freqz(B,A);                         % 计算级联滤波器响应曲线
[Hogd,wgd] = grpdelay(B,A);                   % 计算级联滤波器群延迟曲线
% 作图
subplot 221; plot(w * Fs/2/pi,20 * log10(abs(H1)),'k');
xlabel('频率/Hz'); ylabel('幅值/dB');
title('(a)巴特沃斯滤波器幅频响应'); axis([0 2000 -100 10]);
subplot 222; plot(w * Fs/2/pi,Hgd,'k'); xlim([0 2000]);
xlabel('频率/Hz率'); ylabel('延迟量/样点数');
title('(b)巴特沃斯滤波器群延迟')
subplot 223; plot(wo/pi * Fs2,20 * log10(abs(Ho)),'k');
xlabel('频率/Hz'); ylabel('幅值/dB');
title('(c)级联滤波器幅频响应'); axis([0 2000 -100 10]);
subplot 224; plot(wgd/pi * Fs2,Hogd,'k')
xlabel('频率/Hz'); ylabel('延迟量/样点数');
title('(d)级联滤波器群延迟')
set(gcf,'color','w');
```

在程序中先设计了 IIR 的巴特沃斯低通滤波器,它的幅频响应曲线和群延迟曲线分别如图 3-7-22(a)和(b)所示。再进一步设计了 IIR 全通滤波器,它与低通滤波器级联。级联后滤波器幅频响应曲线和群延迟曲线如图 3-7-22(c)和(d)所示。从图中可看出,只有低通滤波器时群延迟在通带内为一条曲线(见图 3-7-22(b)),而级联了全通滤波器后,群延迟在通带内接近于一条直线(见图 3-7-22(d))。

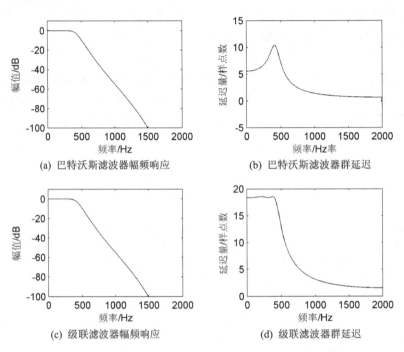

图 3-7-22 低通与全通级联后的群延迟与单低通的群延迟

3. 讨 论

在低通滤波器与全通滤波器级后群延迟只是接近于一个常数值,但它并不是零延迟,所以不能把这种级联方法作为零延迟来处理。

用全通滤波器和 IIR 滤波器级联后,相位可以得到补偿,群延迟也接近于一个常数值。但要记住,只是接近于常数值,有时还会有起伏,可以适当调整全通滤波器的阶数以进一步观察。

3.7.11 案例 3.14:为什么零相位滤波在起始和结束两端都受瞬态效应的影响

1. 概 述

在 3.7.6 小节只介绍了零相位的滤波函数,但并没有说明零相位滤波的原理。在本小节中将介绍零相位滤波的原理,以观察如何能使滤波后相移为 0,也就是使信号延迟为 0。

2. 理论基础[11-12]

一般滤波器,不论是 FIR 还是 IIR,在滤波过程中都会产生延迟。由式(3-6-1)可知,滤波过程中如果有相移 $\varphi(\omega)$,就会在频率 ω 处产生相应的延迟。

零相位的滤波方法如本章参考文献[11-12]所指出的那样,是先将输入序列按顺序滤波,然后将所得结果在时域翻转后反向通过滤波器,再将所得结果在时域翻转后输出。这一过程称为 FRR(Froward Filter-Reverse Filter-Reverse Output)，如图 3-7-23 所示。

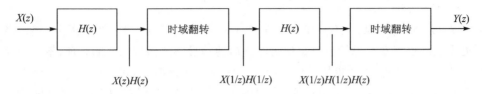

图 3-7-23　零相位滤波方法流程

设有输入序列 $x(n)$，它的 Z 变换为

$$X(z) = \sum_{n=0}^{N-1} x(n) z^{-n}$$

若 $x_1(n)$ 是从第 1 个滤波器 $H(z)$ 输出的，则 $x_1(n)$ 的 Z 变换为

$$X_1(z) = X(z)H(z) = \sum_{n=0}^{N-1} x_1(n) z^{-n}$$

当 $x_1(n)$ 按时域翻转排列时，时间轴延伸至整个时间轴，即成为 $x_2(n)$：

$$x_2(n) = x_1(-n), \quad n = 0, 1, \cdots, N-1$$

$x_2(n)$ 的 Z 变换有

$$X_2(z) = \sum_{n=-N+1}^{0} x_2(n) z^{-n} = \sum_{n=0}^{N-1} x_1(n)(z^{-1})^{-n} = X_1(1/z) = X(1/z)H(1/z)$$

故 $x_2(n)$ 通过滤波器 $H(z)$，再时域翻转得 $y(n)$，则有

$$Y(z) = X(z)H(1/z)H(z) \tag{3-7-4}$$

$x(n)$ 通过传递函数为 $G(z) = H(1/z)H(z)$ 的系统得到输出为 $y(n)$。式(3-7-3)对应的 $H(z)$ 的响应函数为

$$H(z)|_{z=e^{j\omega}} = \frac{b_0 + b_1 z^{-1} + \cdots + b_M z^{-M}}{1 + a_1 z^{-1} + \cdots + a_N z^{-N}}\bigg|_{z=e^{j\omega}} = \frac{\sum_{m=0}^{M} b_m e^{-jm\omega}}{1 + \sum_{n=1}^{N} a_n e^{-jn\omega}} = |H(z)| e^{j\varphi(\omega)}$$

$H(1/z)$ 的响应函数为

$$H(1/z)|_{z=e^{j\omega}} = \frac{b_0 + b_1 z^{1} + \cdots + b_M z^{M}}{1 + a_1 z^{1} + \cdots + a_N z^{N}}\bigg|_{z=e^{j\omega}} = \frac{\sum_{m=0}^{M} b_m e^{jm\omega}}{1 + \sum_{n=1}^{N} a_n e^{jn\omega}} = |H(z)| e^{-j\varphi(\omega)}$$

$G(z)$ 的响应函数为

$$G(z)|_{z=e^{j\omega}} = [H(1/z)H(z)]|_{z=e^{j\omega}} = |H(z)|^2 e^{-j\varphi(\omega)} e^{j\varphi(\omega)} = = |H(z)|^2 \tag{3-7-5}$$

从以上推导过程可以看出 $G(z)$ 是一个零相位（零位移）的系统，所以输出 $y(n)$ 与输入信号 $x(n)$ 将是同相的。

同时在滤波过程中两次通过滤波器 $H(z)$，第 1 次通过时，使 $x_1(n)$ 的起始端受瞬态效应影响，时域翻转排列后为 $x_2(n)$，$x_2(n)$ 的结束端是 $x_1(n)$ 的起始端，已受瞬态效应影响了。$x_2(n)$ 第 2 次通过滤波器时，使 $x_2(n)$ 的起始端受瞬态效应影响，这时可看出 $x_2(n)$ 的起始端和结束端都已受到了瞬态效应影响，再把 $x_2(n)$ 时域翻转排列为 $y(n)$，一样是起始端和结束端都

受瞬态效应影响。

3. 实 例

例 3-7-14(pr3_7_14) 有一组从 ydata1.mat 读入的实测数据,数据中混有很多高频噪声,用低通滤波器可以获取原始信号。但对滤除后的信号还要做进一步的处理,不允许滤波输出有延时,所以要求对信号只能是零相位滤波。信号采样频率为 400 Hz,设计切比雪夫Ⅱ型滤波器,其参数如下:fp=20,fs=30,Rp=2,Rs=40。在设计滤波器后对实测数据进行零相位滤波。

以下程序中用两种方法实现零相位滤波:一种是按理论基础所述,按 FRR 过程进行,用 filter 函数进行滤波;另一种是调用 filtfilt 函数进行滤波。程序清单如下:

```
% pr3_7_14
clear all; close all; clc;

load ydata1.mat                              % 读入数据
Fs = 400; Fs2 = Fs/2;                        % 设置采样频率和奈奎斯特频率
N = length(y);                               % 数据长度
t = (0:N-1)/Fs;                              % 时间刻度

fp = 20; fs = 30;                            % 通带和阻带频率
Rp = 2; Rs = 40;                             % 通带波纹和阻带衰减
Wp = fp/Fs2; Ws = fs/Fs2;                    % 通带和阻带频率归一化
[M,Wn] = cheb2ord(Wp,Ws,Rp,Rs);              % 计算滤波器阶数
[bn,an] = cheby2(M,Rs,Wn);                   % 求得滤波器系数
% 第 1 种方法
x1 = filter(bn,an,y);                        % 第 1 次滤波
x2 = flipud(x1);                             % 时域数据翻转排列
y2 = filter(bn,an,x2);                       % 第 2 次滤波
y1 = flipud(y2);                             % 时域数据再一次翻转排列
% 第 2 种方法
yy = filtfilt(bn,an,y);
% 作图
plot(t,y,'r','linewidth',2); hold on
plot(t,x1,'k--','linewidth',2);
plot(t,y1,'k','linewidth',2);
legend('原始数据','第 1 次通过滤波器输出','第 2 次通过滤波器输出');
xlabel('时间/s'); ylabel('幅值');
title('原始数据及两次通过滤波器输出数据的波形图')
set(gcf,'color','w');
figure(2)
line([t],[y1],'color',[.6 .6 .6],'linewidth',3); hold on
plot(t,yy,'k--','linewidth',2);
legend('第 1 种方法的输出','第 2 种方法的输出');
xlabel('时间/s'); ylabel('幅值');
title('两种零相位滤波法的比较')
box on; set(gcf,'color','w');
```

运行程序 pr3_7_14 后先得第 1 种方法的结果,如图 3-7-24 所示。图中原始数据用红色线表示,而两次滤波的结果都用黑色线表示。第 1 次滤波输出用黑色虚线表示,可以看出该线偏离于红线,说明两线之间有时间延迟量;第 2 次滤波输出用黑色实线表示,可以看出该线

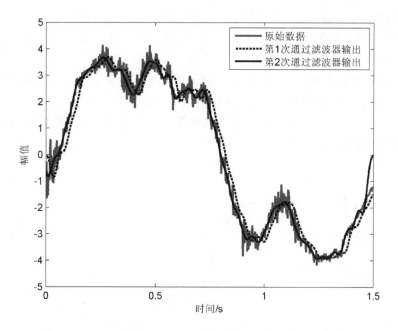

图 3-7-24　第 1 种方法两次滤波器输出与原始数据的比较

紧贴着红线,反映了该滤波器输出与输入之间不存在相位差和时间延时。

第 2 种方法运行后的结果如图 3-7-25 所示。在图中把第 1 种方法的输出(用灰线表示)与第 2 种方法的输出(用黑虚线表示)进行比较,可看出两条线大部分都重合在一起,只是第 2 种方法的两端瞬态效应已做了修正。

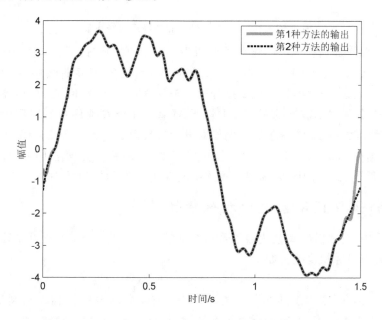

图 3-7-25　第 1 种方法和第 2 种方法的滤波器输出比较

本案例中之所以要介绍第 1 种方法,主要是为了说明零相位的原理,并说明 filtfilt 函数也是按该原理编写的,同时第 2 种方法的结果更好,实际使用时应采用第 2 种方法。

4. 案例延伸

从零相位滤波的基本原理可知,系统的传递函数是 $G(z)$ 而不是 $H(z)$。但是按滤波器的设计要求,我们设计的是 $H(z)$,那么 $G(z)$ 与 $H(z)$ 有什么差别呢?

式(3-7-5)给出的 $G(e^{j\omega}) = |H(e^{j\omega})|^2$,$G(z)$ 的幅值响应是 $H(z)$ 的幅值响应的平方值,我们以程序 pr7_3_14 中设计的滤波器为例观察一下。滤波器参数有:fp=20,fs=30,Rp=2,Rs=40。把 $H(z)$ 与 $G(z)$ 的幅频响应曲线画在图 3-7-26 中,红线是 $H(z)$ 的幅频响应曲线,黑线是 $G(z)$ 的幅频响应曲线。

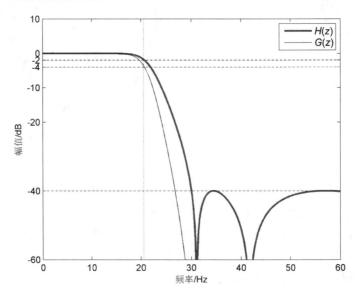

图 3-7-26　$H(z)$ 与 $G(z)$ 幅频响应曲线比较

从 $H(z)$ 的红线来看,在 20.5 Hz 处的幅值为 -2 dB,在 30 Hz 处的幅值为 -40 dB,说明完全满足设计的要求。但经平方求得 $G(z)$ 后,$G(z)$ 黑线的幅频曲线中在 20.5 Hz 处为 -4 dB,在 30 Hz 处达到 -80 dB。可见按分贝值来计算 $G(z)$ 的幅值是 $H(z)$ 幅值的 2 倍,所以在实际应用中,如果对滤波器的频率要求较严,或者为了能在硬件中实现零相位滤波器,则可以在滤波器设计时修改滤波器参数。例如原设计参数为 fp=20,fs=30,Rp=2,Rs=40,可以修改为 fp=20,fs=30,Rp=1,Rs=20,这样得到的 $G(z)$ 幅值会满足 fp=20,fs=30,Rp=2,Rs=40,而降低了 $H(z)$ 的阶数,减少了硬件的运算量和其他资源的消耗。

3.8　线性相位与 FIR 系统的相位特性[13-14]

在实际设计中,对离散时间系统除了希望有理想的幅频响应外,还希望能具有线性相位。什么样的相位算作线性相位呢?如下:

$$\arg[H(e^{j\omega})] = -k\omega \quad (3-8-1)$$

式中:k 为常数;arg(·)表示求其相角。式(3-8-1)表明,该系统的相移和频率成正比。那么,当幅频响应为 1,输入信号 $x(n)$ 通过该系统后,其输出 $y(n)$ 的频率特性为

$$Y(e^{j\omega}) = H(e^{j\omega})X(e^{j\omega}) = e^{-jk\omega}|X(e^{j\omega})|e^{j\arg[X(e^{j\omega})]} = |X(e^{j\omega})|e^{j\arg[X(e^{j\omega})]-jk\omega}$$

利用 DFT 的性质可以得到

$$y(n) = x(n-k)$$

这样，输出信号 $y(n)$ 仅等于输入信号在时间上的位移，达到了无失真的传输目的。这是大部分传输系统都可能达到的。

$H(e^{j\omega})$ 的更一般的表示形式是 $H(e^{j\omega}) = |H(e^{j\omega})|e^{j\varphi(\omega)}$，其中 $|H(e^{j\omega})|$ 系统的幅频响应，$\varphi(\omega)$ 是系统的相频响应。$\varphi(\omega)$ 对 ω 的导数定义为系统的群延迟：

$$\tau_g(\omega) = -\frac{d\varphi(\omega)}{d\omega} \tag{3-8-2}$$

如果系统具有线性相位，即 $\varphi(\omega) = -k\omega$，那么它的群延迟为常数 k。群延迟不仅可作为相频响应是否线性的一种度量，而且表示了系统输出的延迟，它反映了输出信号包络的延迟。

设

$$\varphi(\omega) = -k\omega + \beta \tag{3-8-3}$$

式中：β 为常数，由于其群延迟仍为常数 k，所以我们也称其为线性相位。

FIR 系统的脉冲响应是有限长的，该系统是全零点的系统，因此容易实现某种对称特性，以满足线性相位。以下将证明，当 FIR 系统的脉冲响应满足

$$h(n) = \pm h(N-1-n) \tag{3-8-4}$$

时，该系统具有线性相位。由于 $h(n)$ 可以有奇、偶对称，而 N 又可能取偶数，也可能取奇数，所以式(3-8-4)共对应 4 种情况，以下分别对这 4 种情况进行讨论。

1. $h(n) = h(N-1-n)$ 且 N 为奇数

$$H(e^{j\omega}) = \sum_{n=0}^{N-1} h(n)e^{-jn\omega} = \sum_{n=0}^{(N-3)/2} h(n)e^{-jn\omega} + \sum_{n=(N+1)/2}^{N-1} h(n)e^{-jn\omega} + h\left(\frac{N-1}{2}\right)e^{-j(N-1)\omega/2}$$

对上式中间一项，令 $m = N-1-n$，并利用 $h(n)$ 的对称特性，有

$$H(e^{j\omega}) = \sum_{n=0}^{(N-3)/2} h(n)e^{-jn\omega} + \sum_{m=0}^{(N-3)/2} h(N-1-m)e^{-j(N-1-m)\omega} + h\left(\frac{N-1}{2}\right)e^{-j(N-1)\omega/2} =$$

$$e^{-j(N-1)\omega/2}\left[2\sum_{m=0}^{(N-3)/2} h(m)\cos\left(\frac{N-1}{2}-m\right)\omega + h\left(\frac{N-1}{2}\right)\right]$$

再令 $n = (N-1)/2 - m$，得

$$H(e^{j\omega}) = e^{-j(N-1)\omega/2}\left[2\sum_{n=1}^{(N-1)/2} h\left(\frac{N-1}{2}-n\right)\cos(\omega n) + h\left(\frac{N-1}{2}\right)\right] \tag{3-8-5}$$

令

$$a(n) = \begin{cases} h\left(\dfrac{N-1}{2}\right), & n = 0 \\ 2h\left(\dfrac{N-1}{2}-n\right), & n = 1,2,\cdots,\dfrac{N-1}{2} \end{cases} \tag{3-8-6}$$

则

$$H(e^{j\omega}) = e^{-j(N-1)\omega/2}\sum_{n=0}^{(N-1)/2} a(n)\cos(\omega n) \tag{3-8-7}$$

显然，$H(e^{j\omega})$ 具有线性相位，即

$$\arg[H(e^{j\omega})] = \varphi(\omega) = -(N-1)\omega/2 \tag{3-8-8}$$

$$H_r(e^{j\omega}) = \sum_{n=0}^{(N-1)/2} a(n)\cos(\omega n) \tag{3-8-9}$$

$H_r(e^{j\omega})$ 为系统的振幅响应，它是 ω 的实函数，可以取负值，并有 $|H(e^{j\omega})| = |H_r(e^{j\omega})|$。这样，式(3-8-7)又可表示为

$$H(e^{j\omega}) = e^{j\varphi(\omega)} H_r(e^{j\omega})$$

2. $h(n) = h(N-1-n)$ 且 N 为偶数

$$H(e^{j\omega}) = \sum_{n=0}^{N-1} h(n)e^{-jn\omega} = \sum_{n=0}^{N/2-1} h(n)e^{-jn\omega} + \sum_{n=N/2}^{N-1} h(n)e^{-jn\omega} =$$

$$e^{-j(N-1)\omega/2} \left\{ \sum_{n=0}^{N/2-1} h(n) \left\{ \exp\left[j\left(\frac{N-1}{2} - n \right)\omega \right] + \exp\left[-j\left(\frac{N-1}{2} - n \right)\omega \right] \right\} \right\} =$$

$$e^{-j(N-1)\omega/2} \sum_{n=0}^{N/2-1} 2h(n) \cos\left[\left(\frac{N-1}{2} - n \right)\omega \right]$$

令 $m = \frac{N}{2} - n$，然后再把变量换成 n，则上式变成

$$H(e^{j\omega}) = e^{-j(N-1)\omega/2} \sum_{n=0}^{N/2-1} 2h\left(\frac{N}{2} - n \right) \cos\left[\left(n - \frac{1}{2} \right)\omega \right] \quad (3-8-10)$$

令

$$b(n) = 2h\left(\frac{N}{2} - n \right) \qquad n = 1, 2, \cdots, \frac{N}{2} \quad (3-8-11)$$

则

$$H(e^{j\omega}) = e^{-j(N-1)\omega/2} \sum_{n=0}^{N/2} b(n) \cos\left[\left(n - \frac{1}{2} \right)\omega \right] \quad (3-8-12)$$

其相频响应仍由式(3-8-8)给出。

3. $h(n) = -h(N-1-n)$ 且 N 为奇数

由于这时的 $h(n)$ 以中心 $\frac{N-1}{2}$ 为对称，因此必有 $h\left(\frac{N-1}{2} \right) = 0$。

仿照式(3-8-5)和式(3-8-10)的导出过程，可得

$$H(e^{j\omega}) = \exp\left[j\left(\frac{\pi}{2} - \frac{N-1}{2}\omega \right) \right] \sum_{n=1}^{(N-1)/2} c(n) \sin(n\omega) \quad (3-8-13a)$$

式中：

$$c(n) = 2h\left(\frac{N-1}{2} - n \right) \qquad n = 1, 2, \cdots, \frac{N-1}{2} \quad (3-8-13b)$$

相频特性

$$\arg[H(e^{j\omega})] = -\frac{N-1}{2}\omega + \frac{\pi}{2} \quad (3-8-13c)$$

4. $h(n) = -h(N-1-n)$ 且 N 为偶数

$$H(e^{j\omega}) = \exp\left[j\left(\frac{\pi}{2} - \frac{N-1}{2}\omega \right) \right] \sum_{n=1}^{N/2} d(n) \sin\left[\left(n - \frac{1}{2} \right)\omega \right] \quad (3-8-14a)$$

式中：

$$d(n) = 2h\left(\frac{N}{2} - n \right) \qquad n = 1, 2, \cdots, N/2 \quad (3-8-14b)$$

相频响应依然由式(3-8-13c)给出。

由以上讨论可知，当 FIR 数字滤波器的脉冲响应满足某种对称时，该滤波器具有线性相位。上面第1、2类型两种情况 $h(n)$ 满足偶对称，第3、4类型两种情况 $h(n)$ 满足奇对称。当 $h(n)$ 奇对称时，通过该滤波器的所有频率成分将产生 $\pi/2$ 的相移。这相当于将该信号先通过

一个 π/2 的相移器,然后再做滤波。当设计一般用途的滤波器时,$h(n)$ 大都选取为偶对称,长度 N 也往往取为奇数,即 1 型 FIR 滤波器。

以上按 $h(n)$ 的奇偶性和 N 的奇偶性,给出了线性相位 FIR 滤波器 4 种类型的表示形式。这 4 种类型滤波器的频率响应一般可写为[14]

$$H(e^{j\omega}) = e^{j\beta}e^{-j\frac{M-1}{2}\omega}H_g(\omega) = e^{\varphi(\omega)}H_g(\omega) \qquad (3-8-15)$$

式中 β 值、$\varphi(\omega)$ 值和 $H_g(\omega)$ 的表达式在表 3-8-1 中给出。

表 3-8-1 线性相位 FIR 滤波器的幅值响应、相位响应和 β 值

线性相位 FIR 滤波器类型	β	$\varphi(\omega)$	$H_g(e^{j\omega})$
1 型:N 为奇数,$h(n)$ 对称	0	$-\dfrac{N-1}{2}\omega$	$\sum\limits_{n=0}^{(N-1)/2} a(n)\cos(\omega n)$
2 型:N 为偶数,$h(n)$ 对称	0	$-\dfrac{N-1}{2}\omega$	$\sum\limits_{n=1}^{N/2} b(n)\cos\left[\left(n-\dfrac{1}{2}\right)\omega\right]$
3 型:N 为奇数,$h(n)$ 反对称	$\dfrac{\pi}{2}$	$\dfrac{\pi}{2}-\dfrac{N-1}{2}\omega$	$\sum\limits_{n=1}^{(N-1)/2} c(n)\sin(n\omega)$
4 型:N 为偶数,$h(n)$ 反对称	$\dfrac{\pi}{2}$	$\dfrac{\pi}{2}-\dfrac{N-1}{2}\omega$	$\sum\limits_{n=1}^{N/2} d(n)\sin\left[\left(n-\dfrac{1}{2}\right)\omega\right]$

利用简单的三角函数关系,可把上面的每个 $H_g(\omega)$ 改写成 ω 的固定函数(称为 $Q(\omega)$)和一个余弦之和函数(称为 $P(\omega)$)的乘积:

$$H_g(\omega) = Q(\omega)P(\omega) \qquad (3-8-16)$$

其中 $P(\omega)$ 的形式为

$$P(\omega) = \sum_{n=0}^{L} \alpha(n)\cos(\omega n) \qquad (3-8-17)$$

对于上述 4 种类型滤波器的 $Q(\omega)$、L 和 $P(\omega)$ 由表 3-8-2 给出。

表 3-8-2 线性相位 FIR 滤波器 $Q(\omega)$、L 和 $P(\omega)$

FIR 低通滤波器类型	$Q(\omega)$	L	$P(\omega)$
1 型	1	$\dfrac{N-1}{2}$	$\sum\limits_{n=0}^{L} a(n)\cos(\omega n)$
2 型	$\cos\dfrac{\omega}{2}$	$\dfrac{N}{2}-1$	$\sum\limits_{n=0}^{L} \tilde{b}(n)\cos(\omega n)$
3 型	$\sin\omega$	$\dfrac{N-3}{2}$	$\sum\limits_{n=0}^{L} \tilde{c}(n)\cos(\omega n)$
4 型	$\sin\dfrac{\omega}{2}$	$\dfrac{N}{2}-1$	$\sum\limits_{n=0}^{L} \tilde{d}(n)\cos(\omega n)$

3.9 FIR 型数字滤波器的窗函数设计法[2]

窗函数设计法是以理想数字滤波器的设计为基础的,应用窗函数法可以设计经典低通、高

通、带通、带阻滤波器等。

3.9.1 理想数字滤波器的单位脉冲响应

设理想数字滤波器的频率响应函数为 $D(\mathrm{e}^{\mathrm{j}\omega})=|D(\omega)|\mathrm{e}^{\mathrm{j}\varphi(\omega)}$，其幅频特性为 $|D(\omega)|=1$，相频特性为 $\varphi(\omega)=0$，幅频特性如图 3-1-1 所示。

根据理想数字滤波器的频率特性，应用离散傅里叶逆变换可得到其单位脉冲响应 $d(n)$，以下分别给出理想数字低通、高通、带通和带阻滤波器。

(1) 理想数字低通滤波器

根据傅里叶逆变换，可得其单位脉冲响应为

$$d(n) = \frac{1}{2\pi}\int_{-\pi}^{\pi}D(\mathrm{e}^{\mathrm{j}\omega})\mathrm{e}^{\mathrm{j}\omega n}\mathrm{d}\omega = \frac{1}{2\pi}\int_{-\omega_c}^{\omega_c}\mathrm{e}^{\mathrm{j}\omega n}\mathrm{d}\omega = \frac{\mathrm{e}^{\mathrm{j}\omega_c n}-\mathrm{e}^{-\mathrm{j}\omega_c n}}{\mathrm{j}2\pi n} \quad (3-9-1)$$

整理后可得

$$d(n) = \begin{cases} \dfrac{\omega_c}{\pi}, & n=0 \\ \dfrac{\sin(\omega_c n)}{\pi n}, & n\neq 0 \end{cases} \quad (3-9-2)$$

$d(n)$ 是一个无限长偶对称序列。

用同样的方法可得到其他理想数字滤波器的单位脉冲响应。

(2) 理想数字高通滤波器

理想数字高通滤波器的单位脉冲响应为

$$d(n) = \begin{cases} 1-\dfrac{\omega_c}{\pi}, & n=0 \\ -\dfrac{\sin(\omega_c n)}{\pi n}, & n\neq 0 \end{cases} \quad (3-9-3)$$

(3) 理想数字带通滤波器

理想数字带通滤波器的单位脉冲响应为

$$d(n) = \begin{cases} \dfrac{\omega_{c2}-\omega_{c1}}{\pi}, & n=0 \\ \dfrac{\sin(\omega_{c2}n)-\sin(\omega_{c1}n)}{\pi n}, & n\neq 0 \end{cases} \quad (3-9-4)$$

(4) 理想数字带阻滤波器

理想数字带阻滤波器的单位脉冲响应为

$$d(n) = \begin{cases} 1-\dfrac{\omega_{c2}-\omega_{c1}}{\pi}, & n=0 \\ -\dfrac{\sin(\omega_{c2}n)-\sin(\omega_{c1}n)}{\pi n}, & n\neq 0 \end{cases} \quad (3-9-5)$$

3.9.2 FIR 型数字滤波器的矩形窗设计法

1. 矩形窗设计过程

矩形窗设计法主要由以下三个步骤组成。

(1) 矩形窗截断过程

设矩形窗为

$$w(n) = \begin{cases} 1, & -M \leqslant n \leqslant M \\ 0, & 其他 \end{cases}$$

从式(3-9-2)～式(3-9-5)是理想低通、高通、带通和带阻数字滤波器的单位脉冲响应 $d(n)$，它们都是无限长的。现通过窗函数对该无限长序列进行双边截断，将 $d(n)$ 变成一个有限长奇对称或偶对称序列 $d_N(n)$，即有

$$d_N(n) = w(n)d(n) = [d_{-M}, d_{-(M-1)}, \cdots, d_0, \cdots, d_{M-1}, d_M] \quad (3-9-6)$$

式中：$-M \leqslant n \leqslant M$；$N = 2M+1$。

(2) 因果性处理过程

为保证系统的因果性，将 $d_N(n)$ 右移 M 个采样周期(相当于延后 M 个采样周期后处理)，得到有限长因果序列：

$$h(n) = d(n-M) = [h_0, h_1, \cdots, h_{N-1}] \quad (3-9-7)$$

式中：$0 \leqslant n \leqslant N-1$；$N = 2M+1$；$h_0 = d_{-M}, h_1 = d_{-(M-1)}, \cdots, h_{N-1} = d_M$。

$h(n)$ 即为矩形窗截断并延时 M 个采样周期后，物理可实现的实际数字滤波器的单位脉冲响应。实际因果性处理时，只需开一个数据缓冲区，对采样数据滞后一段时间再处理，因果性处理付出的代价是产生 M 个采样周期的群延时。

(3) 计算频率响应

由傅里叶变换可得实际数字滤波器的频率响应为

$$H(e^{j\omega}) = \sum_{n=0}^{N-1} h(n)e^{-j\omega n} \quad (3-9-8)$$

2. 矩形窗截断的频谱

矩形窗具有偶对称特性。用矩形窗对理想滤波器的单位脉冲响应(无限长序列)进行截断时，不会改变原序列的奇偶性，也就不会改变原序列的线性相位特性。

以低通滤波器的设计为例：典型理想低通滤波器的单位脉冲响应 $h_d(n)$，$n = -\infty \sim +\infty$，如图 3-9-1(a)所示；矩形窗序列 $w(n)$，$n = -M \sim +M$，如图 3-9-1(b)所示；当进行矩形窗截断典型理想低通滤波器的单位脉冲响应 $h_d(n)$ 时，即实现序列乘积 $h(n) = w(n) \cdot h_d(n)$，截断后的单位脉冲响应如图 3-9-1(c)所示。

根据傅里叶变换性质，时域乘积等效于频域卷积。设典型理想低通滤波器的频域响应域为 $H_d(\omega)$，矩形窗经位移 M 采样周期后的频域响应域为 $W_R(\omega)e^{-j\frac{N-1}{2}\omega}$(参见式(2-2-29))，它们的卷积为

$$H(e^{j\omega}) = \frac{1}{2\pi}\int_{-\pi}^{\pi} H_d(\omega)e^{-j\theta}W_R(\omega-\theta)e^{-j\frac{N-1}{2}(\omega-\theta)}d\theta =$$

$$e^{-j\frac{N-1}{2}\omega} \cdot \frac{1}{2\pi}\int_{-\pi}^{\pi} H_d(\omega)W_R(\omega-\theta)d\theta \quad (3-9-9)$$

式中：$e^{-j\frac{N-1}{2}\omega}$ 是相位特性；$H_d(\omega)$ 是理想低通滤波器的频域响应特性；$W_R(\omega)$ 是矩形窗的频域响应特性；$W_R(\omega) = \dfrac{\sin(\omega N/2)}{\sin(\omega/2)}$。$H_d(\omega)$ 和 $W_R(\omega)$ 的典型特性曲线及其卷积结果如图 3-9-2 所示。

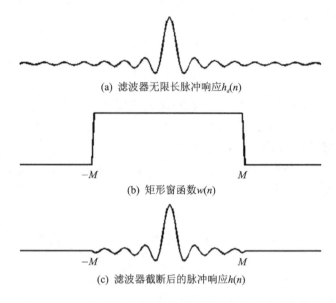

图 3-9-1 矩形窗对理想低通滤波器单位脉冲响应的截断

显然,截断后序列的频域响应特性不但与截断长度相关,而且与窗函数的频域响应特性密切相关,通带和阻带内的波纹是由窗函数的频域响应在卷积过程中形成的。

3. 窗函数指标[3,13]

在 2.2.8 小节中已介绍过谱分析中用的窗函数,本节将进一步补充在 FIR 滤波器设计中的窗函数。图 3-9-3 所示为窗函数频谱归一化后的对数特性。

理想窗函数的增益特性应该是脉冲函数 $\delta(\Omega)$,但这是一个物理上不可实现的系统。作为一个窗函数,要求能量尽量集中在主瓣中,主瓣宽度窄、旁瓣衰减大、旁瓣峰值衰减速度快。图 3-9-3 给出了窗函数的主要指标。

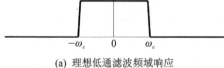

(a) 理想低通滤波频域响应

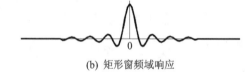

(b) 矩形窗频域响应

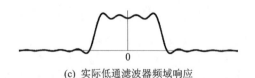

(c) 实际低通滤波器频域响应

图 3-9-2 截断过程中频域特性的卷积

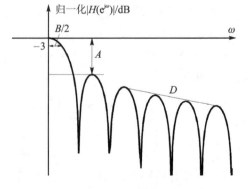

图 3-9-3 窗函数的主要指标

图 3-9-3 中:B 是窗函数在频域中幅值归一化后主峰下降 3 dB 的带宽;A 是第一旁瓣与主峰相比衰减量(单位为 dB);Bw 是窗函数主瓣两过零点之间的宽度,又称作近似带宽;D 是旁瓣峰值的衰减,又称作阻带最小衰减(单位为 dB/oct,每倍频程的衰减量)。以下将常用窗函数的参数列在表 3-9-1 中。

表 3-9-1 5 种窗函数的特性表

窗函数	第 1 旁瓣衰减 A/dB	近似过渡带宽 Bw	精确过渡带宽	旁瓣峰值衰减/$(dB \cdot oct^{-1})$
矩形窗	−13	$4\pi/N$	$1.8\pi/N$	21
汉宁窗	−31	$8\pi/N$	$6.2\pi/N$	44
海明窗	−41	$8\pi/N$	$6.6\pi/N$	53
布莱克曼窗	−57	$12\pi/N$	$11\pi/N$	74
凯泽窗($\beta=7.865$)	−57		$10\pi/N$	80

3.9.3 窗函数设计法

设窗函数为 $w(n), n=0,1,\cdots,N-1$,为了不改变加窗后原理想单位脉冲响应的对称性,要求窗函数必须具有偶对称性,因此,所有窗函数的相频特性为 $\varphi(\Omega) = e^{-j\frac{N-1}{2}\Omega}$。在第 2 章中已介绍过矩形窗、汉宁窗、海明窗和布莱克曼窗,下面来介绍凯泽(Kaiser)窗函数。

1. 凯泽窗函数[3,14]

之前介绍过的任何一个窗,其参数都是固定的,都不能同时实现窗函数的几个指标的优化。因此,需要根据应用不同,选择不同的窗函数。而凯泽窗可通过调节窗函数的参数在各指标之间进行折中。

凯泽窗函数的时域表示为

$$w(n) = \frac{I_0\left[\beta\sqrt{1-\left(\frac{2n}{N-1}\right)^2}\right]}{I_0(\beta)}, \quad 0 \leqslant n \leqslant N-1 \quad (3-9-10)$$

式中:$I_0(\cdot)$ 是零阶贝塞尔函数;β 用于调节窗函数的形状和指标。图 3-9-4 所示为凯泽窗函数两个不同 β 值时的时域波形($N=51$)。

当 $\beta=0$ 时,凯泽窗相当于矩形窗;当 $\beta=5.44$ 时,凯泽窗相当于海明窗;当 $\beta=8.5$ 时,凯泽窗相当于布莱克曼窗。选择不同的 β 值即可得到不同的频域特征。Kaiser 经过大量数值实验得到了一组设计数字滤波器凯泽窗参数估计公式,即估算 N 和 β 值。

N 的计算公式为

$$N \approx \frac{A_s - 7.95}{14.36 \times \Delta f} + 2 \quad (3-9-11)$$

式中:Δf 为归一化的过渡带宽,$\Delta f = (\omega_s - \omega_p)/2\pi$。

β 的计算公式为

$$\beta = \begin{cases} 0.1102(A_s - 8.7), & A_s > 50 \\ 0.5842(A_s - 21)^{0.4} + 0.07886(A_s - 21), & 21 \leqslant A_s \leqslant 50 \\ 0, & A_s < 21 \end{cases} \quad (3-9-12)$$

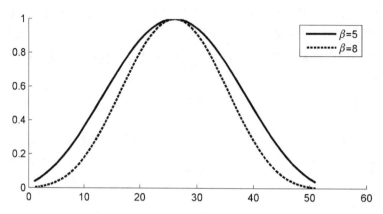

图 3-9-4 凯泽窗函数的时域波形

式中:A_s是阻带衰减(单位为 dB)。

2. 加窗频谱的特性

以低通滤波器的设计为例,用矩形窗对理想滤波器的单位脉冲响应截断后,典型加窗频谱如图 3-9-5 所示。

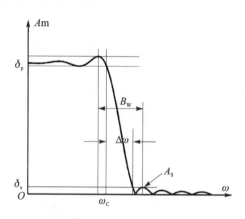

图 3-9-5 中,加窗频谱参数 δ_p 和 δ_s 表示通带的波纹和阻带的衰减,B_w 表示通带和阻带的间隔,A_s 表示最大旁瓣的衰减,$\Delta\omega$ 表示过渡带的宽度。

3. 数字滤波器窗函数法设计步骤

① 由通带给出理想滤波器(低通、高通、带通和带阻)的频率响应函数 $H_d(e^{j\omega})$。

② 求该滤波器的单位脉冲响应 $h_d(n)$:

$$h_d(n) = \frac{1}{2\pi}\int_{-\pi}^{\pi} H_d(e^{j\omega})e^{j\omega n}d\omega$$

图 3-9-5 理想低通滤波器加窗后的频谱

③ 根据过渡带宽 $\Delta\omega$ 及阻带最小衰减 A_s 的要求,选定窗函数形状,并估计窗函数长度 N。因滤波器的过渡带 $\Delta\omega$ 近似等于窗函数主瓣宽度,而过渡带 $\Delta\omega$ 近似与窗函数长度成反比:$N\approx A_s/\Delta\omega$。$A_s$ 与窗函数的形式密切有关(可参考表 3-9-1)。以过渡带及阻带衰减的情况来选择窗函数形式,原则是在保证阻带衰减满足要求的情况下,尽量选择主瓣窄的窗函数。当采用凯泽窗时,可根据式(3-9-11)和式(3-9-12)选择凯泽窗函数参数。

④ 然后,计算所设计的 FIR 滤波器的单位脉冲响应:

$$h(n) = h_d(n)w(n), \quad 0 \leqslant n \leqslant 1$$

⑤ 由 $h(n)$ 求 FIR 滤波器的频率响应 $H(e^{j\omega})$,检验是否满足设计要求,如不满足则需重新设计。

设计时必须注意:计算截止频率 ω_c 时,一般取截止频率等于通带频率和阻带频率之平均值,即 $\omega_c=(\omega_p+\omega_s)/2$。

3.10 FIR型数字滤波器的频率采样设计法[2-3]

虽然窗函数设计法设计数字滤波器过程简单，但不能设计具有复杂频率响应特性的数字滤波器。频率采样法直接从频域出发，可方便地设计具有任意频率响应的数字滤波器。

3.10.1 预期频率特性的设置方法

由于希望把预期频率特性的傅里叶反变换作为滤波器系数，故在设定预期频率特性时就必须遵循下列几条基本原则：

① 预期频率特性的样本点数应等于滤波器的长度 N，并在单位圆上等间隔分布。

② 作为复数序列的预期频率特性应具有共轭对称性，以保证其傅里叶反变换所得系数为实序列，因此其幅频特性应为偶函数，相频特性应为奇函数。

③ 预期频率特性的相位特性应该与频率呈线性关系；这意味着其幅频特性及其反变换所得序列应该具有对称或反对称的特点（见 3.8 节）。

以上原则可用数学公式描述如下。设滤波器预期频率特性用 $H_d(\omega)$ 表示，在 $\omega = 0 \sim 2\pi$ 范围内对它等间隔采样 N 点，得到

$$H(k) = H_d(\omega)\big|_{\omega = 2k\pi/N}, \quad k = 0, 1, \cdots, N-1 \tag{3-10-1}$$

用幅频特性及线频性相位表示时，式(3-10-1)变为

$$H(k) = A(k)e^{j\varphi(k)} \tag{3-10-2}$$

为了使式(3-10-2)的反变换 $h(n)$ 为实序列，且是满足 $h(n) = h(N-n-1)$ 的第 1 类或第 2 类线性滤波器，根据表 3-8-1 可以查到，$H(k)$ 的相位特性 $\theta(k)$ 和幅值特性 $A(k)$ 应满足如下条件：

线性相位条件：

$$\varphi(k) = -\frac{N-1}{2} \cdot \frac{2\pi}{N} \cdot k = -\frac{N-1}{N} \cdot k\pi \tag{3-10-3}$$

幅值特性的对称（或反对称）条件：

$$A(k) = A(N-k), \quad \text{当 } N \text{ 为奇数时} \tag{3-10-4}$$

$$A(k) = -A(N-k), \quad \text{当 } N \text{ 为偶数时} \tag{3-10-5}$$

注意：不要把幅值特性的对称性与系数 $h(n)$ 的对称性相混淆。

如果 $h(n)$ 是第 3 类或第 4 类线性相位滤波器，也可从表 3-8-1 中找出对应的线性相位条件和幅值特性对称条件。

在得知 $H(k), k = 0, 1, \cdots, N-1$ 后，就可以用离散傅里叶反变换求出滤波器的脉冲响应 $h(n)$，也即它的系数向量 $b(n)$：

$$b(n) = h(n) = \text{IDFT}[H(k)] \tag{3-10-6}$$

3.10.2 频率采样法的设计过程

给定理想低通滤波器 $H_d(\omega)$，先选择滤波器长度 N，然后对 $H_d(\omega)$ 在 0 到 2π 上的 N 个等间隔频率上采样，得到 $H(k)$，而脉冲响应由离散傅里叶反变换式(3-10-6)得到。这种反变换在一定意义上也隐含了对样本 $H(k)$ 进行内插而得到实际响应 $H(\omega)$ 的过程。

从 Z 变换的定义可以得到，$h(k)$ 的 Z 变换可得（参见式(1-2-18)）

$$H(z) = \sum_{k=0}^{N-1} h(k) z^{-k} = \frac{1-z^{-N}}{N} \sum_{k=0}^{N-1} \frac{H(k)}{1-W_N^{-k}z^{-1}} \quad (3-10-7)$$

这是频率采样法的理论基础，其中 W_N^{-k} 为 $e^{j\frac{2\pi}{N}k}$，式(3-10-7)可进一步表示为

$$\left. \begin{aligned} H(z) &= \sum_{n=0}^{N-1} h(n) z^{-n} = \frac{1-z^{-N}}{N} \sum_{k=0}^{N-1} \frac{H(k)}{1-e^{j\frac{2\pi}{N}k}z^{-1}} = \sum_{k=0}^{N-1} \Phi_k(z) H(k) \\ \Phi_k(z) &= \frac{1-z^{-N}}{N} \frac{1}{1-e^{j\frac{2\pi}{N}k}z^{-1}} \end{aligned} \right\} \quad (3-10-8)$$

实际滤波器的频率响应为

$$\left. \begin{aligned} H(e^{j\omega}) &= H(z) \mid_{z=e^{j\omega}} = \sum_{k=0}^{N-1} \Phi\left(\omega - \frac{2\pi}{N}k\right) H(k) \\ \Phi(\omega) &= \frac{1}{N} \frac{\sin(0.5\omega N)}{\sin(0.5\omega)} e^{j\frac{N-1}{2}\omega} \end{aligned} \right\} \quad (3-10-9)$$

从式(3-10-9)可以看到，在采样点上，实际滤波器的幅值特性与期望特性完全一致，在非采样点上，实际滤波器的幅值由采样点处的增益通过函数 $\Phi_k(\omega)$ 加权后积分得到，非采样点一般存在波纹，如图 3-10-1 所示。图 3-10-1(a)是预期低通滤波器的频率特性示意图，只给出正频率部分，经过频率采样得到图 3-10-1(b)，可以看到非采样点存在波纹。

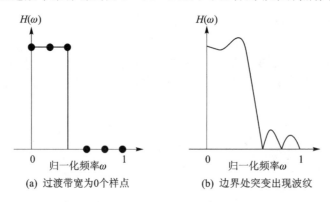

图 3-10-1 频率采样法产生波纹示意图

3.10.3 频率采样法的改进

1. 边界频率处采样值的修正

理想滤波器的过渡带宽为零(如图 3-10-1(a)所示)，边界频率(通带和阻带交界点)附近的幅值特性会发生突变。如果直接采样，则边界处的幅值突变会造成实际滤波器在该频点出现波纹(如图 3-10-1(b)所示)。

为了减少波纹，可适当增加边界频率处的过渡带宽度，减少通带和阻带转换时的非线性。图 3-10-2 是对边界频率处的增加 1 个或 2 个样本点使幅值响应进行修正示意图。

与直接频率采样法相比，修正边界频率采样值后，减少了通带的波纹，阻带衰减也得到了改善，付出的代价是过渡带增宽。

在过渡带处增加 1 个或 2 个样本点，它们的数值应取多少呢？在本章参考文献[3]中给出了

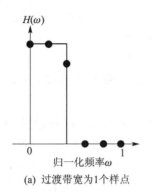 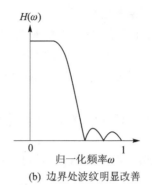

图 3-10-2　频率采样法增加过渡带消除波纹示意图

分别增加 1 个、2 个样本点的数值对通带波纹和阻带衰减的影响,见表 3-10-1 和表 3-10-2。

表 3-10-1　过渡带中增加 1 个样本点,样本值对通带波动和阻带衰减的影响

T1	0.5	0.4	0.3	0.38
Rp/dB	0.3854	0.6467	0.9059	0.6987
As/dB	30	40	36	44

从表 3-10-1 可看出,增加 1 个样本点时最佳样本点的数值为 T1=0.38。

表 3-10-2　过渡带中增加 2 个样本点,样本值对通带波动和阻带衰减的影响

T1	0.59	0.60	0.58	0.59	0.59
T2	0.11	0.11	0.11	0.10	0.12
Rp/dB	0.3176	0.2918	0.3433	0.3025	0.3326
As/dB	65	59	59	57	57

从表 3-10-2 可看出,增加 2 个样本点时最佳样本点的数值为 T1=0.59,T2=0.11。

2. 频率采样法和窗函数法的结合

频率采样法可设计任意频率响应的数字滤波器,而窗函数法可通过选择窗函数调节边界频率处的滤波特性(如过渡带宽度、阻带衰减等)。可以结合两种方法的优点,设计出符合要求的数字滤波器。

实际应用中,可首先采用频率采样法设计一个阶次足够大(例如 $N=512$)的线性相位数字滤波器 $h(n)$。然后,根据滤波器的类型,对过渡带、阻带衰减等的要求,选择特定窗函数 $w(n)$ 对 $h(n)$ 进行加窗处理,修正频率采样法滤波器的边界特性,从而满足设计要求。

3.11　最优等波纹 FIR 滤波器的设计[3,14-16]

3.9 节和 3.10 节讨论了设计 FIR 滤波器的两种方法,即窗函数设计法和频率采样设计法,都很容易理解与实现。但是,它们也存在一些不足:

第一,在设计过程中,不能精确指定通带和阻带频率 ω_s 和 ω_p,无论设计所得到的是什么样的值,都得接受。

第二，不管是在窗函数法中使 $\delta_1 = \delta_2$（其中 δ_1 是通带的波纹，δ_2 是阻带的波纹（衰减）），还是在频率采样法中只优化 δ_2，均不能同时确定波纹系数 δ_1 和 δ_2。

第三，理想响应和实际响应之间的误差，在带区间内不是均匀分布的。靠近带边缘处误差较高，而在远离边缘处误差较小。如果使误差均匀分布，则有可能得到一个满足相同技术指标的较低阶滤波器。

幸运的是，存在一种能同时解决上述三个问题的技术，但这种技术较难理解，并且它的实现必须通过计算机。

对于线性相位 FIR 滤波器，有可能导出一组条件，使得在最小最大化逼近误差（有时也叫作最大最小化的切比雪夫误差）的意义上说，设计是最优的。具有这种性质的滤波器叫作等波纹滤波器，因为它在通带和阻带上的误差是均匀分布的，其阶次可以比较低。

本节只是简单地介绍最大最小化最优 FIR 设计，并且讨论线性相位滤波器振幅响应的极大值和极小值（统称为极值）的总个数。然后讨论通用的等波纹 FIR 滤波器设计算法，它用多项式内插来求解。这种算法称为 Parks-McClellan 算法，它将要用到多项式求解的 Remez 交换程序。想更详细地了解最优等波纹 FIR 滤波器的设计可参看参考文献[14]。

3.11.1 最小最大化问题的设计

在 3.8 节中已讨论过线性相位 4 种类型的 FIR 滤波器，这 4 种类型的通用形式由式(3-8-15)～式(3-8-17)来表示。若能给出这四种类型 $H_g(\omega)$ 的通用形式，则可更方便地对问题进行讨论。为了把我们的问题表示成一个切比雪夫逼近问题，首先必须定义期望的振幅响应 $H_{dr}(\omega)$ 和一个权函数 $W(\omega)$，两者均定义在通带和阻带上。权函数对于独立控制通带波纹 δ_1 和阻带波纹（衰减）δ_2 是十分必要的。加权误差定义为

$$\left. \begin{array}{l} E(\omega) = W(\omega)[H_{dr}(\omega) - H_g(\omega)] \\ \omega \in S = [0, \omega_p] \cup [\omega_s, \pi] \end{array} \right\} \quad (3-11-1)$$

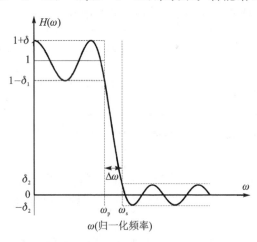

图 3-11-1 典型等波纹滤波器振幅响应曲线

图 3-11-1 给出了典型的等波纹滤波器振幅响应曲线。

理想响应曲线在通带应为 1，在阻带应为 0，则与理想振幅响应的误差为

$$\text{Err}(\omega) = H_{dr}(\omega) - H_g(\omega) \quad (3-11-2)$$

$\text{Err}(\omega)$ 曲线如图 3-11-2 所示。

设权函数为

$$W(\omega) = \begin{cases} \delta_2/\delta_1, & \text{在通带中} \\ 1, & \text{在阻带中} \end{cases} \quad (3-11-3)$$

将式(3-8-16)中的 $H_g(\omega)$ 代入式(3-11-1)，得

$$E(\omega) = W(\omega)[H_{dr}(\omega) - Q(\omega)P(\omega)] = W(\omega)Q(\omega)\left[\frac{H_{dr}(\omega)}{Q(\omega)} - P(\omega)\right], \quad \omega \in S$$

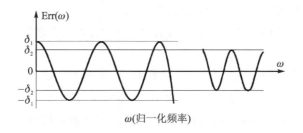

图 3-11-2　Err(ω) 曲线图

如果定义 $\hat{W}(\omega) = W(\omega)Q(\omega)$ 以及 $\hat{H}_{dr}(\omega) = \dfrac{H_{dr}(\omega)}{Q(\omega)}$，则可简化为

$$E(\omega) = \hat{W}(\omega)[\hat{H}_{dr}(\omega) - P(\omega)], \quad \omega \in S \tag{3-11-4}$$

由此得到了四种类型滤波器 $E(\omega)$ 的通用形式。

切比雪夫逼近可定义为：确定表 3-8-2 中的系数 $\tilde{a}(n)$、$\tilde{b}(n)$、$\tilde{c}(n)$ 或 $\tilde{d}(n)$ [或者等价地求出 $a(n)$、$b(n)$、$c(n)$ 或 $d(n)$]，使通带和阻带上的最大绝对误差 $E(\omega)$ 达到最小，即

$$\min_{\omega \in S}[\max |E(\omega)|] \tag{3-11-5}$$

如果能解决这个问题，就能精确地确定 ω_p、ω_s、δ_1 和 δ_2，并且其误差在通带和阻带上是均匀分布的。

3.11.2　对极值数目的限制

在对上述问题进行求解之前，首先讨论对于给定的 M 长滤波器，误差函数 $E(\omega)$ 有多少个局部极大值和极小值。在 Parks-McClellan 算法中，为了得到多项式内插而要用到此信息。答案在 $P(\omega)$ 表达式中。根据式（3-8-17），$P(\omega)$ 是 ω 的三角函数，利用三角关系式：

$$\cos(2\omega) = 2\cos \omega - 1$$
$$\cos(3\omega) = 4\cos^3 \omega - 3\cos \omega$$
$$\vdots$$

将 $P(\omega)$ 转换成一个三角多项式，把式（3-8-17）改写为

$$P(\omega) = \sum_{n=0}^{L} \beta(n) \cos^n \omega \tag{3-11-6}$$

从式（3-11-6）可知，$P(\omega)$ 是 $\cos \omega$ 的 L 阶多项式。由于 $\cos \omega$ 在开区间 $0 < \omega < \pi$ 是一个单调函数，因此它应该与一般的 x 的 L 阶多项式 $P(x)$ 类似，因此 $P(\omega)$ 在开区间 $0 < \omega < \pi$ 上最多（即不多于）有 $(L-1)$ 个极值。例如：

$$\cos^2 \omega = \dfrac{1 + \cos(2\omega)}{2}$$

仅在 $\omega = \pi/2$ 处有一个最小值。然而，在闭区间 $0 \leq \omega \leq \pi$ 上它有三个极值（即，$\omega = 0$ 时为最大值，$\omega = \pi/2$ 时为最小值，$\omega = \pi$ 时为最大值）。如果包括端点 $\omega = 0$ 和 $\omega = \pi$，则在闭区间 $0 \leq \omega \leq \pi$ 上 $P(\omega)$ 最多有 $(L+1)$ 个局部极值。我们还希望滤波器的技术指标在带边缘 ω_p 和 ω_s 上完全符合要求。因此在 $0 \leq \omega \leq \pi$ 上，能满足技术指标要求的极值频率不超过 $(L+3)$ 个。

现在，把注意力转向问题式（3-11-5），在逼近理论中，这是一个大家熟知的问题，可用下面的重要定理求出它的解。

按交替定理,在闭区间 $S[0,\pi]$ 上的任意闭子集,为了使 $P(\omega)$ 是 $H_{dr}(\omega)$ 在 S 上唯一的最大最小化逼近,误差函数 $E(\omega)$ 在 S 上至少有 $(L+2)$ 个"交替点"或极值频率,也就是说,S 中至少有 $(L+2)$ 个频率 ω 满足

$$E(\omega_i) = -E(\omega_{i-1}) = \pm \max_S |E(\omega)| = \pm \delta$$

$$\forall \omega_0 < \omega_1 < \cdots < \omega_{L+1} \in S \qquad (3-11-7)$$

把此定理与前面的讨论相结合可以推出,最优等波纹滤波器的误差函数在 S 上有 $(L+2)$ 或 $(L+3)$ 个极值。大多数等波纹滤波器有 $(L+2)$ 个极值。但是对于某些 ω_p、ω_s 的组合可能得到 $(L+3)$ 个极值的滤波器。它们的响应中有一个附加的波纹,因此叫作附加波纹滤波器。

3.11.3 Parks-McClellan 算法

交替定理保证最大最小逼近问题的解存在并且唯一。Parks 和 McClellan 提供了利用 Remez 交换算法导出的迭代算法。它假设已知滤波器长度 M(或 L)和比率 δ_1/δ_2。如果按式(3-11-3)选择了权函数,也正确地选择了阶数 M,并且设 $\delta = \delta_2$,这时就可得到解。显然,δ 和 M 是相关的,M 越大,δ 越小。滤波器技术指标中给出了 δ_1、δ_2、ω_p 和 ω_s,因此需要设定 M 的值。

Kouser 提出了一个简单的公式来逼近 M,即

$$\hat{M} = \frac{-20\lg\sqrt{\delta_1\delta_2} - 13}{14.6\Delta f} + 1, \quad \Delta f = \frac{\omega_s - \omega_p}{2\pi} \qquad (3-11-8)$$

Parks-McClellan 算法首先假设 $(L+2)$ 个极值频率 ω_i,估计这些频率上的最大误差,接着按式(3-11-7)给定的各点,拟合一个 L 阶多项式即式(3-11-6)。然后在一个较细的网格上确定局部极大误差及其极值频率 ω_i,由这些新频率点拟合出一个新的 L 阶多项式。重复以上过程,一直进行至找到最优集 ω_i 和全局最大误差 δ 为止。此迭代过程保证是收敛的,从而得到多项式 $P(\omega)$,根据式(3-11-6)求出系数 $\beta(n)$。最后算出系数 $a(n)$ 和脉冲响应 $h(n)$。在 MATLAB 中,此算法的形式为 firpm 函数(老版本中用 Remez 函数),下面给出该函数的说明。

由于 M 是近似的,最大误差 δ 可能不等于 δ_2。如果出现这种情况,则需要增加 M(若 $\delta > \delta_2$)或减小 M(若 $\delta < \delta_2$),再次用 Remez 算法确定一个新的 δ。重复此过程至 $\delta \leqslant \delta_2$。这样就得到了等波纹滤波器,它将满足以上讨论的三个要求:误差在通带和阻带内均匀分布;误差函数在 S 上有 $L+2$ 或 $L+3$ 个极值以及全局最大误差 $\delta \leqslant \delta_2$。

3.12 FIR 滤波器设计中的 MATLAB 函数

在 MATLAB 中自带了 FIR 滤波器设计的窗函数法、频率采样法和最佳等波纹法相应的函数。

下面分别进行介绍。

1. 与窗函数有关的函数

(1) 窗函数

表 3-9-1 中各窗函数的调用格式都列在表 3-12-1 中。

表 3-12-1 窗函数和调用格式

窗函数	调用格式	窗函数	调用格式
矩形窗	wind=boxcar(N)	布莱克曼窗	wind=blackman(N)
汉宁窗	wind=hanning(N)	凯泽窗	wind=kaiser(N,beta)
海明窗	wind=hamming(N)		

说明:表 3-12-1 中,N 是窗函数的长度,一般若滤波器阶数为 M 阶,则窗函数长是 N=M+1(注意:FIR 滤波器的阶数与长度差 1);wind 是窗函数的系数。

(2) 用凯泽窗函数求滤波器阶数

函数:kaiserord

功能:用凯泽窗函数求 FIR 滤波器阶数和凯泽窗参数

调用格式:

[n,Wn,beta,ftype] = kaiserord(f,a,dev)
[n,Wn,beta,ftype] = kaiserord(f,a,dev,fs)

说明:f 和 a 是频率和滤波器幅值矢量,当设计低通滤波器时,f=[fp fs],a=[1 0];当设计带通滤波器时,f=[fs1 fp1 fp2 fs2],a=[0 1 0],对高通和带通滤波器可按低通和带通给出。f 的长度是 2*length(a)-2。dev 也是矢量,包含有通带的波纹和阻带的衰减(线性值),其长度与 a 等长。fs 是采样频率(单位为 Hz),若没给 fs,则 f 中的各值必须是归一化的频率值。输出参数中 n 是滤波器的阶数,Wn 是滤波器的频率参数,beta 是 kaiser 窗函数中的参数,ftype 是滤波器的类型,在 fir1 函数调用时将会用到。

2. 设计 FIR 的函数

(1) 用窗函数法设计 FIR 滤波器

函数:fir1

功能:用窗函数法设计 FIR 滤波器,求得滤波器系数 B 序列

调用格式:

B = fir1(n,Wn)
B = fir1(n,Wn,'ftype')
B = fir1(n,Wn,Window)
B = fir1(n,Wn,'ftype',Window)

说明:fir1 函数是以经典方法实现加窗线性相位 FIR 数字滤波器设计,它可设计出低通、带通、高通和带阻滤波器。

通过 B=fir1(n,Wn)形式可得到 n 阶 FIR 低通滤波器,n 是波器阶数,Wn 是滤波器带宽。滤波器系数包含在 B 中,可表示为

$$b(z) = b(1) + b(2)z^{-1} + \cdots + b(n+1)z^{-n}$$

这构成一个用海明窗函数截止频率为 Wn 的线性相位滤波器,0≤Wn≤1,且 Wn=1 时对应于 $0.5f_s$。

当 Wn=[W1 W2]时,fir1 函数这种形式可得到带通滤波器,其通带为 W1<ω<W2。

通过 B=fir1(n,Wn,'ftype')形式可设计高通和带阻滤波器,由 ftype 决定:

➢ 当 ftype=high 时,设计 FIR 高通滤波器。

➢ 当 fiype=stop 时,设计 FIR 带阻滤波器。

B=fir1(n,Wn,Window)利用列矢量 Window 中指定某种窗函数进行滤波器设计(Window 可以是表 3-9-1 中的任一种),Window 长度为 n+1,如果不指定 Window 参数,则 fir1 函数在默认时采用海明窗。

B=fir1(n,Wn,'ftype',Window)可利用 ftype 和 Window 参数,设计各类加窗的 FIR 滤波器。

(2) 用频率采样法设计 FIR 滤波器

函数:fir2

功能:用频率采样法设计 FIR 滤波器

调用格式:

B = fir2(n,f,a,window)

说明:其中 n 是滤波器阶数,f 和 a 是频率和滤波器幅值矢量(类似于 kaiserord 中的 f 和 a 参数),当设计低通滤波器时,f=[fp fs],a=[1 0];当设计带通滤波器时,f=[fs1 fp1 fp2 fs2],a=[0 1 0],对高通和带通滤波器可按低通和带通给出。f 的长度是 2*length(a)-2,f 必须是归一化频率;0≤f≤1。当然 f 和 a 的值不限于低通、高通、带通和带阻滤波器,也可以表示出任意的幅值响应。在 fir2 函数中用频率采样法设计 FIR 滤波器后还结合窗函数法优化滤波器响应,所以可以指定窗函数,默认设置为海明窗。除海明窗外,还可用 boxcar、hann、bartlett、blackman、kaiser 和 chebwin 等窗函数。B 是滤波器系数。

(3) 等波纹 FIR 滤波器的设计

函数:firpm(remez)

功能:用 Parks-McClellan 方法设计等波纹 FIR 滤波器

调用格式:

b = firpm(n,f,a)
b = firpm(n,f,a,w)
b = firpm(n,f,a,'ftype')
b = firpm(n,f,a,w,'ftype')

说明:在 MATLAB 旧版本中曾用 remez 函数,但在新版本中用 firpm 替代了,但功能是一样的。在调用格式中,其中 n 是滤波器阶数,f 和 a 是频率和滤波器幅值矢量(参看 kaiserord 函数的说明),f 的长度是 2*length(a)-2,f 必须是归一化频率;0≤f≤1。w 是计权矢量,ftype 是滤波器类型。利用本函数可以设计微分器或 Hilbert 变换器。

各参数和 fir2 函数中的参数一样。

(4) 计算等波纹 FIR 滤波器的阶数

函数:firpmord

功能:计算等波纹 FIR 滤波器的阶数

调用格式:

[n,fo,ao,w] = firpmord(f,a,dev)

[n,fo,ao,w] = firpmord(f,a,dev,fs)

说明:其中 f 和 a 是频率和滤波器幅值矢量,f 的长度是 2*length(a)−2,f 是频率。dev 是与理想滤波器的偏差的矢量,包含有通带的波纹和阻带的衰减(线性值),其长度与 a 等长。fs 是采样频率(单位为 Hz),若没给 fs,则 f 中的各值必须是归一化的值。函数输出 n 是滤波器阶数,n、fo、ao、w 分别为 firpm 调用时的 n、f、a、w 参数。

3. 另一些有用的与 FIR 设计有关的函数[5,14]

有一些 MATLAB 的函数不是 MATLAB 自身带的,而是由其他一些书本编制的,对于 FIR 滤波器设计和应用很有用,介绍如下。注:这些函数已包含在本书所附程序包的 basic_tbxsp 子目录中。

(1) 理想低通滤波器

函数:ideal_lp

功能:给出一个理想 FIR 低通滤波器的脉冲响应序列

调用格式:

hd = ideal_lp(wc,M)

说明:输入参数 wc 是低通滤波器的归一化截止角频率 $w_c = f_c\pi/(0.5f_s)$,其中 f_c 是截止频率(单位为 Hz),f_s 是采样频率(单位为 Hz),所以 wc 数值在 0～π 之间;M 是脉冲序列长度。输出参数 hd 是 FIR 滤波器的脉冲响应序列 $h_d(n)$。

利用函数 ideal_lp 的组合可以设置高通、带通和带阻滤波器,它们的组合方法如下:

带通:hd=ideal_lp(wc2,M)− ideal_lp(wc1,M),其中 wc2>wc1;

高通:hd=ideal_lp(pi,M)− ideal_lp(wc,M);

带阻:hd=ideal_lp(wc1,M)+ ideal_lp(pi,M)− ideal_lp(wc2,M),其中 wc2>wc1。

(2) 第 1 类线性相位 FIR 滤波器的振幅响应

函数:hr_type1

功能:从第 1 类线性相位 FIR 滤波器的脉冲响应求出它的滤波器的振幅响应

调用格式:

[Hr,w,a,L] = hr_type1(h)

(3) 第 2 类线性相位 FIR 滤波器的振幅响应

函数:hr_type2

功能:从第 2 类线性相位 FIR 滤波器的脉冲响应求出它的滤波器的振幅响应

调用格式:

[Hr,w,b,L] = hr_type2(h)

(4) 第 3 类线性相位 FIR 滤波器的振幅响应

函数:hr_type3

功能:从第 3 类线性相位 FIR 滤波器的脉冲响应求出它的滤波器的振幅响应

调用格式:

[Hr,w,c,L] = hr_type3(h)

(5) 第 4 类线性相位 FIR 滤波器的振幅响应

函数：hr_type4

功能：从第 4 类线性相位 FIR 滤波器的脉冲响应求出它的滤波器的振幅响应

调用格式：

[Hr,w,d,L] = hr_type4(h)

说明：输入参数 h 是 FIR 滤波器的脉冲响应；输出序列 Hr 是滤波器的振幅响应（在式(3-8-9)中已给出表示式）；w 是 0 至 pi 之间的离散角频率值；L 是表 3-8-2 中 4 类滤波器 Hr 的阶次。在(2)～(5)几类函数中的 a、b、c 和 d 分别表示了表 3-8-1 中 4 类滤波器系数。

(6) FIR 滤波器的振幅响应

函数：ampl_ress

功能：从 4 类 FIR 滤波器中任何一类的脉冲响应求出该滤波器的振幅响应和滤波器类型

调用格式：

[Hr,w,P,L,type] = ampl_ress(h)

说明：在(2)～(5)几类函数中都要已知某滤波器的类型(第 1 类至第 4 类)，然后调用相应的函数进行计算。而本函数是不知该滤波器属哪一类型，通过调用本函数，不仅得到滤波器的振幅响应，还能得到该滤波器的类型。输入参数 h 是 FIR 滤波器的脉冲响应。输出参数中，type 是该 FIR 滤波器属于哪一类型(第 1 类至第 4 类)，序列 Hr 是滤波器的振幅响应，w 是 0 至 pi 之间的离散角频率值，L 是表 3-8-2 中 4 类滤波器 Hr 的阶次，而 P 表示 4 类滤波器中的 a 或 b 或 c 或 d，即表 3-8-1 中 4 类滤波器系数。

3.13　FIR 滤波器设计的案例

3.13.1　案例 3.15：在窗函数法设计 FIR 中如何选择窗函数和阶数 N

1. 概　述

在用窗函数法设计 FIR 滤波器时，给出了滤波器要求的具体指标，包括通带频率 fp、阻带频率 fs、通带波纹 Rp 和阻带衰减 As 等，有了这些指标后，是否什么窗函数都可以选择呢？答案是否定的。那么怎么选择窗函数呢？在本小节中将说明窗函数的选择和滤波器阶数 N 的选择。

2. 理论基础

在表 3-8-1 中，不同窗函数的阻带最小衰减是不相同的，例如我们要求阻带衰减为 50 dB，则矩形窗和汉宁窗的最小衰减分别为 21 dB 和 44 dB，若用这两种窗函数，无论 N 有多长，都没有办法满足阻带衰减达到 50 dB。为了满足阻带衰减达到 50 dB，只有选择海明窗，因为它的阻带衰减能达到 53 dB。所以窗函数的选择主要是根据滤波器指标中对 A_s 的要求。

在选择窗函数后又怎么决定滤波器的阶数 N 呢？在设定的滤波器指标中给出了通带频

率 f_p 和阻带频率 f_s，在通带频率 f_p 和阻带频率 f_s 之间是过渡带，设 $\Delta f = f_s - f_p$，则过渡带应与对应窗函数的"精确过渡带宽"相等。设把精确过渡带宽表示为 d_w/N，则对于任意某一种窗函数就应有

$$\Delta f = d_w/N$$

这样可得 N 为

$$N = d_w/\Delta f \qquad (3-13-1)$$

以海明窗为例，$N = 6.6\pi/\Delta f$，注意在计算中，Δf 是归一化的角频率。综上所述，经过渡带可求出 FIR 滤波器的阶数。对于带通滤波器或带阻滤波器，通带频率有 f_{p1} 及 f_{p2}，阻带频率有 f_{s1} 及 f_{s2}，以带通滤波器为例，分别求出 $\Delta f_1 = f_{p1} - f_{s1}$ 及 $\Delta f_2 = f_{s2} - f_{p2}$，从 Δf_1 和 Δf_2 之间选择小的一个作为 Δf：

$$\Delta f = \min[\Delta f_1, \Delta f_2] \qquad (3-13-2)$$

式中：$\min[\cdot]$ 表示选用最小值。

3. 实 例

例 3-13-1(pr3_13_1) 要求设计一个低通滤波器，采样频率为 100 Hz，通带频率 fp=3 Hz，阻带频率 fs=5 Hz；而通带波纹 Rp=3 dB，阻带衰减 As=50 dB。

由于设计要求 As=50 dB，分析可知选用海明窗能满足要求，所以在窗函数法中用海明窗。程序清单如下：

```
% pr3_13_1
clear all; clc; close all

Fs = 100;                                   % 采样频率
Fs2 = Fs/2;                                 % 奈奎斯特频率
fp = 3; fs = 5;                             % 通带和阻带频率
Rp = 3; As = 50;                            % 通带波纹和阻带衰减
wp = fp*pi/Fs2; ws = fs*pi/Fs2;             % 通带和阻带归一化角频率
deltaw = ws - wp;                           % 过渡带宽 Δω 的计算
N = ceil(6.6*pi/deltaw);                    % 按海明窗计算所需的滤波器阶数 N，即按式(3-13-1)
N = N + mod(N,2);                           % 保证滤波器系数长 N+1 为奇数
wind = (hamming(N+1))';                     % 海明窗计算
Wn = (fp+fs)/Fs;                            % 计算截止频率
b = fir1(N,Wn,wind);                        % 用 fir1 函数设计 FIR 第 1 类滤波器
[db,mag,phs,gdy,w] = freqz_m(b,1);          % 计算滤波器响应
% 作图
subplot 211; plot(w*Fs/(2*pi),db,'k','linewidth',2);
title('幅值响应');
grid; axis([0 20 -70 10]);
xlabel('频率/Hz'); ylabel('幅值/dB')
set(gca,'XTickMode','manual','XTick',[0,3,5,20])
set(gca,'YTickMode','manual','YTick',[-50,0])
subplot 212; stem(1:N+1,b,'k');
xlabel('频率/Hz'); ylabel('幅值/dB')
title('脉冲响应');
xlabel('样点'); ylabel('幅值')
axis([0 167 -0.05 0.1]); % grid;
set(gca,'XTickMode','manual','XTick',[1,84,167])
set(gcf,'color','w');
```

说明：

① 因为选择了海明窗，按式（3-13-1）和表 3-8-1 求出滤波器阶数 N：

```
N = ceil(6.6 * pi/ deltaw)
```

② 一般设计的 FIR 滤波器都是第 1 类 FIR 滤波器，要求脉冲序列长 N 是奇数。而从①中求得的滤波器阶数 N 不知是偶数还是奇数。通过

```
N = N + mod(N,2)
```

保证滤波器阶数 N 为偶数，而脉冲响应序列长将是 N+1，即为奇数，满足第 1 类 FIR 滤波器要求。滤波器阶数若为 N，脉冲响应序列的长度总为 N+1，在 FIR 滤波器中脉冲响应序列的长度与滤波器阶数总差 1。

③ 在计算窗函数长度时用的 deltaw 是归一化角频率，而在 fir1 函数中的 Wn 用的是归一化频率，这两者的单位是不同的，且截止频率 Wn 的计算是用 Wn=(fp+fs)/2。

运行程序 pr3_13_1 后得图 3-13-1，从图中可看出滤波器完全满足设计的要求，在 5 Hz 处阻带衰减大于 50 dB。

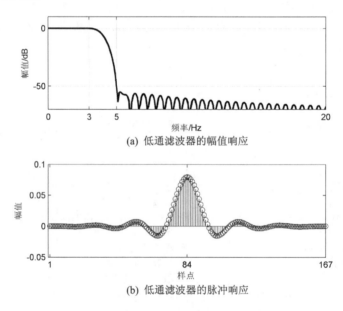

(a) 低通滤波器的幅值响应

(b) 低通滤波器的脉冲响应

图 3-13-1 低通滤波器的幅值响应与脉冲响应

3.13.2 案例 3.16：用 ideal_lp 函数和 fir1 函数设计的滤波器是否相同

1. 概述

曾介绍过可用 ideal_lp 函数设计 FIR 滤波器，也可用 fir1 函数的窗函数法设计 FIR 滤波器，则用这两种方法设计的滤波器在阶数、响应曲线等方面是否都相同呢？还是这两种方法得到的结果是相同的，用任一个函数都可以？本节将解开这一个谜团。

2. 理论基础

频域中一个理想的低通滤波器相当于一个矩形窗，如图 3-13-2 所示。

该滤波器的脉冲响应序列为

$$h_{\text{ideal}}(n) = \text{FT}^{-1}[H_{\text{ideal}}(j\omega)] \quad (3-13-3)$$

矩形窗的傅里叶变换或傅里叶逆变换后的序列是一个无限长的 sinc 函数。窗函数法设计 FIR 滤波器正是把这无限长的脉冲序列通过乘以有限长的窗函数变为有限长：

$$h_d(n) = h_{\text{ideal}}(n) \cdot \text{window} \quad (3-13-4)$$

这样就完成了滤波器的设计。但在窗函数的选择及窗函数的长度上与例 3-13-1 相同，根据滤波器指标中对 A_s 的要求选择窗函数，根据过渡带选择窗函数的长度。

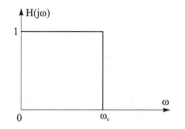

图 3-13-2　理想低通滤波器
的幅值响应

3. 实　例

例 3-13-2(pr3_13_2)　设计一个带通滤波器，采样频率为 1000 Hz，阻带和通带的要求是：fs1＝100 Hz，fp1＝175 Hz，fp2＝275 Hz，fs2＝350 Hz，阻带衰减要求为 30 dB。用 ideal_lp 和 fir1 两种函数设计 FIR 滤波器，比较它们的结果。

按阻带衰减为 30 dB，查看表 3-8-1 可看出选择汉宁窗较为合适，而滤波器阶数 N 或窗长 M 须通过计算得到。程序清单如下：

```
% pr3_13_2
clear all; clc; close all

Fs = 1000;                                          % 采样频率
Fs2 = Fs/2;                                         % 奈奎斯特频率
fs1 = 100; fp1 = 175;                               % 通带和阻带频率
fp2 = 275; fs2 = 350;
ws1 = fs1 * pi/Fs2; wp1 = fp1 * pi/Fs2;             % 通带和阻带归一化角频率
wp2 = fp2 * pi/Fs2; ws2 = fs2 * pi/Fs2;
tr_width = min((wp1 - ws1),(ws2 - wp2));            % 过渡带宽 Δω 的计算
M = ceil(6.2 * pi/tr_width);                        % 按海明窗计算所需的滤波器阶数 N
M = M + mod(M + 1,2);                               % 保证滤波器系数长 N+1 为奇数
% 用 ideal_lp 函数
wc1 = (ws1 + wp1)/2; wc2 = (wp2 + ws2)/2;           % 求截止频率的归一化角频率
hd = ideal_lp(wc2,M) - ideal_lp(wc1,M);             % 用 ideal_lp 函数计算理想滤波器脉冲响应
w_ha = (hanning(M))';                               % 汉宁窗函数
h = hd .* w_ha;                                     % FIR 滤波器脉冲响应
[db,mag,pha,grd,w] = freqz_m(h,[1]);                % 求出频域响应
delta_w = 2 * pi/1000;                              % 频域角频率间隔
Rp = - min(db(wp1/delta_w + 1:1:wp2/delta_w));      % 通带实际波纹值
As = - round(max(db(ws2/delta_w + 1:1:501)));       % 阻带衰减值
% 用 fir1 函数
fc1 = wc1/pi; fc2 = wc2/pi;                         % 求截止频率归一化值
h1 = fir1(M-1,[fc1 fc2],hanning(M)');               % 用 fir1 函数计算理想滤波器脉冲响应
[db1,mag,pha,grd,w1] = freqz_m(h1,[1]);             % 求出频域响应
% 作图
subplot 211;plot(w * Fs2/pi,db,'r','linewidth',2); hold on
plot(w1 * Fs2/pi,db1,'k');
title('幅值响应');grid;
xlabel('频率/Hz'); ylabel('幅值/dB')
axis([0 Fs2 -60 10]);
set(gca,'XTickMode','manual','XTick',[0,100,175,275,350,500])
set(gca,'YTickMode','manual','YTick',[-30,0])
```

```
set(gca,'YTickLabelMode','manual','YTickLabels',['30';' 0'])

n = 1:M;
subplot 212; plot(n,h,'r','linewidth',2); hold on;
plot(n,h1,'k')
title('脉冲响应')
axis([0 M-1 -0.4 0.5]); xlabel('样点'); ylabel('幅值')
set(gcf,'color','w');
```

说明：

① 函数 ideal_lp 的调用格式是 hd=ideal_lp(wc,M)，其中 wc 是低通滤波器的归一化截止角频率，M 是脉冲序列长度，也是窗函数的长度。从理论基础中我们知道，理想滤波器的脉冲序列长度是无限长的，但为了乘以窗函数，我们只取同窗函数等长 M 的序列。这里没有用滤波器的阶数，直接计算了窗函数的长度。

② 在 8.12 节介绍 ideal_lp 时已给出了用该函数设计带通滤波器的表达式为

```
hd = ideal_lp(wc2, M) - ideal_lp(wc1, M)
```

其中 wc2＞wc1，wc2 和 wc1 分别表示截止频率，它们的计算为：wc1＝(wp1＋ws1)/2，wc2＝(wp2＋ws2)/2。

③ 因为求出的 M 是窗函数的长度，为了保证为第 1 类 FIR 滤波器，M 必须为奇数，所以通过

```
M = M + mod(M + 1,2)
```

确保 M 为奇数。在调用 ideal_lp 函数时输入参数是用 M，但在调用 fir1 函数时，输入参数要求滤波器的阶数，此时要用 M－1 代替 N 值。

运行程序 pr3_13_2 得图 3-13-3。从图中可以看到，不论在滤波器的幅值响应上，还是在脉冲响应上，两种方法得到的曲线完全重合，说明这两种方法得到的结果完全一致。

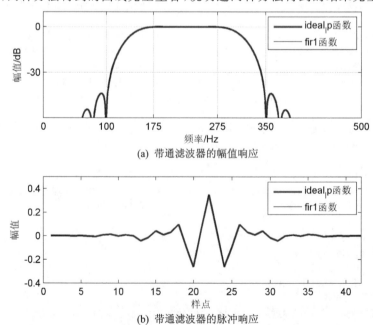

图 3-13-3　比较用函数 ideal_lp 和 fir1 设计 FIR 滤波器的结果

3.13.3 案例3.17:用凯泽窗设计FIR滤波器的优点

1. 概　述

在表3-9-1中给出了5种常用的窗函数在某一个窗长 N 时,除凯泽窗以外其他窗函数的系数都是固定的,而凯泽窗的系数不是固定的,而是随参数 beta 值而变化的,从图3-9-4中可看到不同的 β 值时凯泽窗函数有不同的形状。本小节介绍凯泽窗的主要优点。

2. 理论基础

凯泽窗在通带波纹和阻带衰减都随参数 beta 值而变化,表3-13-1中列出了部分 β 值与FIR滤波器性能的关系。

表3-13-1　凯泽窗参数 β 值与FIR滤波器性能的关系

β	过渡带宽 π/N	通带波纹/dB	阻带最小衰减/dB
2.120	3.00	0.27	30
3.384	4.46	0.0864	40
4.538	5.86	0.0274	50
5.568	7.24	0.00868	60
6.764	8.64	0.00275	70
7.865	10.0	0.000868	80
8.960	11.4	0.000275	90
10.056	10.8	0.000087	100

从表3-13-1中可看出,当参数 β 取不同数值时,阻带的衰减可以从30 dB增加到100 dB,滤波器的性能与参数 β 的关系极为紧密。所以在滤波器设计中一定要选择合适的参数 β 值,使滤波器为最佳。

3. 实　例

例3-13-3(pr3_13_3)　用例3-13-1中设计低通滤波器的要求;采样频率为100 Hz,通带频率 fp=3 Hz,阻带频率 fs=5 Hz,通带波纹 Rp=3 dB,阻带衰减 As=50 dB,而在本例题中用凯泽窗。程序清单如下:

```
% pr3_13_3
clear all; clc; close all

Fs = 100;                                          % 采样频率
Fs2 = Fs/2;                                        % 奈奎斯特频率
fp = 3; fs = 5;                                    % 通带和阻带频率
Rp = 3; As = 50;                                   % 通带波纹和阻带衰减
delta1 = (10^(Rp/20) - 1)/(10^(Rp/20) + 1);        % 求通带波纹线性值
delta2 = (1 + delta1) * (10^(-As/20));             % 求阻带衰减线性值
f = [fp fs]/Fs2; A = [1 0];                        % 设置频率指标f和幅值指标A
dev = [delta1 delta2];                             % 设置偏离指标dev
[N,Wn,beta,ftype] = kaiserord(f,A,dev);            % 用kaiserord函数计算阶数和其他参数
N = N + rem(N,2);                                  % 保证滤波器系数长N+1为奇数
b = fir1(N,Wn,kaiser(N+1,beta));                   % 用fir1函数凯泽窗函数设计FIR第1类滤波器
[db,mag,phs,gdy,w] = freqz_m(b,1);                 % 计算滤波器频域响应
```

```
% 作图
subplot 211;plot(w * Fs/(2 * pi),db);
title('幅值响应');
grid;axis([0 20 - 70 10]);
xlabel('频率/Hz');   ylabel('幅值/dB');
set(gca,'XTickMode','manual','XTick',[0,3,5,20])
set(gca,'YTickMode','manual','YTick',[ - 50,0])
subplot 212;stem(1:N + 1,b);
title('脉冲响应');
xlabel('样点');   ylabel('幅值')
axis([0 N + 1 - 0.05 0.1]);  % grid;
set(gca,'XTickMode','manual','XTick',[1,(N + 2)/2,N + 1])
set(gcf,'color','w');
```

说明：

① 我们是通过调用 kaiserord 函数获取凯泽函数的参数的。在调用 kaiserord 函数时需输入的参数有 f,A 和 dev,其中 f 与 A 是频率和幅值的矢量,dev 是通带波纹和阻带衰减的线性值。在滤波器设计要求上给出的通带波纹和阻带衰减都是分贝值,所以要转换成线性值。

② 从 kaiserord 函数中得到了滤波器阶数 N,凯泽窗函数参数 β,低通滤波器截止频率 Wn,以及滤波器的类型。进一步调用 fir1 函数,其中 N 与 Wn 都用 kaiserord 函数的输出值。在调用 kaiser 函数时,窗函数长用 N＋1,beta 用 kaiserord 函数的输出值。所以调用格式如下：

```
b = fir1(N,Wn,kaiser(N + 1,beta))
```

运行程序 pr3_13_3 后得图 3 - 13 - 4。

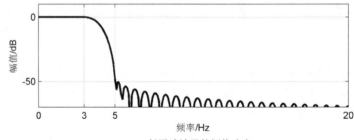

(a) 低通滤波器的幅值响应

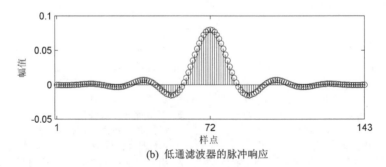

(b) 低通滤波器的脉冲响应

图 3 - 13 - 4　凯泽窗设计低通滤波器的幅值响应与脉冲响应

比较图 3-13-4 与图 3-13-1,可以看出:

① 在图 3-13-1 中用海明窗,此时最小阻带衰减小于 50 dB,而图 3-13-4 中最小阻带衰减刚好达到 50 dB,满足设计要求。

② 图 3-13-1 中用海明窗,滤波器长 167,而图 3-13-4 中用凯泽窗后滤波器长 143,而且衰减更大。

因此,在同样满足设计要求的条件下,用凯泽窗时滤波器的阶数,或滤波器系数的长度更小,这能减小滤波过程的运算量,这也是凯泽窗的主要优点。

3.13.4 案例 3.18:为什么 FIR 滤波器不适用于设计数字陷波器

1. 概 述

在 3.5.1 小节中已介绍过 IIR 陷波器的设计方法,但能否设计 FIR 的陷波器呢?有些资料或书本曾指出 FIR 滤波器不适用于设计数字陷波器,本小节将对此进行说明。

2. 理论基础

在 3.5.1 小节中给出了 IIR 陷波器的表示式:

$$H(z) = \frac{b_0(z-e^{j\omega_0})(z-e^{-j\omega_0})}{(z-re^{j\omega_0})(z-re^{-j\omega_0})} = \frac{b_0[1-2\cos(\omega_0 z^{-1})+z^{-2}]}{1-2r\cos(\omega_0 z^{-1})+r^2 z^{-2}} \quad (3-13-5)$$

在 ω_0 处幅度特性为 0,即陷波发生的频率。典型的 IIR 陷波器幅值响应曲线如图 3-13-5 所示。

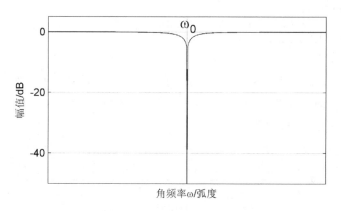

图 3-13-5 典型的 IIR 陷波器幅值响应曲线

从图 3-13-5 中可以看出,在陷波器中过渡带宽是非常窄的,而我们从窗函数 FIR 滤波器设计中可知,FIR 滤波器的阶数与过渡带宽的关系如式(3-13-1)所示:$N=dw/\Delta f$,其中 dw 是选择窗函数的"精确过渡带宽"参数,Δf 是 FIR 滤波器的过渡带宽。当选定某一个窗函数以后 dw 是一个固定值,而过渡带宽 Δf 越窄,滤波器的阶数 N 就越高。N 大了就带来计算量的增加,这就是 FIR 陷波器不如 IIR 陷波器的原因。

3. 实 例

例 3-13-4(pr3_13_4) 在 3.7.9 小节中设计了一个 IIR 陷波器,现用窗函数的方法设计一个相类似的 FIR 陷波器。滤波器要求为采样频率 250 Hz,陷波器通带和阻带为 fp1=45 Hz,fp2=55 Hz,fs1=49 Hz,fs2=51 Hz,阻带衰减设为 20 dB。根据阻带衰减的要求,可以选择汉宁窗函数。

程序清单如下:

```matlab
% pr3_13_4
clear all; clc; close all

Fs = 250;                                          % 采样频率
Fs2 = Fs/2;                                        % 奈奎斯特频率
fp1 = 45; fs1 = 49;                                % 通带和阻带频率
fs2 = 51; fp2 = 55;
wp1 = fp1 * pi/Fs2; ws1 = fs1 * pi/Fs2;            % 通带和阻带归一化角频率
ws2 = fs2 * pi/Fs2; wp2 = fp2 * pi/Fs2;
As = 20;                                           % 设定阻带衰减
tr_width = min((ws1 - wp1),(wp2 - ws2));           % 过渡带宽 Δω 的计算
M = ceil(6.2 * pi/tr_width);                       % 按海明窗计算所需的滤波器阶数 M
M = M + mod(M,2);    % 保证滤波器系数长 M + 1 为奇数
fc1 = (ws1 + wp1)/2/pi; fc2 = (wp2 + ws2)/2/pi;    % 求截止频率的归一化值

% 用 fir1 函数
h1 = fir1(M,[fc1 fc2],'stop',hanning(M + 1)');     % 用 fir1 函数计算理想滤波器脉冲响应
[db1,mag,pha,grd,w1] = freqz_m(h1,[1]);            % 求出频域响应
% 作图
plot(w1 * Fs2/pi,db1,'k');
title('FIR 陷波器幅值响应 ');grid;
xlabel(' 频率/Hz'); ylabel(' 幅值/dB')
axis([0 Fs2 - 60 10]); hold on
set(gca,'XTickMode','manual','XTick',[0,45,50,55,125])
set(gca,'YTickMode','manual','YTick',[ - 40, - 20,0])
set(gcf,'color','w');
```

在程序 pr3_13_4 中使用的方法与 pr3_13_2 中用 fir1 函数的部分基本相同,只是在程序 pr3_13_2 中是设计带通滤波器,而 pr3_13_4 中是设计 FIR 陷波器。

运行程序 pr3_13_4 后得图 3 - 13 - 6。

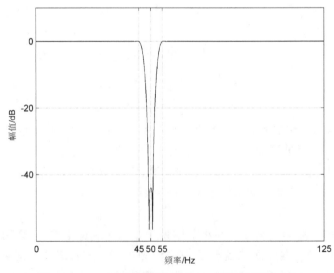

图 3 - 13 - 6 用窗函数法设计 FIR 陷波器幅值响应

把图 3-13-6 与 IIR 陷波器的图 3-7-20 相比较,可以发现两滤波器的幅值响应比较接近,但 IIR 陷波器只是 2 阶滤波器,而 FIR 陷波器竟是 194 阶滤波器,可以看出,FIR 滤波器达到同样的效果其阶数要这样高(97 倍),显然运算量将要几何级数地增加,所以说 FIR 滤波器不适用于设计数字陷波器。

3.13.5 案例 3.19:通过 FIR 滤波器的输出,延迟量如何校正

1. 概 述

当信号通过 FIR 滤波器的输出,我们能发现输出数据的前部经常为 0 值,这可能是由于滤波器的延迟造成的,那么对滤波器的延迟量能否修正?一旦修正后输出数据就变短了,又如何处理呢?

这是在通过 FIR 滤波器时经常遇到的问题。实际上通过 FIR 滤波器输出的延迟量能修正,而且输出数据也不会变短,这就是本小节要讨论的问题。

2. 理论基础

由于主要是使用第 1 类 FIR 滤波器,从式(3-8-8)可知第 1 类滤波器的相位角为

$$\varphi(\omega) = -(N-1)\omega/2$$

则群延迟为

$$\tau_g = -\frac{d\varphi}{d\omega} = (N-1)/2 \qquad (3-13-6)$$

可看出延迟量 τ_g 是 $(N-1)/2$(单位:样点),所以在时间域上消除延迟的 $(N-1)/2$ 个样点,就能把 FIR 滤波器输出数据校正。

3. 实 例

例 3-13-5(pr3_13_5) 有一个信号由两个正弦信号组成,这两正弦信号的频率分别为 5 Hz 和 20 Hz,信号幅值都为 1,初始相位分别为 45°和 60°,对信号采样频率为 100 Hz,信号长为 100。在该信号中要消除 20 Hz,需要设计低通滤波器,通带和阻带为 fp=10 Hz,fs=15 Hz,通带波纹和阻带衰减为 Rp=3 dB,As=60 dB。对滤波器的输出要消除延迟的影响。

由于阻带衰减为 60 dB,故选择布莱克曼窗函数。程序清单如下:

```
% pr3_13_5
clear all; clc; close all;
% 信号构成
N = 100;                                          % 数据长
Fs = 100;                                         % 采样频率
Fs2 = Fs/2;                                       % 奈奎斯特频率
f1 = 5; f2 = 20;                                  % 两正弦信号频率
phy1 = pi/4; phy2 = pi/3;                         % 两正弦信号初始相位角
t = (0:N-1)/Fs;                                   % 时间刻度
x = cos(2*pi*f1*t+phy1) + cos(2*pi*f2*t+phy2);    % 构成输入信号
% FIR 低通滤波器设计
fp = 10; fs = 15;                                 % 通带和阻带频率
Rp = 3; As = 60;                                  % 通带波纹和阻带衰减
wp = fp*pi/Fs2; ws = fs*pi/Fs2;                   % 归一化角频率
deltaw = ws - wp;                                 % 过渡带宽 Δω 的计算
```

```matlab
M = ceil(11*pi/deltaw);              % 按布莱克曼窗计算滤波器阶数 M
M = M + mod(M,2);                    % 保证滤波器系数长 M+1 为奇数
wind = (blackman(M+1))';             % 布莱克曼窗函数
Wn = (fp+fs)/Fs;                     % 计算截止频率
b = fir1(M,Wn,wind);                 % 用 fir1 函数设计 FIR 第 1 类滤波器
[db,mag,phs,gdy,w] = freqz_m(b,1);   % 计算滤波器响应
% 信号滤波
y1 = filter(b,1,x);                  % 用 filter 函数进行滤波
y2 = conv(b,x);                      % 用 conv 函数进行滤波
y21 = y2(M/2+1:M/2+N);               % 取 y2 中的有效部分
N2 = length(y2);                     % 求 y2 长度
t2 = (0:N2-1)/Fs;                    % y2 的时间刻度
% 作图
figure(1)
pos = get(gcf,'Position');
set(gcf,'Position',[pos(1), pos(2)-100,pos(3),(pos(4)-160)]);
plot(w/pi*Fs2,db,'k')
title('(a)低通滤波器的幅值响应');
grid; axis([0 Fs2 -150 10]);
xlabel('频率/Hz');  ylabel('幅值/dB')
set(gca,'XTickMode','manual','XTick',[0,10,15,20,50])
set(gca,'YTickMode','manual','YTick',[-100,-60,0])
set(gcf,'color','w');
figure(2)
subplot 311; plot(t,y1,'k');
ylim([-1.1 1.1]);
title('(a)通过 filter 函数 FIR 滤波器的输出');
xlabel('时间/s'); ylabel('幅值')
subplot 312; plot(t2,y2,'k');
ylim([-1.1 1.1]);
title('(b)通过 conv 函数 FIR 滤波器的输出');
xlabel('时间/s'); ylabel('幅值')
subplot 313; plot(t,y21,'k');
ylim([-1.1 1.1]);
title('(c)对(b)的输出进行修正');
xlabel('时间/s'); ylabel('幅值')
set(gcf,'color','w');
```

FIR 低通滤波器的设计程序的编写与 pr3_13_1 相同,只是选用了布莱克曼窗函数,滤波器的幅值响应曲线如图 3-13-7 所示。在信号滤波时分别采用 filter 和 conv 两个函数,这两个函数的滤波结果如图 3-13-8 所示。

4. 讨 论

对 FIR 滤波器的滤波过程可以用 filter 函数也可用 conv 函数,但这两个函数滤波的结果是完全不同的。从基础理论部分,我们知道第 1 类 FIR 滤波器的输出将会产生延迟(M-1)/2,M 是滤波器的长度(或为 N/2,N 是第 1 类 FIR 滤波器的阶数)。当用函数 conv 来滤波时滤波器输出:y=conv(x,b),y 序列长度是 L+M-1,其中 L 为数据 x 的长度,M 是滤波器的长度。由于 x 只有 L 长,在输出 y 中只有 L 长的数据是滤波器输出的有效部分,而我们已知滤波器的输出有(M-1)/2 个样点的延迟,所以输出 y 中从(M-1)/2+1 开始取数值,取 L 长的

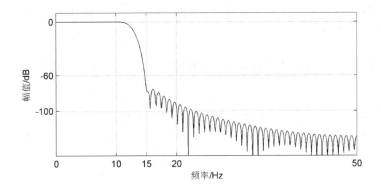

图 3-13-7　用布莱克曼窗函数设计的 FIR 低通滤波器幅值响应曲线

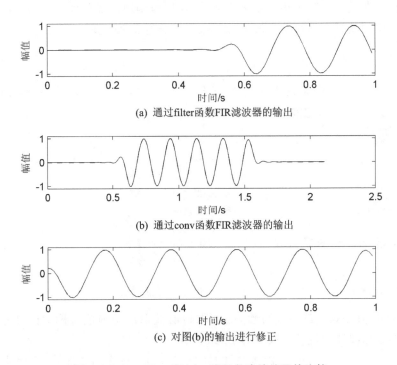

图 3-13-8　filter 和 conv 两函数滤波结果的比较

样点,构成 y 的有效部分。

　　filter 函数输出只有 L 长,它把 $(M-1)/2$ 个由延迟产生的无效样点也包含在内。从图 3-13-8(a)中看到,filter 函数输出 y1 的波形中一大半是接近 0 值,这是因为 FIR 滤波器是 N=112 阶,延迟量 N/2=56 个样点,在采样频率 100 Hz 时占大于 0.5 s 的时间,所以 y1 的波形中大于一半是接近 0 值;如果把前面的时延部分删除,则输出数据变短了。

　　通过 conv 函数的输出 y2,波形图显示在图 3-13-8(b)中,由于 y2 长 L+M-1,所以时间上大于 2 s。取了 y21=y2((M-1)/2+1:(M-1)/2+L)后得 y21,显示在图 3-13-8(c)中,这就是我们所需要的滤波后输出的正弦信号。

但是得到的滤波输出 y21 也不是完全没有问题,在初始部分由于瞬态现象的存在,与原始输入信号之间还存在一些偏差。

3.13.6 案例 3.20：通过 fir2 函数设计任何响应的 FIR 滤波器

1. 概 述

在实际工作中经常会对信号频域加权系数,该加权系数不限于正规的低通、高通、带通和带阻形状的滤波器,而可以是任意形状的。本小节将介绍用 fir2 函数设计任何响应的 FIR 滤波器。

2. 理论基础

对于用 fir2 函数设计 FIR 滤波器,其中滤波器长 N 不是任意取的。在 3.12 节对 fir2 函数介绍中已指出,在设计中除了用频率采样法外,还用窗函数法优化性能。如果不指定其他窗函数,则默认使用的就是海明窗。滤波器的阶数计算方法应按式(3-13-1)和式(3-13-2)进行计算。

3. 案例分析

例如用 fir2 设计一个带通滤波器,采样频率 1000 Hz,通带为 fp1=150 Hz,fp2=170 Hz,fs1=130 Hz,fs2=190 Hz,滤波器长度设定为 30。

程序清单如下：

```
Fs = 1000 ;                         % 采样频率
Fs2 = Fs/2;                         % 奈奎斯特频率
fp1 = 150; fp2 = 170;               % 通带频率
fs1 = 130; fs2 = 190;               % 阻带频率
N = 30;                             % 滤波器的阶数
f = [0 fs1 fp1 fp2 fs2 Fs2]/Fs2;    % 通带和阻带的频率点值
m = [0 0 1 1 0 0];                  % 通带和阻带的理想幅值
% 第 1 部分
b1 = fir2(N,f,m);                   % 用 fir2 设计滤波器
```

在程序第 1 部分中设定滤波器阶数为 30,求得滤波器的幅值响应图如图 3-13-9(a)所示,从图上看出这滤波器的过渡带较宽,阻带最小衰减为 44 dB。

按式(3-13-1)和式(3-13-2)求滤波器的阶数,即为程序第 2 部分,程序清单如下。求得滤波器的幅值响应图如图 3-13-9(b)所示,从图中可以看出这滤波器的过渡带满足设计的要求,且阻带最小衰减为 69 dB。

```
% 第 2 部分
df = (fp1 - fs1) * pi/Fs2;          % 计算过渡带
M = ceil(6.6 * pi/df);              % 计算滤波器阶数
b2 = fir2(M,f,m);                   % 用 fir2 设计滤波器
```

4. 实 例

例 3-13-6(pr3_13_6) 在信号处理中对信号要乘以一个阶梯形的权函数,信号采样频率为 2 000 Hz,权函数的要求是 150～250 Hz 权函数值为 1,350～500 Hz 权函数值为 0.5,600～700 Hz 权函数值为 0.25。用 fir2 函数设计一个权函数的滤波器满足这些要求。

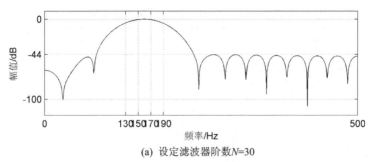

(a) 设定滤波器阶数N=30

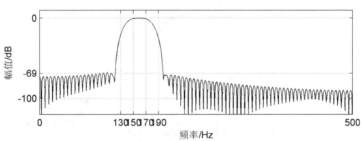

(b) 设定滤波器阶数M=165

图 3-13-9　不同的滤波器阶数得到的幅值响应比较

程序清单如下：

```
% pr3_13_6
clear all; clc; close all;

Fs = 2000;                              % 采样频率
Fs2 = Fs/2;                             % 奈奎斯特频率
fc1 = 150; fc2 = 250; fc3 = 350;        % 各频点的频率值
fc4 = 500; fc5 = 600; fc6 = 700;
fd = [0 fc1 fc2 fc3 fc4 fc5 fc6 800 Fs2]/Fs2;   % 各频率点构成频率矢量
Hd = [0 1 1 0.5 0.5 0.25 0.25 0 0];     % 对应各频点的理想幅值
dw = (fc3 - fc2) * pi/Fs2;              % 求出过渡带宽
N = ceil(11 * pi/dw);                   % 计算滤波器阶数
wind = blackman(N + 1)';                % 布莱克曼窗函数
hn = fir2(N, fd, Hd, wind);             % 用fir2函数定义滤波器系数
[H, f] = freqz(hn, 1, 512, Fs);         % 求滤波器的响应
% 作图
plot(f, abs(H),'k','linewidth',2),
xlabel('频率/Hz'); ylabel('幅值');
title('一个频域阶梯形权系数的幅值响应曲线')
set(gca,'XTickMode','manual','XTick',[0,150,250,350,500,600,700,800])
set(gca,'YTickMode','manual','YTick',[0.25,0.5,1])
grid on; ylim([0 1.2]);
set(gcf,'color','w');
```

运行程序 pr3_13_6 后得图 3-13-10。

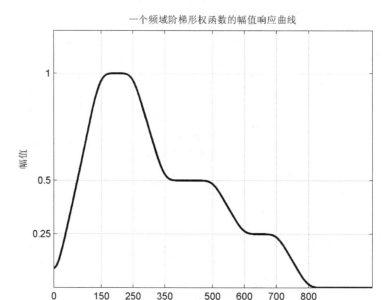

图 3-13-10　一个频域阶梯权函数的幅值响应曲线

3.13.7　案例 3.21：通过 firpm 函数设计的 FIR 滤波器为什么达不到指标要求

1. 概　述

我们在设计滤波器前给了一些具体的通带和阻带频率,通带波纹和阻带衰减的要求,但通过计算求得阶数 N 及滤波器系数 b,从幅值特性来看往往达不到阻带衰减要求,这是为什么？是否有改进的方法？

2. 理论基础

一般可以按式(3-11-8)来计算滤波器系数的长度：

$$\hat{M} = \frac{-20\lg\sqrt{\delta_1\delta_2} - 13}{14.6\Delta f} + 1$$

$$\Delta f = \frac{\omega_s - \omega_p}{2\pi}$$

或利用 firpmord 函数来计算滤波器的阶数 N。但不论按式(3-11-8)来计算 $M(N = M-1)$ 还是用 firpmord 函数求出 N,N 都是近似值,而且不能保证设计出的滤波器一定满足初始提出的条件,往往还需要进行调整。

3. 实　例

例 3-13-7(pr3_13_7)　设计一个等波纹的低通滤波器,采样频率为 2 000 Hz,通带和阻带频率分别为 fp=200 Hz,fs=300 Hz,通带波纹和阻带衰减分别为 Rp=2 dB,As=40 dB。在程序中调整滤波器阶数,以保证阻带衰减 As 不小于 40 dB,满足设计要求。程序清单如下：

```
% pr3_13_7
clear all; clc; close all;
```

```matlab
Fs = 2000;                                          % 采样频率
Fs2 = Fs/2;                                         % 奈奎斯特频率
fp = 200; fs = 300;                                 % 通带和阻带频率
wp = fp * pi/Fs2; ws = fs * pi/Fs2;                 % 通带和阻带归一化角频率
Rp = 2; As = 40;                                    % 通带波纹和阻带衰减
F = [wp ws]/pi;                                     % 理想滤波器的频率矢量
A = [1,0];                                          % 理想滤波器的幅值矢量
% 通带波纹和阻带衰减线性值
devp = (10^(Rp/20) - 1)/(10^(Rp/20) + 1); devs = 10^( - As/20);
dev = [devp,devs];                                  % 与理想滤波器的偏差的矢量

[N,F0,A0,W] = firpmord(F,A,dev);                    % 调用 firpmord 函数计算参数
N = N + mod(N,2);                                   % 保证滤波器阶数为偶数
Acs = 1;                                            % Acs 初始化
dw = pi/500;                                        % 角频率分辨率
ns1 = floor(ws/dw) + 1;                             % 通带对应的样点
np1 = floor(wp/dw) - 1;                             % 阻带对应的样点
wlip = 1:np1;                                       % 通带样点区间
wlis = ns1:501;                                     % 阻带样点区间

while Acs > - As                                    % 阻带衰减不满足条件将循环
    h = firpm(N,F0,A0,W);                           % 用 firpm 函数设计滤波器
    [db, mag, pha, grd,w] = freqz_m(h,1);           % 计算滤波器频域响应
    Acs = max(db(wlis));                            % 求阻带衰减值
    fprintf('N = % 4d   As = % 5.2f\n',N, - Acs);   % 显示滤波器阶数和衰减值
    N = N + 2;                                      % 阶数加2,保证为第 1 类滤波器
end
N = N - 2;                                          % 修正 N 值
[Hr,w,P,L,type] = ampl_ress(h);                     % 计算滤波器的振幅响应
% 作图
subplot 221; plot(w/pi * Fs2/1000,db,'k','linewidth',2);
title('等波纹滤波器幅值响应');
xlabel('频率/kHz'); ylabel('幅值/dB')
grid; axis([0 1 - 100 10]);
set(gca,'XTickMode','manual','XTick',[0,0.2,0.3,1])
set(gca,'YTickMode','manual','YTick',[ - 40,0])
L = 0:N;
subplot 223; stem(L,h,'k'); axis([ - 1,N, - 0.1,0.3]); grid;
title('滤波器脉冲响应');xlabel('样点'); ylabel('幅值');
subplot 222; plot(w/pi * Fs2/1000,Hr,'k','linewidth',2);
title('等波纹滤波器振幅响应');  grid;
xlabel('频率/kHz'); ylabel('振幅值')
set(gca,'XTickMode','manual','XTick',[0,0.2,0.3,1])
set(gca,'YTickMode','manual','YTick',[0,0.89,1.11])
subplot 224; plot(wlip/500,Hr(wlip) - 1,'k','linewidth',2); hold on
plot(wlis/500,Hr(wlis),'k','linewidth',2);
title('通带和阻带波纹振幅值');
xlabel('频率/kHz'); ylabel('振幅值')
xlim([0 1]); grid;
set(gca,'XTickMode','manual','XTick',[0,0.2,0.3,1])
set(gca,'YTickMode','manual','YTick',[ - 0.11, - 0.01,0,0.01,0.11]);
set(gcf,'color','w');
```

说明：

① 通过式(3-11-8)或 firpmord 函数求出的滤波器阶数 N 一般都偏小，所以在程序中设置了一个循环(用 while--end)，一旦求出滤波器系数，就可进一步求出该系数对应阻带的最大衰减量，比较是否满足设计要求，不满足时调整阶数继续循环，满足要求后方可跳出循环。

② 在程序中求出的阶数 N 是偶数，以保证滤波器系数长度 M(M＝N＋1)是奇数，且为第 1 类 FIR 滤波器。所以当某一个 N 值对应的阻带衰减不满足设计要求时，若要增加 N，则可用 N＝N＋2，这是因为 N 是偶数，加 2 后还是偶数。

③ 在程序中还计算了低通滤波器的振幅响应，主要是为了得到通带和阻带的波纹波形，也在图 3-13-11 中给出。从图中可以看出通带和阻带的波纹是等波纹的，而且通带和阻带的波纹满足了设计的要求。在窗函数法和频率采样法设计 FIR 滤波器中，往往只能控制阻带的衰减(波纹)，而对于通带的波纹没有办法控制；阻带中的波纹也不是等波纹的。在本例中显示出通带和阻带的波纹波形，说明首先是等波纹的，其次 δ_1 和 δ_2 都可以得以控制。

运行程序 pr3_13_7 后得到如下结果：

N = 24   As = 39.39
N = 26   As = 41.53

从 firpmord 函数求出的 N 值为 24，此时对应的阻带衰减为 39.39 dB，不满足设计要求，因此 N＝N＋2＝26，在 N＝26 时阻带衰减为 41.53 dB 满足了设计要求，结束循环。

运行程序 pr3_13_7 后得图 3-13-11。

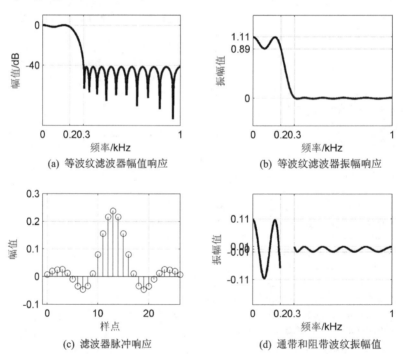

(a) 等波纹滤波器幅值响应
(b) 等波纹滤波器振幅响应
(c) 滤波器脉冲响应
(d) 通带和阻带波纹振幅值

图 3-13-11 等波纹低通滤波器的幅值响应、振幅响应、脉冲响应以及通带和阻带的波纹图

4. 案例延伸

在程序 pr3_13_7 中设计了一个低通滤波器，这里再设计一个带通滤波器，采用的方法是

相同的,但关键是在 F、A、dev 等参数的设置上。对于设计带通滤波器,有频点 fs1、fp1、fp2、fs2。有人把频率矢量 F 设置为 $F=[0,fs1,fp1,fp2,fs2,1]$,把 A 设置为 $A=[0,0,1,1,0,0]$。但 F 的长度必须要满足 $2*A$ 的长度再减 2,故以上的设置是不正确的。

例 3-13-8(pr3_13_8)　设计一个等波纹的带通滤波器,采样频率为 10 Hz,通带频率为 1.5 Hz 和 2.5 Hz,阻带频率为 1 Hz 和 3 Hz。通带波纹为 2 dB,阻带衰减为 80 dB。

程序 pr3_13_8 清单如下:

```
% pr3_13_8
clear all; clc; close all;

Fs = 10;                                        % 采样频率
fp1 = 1.5; fp2 = 2.5;                           % 通带和阻带频率
fs1 = 1; fs2 = 3;
Rp = 2; As = 80;                                % 设置 Rp 和 As
wp1 = 2 * fp1/Fs;wp2 = 2 * fp2/Fs;              % 归一化角频率
ws1 = 2 * fs1/Fs; ws2 = 2 * fs2/Fs;
F = [ws1 wp1 wp2 ws2];                          % 给出频率矢量 F
devp = (10^(Rp/20) - 1)/(10^(Rp/20) + 1);       % 计算波纹和衰减线性值
devs = 10^( - As/20);
dev = [devs devp devs];                         % 设置偏离值
A = [0 1 0];                                    % 设置带通或带阻,1 为带通,0 为带阻

[N,F0,A0,W] = firpmord(F,A,dev,2);              % 调用 firpmord 函数计算参数
N = N + mod(N,2);                               % 保证滤波器阶数为偶数
Acs = 1;                                        % Acs 初始化
dw = 1/500;                                     % 角频率分辨率
ns1 = floor(ws1/dw) - 1;                        % 阻带对应的样点
ns2 = floor(ws2/dw) + 1;
np1 = floor(wp1/dw) - 1;                        % 通带对应的样点
np2 = floor(wp2/dw) + 1;
wlip = np1:np2;                                 % 通带样点区间
wlis1 = 1:ns1;                                  % 阻带样点区间
wlis2 = ns2:501;
while Acs > - As                                % 阻带衰减不满足条件将循环
    h = firpm(N,F0,A0,W);                       % 用 firpm 函数设计滤波器
    [db, mag, pha, grd,w] = freqz_m(h,1);       % 计算滤波器频域响应
    Acs1 = max(db(wlis1));                      % 求阻带衰减值
    Acs2 = max(db(wlis2));
    Acs = max(Acs1,Acs2);
    fprintf('N = % 4d   As = % 5.2f\n',N, - Acs);  % 显示滤波器阶数和衰减值
    N = N + 2;                                  % 阶数加 2,保证为第 1 类滤波器
end
N = N - 2;                                      % 修正 N 值
[Hr,w,P,L,type] = ampl_ress(h);                 % 计算滤波器的振幅响应
figure(2)
plot(w/pi * Fs/2,db,'k'); grid;
title('等波纹带通滤波器的幅值响应 ');
xlabel(' 频率/Hz'); ylabel(' 幅值/dB')
set(gcf,'color','w');
```

说明:用 firpmord 函数设计带通滤波器时,幅值 A 矢量很简单,用 $A=[0,1,0]$ 就可以了,

按 F 的长度必要满足 $2*A$ 的长度-2，则 F 的长度应为 4 个元素，所以 F 有：F=[ws1, wp1, wp2, ws2]，其中的 wp 和 ws 都是归一化频率。Dev 的长度和 A 的长度相等，求出 Rp 和 As 的线性值 devp 和 devs，就可以构成 dev=[devs, devp, devs]。

和程序 pr3_13_7 一样，开始估算得到的 N 偏小，经循环几次后满足了衰减的要求：

N = 46   As = 77.57
N = 48   As = 77.64
N = 50   As = 79.08
N = 52   As = 80.44

运行程序 pr3_13_8 后得图 3-13-12。

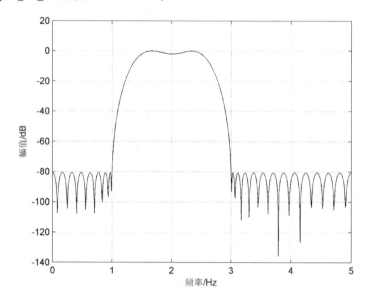

图 3-13-12　等波纹带通滤波器的幅值响应曲线

3.13.8　案例 3.22：如何设计多频带的 FIR 滤波器

1. 概　述

有时在信号处理中需要对信号进行多频带的数字滤波，以往的办法是单独设计一个个频带的滤波器，把信号输入到每一个滤波器(并联)，再把它们的输出信号叠加在一起。是否能设计一个多频带的滤波器，一次输入/输出把多频带的滤波都处理了。答案是可以做到，在本小节中将介绍用 fir2 函数和等波纹法设计 FIR 的多频带滤波器。

2. 实　例

例 3-13-9(pr3_13_9)　设待处理信号的采样频率是 2 000 Hz，而需要信号的频率区间为 260～340 Hz、640～680 Hz、860～1 000 Hz 等，这样有 3 个频带，其中 2 个是带通滤波器，1 个是高通滤波器。要求滤波器的通带波纹为 1 dB，阻带衰减不低于 40 dB。设置滤波器参数如下：fc1=220, fc2=260, fc3=340, fc4=380, fc5=520, fc6=560, fc7=640, fc8=680, fc9=820, fc10=860。其中，阻带频率为 fc1, fc4, fc5, fc8, fc9，通带频率有 fc2, fc3, fc6, fc7, fc10。用 fir2 函数(频率采样法和窗函数法结合的方法)和等波纹法设计 FIR 滤波器。

程序清单如下：

```matlab
% pr3_13_9
clear all; clc; close all;

Fs = 2000;                                      % 采样频率
Fs2 = Fs/2;                                     % 奈奎斯特频率
% 滤波器各个频率点值
fc1 = 220; fc2 = 260; fc3 = 340; fc4 = 380; fc5 = 520;
fc6 = 560; fc7 = 640; fc8 = 680; fc9 = 820; fc10 = 860;
rp = 1; as = 40;                                % 通带波纹和阻带衰减
% 归一化各频点值
Fc = [fc1 fc2 fc3 fc4 fc5 fc6 fc7 fc8 fc9 fc10]/Fs2;
% fir2法
f = [0 Fc 1];                                   % 构成理想滤波器的频率矢量
a = [0 0 1 1 0 0 1 1 0 0 1 1];                  % 构成理想滤波器的幅值矢量
dw = (fc3 - fc2) * pi/Fs2;                      % 归一化的过渡带值
N1 = ceil(6.6 * pi/dw);                         % 计算海明窗时滤波器的阶数
N1 = N1 + mod(N1,2);                            % 保证滤波器阶数为偶数
b = fir2(N1,f,a);                               % 用fir2函数求出滤波器系数
[db1,mag1,pha1,grd1,w1] = freqz_m(b,1);         % 求出滤波器频域响应
% 等波纹法
A = [0 1 0 1 0 1];                              % 构成幅值矢量
devp = (10^(rp/20) - 1)/(10^(rp/20) + 1);       % 求出通带的偏差值
devs = 10^( - as/20);                           % 求出阻带的偏差值
dev = [devs devp devs devp devs devp];          % 构成滤波器设计中的偏差矢量
[N2,F0,A0,W] = firpmord(Fc,A,dev);              % 用firpmord求出滤波器的阶数
N2 = N2 + mod(N2,2);                            % 保证滤波器阶数为偶数
df = Fs2/500;                                   % 频域分辨率
ns1 = ceil(fc1/df) + 1;                         % fc1对应的样点值
wlis = 1:ns1;                                   % 阻带样点区间
Acs = 1;                                        % Acs初始值
while Acs > - as                                % 阻带衰减不满足条件将循环
    h = firpm(N2,F0,A0,W);                      % 用firpm函数设计滤波器
    [db2, mag2, pha2, grd2,w2] = freqz_m(h,1);  % 计算滤波器频域响应
    Acs = max(db2(wlis));                       % 求阻带衰减值
    fprintf('N = % 4d    As = % 5.2f\n',N2, - Acs); % 显示滤波器阶数和衰减值
    N2 = N2 + 2;                                % 阶数加2,保证为第1类滤波器
end
N2 = N2 - 2;                                    % 修正N2值
% 作图
subplot 211; plot(w1/pi * Fs2,db1,'k','linewidth',2)
grid; axis([0 1000 - 80 10]);
set(gca,'XTickMode','manual','XTick',[0 220 260 340 380 520 560 640 680 820 860 1000])
set(gca,'YTickMode','manual','YTick',[ - 40,0])
title('fir2函数设计滤波器幅值响应');
xlabel('频率/kHz'); ylabel('幅值/dB')
subplot 212; plot(w2/pi * Fs2,db2,'k','linewidth',2)
grid; axis([0 1000 - 80 10]);
set(gca,'XTickMode','manual','XTick',[0 220 260 340 380 520 560 640 680 820 860 1000])
set(gca,'YTickMode','manual','YTick',[ - 40,0])
title('等波纹法设计滤波器幅值响应');
```

```
xlabel('频率/kHz'); ylabel('幅值/dB')
set(gcf,'color','w');
```

同程序 pr3_13_7,在 firpm 函数设计中用 firpmord 求出的阶数 N2 过小,阻带衰减满足不了设计的要求,通过多次循环才满足,显示出循环了 7 次:

```
N = 76      As = 38.89
N = 78      As = 39.15
N = 80      As = 39.85
N = 82      As = 39.87
N = 84      As = 39.93
N = 86      As = 39.90
N = 88      As = 40.16
```

运行程序 pr3_13_9 后得图 3-13-13,用 fir2 函数得到多频带 FIR 滤波器的幅值响应如图 3-13-13(a)所示,用 firpm 函数得到多频带 FIR 滤波器的幅值响应如图 3-13-13(b)所示。

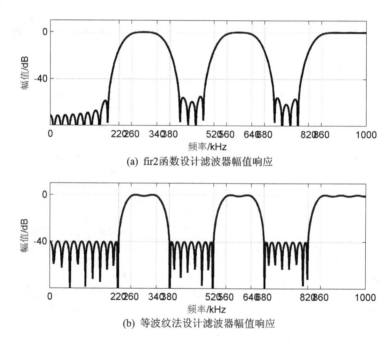

(a) fir2函数设计滤波器幅值响应

(b) 等波纹法设计滤波器幅值响应

图 3-13-13 用 fir2 函数和等波纹法设计多频带滤波器幅值响应

3. 讨 论

① 用 fir2 函数设计中用了海明窗函数,以海明窗计算了滤波器的阶数 N1,但从图 3-13-13(a)中可以看到,过渡带较宽,在设置的阻带频率点上(220 Hz、360 Hz、520 Hz、680 Hz、820 Hz)并没有满足设计要求,即衰减没有达到 40 dB。也就是说,fir2+海明窗函数设计中计算滤波器阶数的方法对于多频带不完全适用。

② 用等波纹设计 FIR 多频带滤波器,虽然计算出来的阶数 N2 也不满足阻带的衰减要求,但经过几次增加阶数的循环,最后还是获得了满意的结果。在本例中 fir2 函数求得滤波器阶数 N1 为 84,等波纹法求得滤波器阶数 N2 为 88,两者较为接近,但在幅值响应方面显然等波纹法要优于 fir2 函数法。

3.13.9 案例 3.23：如何用 FIR 滤波器设计数字微分器[3,13]

1. 概　述

在实际应用中，有时需要数字微分器，在本节中将介绍通过 FIR 滤波器设计数字微分器。

2. 理论基础

理想数字微分器的幅值响应为

$$H_d(e^{j\omega}) = \begin{cases} j\omega, & 0 < \omega \leqslant \pi \\ -j\omega, & -\pi < \omega < 0 \end{cases} \quad (3-13-7)$$

离散域处理中，若微分器长 M 为奇数（第 3 类滤波器），则转变为

$$H(k) = \begin{cases} j\dfrac{2\pi}{M}k, & k = 0,1,\cdots,\dfrac{M-1}{2} \\ -j\dfrac{2\pi}{M}(M-k), & k = \dfrac{M-1}{2}+1,\cdots,M-1 \end{cases} \quad (3-13-8a)$$

若微分器长 M 为偶数（第 4 类滤波器），则转变为

$$H(k) = \begin{cases} j\dfrac{2\pi}{M}k, & k = 0,1,\cdots,\dfrac{M}{2}-1 \\ -j\dfrac{2\pi}{M}(M-k), & k = \dfrac{M}{2},\cdots,M-1 \end{cases} \quad (3-13-8b)$$

3. 实　例

例 3-13-10（pr3_13_10） 用等波纹法设计数字微分器，微分器长 N=33。程序清单如下：

```
% pr3_13_10
clear all; clc; close all;

N = 33;                                    % 设置滤波器长
f = 0:0.05:0.95;                           % 设置频率点
a = f * pi;                                % 设置对应频率点的幅值
b = firpm(N,f,a,'differentiator');         % 用等波纹法设计
[db,mag,pha,grd,w] = freqz_m(b,1);         % 求频域响应
% 作图
subplot 211; stem(b,'k');
title('微分器的脉冲响应')
xlabel('样点'); ylabel('幅值')
subplot 212; plot(w/pi,mag,'k','linewidth',2);
grid; title('微分器的幅频特性')
xlabel('归一化频率'); ylabel('幅值')
set(gcf,'color','w');
```

说明：

① 在 firpm 函数中可以带有 'differentiator' 参数，表示设计微分器，这给微分器的设计带来了便利。

② 我们设置了微分器阶数是 33，微分器系数长 M 为 34（偶数），所以得到的微分器是第 4 类滤波器。在文献[3]中还指出，只有第 4 类 FIR 滤波器适合做微分器。微分器阶数是可以改变的，可根据具体情况自行设定，但为了保证微分器是第 4 类 FIR 滤波器，阶数应为奇数。

运行程序 3_13_10 后得图 3-13-14,图中给出了微分器的脉冲响应和幅频特性。

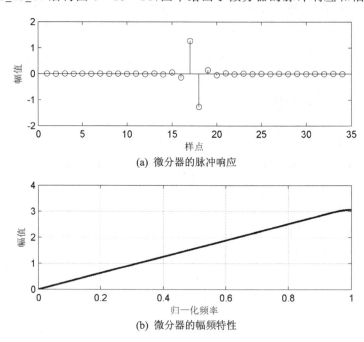

图 3-13-14 微分器脉冲响应和幅频特性

3.13.10 案例 3.24：如何用 FIR 滤波器设计数字希尔伯特变换器[3,13]

1. 概　述

我们经常会用到把信号进行希尔伯特变换,本节中将介绍通过 FIR 滤波器设计数字希尔伯特变换器。

2. 理论基础

线性相位希尔伯特变换器的理想频率响应为

$$H_d(e^{j\omega}) = \begin{cases} -j, & 0 < \omega < \pi \\ j, & -\pi < \omega < 0 \end{cases} \quad (3-13-9)$$

在离散条件下幅度响应是纯虚数,为

$$H(k) = \begin{cases} -j, & k = 1, \cdots, \dfrac{M-1}{2} \\ 0, & k = 0 \\ +j, & k = \dfrac{M-1}{2}+1, \cdots, M-1 \end{cases} \quad (3-13-10)$$

式中:M 为奇数。

3. 实　例

例 3-13-11(pr3_13_11)　用等波纹法设计数字希尔伯特变换器,变换器系数长 M=51。程序清单如下:

```
% pr3_13_11
```

```
clear all; clc; close all;
N = 50;                                    % 设置滤波器长
M = N + 1;                                 % 希尔伯特变换器长
f = [0.05,0.95];                           % 设置频率点
a = [1 1];                                 % 设置对应频率点的幅值
h = firpm(N,f,a,'hilbert');                % 用等波纹法设计
[db,mag,pha,grd,w] = freqz_m(h,[1]);       % 求频域响应
% 作图
subplot(1,1,1)
subplot(2,1,1); stem([0:N],h,'k');
title('希尔伯特变换器的脉冲响应')
xlabel('样点'); ylabel('幅值')
axis([0,N,-0.8,0.8])
set(gca,'XTickMode','manual','XTick',[0,N])
set(gca,'YTickMode','manual','YTick',[-0.8:0.2:0.8]);
subplot(2,1,2); plot(w/pi,mag,'k','linewidth',2);
grid; title('希尔伯特变换器的幅频特性')
xlabel('归一化频率'); ylabel('幅值')
set(gca,'XTickMode','manual','XTick',[0,f,1])
set(gca,'YTickMode','manual','YTick',[0,1]);
set(gcf,'color','w');
```

说明：

① 在 firpm 函数中可以带有 'hilbert' 参数，表示设计希尔伯特变换器，这给希尔伯特变换器的设计带来了便利。

② 程序中设置了希尔伯特变换器系数长是 51，滤波器阶数 N=50，系数长是奇数，所以得到的希尔伯特变换器是第 3 类滤波器。希尔伯特变换器阶数是可以改变的，可根据具体情况自行设定，但为了保证希尔伯特变换器是第 3 类 FIR 滤波器，阶数应为偶数，系数长为奇数。

运行程序 3_13_11 后得图 3-13-15，图中给出了希尔伯特变换器的脉冲响应和幅频特性。

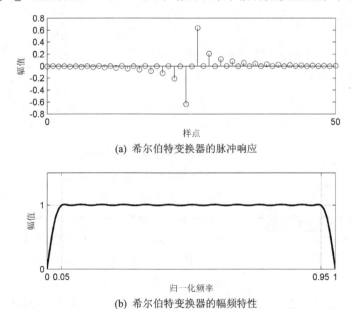

(a) 希尔伯特变换器的脉冲响应

(b) 希尔伯特变换器的幅频特性

图 3-13-15　希尔伯特变换器的脉冲响应和幅频特性

3.14 用 FDATool 设计数字滤波器

在 MATLAB 中有辅助滤波器的设计工具 FDATool,它是以图形的形式帮助设计数字滤波器。本小节将介绍利用 FDATool 滤波器的设计方法。

3.14.1 IIR 滤波器设计

在 MATLAB 命令窗中输入

>>fdatool

将会出现如图 3-14-1 所示的窗口,在窗口的左下角选择 IIR 滤波器时又要指定滤波器的类型,包括 Butterworth、Chebyshev TypeⅠ、Chebyshev TypeⅡ 和 Ellipse 等。这里以选择 Butterworth 滤波器为例,在 IIR 下拉列表框中选择 Butterworth,如图 3-14-2 所示。

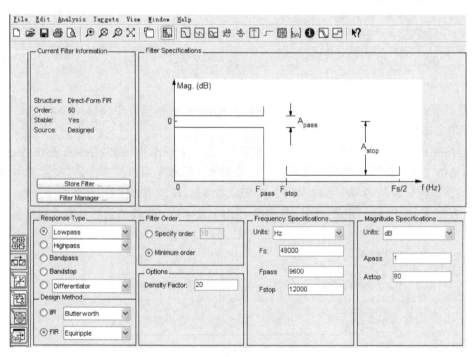

图 3-14-1 fdatool 设计滤波器主窗口

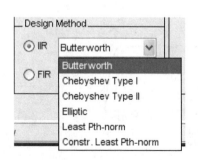

图 3-14-2 选择设计方法

然后,在左侧 Response Type 栏中选择设计哪种类型的滤波器(见图 3-14-3):Lowpass(低通)、Highpass(高通)、Bandpass(带通)和 Bandstop(带阻)滤波器。接着设置滤波器参数,例如采样频率、Fstiop1(第 1 阻带频率)、Fpass1(第 1 通带频率)、Fpass2(第 2 通带频率)和 Fstiop2(第 2 阻带频率),同时要选择好最右边的 Astop1(第 1 阻带频率的衰减)、Apass(通带的波纹)和 Astop2(第 2 阻带的衰减)。这些都选择完成并确认无误以后,单击 Design Filter 按钮,就会显示出滤波器的频率响应曲线图。

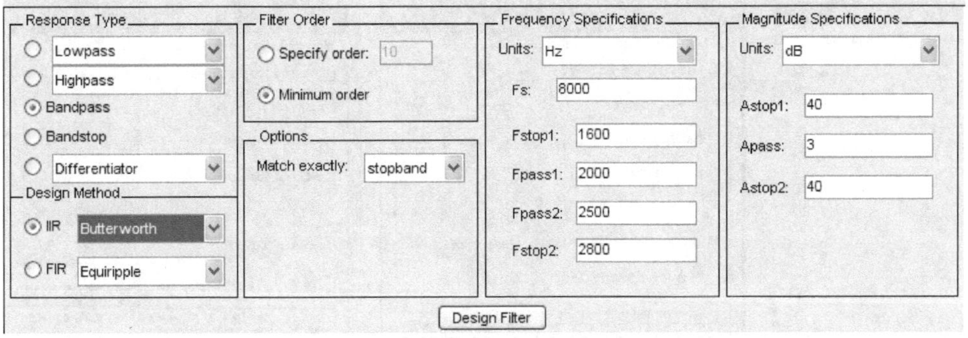

图 3-14-3　指定了滤波器的各个指标

这里选择的是带通滤波器,采样频率是 8000 Hz,Fstop1=1600,Fpass1=2000,Fpass2=2500,Fstop2=2800,Astop1=40,Apass=3,Astop2=40,如图 3-14-3 所示。单击 Design Filter 按钮后,滤波器的幅值响应曲线显示如图 3-14-4 所示。

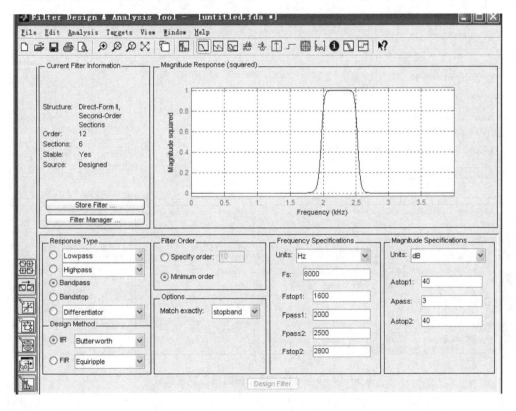

图 3-14-4　给出了滤波器的幅值响应曲线

从图 3-14-4 中可以看到,得到的幅值响应曲线是线性的。但有时需要纵坐标是对数的,以 dB 来表示,这时可以把鼠标指针放在图形上,右击弹出如图 3-14-5(a)所示的菜单;选择 Analysis Parameters 命令,弹出如图 3-14-5(b)所示的菜单;在 Magnitude Display 的下拉列表中选择 Magnitude(dB)选项,并单击 OK 按钮(如图 3-14-5(c)所示)。这样即可将

图3-14-4转换为图3-14-6所示的响应曲线,这时纵坐标的单位便是dB。

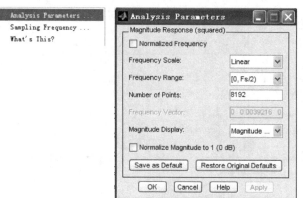 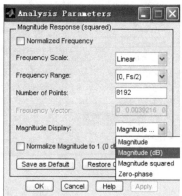

(a) 右键快捷菜单　　(b) Analysis Parameters对话框　　(c) 设置Magnitude Dispaly

图3-14-5　改变为纵坐标值以dB单位的菜单选择

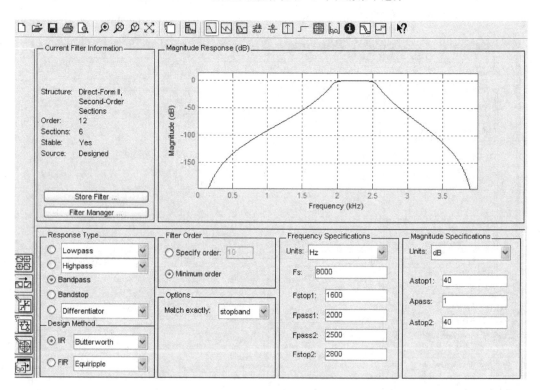

图3-14-6　给出了滤波器的幅值响应曲线

在图3-14-4窗口中可以看到有如图3-14-7所示的工具栏,提供一些相应功能的按钮。这些按钮的功能列在表3-14-1中。

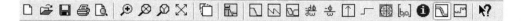

图3-14-7　工具栏

表 3-14-1 工具栏中各个按钮的功能表

按钮	功能
	新的滤波器分析
	打开已有的设计文件或按文件保存现有的设计,文件的后缀都为 fda
	打印显形
	ZOOM 放大,X 方向放大,Y 方向放大
	恢复默认的图形
	打开一个图形模块,把现有的图形显示
	给出滤波器的指标说明,如图 3-14-3 所示
	显示滤波器的幅值响应曲线
	显示滤波器的相位响应曲线
	同时显示滤波器的幅值响应和相位响应曲线
	显示群延迟
	显示相位延迟
	显示滤波器的脉冲响应曲线
	显示滤波器的阶跃响应曲线
	显示滤波器的零极点图
	显示滤波器的系数
	显示滤波器的信息
	显示估算的滤波器的幅值响应
	显示滤波器的噪声功率谱
	求助

下面介绍几个主要的功能。在图 3-14-6 的基础上单击 按钮,这时图形显示如图 3-14-8 所示,既有幅值响应曲线,又有相位响应曲线。

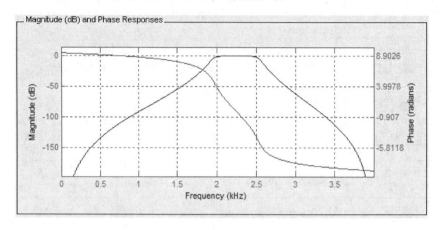

图 3-14-8　给出了滤波器的幅值响应曲线和相位响应曲线

单击 按钮,这时图形显示群延迟曲线,如图 3-14-9 所示。

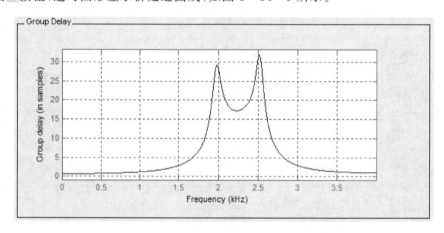

图 3-14-9　给出了滤波器的群延迟曲线

单击 按钮,这时图形显示脉冲序列曲线,如图 3-14-10 所示。

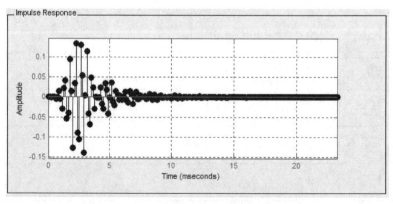

图 3-14-10　给出了滤波器的脉冲序列曲线

单击按钮,这时图形显示滤波器的零极点图,如图 3-14-11 所示。

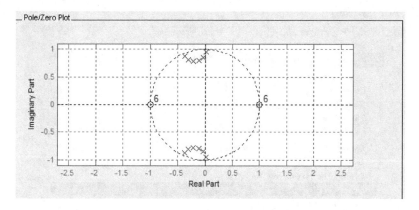

图 3-14-11　给出了滤波器的零极点图

单击按钮,这时图形显示滤波器系数,如图 3-14-12 所示。

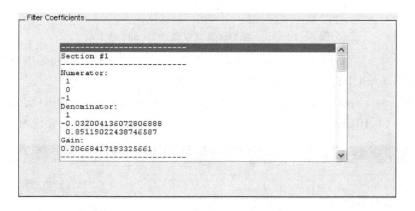

图 3-14-12　给出了滤波器的系数

单击按钮,这时图形显示出滤波器的幅值响应曲线,如图 3-14-13 所示,与图 3-14-6 中曲线类似。

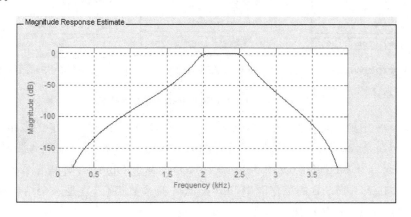

图 3-14-13　给出了滤波器的幅值响应

通过以上图形,我们可以较完整地考察滤波器的特性。在此基础上我们往往需要拿到滤波器的系数,可以进一步进行滤波处理。虽然在图 3-14-12 中显示了滤波器的系数,但它不能输出。具体导出方法如下。

选择菜单命令 File→Export,如图 3-14-14 所示。

图 3-14-14 在 File 菜单中选择 Export 命令

在如图 3-14-15(a)所示的 Export 级联菜单中 Export To 的下拉列表中有 Workspace→CoefficientFile(ASCII)、MAT-File、SPTool 4 项(见图 3-14-15(a))。

选择 Workspace,在 Export As 的下拉列表中有(见图 3-14-15(b)),Coefficient 和 Objects,当选择 Coefficient 时(见图 3-14-15(c)),单击 Export 按钮,将输出 SOS 和 G。

(a) 设置 Export As　　　　(b) 设置 Export To　　　　(c) 单击 Export 按钮

图 3-14-15　Export 中 Workspace 的子菜单

在 Workspace 中就出现了 SOS 和 G 这样 2 个数组,SOS 是一个 $N \times 6$ 的数组(其中 N 是滤波器的阶数),G 是 $(N+1) \times 1$ 的数组(后面说明怎么把 SOS 和 G 恢复到滤波器的系数)。

若在 Export as 下拉列表中(见图 3-14-15(b))选择了 Objects,则单击 Export 按钮后,将输出参数 Hd 在 MATLAB 的工作区中,Hd 是滤波器系数集合,它是一个结构型数据。如果在命令行中输入 Hd,将显示如下内容:

```
Hd =
        FilterStructure: 'Direct-Form II, Second-Order Sections'
```

```
        Arithmetic: 'double'
        sosMatrix: [6x6 double]
           ScaleValues: [0.206684171933257;0.206684171933257;0.190943793786868;0.
190943793786868;0.183346585952933;0.183346585952933;1]
        OptimizeScaleValues: true
        PersistentMemory: false
```

我们将在以后说明从 Hd 中获得到滤波器的系数。

② 若选择 CoefficientFile(ASCII)作为 Export To 的设置(见图 3-14-16(a)),则会输出一个以 fcf 为后缀的文件。滤波器系数可以是十进制、十六进制和二进制(见图 3-14-16(b)),这里选择 Decimal(十进制)。单击 Export 按钮后,将会进一步询问存储 fcf 文件名的信息。

(a) 设置 Export To   (b) 设置滤波器系数为十进制

图 3-14-16 Export 中 CoefficientFile 的子菜单

这里选择了十进制,在 fcf 文件中一样包含有 SOS 和 G 的详细的信息:

```
%
% Generated by MATLAB(R) 7.8 and the Signal Processing Toolbox 6.11.
%
% Generated on: 29-Mar-2015 21:15:30
%

% Coefficient Format: Decimal

% Discrete-Time IIR Filter (real)
% -------------------------------
% Filter Structure    : Direct-Form II, Second-Order Sections
% Number of Sections  : 6
% Stable              : Yes
% Linear Phase        : No


SOS matrix:
1  0  -1  1  -0.032004136072806888   0.89119022438746587
1  0  -1  1   0.7542361041196739     0.89967176614825473
1  0  -1  1   0.067732184548633612   0.72598391115030347
```

```
1  0  -1  1   0.60696974417650185   0.74077920044277212
1  0  -1  1   0.422588483722802     0.64991900383483969
1  0  -1  1   0.23051916328905644   0.6429381912037182
```

Scale Values:
0.20668417193325661
0.20668417193325661
0.19094379378686807
0.19094379378686807
0.18334658595293318
0.18334658595293318

③ 若选择 MAT-File 作为 Export To 的设置,则在 Export As 中一样有 2 个选项(如图 3-14-17所示):Coefficient 和 Objects,不管选哪一个选项,其处理和选择 Workspace 一样。选择 Coefficient,将把 SOS 和 G 写为一个 MAT 文件;选择 Objects,将把 Hd 写为一个 MAT 文件,写文件之前会询问文件名的信息。以后要用时,只要读入该.mat 文件,即可得到滤波器系数(SOS/G 或 Hd)的信息。

④ 选择 SPTool,如图 3-14-18 所示有 Hd 输出,并输出到 SPTool 的界面中。

图 3-14-17　Export To 中选择 MAT-File

图 3-14-18　Export To 中选择 SPTool

若在图 3-14-14 所示的 File 菜单中选择 Generate M-file 命令,则将把滤波器的指标和设计过程产生一个以.m 为后缀的文件。在弹出的如图 3-14-19 所示对话框中设置文件名。

这里输入文件名为 aa,则在相应的子目录中产生了一个名为 aa.m 的文件,同时它是一个函数,函数名是 aa。该文件的内容如下:

```
function Hd = aa
% AA Returns a discrete-time filter object.

%
% M-File generated by MATLAB(R) 7.8 and the Signal Processing Toolbox 6.11.
%
% Generated on: 02-Feb-2016 17:50:24
%
```

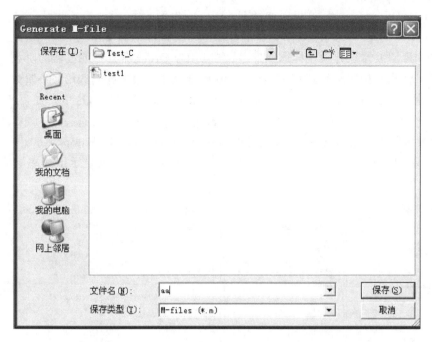

图 3-14-19 把滤波器的设计存储为一个 M 文件

```
% Butterworth Bandpass filter designed using FDESIGN.BANDPASS.

% All frequency values are in Hz.
Fs = 8000;     % Sampling Frequency

Fstop1 = 1600;            % First Stopband Frequency
Fpass1 = 2000;            % First Passband Frequency
Fpass2 = 2500;            % Second Passband Frequency
Fstop2 = 2800;            % Second Stopband Frequency
Astop1 = 40;              % First Stopband Attenuation (dB)
Apass  = 3;               % Passband Ripple (dB)
Astop2 = 40;              % Second Stopband Attenuation (dB)
match  = 'stopband';      % Band to match exactly

% Construct an FDESIGN object and call its BUTTER method.
h  = fdesign.bandpass(Fstop1, Fpass1, Fpass2, Fstop2, Astop1, Apass, ...
                      Astop2, Fs);
Hd = design(h, 'butter', 'MatchExactly', match);
```

当在程序中需要该滤波器时,可以调用该函数:Hd=aa 和 y=filter(Hd,x);或者直接把函数名放在 filter 函数中,如 y=filter(aa,x)。

在图 3-14-12 中给出了滤波器的系数分为 6 节(section),在选择 object 得到 Hd 时,给出的内容为 sosMatrix:[6×6 double],而在滤波器特性写成 fcf 文件中包含有 SOS 的信息也是 6×6 的系数。不论分解为 6 节的系数或 SOS 矩阵都是 6×6 的系数矩阵,其具体含义我们将在 3.14.3 小节中进一步讨论。

3.14.2 FIR 滤波器设计

在启动 FDATool 后,在图 3-14-1 所示窗口中选择 FIR 滤波器,在 Design Method 中可

选择 Equiripple、Windows 等,这里以选择 Equiripple 为例。

在 Response Type 中要选择什么样的滤波器:Lowpass、Highpass、Bandpass、Bandstop 等。我们和 IIR 滤波器设计中一样选择带通。在 Filter Order 中选择滤波器的阶数,它有 2 项选择:Specify Order(指定阶数)和 Minimum Order(最小阶数)。我们选用最小阶数。

在频率指标中要选择 Fs,Fstop1,Fpass1,Fpass2,Fstop2 各参数,这里设置为 Fs=8 000,Fstop1=1 600,Fpass1=2 000,Fpass2=2 500,Fstop2=2 800。还要选择 Wstop1、Wpass 和 Wstop2,即设置阻带的衰减和通带的波纹:Wstop1=60,Wpass=1,Wstop2=60。

设置完成后如图 3-14-20 所示。单击 Design Filter 按钮后就显示出频率响应曲线,如图 3-14-21 所示。

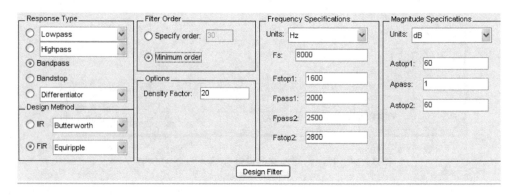

图 3-14-20　FIR 滤波器的设置

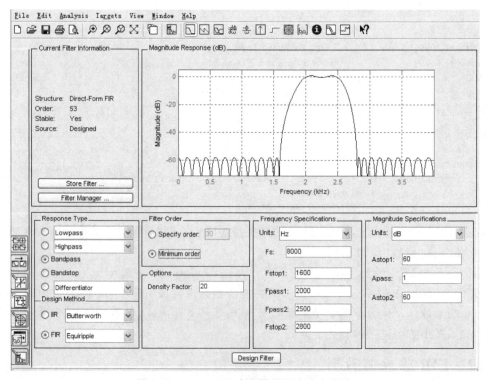

图 3-14-21　FIR 滤波器的频率响应曲线

用 Export 输出滤波器参数,当选择 Workspace 时一样可再选择输出 Coefficients 和 Objects。选择把 Num(分子)输出到 Workspace 中,选 Objects 时把 Hd 输出到 Workspace 中。输出的过程和设计 IIR 滤波器时一样,在这里不再提供窗口图。

选用 CoefficientFile(ASCII),或 MAT-File,或选用 Generate M-file,和 IIR 滤波器一样,或是产生滤波器参数的文本文件,或是产生 MAT 文件,或是产生一个 M 文件。

3.14.3　SOS 系数的进一步说明

SOS 称为二阶分割滤波器系数,它不同于我们以前讲述的一般的滤波器系数,这种系数形式只使用在 IIR 滤波器中。

在 3.1 节中曾介绍过滤波器的级联形式(如图 3-1-5 所示)。由 FDATool(与 3.15 节中介绍的 fdesign+design 方法相同)设计的 IIR 滤波器常表示为如图 3-14-22 所示的形式,即每一个滤波器是由 L 个二阶滤波器级联而成,其中每一个 $H_i(z)(i=1,2,\cdots,L)$ 都是二阶滤波器,可表示为

$$H_i(z) = \frac{b_{i0} + b_{i1}z^{-1} + b_{i2}z^{-2}}{a_{i0} + a_{i1}z^{-1} + a_{i2}z^{-2}}, \quad a_{i0} = 1$$

式中:a_{i0} 恒为 1。

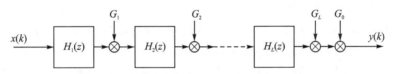

图 3-14-22　滤波器的另一种级联结构形式

SOS 系数表示了 $H_1(z), H_2(z), \cdots, H_L(z)$ 等的二阶滤波器系数,用一个矩阵来表示(大小为 $L \times 6$),每行有 6 个元素,表示一个二阶滤波器分子系数 b 和分母系数 a;当滤波器被分解为 L 个二阶滤波器时,该系数矩阵就有 L 行。但其中每行的数值是这样安排的:$[\tilde{b}_{i0}, \tilde{b}_{i1}, \tilde{b}_{i2}, a_{i0}, a_{i1}, a_{i2}]$,其中 $\tilde{b}_{i0}, \tilde{b}_{i1}, \tilde{b}_{i2}$ 不同于 b_{i0}, b_{i1}, b_{i2},差一个比例常数;$\tilde{b}_{i0}, \tilde{b}_{i1}, \tilde{b}_{i2}$ 的数值被规范,使数值接近±1,最大不超过±2。$\tilde{b}_{i0}, \tilde{b}_{i1}, \tilde{b}_{i2}$ 与 b_{i0}, b_{i1}, b_{i2} 差一个比例常数,设为 G_i。

由于 $\{\tilde{b}\}$ 不同于 $\{b\}$,每个二阶滤波器的输出都要乘以 G_i 以修正输出幅值(如图 3-14-22 所示)。由 L 个滤波器串接中可能有滤波器的耦合使增益发生变化,所以在输出之前还要乘以 G_0 进行增益修正。增益矢量长度为 $L+1$,其中最后一个值就是 G_0(在 FDATool 窗中单击 按钮观察系数,可以看到 output gain=1);但经常会 $G_0=1$,这时输出 .fcf 文件中 G 参数将只有 L 个,没有包括 G_0(隐含 $G_0=1$)。

从 3.14.1 小节中可以看到,设计 IIR 滤波器输出的 .fcf 文件中有 SOS 矩阵(SOS matrix)和 G(Scale Values)矢量为(这是设计一个巴特沃斯带通数字滤波器):

```
SOS matrix:
1    0    -1    1    -0.032004136072806888    0.89119022438746587
1    0    -1    1    0.7542361041196739       0.89967176614825473
1    0    -1    1    0.067732184548633612     0.72598391115030347
1    0    -1    1    0.60696974417650185      0.74077920044277212
1    0    -1    1    0.422588483722802        0.64991900383483969
```

```
 1  0  -1  1    0.23051916328905644    0.6429381912037182
Scale Values:
0.20668417193325661
0.20668417193325661
0.19094379378686807
0.19094379378686807
0.18334658595293318
0.18334658595293318
```

没有包括 $G_0=1$。

在 Hd 参数集合中，IIR 滤波器也包含有 SOS 矩阵(SOS matrix)和 G(Scale Values)矢量。以 3.14.1 小节设计 IIR 滤波器输出 Hd 信息为例：

```
Hd =
        FilterStructure: 'Direct-Form II, Second-Order Sections'
             Arithmetic: 'double'
              sosMatrix: [6x6 double]
            ScaleValues: [0.206684171933257;0.206684171933257;0.190943793786868;
0.190943793786868;0.183346585952933;0.183346585952933;1]
     OptimizeScaleValues: true
        PersistentMemory: false
```

其中包含有 SOS 矩阵(SOS matrix 是一个 6×6 的矩阵)和 G 矢量(Scale Values 是有 7 个元素)，而在 Hd 中 G 矢量有 $L+1$ 个系数，含有 $G_0=1$。

同时当从 FDATool 界面输出系数到工作区或输出写成 mat 文件时，G 矢量都是 $L+1$ 个系数。

3.14.4 案例 3.25：如何把 SOS 或 Hd 转变为滤波器的系数

1. 概 述

通过 FDATool 设计 IIR 滤波器得到的参数是 SOS 和 G，或者 Hd；而通过 FDATool 设计 FIR 滤波器也可得到的参数是 SOS(SOS.mat)，或者 Hd。当然可以用 Hd 在 MATLAB 中观察频响曲线特性，也可以进行滤波：

```
Fvtool(Hd)
y = filter(Hd,x),
```

而 IIR 滤波器的参数 SOS 和 G 不能直接用来滤波，它们不是滤波器系数，一定要把这组参数转换到滤波器系数 B 和 A。有时也需要把 Hd 转换成滤波器系数 B 和 A，怎么样把 SOS 和 G 或者 Hd 转换成滤波器系数 B 和 A；或者对 FIR 滤波器怎么从 SOS.mat 或 Hd 转换成滤波器系数 B，将在本节中讨论。

2. 实 例

例 3-14-1(pr3_14_1)　设计一个 IIR 带通滤波器，采样频率为 8 000 Hz，通带和阻带分别为 fs1=1 600 Hz，fp1=2 000 Hz，fp2=2 500 Hz，fs2=2 800 Hz。通带波纹 Rp 为 3 dB，阻带衰减 As 为 40 dB，选择巴特沃斯滤波器。调用 FDATool，按图 3-14-4 中的各项进行选择，并已生成文件名为 SOS.mat 和 Hd.mat 的文件。现要求从这两个文件的数据转换为滤波器系数 B 和 A。程序清单如下：

```
% pr3_14_1
clear all; clc; close all;

fs = 8000; fs2 = fs/2;                      % 采样频率和奈奎斯特频率
load SOS.mat                                % 读入文件 SOS.mat
[B,A] = sos2tf(SOS,G);                      % 把 SOS 和 G 转换为滤波器系数 B 和 A
[db1,mag1,pha1,grd1,w1] = freqz_m(B,A);     % 计算频域响应特性

load Hd.mat                                 % 读入文件 Hd.mat
[b,a] = tf(Hd);                             % 把 Hd 转换为滤波器系数 b 和 a
% 显示滤波器系数
fprintf('B = %5.6f  %5.6f  %5.6f  %5.6f  %5.6f  %5.6f\n',B);
fprintf('A = %5.6f  %5.6f  %5.6f  %5.6f  %5.6f  %5.6f\n',A);
fprintf('\n')
fprintf('b = %5.6f  %5.6f  %5.6f  %5.6f  %5.6f  %5.6f\n',b);
fprintf('a = %5.6f  %5.6f  %5.6f  %5.6f  %5.6f  %5.6f\n',a);
% 作图
plot(w1/pi * fs2,db1,'k');
grid; axis([0 4000 -170 10]);
xlabel('频率/Hz'); ylabel('幅值/dB');
title('带通滤波器的幅频响应图')
set(gcf,'color','w');
```

说明:

要把 SOS 和 **G** 转换成滤波器系数可用 sos2tf 函数,而要把 Hd 转换成滤波器系数可用 tf 函数。

运行 pr3_14_1 程序后得到滤波器系数,由 SOS 和 **G** 转换的滤波器系数为 B 和 A,有

B = 0.000052   0.000000 -0.000314   0.000000   0.000785   0.000000
    -0.001047   0.000000   0.000785   0.000000 -0.000314   0.000000
     0.000052

A = 1.000000   2.050042   6.064509   8.235800 13.259407 12.813981
    13.955725   9.649370   7.523597   3.509050   1.945356   0.490775
     0.180177

由 Hd 转换的滤波器系数为 b 和 a,有

b = 0.000052   0.000000 -0.000314   0.000000   0.000785   0.000000
    -0.001047   0.000000   0.000785   0.000000 -0.000314   0.000000
     0.000052

a = 1.000000   2.050042   6.064509   8.235800 13.259407 12.813981
    13.955725   9.649370   7.523597   3.509050   1.945356   0.490775
     0.180177

从以上系数中可以看出系数 B 和 b 完全相同,A 和 a 也完全相同。运行 pr3_14_1 程序后还得由 B 和 A 得到的滤波器的幅值响应曲线,如图 3-14-23 所示。

图 3-14-23 所示的幅值响应曲线与由 FDATool 得的幅值响应曲线(图 3-14-6)完全相同,说明所得的滤波器系数是正确的。

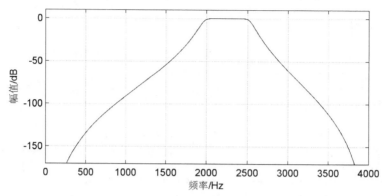

图 3-14-23 带通滤波器的幅值响应曲线图

3. 案例延伸

对于 IIR 滤波器已知 SOS 和 G 可以用上述的方法，而对 FIR 滤波器在 .fcf 文件中没有参数 G，比如图 3-14-21 中设计的 FIR 滤波器，它的 .fcf 文件内容如下：

```
%
% Generated by MATLAB(R) 7.8 and the Signal Processing Toolbox 6.11.
%
% Generated on: 30-Mar-2015 11:29:36
%

% Coefficient Format: Decimal

% Discrete-Time FIR Filter (real)
% -------------------------------
% Filter Structure  : Direct-Form FIR
% Filter Length     : 54
% Stable            : Yes
% Linear Phase      : Yes (Type 2)

Numerator:
0.0012711284248210905
0.00037018742154888555
-0.0036385148797309112
0.0026344609967662394
0.0052006761767689202
-0.0087449867753094032
......
0.0026344609967662394
-0.0036385148797309112
0.00037018742154888555
0.0012711284248210905
```

在 .fcf 中已包括了分子的系数（Numerator），这就是滤波器的系数，所以可以从 .fcf 文件中直接取来滤波器系数。或者可存入 mat 文件，读入该文件后，则直接得到在工作区中的滤波器系数 Num。

3.15 用 fdesign 和 design 设计数字滤波器

在 MATLAB 中除了 3.6 节、3.12 节和 3.14 节介绍的 MATLAB 函数和工具设计 IIR 和 FIR 数字滤波器外,还有一对函数 fdesign 和 design 也可以用来设计数字滤波器。这一对函数既可用来设计 IIR 滤波器,也可以用来设计 FIR 滤波器。它们和 FDATool 一样,但不是以图形形式设计,而是以编程的形式。

1. 低通滤波器的函数

名称:fdesign.lowpass

功能:给出低通滤波器的参数指标集合 d

调用格式:

d = fdesign.lowpass
d = fdesign.lowpass(*spec*)
d = fdesign.lowpass(spec,specvalue1,specvalue2,...)
d = fdesign.lowpass(specvalue1,specvalue2,specvalue3,specvalue4)
d = fdesign.lowpass(...,fs)
d = fdesign.lowpass(...,magunits)

说明:输入参数 spec 中指定了低通滤波器设计中的关键参数,它包含有多种组合形式,可以有

fp,fst,ap,ast(默认的 spec 设置)
n,f3db
n,f3db,ap
n,f3db,fst
n,fc
n,fp,ap
n,fp,ap,ast
n,fp,fst,ap
n,fp,fst
n,fp,fst,ast
n,fst,ap,ast

其中:fp 是通带频率;fst 是阻带频率(fst>fp);ap 是通带的波纹,以 dB 为单位;ast 是阻带的衰减,以 dB 为单位;n 是滤波器的阶数;f3db 是通带衰减 3 dB 的频率;fc 是截止频率。对于 fdesign.lowpass 中的 spec 要用单引号括起来(例如 fdesign.lowpass ('fp,fst,ap,ast'))。在 spec 中的参数字母大小写都可以使用。

参数 specvalue 是针对 spec 参数中某一个参数的具体数值,一个 spec 参数对应一个数值,最多是 4 个参数,所以最多可以带 4 个数值。

参数 fs 是指采样频率。当不存在 fs 时,spec 参数中的频率(fp,fst,fc,f3db)都是归一化频率,而带有 fs 时这几个频率都是具体的频率值,单位为 Hz。

参数 magunits 是指幅值,可以是 linear、dB 和 squared。Linear 表示幅值是线性单位,dB 表示幅值是以 dB 为单位,squared 表示幅值是以功率(powerunit)为单位。但当函数指标中没有写 magunits 参数,则默认为幅值以 dB 为单位;又当存储幅值指标时都以 dB 为单位,此时

与设置的 magunits 参数无关。

使用 d = fdesign.lowpass(specvalue1,specvalue2,specvalue3,specvalue4) 相当于取默认的参数，即 fdesign.lowpass('fp,fst,ap,ast',specvalue1,specvalue2,specvalue3,specvalue4)。

使用 fdesign.lowpass 不带任何参数，或者只带有 spec 参数，而没有具体的数值（fdesign.lowpass(spec)），这时将使用默认设置。

不同的参数组合将有不同的默认数值，大部分设计类型为 FIR 滤波器，但也有设计类型为 IIR 滤波器。不同的参数组合默认值列在表 3-15-1 中。

表 3-15-1 fdesign.lowpass 中参数组合的默认值表

编号	参数组合	默认值	类型
1	Fp,Fst,Ap,Ast（默认的 spec 设置）	0.45,0.55,1,60	FIR
2	N,F3dB	10,0.5	FIR
3	N,F3dB,Ap	10,0.5,1	IIR
4	N,F3dB,Fst	10,0.5,0.55	IIR
5	N,Fc	10,0.5	FIR
6	N,Fp,Ap	10,0.45,1	IIR
7	N,Fp,Ap,Ast	10,0.45,1,60	FIR
8	N,Fp,Fst,Ap	10,0.45,0.55,1	FIR
9	N,Fp,Fst	10,0.45,0.55	FIR
10	N,Fp,Fst,Ast	10,0.45,0.55,60	FIR
11	N,Fst,Ap,Ast	10,0.55,1,60	FIR

2. 高通滤波器的函数

名称：fdesign.highpass

功能：给出高通滤波器的参数指标集合 d

调用格式：

d = fdesign.highpass
d = fdesign.highpass(spec)
d = fdesign.highpass(spec,specvalue1,specvalue2,...)
d = fdesign.highpass(specvalue1,specvalue2,specvalue3,specvalue4)
d = fdesign.highpass(...,fs)
d = fdesign.highpass(...,magunits)

说明：输入参数 spec 中指定了高通滤波器设计中的关键参数，它包含有多种组合形式，可以有

fst,fp,ast,ap（默认的 spec 设置）
n,f3db
n,fc
n,fc,ast,ap
n,fp,ap
n,fp,ast,ap

n,fst,ast
n,fst,ast,ap
n,fst,fp

其中:fst 是阻带频率(fst<fp);fp 是通带频率;ap 是通带的波纹,以 dB 为单位;ast 是阻带的衰减,以 dB 为单位;n 是滤波器的阶数;f3db 是通带衰减 3 dB 的频率;fc 是截止频率。对于 fdesign.highpass 中的 spec 要用单引号括起来,在 spec 中的参数字母大小写都可以使用。

参数 specvalue 是针对 spec 参数中某一个参数的具体数值,一个 spec 参数对应一个数值,最多是 4 个参数,所以最多可以带 4 个数值。

参数 fs 是指采样频率,当不存在 fs 时,spec 参数中频率(fp,fst,fc,f3db)都是归一化频率,而带有 fs 时,这几个频率都是具体的频率值,单位为 Hz。

参数 magunits 是指幅值,可以是 linear、dB 和 squared。linear 表示幅值是线性单位,dB 表示幅值是以 dB 为单位,squared 表示幅值是以功率(powerunit)为单位。函数指标中没有写 magunits 参数,则默认为幅值以 dB 为单位;存储幅值指标时都以 dB 为单位,此时与设置的 magunits 参数无关。

使用 d = fdesign.highpass(specvalue1,specvalue2,specvalue3,specvalue4)相当于取默认的参数,即 fdesign.highass ('fst, fp, ast, ap', specvalue1, specvalue2, specvalue3, specvalue4)。

使用 fdesign.highpass 不带任何参数,或者只带有 spec 参数,而没有具体的数值(fdesign.highpass(spec)),这时将使用默认设置。

不同的参数组合时将有不同的默认数值,大部分设计类型为 FIR 滤波器,但也有设计类型为 IIR 滤波器。不同的参数组合默认值列在表 3 - 15 - 2 中。

表 3 - 15 - 2　fdesign.highpass 中参数组合的默认值表

编号	参数组合	默认值	类型
1	Fst,Fp,Ast,Ap(默认的 spec 设置)	0.45,0.55,60,1	FIR
2	N,F3dB	10,0.5	FIR
3	N,Fc	10,0.5	FIR
4	N,Fc,Ast,Ap	10,0.5,60,1	FIR
5	N,Fp,Ap	10,0.55,1	IIR
6	N,Fp,Ast,Ap	10,0.55,60,1	FIR
7	N,Fst,Ast	10,0.45,60	IIR
8	N,Fst,Ast,Ap	10,0.45,60,1	FIR
9	N,Fst,Fp	10,0.45,0.55	FIR

3. 带通滤波器的函数

名称:fdesign.bandpass
功能:给出带通滤波器的参数指标集合 d
调用格式:

```
d = fdesign.bandpass
```

```
d = fdesign.bandpass(spec)
d = fdesign.bandpass(spec,specvalue1,specvalue2,...)
d = fdesign.bandpass(specvalue1,specvalue2,specvalue3,specvalue4,...
specvalue4,specvalue5,specvalue6)
d = fdesign.bandpass(...,fs)
d = fdesign.bandpass(...,magunits)
```

说明:输入参数 spec 中指定了带通滤波器设计中的关键参数,它包含有多种组合形式,可以有

```
fst1,fp1,fp2,fst2,ast1,ap,ast2(默认的 spec 设置)
n,f3dB1,f3dB2
n,fc1,fc2
n,fc1,fc2,ast1,ap,ast2
n,fp1,fp2,ap
n,fp1,fp2,ast1,ap,ast2
n,fst1,fp1,fp2,fst2
n,fst1,fp1,fp2,fst2,ap
```

其中:fp1 是通带第 1 个通带频率;fp2 是通带第 2 个通带频率;fst1 是第 1 个阻带的频率;fst2 是第 2 个阻带的频率;ap 是通带的波纹,以 dB 为单位;ast1 是第 1 阻带的衰减,以 dB 为单位;ast2 是第 2 阻带的衰减,以 dB 为单位;n 是滤波器的阶数,f3dB1 是通带衰减 3 dB 的第 1 个频率(用于 IIR 滤波器);f3dB2 是通带衰减 3 dB 的第 2 个频率(用于 IIR 滤波器);fc1 是通带衰减 3 dB 的第 1 个频率(用于 FIR 滤波器);fc2 是通带衰减 3 dB 的第 2 个频率(用于 FIR 滤波器)。

对于 fdesign.bandpass 中的 spec 要用单引号括起来,在 spec 参数中字母大小写都可以使用。

参数 specvalue 是针对 spec 参数中某一个参数的具体数值,一个 spec 参数对应一个数值,最多有 7 个参数,所以最多可以带 7 个参数值。

参数 fs 是指采样频率,当不存在 fs 时 spec 参数中频率(fp1,fp2,fst1,fst2,fc1,fc2,f3dB1,f3dB2)都是归一化频率,而带有参数 fs 时这几个频率都是具体的频率值,单位为 Hz。

参数 magunits 是指幅值,可以是 linear、dB 和 squared。linear 表示幅值是线性单位,dB 表示幅值是以 dB 为单位,squared 表示幅值是以功率(powerunit)为单位。函数指标中没有写 magunits 参数,则默认为幅值以 dB 为单位;当存储幅值指标时都以 dB 为单位,此时与设置的 magunits 参数无关。

当使用 d = fdesign.bandpass(specvalue1,specvalue2,specvalue3,specvalue4,specvalue5,specvalue6,specvalue7)时,没有指定 spec,则要用默认的 spec 设置,即相当于 d = fdesign.bandpass('fst1,fp1,fp2,fst2,ast1,ap,ast2',specvalue1,specvalue2,specvalue3,specvalue4,specvalue5,specvalue6,specvalue7)。

使用 fdesign.bandpass 不带任何参数,或者只带有 spec 参数,而没有具体的数值(fdesign.bandpass(spec)),这时将使用默认设置。

不同的参数组合将有不同的默认数值,一部分设计类型为 FIR 滤波器,另一部分设计类型为 IIR 滤波器。现把不同参数组合时的默认值列于表 3-15-3 中。

表 3-15-3　fdesign.bandpass 中参数组合的默认值

编号	参数组合	默认值	类型
1	Fst1,Fp1,Fp2,Fst2,Ast1,Ap,Ast2 (默认的 spec 设置)	0.35,0.45,0.55,0.65,60,1,60	FIR
2	N,F3dB1,F3dB2	10,0.4,0.6	IIR
3	N,Fc1,Fc2	10,0.4,0.6	FIR
4	N,Fc1,Fc2,Ast1,Ap,Ast2	10,0.4,0.6,60,1,60	FIR
5	N,Fp1,Fp2,Ap	10,0.45,0.55,1	IIR
6	N,Fp1,Fp2,Ast1,Ap,Ast2	10,0.45,0.55,60,1,60	IIR
7	N,Fst1,Fp1,Fp2,Fst2	10,0.35,0.45,0.55,0.65	FIR
8	N,Fst1,Fp1,Fp2,Fst2,Ap	10,0.35,0.45,0.55,0.65,1	IIR

4. 带阻滤波器的函数

名称:fdesign.bandstop

功能:给出带阻滤波器的参数指标集合 d

调用格式:

d = fdesign.bandstop

d = fdesign.bandstop(*spec*)

d = fdesign.bandstop(spec,specvalue1,specvalue2,...)

d = fdesign.bandstop(specvalue1,specvalue2,specvalue3,specvalue4,...
specvalue5,specvalue6,specvalue7)

d = fdesign.bandstop(...,fs)

d = fdesign.bandstop(...,magunits)

说明:输入参数 spec 中指定了带通滤波器设计中的关键参数,它包含有多种组合形式,可以有

fp1,fst1,fst2,fp2,ap1,ast,ap2(默认的 spec 设置)

n,f3dB1,f3dB2

n,fc1,fc2

n,fc1,fc2,ap1,ast,ap2

n,fp1,fp2,ap

n,fp1,fp2,ap,ast

n,fp1,fst1,fst2,fp2

n,fst1,fst2,ast

其中:fp1 是通带 1 频率;fp2 是通带 2 频率;fst1 是阻带频率 1(fst1>fp1);fst2 是阻带频率 2(fst2<fp2);ap1 是通带 1 的波纹,以 dB 为单位;ap2 是通带 2 的波纹,以 dB 为单位;ast 是阻带的衰减,以 dB 为单位;n 是滤波器的阶数;f3db1 是通带 1 衰减 3 dB 的频率;f3db2 是通带 2 衰减 3 dB 的频率;fc1 是截止频率 1;fc2 是截止频率 2。对于 fdesign.bandstop 中的 spec 要用单引号括起来,在 spec 中的参数字母大小写都可以使用。

参数 specvalue 是针对 spec 参数中某一个参数的具体数值,一个 spec 参数对应一个数值,最多有 7 个参数,所以最多可以带 7 个参数值。

参数 fs 是指采样频率,当不存在 fs 时 spec 参数中频率(fp1,fp2,fst1,fst2,fc1,fc2,f3dB1,f3dB2)都是归一化频率,而带有参数 fs 时这几个频率都是具体的频率值,单位为 Hz。

参数 magunits 是指幅值,可以是 linear、dB 和 squared。linear 表示幅值是线性单位,dB 表示幅值是以 dB 为单位,squared 表示幅值是以功率(powerunit)为单位。函数指标中没有写 magunits 参数,则默认为幅值以 dB 为单位;当存储幅值指标时都以 dB 为单位,此时与设置的 magunits 参数无关。

当使用 d=fdesign.bandstop(specvalue1,specvalue2,specvalue3,specvalue4,specvalue5,specvalue6,specvalue7)时,没有指定 spec,则要用默认的 spec 设置,即相当于 d = fdesign.bandstop('fst1,fp1,fp2,fst2,ast1,ap,ast2',specvalue1,specvalue2,specvalue3,pecvalue4,specvalue5,specvalue6,specvalue7)。

使用 fdesign.bandstop 不带任何参数,或者只带有 spec 参数,而没有具体的数值(fdesign.bandstop(spec)),这时将使用默认设置。

不同的参数组合将有不同的默认数值,一部分设计类型为 FIR 滤波器,另一部分设计类型为 IIR 滤波器。现把不同参数组合时的默认值列于表 3-15-4 中。

表 3-15-4 fdesign.bandstop 中参数组合的默认值

编号	参数组合	默认值	类型
1	Fp1,Fst1,Fst2,Fp2,Ap1,Ast,Ap2 (默认的 spec 设置)	0.35,0.45,0.55,0.65,1,60,1	FIR
2	N,F3dB1,F3dB2	10,0.4,0.6	IIR
3	N,Fc1,Fc2	10,0.4,0.6	FIR
4	N,Fc1,Fc2,Ap1,Ast,Ap2	10,0.4,0.6,1,60,1	FIR
5	N,Fp1,Fp2,Ap	10,0.35,0.65,1	IIR
6	N,Fp1,Fp2,Ap,Ast	10,0.35,0.65,1,60	IIR
7	N,Fp1,Fst1,Fst2,Fp2	10,0.35,0.45,0.55,0.65	FIR
8	N,Fst1,Fst2,Ast	10,0.45,0.65,60	IIR

5. 带陷滤波器的函数

名称:fdesign.notch

功能:给出带陷滤波器的参数指标集合 d

调用格式:

d = fdesign.notch
d = fdesign.notch(spec)
d = fdesign.notch(spec,value1,value2,...)
d = fdesign.notch(n,f0,q)
d = fdesign.notch(...,Fs)
d = fdesign.notch(...,MAGUNITS)

说明:输入参数 spec 中指定了带通滤波器设计中的关键参数,它包含有多种组合形式,可以有

N,F0,Q(默认的 spec 设置)

N,F0,Q,Ap
N,F0,Q,Ast
N,F0,Q,Ap,Ast
N,F0,BW
N,F0,BW,Ap
N,F0,BW,Ast
N,F0,BW,Ap,Ast

其中：n 是滤波器的阶数；f0 是带陷陷波器的中心频率；Q 是该滤波器的品质因素（一般等于中心频率除以带宽）；bw 是衰减 3 dB 的处的带宽；ap 是通带的波纹，以 dB 为单位；ast 是阻带的衰减，以 dB 为单位。对于 fdesign. notch 中的 spec 要用单引号括起来，在 spec 中的参数字母大小写都可以使用。

参数 value 是针对 spec 参数中某一个参数的具体数值，一个 spec 参数对应一个数值，最多有 5 个参数，所以最多可以带 5 个参数值。

参数 fs 是指采样频率，当不存在 fs 时 spec 参数中频率（fp0,bw）都是归一化频率，而带有参数 fs 时这几个频率都是具体的频率值，单位为 Hz。

参数 magunits 是指幅值，可是以 linear、dB 或 squared。linear 表示幅值是线性单位，dB 表示幅值是以 dB 为单位，squared 表示幅值是以功率（powerunit）为单位。当存储幅值指标时都以 dB 为单位，此时与设置的 magunits 参数无关。

当使用 d = fdesign. notch(n,f0,q) 时，没有指定 spec，则用默认的 spec 设置，即相当于 d = fdesign. notch('n,f0,q',n,f0,q)。

使用 fdesign. notch 不带任何参数，或者只带有 spec 参数，而没有具体的数值（fdesign. notch(spec)），这时将使用默认的设置。

不同的参数组合将有不同的默认数值，在带陷滤波器设计中默认的滤波器都是 IIR 滤波器。现把不同参数组合时的默认值列于表 3-15-5 中。

表 3-15-5 fdesign. notch 中参数组合的默认值

编号	参数组合	默认值	类型
1	N,F0,Q（默认的 spec 设置）	10,0.5,2.5	IIR
2	N,F0,Q,Ap	10,0.5,2.5,1	IIR
3	N,F0,Q,Ast	10,0.5,2.5,60	IIR
4	N,F0,Q,Ap,Ast	10,0.5,2.5,1,60	IIR
5	N,F0,Bw	10,0.5,0.2	IIR
6	N,F0,Bw,Ap	10,0.5,0.2,1	IIR
7	N,F0,Bw,Ast	10,0.5,0.2,60	IIR
8	N,F0,Bw,Ap,Ast	10,0.5,0.2,1,60	IIR

6. 滤波器的设计

以上由 fdesign 给出的 d 只是滤波器参数的集合，还不是滤波器的系数，要通过 design 函数才能把滤波器参数集合 d 转换成滤波器的系数集合 h。

名称：design

功能：计算出滤波器系数集合

调用格式：

h = design(d)
h = design(d,designmethod)

说明：输入参数 d 是由 fdesign 函数给出的参数集合；designmethod 是给出 IIR 或 FIR 滤波器具体某一种设计方法，具体方法列于表 3-15-6 中。

表 3-15-6　参数 designmethod 的具体值

designmethod	说　明
fir	按参数集合 d 设计 FIR 滤波器
iir	按参数集合 d 设计 IIR 滤波器
all fir	按参数集合 d 设计每一种可能的 FIR 滤波器
all iir	按参数集合 d 设计每一种可能的 IIR 滤波器
all	按参数集合 d 设计所有可能的滤波器

在应用 designmethod 的具体值时都要用单引号括起来。输出参数 h 是滤波器系数的集合，是一个结构型数组。

3.15.1　案例 3.26：为什么在使用 design 函数时常会出现"invalid design method"

1. 概　述

在前面的介绍中，可以看到 fdesign 和 design 都可以包含有许多参数，但当利用 fdesign 和 design 函数设计某种特定的滤波器时，往往很容易产生"invalid design method"的错误信息。这实际上是某一种参数集合并不适用于所有的滤波器，有一些是适用于 IIR，有一些适用于 FIR，更有一些是适用于某一种滤波器，而不适用于其他大部分的滤波器。在本小节中虽以低通滤波器为例，但同样适用于其他类型的滤波器设计。

2. 案例分析和解决方法

下面来看一个简单的例子。例如：要求滤波器的阶数为 6 阶，3 dB 的频率为 0.4，通带内的波纹为 0.5，以这样 3 个指标设计一个巴特沃斯低通滤波器。

滤波器给出的指标分别为 n、f3db 和 ap，可方便地给出

```
d = fdesign.lowpass('N,F3dB,ap',6,0.4,0.5);
hd = design(d,'iir','butter')
```

执行这两个语句，即刻就会呈现"butter is an invalid design method"。这实际上说明设置的参数集合 d 不适用于设计巴特沃斯滤波器。那么这样的参数集合 'N,F3dB,ap' 适合设计什么样的滤波器呢？或者怎么在使用 design 函数之前能知道 fdesign 给出的参数集适合用于哪些滤波器呢？

在 MATLAB 中有一个函数 designmethods，利用该函数能给出某个特定的 d 适用来设计哪些滤波器。例如：用

```
d = fdesign.lowpass('N,F3dB,ap',6,0.4,0.5);
```

增加一个语句

designmethods(d)

执行后将显示出 cheby1,说明参数集合 'N,F3dB,ap' 只适合设计切比雪夫Ⅰ型滤波器。

3. 实 例

例 3-15-1(pr3_15_1) 要求滤波器的阶数为 6 阶,3 dB 的频率为 0.4,通带内的波纹为 0.5,以这样 3 个指标设计一个切比雪夫Ⅰ型低通滤波器,并用 fvtool 函数作图显示。

程序清单如下:

```
% pr3_15_1
clear all; clc; close all;

d = fdesign.lowpass('N,F3dB,ap',6,0.4,0.5);    % 设置滤波器的参数集合
designmethods (d)                              % 给出参数集合适用的滤波器
hd = design(d,'cheby1');                       % 设计切比雪夫Ⅰ型滤波器
fvtool(hd)                                     % 显示滤波器响应曲线
```

说明:在 design 中若是用 iir 中的某一种滤波器,例如用 cheby1,则在 design(d,'iir', 'cheby1')中的 'iir' 可省略,简写为 design(d,'cheby1')。

运行程序 pr3_15_1 后得图 3-15-1。

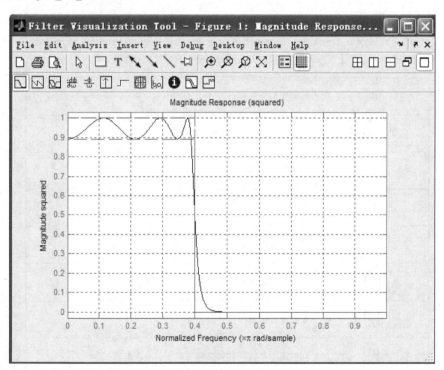

图 3-15-1 切比雪夫Ⅰ型滤波器的幅值响应曲线(纵坐标是 Magnitude squared)

在图 3-15-1 中我们可以看出,蓝线是画出了滤波器的幅值响应,而两条红色横向虚线画出通带波纹的范围,波纹设置在 0.5 dB,相当于在 0.94~1 之间波动。而在归正频率 0.4 处红色实线给出了 F3dB 的频率,从图中可看出这红线与响应曲线(幅值平方响应)相交在 0.5

处,对应于 3 dB,说明该滤波器的设计完全满足初始设定的要求。

4. 案例延伸

在图 3-15-1 的上面有两行工具栏,如图 3-15-2 所示。

图 3-15-2 fvtool 显示图形中的工具栏

工具栏中各个按钮的功能如表 3-15-7 所列。

表 3-15-7 工具栏中各个按钮的功能表

按钮	功能
	新的滤波器分析
	打印显形
	编辑
	插入矩形框和插入文字
	画带有双向箭头或单向箭头的直线或单纯画直线
	锚定图形标注
	ZOOM 放大,X 方向放大,Y 方向放大
	恢复默认的图形
	打开或关闭标注说明
	关闭打开网格的功能
	显示滤波器的幅值响应曲线
	显示滤波器的相位响应曲线
	同时显示滤波器的幅值响应和相位响应曲线
	显示群延迟
	显示相位延迟

续表 3-15-7

按 钮	功 能
↑	显示滤波器的脉冲响应曲线
⌐	显示滤波器的阶跃响应曲线
⊕	显示出滤波器的零极点图
[ba]	显示滤波器的系数
i	显示滤波器的信息
 ⌒	显示滤波器的幅值响应估算
 ⌐	显示滤波器的噪声功率谱

工具栏中大部分按钮和 FDATool 工具栏的按钮相同。只有少部分是 FDATool 中的工具栏中没有的。

从图 3-15-1 中可以看出幅值响应的纵坐标是幅值平方,而我们常希望滤波器响应曲线的纵坐标是分贝值,这又怎样来完成？这也类似于在 FDATool 的图形上,把鼠标指针放在图中右击,弹出右键快捷菜单(如图 3-15-3 所示),单击 Analysis Parameters 命令后弹出如图 3-15-4 所示对话框。

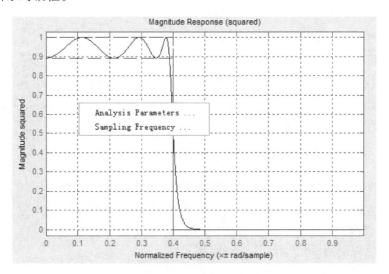

图 3-15-3　右键快捷菜单

图 3-15-4 中 Frequency Scale 可以设置线性或对数,Frequency Range 可以改变频率的区间。Magnitude Display 下拉列表中的选项如图 3-15-5 所示。

选择 Magnitude(dB),再单击 OK 按钮,就能得到纵坐标单位为 dB 的幅值响应曲线,如图 3-15-6 所示。

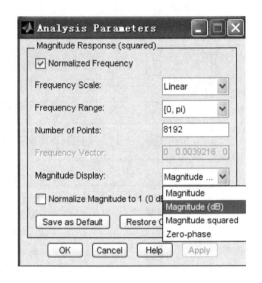

图 3-15-4 Analysis Parameters 对话框

图 3-15-5 Magnitude Display 下拉列表中的选项

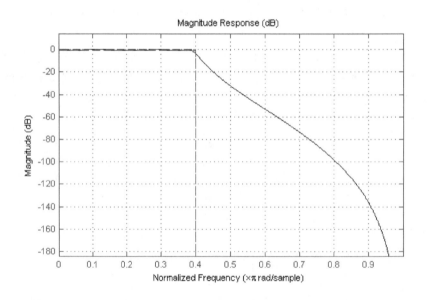

图 3-15-6 滤波器幅值响应曲线(纵坐标单位为 dB)

同样也可以在图 3-15-5 所示下拉列表中选择 Magnitude(线性幅值)、Zero-phase(零相位)等选项,也可以在 Sampling Frequency 下拉列表中选择采样频率(图 3-15-6 中是归一化频率),以改变横坐标的刻度。

3.15.2 案例 3.27:用 fdesign＋design 的方法与前几节介绍的经典方法设计的滤波器是否相同

1. 概 述

一般把 3.6 节和 3.12 节中已介绍过的 IIR 和 FIR 滤波器设计方法称作为经典方法。经典方法和本节介绍的 fdesign+design 法设计的滤波器结果是否相同呢？下面以 IIR 滤波器为例进行说明。

2. 实 例

例 3-15-2(pr3_15_2)   设计一个低通滤波器，通带频率为 0.25，阻带频率为 0.4，通带波纹为 Ap=0.25 dB，阻带衰减为 As=40 dB，设计切比雪夫滤波器。用 fdesign+design 法与经典方法，比较它们计算的结果。

程序 pr3_15_2 的清单如下：

```
% pr3_15_2
clear all; clc; close all;

d = fdesign.lowpass('Fp,Fst,Ap,Ast',0.25,0.4,0.25,40);    % 设置滤波器的参数集合
designmethods(d)                                           % 给出参数集合适用的滤波器
hd = design(d,'ellip');                                    % 设计椭圆型滤波器

[N,wn] = ellipord(0.25,0.4,0.25,40);                       % 以经典方法求滤波器的阶数和带宽
[b,a] = ellip(N,0.25,40,wn);                               % 计算椭圆型滤波器的系数
Hd = dfilt.df2(b,a);                                       % 求出经典方法的滤波器系数集合
% 作图
fvtool(hd,Hd)
legend('fdesign + design 法 ',' 经典方法 ');
set(gcf,'color','w')
```

运行 pr3_15_2 中首先调用了 designmethods(d) 函数，可以看到允许切比雪夫滤波器的设计，所以可以放心地调用 design 函数，得到系数集合 hd。同时通过经典方法对相同的指标设计了切比雪夫滤波器，并把系数 b 和 a 转换成系数集合 Hd。调用 fvtool 画出两种方法滤波器的幅值响应结果比较，如图 3-15-7 所示。

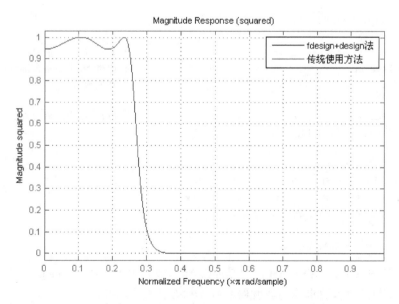

图 3-15-7   fdesign+design 法和经典方法设计滤波器结果的比较

fdesign+design 法设计滤波器的响应曲线用蓝实线表示,而经典方法设计滤波器的响应曲线用绿实线表示。从图 3-15-7 中可以看出,这两条曲线完全重合在一起。用这两种方法设计相同指标的滤波器得到的结果基本是相同的。

3. 案例延伸

在例 3-15-2 中只介绍了两种方法得到的响应曲线相重合,那么它们的滤波器系数呢? 在 3.14 节中已经介绍过了用 tf 函数可以得到系数集合 hd 中的滤波器系数,在这里一样用这种方法求系数。

例 3-15-3(pr3_15_3) 滤波器指标同例 3-15-2,对比两种方法的滤波器系数。

程序 pr3_15_3 清单如下:

```
% pr3_15_3
clear all; clc; close all;

d = fdesign.lowpass('Fp,Fst,Ap,Ast',0.25,0.4,0.25,40);   % 设置滤波器的参数集合
designmethods (d)                                         % 给出参数集合适用的滤波器
hd = design(d,'ellip');                                   % 设计切比雪夫Ⅰ型滤波器
[B,A] = tf(hd);                                           % 求出滤波器系数

[N,wn] = ellipord(0.25,0.4,0.25,40);                      % 以经典方法求滤波器的阶数和带宽
[b,a] = ellip(N,0.25,40,wn);                              % 计算滤波器的系数
% 第一部分显示系数
fprintf('B = %5.6f  %5.6f  %5.6f  %5.6f  %5.6f\n',B);
fprintf('A = %5.6f  %5.6f  %5.6f  %5.6f  %5.6f\n\n',A);

fprintf('b = %5.6f  %5.6f  %5.6f  %5.6f  %5.6f\n',b);
fprintf('a = %5.6f  %5.6f  %5.6f  %5.6f  %5.6f\n\n',a);

% 第二部分显示级联结构的系数
hd
info(hd)                                                  % 显示 hd 中的信息
AB = hd.sosMatrix;                                        % 取得 hd 中的系数部分
BB = AB(:,1:3);                                           % 转换成 B 和 A
AA = AB(:,4:6);
G = hd.ScaleValues;                                       % 取得 hd 中的增益部分
% 显示级联结构的系数值和增益值
for k = 1 : 2
    fprintf(' 第%2d 节\n',k)
    fprintf('BB = %5.6f  %5.6f  %5.6f\n',BB(k,:))
    fprintf('AA = %5.6f  %5.6f  %5.6f\n',AA(k,:))
    fprintf('G(%2d) = %5.6f\n',k,G(k))
end
fprintf('G( 3) = %5.6f\n',G(3))
```

在程序中分为两部分,在第一部分中是通过 tf 函数求得 fdesign+design 法设计滤波器的系数 A 和 B,并与经典方法求得的滤波器系数 a 和 b 比较,结果如下:

B= 0.031 335   0.016 027   0.046 787   0.016 027   0.031 335
A= 1.000 000   −2.371 727   2.613 555   −1.425 460   0.329 275

b=0.031 334	0.016 027	0.046 786	0.016 027	0.031 334
a=1.000 000	−2.371 740	2.613 576	−1.425 477	0.329 280

可以看出,两者虽有些误差,但也是在 10^{-5} 的量级上。

在 design 得到的滤波器系数集合 hd 中反映的滤波器系数项不是一个 1×5 的矩阵(本例中设计的 IIR 滤波器是 4 阶,在经典方法设计中滤波器系数 A 和 B 一般都是 1×5 的矩阵),而是被分解为 2 个二阶滤波器的级联,可以用 hd 和 info(hd)来观察。

程序 pr3_15_3 的第二部分如下:

```
hd =       FilterStructure: 'Direct-Form II, Second-Order Sections'
                Arithmetic: 'double'
                 sosMatrix: [2x6 double]
               ScaleValues: [0.0798558887214623;0.392388697100382;1]
       OptimizeScaleValues: true
          PersistentMemory: false
Info(hd) =
   Discrete-Time IIR Filter (real)
   -------------------------------
   Filter Structure       : Direct-Form II, Second-Order Sections
   Number of Sections     : 2
   Stable                 : Yes
   Linear Phase           : No
```

滤波器分为 2 节(Sections),滤波器系数在 hd.sosMatrix 中,它是 2×6 的矩阵。每一行表示一个二阶滤波器,由 6 个系数组成,其中 3 个是 B(在一行中的前 3 个),另外 3 个是 A。此外,滤波器中还有增益系数,在 hd.ScaleValues 中。

要取得分解为级联时的滤波器系数,可以由两种方法得到:一种是在 fvtool 中,已介绍过有一个按钮,单击后可在显示图中显示出滤波器系数,如图 3-15-8 所示;另一种方法就是程序 pr3_15_3 的第二部分给出的,通过程序来提取。计算结果如下:

第 1 节
 BB=1.000 000   1.012 219   1.000 000
 AA=1.000 000   −1.168 365   0.415 932
 G(1)=0.079 856

第 2 节
 BB=1.000 000   −0.500 737   1.000 000
 AA=1.000 000   −1.203 362   0.791 656
 G(2)=0.392 389
 G(3)=1.000 000

因为这里的程序只取单精度浮点数,有效数只有 6 位。数值上和图 3-15-8 中给出的完全一致。而其中 G 是在每一个二阶滤波器后都要乘以一个增益因子,以保持每个二阶滤波器增益为 1,而级联的输出还要乘以一个增益因子 G(3),即保持滤波器的增益为 1。

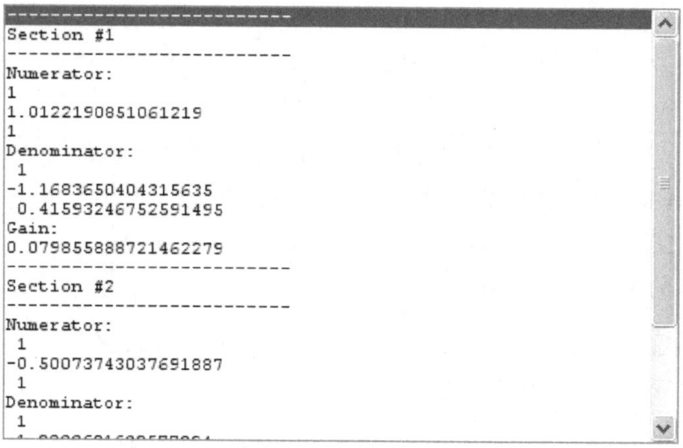

```
------------------------
Section #1
------------------------
Numerator:
  1
  1.0122190851061219
  1
Denominator:
  1
 -1.1683650404315635
  0.41593246752591495
Gain:
  0.079855888721462279
------------------------
Section #2
------------------------
Numerator:
  1
 -0.50073743037691887
Denominator:
  1
```

图 3-15-8　显示滤波器系数

3.15.3　案例 3.28：用 fdesign+design 方法有什么优点

1. 概　述

在 3.15.2 小节中已介绍了 fdesign+design 法设计的结果与经典方法设计的结果一样，那么用 fdesign+design 方法有什么优点呢？在本小节中通过两个例子来说明它的优点（这里只用前面介绍过的方法来说明）。

2. 实　例

例 3-15-4(pr3_15_4)　我们还是用例 3-15-2 中的指标，但要同时设计 4 种 IIR 滤波器（巴特沃斯、切比雪夫Ⅰ型、切比雪夫Ⅱ型和椭圆型滤波器）。

程序 pr3_15_4 清单如下：

```
% pr3_15_4
clear all; clc; close all;

d = fdesign.lowpass('Fp,Fst,Ap,Ast',0.25,0.4,0.25,40);   % 设置滤波器的参数集合
designmethods(d)                                          % 给出参数集合适用的滤波器
hd = design(d,'alliir');                                  % 设计 IIR 滤波器
fvtool(hd)                                                % 作图
legend('巴特沃斯滤波器','切比雪夫Ⅰ型滤波器','切比雪夫Ⅱ型滤波器','椭圆型滤波器')
set(gcf,'color','w');
```

从调用 designmethods(d) 函数可以看出，本程序的指标适合设计巴特沃斯、切比雪夫Ⅰ型、切比雪夫Ⅱ型和椭圆型滤波器，所以在调用 design 函数时用了 'alliir' 参数，即同时设计允许的 4 种滤波器。通过 fvtool 画出了得到的 4 种滤波器的幅值响应曲线，如图 3-15-9 所示。

用 fdesign+design 方法可以一次设计 4 个 IIR 滤波器，当然也可以用该方法一次设计多个 FIR 滤波器，但经典方法要用多个语句（参看例 3-2-1）才能设计 4 个 IIR 或 FIR 滤波器，这里用一个语句就完成。

在例 3-7-4 中用 IIR 滤波器产生了溢出，后经降采样频率后才解决。现在用 fdesign+design 方法来设计相同的滤波器。

例 3-15-5(pr3_15_5)　信号从 bzsdata.mat 文件读入，它由数个正弦信号叠加随机噪

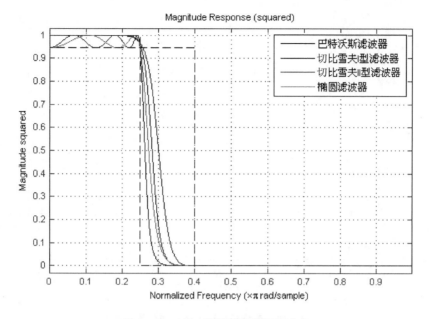

图 3-15-9 4 种滤波器的幅值响应

声组成,采样频率为 250 Hz。信号中有一个 5 Hz 的正弦信号,要求设计一个巴特沃斯滤波器。通带频率为 1.5 Hz 和 10 Hz,阻带频率为 1 Hz 和 12 Hz,而 Ap=3,As=15。用 fdesign+design 方法来设计滤波器。

程序清单如下:

```
% pr3_15_5
clear all; clc; close all;

fs = 250;                           % 采样频率
ast = 15; ap = 3;                   % 阻带衰减和通带波纹
fst1 = 1; fst2 = 12;                % 阻带频率
fp1 = 1.5; fp2 = 10;                % 通带频率
% 第 1 部分 计算参数集合 d
d = fdesign.bandpass('fst1,fp1,fp2,fst2,ast1,ap,ast2',fst1,fp1,fp2,fst2,ast,ap,ast,fs);
designmethods(d)                    % 给出参数集合适用的滤波器
hd = design(d,'butter');            % 设计巴特沃斯滤波器
fvtool(hd);                         % 作图
set(gcf,'color','w')

% 第 2 部分,求直接型滤波器系数,并计算出分母的极点
[B,A] = tf(hd);
poles = roots(A);
M = length(poles);
for k = 1 : M
    fprintf('%4d   %5.4f   %5.4fi   %5.4f\n',k,real(poles(k)),imag(poles(k)),abs(poles(k)));
end
```

运行程序 pr3_15_5 后得图 3-15-10。

从图 3-15-10 中可以看到滤波器的幅值响应曲线与例 3-7-4 降采样后的幅值响应曲

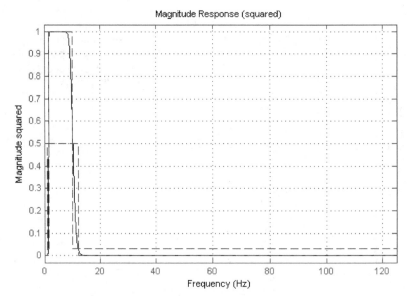

图 3-15-10 巴特沃斯滤波器的幅值响应曲线

线(如图3-7-6所示)十分相似。在fdesign+design法设计滤波器中虽然也一样得到滤波器为16阶的带通滤波器,但由于它把滤波器分解为8个二阶滤波器的级联,使它的幅值响应完全不同于例3-7-4的情形,即使不通过降采样,一样可以得到满意的结果。fdesign+design法能用来设计"窄带"的滤波器(在3.16节中还有具体的例子)。

3. 案例延伸

从例3-15-5中我们看到用fdesign+design法能设计"窄带"滤波器,那为什么在例3-7-4中不通过降采样就会在滤波过程中产生溢出呢?

在程序pr3_15_5的第二部分中,我们把滤波器系数集合Hd通过tf函数,得到滤波器直接型系数B和A(这和例3-7-4中滤波器系数相同)。在传递函数中A是分母,系数A的极点反映了该系统的稳定性,下面观察一下系数A的极点。

程序pr3_15_5的第二部分计算了A的极点,计算结果如下。它是16阶的滤波器,有16个极点(8对复数):

编号	实部	虚部	模值
1	1.111 9	0.046 0i	1.112 9
2	1.111 9	−0.046 0i	1.112 9
3	1.066 7	0.127 0i	1.074 2
4	1.066 7	−0.127 0i	1.074 2
5	0.932 4	0.244 2i	0.963 9
6	0.932 4	−0.244 2i	0.963 9
7	0.984 0	0.186 1i	1.001 4
8	0.984 0	−0.186 1i	1.001 4
9	0.876 3	0.210 5i	0.901 2

10	0.876 3	−0.210 5i	0.901 2
11	0.834 9	0.163 3i	0.850 7
12	0.834 9	−0.163 3i	0.850 7
13	0.806 3	0.104 4i	0.813 0
14	0.806 3	−0.104 4i	0.813 0
15	0.791 8	0.036 0i	0.792 7
16	0.791 8	−0.036 0i	0.792 7

一个稳定系统是要求所有的极点都在单位圆内。但从以上结果可以看到,极点编号为 1～4 和 7～8 这 6 个极点都在单位圆外,这说明了该滤波器的不稳定性。因此,在滤波过程中会出现 NAN 或 Inf 的数值。

3.16 三分之一倍频程滤波器

在噪声和振动测量中经常用到三分之一倍频程滤波器,而且国内外有许多噪声和振动的评价标准也是以三分之一倍频程滤波器的声级为基准。本节将介绍以不同的方法进行三分之一倍频程滤波器的分析方法。

声波是由振动引起的,声波传播时超过空气静压强的部分称为声压,用 p 表示。由于声波是随时间变化的,每一时刻的声压都是瞬时声压,通常以某一段时间内瞬时声压的均方根来衡量,称作有效声压,即

$$p_e = \sqrt{\frac{1}{T}\int_0^T p^2(t)\,\mathrm{d}t} \qquad (3-16-1)$$

对于简谐声波,有效声压等于瞬时声压的峰值除以 $\sqrt{2}$。通常所说的声压一般都是指有效声压。由于人耳能感知的声压变化范围高达 10^6 倍,为表示方便通常用声压级来表示声音的强弱,声压级定义为

$$L_p = 20\lg\frac{p_e}{p_0} \qquad (3-16-2)$$

式中:L_p 为声压级(Sound Pressure Level,SPL),单位是 dB;$p_0 = 2\times10^{-5}$ Pa,为基准声压,基准声压本身的声压级为 0 dB;p_e 为有效声压。

工程应用中对于噪声和振动信号,一般没有必要对频率逐个分析,而是把频率划分成若干频带,测量这些频带上的声压级。频带中最高频率称为上限截止频率 f_u;最低截止频率称为下限截止频率 f_l;中心频率为 $f_c = \sqrt{f_u f_l}$。若 $f_u/f_l = 2^n$,则称此频带为倍频程。$n=1$ 时称为一倍频程,简称倍频程;$n=1/3$ 时,称为三分之一倍频程。在噪声和振动测量中,三分之一倍频程是最常用的划分。

根据国际电工委员会(IEC)的推荐,三分之一倍频程的中心频率为

$$f_c = 1000 \times 10^{3n/10} \text{ Hz}, \quad n = 0,\pm 1,\pm 2,\pm 3,\cdots \qquad (3-16-3)$$

但在实际应用中,通常采用的中心频率是其近似值。按照我国现行标准的规定,中心频率为 1 Hz、1.25 Hz、1.6 Hz、2 Hz、2.5 Hz、3.15 Hz、4 Hz、5 Hz、6.3 Hz、8 Hz、10 Hz……可以看出,每隔 3 个中心频率,频率值增加 1 倍。三分之一倍频程的上、下限频率以及中心频率之间

的关系为

$$\left.\begin{array}{l}\dfrac{f_u}{f_l} = 2^{1/3} \\ \dfrac{f_c}{f_l} = 2^{1/6} \\ \dfrac{f_u}{f_c} = 2^{1/6}\end{array}\right\} \quad (3-16-4)$$

三分之一倍频程带宽为

$$\Delta f = f_u - f_l \quad (3-16-5)$$

以下通过案例,以 FFT 方法、降采样方法、fdesign+design 方法来设计三分之一倍频程滤波器,比较它们测量的声压级。

3.16.1 案例 3.29：以 FFT-IFFT 分析方法求出三分之一倍频程滤波器各频带的声压级

1. 概述

在本节中将通过 FFT-IFFT 方法,在频域上对信号进行滤波。本章参考文献[17]给出了将信号中不同频率和带宽的子带,通过 FFT-IFFT 进行分离,参考文献[18]给出了对振动信号通过 FFT-IFFT 进行三分之一倍频程滤波器的分析。本小节是在参考文献[18]的基础上进行讨论的。

2. FFT-IFFT 滤波的步骤

设信号为 $x(n)$,长度为 N。若要把频率在 f_l 和 f_u 之间的频带信号通过 FFT-IFFT 过滤出来,则具体步骤如下。

① 把 $x(n)$ 适当地在尾部补零值,使 $x'(n)$ 的长度 L 为 2 的整数次幂($L=2^m$,m 为整数)

$$x'(n) = \begin{cases} x(n), & 0 \leqslant n \leqslant N-1 \\ 0, & n = N, \cdots, L-1 \end{cases}$$

② 把 $x'(n)$ 经 FFT 转换到频域,为 $X(k)$

$$X(k) = \text{FFT}[x'(n)]$$

③ $X(k)$ 的长度也是 L,所以在频域的频率分辨率为 $\Delta f = f_s/L$。

④ 求出 f_l 和 f_u 在频域中相应谱线的索引号,k_1 对应于 f_l,k_2 对应于 f_u。

⑤ 在频域设置一个序列 $\hat{X}(k)$,数值为

$$\hat{X}(k) = \begin{cases} X(k), & k_1 \leqslant k \leqslant k_2 \\ X(k), & L+2-k_2 \leqslant k \leqslant L+2-k_1 \\ 0, & \text{其他} \end{cases}$$

式中：$k=1,2\cdots,L$。这是为了保证 IFFT 后的序列为实数序列,要求序列 $\hat{X}(k)$ 满足共轭对称的关系(参看 2.1.5 小节)。除取 $k_1 \sim k_2$ 之间的谱线外还得取负频率对应的谱线,按式(2-1-22)索引号为 $(L+2-k_2) \sim (N+2-k_1)$。

⑥ 把 $\hat{X}(k)$ 进行逆傅里叶变换,得到序列 $\hat{x}(n)$,这就是滤波后的输出序列：

$$\hat{x}(n) = \text{real}(\text{IFFT}[\hat{X}(k)])$$

在逆傅里叶变换时由于有限字长运算,使$\hat{x}(n)$有可能还有虚部(数值很小)存在,所以在逆傅里叶变换后只取实部(参看 2.1.6 小节)。

3. 实 例

例 3 - 16 - 1(pr3_16_1) 有一个噪声信号,声压数据在 m_noise.wav 中,数据的单位为 Pa(帕)。以三分之一倍频程滤波器分析该组数据,求出各频段的声压级及总声压级。

当读入信号时发现信号的采样频率 $f_s=44\,100$ Hz,则 $f_s/2=22\,050$ Hz。在这频率区间中可能的三分之一倍频程滤波器中心频率有

20.0	25.0	31.5	40.0	50.0	63.0
80.0	100.0	125.0	160.0	200.0	250.0
315.0	400.0	500.0	630.0	800.0	1000.0
1250.0	1600.0	2000.0	2500.0	3150.0	4000.0
5000.0	6300.0	8000.0	10000.0	12500.0	16000.0
20000.0					

共 31 个,但当 $f_c=20\,000$ 时,上限截止频率超过了 $f_s/2$,所以实际使用只有 30 个。

程序 pr3_16_1 清单如下:

```
% pr3_16_1
clc; clear all; close all;

[x,fs] = wavread('m_noise.wav');         % 读入数据和采样频率
p0 = 2e-5;                                % 参考声压
% 1/3 倍频程滤波器中心频率
fc = [ 20, 25 31.5 40, 50 63 80, 100 125 160,...
       200 250 315, 400 500 630, 800 1000 1250, 1600 2000 2500,...
       3150 4000 5000, 6300 8000 10000, 12500 16000];
nc = length(fc);
n = length(x);                            % x 的长度
t = (0:1/fs:(n-1)/fs);                    % 时间刻度
nfft = 2^nextpow2(n);                     % FFT 变换的长度,为 2 的整数幂次
a = fft(x,nfft);                          % FFT 变换
oc6 = 2^(1/6);                            % 倍频程的比例
% 1/3 倍频程分析计算
for j = 1:nc
    fl = fc(j)/oc6;                       % 求出 1/3 倍频程下限截止频率
    fu = fc(j) * oc6;                     % 求出 1/3 倍频程上限截止频率
    nl = round(fl * nfft/fs + 1);         % 下限截止频率对应的频率索引
    nu = round(fu * nfft/fs + 1);         % 上限截止频率对应的频率索引
    b = zeros(1,nfft);                    % b 初始化
    b(nl:nu) = a(nl:nu);                  % 把 1/3 倍频程滤波器的谱线放于 b 中
    b(nfft - nu + 2:nfft - nl + 2) = a(nfft - nu + 2:nfft - nl + 2);
    c = real(ifft(b,nfft));               % IFFT 逆变换
    yc(j) = sqrt(var((c(1:n))));          % 求出均方根值
    Lp1(j) = 20 * log10(yc(j)/p0);        % 计算 1/3 倍频程滤波器的声压级
end
Lpt = 10 * log10(sum((yc/p0).^2));        % 计算总声压级
fprintf('Lpt = %5.6fdB\n',Lpt);
% 作图
figure(1)
```

```
plot(t,x,'k');                          % 瞬时声压波形图
xlabel('时间/s'); ylabel('幅值/帕');
title('噪声时间波形')
set(gcf,'color','w');
figure(2)
bar(Lp1(1:nc));
set(gca,'XTick',[2:3:30]); grid
set(gca,'XTickLabels',fc(2:3:length(fc)));
xlabel('中心频率/Hz'); ylabel('声压级/dB');
title('三分之一倍频程滤波器输出声压级')
set(gcf,'color','w');
```

说明:

① 在程序中用 sqrt(var((c(1:n)))) 计算均方根值。var 是求方差,但由于频带滤波后不含直流分量,所以均值必定为 0,此时的方差就等于各谱线的平方平均值,开根后就是均方根值。

② 程序中计算出的 Lp1 是各个三分之一滤波器输出的声压级,而总声压级是三分之一滤波器输出的能量求和,再与 p0 能量比后取对数,以 Lpt 表示。计算出的总声压级为 39.1 dB。

运行程序 pr3_16_1 后,噪声信号的波形图如图 3-16-1 所示,三分之一滤波器输出的声压级谱图如图 3-16-2 所示。

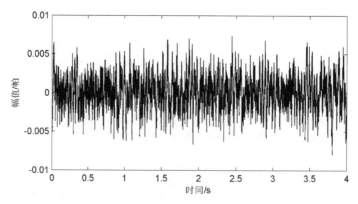

图 3-16-1 噪声信号波形图

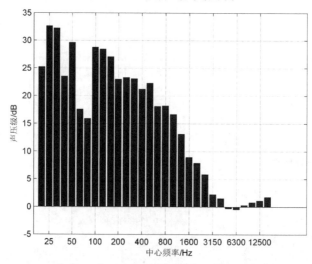

图 3-16-2 运行 FFT-IFFT 三分之一滤波器输出声压级功率谱图

3.16.2 案例3.30：以降采样方法求出三分之一倍频程滤波器各频带的声压级

1. 概　述

在3.7.4小节中介绍过若滤波器的截止频率太低，尤其频带太窄，因此为了在有限字长的运算中避免运算溢出，可以通过降采样的方法来降低采样频率与滤波器中心频率之比，使运算正常进行。

在3.16.1小节中给出了三分之一倍频程滤波器对噪声分析的中心频率，最低频率为20 Hz，对采样频率44 100 Hz来说该频率是非常低的。为了在这样的采样频率下使低频信号能正常地运算，必须在低频段对信号进行降采样处理。

本小节将给出不同的频段给出降采样处理，使之有不同的采样频率。

2. 降采样的解决方法

在3.16.1小节中给出了三分之一倍频程滤波器对噪声分析的中心频率，从20～16 000 Hz共有30个中心频率(即有30个频带)，其中一部分中心频率比较高，不需要降采样。我们以什么标准选择哪些频带要降采样频率，又应下降到多少呢？

下面以三分之一倍频程滤波器为例。经验认为奈奎斯特频率与带通滤波器的中心频率之比要设置在15以下时比较合适，设计出的数字滤波器不会发生运算溢出。所以我们把1 600～16 000之间的11个带通滤波器设计时不采用降采样，而对20～1 250之间的19个滤波器都要用降采样。同时在这19个滤波器中，通过降采样只用一组倍频的滤波器系数(3个滤波器，相当于一个倍频程区间)来构成这19个滤波器系数，这是怎么做到的呢？

(1) 滤波器系数和采样频率的关系

在计算巴特沃斯滤波器系数时，在已知滤波器阶数和带通滤波器的截止频率后将调用butter函数，表示为

$$[B,A] = \text{butter}(N, [f1, f2]/(fs/2)) \quad (3-16-6)$$

其中：N是滤波器阶数；f1和f2是带通滤波器的两个截止频率；(fs/2)是奈奎斯特频率。可以看出当N固定时，把f1、f2和fs同时降低一半(即下采样的系数为2)，这时式(3-16-6)中的参数关系没有发生变化，求出系数B和A的数值也没有变化(即表示相同)。这说明当采样频率为fs1，滤波器的带宽为f11-f12，求出的滤波器系数为B1和A1；而当采样频率为fs2，滤波器的带宽为f21-f22，求出的滤波器系数为B2和A2。但当fs2=fs1/2，又f21=f11/2，f22=f12/2，此时B2=B1，A2=A1。现在的三分之一倍频程滤波器正有这样的特殊关系。下面以中心频率2 500 Hz和1 250 Hz为例来观察。

中心频率为2 500 Hz的三分之一倍频程滤波器在3.16.1小节中给出的是第22个滤波器，它的下限截止频率和上限截止频率分别为2 227.24 Hz和2 806.15 Hz，而1 250 Hz滤波器的下限截止频率和上限截止频率分别为1 113.62 Hz和1 403.07 Hz。可以看出1 250 Hz滤波器的截止频率正好是2 500 Hz滤波器的截止频率的一半。如果对2 500 Hz滤波器处理时的采样频率为44 100 Hz，而对1 250 Hz滤波器处理时的采样频率降为22 050 Hz，则由上述可知两个滤波器的系数是相同的。

(2) 19个三分之一倍频程滤波器的倍频程关系

下面讨论20个三分之一倍频程滤波器要进行降采样处理,它们的频率跨度差不多有6个多倍频程,列表如下:

800	1000	1250
400	500	630
200	250	315
100	125	160
50	63	80
25	31.5	40
20		

如果我们已求出1 600 Hz、2 000 Hz、2 500 Hz这3个滤波器系数(分别标为Bl/Al、Bc/Ac、Bu/Au),则对以上6组倍频程来说,当逐组把采样频率降为上一组值的一半时,就可以把Bl/Al、Bc/Ac、Bu/Ac作为该组3个滤波器的系数,而程序正是按这样的思想设计的[19]。

3. 实例

例3-16-2(pr3_16_2) 数据同例3-16-1,噪声信号声压数据在 m_noise.wav 中,数据的单位为Pa(帕)。通过降采样以经典巴特沃斯滤波器设计方法设计三分之一倍频程滤波器组,分析噪声数据,求出各频段的声压级及总声压级。

程序pr3_16_2清单如下:

```
% pr3_16_2
clc; clear all; close all;

[x,Fs] = wavread('m_noise.wav');         % 读入数据和采样频率
Pref = 2e-5;                             % 参考声压
N = 3;                                   % 滤波器阶数
% 1/3 倍频程滤波器中心频率
ff = [ 20, 25 31.5 40, 50 63 80, 100 125 160,...
       200 250 315, 400 500 630, 800 1000 1250, 1600 2000 2500,...
       3150 4000 5000, 6300 8000 10000, 12500 16000];
nc = length(ff);                         % 1/3 滤波器个数
P = zeros(1,nc);
m = length(x);                           % x 的长度
oc6 = 2^(1/6);                           % 倍频程的比例

for i = nc : -1 :20                      % 在第20~30个1/3倍频程滤波器不需要降采样
    [B,A] = oct3filt(ff(i),Fs,N);        % 计算带通滤波器的系数
    y = filter(B,A,x);                   % 滤波
    P(i) = sum(y.^2)/m;                  % 计算输出信号的均方值
end
% 1250 Hz 至 20 Hz 的 1/3 倍频程滤波器都需要降采样,按每一个倍频程来计算采样频率
[Bu,Au] = oct3filt(ff(22),Fs,N);         % 2500 Hz 时 1/3 倍频程滤波器系数
[Bc,Ac] = oct3filt(ff(21),Fs,N);         % 2000 Hz 时 1/3 倍频程滤波器系数
[Bl,Al] = oct3filt(ff(20),Fs,N);         % 1600 Hz 时 1/3 倍频程滤波器系数
```

```
for j = 5: -1:0                      % 设计 1 250 Hz 至 25 Hz 的 1/3 倍频程滤波器和滤波
    x = decimate(x,2);               % 采样频率减半
    m = length(x);                   % 数据长度
    y = filter(Bu,Au,x);             % 对一倍频中第 1 滤波器进行滤波
    P(j*3+4) = sum(y.^2)/m;          % 计算滤波输出的均方值
    y = filter(Bc,Ac,x);             % 对一倍频中第 2 滤波器进行滤波
    P(j*3+3) = sum(y.^2)/m;          % 计算滤波输出的均方值
    y = filter(Bl,Al,x);             % 对一倍频中第 3 滤波器进行滤波
    P(j*3+2) = sum(y.^2)/m;          % 计算滤波输出的均方值
end
x = decimate(x,2);                   % 采样频率减半
m = length(x);                       % 数据长度
y = filter(Bu,Au,x);                 % 对 20 Hz 滤波器进行滤波
P(1) = sum(y.^2)/m;                  % 计算滤波输出的均方值
% 计算各频带的声压级和总声压级
Psum = 0;
for i = 1 : nc
    Pow(i) = 10 * log10(P(i)/Pref^2);  % 计算各频带的声压级
    Psum = Psum + P(i);                % 能量相加
end
Lps = 10 * log10(Psum/Pref^2);       % 计算总声压级
fprintf('LPS = %5.6fdB\n',Lps);

% 作图
bar(Pow);
set(gca,'XTick',[2:3:30]); grid
set(gca,'XTickLabels',ff(2:3:length(ff)));
xlabel('中心频率/Hz'); ylabel('声压级/dB');
title('三分之一倍频程滤波器输出声压级')
set(gcf,'color','w');
```

其中:调用 oct3filt 函数是为了计算采样频率为 44 100 Hz 时 11 个滤波器的系数。该函数程序清单如下:

```
function [B,A] = oct3filt(f0,Fs,N)

oc6 = 2^(1/6);                       % 按式(3-16-4)先求出 2^(1/6)
fl = f0/oc6;                         % 按式(3-16-4)由中心频率求出低截止频率
fu = f0 * oc6;                       % 按式(3-16-4)由中心频率求出高截止频率
fs2 = Fs/2;                          % 为归一化采样频率取一半
wl = fl/fs2;                         % 计算归一化低截止频率
wu = fu/fs2;                         % 计算归一化高截止频率
[B,A] = butter(N,[wl wu]);           % 计算巴特沃斯滤波系数
```

在程序中对频带为三分之一倍频程滤波器阶数只用 3 阶。

运行 pr3_16_2 后计算出总声压级为 38.99 dB,同时给出三分之一滤波器输出的声压级谱图如图 3-16-3 所示。

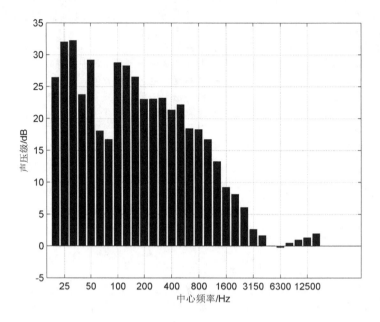

图 3-16-3 通过降采样法得到三分之一滤波器输出声压级功率谱图

3.16.3 案例 3.31：用 fdesign+design 方法求出三分之一倍频程滤波器各频带的声压级

1. 概　述

在 3.15 节中介绍了以 fdesign+design 方法设计滤波器，使得不用降采样也可以设计低频窄带的滤波器。本小节中就是用该方法来设计三分之一倍频程滤波器，并用相同的数据分析噪声的声压级。

2. 实　例

例 3-16-3(pr3_16_3)　数据同例 3-16-1，噪声信号声压数据在 m_noise.wav 中，数据的单位为 Pa(帕)。通过 fdesign+design 函数以巴特沃斯滤波器设计三分之一倍频程滤波器组，分析噪声数据，求出各频段的声压级及总声压级。

程序 pr3_16_3 的清单如下：

```
% pr3_16_3
clc; clear all; close all;

[x,Fs] = wavread('m_noise.wav');        % 读入数据和采样频率
Pref = 2e-5;                             % 参考声压
% 1/3 倍频程滤波器中心频率
ff = [ 20, 25 31.5 40, 50 63 80, 100 125 160,...
       200 250 315, 400 500 630, 800 1000 1250, 1600 2000 2500,...
       3150 4000 5000, 6300 8000 10000, 12500 16000];
nc = length(ff);                         % 1/3 滤波器个数
P = zeros(1,nc);                         % 初始化
m = length(x);                           % x 的长度
oc6 = 2^(1/6);                           % 倍频程的比例
```

```
for i = 1:nc
    fl = ff(i)/oc6;                    % 求出1/3倍频程低截止频率
    fu = ff(i)*oc6;                    % 求出1/3倍频程高截止频率
% 调用fdesign+designign函数计算滤波器系数集合Hd
    d = fdesign.bandpass('N,F3DB1,F3DB2',8,fl,fu,Fs);
    Hd = design(d);
    y = filter(Hd,x);                  % 滤波
    P(i) = sum(y.^2)/m;                % 计算输出信号的均方值
end
% 计算各频带的声压级和总声压级
Psum = 0;
for i = 1:nc
    Pow(i) = 10*log10(P(i)/Pref^2);    % 计算各频带的声压级
    Psum = Psum + P(i);                % 能量相加
end
Lps = 10*log10(Psum/Pref^2);           % 计算总声压级
fprintf('LPS = %5.6fdB\n',Lps);

bar(Pow);
set(gca,'XTick',[2:3:30]); grid
set(gca,'XTickLabels',ff(2:3:length(ff)));
xlabel('中心频率/Hz'); ylabel('声压级/dB');
title('三分之一倍频程滤波器输出声压级')
set(gcf,'color','w');
```

程序中滤波器的阶数 N＝8，相当于带通滤波器阶数为16阶。运行程序 pr3_16_3 后计算出总声压级为 39.19 dB，同时给出三分之一滤波器输出的声压级谱图如图 3-16-4 所示。

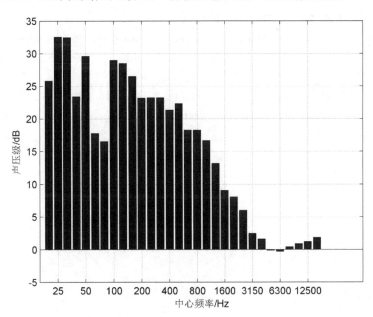

图 3-16-4 通过 fdesign＋design 法得到三分之一滤波器输出声压级功率谱图

3. 案例延伸

在例 3-16-1～例 3-16-3 中用 3 种不同的方法计算噪声的三分之一倍频程滤波器的

声压级和总声压级,可以看出它们的计算结果都是差不多的,总声压级也都在 39 dB 附近。

参考文献

[1] 宋寿鹏. 数字滤波器设计与工程应用[M]. 镇江:江苏大学出版社,2009.

[2] 祁才君. 数字信号处理技术的算法分析与应用[M]. 北京:机械工业出版社,2005.

[3] 陈怀琛. 数字信号处理教程——MATLAB 释义与实现[M]. 北京:电子工业出版社,2004.

[4] 赵春晖,陈立伟,马惠珠,等. 数字信号处理[M]. 北京:电子工业出版社,2013.

[5] 楼更顺,李博菡. 基于 MATLAB 的系统分析与设计——信号处理[M]. 西安:西安电子科技大学出版社,1998.

[6] 高师湃,李群湛,贺建闽. 闪变测试系统研究[J]. 电力自动化设备,2002,22(5):22-25.

[7] 祁碧如,肖湘宁. IEC 闪变仪仿真[J]. 华北电力大学学报,2000,27(1):19-24.

[8] 万永革. 数字信号处理的 MATLAB 实现[M]. 2 版. 北京:科学出版社,2012.

[9] Weaver C. Digital filtering with applications to electrocardiogram processing[J]. IEEE Trans. On Audio Electroacoust. 1968,16(3):350-391.

[10] Cadzow J A. Digital notch filter design procedure[J]. IEEE Trans. On Acoustic, Speech and Signal Processing,1974,22(1):10-15.

[11] 纪跃波,秦树人,汤宝平. 零相位数字滤波器[J]. 重庆大学学报,2000,23(6):4-7.

[12] 陈淑珍,杨涛. 零相移滤波器的改进及实现方法[J]. 武汉大学学报,2001,47(3):373-376.

[13] 胡广书. 数字信号处理导论[M]. 北京:清华大学出版社,2005.

[14] 恩格尔 维纳 K,普罗克斯 约翰 G. 数字信号处理使用——MATLAB[M]. 西安:西安电子科技大学出版社,2002.

[15] 姚天任. 数字信号处理[M]. 北京:清华大学出版社,2011.

[16] Oppenheim A V, Schafer R W. Discrete time signal processing[M]. Prentice-Hall,1989.

[17] Elliot D F. Handbook of digital signal engineering applications[M]. San Diego,CA:Acadamic Press,1987.

[18] 王济,胡晓. MATLAB 在振动信号处理中的应用[M]. 北京:中国水利水电出版社,2006.

[19] http://www.mathworks.com/matlabcentral/fileexchange/69-octave.

第 4 章
信号处理中简单实用的方法

4.1 最小二乘法拟合消除趋势项[1]

在许多实际信号获取后都有一些基线的漂移,这可能是采集系统引起的,也可能是信号本身引起的,但在信号处理之前要消除这种漂移,称为消除趋势项。

在 2.2.4 小节中已介绍过消除线性趋势项,在本章中不再赘述了。在实际处理中,信号中的趋势项往往比较复杂。在本节中介绍最小二乘法拟合消除多项式的趋势项。

设信号的采样数据为 $x(n)(n=1,2,3,\cdots,N)$,由于采样数据是等时间间隔的,为简化起见,令采样时间间隔 $\Delta t=1$,又设一个多项式函数

$$\hat{x}(n) = a_0 + a_1 n + a_2 n^2 + \cdots + a_m n^m \tag{4-1-1}$$

为了确定函数 $\hat{x}(n)$ 的待定系数 $a_j(j=0,1,\cdots,m)$,要使得函数 $\hat{x}(n)$ 与离散数据 $x(n)$ 的误差平方和为最小,即

$$E = \sum_{n=1}^{N} [\hat{x}(n) - x(n)]^2 = \sum_{n=1}^{N} \Big[\sum_{j=0}^{m} a_j n^j - x(n)\Big]^2 \tag{4-1-2}$$

满足 E 有极值的条件为

$$\frac{\partial E}{\partial a_i} = 2\sum_{n=1}^{N} n^i \Big[\sum_{j=0}^{m} a_j n^j - x(n)\Big], \quad i = 0,1,2,\cdots,m \tag{4-1-3}$$

依次取 E 对 a_i 求偏导,可以产生 $m+1$ 元线性方程组

$$\sum_{n=1}^{N}\sum_{j=0}^{m} a_j n^{j+i} - \sum_{n=1}^{N} x(n) n^i = 0, \quad i = 0,1,2,\cdots,m \tag{4-1-4}$$

解方程组,求出 $m+1$ 待定系数 $a_j(j=0,1,\cdots,m)$。

上面各式中,m 为设定的多项式阶次,其值范围为 $0 \leqslant j \leqslant m$。

当 $m=0$ 时,求得的趋势项为常数,有

$$\sum_{n=1}^{N} a_0 n^0 - \sum_{n=1}^{N} x(n) n^0 = 0 \tag{4-1-5}$$

解方程,得

$$a_0 = \frac{1}{N}\sum_{n=1}^{N} x(n) \tag{4-1-6}$$

可以看出,$m=0$ 时的趋势项为信号采样数据的算术平均值。消除常数趋势项的计算公式为

$$y(n) = x(n) - \hat{x}(n) = x(n) - a_0, \quad n = 1,2,\cdots,N \tag{4-1-7}$$

当 $m=1$ 时为线性趋势项,有

$$\left.\begin{array}{l}\sum_{n=1}^{N} a_0 n^0 + \sum_{n=1}^{N} a_1 n - \sum_{n=1}^{N} x(n) n^0 = 0 \\ \sum_{n=1}^{N} a_0 n + \sum_{n=1}^{N} a_1 n^2 - \sum_{n=1}^{N} x(n) n = 0\end{array}\right\} \quad (4-1-8)$$

解方程组,得

$$\left.\begin{array}{l}a_0 = \dfrac{2(2N+1)\sum_{n=1}^{N} x(n) - 6\sum_{n=1}^{N} x(n)n}{N(N-1)} \\ a_1 = \dfrac{12\sum_{n=1}^{N} x(n)n - 6(N-1)\sum_{n=1}^{N} x(n)}{N(N-1)(N+1)}\end{array}\right\} \quad (4-1-9)$$

消除线性趋势项的计算公式为

$$y(n) = x(n) - \hat{x}(n) = x(n) - (a_0 - a_1 n), \quad n = 1, 2, \cdots, N \quad (4-1-10)$$

当 $m \geqslant 2$ 时为二次/高次曲线趋势项。在实际信号数据处理中,通常取 m 的数值比较小,当 m 值大时易出现病态方程组。

4.1.1 消除趋势项函数

在 MATLAB 的工具箱中已有消除线性趋势项的 detrend 函数;在本小节中再介绍以最小二乘法拟合消除趋势项的 polydetrend 函数。

函数:detrend

功能:消除线性趋势项

调用格式:y=detrend(x)

说明:输入参数 x 是带有线性趋势项的信号序列,输出参数 y 是消除趋势项的序列。

函数:polydetrend

功能:最小二乘法拟合消除多项式的趋势项

调用格式:[y,xtrend]=polydetrend(x, fs, m)

说明:输入参数 x 是带有趋势项的信号,fs 是采样频率,m 是调用本函数时设置的多项式阶次。输出参数 y 是消除趋势项后的信号序列,xtrend 是叠加在信号上的趋势项序列。

函数 polydetrend 的程序清单如下:

```
function [y,xtrend] = polydetrend(x, fs, m)
x = x(:);                        % 把语音信号 x 转换为列数据
N = length(x);                   % 求出 x 的长度
t = (0: N-1)'/fs;                % 按 x 的长度和采样频率设置时间序列
a = polyfit(t, x, m);            % 用最小二乘法拟合语音信号 x 的多项式系数 a
xtrend = polyval(a, t);          % 用系数 a 和时间序列 t 构成趋势项
y = x - xtrend;                  % 从语音信号 x 中清除趋势项
```

4.1.2 案例 4.1:基线漂移的修正

1. 概　述

在实际采集到的信号中经常会发生基线漂移,这可能是由多种原因造成的。本案例将介

绍在心电图检测中,若由于病人身体的轻微活动造成了心电图信号的基线漂移,则在后期处理中就可以用最小二乘法拟合消除消除基线的漂移。

2. 实 例

例 4-1-1(pr4_1_1) 读入已知的心电图 ecgdata2.mat 数据,用最小二乘法拟合消除基线的漂移。程序清单如下:

```
% pr4_1_1
clear all; clc; close all;

load ecgdata2.mat                    % 读入心电图数据
N = length(y);                       % 数据长度
time = (0:N-1)/fs;                   % 计算出时间刻度
[x,xtrend] = polydetrend(y, fs, 3);  % 用多项式拟合法求出趋势项及消除后的序列
% 作图
subplot 311; plot(time,y,'k')
title('输入心电信号'); ylabel('幅值');
axis([0 max(time) -2000 6000]); grid;
subplot 312; plot(time,xtrend,'k','linewidth',1.5);
title('趋势项信号'); ylabel('幅值');
axis([0 max(time) -2000 6000]); grid;
subplot 313; plot(time,x,'k');
title('消除趋势项心电信号'); ylabel('幅值');
xlabel('时间/s');
axis([0 max(time) -2000 6000]); grid;
set(gcf,'color','w');
```

运行程序 pr4_1_1 后得图 4-1-1,从图中可以看到,通过最小二乘拟合法消除了心电图信号中的趋势项。

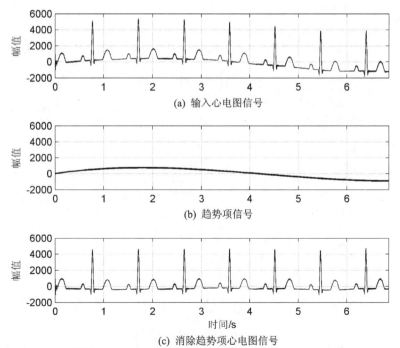

图 4-1-1 对心电数据用多项式拟合消除趋势项

3. 案例延伸

除了以最小二乘法拟合消除趋势项以外,还有其他方法可以消除趋势项,只是最小二乘法拟合的方法用得较多。其他的方法主要是一些平滑或滤波的方法,只取信号中的低频信号。例如可以用sgolay滤波器求取趋势项。sgolay滤波器是由Savitzky A和Golay M在1964年提出的一种基于多项式拟合的最佳形式的低通滤波器[2-3],将在4.5.3小节中详细地说明。下面给出用sgolay滤波器对pr4_1_1中的心电图数据消除趋势项的方法。

例4-1-2(pr4_1_2) 读入已知的心电图ecgdata2.mat数据,用sgolay滤波器消除基线的漂移。程序清单如下:

```
% pr4_1_2
clear all; clc; close all;

load ecgdata2.mat                    % 读入心电图数据
N = length(y);                       % 数据长度
time = (0:N-1)/fs;                   % 计算出时间刻度
y1 = sgolayfilt(y,3,1001);           % 用sgolay滤波器求出趋势项
x = y - y1;                          % 计算消除趋势项后的序列
% 作图
subplot 311; plot(time,y,'k')
title('输入心电信号'); ylabel('幅值');
axis([0 max(time) -2000 6000]); grid;
subplot 312; plot(time,y1,'k');
title('趋势项信号'); ylabel('幅值');
axis([0 max(time) -2000 6000]); grid;
subplot 313; plot(time,x,'k');
title('消除趋势项心电信号'); ylabel('幅值');
xlabel('时间/s');
axis([0 max(time) -2000 6000]); grid;
set(gcf,'color','w');
```

运行pr4_1_2后得图4-1-2,从图中可以看出,用sgolay滤波器一样可以消除心电图信

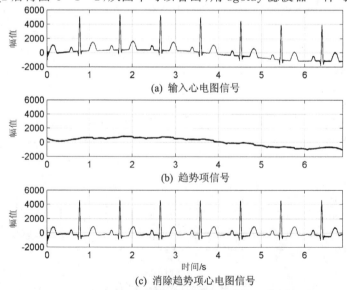

图4-1-2 对心电图数据用sgolay滤波器消除趋势项

号中的趋势项,所得图接近于图 4-1-1。

4.2 寻找信号中的峰值和谷值

在信号处理中,经常会需要在时间域或频率域寻找峰值和谷值。MATLAB 工具箱中已有峰值检测的函数,本节将结合函数说明对峰值和谷值的检测。

4.2.1 MATLAB 中峰谷值检测的函数

1. 检测峰值的函数

检测峰值的函数是 MATLAB 自带的,在 signal 工具箱中。
函数:findpeaks
功能:寻找待测信号的峰值
调用格式:

```
pks = findpeaks(x)
[pks,locs] = findpeaks(x)
[pks,locs] = findpeaks(x,'属性',参数,…)
```

说明:如果只找一个峰值可以用 max 函数,而需要寻找多个峰值才用本函数 findpeaks。输入参数中 x 是被检测的信号序列,pks 是被检测到信号中峰值的幅值,locs 是被检测到峰值的位置,是序列的索引号。为了检测到峰值可以设置各种条件,即由属性和对应的参数来限定。属性和参数如下:

- 属性 MINPEAKHEIGHT,参数 MPH:用于限定寻找的峰值幅值一定要大于 MPH 值。
- 属性 MINPEAKDISTANCE,参数 MPD:用于限定寻找的两个相邻的峰值之间要大于 MPD 值。
- 属性 THRESHOLD,参数 TH:用于限定寻找的峰值要比两旁的序列大 TH 值。
- 属性 NPEAKS,参数 NP:用于限定寻找的峰值的数目。
- 属性 SORTSTR,参数 STR(字符串值):用于要求峰值排列的次序。当 STR='ascend' 时,按升序排列;当 STR='descend' 时,按降序排列;当 STR='none' 时,按索引号排列;当不给这个参数峰值时,默认也按索引号排列。

可以利用 findpeaks 函数中的属性和参数较灵活地寻求序列中的峰值,在以下案例中还会介绍利用 findpeaks 函数来寻找谷值。

2. 检测峰值和谷值的函数

本函数检测峰值和谷值,但不是 MATLAB 自带的,而是由帝国理工学院电气电子工程系的 Mike Brookes 教授在 voicebox 中提供的[4]。该函数原名为 findpeaks,为了避免和 MATLAB 自带的 findpeaks 混淆,在本书中改名为 findpeakm。

函数:findpeakm
功能:寻找待测信号的峰值和谷值
调用格式:

```
[K,V] = findpeakm(x,m,w)
```

说明:输入变量 x 是被测序列;m 是方式,选用 'q' 时是用二次曲线内插后寻找峰值,选用 'v' 时是寻找谷值;w 是在寻找峰值时,两个峰值之间最小间隔的样点数。

4.2.2 案例 4.2:已知一个脉动信号,如何求信号的周期

1. 概　述

在实际信号处理中经常会遇到脉动信号,可通过提取峰值求出峰值间的距离计算出脉动信号的平均周期,如果有谷值的话也可以从谷值间的距离计算出脉动信号的平均周期。在本节中用脉搏信号分别从峰值和谷值位置获取脉动信号的平均周期。

2. 实　例

例 4-2-1(pr4_2_1)　某一患者的脉搏信号在 ffpulse.txt 文件中,采样频率是 200 Hz。脉搏不稳定,通过脉搏信号的峰值求出脉搏的平均周期。程序第一部分清单如下:

```
% pr4_2_1
clear all; clc; close all;

y = load('ffpulse.txt');            % 读入脉搏数据
x = detrend(y);                     % 消除趋势项
fs = 200;                           % 采样频率
N = length(x);                      % 数据长度
time = (0:N-1)/fs;                  % 时间刻度
% 第一部分,用 findpeaks 函数求峰值位置
[Val,Locs] = findpeaks(x,'MINPEAKHEIGHT',200,'MINPEAKDISTANCE',100);
T1 = time(Locs);                    % 取得脉搏峰值时间
M1 = length(T1);
T11 = T1(2:M1);
T12 = T1(1:M1-1);
Mdt1 = mean(T11-T12);               % 从峰值求得的平均周期值
fprintf('峰值求得的平均周期值 = %5.4f\n',Mdt1);
% 作图
plot(time,x,'k'); hold on; grid;
plot(time(Locs),Val,'ro','linewidth',3);
```

说明:

➢ 从读入 ffpulse.txt 文件所得的数据有很大的直流分量,通过消除趋势项消除直流分量和线性趋势项。

➢ 图 4-2-1 所示不是一条光滑的曲线,若简单地用 findpeaks(y)来提取峰值,则将得到很多峰值,而不是脉搏跳动一次得到一个峰值。为了使脉搏跳动一次只获得到一个峰值,不得不设置如下限定条件:要求幅值高度不低于 200,即有 'MINPEAKHEIGHT',200,要求两个峰值之间的间隔不小于 100 个样点,即有 'MINPEAKDISTANCE',100。这样就能得到满意的结果。

运行程序 pr4_2_1 第一部分后得图 4-2-1,并有由峰值求得的平均周期值为 0.7813。

3. 案例延伸

在本例中不仅可以用 findpeaks 函数检测峰值,还可用 findpeakm 函数检测谷值。程序第二部分清单如下:

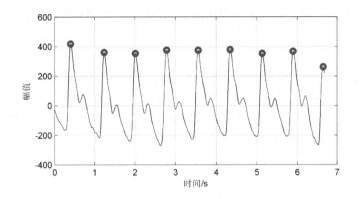

图 4-2-1 脉搏信号波形和峰值检测

```
% 第二部分,用 findpeakm 函数求谷值位置
[K,V] = findpeakm(x,'v',100);
T2 = time(K);                        % 取得脉搏谷值时间
M2 = length(T2);
T21 = T2(2:M1);
T22 = T2(1:M1-1);
Mdt2 = mean(T21-T22);                % 从谷值求得的平均周期值
fprintf('谷值求得的平均周期值 = %5.4f\n',Mdt2);
% 作图
plot(time(K),V,'gO','linewidth',3);
set(gcf,'color','w');
```

说明:由于数据的不平滑,数据中同样有多种谷值点。在 findpeakm 函数中设置参数 'v',表示检测谷值,又要求峰值之间的间隔大于 100 个样点(与程序第一部分使用 findpeaks 的要求一样)。

运行程序第二部分后得图 4-2-2,并有由谷值求得的平均周期值为 0.786 3。

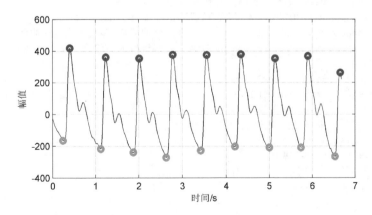

图 4-2-2 脉搏信号波形和谷值检测

4.2.3 案例 4.3:如何利用 findpeaks 函数求谷值

1. 概　述

一般是利用 findpeaks 函数来寻找峰值,但有时也会利用 findpeaks 函数来寻找谷值,因

为在 findpeaks 函数中可以设置较多的限制条件,在需要用到这些限制条件会比用 findpeakm 寻找谷值更有利。

2. 实例

例 4-2-2(pr4_2_2) 采集到一组数据在文件 SDqdata2. mat 中,由于外界干扰的原因信号的基线有不规则的漂移,故希望能把基线拉平。

读入 SDqdata2. mat 文件得到如图 4-2-3 所示的数据波形图,从图中可看出数据的基线极不规则,下面用找出极小值(谷值点)的方法把基线拉平。

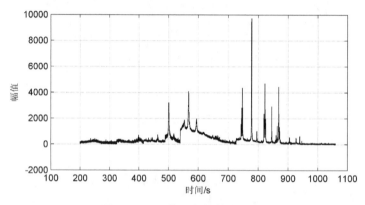

图 4-2-3 输入数据的波形图

程序清单如下:

```
% pr4_2_2
clear all; clc; close all;

load SDqdata2.mat                              % 读入信号
y = -mix_signal;                                % 把输入信号反相
% 信号反相后用 findpeaks 函数检测峰值替代谷值的检测
[Val,Locs] = findpeaks(y,'MINPEAKHEIGHT',-1400,'MINPEAKDISTANCE',5);
b0 = interp1(time(Locs),-Val,time);             % 延伸谷值,构成基线偏离曲线
x = -y-b0;                                      % 基线拉平的信号
% 作图
subplot 211; plot(time,y,'k'); hold on; grid
plot(time(Locs),Val,'r.','linewidth',3);
xlabel('时间/s'); ylabel('幅值');
title('把信号颠倒过来用寻找峰值替代寻找谷值');
subplot 212; plot(time,x,'k');
xlabel('时间/s'); ylabel('幅值');
title('把基线拉平后的波形图'); grid;
set(gcf,'color','w');
```

说明:

➤ 为了能使用 findpeaks 函数,把读入的信号反相操作,即正值变负值;负值变正值,这样就能用求峰值替代求谷值了。

➤ 读入的数据 mix_signal 同样不是一条平滑的曲线,有许许多多的峰值和谷值,为了能获取基线的漂移,必须要适当地选择 findpeaks 函数中的一些限制参数。在这里选择了 'MINPEAKHEIGHT',-1400 和 'MINPEAKDISTANCE',5。

➤ 从 findpeaks 函数得到极值点的位置和数值,但这些不是基线的漂移曲线中每一点的位置和数值,而是基线漂移曲线中极值点的位移和数值。通过内插可得到整条基线漂移曲线,再从信号中减去基线漂移,基线基本上得到了校正。

运行程序 pr4_2_2 后得图 4-2-4,其中图(a)是反相后的信号和检测到的峰值,图(b)是基线校正后的信号波形。

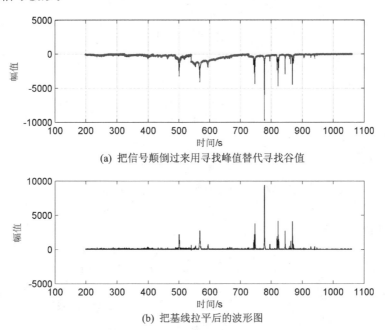

(a) 把信号颠倒过来用寻找峰值替代寻找谷值

(b) 把基线拉平后的波形图

图 4-2-4 反相信号寻找峰值和校正基线后的信号波形

4.2.4 案例 4.4:在 findpeakm 函数用 'q' 参数时如何进行内插

1. 概　述

在 findpeakm 函数中的调用格式为 [Locs, Val] = findpeakm(x, m, w),其中 m 参数选用 'q' 时表示对峰值点进行二次曲线内插。下面介绍峰值的二次曲线内插,及其在时域或频域求峰值中的应用。

2. 理论基础

由于信号是离散的,在频域或时域中求峰值时只能得到某个样点值,而局部的最大值往往不在这个样点值上,而是在两个相邻样点值之间,需要通过内插才能求出真正的局部最大值。而 findpeakm 函数就有这种功能,它采用二次曲线(抛物线)的方法进行内插。

设信号 F(不论在频域还是在时域)在样点 m 处达到极大值 $F(m)$(如图 4-2-5 所示),为了方便计算,把坐标轴的零点移到 m 处,即局部峰值样点 m 处为零,且间隔为 Δm(可以对应于频域的 Δf 或时域的 Δt),即相邻的三个样点对应于 $-\Delta m$、0、$+\Delta m$,它们的 F 函数值分别为 $F(m-1)$、$F(m)$、$F(m+1)$,F 对三点的二次曲线拟合表示式为

$$F = a\lambda^2 + b\lambda + c \tag{4-2-1}$$

由以上的三个 F 函数值可列出如下方程组:

$$\left.\begin{array}{l}F(m-1) = a\Delta m^2 - b\Delta m + c \\ F(m) = c \\ F(m+1) = a\Delta m^2 + b\Delta m + c\end{array}\right\} \quad (4-2-2)$$

先假设 $\Delta m = 1$,由此得到系数为

$$\left.\begin{array}{l}a = \dfrac{F(m+1) + F(m-1)}{2} - F(m) \\ b = \dfrac{F(m+1) - F(m-1)}{2} \\ c = F(m)\end{array}\right\} \quad (4-2-3)$$

然后求极大值,通过求导

$$\frac{\mathrm{d}}{\mathrm{d}\lambda}(a\lambda^2 + b\lambda + c) = 0 \quad (4-2-4)$$

求出极大值的位置为

$$\lambda_p = -b/2a \quad (4-2-5)$$

考虑到实际两点之间的间隔为 Δm,真正峰值的位置 $M_{\max}$ 为

$$M_{\max} = \lambda_p \Delta m + m\Delta m = (-b/2a + m)\Delta m \quad (4-2-6)$$

F 峰值的数值 $F_{\max}$ 为

$$F_{\max} = a\lambda_p^2 + b\lambda_p + c = \frac{b^2}{4a} - \frac{b^2}{2a} + c = -\frac{b^2}{4a} + c \quad (4-2-7)$$

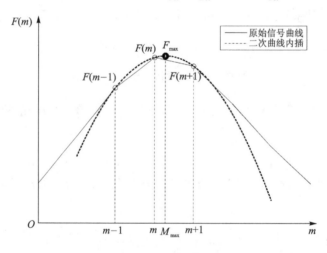

图 4-2-5 二次曲线内插示意图

综上,通过二次曲线的内插可以求出实际峰值的数值 $F_{\max}$ 和位置 $M_{\max}$,这就是 findpeakm 中选用 'q' 时所做的工作。

3. 实 例

例 4-2-3(pr4_2_3) 从文件 sch32.wav 中读入双声道的波形,求这两个信号之间的延迟量。程序清单如下:

```
% pr4_2_3
clear all; clc; close all;
```

```
[xx,fs] = wavread('sch32.wav');          % 读入数据和采样频率
x = xx(:,1);                              % 双声道数据分别设定为 x 和 y
y = xx(:,2);
N = length(x);                            % 信号长度
n = 0:N-1;                                % 序列号
[R,lags] = xcorr(y,x);                    % 计算 y 和 x 的互相关函数
[Rmax,K] = max(R);                        % 在 R 中找最大值和相应位置
lagk = lags(K);
fprintf('lagk = %4d  Rmax = %5.4f\n',lagk,Rmax); % 显示内插前最大延迟量和幅值
[Locs,Val] = findpeakm(R,'q',35);         % 用 findpeakm 函数寻找相关函数中的峰值
Locs = Locs - N;                          % 修正 Logs
fprintf('Mmax = %5.4f  Rmax = %5.4f\n',Locs(9),Val(9));  % 最大延迟量和幅值
% 作图
subplot 211; plot(n,x,'k');
xlabel('样点'); ylabel('幅值');
title('信号 x 波形图'); xlim([0 N]);
subplot 212; plot(n,y,'k');
xlabel('样点'); ylabel('幅值');
title('信号 y 波形图'); xlim([0 N]);
set(gcf,'color','w');
figure
subplot 211; plot(lags,R,'k'); grid; hold on
plot(Locs,Val,'ro');
axis([min(lags) max(lags) -25 45])
xlabel('延迟量/样点'); ylabel('相关函数幅值');
title('相关函数曲线图');
subplot 212; plot(lags,R,'k'); grid; hold on
plot(Locs,Val,'ro');
axis([-20 20 -25 45])
xlabel('延迟量/样点'); ylabel('相关函数幅值');
title('相关函数曲线图(最大值)');
set(gcf,'color','w');
```

说明:调用 findpeakm 函数并选用参数 'q',就是为了能在最大值附近以二次曲线内插的方法比较精确地求出延迟量的数值,从而减小样点离散的影响。

运行程序 pr4_2_3 后得到:内插之前从互相关函数 R 求出延迟量为 lagk＝3,对应互相关函数的最大幅值为 Rmax＝40.0764;而内插以后得到的延迟量为 Mmax＝2.9121,对应互相关函数的最大幅值为 Rmax＝40.085。

运行程序后得图 4-2-6 和图 4-2-7。

在已知以样点为单位延迟量后,只要乘以采样周期 Δt 就可以得到延迟的时间。

例 4-2-4(pr4_2_4)   读入语音信号频谱包络的数据文件 Evnespecdata.mat,分别用 findpeaks 和 findpeakm 提取共振峰频率,并进行比较。程序清单如下:

```
% pr4_2_4
clear all; clc; close all;

load Evnespecdata.mat                    % 读入语音频谱包络文件
[Val1,Loc1] = findpeaks(spect);          % 用 findpeaks 提取共振峰信息
df = freq(2) - freq(1);                  % 求出频率间隔
FRMNT1 = (Loc1 - 1) * df;                % 求出共振峰频率
```

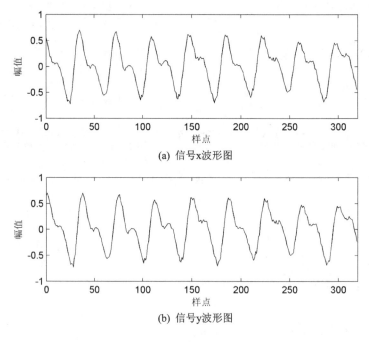

(a) 信号x波形图

(b) 信号y波形图

图 4-2-6 双通道信号的波形

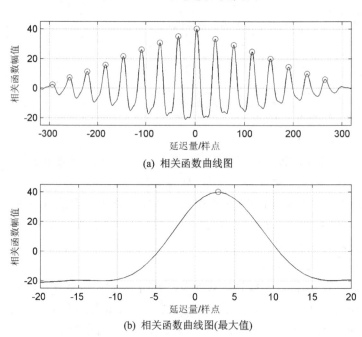

(a) 相关函数曲线图

(b) 相关函数曲线图(最大值)

图 4-2-7 信号的互相关函数曲线图和曲线在最大值处的放大图

```
%  显示共振峰信息
fprintf('%5.4f    %5.4f    %5.4f    %5.4f\n',Val1);
fprintf('%5.2f    %5.2f    %5.2f    %5.2f\n',FRMNT1);

[Loc2,Val2]= findpeakm(spect,'q');      % 用 findpeakm 提取共振峰信息
FRMNT2 = (Loc2 - 1) * df;               % 求出共振峰频率
```

```
% 显示共振峰信息
fprintf('%5.4f   %5.4f   %5.4f   %5.4f\n',Val2);
fprintf('%5.2f   %5.2f   %5.2f   %5.2f\n',FRMNT2);
% 作图
plot(freq,spect,'k','linewidth',2);
hold on; grid; ylim([-6 1]);
% rectangle('Position',[450,-0.75,400,1],'Curvature',[1,1]);
for k = 1 : 4
    plot(FRMNT1(k),Val1(k),'rO','linewidth',3.5);
    plot(FRMNT2(k),Val2(k),'kO','linewidth',3.5);
end
title('通过内插修正共振峰频率')
xlabel('频率/Hz'); ylabel('幅值/dB');
set(gcf,'color','w');
```

说明：在调用 findpeakm 函数时选用了参数 'q'。

运行程序 pr4_2_4 后得到共振峰信息如下，并得图 4-2-8。

① 从 findpeaks 得到的共振峰参数如下：

峰值：-0.1678   -0.5602   -0.6100   0.0026

频率：650.00   1375.00   2825.00   3600.00

② 从 findpeaks 得到的共振峰参数如下：

峰值：-0.1668   -0.5602   -0.6097   0.0047

频率：641.42   1374.69   2818.86   3588.85

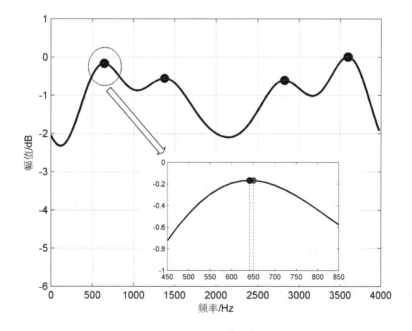

图 4-2-8　共振峰频率比较

在图 4-2-8 中用 findpeaks 函数求得的共振峰频率用红色圆表示，而用 findpeakm 函数求得的共振峰频率用黑色圆表示。在大图中两个圆是相当接近的，把第一共振峰频率处局部放大在图 4-2-8 的小图中，即可看出两圆的差距。从显示出的数值来看，四个共振峰频率用不同方法提取时差值有多有少。频谱图的频率分辨率为 25 Hz,故以上两种方法的差值小于或等于 12.5 Hz。

4.3 信号中包络的提取

在信号处理中经常会对时间域或频率域的信号提取信号波形的包络,在提取包络后往往还要做进一步处理。提取包络最常用的方法是希尔伯特变换,此外还有其他方法,在本章中介绍几种实用的方法。

4.3.1 希尔伯特变换[5]

在第 3 章中曾介绍过希尔伯特滤波器,下面对希尔伯特变换做更详细的介绍。

1. 希尔伯特变换的定义

对于一个实函数 $x(t)$,$-\infty < t < +\infty$,而另一实函数

$$\hat{x}(t) = H[x(t)] = \int_{-\infty}^{+\infty} \frac{x(u)}{\pi(x-u)} du$$

定义为实函数 $x(t)$ 的希尔伯特变换,用卷积表示为

$$\hat{x}(t) = x(t) * \frac{1}{\pi t} \tag{4-3-1}$$

2. 从频域看希尔伯特变换

由傅里叶变换的理论可知,$jh(t) = j/\pi t$ 的傅里叶变换是符号函数 $\text{sgn}(\Omega)$,因此希尔伯特变换的频率响应为

$$H(j\Omega) = -j\text{sgn}(\Omega) = \begin{cases} -j, & \Omega > 0 \\ j, & \Omega < 0 \end{cases} \tag{4-3-2}$$

若记

$$H(j\Omega) = |H(j\Omega)| e^{j\varphi(t)}$$

那么 $|H(j\Omega)| = 1$,且

$$\varphi(\Omega) = \begin{cases} -\pi/2, & \Omega > 0 \\ \pi/2, & \Omega < 0 \end{cases} \tag{4-3-3}$$

这就是说,希尔伯特变换器是幅值特性为 1 的全通滤波器。信号 $x(t)$ 通过希尔伯特变换器后,其负频成分作 $+90°$ 相移,而正频成分作 $-90°$ 相移。其幅值特性、相频特性如图 4-3-1(a)和(b)所示。

设 $\hat{x}(t)$ 为 $x(t)$ 的希尔伯特变换,定义

$$z(t) = x(t) + j\hat{x}(t) \tag{4-3-4}$$

为信号 $x(t)$ 的解析信号(Analytic Signal)。对上式两边作傅里叶变换,并把式(4-3-2)代入,有

$$Z(j\Omega) = X(j\Omega) + j\hat{X}(j\Omega) = X(j\Omega) + jH(j\Omega)X(j\Omega) = \begin{cases} 2X(j\Omega), & \Omega > 0 \\ 0, & \Omega < 0 \end{cases} \tag{4-3-5}$$

这样由希尔伯特变换构成解析信号,只含有正频率成分,且是原信号正频率分量的 2 倍。我们

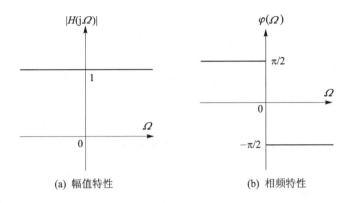

(a) 幅值特性 (b) 相频特性

图 4-3-1 希尔伯特变换的幅值特性和相频特性

知道,若信号 $x(t)$ 是带限的,最高频率为 Ω_c,这时只需 $\Omega_s \geqslant 2\Omega_c$(满足采样定理)即可保证由 $x(n)$ 恢复出 $x(t)$。在研究时-频分析时,使用解析信号还可以减轻正、负频率在 $\Omega=0$ 附近的交叉干扰。

3. 离散时间信号的希尔伯特变换

设离散时间信号 $x(n)$ 的希尔伯特变换是 $\hat{x}(n)$,希尔伯特变换器脉冲响应为 $h(n)$,由连续信号希尔伯特变换的性质及 $H(j\Omega)$ 和 $H(e^{j\omega})$ 的关系,不难得到

$$H(e^{j\omega}) = \begin{cases} -j, & 0 < \omega < \pi \\ j, & -\pi < \omega < 0 \end{cases} \qquad (4-3-6)$$

因此

$$h(n) = \frac{1}{2\pi}\int_{-\pi}^{\pi} H(e^{j\omega})e^{j\omega n}d\omega = \frac{1}{2\pi}\int_{-\pi}^{0} je^{j\omega n}d\omega - \frac{1}{2\pi}\int_{0}^{\pi} je^{j\omega n}d\omega \qquad (4-3-7)$$

求出

$$h(n) = \frac{1-(-1)^n}{n\pi} = \begin{cases} 0, & n\text{ 为偶数} \\ \dfrac{2}{n\pi}, & n\text{ 为奇数} \end{cases} \qquad (4-3-8)$$

以及

$$\hat{x}(n) = x(n) * h(n) = \frac{2}{\pi}\sum_{m=-\infty}^{\infty}\frac{x(n-2m-1)}{(2m+1)} \qquad (4-3-9)$$

求出 $\hat{x}(n)$ 后,即可构成 $x(n)$ 的解析信号

$$z(n) = x(n) + j\hat{x}(n) \qquad (4-3-10)$$

也可用 DFT 方便地求出一个信号 $x(n)$ 的解析信号及希尔伯特变换,具体步骤如下:

① 对 $x(n)$ 作 DFT,得 $X(k)$,$k=0,1,\cdots,N-1$(注意:$k=N/2,\cdots,N-1$ 对应于负频率)。

② 从式(4-3-5)可得

$$Z(k) = \begin{cases} X(k), & k=0 \\ 2X(k), & k=1,2,\cdots,\dfrac{N}{2}-1 \\ 0, & k=\dfrac{N}{2},\cdots,N-1 \end{cases} \qquad (4-3-11)$$

③ 对 $Z(k)$ 作逆 DFT 变换,即得到 $x(n)$ 的解析信号 $z(n)$。

④ 由

$$Z(k) = X(k) + j\hat{X}(k)$$

不难求出

$$\hat{x}(n) = \text{IDFT}\{-j[Z(k) - X(k)]\} \qquad (4-3-12a)$$

或

$$\hat{x}(n) = -j[z(n) - x(n)] \qquad (4-3-12b)$$

由式(4-3-4)得 $z(t) = x(t) + j\hat{x}(t)$，所以 $Z(k)$ 的 IFFT 后得到的是 $z(n)$，即

$$z(n) = x(n) + j\hat{x}(n)$$

$x(n)$ 和 $\hat{x}(n)$ 都是实数，因此可以得到

$$\hat{x}(n) = \text{Im}[z(n)] \qquad (4-3-12c)$$

4. 希尔伯特变换的主要性质

性质 1 信号 $x(t)$ 或 $x(n)$ 通过希尔伯特变换器后，信号频谱的幅度不发生变化。

此性质是显而易见的，这是因为希尔伯特变换器是全通滤波器，引起频谱变化的只是其相位。

性质 2 $x(t)$ 与 $\hat{x}(t)$，$x(n)$ 与 $\hat{x}(n)$ 是分别正交的。

证明：由帕塞瓦尔定理，有

$$\int_{-\infty}^{+\infty} x(t)\hat{x}(t)\mathrm{d}t = \frac{1}{2\pi}\int_{-\infty}^{+\infty} X(\mathrm{j}\Omega)[\hat{X}(\mathrm{j}\Omega)]^* \mathrm{d}\Omega =$$

$$\frac{1}{2\pi}\int_{-\infty}^{0} |X(-\mathrm{j}\Omega)|^2 \mathrm{d}\Omega - \frac{1}{2\pi}\int_{0}^{+\infty} |X(\mathrm{j}\Omega)|^2 \mathrm{d}\Omega = 0 \qquad (4-3-13)$$

由于 $x(t)$ 是实信号，其频谱的幅度谱为偶函数，所以上式的积分为 0，故 $x(t)$ 和 $\hat{x}(t)$ 是正交的。对 $x(n)$，同样可以证明

$$\sum_{n=-\infty}^{+\infty} x(n)\hat{x}(n) = \frac{1}{2\pi}\int_{-\pi}^{+\pi} X(\mathrm{e}^{\mathrm{j}\omega})[\hat{X}(\mathrm{e}^{\mathrm{j}\omega})]^* \mathrm{d}\omega \qquad (4-3-14)$$

在实际应用中，式(4-3-14)左边的求和只能在有限的范围内进行，因此右边将近似为零。

性质 3 若 $x(t)$、$x_1(t)$、$x_2(t)$ 的希尔伯特变换分别是 $\hat{x}(t)$、$\hat{x}_1(t)$、$\hat{x}_2(t)$，且 $x(t) = x_1(t) * x_2(t)$，则

$$\hat{x}(t) = \hat{x}_1(t) * x_2(t) = x_1(t) * \hat{x}_2(t) \qquad (4-3-15)$$

证明：由定义可知

$$\hat{x}(t) = x(t) * \frac{1}{\pi t} = [x_1(t) * x_2(t)] * \frac{1}{\pi t} = x_1(t) * \left[x_2(t) * \frac{1}{\pi t}\right] = x_1(t) * \hat{x}_2(t)$$

同理可证

$$\hat{x}(t) = \hat{x}_1(t) * x_2(t)$$

5. MATLAB 中希尔伯特变换的函数

对 MATLAB 中自带的希尔伯特变换的函数介绍如下。

名称：hilbert

功能：把序列 $x(n)$ 作希尔伯特变换为 $\hat{x}(n)$，又把 $x(n)$ 和 $\hat{x}(n)$ 构成解析信号的序列 $z(n) = x(n) + j\hat{x}(n)$

调用格式：

```
z = hilbert(x)
```

说明：函数 hilbert 不是单纯地把 $x(n)$ 作希尔伯特变换得到 $\hat{x}(n)$，而是得到 $\hat{x}(n)$ 后与 $x(n)$ 共同构成解析信号序列 $z(n)$，并可以对 $z(n)$ 直接求模值和相角。

4.3.2 案例 4.5：用希尔伯特变换计算信号的包络

1. 概况

在求某一信号包络时用得最多的是希尔伯特变换，但并不是希尔伯特变换适用于所有信号求包络的情况。这是因为对于包络没有一个很严格的定义，在求包络时不同的情况会有不同的要求。本小节介绍用希尔伯特变换求取信号的包络。

2. 实例

例 4-3-1(pr4_3_1) 设信号 $x(n) = 120 + 96e^{-(n/1500)^2}\cos(2\pi n/600)$，$n = -5000:20:5000$，求该信号的包络线。设置信号后直接调用 hilbert 函数求信号的包络，程序清单的第一部分如下：

```
% pr4_3_1
clear all; clc; close all;

n = -5000:20:5000;                          % 样点设置
% 程序第一部分:直接作希尔伯特变换
N = length(n);                              % 信号样点数
nt = 0:N-1;                                 % 设置样点序列号
x = 120 + 96*exp(-(n/1500).^2).*cos(2*pi*n/600); % 设置信号
Hx = hilbert(x);                            % 希尔伯特变换
% 作图
plot(nt,x,'k',nt,abs(Hx),'r');
grid; legend('信号',' 包络');
xlabel(' 样点 '); ylabel(' 幅值 ')
title(' 信号和包络 ')
set(gcf,'color','w');
pause
```

运行程序 pr4_3_1 第一部分后得图 4-3-2，从图中可以看出通过 hilbert 函数求信号所得的包络似乎不是信号的包络，而是原有的信号，这是为什么呢？之所以会得到这样一个不理想的包络线完全是直流分量造成的，故对原始信号消除直流分量后再通过 hilbert 函数求信号的包络。

程序 pr4_3_1 第二部分清单如下：

```
% 程序第二部分:消除直流后作希尔伯特变换
y = x - 120;                                % 消除直流分量
Hy = hilbert(y);                            % 希尔伯特变换
% 作图
figure(2)
plot(nt,y,'k',nt,abs(Hy),'r');
grid; legend('信号',' 包络');
xlabel(' 样点 '); ylabel(' 幅值 ')
```

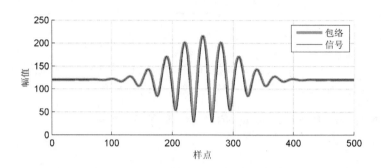

图4-3-2 运行程序的第一部分得到不正确的信号包络图

```
title(' 信号和包络 ')
set(gcf,'color','w');
figure(3);
plot(nt,x,'k',nt,abs(Hy) + 120,'r');
grid; legend(' 信号 ',' 包络 '); hold on;
xlabel(' 样点 '); ylabel(' 幅值 ')
title(' 信号和包络 ')
set(gcf,'color','w');
pause
```

运行程序pr4_3_1的第二部分后得图4-3-3。

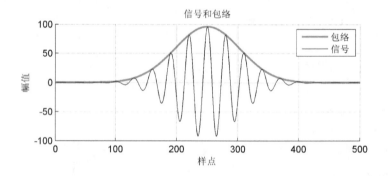

图4-3-3 消除直流分量后得到信号的包络线

同时把包络线加上直流分量后叠加在原始信号上,修改了图4-3-2中的不正确包络线,得图4-3-4。

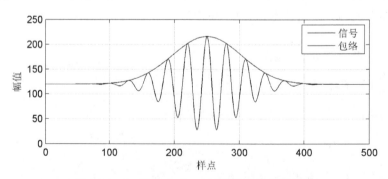

图4-3-4 对图4-3-2不正确包络线的修正

这说明如果信号有直流分量,可以先消除直流分量求出信号的包络线,再在包络线上叠加直流分量恢复原始信号的包络线。

3. 案例延伸

在 4.3.1 小节的"3. 离散时间信号的希尔伯特变换"中给出了通过频域变换运算也能得到信号的希尔伯特变换的方法,则通过时域和频域变换得到的希尔伯特变换是否相同呢?程序 pr4_3_1 的第三部分就对这个问题进行探讨,程序清单如下:

```
% 程序第三部分:通过频域作希尔伯特变换
y_fft = fft(y);                    % FFT
y_hit(1) = y_fft(1);               % 按式(4-3-11)设置 y_hit
y_hit(2:(N+1)/2) = 2 * y_fft(2:(N+1)/2);
y_hit((N+1)/2+1:N) = 0;
z = ifft(y_hit);                   % 对 y_hit 作 IFFT
% 作图
figure(4)
subplot 211; plot(n,real(Hy),'r',n,real(z),'g');
xlabel('样点'); ylabel('幅值'); legend('时域','频域')
title('频域和时域希尔伯特变换实部比较');
subplot 212; plot(n,imag(Hy),'r',n,imag(z),'g');
xlabel('样点'); ylabel('幅值'); legend('时域','频域')
title('频域和时域希尔伯特变换虚部比较');set(gcf,'color','w');

figure(5)
plot(nt,x,'k',nt,abs(z)+120,'r');
grid; legend('信号','包络');
xlabel('样点'); ylabel('幅值')
title('信号和包络')
set(gcf,'color','w');
```

运行程序 pr4_3_1 第三部分后得图 4-3-5。从图中可以看出,通过频域希尔伯特变换后

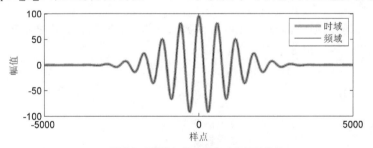

(a) 频域和时域希尔伯特变换后实部的比较

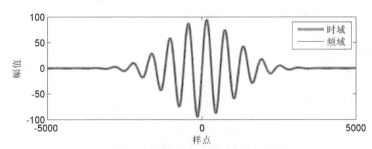

(b) 频域和时域希尔伯特变换后虚部的比较

图 4-3-5 频域和时域希尔伯特变换后实部与虚部的比较

求出实部和虚部,与通过 hilbert 函数求出的实部和虚部完全重合在一起,说明两者是相同的。不过需要指出的是,在频域希尔伯特变换时也一样要消除了直流分量后才能得到正确的结果(如图 4-3-5 所示),图 4-3-6 中给出的是将希尔伯特变换后的结果再加上直流分量后得到的最终结果。

同时图 4-3-6 还给出了通过频域希尔伯特变换求出的包络线,与图 4-3-4 完全一致。

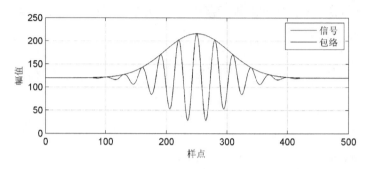

图 4-3-6 通过频域希尔伯特变换求出信号的包络线

4.3.3 案例 4.6:用求极大值和极小值的方法来计算信号的包络线

1. 概 述

在 4.3.2 小节的案例 4.5 中曾指出用 hilbert 函数求包络线不一定适用于所有的信号,有时对包络线的要求也不完全相同,所以在某些情况下可以用极大值、极小值的方法来求取信号的包络线。

2. 案例分析

例 4-3-2(pr4_3_2) 从文件 pulsedata0.txt 中读出脉冲信号,求取该脉冲信号的上、下包络线。

本例将分为两部分:第一部分用 hilbert 函数求包络线,第二部分用极大值、极小值的方法来求取包络线。程序第一部分清单如下:

```
% pr4_3_2
clear all; clc; close all;

xx = load('pulsedata0.txt');      % 读入信号
N = length(xx);                    % 数据长度
n = 1:N;                           % 设置样点序列
% 作图
plot(n,xx,'k'); grid;
xlabel('样点'); ylabel('幅值');
title('原始信号波形图')
set(gcf,'color','w');

% 程序第一部分用 hilbert 函数计算信号的包络
xm = sum(xx)/N;                    % 计算信号的直流分量
x = xx - xm;                       % 消除直流分量
z = hilbert(x);                    % 进行希尔伯特变换
% 作图
figure(2)
```

```
plot(n,x,'k'); hold on; grid;
plot(n,abs(z),'r');
xlabel('样点'); ylabel('幅值');
title('消除直流分量用求取包络曲线图')
set(gcf,'color','w');
```

运行程序 pr4_3_2 第一部分后得到脉冲原始信号的波形图,如图 4-3-7 所示。

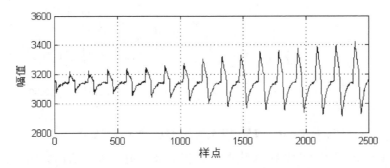

图 4-3-7 原始信号波形图

信号中有较大的直流分量,由例 4-3-1 可知,要用函数求信号的包络线,首先要消除直流分量。所以经过消除直流分量和希尔伯特变换,求得脉冲信号的包络线如图 4-3-8 所示。而这样的包络线很不理想,我们希望得到如图 4-3-9 所示的包络线。

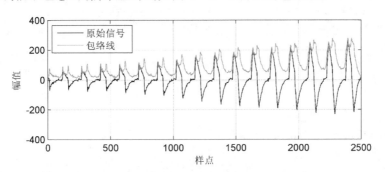

图 4-3-8 经希尔伯特变换求得信号的包络线

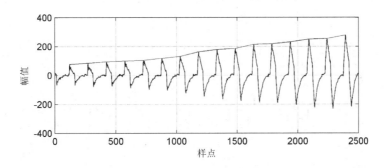

图 4-3-9 期望的信号包络线

3. 解决方法

如果先把信号取了绝对值,再与希尔伯特包络线比较(如图 4-3-10 所示),可以看出希尔伯特包络线接近于信号的绝对值。而本案例是要求出信号的上、下包络线,有一种解决方法是把信号分为正值和负值,再分别求取包络线,但即使这样分割后用希尔伯特变换求取的包络线还是达不到图 4-3-9 所示的效果。

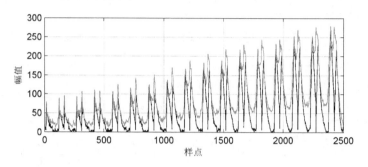

图 4-3-10　信号的绝对值与希尔伯特包络线的比较

要达到图 4-3-9 所示的效果,解决办法是用求极大值和极小值的方法。程序第二部分就是用这种方法来获取信号的上、下包络线。程序 pr4_3_2 第二部分清单如下:

```
% 程序第二部分用求极大值、极小值计算信号的包络
% 利用findpeakm函数计算信号的极大值、极小值
[K1,V1] = findpeakm(x,[],120);      % 求极大值位置和幅值
up = spline(K1,V1,n);                % 内插,获取上包络线
[K2,V2] = findpeakm(x,'v',120);     % 求极小值位置和幅值
down = spline(K2,V2,n);              % 内插,获取下包络线
% 作图
figure(3)
plot(n,x); hold on; grid;
plot(n,up,'r');
plot(n,down,'r');
xlabel('样点'); ylabel('幅值');
title('用求取极大极小值方法获取包络曲线图')
set(gcf,'color','w');
```

运行程序 pr4_3_2 第二部分得图 4-3-11。从图中可看出,用极大值、极小值的方法求得的上、下包络线满足图 4-3-9 的要求,并且通过内插使包络线成为一条平滑的曲线,而不是一条折线。

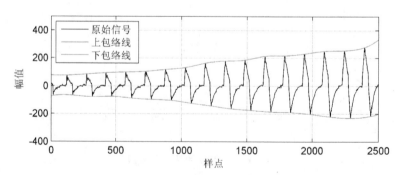

图 4-3-11　用极大值、极小值方法求得信号的上、下包络曲线图

4. 案例延伸

北卡罗来纳州立大学航空航天工程机械系的 Lei Wang 编写了计算上、下包络线的程序 envelope 函数。他是用求信号中极值的方法求出极大值和极小值，通过内插(用 interp1 函数)计算出信号的上、下包络线。

对函数 envelope 介绍如下：

函数：envelope

功能：计算信号的上、下包络线

调用格式：

[up,down] = envelope(x,y,interpMethod)

说明：其中输入参数 x 是数据的横坐标刻度，y 是数据的纵坐标数值，interpMethod 是调用 interp1 函数内插时所需要的参数，下面会进一步说明。输入参数 up 是上包络曲线，down 是下包络曲线。

在调用 interp1 函数时将有 interp1(X,Y,Xi,method)，envelope 函数中的 interpMethod 表示 method，有：

- ➢ 'nearest'——最近邻插值。
- ➢ 'linear'——线性插值，是默认方式。
- ➢ 'spline'——三次样条函数插值。
- ➢ 'pchip'——分段三次埃尔米特插值。
- ➢ 'cubic'——同 'pchip'。
- ➢ 'v5cubic'——MATLAB 5 中的三次插值。

例 4-3-3(pr4_3_3) 设信号 $x(n)=120+96\mathrm{e}^{-(n/1500)^2}\cos(2\pi n/600)$，$n=-5000:20:5000$，求该信号的上、下包络曲线。在本案例中调用 envelope 函数来获取上、下包络曲线，程序清单如下：

```
% pr4_3_3
clear all; clc; close all;

n = -5000:20:5000;                          % 样点设置
N = length(n);                              % 信号样点数
nt = 0:N-1;                                 % 设置样点序列号
x = 120 + 96 * exp(-(n/1500).^2). * cos(2 * pi * n/600);   % 设置信号
[up,down] = envelope(n,x,'splin');
% 作图
plot(nt,x,'k',nt,up,'r',nt,down,'g');
xlabel('样点'); ylabel('幅值'); grid;
title('调用 envelope 函数求取上下包络曲线图')
set(gcf,'color','w');
```

在调用 envelope 函数时用了参数 'spline'，主要是为了使求得的包络曲线比较平滑。运行程序 pr4_3_3 后得图 4-3-12。从图中可看出，信号虽有直流分量，但使用 envelope 函数时不必先消除直流分量再求包络，该函数能在有直流分量的条件下进行计算；而在 pr4_3_2 中对 findpeakm 函数也一样能在有直流分量的条件下进行计算。

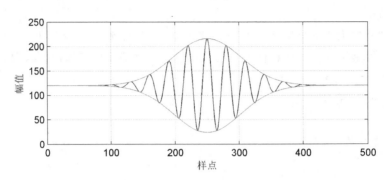

图 4-3-12 调用 envelope 函数求得的上、下包络曲线图

4.3.4 案例 4.7：用倒谱法来计算语音信号频谱的包络线

1. 概述

语音信号频谱的包络线对语音分析来说是比较重要的，它反映了人类发声器官的共振结构，从频谱的包络可提取共振峰参数（频率和带宽）。在语音分析中常用倒谱方法来提取语音信号频谱的包络线。

2. 理论基础

(1) 倒谱原理[6]

倒谱（Cepstrum）分析的实质就是对幅值谱取对数后再做一次频谱分析，所以又称为二次频谱分析。倒谱的定义如下：

设时域信号 $x(t)$ 的幅值谱函数为 $S_x(f)$，则 $x(t)$ 的倒谱函数为 $C_x(\tau)$，即

$$C_x(\tau) = \mathrm{IDFT}[\lg S_x(f)] \qquad (4-3-16)$$

式中：τ 为倒频率（Quefrency），以时间为量纲。τ 值大者为高倒频率，表示在频谱上快速波动；反之，τ 值小者为低倒频率，表示在频谱上缓慢波动。IDFT 表示傅里叶逆变换。

信号 $x(t)$ 的 DFT 为 $X(f)$，$x(t)$ 的幅值谱函数为 $|X(f)|$，所以 $S_x(f) = |X(f)|$，式 (4-3-16) 又可写为

$$C_x(\tau) = \mathrm{IDFT}[\lg|X(f)|] \qquad (4-3-17)$$

我们知道，若两个信号在频域有不同的频带，则可以通过滤波把这两个信号分离开。同样在倒谱域中，当两个信号在倒谱域中占有不同的倒频率时，也可以通过倒滤波（Lifter）把这两个信号在倒频域上分离。

(2) 语音的模型

语音信号在浊音部分可以简化为图 4-3-13 所示模型，声带振动产生的激励脉冲通过口腔（和鼻腔耦合）共振形成了不同的声音。

设声带振动产生的激励脉冲序列为 $h(n)$，口腔声道的脉冲序列为 $v(n)$，则语音信号 $x(n)$ 为 $h(n)$ 与 $v(n)$ 的卷积，即有

$$x(n) = h(n) * v(n) \qquad (4-3-18)$$

图 4-3-13 浊音产生的简化模型

若 $x(n)$、$h(n)$ 与 $v(n)$ 的傅里叶变换分别为 $X(f)$、$H(f)$ 和 $V(f)$，则有
$$X(f) = H(f) \cdot V(f) \qquad (4-3-19)$$

声带产生的脉冲序列振动频率较高，而口腔是通过肌肉运动发声的，振动频率较低，所以二者在倒谱中处于不同的倒频带内。通过倒滤波把这两个信号分离，可以分别得到激励脉冲在频域的响应和声道在频域的响应。一般把声道在频域的响应称为语音信号频谱的包络线，通过该包络线可提取语音共振峰的信息。

3. 实 例

例 4 - 3 - 4(pr4_3_4) 从文件 su1.txt 读入语音数据，求取该语音信号的频谱包络线。程序清单如下：

```
% pr4_3_4
clear all; clc; close all;
y = load('su1.txt');                              % 读入数据
fs = 16000; nfft = 1024;                          % 采样频率和 FFT 的长度
time = (0:nfft - 1)/fs;                           % 时间刻度
nn = 1:nfft/2; ff = (nn - 1) * fs/nfft;           % 计算频率刻度
Y = log(abs(fft(y)));                             % 取幅值的对数
z = ifft(Y);                                      % 按式(4-3-16)求取倒谱
mcep = 29;                                        % 分离声门激励脉冲和声道脉冲响应
zy = z(1:mcep + 1);
zy = [zy' zeros(1,1024 - 2 * mcep - 1) zy(end:-1:2)'];  % 构建声道脉冲响应的倒谱序列
ZY = fft(zy);                                     % 计算声道脉冲响应的频谱
% 作图
plot(ff,Y(nn),'k'); hold on;                      % 画出信号的频谱图
plot(ff,real(ZY(nn)),'k','linewidth',2.5);        % 画出包络线
grid; hold off; ylim([-4 5]);
title('信号频谱和声道脉冲响应频谱(频谱包络)')
ylabel('幅值'); xlabel('频率/Hz');
legend('信号频谱','频谱包络')
set(gcf,'color','w');
```

运行程序 pr4_3_4 后得图 4 - 3 - 14，从图中可看出通过倒谱运算已分离出语音频谱的包络线。

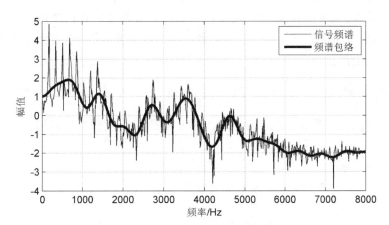

图 4 - 3 - 14　语音信号频谱包络曲线图

4.4 提取信号中的特殊区间

在信号处理中,常常要对数据的某些区间进行一些处理。对这些区间的选择,最简单的情况是设置某个阈值,然后选择大于该阈值的区间;也可以是选择经过导数或积分或经过某种处理后的特征区间。不管什么情况都会先设置一个阈值。信号为 $x(n)$,阈值为 Th,要寻找 $x(n)$ 中大于 Th 的区间,以图 4-4-1 为例,我们要在图中寻找数据大于 400 的区间。

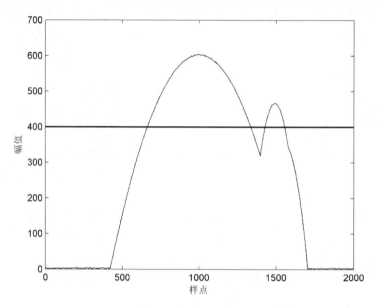

图 4-4-1 寻找数据中大于 400 的区间

在 MATLAB 中通过 find 函数可以方便地获取 $x(n)$ 中大于 Th 的样点:

Index = find(x>Th)

但在 Index 中给出的只是大于 Th 的样点位置,并没有给出区间,不知道大于 Th 有几个区间,每个区间的开始位置、结束位置在哪里,每个区间有多长等信息。我们知道大于 Th 的样点信息往往是不够的,常常对大于 Th 的样点还要做进一步的处理,所以需要知道有几个区间,以及每个区间的更详细的信息。

4.4.1 寻找特殊区间的 MATLAB 函数

我国台湾清华大学张智星教授在语音工具箱中提供了寻找出每个区间信息的 MATLAB 函数,现介绍如下。

函数:findSegment

功能:从数据中寻找满足某些要求的区间信息

调用格式:

vSegment = findSegment(Index)
vSegment = findSegment(express)

说明：findSegment 函数的输入变量可以是 find 以后的 Index 序列，也可以是如 x>Th 这样的逻辑表达式。输出变量 vSegment 是一个结构型数组，数组的长度表示区间的数量；而每一个 vSegment(i) 包括有 vSegment(i).begin、vSegment(i).end 和 vSegment(i).duration，分别表示第 i 个区间的开始位置、结束位置和区间的长度（单位都是样点数）。

findSegment 函数程序清单如下：

```
function vSegment = findSegment(express)
if express(1) == 0                                  % 判断 express 是数字还是表达式
    vIndex = find(express);                         % 是表达式
else
    vIndex = express;                               % 是数字
end

vSegment = [];
k = 1;
vSegment(k).begin = vIndex(1);                      % 设置第一组有话段的起始位置
for i = 1:length(vIndex) - 1,
        if vIndex(i+1) - vIndex(i) > 1,             % 本组有话段结束
            vSegment(k).end = vIndex(i);            % 设置本组有话段的结束位置
            vSegment(k+1).begin = vIndex(i+1);      % 设置下一组有话段的起始位置
            k = k+1;
        end
end
vSegment(k).end = vIndex(end);                      % 最后一组有话段的结束位置
% 计算每组有话段的长度
for i = 1:k
    vSegment(i).duration = vSegment(i).end - vSegment(i).begin + 1;
end
```

说明：本函数取自语音工具箱，所以注释中是对有话段的判断，实际上是对特殊区间的判断。可参见案例 4.8。

4.4.2 案例 4.8：如何从一组数据中取得波谷的开始位置和结束位置

1. 概　述

从本案例的题目来看，似乎寻找波谷的开始位置和结束位置与寻找区间之间没有太大的关系，其实不然。在实际信号处理中，并不是单纯地寻找数据大于某个阈值的问题（当然这类问题也很多），而是要设法把一些问题简化到寻找数据大于（或小于）某个阈值的区间。对于寻找波谷来说，肯定有一个下降沿和一个上升沿，下降沿的一阶导数为负值，上升沿的一阶导数为正值，那么就可以从一阶导数的负值和正值来寻找波谷了。

2. 实　例

例 4-4-1(pr4_4_1) 读入 lg1.txt 数据，在该数据中有两个波谷，要求寻找出第 1 个波谷的开始位置和结束位置。程序清单如下：

```
% pr4_4_1
clear all; clc; close all;
```

```
x = load('lg1.txt');                              % 读入数据
N = length(x);                                    % 数据长度
n = 1:N;                                          % 样点编号
dx = diff(x);                                     % 求一阶导数
Xdex = find(dx<0);                                % 寻找一阶导数为负值
Xseg = findSegment(Xdex);                         % 寻找一阶导数为负值的区间
Xsel = length(Xseg);                              % 导数为负值区间的个数
for k = 1 :Xsel                                   % 显示导数为负值区间的起始、结束和长度
    fprintf('%4d    %4d    %4d    %4d\n',k,Xseg(k).begin,...
        Xseg(k).end,Xseg(k).duration);
    X_begin(k) = Xseg(k).begin;                   % 设置导数为负值区间起始位置的数组
    X_duration(k) = Xseg(k).duration;             % 设置导数为负值区间长度的数组
end
Xpdex = find(dx>0);                               % 寻找一阶导数为正值
Xpseg = findSegment(Xpdex);                       % 寻找一阶导数为正值的区间
Xpsel = length(Xpseg);                            % 导数为正值区间的个数
for k = 1 :Xpsel                                  % 显示导数为正值区间的起始、结束和长度
    fprintf('%4d    %4d    %4d    %4d\n',k,Xpseg(k).begin,...
        Xpseg(k).end,Xpseg(k).duration);
    Xp_begin(k) = Xpseg(k).begin;                 % 设置导数为正值区间起始位置的数组
    Xp_duration(k) = Xpseg(k).duration;           % 设置导数为正值区间长度的数组
end
% 在一阶导数为负值的情况下,寻找第1个波谷的开始位置
pnb = find(X_begin>10);                           % 寻找区间起始位置要大于10
pn = find(X_duration(pnb)>2);                     % 寻找区间长度要大于2
kk = pnb(pn);                                     % 求得满足条件区间起始位置
Stpn = Xseg(kk(1)).begin;                         % 求得第1个波谷的开始位置
% 处理一阶导数为正值的情况下,寻找第1波谷的结束位置
ppnb = find(Xp_begin>Stpn);                       % 寻找区间起始位置要大于Stpn的开始位置
ppn = find(Xp_duration(ppnb)>2);                  % 寻找区间长度要大于2
kk1 = ppnb(ppn);                                  % 求得满足条件区间结束位置
Edpn = Xpseg(kk1(1)).end;                         % 求得第1个波谷的结束位置
% 作图
subplot 211; plot(n,x,'k')
hold on; axis([0 N 3200 3800]); grid
xlabel('样点'); ylabel('幅值')
title('信号波形')
subplot 212; plot(n,[0 dx],'k'); grid; xlim([0 N]);
xlabel('样点'); ylabel('一阶导数值')
title('一阶导数曲线')
subplot 211; plot(Stpn,x(Stpn),'r0','linewidth',5);
plot(Edpn,x(Edpn),'g0','linewidth',5);
fprintf('开始位置 = %4d    结束位置 = %4d\n',Stpn,Edpn);
set(gcf,'color','w');
```

说明:

① 在求出一阶导数 dx 后,利用 find 函数和 findSegment 函数求出导数为正和负的区间。

② 数据是一条不规则的曲线,多处有起伏,所以求出一阶导数后多处出现一阶导数为负值,显示有

编号	开始	结束	宽度
1	3	3	1
2	7	8	2
3	10	10	1
4	12	15	4
⋮	⋮	⋮	⋮
18	84	84	1
19	100	100	1

同样一阶导数为正值也出现多处,显示有

编号	开始	结束	宽度
1	1	2	2
2	4	5	2
3	9	9	1
4	11	11	1
⋮	⋮	⋮	⋮
18	67	77	11
19	80	83	4
20	85	99	15

③ 从图 4-4-2 所示的信号波形图可知第 1 个波谷是在第 10 个样点以后,所以从一阶导数为负值的区间中寻找到第 10 个样点以后,又开始寻找一阶导数为负值的区间宽度大于 2,找到这样一组数后取其开始位置,这样就能得到第 1 个波谷的开始位置 Stpn。

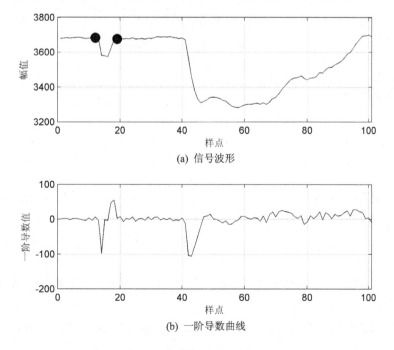

图 4-4-2 信号波形和一阶导数曲线

④ 第 1 个波谷的结束位置肯定大于 Stpn，所以从一阶导数为正值的区间中寻找 Stpn 个样点以后，又寻找一阶导数为正值的区间宽度大于 2，找到这样一组数后取其结束位置，这样就能得到第 1 个波谷的结束位置 Edpn。

运行程序 pr4_4_1 后，显示出第 1 个波谷的开始位置和结束位置为

$$开始位置＝12,\quad 结束位置＝19$$

同时显示在图中（如图 4-4-2 所示），图中用黑圈标示出了起始点和结束点的位置并给出了一阶导数的曲线。

4.5 平滑处理

从现实环境采集到的数据中经常混叠有微弱噪声，其中包括由于系统不稳定产生的噪声，也有周围环境引入的毛刺，这些弱噪声都需要在处理信号之前尽可能地消除或减弱。这一工作往往作为预处理的一部分。在本节中将通过案例介绍几种简单又实用的平滑处理方法：五点三次平滑法、MATLAB 自带平滑处理的 smooth 函数和 Savitzky-Golay 平滑滤波器等。

4.5.1 案例 4.9：五点三次平滑法

1. 概　述

对于带毛刺或弱噪声的数据经常会采用五点三次平滑法来进行平滑处理。

2. 理论基础[1]

五点三次平滑法是利用最小二乘法原理对离散数据进行三次最小二乘多项式平滑的处理方法。

设序列 $x(n), n=1,2,\cdots,N$，五点三次平滑法计算公式为

$$\left.\begin{aligned}
y(1) &= \frac{1}{70}\{69x(1)+4[x(2)+x(4)]-6x(3)-x(5)\} \\
y(2) &= \frac{1}{35}\{2[x(1)+x(5)]+27x(2)+12x(3)-8x(4)\} \\
&\vdots \\
y(i) &= \frac{1}{35}\{-3[x(i-2)+x(i+2)]+12[x(i-1)+x(i+1)]+17x(i)\} \\
&\vdots \\
y(N-1) &= \frac{1}{35}\{2[x(N-4)+x(N)]-8x(N-3)+12x(N-2)+27x(N-1)\} \\
y(N) &= \frac{1}{70}\{-x(N-4)+4[x(N-3)+x(N-1)]-6x(N-2)+69x(N)\}
\end{aligned}\right\}$$

$$(4-5-1)$$

式中：$y(n)$ 是 $x(n)$ 经五点三次平滑后的输出；$i=3,4,\cdots,N-2$。这些系数推导过程可以参看本章参考文献[7]。

在本章参考文献[1]中给出了相应的 MATLAB 程序，这里编写成如下函数 mean5_3：

函数：mean5_3

功能：对数据进行五点三次平滑处理

调用格式:

y = mean5_3(x,m)

说明:x 是要平滑的输入序列,m 是对数据进行多次循环平滑的次数;y 是平滑后的输出序列。数据 x 能进行多次五点三次的平滑处理,但 m 必须选择一个适当的值,不宜太大,否则容易使峰值降低,峰值频带变宽。

函数 mean5_3 程序清单如下:

```
function y = mean5_3(x,m)
% x 为被处理的数据
% m 为循环次数
n = length(x);
  a = x;
  for k = 1: m
    b(1) = (69*a(1) + 4*(a(2) + a(4)) - 6*a(3) - a(5))/70;
    b(2) = (2*(a(1) + a(5)) + 27*a(2) + 12*a(3) - 8*a(4))/35;
    for j = 3:n-2
      b(j) = (-3*(a(j-2) + a(j+2)) + 12*(a(j-1) + a(j+1)) + 17*a(j))/35;
    end
    b(n-1) = (2*(a(n) + a(n-4)) + 27*a(n-1) + 12*a(n-2) - 8*a(n-3))/35;
    b(n) = (69*a(n) + 4*(a(n-1) + a(n-3)) - 6*a(n-2) - a(n-4))/70;
    a = b;
  end
  y = a;
```

3. 实 例

例 4-5-1(pr4_5_1) 有一组带噪信号数据文件 xnoisedata.txt,数据的第 1 列是时间,第 2 列是实验检测到的数据。由于环境的原因,实验数据中含有噪声,要求通过平滑方法对数据进行处理。

本例采用五点三次平滑法,程序清单如下:

```
% pr4_5_1
clear all; clc; close all;

xx = load('xnoisedata1.txt');          % 读入数据
time = xx(:,1);                         % 时间序列
x = xx(:,2);                            % 带噪数据
xmean = mean5_3(x,50);                  % 调用 mean5_3 函数,平滑数据
% 作图
subplot 211; plot(time,x,'k');
xlabel('时间/s'); ylabel('幅值')
title('原始数据'); xlim([0 max(time)]);
subplot 212; plot(time,xmean,'k');
xlabel('时间/s'); ylabel('幅值')
title('平滑处理后的数据'); xlim([0 max(time)]);
set(gcf,'color','w');
```

运行程序 pr4_5_1 后得图 4-5-1。

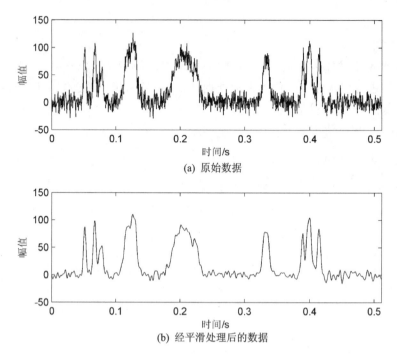

图 4-5-1 数据经平滑处理前、后的比较

4.5.2 案例 4.10：在带噪数据中如何寻找极小值——介绍 MATLAB 自带的平滑函数 smooth

1. 概述

本案例主要介绍 MATLAB 自带的平滑函数 smooth。在日常数字信号处理中经常会要寻找极大(小)值，但在有噪声的情况下很难找到实际数据的极大(小)值，所以对于带噪数据，先得对数据进行平滑，平滑以后再来寻找极大(小)值。在本小节中将以寻找极小值为例来介绍 MATLAB 自带的平滑函数 smooth 的应用。

2. 理论基础[5]

设滤波器个数为 N，数值如下：

$$h(n) = \begin{cases} \dfrac{1}{N}, & n = 0, 1, \cdots, N-1 \\ 0, & \text{其他} \end{cases} \quad (4-5-2)$$

该系统的传递函数是

$$H(z) = \frac{1}{N}\sum_{n=0}^{N-1} z^{-n} = \frac{1}{N}\frac{1-z^{-N}}{1-z^{-1}} \quad (4-5-3)$$

该滤波器的频率响应函数为

$$H(e^{-j\omega}) = \frac{1}{N}\frac{1-e^{-j\omega N}}{1-e^{-j\omega}} = \frac{1}{N}e^{-j\omega(N-1)/2}\frac{\sin(\omega N/2)}{\sin(\omega/2)} \quad (4-5-4)$$

其幅频响应曲线如图 4-5-2 所示，是一个 sinc 函数，在 $2\pi k/N(k=0,1,\cdots,N-1)$ 处，其幅值为 0，其主瓣的单边带宽为 $2\pi/N$。显然它是一个低通滤波器，可见使用这种简单形式的平均器,可以起到去除噪声、提高信噪比的作用。这类滤波器被称为平均滤波器或滑动平均滤波器。

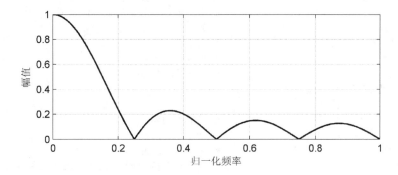

图 4-5-2　按式(4-5-4)的幅频响应曲线(N=8)

3. MATALB 自带的平滑函数 smooth

对 MATLAB 中自带的平滑函数 smooth 介绍如下。

名称:smooth

功能:对一维信号进行平滑处理

调用格式:

y = smooth(x)
y = smooth(x,SPAN)
y = smooth(x,SPAN,method)

说明:x 是被平滑处理的输入数据,SPAN 是平滑处理中取的窗长(取奇数)。y 是平滑处理后的输出数据。Method 是平滑处理的方法,共有 6 种,见表 4-5-1。

表 4-5-1　Method 的参数表

序号	Method 类型	说明
1	'moving'	滑动平均法(默认)
2	'lowess'	加权线性拟合,一阶回归
3	'loess'	加权线性拟合,一阶回归
4	'sgolay'	Savitzky-Golay 方法
5	'rlowess'	同 'lowess',稳健型
6	'rloess'	同 'loess',稳健型

'moving' 方法的理论如前面理论基础中所介绍的,'sgolay' 是使用 Savitzky-Golay 方法的滤波器,将在 4.5.3 小节中介绍。

4. 实　例

例 4-5-2(pr4_5_2)　有一个整周期的余弦信号,但叠加了噪声,要求寻找余弦信号极小值的位置和幅值。调用 MATLAB 自带的 smooth 函数试验不同的参数,程序清单如下:

```
% pr4_5_2
clear all; clc; close all;
```

```matlab
k = 1:500;                          % 产生一个从 0 到 2*pi 的向量,长为 500
dn = 2*pi/500;
x = cos((k-1)*dn);                  % 产生一个周期余弦信号
[val,loc] = min(x);                 % 求出余弦信号中的最小值幅值和位置
N = length(x);                      % 数据长
ns = randn(1,N);                    % 产生随机信号
y = x + ns(1:N)*0.1;                % 构成带噪信号
Err = var(x-y);                     % 求 x-y 的方差
fprintf('%4d   %5.4f   %5.6f\n',loc,val,Err);

y = y';                             % 转成列向量
z1 = smooth(y,51,'moving');         % 'moving' 平滑
Err1 = var(x'-z1);                  % 求 x-z1 的方差
[v1,k1] = min(z1);                  % 求出平滑信号 z1 中的最小值幅值和位置
fprintf('1   %4d   %5.4f   %4d   %5.6f\n',k1,v1,abs(loc-k1),Err1);   % 显示

z2 = smooth(y,51,'lowess');         % 'lowess' 平滑
Err2 = var(x'-z2);                  % 求 x-z2 的方差
[v2,k2] = min(z2);                  % 求出平滑信号 z2 中的最小值幅值和位置
fprintf('2   %4d   %5.4f   %4d   %5.6f\n',k2,v2,abs(loc-k2),Err2);

z3 = smooth(y,51,'loess');          % 'loess' 平滑
Err3 = var(x'-z3);                  % 求 x-z3 的方差
[v3,k3] = min(z3);                  % 求出平滑信号 z3 中的最小值幅值和位置
fprintf('3   %4d   %5.4f   %4d   %5.6f\n',k3,v3,abs(loc-k3),Err3);

z4 = smooth(y,51,'sgolay',3);       % 'sgolay' 平滑
Err4 = var(x'-z4);                  % 求 x-z4 的方差
[v4,k4] = min(z4);                  % 求出平滑信号 z4 中的最小值幅值和位置
fprintf('4   %4d   %5.4f   %4d   %5.6f\n',k4,v4,abs(loc-k4),Err4);

z5 = smooth(y,51,'rlowess');        % 'rlowess' 平滑
Err5 = var(x'-z5);                  % 求 x-z5 的方差
[v5,k5] = min(z5);                  % 求出平滑信号 z5 中的最小值幅值和位置
fprintf('5   %4d   %5.4f   %4d   %5.6f\n',k5,v5,abs(loc-k5),Err5);

z6 = smooth(y,51,'rloess');         % 'rloess' 平滑
Err6 = var(x'-z6);                  % 求 x-z6 的方差
[v6,k6] = min(z6);                  % 求出平滑信号 z6 中的最小幅值和位置
fprintf('6   %4d   %5.4f   %4d   %5.6f\n',k6,v6,abs(loc-k6),Err6);
% 作图
subplot 211; plot(k,x,'k');
grid; xlim([0 500]); title('一周期余弦信号')
xlabel('样点'); ylabel('幅值')
subplot 212; plot(k,y,'k'); % hold on
grid; axis([0 500 -1.5 1.5]); title('带噪一周期余弦信号')
xlabel('样点'); ylabel('幅值')
set(gcf,'color','w');

figure
subplot 321; plot(k,z1,'k'); title('moving法')
grid; axis([0 500 -1.5 1.5]); ylabel('幅值')
subplot 322; plot(k,z2,'k');   title('lowess法')
```

```
grid; axis([0 500 -1.5 1.5]); ylabel('幅值')
subplot 323; plot(k,z3,'k'); title('loess法')
grid; axis([0 500 -1.5 1.5]); ylabel('幅值')
subplot 324; plot(k,z4,'k'); title('sgolay法')
grid; axis([0 500 -1.5 1.5]); ylabel('幅值')
subplot 325; plot(k,z5,'k'); title('rlowess法')
grid; axis([0 500 -1.5 1.5]); xlabel('样点'); ylabel('幅值')
subplot 326; plot(k,z6,'k'); title('rloess法')
grid; axis([0 500 -1.5 1.5]); xlabel('样点'); ylabel('幅值')
set(gcf,'color','w');
```

运行程序 pr4_5_2 后得图 4-5-3 和图 4-5-4，并输出以下结果。在没有加噪时余弦信号最小值的位置 loc=251（样点）和幅值 val=-1，在加噪以后 y-x 的方差值 Err=0.009 898。在对每一种方法平滑以后都计算了平滑曲线的最小值的位置 K 和幅值 V，K 与 loc 的差值 dK=abs(loc-K)，同时对平滑曲线计算与 x 的方差值 VAR=var(x-z)。输出结果如下：

序号	K	V	dK	VAR
1	251	-1.010 8	0	0.000 235
2	242	-1.022 6	9	0.000 356
3	237	-1.053 6	14	0.000 734
4	241	-1.046 2	10	0.000 635
5	243	-1.021 7	8	0.000 322
6	237	-1.054 8	14	0.000 674

以上结果不是固定不变的，而是每次都不一样，这是因为每次叠加的随机数都不同，这说明平滑处理的效果与叠加的噪声有关。但从图 4-5-4 可以看出，这 6 种方法的平滑处理都

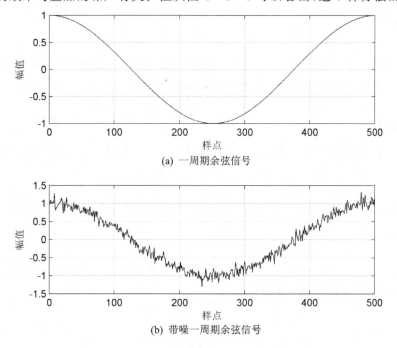

(a) 一周期余弦信号

(b) 带噪一周期余弦信号

图 4-5-3　一周期余弦信号波形图与带噪一周期余弦信号波形图

使原带噪信号平滑许多。

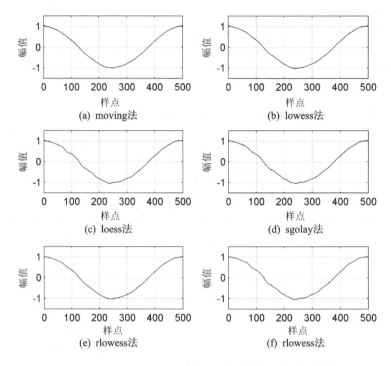

图 4-5-4 6种方法对带噪信号做平滑处理后的波形图

4.5.3 案例4.11：在 Savitzky-Golay 平滑滤波时如何选择窗长和阶数

1. 概　述

一般在平滑处理中，窗长不宜过大。Savitzky A 和 Golay M 在 1964 年提出了一种基于多项式拟合的方法来设计最佳且形式简单的低通滤波器，这种滤波器称为 Savitzky-Golay 平滑器，该平滑器允许窗长可以较大，且对于大部分数据的平滑都比较有效。在本案例中介绍该方法。

2. 理论基础[2-3]

设有信号 $x(n)$，把其中任一段数据 $n=-M,\cdots,0,\cdots,M$，用一个 p 阶多项式拟合如下：

$$f_n = a_0 + a_1 n + a_2 n^2 + \cdots + a_p n^p = \sum_{k=0}^{p} a_k n^k, \quad p \leqslant 2M \tag{4-5-5}$$

共有 $2M+1$ 点数据，多项式拟合为 p 阶。拟合中必然存在着拟合误差，设总的拟合误差的平方和是

$$E = \sum_{n=-M}^{M} [f_n - x(n)]^2 = \sum_{n=-M}^{M} \left[\sum_{k=0}^{p} a_k n^k - x(n) \right]^2 \tag{4-5-6}$$

为使 E 最小，可令 E 对各系数的导数为 0，即

$$\frac{\partial E}{\partial a_r} = 0, \quad r = 0, 1, 2, \cdots, p$$

得

$$\frac{\partial E}{\partial a_r} = \frac{\partial}{\partial a_r}\left\{\sum_{n=-M}^{M}\left[\sum_{k=0}^{p}a_k n^k - x(n)\right]^2\right\} =$$

$$2\sum_{n=-M}^{M}\left[\sum_{k=0}^{p}a_k n^k - x(n)\right]n^r = 0, \quad r = 0, 1, \cdots, p$$

即

$$\sum_{k=0}^{p}a_k \sum_{n=-M}^{M}n^{k+r} = \sum_{n=-M}^{M}x(n)n^r \qquad (4-5-7)$$

令

$$F_r = \sum_{n=-M}^{M}x(n)n^r$$

$$S_{k+r} = \sum_{n=-M}^{M}n^{k+r}$$

则式(4-5-7)可写成

$$F_r = \sum_{k=0}^{p}a_k S_{k+r} \qquad (4-5-8)$$

给定需要拟合的单边点数 M，多项式的阶次 p 及待拟合的数据 $x(-M),\cdots,0,\cdots,x(M)$，则可求出 F_r，将 S_{k+r} 代入式(4-5-8)，就可以求出系数 $a_0, a_1, \cdots, a_p$，因此多项式 f_n 可以确定。

在实际应用中，往往并不需要把系数 $a_0, a_1, \cdots, a_p$ 全部求出。分析式(4-5-5)，可以看出

$$f_n\big|_{n=0} = a_0 \qquad (4-5-9a)$$

$$\frac{\mathrm{d}f_n}{\mathrm{d}n}\bigg|_{n=0} = a_1 \qquad (4-5-9b)$$

$$\frac{(\mathrm{d}f_n)^p}{\mathrm{d}i^p}\bigg|_{n=0} = p!\,a_p \qquad (4-5-9c)$$

在中心点 $n=0$ 处，系数 a_0 等于多项式 f_n 在 $n=0$ 时的值，$a_1, a_2, \cdots, a_p$ 则分别和 f_n 在 $n=0$ 处的一阶、二阶直至 p 阶导数相差一个比例因子。因此，只要利用式(4-5-8)求出系数 a_0，便可得到多项式 f_n 对中心点 $x(0)$ 的最佳拟合。

给定不同的拟合点数 M 和阶次 p，可得到相应的各种情况下的 a_0。

使用平滑滤波器对信号滤波，实际上是拟合了信号中的低频成分，而将高频成分"平滑"出去了。如果噪声在高频端，那么拟合的结果是去除了噪声；反之，若噪声在低频端，信号在高频端，那么滤波的结果是留下了噪声。当然，用原信号减去噪声，又可得到所期望的信号。

3. MATLAB 中自带的 Savitzky-Golay 平滑滤波函数

在 MATLAB 中自带了两个与 Savitzky-Golay 平滑滤波有关的函数，现介绍如下。

(1) 求 Savitzky-Golay 滤波器系数

名称：sgolay

功能：设计低通滤波器求其系数

调用格式：

b = sgolay(k,f)

说明:输入参数 k 是多项式拟合中的阶数,f 是窗长,该值必须为奇数。输出参数 b 是 Savitzky-Golay 法的 FIR 平滑滤波器。

(2) 实现 Savitzky-Golay 滤波

名 称:sgolayfilt

功 能:实现 Savitzky-Golay 滤波

调用格式:

y = sgolayfilt(x,k,f)

说明:输入参数 x 是输入信号,k 是多项式拟合中的阶数,f 是窗长,该值必须为奇数。输出参数 y 是 FIR 滤波器输出。

4. Savitzky-Golay 滤波器的低通特性

在这里我们观察一下 Savitzky-Golay 滤波器在不同参数下的低通特性。从 sgolay 函数可知,由 2 个参数可以影响滤波器的系数:k 和 f,其中 k 是多项式拟合中的阶数,f 是窗长,该值必须为奇数。通过设置不同的 k 值和 f 值得到图 4-5-5 和图 4-5-6。从图中可以看出,当 k 值固定时,滤波器带宽随 f 值的增加而变窄;而当 f 值固定时,滤波器带宽随 k 值的增加变宽。所以大多数情况下选的 k 值都较小,而 f 值将根据实际情形而改变。

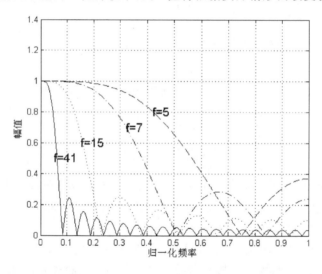

图 4-5-5 k=2 时不同 f 值滤波器响应曲线

实际应用中都是通过 sgolayfilt 函数对数据进行平滑滤波的,以下给出相应的实例。

5. 实 例

例 4-5-3(pr4_5_3) 设正弦信号的采样频率为 5 Hz,信号频率为 0.2 Hz,长 200 s,在信号中混入了噪声,用 Savitzky-Golay 滤波器平滑该正弦信号。程序清单如下:

```
% pr4_5_3
clear all; clc; close all;

t = 0:.2:199;                    % 设置时间序列
s = 10 * sin(0.4 * pi * t);      % 原始信号
ns = randn(size(s));             % 产生噪声序列
```

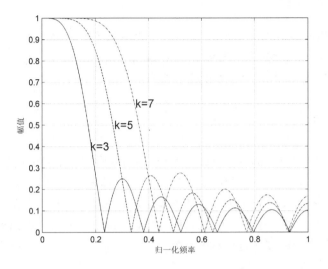

图 4-5-6　f＝15 时不同 k 值滤波器响应曲线

```
y = s + ns;                  % 构成带噪信号
x = sgolayfilt(y,3,19);      % 通过 Savitzky-Golay 滤波器
% 作图
figure
plot(t,y,'r');
xlim([0 20]); hold on; grid;
plot(t,x,'k');
xlabel('时间'); ylabel('幅值');
title('Savitzky-Golay 滤波器的输入/输出波形图')
set(gcf,'color','w');
```

运行程序 pr4_5_3 后得图 4-5-7。为了观察滤波前、后波形的变化，图 4-5-7 中只画出了波形的一部分。从图中可看出在滤波前、后的波形，灰线是带噪信号，黑线是滤波后的信号，很明显滤波后信号被平滑了。

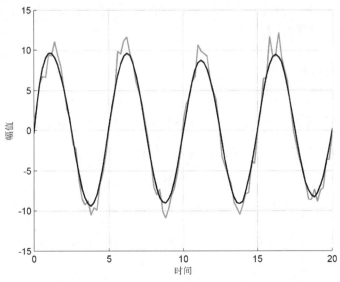

图 4-5-7　Savitzky-Golay 滤波前、后波形的比较

6. 案例延伸

利用 Savitzky-Golay 滤波器来消除噪声时,一般窗长 f 值取得都不大,但 Savitzky-Golay 滤波器还可以求出信号的趋势项,此时窗长 f 值取得较大,在例 4-1-2 中已经给出了利用 Savitzky-Golay 滤波器求出信号的趋势项的方法。

4.6 数据的延拓

第3章介绍了数字滤波器的输出有瞬态效应,即当取有限长的信号时对信号的截断,会使输出信号的前端产生失真;当通过零相位滤波器时,由于信号通过滤波器二次,会使输出信号的两端都产生失真。有些文献报道为改善滤波器输出的失真,则在原始信号滤波前进行延拓。在希尔伯特变换和 EMD 变换中也有端点效应,也有文献提出先进行延拓后再作变换。本节将介绍如何用自回归模型的方法进行数据延拓。

4.6.1 自回归模型的基本理论

设信号序列 $s(n)$,可表示为

$$s(n) = \sum_{k=1}^{p} a_k s(n-k) + Gu(n) \quad (4-6-1)$$

$$H(z) = \frac{G}{A(z)} = \frac{G}{1 - \sum_{k=1}^{p} a_k z^{-k}} \quad (4-6-2)$$

即模型的当前输出是当前输入和模型过去 p 个输出的加权之和,其中 $u(n)$ 是噪声,p 是模型的阶数。式(4-6-1)和式(4-6-2)给出的模型称为自回归模型(Auto-Regressive Model,简称 AR 模型),它是一个全极点的模型。系数 a_k 称为预测系数,而预测到的 $s(n)$ 可表示为

$$\hat{s}(n) = \sum_{i=1}^{p} a_i s(n-i) \quad (4-6-3)$$

$\hat{s}(n)$ 是 $s(n)$ 的估算值,由 $s(n)$ 过去的值来预测或估计当前值称为线性预测。$s(n)$ 与 $\hat{s}(n)$ 的偏差 $e(n)$ 称为预测误差或残差,表示为

$$e(n) = s(n) - \hat{s}(n) \quad (4-6-4)$$

以下推导线性预测方程。

预测平方误差和为

$$E = \sum_n e^2(n) = \sum_n [s(n) - \hat{s}(n)]^2 = \sum_n \left[s(n) - \sum_{i=1}^{p} a_i s(n-i) \right]^2 \quad (4-6-5)$$

为使 E 达到最小,各系数 a_i 应满足 E 对 a_i 的偏微分为 0,即

$$\frac{\partial E}{\partial a_j} = 0, \quad 1 \leq j \leq p \quad (4-6-6)$$

考虑式(4-6-5),有

$$\frac{\partial E}{\partial a_j} = 2 \sum_n s(n) s(n-j) - 2 \sum_{i=1}^{p} a_i \sum_n s(n-i) s(n-j) = 0 \quad (4-6-7)$$

即得到线性预测的标准方程组——线性方程组如下：

$$\sum_n s(n)s(n-j) = \sum_{i=1}^{p} a_i \sum_n s(n-i)s(n-j), \quad 1 \leqslant j \leqslant p \quad (4-6-8)$$

如果定义

$$\phi(j,i) = \sum_n s(n-j)s(n-i) \quad (4-6-9)$$

则式(4-6-8)可以简写成

$$\sum_{i=1}^{p} a_i \phi(j,i) = \phi(j,0), \quad j = 1,2,\cdots,p \quad (4-6-10)$$

式(4-6-10)是由 p 个方程组成的含有 p 个未知数的方程组，求解方程组可得各个预测器系数 $a_1,a_2,\cdots,a_p$。

利用式(4-6-5)和式(4-6-8)，可得最小均方误差：

$$E = \sum_n s^2(n) - \sum_{i=1}^{p} a_i \sum_n s(n)s(n-i) \quad (4-6-11)$$

再考虑式(4-6-10)，最小均方误差可表示为

$$E = \phi(0,0) - \sum_{i=1}^{p} a_i \phi(0,i) \quad (4-6-12)$$

因此，最小误差由一个固定分量和一个依赖于预测器系数的分量组成。

为求解最佳预测器系数，必须首先计算出 $\phi(i,j)(1 \leqslant i \leqslant p, 1 \leqslant j \leqslant p)$。一旦求出这些数值，即可按式(4-6-10)求出预测系数 a_i。因此从原理上看，线性预测分析似乎是非常简单的。然而，$\phi(i,j)$ 的计算及方程组的求解却是十分复杂的。

设 $s(n)$ 的自相关函数定义为

$$r(j) = \sum_{n=-\infty}^{+\infty} s(n)s(n-j), \quad 1 \leqslant j \leqslant p \quad (4-6-13)$$

由于进行了截断(加窗)处理，所以自相关表示为

$$r(j) = \sum_{n=0}^{N-1} s(n)s(n-j), \quad 1 \leqslant j \leqslant p \quad (4-6-14)$$

比较式(4-6-9)和式(4-6-14)可知，式(4-6-9)中的 $\phi(j,i)$ 即为 $r(j-i)$，有

$$\phi(j,i) = r(j-i) \quad (4-6-15)$$

在式(4-6-14)中，$r(j)$ 仍保留了信号 $s(n)$ 自相关函数的特性。如果 $r(j)$ 为偶函数，即 $r(j) = r(-j)$，又 $r(j-i)$ 只与 j 和 i 的相对大小有关，而与 j 和 i 的取值无关，则

$$\varphi(j,i) = r(|j-i|), \quad j = 1,2,\cdots,p \text{ 且 } i = 1,2,\cdots,p \quad (4-6-16)$$

此时式(4-6-10)可表示为

$$\sum_{i=1}^{p} a_i r(|j-i|) = r(j), \quad 1 \leqslant j \leqslant p \quad (4-6-17)$$

类似地，式(4-6-12)中最小均方误差可写为

$$E = r(0) - \sum_{i=1}^{p} a_i r(i) \quad (4-6-18)$$

式(4-6-17)的方程组可以表示成如下的矩阵形式：

$$\begin{bmatrix} r(0) & r(1) & r(2) & \cdots & r(p-1) \\ r(1) & r(0) & r(1) & \cdots & r(p-2) \\ r(2) & r(1) & r(0) & \cdots & r(p-3) \\ \vdots & \vdots & \vdots & \ddots & \vdots \\ r(p-1) & r(p-2) & r(p-3) & \cdots & r(0) \end{bmatrix} \begin{bmatrix} a_1 \\ a_2 \\ a_3 \\ \vdots \\ a_p \end{bmatrix} = \begin{bmatrix} r(1) \\ r(2) \\ r(3) \\ \vdots \\ r(p) \end{bmatrix} \quad (4\text{-}6\text{-}19)$$

式(4-6-19)是 AR 模型的正则方程，又称 Yule-Walker 方程。系数矩阵不但是对称的，而且沿着主对角线平行的任一条对角线上的元素都相等，这样的矩阵称为 Toeplitz 矩阵。

要解式(4-6-19)，最常用的是莱文逊-杜宾(Levinson-Durbin)算法，这是一种最佳算法。莱文逊-杜宾算法的过程和步骤如下：

(1) 对于 $i=0$，有

$$E_0 = r(0), \quad a_0 = 1 \quad (4\text{-}6\text{-}20)$$

(2) 对于第 i 次递归($i=1,2,\cdots,p$)，有

①
$$k_i = \frac{1}{E_{i-1}} \sum_{j=0}^{i-1} a_j^{i-1} r(j-i), \quad 1 \leqslant j \leqslant p \quad (4\text{-}6\text{-}21)$$

②
$$a_j^{(i)} = k_i \quad (4\text{-}6\text{-}22)$$

③ 对于 $j=1$ 到 $i-1$，有

$$a_j^{(i)} = a_j^{(i-1)} - k_i a_{i-j}^{(i-1)} \quad (4\text{-}6\text{-}23)$$

④
$$E_i = (1-k_i^2) E_{i-1} \quad (4\text{-}6\text{-}24)$$

(3) 增益为 G：

$$G = \sqrt{E_p} \quad (4\text{-}6\text{-}25)$$

注意：上面各式中括号内的上标表示预测器的阶数。

式(4-6-21)～式(4-6-23)可对 $i=1,2,\cdots,p$ 进行递推解，而最终解为

$$a_i = a_j^{(p)}, \quad 1 \leqslant j \leqslant p \quad (4\text{-}6\text{-}26)$$

其中有一个参数 k_i，称为反射系数或偏相关系数。由式(4-6-26)可求出预测系数 a_i。在 MATLAB 中用 lpc 函数来计算 a_i。

4.6.2 前向预测与后向预测

在对数据序列前向或后向延拓的过程中，延拓的原则是：使得在延拓后的信号波形中原信号边界点到其两侧的两个点有相同的斜率，即这三个点处于同一条直线上，且延拓后的信号保持原信号变化的趋势，波形比较平滑。而用 AR 模型来进行延拓完全满足这些要求，并且用同一组 AR 系数来延拓，保留了原信号的谱特征，不会增加新的频率特性。通过 AR 模型在边界处的数据向两端延拓，便有前向预测和后向预测。

式(4-6-3)表示的是前向预测：

$$\hat{s}(n) = \sum_{i=1}^{p} a_i s(n-i)$$

即 $s(n)$ 由 p 个过去值 $s(n-1), s(n-2), \cdots, s(n-p)$ 预测得到。而后向预测器如图 4-6-1 所示，时间较早的 $s(n-p)$ 由 p 个未来值 $s(n-p+1), \cdots, s(n)$ 预测得到：

$$\hat{s}(n-p) = \sum_{k=1}^{p} c_k x(n-k+1) \quad (4\text{-}6\text{-}27)$$

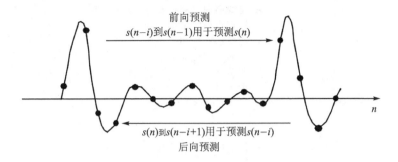

图 4-6-1 前向预测与后向预测示意图

4.6.3 前向预测与后向预测的 MATLAB 函数

1. 求自回归系数 1

名称：lpc

功能：求一数据序列的自回归系数

调用格式：

ar = lpc(x,p)

说明：x 是数据序列；p 是计算自回归的阶数；ar 是自回归系数，或称为预测系数。函数 lpc 是 MATLAB 自带的。本函数是按上述的莱文逊-杜宾算法计算出自回归系数。

2. 求自回归系数 2

名称：arburg

功能：求一数据序列的自回归系数

调用格式：

ar = arburg(x,p)

说明：x 是数据序列；p 是计算自回归的阶数；ar 是自回归系数。函数 arburg 也是 MATLAB 自带的。本函数是按 burg 算法计算出自回归系数[5]，由于在 burg 算法中计算前向和后向误差，所以比莱文逊-杜宾算法有更高的精度。

3. 前向预测

名称：for_predict

功能：求一数据序列的前向预测数据

调用格式：

y = for_predictm(x,N,p)

说明：x 是数据序列；N 是往前预测的样点数；p 是计算自回归的阶数；y 是预测出 N 个样点值。前向预测函数、后向预测函数以及前向-后向预测函数都是作者自编的。

程序清单如下：

```
function y = for_predictm(x,N,p)
x = x(:);                    % 把 x 转为列序列
M = length(x);               % x 长度
```

```
L = M - p;                        % 设置前向预测位置
ar = lpc(x,p);                    % 计算自回归求得 ar
xx = x(L+1:L+p);                  % 准备前向预测的序列
for i = 1:N                       % 朝前预测得 N 个数
    xx(p+i) = 0;                  % 初始化
    for k = 1:p                   % 按式(4-6-3)累加
        xx(p+i) = xx(p+i) - xx(p+i-k) * ar(k+1);
    end
end
y = xx(p+1:p+N);                  % 得前向预测的序列
```

4. 后向预测

名称：back_predict

功能：求一数据序列的后向预测数据

调用格式：

y = back_predictm(x,M,p)

说明：x 是数据序列；M 是往后预测的样点数；p 是计算自回归的阶数；y 是预测出 M 个样点值。

程序清单如下：

```
function y = back_predictm(x,M,p)
x = x(:);                         % 把 x 转为列序列
ar1 = lpc(x,p);                   % 计算自回归求得 ar
yy = zeros(M,1);                  % 初始化
yy = [yy; x(1:p)];                % 准备后向预测的序列
for l = 1 : M                     % 朝后预测得 M 个数
    for k = 1 : p                 % 按式(4-6-27)累加
        yy(M+1-l) = yy(M+1-l) - yy(M+1-l+k) * ar1(k+1);
    end
    yy(M+1-l) = real(yy(M+1-l));
end
y = yy(1:M);                      % 得后向预测的序列
```

5. 前向-后向预测

名称：forback_predict

功能：求一数据序列的前向和后向的预测数据序列

调用格式：

x = forback_predictm(y,L,p)

说明：y 是数据序列；L 是往前预测及往后预测的样点数；p 是计算自回归的阶数；x 是前向预测出 L 个样点值、后向预测出 L 个样点值与数据 y 一起合并成的列向数据序列。

程序清单如下：

```
function x = forback_predictm(y,L,p)
y = y(:);                         % 把 y 转为列序列
u1 = back_predictm(y,L,p);        % 计算后向延拓序列
u2 = for_predictm(y,L,p);         % 计算前向延拓序列
x = [u1; y; u2];                  % 把前、后向预测与 y 合并成新序列
```

4.6.4 案例4.12：如何消除信号经零相位滤波后两端的瞬态效应[8]

1. 概述

在第3章中已说明了滤波后的数据一般都会在输出信号的初始端有瞬态效应，而零相位滤波是正向和反向两次通过滤波器，所以在输出信号的两端都会有瞬态效应。下面利用对信号两端延拓，消除这瞬态效应的影响。

2. 实例

例4-6-1(pr4_6_1) 有一个信号由直流分量与3个交流分量组成：$x(n) = 100 + 10\sin(2\pi f_1 t) + 10\sin(2\pi f_2 t) + 10\sin(2\pi f_3 t)$，$f_1 = 0.001$ Hz 为低频信号，$f_2 = 5$ Hz 和 $f_3 = 50$ Hz 为工频信号，采样频率 $f_s = 1000$ Hz，样点数为1000。设计一个巴特沃斯带通滤波器，通过零相位滤波得到5 Hz的信号分量，并将不用延拓和用延拓两种方法的滤波器输出与原信号进行对比。

程序清单如下：

```
% pr4_6_1
clear all; clc; close all

N = 1000;                              % 数据长度
Fs = 1000;                             % 采样频率
t = (0:N-1)/Fs;                        % 时间刻度
% 滤波器设计
fp = [3 15];                           % 滤波器通带阻带参数设定
fs = [0.5 30];
rp = 1.5;                              % 通带波纹
rs = 20;                               % 阻带衰减
wp = fp*2/Fs;                          % 归一化频率
ws = fs*2/Fs;
[n,wn] = buttord(wp,ws,rp,rs);         % 计算滤波器阶数
[b,a] = butter(n,wn);                  % 计算滤波器系数
[h,w] = freqz(b,a,1000,Fs);            % 求滤波器响应
h = 20*log10(abs(h));                  % 计算滤波器幅值响应

% 信号的产生
f1 = 0.001;                            % 分量1,准直流
f2 = 5;                                % 分量2,有用信号
f3 = 50;                               % 分量3,工频干扰
x1 = 100 + 10*sin(2*pi*f1*t);          % 产生3个分量的信号
x2 = 10*sin(2*pi*f2*t);
x3 = 10*sin(2*pi*f3*t);
xn = x1 + x2 + x3;                     % 合并为信号 xn
y1 = filtfilt(b,a,xn);                 % 作零相位带通滤波
Segma1 = var(y1 - x2);                 % 计算方差
L = 400;                               % 设置延拓长度
yn = forback_predictm(xn,L,10);        % 前后向延拓
ynt = filtfilt(b,a,yn);                % 作零相位带通滤波
y2 = ynt((L+1):(L+N));                 % 去延拓
Segma2 = var(y2' - x2);                % 计算方差
fprintf('Segma1 = %5.4f    Segma2 = %5.4f\n',Segma1,Segma2);
```

```
% 作图
figure(1)
pos = get(gcf,'Position');
set(gcf,'Position',[pos(1), pos(2)-100,pos(3),(pos(4)-200)]);
plot(w,h,'k');
grid; axis([0 50 -50 10]);
title('巴特沃斯滤波器幅值特性 ')
ylabel('幅值/dB');xlabel('频率/Hz');
set(gcf,'color','w');
figure(2)
n = 1:N;
subplot 311; plot(n,xn,'k');
grid; ylabel('原始信号 ')
subplot 312; plot(n,x2,'r','linewidth',3); hold on;
plot(n,y1,'k'); grid;
ylabel('未经延拓的输出 ')
subplot 313; plot(n,x2,'r','linewidth',3); hold on;
plot(n,y2,'k'); grid;   xlabel('样点 ')
ylabel('经延拓的输出 ')
set(gcf,'color','w');
```

说明：

① 在本程序中，延拓长度取为 L＝400 样点。延拓长度主要是和提取的频率有关，对延拓长度 L 和阶数 p 值都要取适当的值。

② 为了比较没经过延拓及经过延拓在零相位滤波后有什么差别，在这两种情形中的滤波输出都计算了与原始数据差值的方差值。

③ 在延拓时把数据变长了，在滤波器输出中要把延拓部分消除，恢复数据原始的长度。

运行程序 pr4_6_1 后将得到滤波器的幅值响应曲线如图 4-6-2 所示，滤波器的输出如图 4-6-3 所示。

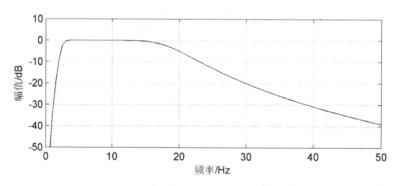

图 4-6-2　巴特沃斯滤波器的幅值特性曲线

从图 4-6-3 中可看出，数据未经延拓通过零相位滤波器输出的波形两端与原始数据波形有明显偏差，而数据经延拓后通过零相位滤波器输出的波形与原始数据波形基本重合在一起。计算出的方差值如下：数据未经延拓的输出方差 Segma1＝3.433 2，数据经延拓的输出方差 Segma2＝0.092 7。

由此可知，经延拓后滤波使误差要小许多。

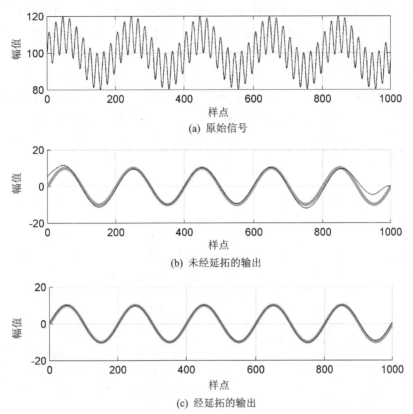

图 4-6-3 原始信号波形以及未延拓数据和延拓数据经滤波器输出的波形

4.6.5 案例 4.13：消除希尔伯特变换的端点效应

1. 概　述

在希尔伯特变换后，波形两端也经常会发生失真现象，通过端点延拓可以解决这一问题，在本案例中将介绍端点延拓在希尔伯特变换中的应用。

2. 理论基础

在 4.3.1 小节中已经介绍了希尔伯特变换，由式(4-3-1)可得

$$\hat{x}(t) = H[x(t)] = \int_{-\infty}^{+\infty} \frac{x(u)}{\pi(x-u)} du = x(t) * \frac{1}{\pi t} \quad (4-6-28)$$

其中 * 表示卷积，$z(t)=x(t)+\mathrm{j}\hat{x}(t)$ 构成解析信号(其中 j 为 $\sqrt{-1}$，即虚数符号)。$\hat{x}(t)$ 可以看成是通过一个滤波器的输出，该滤波器的脉冲响应为

$$h(t) = \frac{1}{\pi t}$$

在频域内，希尔伯特变换关系可表示为

$$\hat{X}(f) = \begin{cases} -\mathrm{j}X(f), & f > 0 \\ \mathrm{j}X(f), & f < 0 \end{cases} \quad (4-6-29)$$

其中 $\hat{X}(f)$ 是函数 $\hat{x}(t)$ 的傅里叶变换，$X(f)$ 是函数 $x(t)$ 的傅里叶变换。

由式(4-6-28)可知,求一个实函数 $x(t)$ 的希尔伯特变换就是将 $x(t)$ 的所有正频率成分相位旋转 $-90°$,对所有负频率成分相位旋转 $+90°$。所以,$\cos(\omega t)$ 信号的希尔伯特变换为 $\sin(\omega t)$,而 $\sin(\omega t)$ 信号的希尔伯特变换为 $-\cos(\omega t)$[11]。

3. 实 例

例 4-6-2(pr4_6_2) 信号 x 由两个频率的正弦组成,求 x 的希尔伯特变换,比较没有延拓和有延拓的结果。采样频率为 1000 Hz,数据长 1000,信号的两个频率为 f1=5 Hz 和 f2=50 Hz。

程序清单如下:

```
% pr4_6_2
clear all; clc; close all;

Fs = 1000;                                          % 采样频率
N = 251;                                            % 样点数
t = (0:N-1)/Fs;                                     % 时间刻度
f1 = 10; f2 = 21;                                   % 信号频率 f1 和 f2
L = 20;                                             % 延拓长度
ys = sin(2*pi*f1*t) + sin(2*pi*f2*t);               % 正弦信号
yc = cos(2*pi*f1*t) + cos(2*pi*f2*t);               % 余弦信号
x1 = forback_predictm(ys,L,4);                      % 延拓
hys = hilbert(ys);                                  % 求没有延拓时的希尔伯特变换
hx1 = hilbert(x1);                                  % 求延拓后序列的希尔伯特变换
hys1 = hx1(L+1:L+N);                                % 消除延拓的增长
% 作图
subplot 311; plot(t,ys,'k');
axis([0 max(t) -2.4 2.4]); ylabel('原始信号')
subplot 312; plot(t,yc,'r','linewidth',3); hold on
plot(t,-imag(hys),'k'); axis([0 max(t) -2.4 2.4]);
ylabel('未经延拓的变换')
subplot 313; plot(t,yc,'r','linewidth',3); hold on
plot(t,-imag(hys1),'k'); axis([0 max(t) -2.4 2.4]);
ylabel('经延拓的变换'); xlabel('时间/s')
set(gcf,'color','w');
```

运行程序 pr4_6_2 后得图 4-6-4:在图(b)中数据未经延拓希尔伯特变换的结果用黑线表示,理论结果(余弦值)用灰线表示,可发现黑线在曲线的两端偏离了灰线;而在图(c)中是经延拓后的希尔伯特变换的结果用黑线表示,此时就与灰线重合得很好。

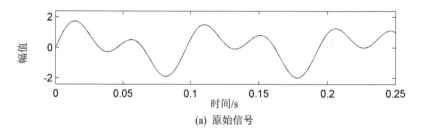

(a) 原始信号

图 4-6-4 原始信号波形,未延拓数据和延拓数据经希尔伯特变换后的波形

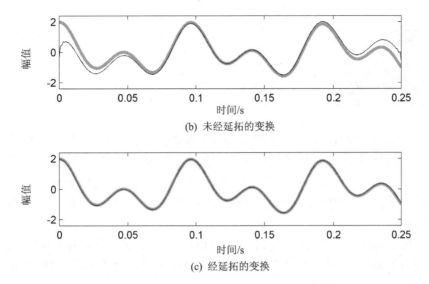

图-6-4 原始信号波形,未延拓数据和延拓数据经希尔伯特变换后的波形(续)

参考文献

[1] 王济,胡晓. MATLAB在振动信号处理中的应用[M]. 北京:中国水利水电出版社,2006.
[2] 胡广书. 数字信号处理导论[M]. 北京:清华大学出版社,2005.
[3] Savitzky A, Golay M J E. Smoothing and differentiation of data by simplified least-squares procedures[J]. Anal. Chem. ,1964,36(8):1627-1639.
[4] http://www.ee.ic.ac.uk/hp/staff/dmb/voicebox/voicebox.html.
[5] 胡广书. 数字信号处理——理论、算法与实现[M]. 北京:清华大学出版社,1997.
[6] Oppenheim A V, Schafer R W. From Frequency to Quefrency:DSP History[J]. IEEE Signal Processing Magazine,2004(9).
[7] 霍勇峰,高宗强. 洪水模拟中的数据处理分析[J]. 山西水利科技,2004(10):78-79.
[8] 徐磊,陈淑珍,肖柏勋. 一种新的零相移数字滤波器的改进算法[J]. 计算机应用研究,2005(4):21-22.
[9] 李力. 机械信号处理及其应用[M]. 武汉:华中科技大学出版社,2007.

第 5 章

DFT 的拓展

DFT 和它的快速算法 FFT 是数字信号处理的基础之一,它将离散信号分解为各个不同频率分量的组合,使信号的时域特征与频域特征联系起来,成为信号处理的有力工具。但是离散傅里叶变换使用的是一种全局变换,因为它表示一段时间内平均的频率特性,它无法表述信号的时频局域性质。为了能够分析处理非平稳信号,人们对离散傅里叶变换进行了推广,提出了短时傅里叶变换。

同时当把离散傅里叶变换应用于各个频域处理时,由于处理中的各种特殊性,对离散傅里叶变换做了适当的调整,以更适合处理中的需求。本章介绍短时傅里叶变换、Chirp-Z 变换、Zoom-FFT 和 Goertzel 算法等。

5.1 短时傅里叶变换[1-2]

5.1.1 短时傅里叶变换和短时傅里叶逆变换

短时傅里叶分析适用于缓慢时变信号的频谱分析,本方法在非稳态信号的分析处理中已经得到广泛应用。设有连续信号 $x(t)$,它是一个非稳态信号,给定一个时间宽度很窄的窗函数 $w(t)$,它将沿着时间轴滑动,则信号 $x(t)$ 的 STFT 变换定义为

$$\text{STFT}_x(t,\omega) = \int_{-\infty}^{+\infty} x(\tau) w^*(\tau - t) e^{-j\omega\tau} d\tau \qquad (5-1-1)$$

正是由于窗函数 $w(t)$ 的存在使短时傅里叶变换具有局部特性,故它既是时间函数,也是频率函数。对于给定时间 t,$\text{STFT}_x(t,\omega)$ 可看作是该时刻的频谱,即局部频谱。

若窗函数满足

$$\int_{-\infty}^{+\infty} |w(t)|^2 dt = 1 \qquad (5-1-2)$$

则信号 $x(t)$ 可以由其 STFT 变换完全重构出来,其 STFT 逆变换可写成

$$x(t) = \frac{1}{2\pi} \iint [\text{STFT}_x(\tau,\omega) w(t-\tau) d\tau] e^{j\omega t} d\omega \qquad (5-1-3)$$

在实际应用中,需要对 $\text{STFT}_x(t,\omega)$ 进行离散化处理。设时域信号 $x(t)$ 的离散信号为 $x(n)$,窗函数为 $w(n)$,窗函数在时间轴上移动(如图 5-1-1 所示),窗函数长为 N,则 STFT 变换的离散形式为

$$\text{STFT}_x(n,k) = \sum_{m=0}^{N-1} x(n+m) w(m) e^{-j2\pi mk/N} \qquad (5-1-4)$$

式中:$x(n+m)w(m)$ 是短时序列。

令 $x_n(m) = x(n+m)w(m)$,n 时刻序列的短时傅里叶变换 STFT 的计算过程如下:

① 将分析窗 $w(m)$ 在时间轴上移动形成平移窗,如图 5-1-1 所示。

② 平移后的分析窗对信号进行加窗截断,得短时序列 $x_n(m)$。
③ 用傅里叶变换分析短时序列 $x_n(m)$ 的频谱。

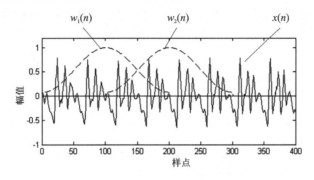

图 5-1-1 用移动窗选取信号段

STFT 逆变换的离散表达式为

$$x(n) = \frac{1}{N}\sum_{m}\sum_{k=0}^{N-1}\text{STFT}_x(n+m,k)w(m)e^{j2\pi nk/N} \qquad (5-1-5)$$

5.1.2 短时傅里叶变换的 MATLAB 函数

MATLAB 自带的工具箱提供了以 STFT 为基础的谱分析函数,同时本小节也将介绍一些不是 MATLAB 工具箱中自带的有用函数。

1. STFT 频谱分析 1

函数:specgram
功能:以 STFT 为基础的谱分析
调用格式:

B = specgram(a)
B = specgram(a,nfft)
[B,f] = specgram(a,nfft,Fs)
[B,f,t] = specgram(a,nfft,Fs)
B = specgram(a,nfft,Fs,window)
B = specgram(a,nfft,Fs,window,noverlap)
specgram(a)

说明:specgram 函数是 MATLAB 早期版本的谱分析函数,在 MATLAB 7.0 以后的版本中有的还可以使用 specgram 函数,有的就不能再使用了。在能使用的版本中也得不到使用帮助,所以这里列出其使用方法。

输入变量中 a 是数据矢量,nfft 是 FFT 变换的长度,Fs 是采样频率,window 是窗函数,noverlap 是数据分帧时一帧与邻近一帧重叠的点数。输出变量 B 是 a 的 STFT 频谱,它是一个复数数组,是时间和频率的函数,它的时间刻度是输出变量 t,它的频率刻度是输出变量 f。

当 a 为实数时,specgram 函数只给出正频率部分的谱线。当 nfft 为偶数时,B 为 nfft/2+1 行;当 nfft 为奇数时,B 为 (nfft+1)/2 行。B 中的列数为

K = fix((N-noverlap)/(length(window)-noverlap))

当 a 为复数时，specgram 函数给出正、负频域的谱线。

在 B=specgram(a)中 specgram 函数取默认值：nfft=min(256,length(a))，Fs=2，window=hanning，noverlap=length(window)/2，这就是在默认某些参数时所取的默认值。

2. STFT 频谱分析 2

函数：spectrogram

功能：以 STFT 为基础的谱分析

调用格式：

```
S = spectrogram(x)
S = spectrogram(x,window)
S = spectrogram(x,window,noverlap)
S = spectrogram(x,window,noverlap,nfft)
S = spectrogram(x,window,noverlap,nfft,fs)
[S,F,T] = spectrogram(x,window,noverlap,F)
[S,F,T] = spectrogram(x,window,noverlap,F,fs)
[S,F,T,P] = spectrogram(…)
spectrogram(…)
```

说明：输入变量中 x 是数据矢量，window 是窗函数（默认时为 nfft 长的海明窗），noverlap 是数据分帧时一帧与邻近一帧重叠的点数（默认值为各帧之间重叠 50%），nfft 是 FFT 变换的长度（默认值是 256），F 是频率矢量，表示要求函数使用 Gorrtzel 方法计算指定频率的频谱图，Fs 是采样频率（默认时为归一化频率）。输出变量 S 是 x 的 STFT 频谱，它是一个复数数组，它的时间刻度是输出变量 T，它的频率刻度是输出变量 F，P 是给出 x 的功率谱密度函数。

如果 window 参数是一个整数，说明每帧长为该整数，将用海明窗。

当 x 为实数时，specgram 函数只给出正频率部分的谱线。当 nfft 为偶数时，S 为(nfft/2)+1 行；当 nfft 为奇数时，S 为 nfft/2 行。S 的列数为

$$K = \text{fix}((N - \text{noverlap})/(\text{length(window)} - \text{noverlap}))$$

当 x 为复数时，specgram 函数给出正、负频域的谱线。

以下几个函数都不是 MATLAB 工具箱中自带的。

3. 短时傅里叶变换

函数：tfrstft

功能：对输入信号进行短时傅里叶分析

调用格式：

[tfr,t,f] = tfrstft(x,t,N,h,trace)

说明：tfrstft 函数在第三方提供的时频分析工具箱（Time-Frequency Toolbox）中。输入变量中 x 是数据矢量，t 是时间刻度（默认值为 1:N），N 是 FFT 的长度（默认值为 length(x)），h 是窗函数（默认值是 hamming(N/4)），trace 为是否跟踪运算，1 为跟踪（默认值为 0）。输出变量中 tfr 是 x 的 STFT 值，它是一个复数数组，它的时间刻度是输出变量 t，它的频率刻度是输出变量 f，是归一化的频率值，在 −0.5~0.5 的区间内。

4. 短时傅里叶逆变换

函数：tfristft

功能：对输入信号进行短时傅里叶分析

调用格式：

[x,t] = tfristft(tfr,t,h,trace)

说明：tfristft 函数也在由第三方提供的时频分析工具箱（Time－Frequency toolbox）中。输入变量中 tfr 是在 STFT 域的数值，是一个二维的复数数组，t 是时间刻度（默认值为 1:N），h 是窗函数，trace 为是否跟踪运算，1 为跟踪（默认值为 0）。输出变量中，x 是经短时傅里叶逆变换得到的重构数据，t 是该重构数据对应的时间刻度。

5. 短时傅里叶变换函数

函数：mystftfun

功能：对输入信号进行短时傅里叶变换

调用格式：

[stft, f, t] = mystftfun(x, wlen, h, nfft, fs)

说明：mystftfun 函数是由 H. Zhivomirov 编写的，在 mathworks 网站文件交换区（fileexchange）中提供共享。输入变量中 x 是数据矢量，wlen 是海明窗的长度，h 是帧移，nfft 是 FFT 变换的长度，fs 是采样频率。输出变量 stft 是 x 的 STFT 值，它是一个二维的复数数组，它的时间刻度是输出变量 t（单位为 s），它的频率刻度是输出变量 f（单位为 Hz）。

6. 短时傅里叶逆变换函数

函数：myistftfun

功能：对 STFT 频谱进行短时傅里叶逆变换

调用格式：

[x, t] = myistftfun(stft, h, nfft, fs)

说明：myistftfun 函数也是由 H. Zhivomirov 编写的，在 mathworks 网站文件交换区（fileexchange）中提供共享。输入变量中 stft 是 STFT 变换后的二维矩阵，要求矩阵每列表示为不同时间的值，矩阵的每行表示不同频率的值，h 是帧移，nfft 是 FFT 变换的长度，fs 是采样频率。输出变量 x 是经短时傅里叶逆变换得到的重构数据，t 是该重构数据对应的时间刻度（单位为 s）。

mystftfun 函数和 myistftfun 函数都包含在本书附带的程序包中。

5.1.3 案例 5.1：调用 tfrstft 函数后用什么方法作 STFT 的谱图

1. 概 述

调用 tfrstft 函数后得到了 STFT 的谱图，但怎么调用函数来作谱图呢？有时想要三维图，有时想要二维图，有时想要等高线图，用什么方法能得到呢？本案例将对此进行介绍。本小节介绍的方法不限于 tfrstft 函数，也适用于其他的 STFT 函数。

2. 实 例

例 5－1－1（pr5_1_1）　通过 chirp 函数得到调频信号，调用 tfrstft 函数用不同的方法作出 STFT 频谱的三维谱图、二维谱图和等高线谱图。程序清单如下：

% pr5_1_1

```
clear all; clc; close all;
N = 1024;                               % 数据长度
fs = 1000;                              % 采样频率
tt = (0:N-1)/fs;                        % 时间刻度
x1 = chirp(tt,0,1,350);                 % Chirp 信号 x1
x2 = chirp(tt,350,1,0);                 % Chirp 信号 x2
x = x1' + x2';                          % 两个 Chirp 信号相加
win = hanning(127);                     % 窗函数
[B,t,f] = tfrstft(x,1:N,N,win);         % 短时傅里叶变换
% 作图
figure(1)                               % 信号波形图
subplot 211; plot(tt,x1,'k');
title(' Chirp 信号 x1')
xlabel('时间/s'); ylabel('幅值')
xlim([0 max(tt)]);
subplot 212; plot(tt,x2,'k');
title(' Chirp 信号 x2')
xlabel('时间/s'); ylabel('幅值')
xlim([0 max(tt)]);
set(gcf,'color','w');
figure(2)                               % 用 mesh 作三维图
mesh(tt,f(1:N/2) * fs,abs(B(1:N/2,:)));
xlabel('时间/s'); ylabel('频率')
title('调频信号 STFT 的三维图')
axis([0 max(tt) 0 500 0 6]);
set(gcf,'color','w');
figure(3)                               % 用 mesh 作二维图
mesh(tt,f(1:N/2) * fs,abs(B(1:N/2,:)));
view(0,90); xlim([0 max(tt)])
xlabel('时间/s'); ylabel('频率')
title('调频信号 STFT 的二维图')
set(gcf,'color','w');
figure(4)                               % 用 contour 作等高线图
contour(tt,f(1:N/2) * fs,abs(B(1:N/2,:)),256);
xlabel('时间/s'); ylabel('频率')
title('调频信号 STFT 的等高线图')
set(gcf,'color','w');
figure(5)                               % 用 imagesc 作二维图
imagesc(tt,f(1:N/2) * fs,abs(B(1:N/2,:))); axis xy
xlabel('时间/s'); ylabel('频率')
title('调频信号 STFT 的频谱图')
set(gcf,'color','w');
```

说明：

① 调用 tfrstft 函数时信号数据必须为一个列矢量,否则会显示错误的,同时参数 N 是表示 FFT 的长度必须为 2 的整数次幂,窗函数 h 长又必须为奇数。

② 得到 STFT 谱图在矩阵 B 中,它是一个复数矩阵,在看 STFT 谱图时我们一般是观察幅值谱,所以作图时都用了 abs(B)。

③ tfrstft 函数的输出 t 是 0:N-1,而不是实际时间刻度;而 f 是归一化频率,在 -0.5~

0.5 的区间内,不是实际频率。要使作图时间轴为信号的实际时间,频率轴为实际频率,则可把设置的 tt=(0:N-1)/fs 作为时间轴的刻度,f*fs 作为频率轴的刻度。

④ 要观察 STFT 谱图的三维图,可以用 mesh 函数。因为我们的信号是实数信号,只需要观察正频率部分,所以本程序都只显示正频率部分。

⑤ 要观察 STFT 谱图的二维图,可以用 mesh 函数,通过旋转(用 view 函数)俯视观察图。同时 STFT 谱图的二维图也可以用 imegesc 函数来作,但 imegesc 函数所作图中 Y 轴的方向是倒置的,需经 axis xy 或 set(gca,'Ydir','normal')把 Y 轴的方向倒过来。

⑥ 要观察 STFT 谱图的等高线图可以用 contour 函数。

⑦ 调用 tfrstft 函数之前可以把实数信号经 hilbert 函数转变为解析信号,这时得到的谱图只在正频率部分,但这一过程不是必需的。

⑧ 关于调用 tfrstft 函数时窗长怎么选择,FFT 的长度怎么选择,将在案例延伸部分讨论。

⑨ tfrstft 函数对于数据 x 的长度有所限制,当 x 的长度过长时会产生内存溢出错误。

运行程序 pr5_1_1,得到图 5-1-2(a)、(b)所示的调频信号 x1 和 x2 的波形图,由 mesh 函数得 STFT 谱图的三维图如图 5-1-2(c)所示,由 mesh 函数得 STFT 谱图的二维图如

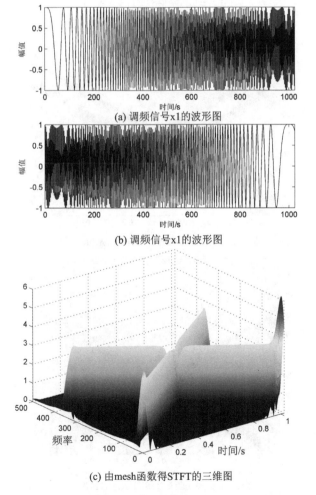

(a) 调频信号x1的波形图

(b) 调频信号x1的波形图

(c) 由mesh函数得STFT的三维图

图 5-1-2 调频信号的波形图和 STFT 的三维图

图 5-1-3(a)所示，由 imagesc 函数得 STFT 谱图的二维图如图 5-1-3(c)所示，由 contour 函数得 STFT 谱图的等高线图如图 5-1-3(b)所示。

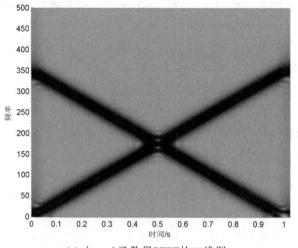
(a) 由mesh函数得STFT的二维图

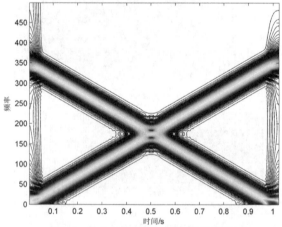
(b) 由contour函数得STFT的等高线图

(c) 由imagesc函数得STFT的二维图

图 5-1-3 调频信号 STFT 分析的二维谱图

3. 案例延伸 1

这里用汉宁窗函数取不同的窗长观察对 STFT 谱图的影响。

例 5 – 1 – 2(pr5_1_2)　设采样频率为 1 000 Hz,信号长为 1 s,信号由多个频率构成,为

$$x(t) = \begin{cases} \sin(2\pi f_1 t), & t \leqslant 0.3 \\ \sin(2\pi f_2 t), & 0.3 < t \leqslant 0.6 \\ \sin(2\pi f_3 t), & 0.6 < t \leqslant 0.8 \\ \sin(2\pi f_4 t), & t > 0.8 \end{cases}$$

式中:频率 f_1、f_2、f_3 和 f_4 分别为 400 Hz、200 Hz、100 Hz 和 50 Hz。分别用不同长度的窗函数调用 tfrstft 函数进行 STFT 分析。程序清单如下:

```
% pr5_1_2
clear all; clc; close all;

fs = 1000;                              % 采样频率
tt = (0:1000)'/fs;                      % 时间刻度
% 构成信号
x = sin(2 * pi * 400 * tt). * (tt< = 0.3) + sin(2 * pi * 200 * tt). * (tt>0.3&tt< = 0.6) + ...
    sin(2 * pi * 100 * tt). * (tt>0.6&tt< = 0.8) + sin(2 * pi * 50 * tt). * (tt>0.8);

N = length(x);                          % 数据长度
nfft = 256;                             % 设置 nfft
n3 = 1:128;                             % 设置正频率部分
h = hamming(31);                        % 设置窗长为 31
[tfr1,t,f1] = tfrstft(x,1:N,nfft,h);    % STFT
h = hamming(63);                        % 设置窗长为 63
[tfr2,t,f2] = tfrstft(x,1:N,nfft,h);    % STFT
h = hamming(127);                       % 设置窗长为 127
[tfr3,t,f3] = tfrstft(x,1:N,nfft,h);    % STFT
h = hamming(255);                       % 设置窗长为 255
[tfr4,t,f4] = tfrstft(x,1:N,nfft,h);    % STFT
% 作图
figure(1)
pos = get(gcf,'Position');
set(gcf,'Position',[pos(1), pos(2) - 100,pos(3),(pos(4) - 180)]);
plot(tt,x,'k');
xlabel('时间/s'); ylabel('幅值 '); title(' 信号波形图 ')
set(gcf,'color','w');
figure(2)
subplot 221; contour(tt,f1(n3) * fs,abs(tfr1(n3,:)));
set(gca, 'YTickmode', 'manual', 'YTick', [0,50,100,200,400,500]);
grid; title(' 窗长 = 31'); ylabel(' 频率/Hz'); xlabel(' 时间/s');
subplot 222; contour(tt,f2(n3) * fs,abs(tfr2(n3,:)));
set(gca, 'YTickmode', 'manual', 'YTick', [0,50,100,200,400,500]);
grid; title(' 窗长 = 63'); ylabel(' 频率/Hz'); xlabel(' 时间/s');
subplot 223; contour(tt,f3(n3) * fs,abs(tfr3(n3,:)));
set(gca, 'YTickmode', 'manual', 'YTick', [0,50,100,200,400,500]);
grid; title(' 窗长 = 127'); ylabel(' 频率/Hz'); xlabel(' 时间/s');
```

```
subplot 224; contour(tt,f4(n3) * fs,abs(tfr4(n3,:)));
set(gca,'YTickmode','manual','YTick',[0,50,100,200,400,500]);
grid; title('窗长=255'); ylabel('频率/Hz'); xlabel('时间/s');
set(gcf,'color','w');
```

说明：程序中窗长分别取为 31、63、127 和 255，即采用不同的窗长，但 nfft 都取为 256。运行程序 pr5_1_2 后得信号波形图如图 5-1-4 所示，得 STFT 谱图如图 5-1-5 所示。

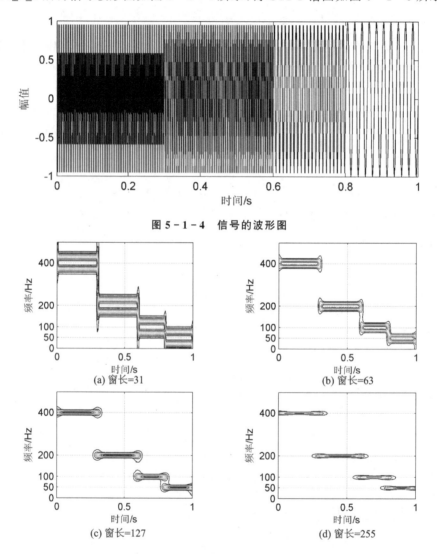

图 5-1-4 信号的波形图

图 5-1-5 不同窗长条件下 STFT 谱图的比较

从图 5-1-5 中可看到，当窗函数窗长较短时信号谱图中的频带变粗，这与普通 FFT 变换的结果一样，虽然都是按 nfft=256 进行 FFT 分析，但不同窗长有效数据的长度是不同的，有效数据短（窗长短）的频率分辨率就低。但也不是窗长更长就一定好，从窗长为 255 的图(d)中可以看到，400 Hz 信号是 0～0.3 s，但从谱图中可看到 400 Hz 信号差不多延伸到约 0.35 s，而 200 Hz 信号往左延伸到约 0.25 s，在 0.25～0.35 s 之间似乎有两个频率的分量。但从信号表示式或从信号波形图中可看到任一时间只有一个频率的分量，所以取了过长的窗使信号在时间上混叠。因此,在进行 STFT 分析时既要考虑频率的分辨率,也要考虑防止在时间上混叠,取一个折中的窗长。

4. 案例延伸 2

在这里将用相同长的汉宁窗函数,取不同的 nfft 值观察对 STFT 谱图的影响。

例 5-1-3(pr5_1_3)　读入一个语音信号,用相同长的汉宁窗函数 hanning(63),分别用 nfft=64 和 nfft=1 024 调用 tfrstft 函数进行 STFT 分析。程序清单如下:

```
% pr5_1_3
clear all; clc; close all;

[x,fs,bits] = wavread('shortsd.wav');   % 读入信号
N = length(x);                           % 信号长度
tt = (0:N-1)/fs;                         % 时间刻度

h = hanning(63);                         % 窗长=63
[B1,t,f1] = tfrstft(x,1:N,64,h);         % Nfft=64
[B2,t,f2] = tfrstft(x,1:N,1024,h);       % Nfft=1024
% 作图
subplot 211; imagesc(tt,f1(1:32)*fs,abs(B1(1:32,:))); axis xy
xlabel('时间/s'); ylabel('频率/Hz');
title('Nfft=64');
subplot 212; imagesc(tt,f2(1:512)*fs,abs(B2(1:512,:))); axis xy
xlabel('时间/s'); ylabel('频率/Hz');
title('Nfft=1024');
set(gcf,'color','w');
```

运行程序 pr5_1_3 后得图 5-1-6,从图中可以看出,当 nfft 值较小时,谱图中得到的语音谐波结构不如 nfft 值较大时光滑,所以在相同窗长时也要选择合适的 nfft 值,以得到较满意

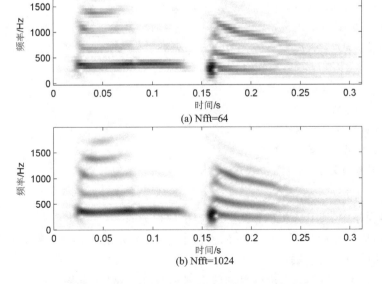

(a) Nfft=64

(b) Nfft=1024

图 5-1-6　不同 nfft 值 STFT 谱分析结果比较

的 STFT 谱图。

5. 案例延伸 3

在这里对数据进行 STFT 变换，又进一步进行 ISTFT 变换，并与原始数据比较。

例 5-1-4(pr5_1_4) 读入振动数据文件 cjbdata.mat，调用 tfrstft 函数做 STFT 谱分析。又调用 tfristft 函数重构信号，比较重构信号与原始信号的差别。程序清单如下：

```
% pr5_1_4
clear all; clc; close all;

load cjbdata.mat                            % 读入数据
N = length(y);                              % 数据长度
t = (0:N-1) * 1000/fs;                      % 时间刻度
M = 256;                                    % FFT 变换长度
width = fix((N+1)/4);                       % 窗函数长
h = hanning(width);                         % 设置窗函数
[S,tt,f] = tfrstft(y,1:N,M,h);              % STFT 变换
[x,t_s] = tfristft(S,tt,h);                 % ISTFT 变换
Segma = var(x-y);
fprintf('Segma = %5.4e\n',Segma)
% 作图
figure(1)
subplot 211; plot(t,y,'k'); grid;
ylabel('加速度/g'); xlabel('时间/ms');
title('原始信号波形'); xlim([0 max(t)]);
subplot 212; imagesc(t,f(1:128) * fs/1000,abs(S(1:128,:)));
title('信号 STFT 谱图'); xlabel('时间/ms'); ylabel('频率/kHz');
axis([0 max(t) 0 15]); axis xy;
set(gcf,'color','w');
figure(2)
plot(tt,y,'r','linewidth',3); hold on
plot(t_s,x,'k'); grid;
legend('原始信号','重构信号')
ylabel('加速度/g'); xlabel('样点');
title('原始信号和重构信号比较'); xlim([0 max(tt)]);
set(gcf,'color','w');
```

说明：在本程序中 FFT 分析取长为 256，窗函数长为 55。

在获得重构信号 x 后与原始信号 y 的差值求方差，方差值为 Segma=9.867 5e-029，说明重构信号与原始信号完全重合。

运行程序 pr5_1_4 后得到振动信号的波形图和 STFT 谱图（如图 5-1-7 所示），以及重构信号 x 后与原始信号 y 的比较图（如图 5-1-8 所示）。

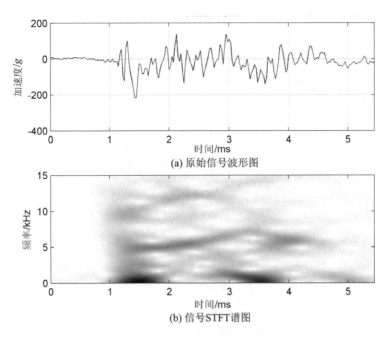

图 5-1-7　振动信号的波形图和 STFT 谱图

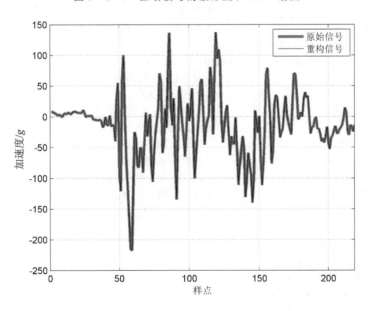

图 5-1-8　重构信号 x 后与原始信号 y 的比较图

从图 5-1-8 中也可以看出,重构信号与原始信号完全重合。

5.1.4　案例 5.2：如何通过 spectrogram 得到一些特定频率的频谱

1. 概　述

调用函数 spectrogram 后得到了 STFT 的频谱,它是一个时间-频率的函数,有时往往需要得到在某些特定的频率下幅值随时间的变化。在本案例中将以电压暂降为例说明如何来获得 50 Hz 谐波随时间的变化。

2. 实 例

例 5-1-5(pr5_1_5) 用短时傅里叶变换检测在电力系统中工频信号的电压暂降。设 $f_0=50$ Hz 的工频信号表示为

$$y(t) = \begin{cases} 220\cos(2\pi f_0 t), & t < 0.2 \\ 0.6 \times 220\cos(2\pi f_0 t), & 0.2 \leqslant t \leqslant 0.4 \\ 220\cos(2\pi f_0 t), & t > 0.4 \end{cases}$$

采样频率为 6 400 Hz，时长为 0.7 s，通过 STFT 分析检测 50 Hz 以及 100 Hz,150 Hz,…, 300 Hz 等扰动电压的变化。程序清单如下：

```
% pr5_1_5
clear all; clc; close all;

fs = 6400;                              % 采样频率
t = 0:1/fs:0.7;                         % 时间刻度
% 电压暂降的信号
y = 220 * cos(2 * pi * 50 * t). * (t<0.2) + 0.6 * 220 * cos(2 * pi * 50 * t). * ...
    (t> = 0.2&t< = 0.4) + 220 * cos(2 * pi * 50 * t). * (t>0.4);
wlen = 640;                             % 每帧长度
wind = hanning(wlen);                   % 窗函数
noverlay = wlen - 64;                   % 相邻两帧间的重叠样点数
% 用 spectrogram 做 STFT 频谱分析
[B,freq,time] = spectrogram(y,wind,noverlay,wlen,6400);
B = B * 4/wlen;                         % 计算信号的实际幅值
df = fs/wlen;                           % 求出频率间隔
nf1 = floor(50/df) + 1;                 % 50 Hz 对应的谱线索引号
nf2 = floor(100/df) + 1;                % 100 Hz 对应的谱线索引号
nf3 = floor(150/df) + 1;                % 150 Hz 对应的谱线索引号
nf4 = floor(200/df) + 1;                % 200 Hz 对应的谱线索引号
nf5 = floor(250/df) + 1;                % 250 Hz 对应的谱线索引号
nf6 = floor(300/df) + 1;                % 300 Hz 对应的谱线索引号
% 作图
figure(1);
subplot 211; plot(t,y,'k');
ylabel('幅值'); xlabel('时间/s');
title('电压暂降原始波形');
subplot 212; imagesc(time,freq,abs(B)); axis xy
xlabel('时间/s'); ylabel('频率/Hz');
title('电压暂降信号 STFT 谱图');
ylim([0 500]);
set(gcf,'color','w');
figure(2)
subplot 321; plot(time,abs(B(nf1,:)),'k');
xlim([0 max(time)]); ylabel('50Hz');
subplot 322; plot(time,abs(B(nf2,:)),'k');
axis([0 max(time) 0 10]); ylabel('100Hz');
subplot 323; plot(time,abs(B(nf3,:)),'k');
```

```
axis([0 max(time) 0 5]); ylabel('150Hz');
subplot 324; plot(time,abs(B(nf4,:)),'k');
axis([0 max(time) 0 5]); ylabel('200Hz');
subplot 325; plot(time,abs(B(nf5,:)),'k');
axis([0 max(time) 0 5]); ylabel('250Hz'); xlabel('时间/s');
subplot 326; plot(time,abs(B(nf6,:)),'k');
axis([0 max(time) 0 5]); ylabel('300Hz'); xlabel('时间/s');
set(gcf,'color','w');
```

说明：

① 为了要计算基波 50 Hz 及谐波 100～300 Hz 的幅值，所以这些频率必须要在 FFT 变换后的谱线上，若这些频率不在谱线上，则暂时没有办法精确估算它们的幅值(学习了第 6 章介绍的校正法后就可以估算了)，所以我们把每帧的长度设为 wlen＝640，以保证这些频率都在谱线上(按照频率分辨率的计算方法 df＝fs/wlen＝10 Hz)。

② 参数 noverlap 是相邻两帧之间的重叠长度，它和帧移的关系为：重叠长度＝帧长－帧移。当信号变化较大时取的帧移就要较小，两帧之间的重叠部分要较大，以使信号在谱图中的变化较为平滑，但帧移越小使得分的帧数就越多，计算量也随之增大。在本程序中取帧移为 64 个样点，相当于 10 ms。

③ 因为信号是实数，STFT 频谱 B 只给出正频率部分。

④ 在 FFT 后计算信号的实际幅值是乘 2/NFFT，但因为用了汉宁窗，幅值修正系数为 2，所以有

```
B = B * 4/wlen
```

⑤ 对 STFT 频谱 B 的作图方法与例 5-1-3 中介绍调用 tfrstft 函数的作图方法相同，可以用 mesh、contour 和 imagesc 等函数。

运行程序 pr5_1_4 后给出信号的波形图和 STFT 谱图，如图 5-1-9 所示。

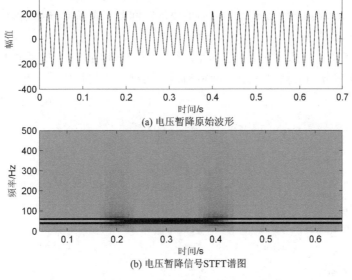

图 5-1-9　信号的波形图和 STFT 谱图

基波 50 Hz 及谐波 100～300 Hz 的幅值图随时间的变化如图 5-1-10 所示。

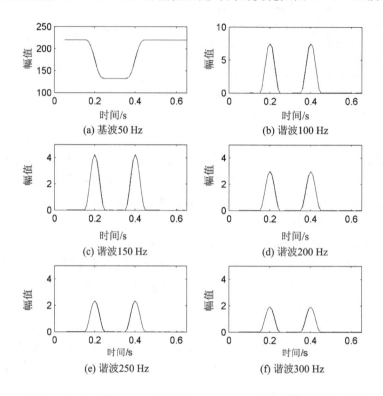

图 5-1-10 基波 50 Hz 及谐波 100～300 Hz 的幅值随时间变化图

3. 案例延伸

从图 5-1-10 中可以看到,得到的 STFT 频谱的时间不是从 0 开始的,而谱图的结束时间也不是在 0.7 s。这是因为当信号长为 N,帧长为 wlen,则第 1 帧取的数据是 1～wlen 的样点,计算出来的频谱对应的时间是 wlen/2,而不是 0;最后一帧是取 N−wlen+1～N 的样点,表示的时间是 N−wlen/2+1,而不是 N。如果要求时间刻度是从 0 开始而以 N 结束,这要对信号进行两端延拓,参见例 5-1-6。

例 5-1-6(pr5_1_6)　设有一调频信号,频率从 100 Hz 增至 250 Hz,采样频率为 1 000 Hz,信号长为 1 024,要求分别对信号采用不延拓和延拓两种方法进行比较。程序清单如下:

```
% pr5_1_6
clear all; clc; close all;

N = 1024;                          % 数据长度
fs = 1000;                         % 采样频率
tt = (0:N-1)/fs;                   % 时间刻度
x = chirp(tt,100,1,250);           % Chirp 信号 x
wlen = 128;                        % 帧长
wind = hanning(wlen);              % 窗函数
noverlap = wlen-1;                 % 重叠部分长度
```

```
% 没进行延拓,做 STFT 频谱
[B,freq,time] = spectrogram(x,wind,noverlap,wlen,fs);
% 数据延拓
L = wlen/2;                           % 延拓长度
p = 10;                               % 阶数
y = forback_predictm(x,L,p);          % 前、后向延拓
% 进行延拓后做 STFT 频谱
[B1,freq,time1] = spectrogram(y,wind,noverlap,wlen,fs);
tt1 = (0:N)/fs;                       % 延拓后 STFT 频谱的时间刻度
% 作图
figure(1)
plot(tt,x,'k'); xlim([0 max(tt)]);
xlabel('时间/s'); ylabel('幅值');
title('调频信号波形图')
set(gcf,'color','w');
figure(2)
subplot 211; imagesc(time,freq,abs(B)); axis xy;
xlabel('时间/s'); ylabel('频率/Hz');
title('没延拓 STFT 谱图'); ylim([50 350]);
subplot 212; imagesc(tt1,freq,abs(B1)); axis xy;
xlabel('时间/s'); ylabel('频率/Hz');
title('延拓后 STFT 谱图'); ylim([50 350]);
set(gcf,'color','w');
```

说明:以上是调用 forback_predictm 函数(见 4.6 节)对数据进行延拓。

运行程序 5_1_6 后得信号波形图如图 5-1-11 所示,不延拓和延拓后信号的 STFT 谱图如图 5-1-12 所示。

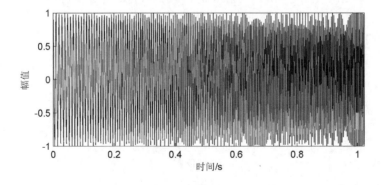

图 5-1-11 调频信号波形图

从图 5-1-12 中可看到,延拓后的 STFT 谱图在时间刻度和频率上比不延拓的更接近设置的值。

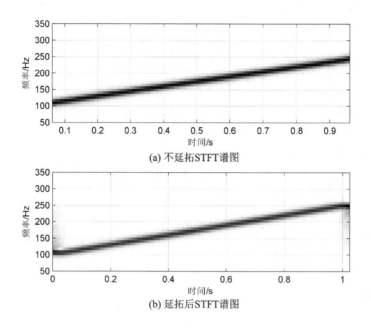

(a) 不延拓STFT谱图

(b) 延拓后STFT谱图

图 5-1-12　不延拓和延拓后信号的 STFT 谱图

5.1.5　案例 5.3：能否对信号的 STFT 谱图再逆变换转成时间序列

1. 概　述

有时在 STFT 谱图中对频域或时域的数值进行了处理，处理结束后还希望能转成时间序列。在 MATLAB 提供的工具箱中没有提供这样的函数，但 mystftfun 和 myistftfun 函数有这样的功能。本案例将对它们进行介绍。

2. 实　例

例 5-1-7(pr5_1_7)　读入语音信号 minuniv.wa 文件，设置帧长 256，帧移 64，NFFT 为 256，调用 mystftfun 函数进行 STFT 频谱分析，画出 STFT 频谱分析图。又调用 myistftfun 函数把 STFT 频谱重构成数据信号，把原始信号与重构信号进行比较。

程序清单如下：

```
% pr5_1_7
clear, clc, close all

[x, fs] = wavread('minuniv.wav');        % 读入语音
x = x(:, 1);                              % 只取单通道
x = x/max(abs(x));                        % 幅值归一化
xlen = length(x);                         % 信号长度
t = (0:xlen-1)/fs;                        % 时间序列
wlen = 256;                               % 帧长
inc = wlen/4;                             % 帧移
nfft = wlen;                              % nfft 长
```

```
% STFT 谱分析--Spectrogram
[B, f, t_stft] = mystftfun(x, wlen, inc, nfft, fs);
% STFT 逆变换
[x_istft, t_istft] = myistftfun(B, inc, nfft, fs);
slen = length(x_istft);                  % 使重构序列与 x 等长
if slen>xlen, x_istft = x_istft(1:xlen); else x = x(1:slen); t = t_istft; end
Err = x_istft - x';                      % 计算重构序列 x_istft 与 x 的偏差
Segma_e = var(Err);                      % 计算重构序列 x_istft 与 x 偏差的方差
fprintf('Segma_e = %5.4e\n',Segma_e);
% 作图
figure(1)
imagesc(t_stft,f,abs(B)); axis xy
xlabel('时间/s'); ylabel('频率/Hz')
title('STFT 谱图 ');
set(gcf,'color','w');
figure(2)
subplot 211; plot(t, x, 'r')
axis([0 max(t) -1.1 1.1]); grid on
xlabel('时间/s'); ylabel('幅值')
title('原始信号和重构信号 '); hold on
plot(t_istft, x_istft, '-.k')
subplot 212; plot(t_istft, Err,'k')
xlabel('时间/s'); ylabel('幅值')
title('原始信号与重构信号的偏差 ')
xlim([0 max(t)]);
set(gcf,'color','w');
```

运行程序 pr5_1_7 后得到语音信号的 STFT 谱图如图 5-1-13 所示,重构的语音信号与原始信号的比较及其偏差图如图 5-1-14 所示。

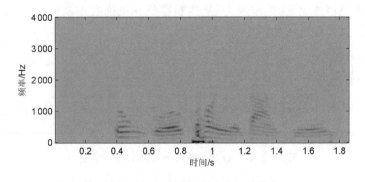

图 5-1-13 语音信号的 STFT 谱图

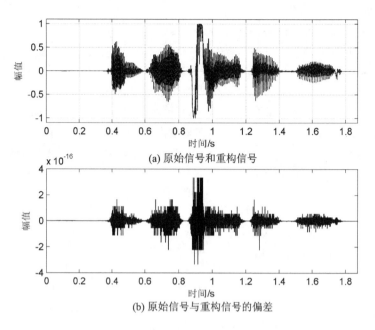

图 5-1-14 重构的语音信号与原始信号的比较及其偏差图

5.2 细化 FFT(Zoom-FFT)

在频谱分析过程中经常会遇到密集频谱的现象,就是许多谱线集中在某个区域中难以区分。要解决密集频谱问题最好的方法是细化谱分析,又称为频谱细化分析方法。频谱细化分析方法都是在复调制下进行的,即把信号复调制移频,使要了解的那段频带谱移到零频附近,再进行傅里叶分析。一般称为 Zoom-FFT(ZFFT)方法,即细化 FFT 方法。

在本节中将介绍经典的复调制频谱细化分析方法及复解析带通滤波的复调制频谱细化分析方法。

5.2.1 经典的复调制频谱细化分析方法[3-4]

经典的复调制频谱细化 FFT 步骤为:复调制移频→低通数字滤波→重采样→FFT 及谱分析→频率调整。其原理过程如图 5-2-1 所示。

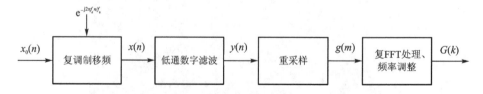

图 5-2-1 经典的复调制细化 FFT 过程图

设模拟信号为 $x_0(t)$,经抗混滤波和 A/D 采样后得到的离散序列为 $x_0(n)$ ($n=0,1,\cdots,N-1$),采样频率为 f_s,需要细化分析的频带为 $f_1 \sim f_2$,细化分析频带的中心频率为 f_e,细化倍数为 D,设 FFT 分析的点数为 N,具体算法过程可归纳为如下 5 个步骤。

1. 复调制移频

所谓复调制移频就是将频域坐标向左移动,使得被观察频段的中心频率处于频域坐标的 0 频率位置。模拟信号 $x_0(t)$ 经抗混滤波、A/D 转换以后,得到采样后离散信号 $x_0(n)$,其离散傅里叶变换为

$$X_0(k) = \sum_{n=0}^{N-1} x_0(n) W_N^{nk}, \quad k = 0,1,2,\cdots,N-1 \quad (5-2-1)$$

式中:

$$W_N = e^{-j2\pi/N} \quad (5-2-2)$$

假定要求在频带 $f_1 \sim f_2$ 范围内进行频率细化分析,则该频带中心频率为

$$f_e = \frac{f_1 + f_2}{2} \quad (5-2-3)$$

对 $f_1 \sim f_2$ 频带扩展一倍,使 $f_2' - f_1' = 2(f_2 - f_1)$,细化倍数 D 为

$$D = \frac{f_s}{f_2' - f_1'} = \frac{f_s}{2(f_2 - f_1)} \quad (5-2-4)$$

细化分析时先把 $f_1 \sim f_2$ 区间的中心频率 f_e 移频至频率轴的 0 点,按照 DFT 中的频率位移性质,需要对 $x_0(n)$ 以 $e^{-j2\pi n f_e/f_s}$ 进行复调制,得到频移后信号 $x(n)$ 为

$$\begin{aligned} x(n) &= x_0(n) e^{-j2\pi n f_e/f_s} = \\ &\quad x_0(n)\cos(2\pi n f_e/f_s) - jx_0(n)\sin(2\pi n f_e/f_s) = \\ &\quad x_0(n)\cos(2\pi n L_0/N) - jx_0(n)\sin(2\pi n L_0/N) \end{aligned} \quad (5-2-5)$$

式中:采样频率为 $f_s = N\Delta f$;谱线间隔为 Δf;$L_0 = f_e/\Delta f$ 是 f_e 在原频谱中的谱线索引号。

根据 DFT 的频率位移性质(参看 1.3 节中 DFT 的位移特性),$x(n)$ 的离散频谱 $X(k)$ 和 $x_0(n)$ 的离散频谱 $X_0(k)$ 应有关系式为

$$X(k) = X_0(k + L_0) \quad (5-2-6)$$

式(5-2-6)表明复调制使 $x_0(n)$ 的频率成分 f_e 移到 $x(n)$ 频谱的零频点,也就是说 $X_0(k)$ 中的第 L_0 条谱线移到 $X(k)$ 中零频谱线的地方。为了得到 $X(k)$ 零点附近的部分细化频谱,可用重采样的方法把采样率降低到 f_s/D。为了使重采样后的频谱不发生混叠,必须在重采样前进行低通滤波。

2. 低通数字滤波

要保证重新采样后的信号不发生频谱混叠,就必须进行抗混叠滤波,滤出所需分析的频段信号,因此我们必须对低通数字滤波器给予相应的限制条件,设频率细化倍数为 D,则低通滤波器的截止频率 $f_c = f_s/2D$,此时滤波器输出的频率响应为

$$Y(k) = X(k)H(k) = X_0(k+L_0)H(k), \quad k = 0,1,\cdots,\frac{N}{2}-1,\cdots N-1 \quad (5-2-7)$$

式中:$H(k)$ 为理想低通滤波器的频率响应。滤波器的输出为

$$y(n) = \frac{1}{N}\sum_{k=0}^{N-1} Y(k) W_N^{-nk} = \frac{1}{N}\sum_{k=0}^{N-1} X(k) H(n) W_N^{-nk} \quad (5-2-8)$$

3. 重采样

信号被移频和低通滤波后,分析信号频带变窄,因而可以按较低的采样频率 $f_s' = f_s/D$ 进行重采样,f_s' 降为原采样频率的 $1/D$,即对原采样点每隔 D 点再抽样一次(采样的间隔为

$D\Delta t$),我们能够得到时域信号表达式为 $g(m) = y(Dm)$。

根据式(5-2-1)、式(5-2-6)、式(5-2-7)可得

$$g(m) = \frac{1}{N}\left[\sum_{p=0}^{N/2-1} X_0(p+L_0)W^{-pm} + \sum_{p=N/2}^{N-1} X_0(p-N+L_0)W^{-pm}\right] \quad (5-2-9)$$

这里要注意,为了使重采样后数据长度还是 N 个点,原始数据长度至少为 $N*D$ 个点。

4. 复 FFT 处理

对重采样后的 N 点复序列进行复 FFT 处理,即可得到 N 条谱线,其频率分辨率为 $\Delta f' = f'_s/N = f_s/(ND) = \Delta f/D$,即分辨率提高了 D 倍。利用 DFT 公式,我们可以得到 $g(m)$ 的频谱函数为

$$G(k) = \sum_{m=0}^{N-1} g(m) W_N^{mk} = \begin{cases} \dfrac{1}{D} X_0(k+L_0), & k = 0, 1, \cdots, \dfrac{N}{2} - 1 \\ \dfrac{1}{D} X_0(k+L_0-N), & k = \dfrac{N}{2}, \dfrac{N}{2}+1, \cdots, N-1 \end{cases} \quad (5-2-10)$$

5. 频率调整

将上述谱线移至实际频率处即得到细化后的频段,则有

$$X_0(k) = \begin{cases} DG(k-L_0), & k = L_0, L_0+1, \cdots, L_0 + \dfrac{N}{2} - 1 \\ DG(k-L_0+N), & k = L_0 - \dfrac{N}{2}, \cdots, L_0 - 1 \end{cases} \quad (5-2-11)$$

同样以 N 点进行 FFT 分析,通过以上 5 个步骤分析可知,直接 FFT 后频率分辨率为 $\Delta f = f_s/N$,而细化方法所获得的分辨率为 $\Delta f = f_s/(ND)$,频率分辨率提高 D 倍,所以把 D 称为细化倍数。

5.2.2 复解析带通滤波器的复调制频谱细化分析方法[5-6]

1. 经典复调制频谱细化分析方法存在的问题

经典复调制频谱细化分析方法存在以下几个问题:

① 需要存放中间数据的内存空间巨大,限制了最大细化倍数。当把数据细化 1 000 倍,FFT 长度为 1 024 时,至少需要 1 000×1 024×2 点的内存空间存放中间数据,占用内存巨大,由此限制了最大细化倍数。

② 低通滤波器特性限制了精度和最大细化倍数。实际的低通滤波器都有过渡带,当细化倍数越大时,过渡带的宽度对滤波精度影响越大,从而使选带分析两端的分析精度大为降低,且产生频率混叠现象。当细化倍数达到一定值时,整个选带分析频带都会产生很大的分析误差,这种方法实际上已不能实现,特别是采用软件实现时更是如此。

③ 计算量较大。在上述流程中低通滤波和重抽样是一起完成的,即先确定重采样点,只对重采样点进行低通抗混滤波。但是必须对所有分析点进行移频处理,当重采样倍数很大时,这一步的计算量是相当大的。

④ 频率成分调整较复杂。将 FFT 和谱分析得到的频率成分调整到所选频带的频率成分是较复杂的过程,特别是为了避免低通抗混滤波器的边缘误差造成的频率混叠,进行 1 024 点

谱分析时只显示中心频带的 400 条谱线,这个过程就更复杂了。

2. FIR 非递归复解析带通滤波器及其特点

带通滤波器的理想幅频特性如图 5-2-2 所示,其中 π 对应于采样频率的一半,其脉冲响应为

$$h(k) = \frac{1}{2\pi}\left(\int_{-\omega_2}^{-\omega_1} e^{-jk\omega}d\omega + \int_{\omega_1}^{\omega_2} e^{-jk\omega}d\omega\right) = \frac{\sin(k\omega_2)}{k\pi} - \frac{\sin(k\omega_1)}{k\pi} \quad (5-2-12)$$

式中:$|\omega_2| > |\omega_1|$ 且 $k = -M, -M-1, \cdots, -1, 0, 1, \cdots, M$;$\omega_2$ 为按采样频率归一化后的通带上限频率;ω_1 为通带下限频率;M 为滤波器半阶数。

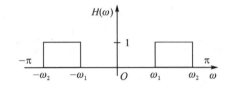

图 5-2-2 带通滤波器的理想幅频特性

带通滤波器有如下两个特点:
① $h(k)$ 为一实数序列。
② 在负频率段 $[-\omega_2, -\omega_1]$ 的信号没有被滤掉。

解析滤波器的理想幅频特性如图 5-2-3(a)所示,其中 π 对应采样频率的一半,通带宽为 $\omega_2 - \omega_1$,ω_e 为带通的中心频率,由于没有负频率部分,令其正频率带通部分的幅值为 2。为了得到如图 5-2-3(a)所示的解析带通滤波器,需要先设计一个实低通滤波器,其幅频特性如图 5-2-3(b)所示,其中低通滤波器的截止频率为

$$\omega_0 = (\omega_2 - \omega_1)/2 \quad (5-2-13)$$

其脉冲响应函数为

$$h_1(k) = \frac{1}{2\pi}\int_{-\omega_0}^{\omega_0} e^{-jk\omega}d\omega = \frac{2\sin(k\omega_0)}{k\pi} \quad (5-2-14)$$

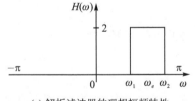
(a) 解析滤波器的理想幅频特性

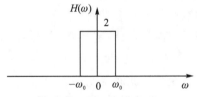
(b) 移频前滤波器的幅频特性

图 5-2-3 解析滤波器位移前、后的幅频特性

对低通滤波器进行复移频,将其通带的中心由 0 移至 ω_e,即可得到图 5-2-3(a)所示的解析滤波器,其脉冲响应为

$$h^0(k) = h_1(k)e^{-jk\omega_e} = h_1(k)[\cos(k\omega_e) + j\sin(k\omega_e)] \quad (5-2-15)$$

显然,$h^0(k)$ 为复数,具有实部和虚部,其中:
实部为

$$h_R^0(k) = \frac{2}{\pi k}\sin(k\omega_0)\cos(k\omega_e) \quad (5-2-16a)$$

虚部为

$$h_I^0(k) = \frac{2}{\pi k}\sin(k\omega_0)\sin(k\omega_e) \qquad (5-2-16b)$$

式中：复移频量 ω_e 为

$$\omega_e = (\omega_2 + \omega_1)/2 \qquad (5-2-17)$$

根据时域相乘对应于频域卷积的原理，实部 h_R^0 的傅里叶变换如图 5-2-4(a)所示，是一实数，虚部为 0；虚部 h_I^0 的傅里叶变换如图 5-2-4(b)所示，是一个纯虚函数，实部为 0。

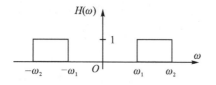
(a) 复解析带通滤波器实部的幅频特性

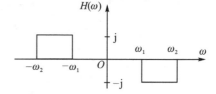
(b) 复解析带通滤波器虚部的幅频特性

图 5-2-4　复解析带通滤波器实部和虚部的幅频特性

将 ω_0 和 ω_e 代入式(5-2-16a)和式(5-2-16b)，得

$$h_R^0(k) = \frac{2}{\pi k}\sin\left(k\frac{\omega_2 - \omega_1}{2}\right)\cos\left(k\frac{\omega_2 + \omega_1}{2}\right) =$$
$$\frac{1}{\pi k}[\sin(k\omega_2) - \sin(k\omega_1)] \qquad (5-2-18a)$$

$$h_I^0(k) = \frac{2}{\pi k}\sin\left(k\frac{\omega_2 - \omega_1}{2}\right)\sin\left(k\frac{\omega_2 + \omega_1}{2}\right) = \frac{1}{\pi k}[\cos(k\omega_1) - \cos(k\omega_2)] \qquad (5-2-18b)$$

复解析滤波器实部为偶对称，虚部为奇对称，实际使用时只计算一半序列即可，通常需加一半的汉宁窗或其他窗函数以改善通带的平坦度和阻带衰减的波纹效应。

这种滤波器有以下特点：
① 脉冲响应是一复数序列。
② 为解析滤波器，负频率部分(或当 ω_e 为负值时的正频率部分)为 0。
③ $h_R^0(\omega)$ 与 $h_I^0(\omega)$ 在时域有 $90°$ 相移。
④ 实部就是带通滤波器 $h_R^0(k) = h(k)$。

因为这种滤波器的脉冲响应是复数，其傅里叶变换是一解析带通，故称为复解析带通滤波器。

由于通常要加窗函数，所以设计出的滤波器不同于图 5-2-4 所示的理想带通滤波器，而有过渡带。为了使带通滤波器能达到较好的滤波效果，必须适当地外扩滤波器的频带，以及增加滤波器的半阶数 M。在本章参考文献[5-6]中给出的关系为

$$M = \frac{4D}{a} \qquad (5-2-19)$$

其中 a 称为外扩系数。a 值在 0~1 之间，且 a 值越小，M 值就越大。

3. 复解析带通滤波器的复调制细化谱分析原理和方法

设信号的采样频率为 f_s，原样本信号采样后为 $x_0(n)$，需要细化的频带为 $(f_1 \sim f_2)$，细化

以后用 $N/2$ 条独立谱线表示频带 $(f_1 \sim f_2)$。

在细化倍数为 D 的情形下,因为只要 $N/2$ 条独立谱线,所以复解析带通滤波器的宽度为 $f_s/(2D)$。在复解析带通滤波器滤波后每隔 D 点抽取一点,并移频后做 N 点谱分析。具体方法和步骤如下(如图 5-2-5 所示):

① 确定中心频率及细化倍数。将频带 $(f_1 \sim f_2)$ 拓宽一倍,为 $(f_1' \sim f_2')$(以对应 N 条谱线),欲细化频段的中心频率 f_e(见图 5-2-5 中的 $B-B$)为

$$f_e = \frac{f_1 + f_2}{2} \tag{5-2-20}$$

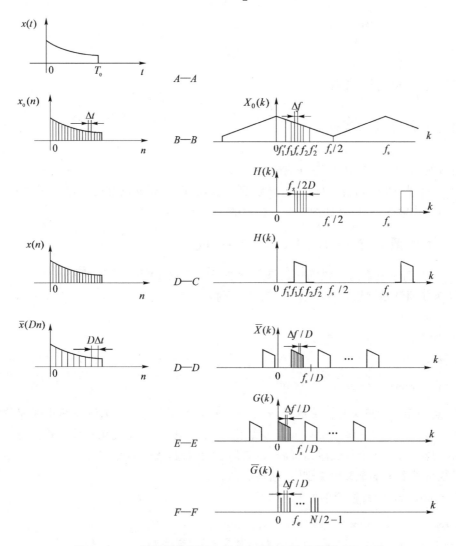

图 5-2-5 复解析带通滤波器的复调制细化谱的原理和步骤

重采样后的采样频率为 f_s/D,对应的频带区间为 $[-f_s/(2D), f_s/(2D)]$,将要求该频率区间的一半是对应所需细化的区间 $[f_1, f_2]$,所以细化倍数为

$$D = \frac{f_s}{2(f_2 - f_1)} \tag{5-2-21}$$

② 构造一个复解析带通滤波器(参见本小节"2. FIR 非递归复解析带通滤波器及其特

点”)。只用 $N/2$ 条谱线反映频带($f_1 \sim f_2$)的频谱,复解析带通滤波器的频带宽度为 $f_s/(2D)$。其频谱如图 5-2-5 中的 C—C 所示。

③ 重采样滤波。用复解析带通滤波器 $h^0(n)$ 对样本信号 $x_0(n)$ 滤波得复信号 $x(n)$,重采样比为 D,每隔 D 点抽取一点,重采样后输出 N 点,FFT 运算点数也为 N 点。设重采样后的复信号为 $\bar{x}(n)$,重采样后的频谱如图 5-2-5 中的 D—D 所示。

④ 复调制移频。对重采样后的 $\bar{x}(n)$ 进行复调制移频,将细化的起始频率移到零频点。移频量 $\bar{\omega}_1$ 为

$$\bar{\omega}_1 = D\omega_1 \tag{5-2-22}$$

重采样后归一化的角频率为

$$\bar{\omega}_1 = \frac{2\pi D f_1}{f_s} \tag{5-2-23}$$

由移频量 $\bar{\omega}_1$ 得到复调制信号

$$s(n) = e^{-j\bar{\omega}_1 D n} \tag{5-2-24}$$

复调制移频后的复信号为

$$g(n) = \bar{x}(n)s(n), \quad n = 0,1,\cdots,N-1 \tag{5-2-25}$$

其频谱如图 5-2-5 中的 E—E 所示。

⑤ 做 $N/2$ 点 FFT 和谱分析,取正频率部分,不需进行频率调整就可以得到具有 $N/2$ 条独立谱线的细化频谱,其频谱如图 5-2-5 中的 F—F 所示。

5.2.3 细化频谱分析的 MATLAB 函数

MATLAB 自身并没有提供细化频谱分析的函数,都是由第三方提供的。

1. 经典复调制频谱细化分析的 MATLAB 函数

名称:exzfft_ma

功能:复调制频谱细化分析

调用格式:

[y,freq] = exzfft_ma(x,fe,fs,nfft,D)

说明:其中输入变量 x 是被测信号,x 的长度要大于等于 nfft*D,fe 是细化区间的中心频率(见式(5-2-3)),fs 是采样频率,nfft 是细化 FFT 的长度,D 是细化倍数。输出变量 y 是细化 FFT 后的输出,是一个复数序列;freq 是细化 FFT 后的频率刻度。

本函数是参考了本章参考文献[7]编写成的。

函数 exzfft_ma 的程序清单如下:

```
function [y,freq,c] = exzfft_ma(x,fe,fs,nfft,D)
nt = length(x);                    % 计算读入数据长度
fi = fe - fs/D/2;                  % 计算细化截止频率下限
fa = fi + fs/D;                    % 计算细化截止频率上限
na = round(0.5 * nt/D + 1);        % 确定低通滤波器截止频率对应的谱线条数
% 频移
n = 0:nt-1;                        % 序列索引号
b = n * pi * (fi + fa)/fs;         % 设置单位旋转因子
```

```
y = x .* exp(-1i*b);              % 进行频移
b = fft(y,nt);                    % FFT
% 低通滤波和下采样
a(1:na) = b(1:na);                % 取正频率部分的低频成分
a(nt-na+2:nt) = b(nt-na+2:nt);    % 取负频率部分的低频成分
b = ifft(a,nt);                   % IFFT
c = b(1:D:nt);                    % 下采样
% 求细化频谱
y = fft(c,nfft)*2/nfft;           % 再一次 FFT
y = fftshift(y);                  % 重新排列
freq = fi+(0:nfft-1)*fs/D/nfft;   % 频率设置
```

2. 复解析滤波器复调制频谱细化分析的 MATLAB 函数

名称：zoomffta

功能：复解析滤波器复调制频谱细化分析

调用格式：

[xz,fz] = zoomffta(x,fs,N,fe,D,a)

说明：本函数取自 Matlabsky 论坛上 dynamic 提供的 zoomFFT 函数。函数的输入变量 x 是被测信号，x 的长度要大于等于 N*D+2*M，fs 是采样频率，N 是细化频谱 FFT 分析的长度，fe 是细化频带的中心频率，D 是细化倍数，a 是外扩系数（按式(5-2-19)，a 值决定了滤波器半阶数 M）。输入变量 xz 是细化频谱，fz 是细化频谱对应的频率。

函数 zoomffta 的程序清单如下：

```
function [xz,fz] = zoomffta(x,fs,N,fe,D,a)
M = round(4*D/a);                 % 滤波器半阶数
k = 1:M;
w = 0.5+0.5*cos(pi*k/M);          % 汉宁窗(半窗)
% 求取理想带通滤波器上、下界；
fl = max(fe-fs/(4*D),-fs/2);
fh = min(fe+fs/(4*D),fs/2);
% 求取扩展带通滤波器上下界；
hfl = fl-(fh-fl)*a/2;
hfh = fh+(fh-fl)*a/2;
% 构造扩展带通滤波器；
wl = 2*pi*hfl/fs;
wh = 2*pi*hfh/fs;                 % hfl 和 hfh 归一化角频率
hr(1) = (wh-wl)/pi;               % 按式(5-2-18a)计算复解析带通滤波器实部
hr(2:M+1) = (sin(wh*k)-sin(wl*k))./(pi*k).*w;
hi(1) = 0;                        % 按式(5-2-18a)计算复解析带通滤波器虚部
hi(2:M+1) = (cos(wl*k)-cos(wh*k))./(pi*k).*w;
% 重采样和滤波
for k = 1:N
    kk = (k-1)*D+M;
    xrz(k) = x(kk+1)*hr(1)+sum(hr(2:M+1).*(x(kk+2:kk+M+1)+x(kk:-1:kk-M+1)));
```

```
        xiz(k) = x(kk+1) * hi(1) + sum(hi(2:M+1).*(-x(kk+2:kk+M+1) + x(kk:-1:kk-M+1)));
    end
    % 移频,把f1移到0频
    yf = D * f1/fs;                           % 移频量
    xz = (xrz + 1j * xiz).*exp(-1j * 2 * pi * (0:N-1) * yf);   % 移频
    xz = fft(xz);                             % FFT
    xz = xz(1:N/2)/N;                         % 取细化复数谱
    fz = (0:N/2-1) * fs/N/D + f1;             % 计算细化谱对应的频率
```

5.2.4 案例 5.4：在函数 exzfft_ma 中频率刻度是如何计算的

1. 概　述

在细化频谱计算中要进行移频-低通滤波-FFT 变换等,在细化频谱中怎么把频率与原始信号中的频率 $f_1 \sim f_2$ 或 $f_1' \sim f_2'$ 对应。在本小节中将介绍它们的对应关系。

2. 理论基础

设有信号 $x(n)$,采样频率为 f_s,进行 N 点的 FFT 变换,按 DFT 的变换公式有

$$X(k) = \sum_{n=0}^{N-1} x(n) \mathrm{e}^{-\mathrm{j}2\pi kn/N} \qquad (5-2-26)$$

其中 $k=0,1,\cdots,N-1$。此时频率间隔为 $\Delta f = f_s/N$。在细化分析中要分析 $f_1 \sim f_2$ 的区间,该区间的中心频率为 $f_e = (f_1+f_2)/2$,在细化分析时把频带扩展一倍,扩展后的频带为 $f_1' \sim f_2'$,使 $f_2' - f_1' = 2(f_2-f_1)$。若细化倍数为 D,重采样频率为 f_{s1},则有

$$D = \frac{f_s}{f_{s1}} = \frac{f_s}{f_2' - f_1'} = \frac{f_s}{2(f_2-f_1)} = \frac{f_s}{2B} \qquad (5-2-27)$$

其中 B 表示低通滤波器的频带宽度,有

$$B = f_2 - f_1 = f_{s1}/2 = f_s/2D \qquad (5-2-28)$$

f_1' 和 f_2' 一般是这样设置的：

$$\left.\begin{array}{l} f_1' = f_1 - B/2 = f_e - B \\ f_2' = f_2 + B/2 = f_e + B \end{array}\right\} \qquad (5-2-29)$$

所以有 $f_2' - f_1' = f_2 - f_1 + B = 2(f_2-f_1)$。细化分析后谱线的频率间隔为 f_{s1}/N。

在细化分析作 FFT 后频率的划分也和一般 FFT 一样(假设 N 为偶数),有正频率部分和负频率部分,如图 5-2-6(a)所示。其中表达式(5-2-26)中 $k=0,1,\cdots,N-1$,而 k' 表示 MATLAB 中数组中的索引号,由于 MATLAB 中数组中的索引号 k' 从 1 开始,所以与 k 差 1。

在细化分析移频时把 f_e 移到 0 频率,所以 $k=0$ 的点对应于频率 f_e,而正频率部分对应于 $f_e + \Delta f \sim f_2' - \Delta f$,而负频率部分对应于 $f_1' \sim f_e - \Delta f$(如图 5-2-6(b)所示),$k=N/2$ 的点是对应于频率 f_1'。通过 fftshift 函数把负频率部分移动到左边,这时频率的对应关系如图 5-2-6(c)所示,$k=N/2$ 的点是对应于中心频率 f_e。

所以在函数 exzfft_ms 中频率设置为

$$\mathrm{freq} = f_1' + (0:N-1) * f_{s1}/N$$

3. 实　例

例 5-2-1(pr5_2_1)　设有一振动信号,信号由 6 个不同频率的正弦信号构成,它们的频率分别为[32,50,54,56,59,83],幅值为[10,10,20,20,30,20],初始相角均为 0。设法通过经

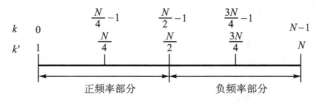

(a) 细化频谱分析后正、负频率的区间

(b) 正、负频率区间对应的频率

(c) fftshift后频率的对应关系

图 5-2-6 细化频谱分析后频率刻度的设置

典的复调制细化 FFT 的方法分离出 50~59 Hz 间的频率成分。程序清单如下：

```
% pr5_2_1
clear all; clc; close all;

N = 640;                              % 数据长度
fs = 200;                             % 采样频率
t = (0:N-1)/fs;                       % 时间刻度
% 构成信号序列
x = 10 * sin(2 * pi * 32 * t) + 10 * sin(2 * pi * 50 * t) + 20 * sin(2 * pi * 54 * t) + ...
    20 * sin(2 * pi * 56 * t) + 30 * sin(2 * pi * 59 * t) + 20 * sin(2 * pi * 83 * t);

nfft = 64;                            % FFT 长度
X = fft(x,nfft);                      % FFT 分析
ff = (0:(nfft/2 - 1)) * fs/nfft;      % 频率刻度
n2 = 1:nfft/2;                        % 正频率索引号
X_abs = abs(X(n2)) * 2/nfft;          % 正频率部分的幅值谱
fe = 55;                              % 中心频率
D = 10;                               % 细化倍数
[y,freq] = exzfft_ma(x,fe,fs,nfft,D); % 细化分析
% 作图
figure(1)
subplot 311; plot(t,x,'k');
```

```
xlabel('时间/s'); ylabel('幅值');
xlim([0 1]); title('时间序列');
subplot 312; plot(ff,X_abs,'k');
xlabel('频率/Hz'); ylabel('幅值');
title('细化分析前频谱'); grid;
subplot 313; plot(freq,abs(y),'k'); grid;
set(gca,'XTickMode','manual','XTick',[50,54,56,59]);
set(gca,'YTickMode','manual','YTick',[10,20,30]);
xlabel('频率/Hz'); ylabel('幅值');
title('细化分析的频谱');
set(gcf,'color','w');
figure(2)
plot(ff,X_abs,'k--');  hold on
xlabel('频率/Hz'); ylabel('幅值');
plot(freq,abs(y),'k'); grid; ylim([0 32]);
legend('细化分析前的频谱','细化分析的频',2)
title('细化分析前的频谱与细化分析频谱的对照');
set(gca,'XTickMode','manual','XTick',[32,50,54,56,59,83]);
set(gca,'YTickMode','manual','YTick',[10,20,30]);
set(gcf,'color','w');
```

运行程序 pr5_2_1 后得图 5-2-7 和图 5-2-8。在图 5-2-7 中画出了细化分析前 FFT 的结果,可以看到 50～59 Hz 的 4 条谱线重合在一起,区分不了;而细化分析后 4 条谱线清晰可见。

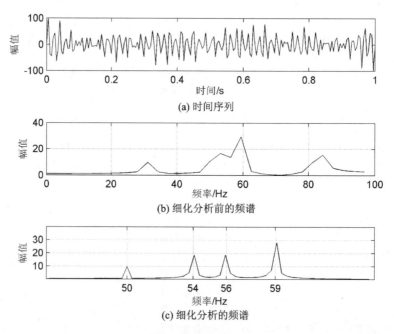

图 5-2-7 细化分析前的频谱和细化分析后的频谱

在图 5-2-8 中把细化分析前后的频谱重叠在一起,可看出细化分析的效果。从图中可看出用函数 exzfft_ma 输出参数 freq 来作图,给出了正确的频率刻度。

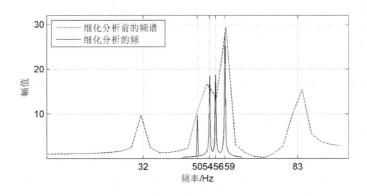

图 5-2-8 细化分析前、后的频谱重叠在一起比对

5.2.5 案例 5.5：如何利用细化频谱提取间谐波的频率

1. 概 述

当今在电网中，电力电子器件的大量应用导致了电力系统波形越来越复杂，谐波成分含量显著增加，然后这些产生的电压电流畸变对电网和用户设备的安全运行产生了很大影响，治理谐波也是目前需要解决的问题。电力系统中谐波及间谐波越来越丰富，很多工况下产生了大量密集的频率成分，常用细化频谱分析的方法来检测频率间隔较小的成分的检测和分析。

2. 实 例

例 5-2-2(pr5_2_2) 一组电力系统工频信号由 7 个不同频率的正弦信号构成，它们的频率为[50,150,496,498,500,502,505]，幅值为[220,35,1,1,1,1,1]，初始相角均为 0。设法通过复解析滤波复调制细化 FFT 的方法分离出 496～550 Hz 部分的频率成分。

程序 pr5_2_2 清单如下：

```
% pr5_2_2
clear all; clc; close all;

fs = 2048;                                  % 采样频率
nfft = 1024;                                % FFT 变换长度
fk = [50 150 496 498 500 502 505];          % 频率矩阵
A = [220 35 1 1 1 1 1];                     % 幅值矩阵
D = 100;                                    % 细化倍数
a = 0.3;                                    % 外扩系数
L = nfft * D + round(8 * D/a);              % 数据长度
t = (0:L-1)/fs;                             % 时间刻度
x = zeros(1,L);                             % 初始化
for k = 1 : 7                               % 构成信号
    x = x + A(k) * cos(2 * pi * fk(k) * t);
end
fe = 500;                                   % 细化区间中心频率
[xz,f] = zoomffta(x,fs,nfft,fe,D,a);        % 复解析滤波器复调制细化分析
% 作图
```

```
subplot 211; plot(t,x,'k'); xlim([0 0.5]);
xlabel('时间/s'); ylabel('幅值')
title('信号时域波形');
subplot 212; plot(f,abs(xz),'k','linewidth',1.5);
set(gca,'XTickMode','manual','XTick',[495,496,498,500,502,504,505,506]);
grid; ylim([0 1.2]);
xlabel('频率/Hz'); ylabel('幅值')
title('密集间谐波的分析');
set(gcf,'color','w');
```

说明：在程序中设置了外扩系数 a＝0.3，调用 zoomffta 函数进行复解析滤波复调制细化 FFT 分析。

运行程序 pr5_2_2 后得图 5-2-9，从图中可以清楚地看到检测到间谐波的各分量，频率分别为 496 Hz、498 Hz、500 Hz、502 Hz、505 Hz，幅值都为 1。这与理论上的设置完全相符。

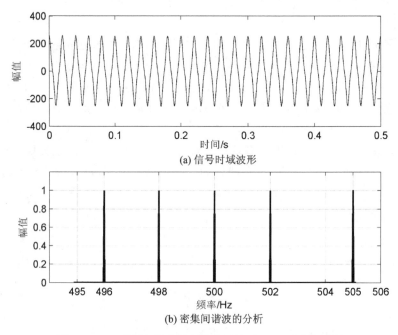

(a) 信号时域波形

(b) 密集间谐波的分析

图 5-2-9　通过复解析滤波复调制细化 FFT 分析间谐波

5.3　线性调频 Z 变换(CZT)

5.3.1　线性调频 Z 变换的原理[8]

在第 1 章中，已知有限长序列 $x(n)$ 的 Z 变换为

$$X(z) = \sum_{n=0}^{N-1} x(n) z^{-n}$$

由式(1-1-7)中可知 $z = e^{sT_s} = e^{(\sigma+j\Omega)T_s} = e^{\sigma T_s} \cdot e^{j\Omega T_s} = A e^{j\Omega T_s}$，$s$ 为拉普拉斯变量，$A = e^{\sigma T_s}$ 为实数，$\omega = \Omega T_s$，为一角度(角频率)，现在对上式 z 的表示进行修改，令

$$z_r = AW^{-r} \quad (5-3-1)$$

式中设

$$A = A_0 e^{j\vartheta_0}, \quad W = W_0 e^{-j\varphi_0} \quad (5-3-2a)$$

则

$$z_r = A_0 e^{j\vartheta_0} W_0^{-r} e^{j\varphi_0 r} \quad (5-3-2b)$$

A_0、W_0 为任意的正实数,给定 A_0、W_0、ϑ_0、φ_0。当 $r=0,1,\cdots,\infty$ 时,可以得到 z 平面上的一个个点 $z_0,z_1,\cdots,z_\infty$,取这些点上的 Z 变换有

$$X(z_r) = \text{CZT}[x(n)] = \sum_{n=0}^{\infty} x(n)z_r^{-n} = \sum_{n=0}^{\infty} x(n)A^{-n}W^{nr} \quad (5-3-3)$$

这就是线性调频 Z 变换(CZT)的定义。现在需要了解 A_0、W_0、ϑ_0、φ_0 各量的含义。

由式(5-3-2b)可知,当 $r=0$ 时,$z_0 = A_0 e^{j\vartheta_0}$,该点在 z 平面上的幅度为 A_0,幅角为 ϑ_0,是 CZT 的起点(如图 5-3-1 所示)。

当 $r=1$ 时,$z_1 = A_0 W_0^{-1} e^{j(\vartheta_0+\varphi_0)}$,$z_1$ 点的幅度变为 $A_0 W_0^{-1}$,角度在 ϑ_0 的基础上有增量 φ_0。不难想象,随着 r 的变化,点 $z_0,z_1,z_2,\cdots$ 构成了 CZT 变换的路径。因此,对第 $M-1$ 点 z_{M-1},该点的极坐标应该是

$$z_{M-1} = A_0 e^{j\vartheta_0} W_0^{-(M-1)} e^{j(M-1)\varphi_0} \quad (5-3-4)$$

这样,CZT 在 Z 平面上的变换路径是一条螺旋线,且:

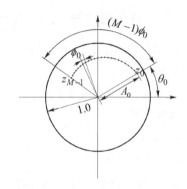

图 5-3-1 CZT 的变换路径

① 当 $A_0 > 1$ 时,螺旋线在单位圆外;反之,在单位圆内。

② 当 $W_0 > 1$ 时,以 $A_0 W_0^{-1} < A_0$,螺旋线内旋;反之,螺旋线外旋。

③ 当 $A_0 = W_0 = 1$ 时,CZT 的变换路径为单位圆上的一段圆弧,起于 z_0 点,止于 z_{M-1} 点,z_0 和 z_{M-1} 之间共有 M 个点,但不一定等于数据的点数 N。

④ 当 $A_0 = W_0 = 1, \vartheta_0 = 0, M = N$ 时,CZT 变成了普通的 DFT。

因为我们希望得到的是信号的频谱分析,故应在单位圆上去实现 CZT,A_0 和 W_0 都应取 1,$x(n)$ 的长度假定为 $n=0,1,\cdots,N-1$,变换的长度 $r=0,1,\cdots,M-1$,即

$$X(z_r) = \sum_{n=0}^{N-1} x(n) A^{-n} W^{nr} \quad (5-3-5)$$

由于 $nr = \dfrac{r^2+n^2-(r-n)^2}{2}$,所以式(5-3-5)又可写成

$$X(z_r) = \sum_{n=0}^{N-1} x(n) A^{-n} W^{r^2/2} W^{n^2/2} W^{-(r-n)^2/2} \quad (5-3-6)$$

设

$$g(n) = x(n) A^{-n} W^{n^2/2} \quad (5-3-7)$$

$$h(n) = W^{-n^2/2} \quad (5-3-8)$$

则

$$X(z_r) = W^{r^2/2} \sum g(n) h(r-n) = W^{r^2/2} [g(r) * h(r)] = W^{r^2/2} y(r) \quad (5-3-9)$$

$$y(r) = g(r) * h(r) = \sum_{n=0}^{N-1} g(n) W^{-(r-n)^2/2} \quad r = 0, 1, \cdots, M-1 \quad (5\text{-}3\text{-}10)$$

式(5-3-9)的计算可用图 5-3-2 所示的步骤来实现。

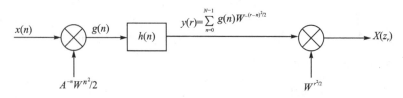

图 5-3-2 CZT 的线性滤波计算步骤

5.3.2 MATLAB 的线性调频 Z 变换函数

在 MATLAB 中自带线性调频 Z 变换函数为 czt,简介如下。

名称:czt

功能:线性调频 Z 变换

调用格式:

y = czt(x)
y = czt(x,m,w,a)

说明:输入变量 x 是待处理的数据序列,长为 N,m 是 CZT 变换后的点数,默认时 m=N,a 和 w 分别为 $A = A_0 e^{j\vartheta_0}$ 和 $W = W_0 e^{-j\varphi_0}$,其中 $A_0 = W_0 = 1$,默认时 $A=1, W = e^{-j2\pi/m}$。

在实际应用中,我们经常是对频率在 f1-f2 的区间作 CZT,所以相应的 a 和 w 分别设置为

a = exp(j*2*pi*f1/fs);
w = exp(-j*2*pi*(f2-f1)/(m*fs));

5.3.3 案例 5.6:CZT 能细化频谱吗

1. 概　述

做 CZT 时在单位圆上取的频率刻度间隔可以小于 DFT 时的频率间隔,这样是否可以细化频谱? 本小节中将要说明只有满足一定的条件才能细化频谱,但不是能无条件地任意细化频谱。

2. 理论基础

在参考文献[9]中,丁康教授等对 ZFFT 和 CZT 都做了深入的研究。该文献指出,只有在单频率成分或者谱线之间相距较远的多频率成分时才可以进行细化分析,而当谱线之间发生严重的干涉现象时,谱峰产生迁移,频率、幅值和相位的误差都很大时想用 CZT 进行细化是不可能的,将会产生很大的误差。该文献给出了一张表(见表 5-3-1),说明在不同的窗函数下 CZT 能细化不产生严重干涉的最小频率间隔。

表 5-3-1 中:Δf_2 是原始的分辨率,即 $\Delta f_2 = f_s/N$;f_s 是采样频率;N 是数据长度。下面通过实例加以说明。

表 5 – 3 – 1　不同窗函数对应的 CZT 不发生比较严重谱线干涉现象的最小频率间隔

窗函数	矩形窗	汉宁窗	海明窗	高斯窗 ($\alpha=3$)	指数窗	Kaiser Bessel 窗 ($\beta=3\pi$)	平顶窗
最小频率间隔	10 个 Δf_2 以上	4 个 Δf_2	4 个 Δf_2	6 个 Δf_2	4 个 Δf_2	6 个 Δf_2	10 个 Δf_2 以上

3. 实 例

例 5 – 3 – 1(pr5_3_1)　设信号由两个正弦信号组成,频率分别为 431.1 Hz 和 433.3 Hz,幅值分别为 3 和 5,采样频率为 2 048 Hz,数据长为 4 096。用 FFT 和 CZT 分别处理该信号并进行比较。程序清单如下：

```
% pr5_3_1
clear all; clc; close all;

fs = 2048;                                          % 采样频率
N = 4096;                                           % 信号长度
df1 = fs/N;                                         % 分辨率
n = 1:N;                                            % 样点索引
t = (n-1)/fs;                                       % 时间序列
f1 = 431.1; f2 = 433.3;                             % 信号频率
s = 3 * cos(2 * pi * f1 * t) + 5 * cos(2 * pi * f2 * t - 0.4);  % 构成信号序列
wind = hanning(N)';                                 % 窗函数
S = abs(fft(s. * wind)) * 4/N;                      % FFT 并求幅值
n1 = 1:N/2;                                         % 正频率部分索引
fre1 = (n1 - 1) * fs/N;                             % FFT 变换后的正频率刻度
[V,K] = findpeaks(S(n1),'minpeakheight',1);         % 寻找 FFT 频谱幅值的峰值并显示
fprintf('%5.2f  %5.2f  %5.2f  %5.2f\n',fre1(K(1)),V(1),fre1(K(2)),V(2))
% CZT
f0 = 428; DELf = 0.01; M = N/4;                     % 设置 CZT 的参数 f0,DELf 和 M
n2 = f0:DELf:f0 + (M-1) * DELf;                     % 设置 CZT 中的频率区间
A = exp(1j * 2 * pi * f0/fs);                       % 按式(5-3-a)计算 A 和 W
W = exp(-1j * 2 * pi * DELf/fs);
G = czt(s. * wind,M,W,A);                           % CZT 变换
GX = abs(G) * 4/N;                                  % 求出 CZT 后的频谱幅值
[V,K] = findpeaks(GX,'minpeakheight',1);            % 寻找 CZT 频谱幅值的峰值并显示
fprintf('%5.2f  %5.2f  %5.2f  %5.2f\n',n2(K(1)),V(1),n2(K(2)),V(2))
% 作图
subplot 211; plot((n1 - 1) * df1,S(n1),'k');
title('FFT 得到的全景幅值谱图 ')
xlabel('频率/Hz'); ylabel('幅值');
grid on; xlim([0 fs/2])

subplot 212; plot(n2,abs(GX),'k');
title('CZT 得到的幅值谱图 ')
```

```
xlabel('频率/Hz'); ylabel('幅值');
grid on; xlim([428 438]); hold on
stem(n2(K(1)),V(1),'k');
stem(n2(K(2)),V(2),'k');
set(gcf,'color','w');
```

说明:在程序中数据长 4 096,但我们在 CZT 中 M 取为 1 024。又设 CZT 开始的位置在 $f_0=428$ Hz 处,终点在 438 Hz 处,频率分辨率为 DELF=0.01。按式(5-3-2a),有 $A=A_0 e^{j\vartheta_0}$,$W=W_0 e^{-j\varphi_0}$,$A_0=W_0=1$,而 $\vartheta_0=2\pi f_0/f_s$,$\varphi_0=2\pi \times \text{DELF}/f_s$。同时在 FFT 分析和细化分析中都加了汉宁窗函数,所以在计算幅值时乘以 $4/N$。

运行程序 pr5_3_1 后给出计算结果为 FFT 变换得到两信号的参数有 f1=431.00,A1=2.91;f2=433.50,A2=4.50。而通过 CZT 得到两信号的参数有 f1=431.10,A1=2.99;f2=433.30,A2=4.99。可见由于 CZT 的细化得到两信号的参数更精确。

运行程序后得图 5-3-3。

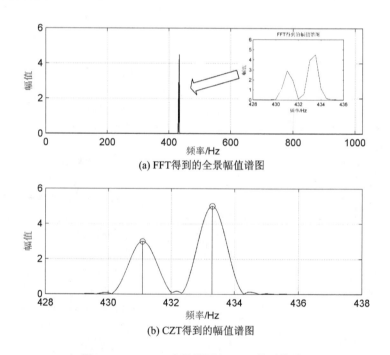

图 5-3-3 FFT 全景谱图和 CZT 得到的谱图

在图 5-3-3(a)中给出了 FFT 变换后的全景谱图,同时在小图中给出了信号的局部谱图。可看到虽然两条谱线是分离的,但是在谱图中没有谱线与信号的频率相重合,所以信号在两条谱线中间,不能给出两正弦信号正确的信息。但在图 5-3-3(b)中经 CZT 的细化分析,给出了正确的信号参数,与理论设置值基本一致。在本例中,信号长度为 4 096,采样频率为 2 048 Hz,$\Delta f_2=f_s/N=0.5$ Hz,而两信号 431.1 Hz 和 433.3 Hz 之间的差值为 2.2 Hz,所以在两信号的频率间隔大于 $4\Delta f_2$,由表 5-3-1 可知在汉宁窗的条件下 $4\Delta f_2$ 使两谱线不发生严重干涉现象,所以通过 CZT 能得到较好的细化结果。从图 5-3-3(b)中还可以看出经 CZT 变换后主瓣宽度变宽,这样使频率分辨率下降,同时能量泄漏增大[10]。

4. 案例延伸

在例 5-3-1 的基础上进行延伸,下面再来观察一个实例:把数据长度变短,又在两正弦信号之间增加一个信号,看 CZT 的结果。

例 5-3-2(pr5_3_2) 设信号由 3 个正弦信号组成,3 正弦信号的频率分别为 431.1 Hz、432.2 Hz 和 433.3 Hz,采样频率为 2 048 Hz,数据长为 1 024。用 FFT、CZT 和 ZFFT 分别处理该信号并进行比较。程序清单如下:

```
% pr5_3_2
clear all; clc; close all;

fs = 2048;                                      % 采样频率
N = 1024;                                       % 信号长度
df1 = fs/N;                                     % 分辨率
n = 1:N;                                        % 样点索引
t = (n-1)/fs;                                   % 时间序列
f1 = 431.1; f2 = 432.2; f3 = 433.3;             % 信号频率
% 构成信号序列
s = 3 * cos(2 * pi * f1 * t) + 4 * cos(2 * pi * f2 * t + 0.2) + 5 * cos(2 * pi * f3 * t + 0.4);
wind = hanning(N)';                             % 窗函数
S = abs(fft(s. * wind)) * 4/N;                  % FFT 并求幅值
n1 = 1:N/2;                                     % 正频率部分
% CZT
f0 = 428; DELf = 0.01; M = N;                   % 设置 CZT 的参数 f0,DELf 和 M
n2 = f0:DELf:f0 + (M-1) * DELf;                 % 设置 CZT 中的频率区间
A = exp(1j * 2 * pi * f0/fs);                   % 设置 A 和 W
W = exp(-1j * 2 * pi * DELf/fs);
G = czt(s. * wind,M,W,A);                       % CZT 变换
GX = abs(G) * 4/N;                              % 求出 CZT 后的频谱幅值
[V,K] = findpeaks(GX,'minpeakheight',1);        % 寻找 CZT 频谱幅值的峰值并显示
ml = length(K);
for k = 1 : ml
    fprintf('%5.2f   %5.2f\n',n2(K(k)),V(k));
end
% ZFFT
D = 20; a = 0.3;                                % 设置 ZFFT 的细化倍数和外扩系数
M = round(4 * D/a);                             % 计算滤波器半长 M
L = 20480 + 2 * M;                              % 求出数据长度
n = 1:L;                                        % 样点索引
t = (n-1)/fs;                                   % 时间序列
% 构成信号序列
s = 3 * cos(2 * pi * f1 * t) + 4 * cos(2 * pi * f2 * t + 0.2) + 5 * cos(2 * pi * f3 * t + 0.4);
fe = 432;                                       % 中心频率
[y,freq] = zoomffta(s,fs,N,fe,D,a);             % ZFFT
[V,K] = findpeaks(abs(y),'minpeakheight',1);    % 寻找 ZFFT 频谱幅值的峰值并显示
ml = length(K);
```

```
for k = 1 : m1
    fprintf('%5.2f  %5.2f\n',freq(K(k)),V(k));
end
% 作图
subplot 211; plot((n1 - 1) * df1,S(n1),'k');
title('FFT 得到的全景幅值谱图')
xlabel('频率/Hz'); ylabel('幅值');
grid on; xlim([0 fs/2])
subplot 212; plot(n2,abs(GX),'k:',freq,abs(y),'k');
title('CZT 和 ZFFT 得到的幅值谱图')
xlabel('频率/Hz'); ylabel('幅值');
grid on; xlim([428 438]); hold on
set(gcf,'color','w');
```

说明：在 CZT 中的设置与例 5-3-1 相同，M 取为 1 024，从 428～438 Hz 之间以 1 024 点进行细化分析，同时在 FFT 分析和细化分析中都加了汉宁窗函数。在 ZFFT 是用复解析滤波复调制细化 FFT 方法的函数 zoomffta，其中参数取 D=20，a=0.3。输入数据长度为 210 140。

运行 pr5_3_2 后得到 CZT 对 3 个信号只得到 2 个信号的参数，有 f1=430.18，A1=1.98；f2=433.79，A2=3.85，这些值与理论设置值的偏差很大，同时完全没有检测出 432.2 的信号。而通过 ZFFT，用了细化倍数 D=20，得到 3 个信号的参数为 f1=431.10，A1=3.00；f2=432.20，A2=4.00；f3=433.30，A3=5.00。

运行程序 pr5_3_2 后得图 5-3-4。

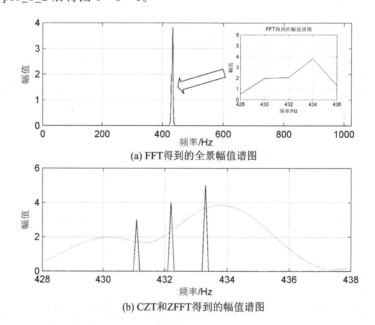

图 5-3-4　FFT 全景谱图及 CZT 和 ZFFT 得到的谱图

在图 5-3-4(a)中给出了 FFT 变换后的全景谱图，同时在小图中给出了信号的局部谱图。可看到 3 条谱线是黏合在一起完全没有分离的，无法给出 3 条正弦信号的信息。但在

图 5-3-3(b)中虚线是 CZT 的细化分析结果,只给出两个峰值,一样无法给出相应的频率和幅值,虽然我们在 CZT 变换中设置了频率的间隔为 0.01 Hz,但一样给不出正确的结果。由于这 3 个信号两两之间的频率间隔小于 $4\Delta f_2$,从表 5-3-1 中知道这 3 个信号在频谱上是严重干涉,所以即使通过 CZT 细化还是无法将它们分离。而 ZFFT 得到的谱线可以明显看到 3 个峰值,计算结果也完全符合初始设置。

在文献[9]中指出,虽然我们也把 CZT 说成是细化分析,但 CZT 和 ZFFT 本质是不同的,ZFFT 是把发生干涉的频率成分先拉开再细化,而 CZT 只是对分析频带的局部放大。因此,对于发生严重干涉现象的频率成分的分离能力是有很大差别的:ZFFT 经增大细化倍数、滤波和重抽样后能分离出不同频率成分;而 CZT 对谱峰重叠一起时是无法分离的。这告诉我们,在使用 CZT 时需要特别注意(同时也应注意到使用 CZT 和 ZFFT 时原始数据长度是不同的)。

5.4 Goertzel 算法

5.4.1 Goertzel 算法简介[11]

Goertzel 算法是一种计算 DFT 的优秀算法,它充分利用了以下性质:

$$W_N^{-kN} = e^{j2\pi kN/N} = e^{j2\pi k} = 1 \qquad (5-4-1)$$

由于

$$X(k) = \sum_{n=0}^{N-1} x(n) W_N^{kn} \qquad 0 \leqslant k \leqslant N-1 \qquad (5-4-2)$$

可得

$$X(k) = W_N^{-kN} \sum_{n=0}^{N-1} x(n) W_N^{kn} = \sum_{n=0}^{N-1} x(n) W_N^{k(N-n)} = x(n) * W_N^{kn} \qquad (5-4-3)$$

这实际上把 $X(k)$ 表示成了两个序列的卷积,这两个序列分别为

$$x_e(n) = \begin{cases} x(n), & 0 \leqslant n \leqslant N-1 \\ 0, & \text{其他} \end{cases} \qquad (5-4-4)$$

$$h_k(n) = \begin{cases} W_N^{-kn}, & n \geqslant 0 \\ 0, & n < 0 \end{cases} \qquad (5-4-5)$$

定义

$$y_k(n) = \sum_{l=0}^{N-1} x(l) W_N^{-k(n-l)} = x_e(n) * h_k(n) \qquad (5-4-6)$$

由 Z 变换的知识可知,两个序列时域相卷积等于频域相乘。设 $x_e(n)$ 的 Z 变换为 $X_e(z)$,$y_k(n)$ 的 Z 变换为 $Y_k(z)$,$h_k(n)$ 的 Z 变换为 $H_k(z)$,从式(5-4-5)可以得到

$$H_k(z) = \frac{1}{1-W_N^{-k}z^{-1}} \qquad (5-4-7)$$

所以

$$Y_k(z) = \frac{X_e(z)}{1-W_N^{-k}z^{-1}} \qquad (5-4-8)$$

从式(5-4-6)和式(5-4-8)可看到，$x_e(n)$ 和 $h_k(n)$ 的卷积得到新序列 $y_k(n)$，这也就意味着令 $x_e(n)$ 通过一个传递函数为 $H_k(z)=\dfrac{1}{1-W_N^{-k}z^{-1}}$ 的滤波器后得到 $y_k(n)$，滤波器的结构图（如图 5-4-1 所示）。

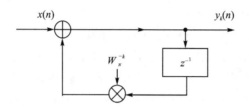

图 5-4-1　传递函数为 $H_k(z)$ 滤波器结构图

进一步观察 $y_k(n)$。当 $n=N$ 时，由式(5-4-6)可导出

$$y_k(N)=\sum_{l=0}^{N-1}x(l)W_N^{-k(N-l)}=X(k)=\sum_{n=0}^{N-1}x(n)W_N^{kn} \qquad (5-4-9)$$

即为 $x(n)$ 的 DFT，这就意味着这个滤波器的第 N 个输出就是所要求的 $X(k)$。同时可以发现，改变 W_N^{-k} 中 k 的值就可以得到另一个 $X(k)$，这样得到 $x(n)$ DFT 中的不同谱线。这就是 Goertzel 算法。

由式(5-4-7)表示的滤波器可得到如下关系式：

$$y_k(n)=x_e(n)+W_N^{-k}y_k(n-1) \qquad (5-4-10)$$

通过 Goertzel 算法运算，每算一次 $X(k)$ 需要进行 N 次复数相乘和 $N-1$ 次复数相加，总的运算量与 DFT 相比并没有减小。那么 Goertzel 算法的优势何在？

由式(5-4-2)的 DFT 计算可知，每次运算都需要把 0 到 $N-1$ 个点全部得到后才能开始运算，如果 $x(n)$ 没有采集完毕是不能开始运算的，因此 DSP 必须等待采样 N 个数据的过程完成后再开始运算，浪费了等待时间。

Goertzel 算法的优势在于每采入一个 $x(n)$ 就可以得到一个 $y_k(n)$，因此采样和计算可以同时进行，并行处理的优势使得 DSP 无需等待，从而大大提高了速度。同时我们注意到在 DFT 运算时计算出 N 条谱线的值，如果只需要其中一条或数条谱线，则 N 条谱线中，大部分谱线的计算都是被浪费掉的；而 Goertzel 算法可以指定某条线谱线来计算，不需要计算 N 条谱线的值，这也能提高运算的速度。

在式(5-4-7)中，用因子 $(1-W_N^k z^{-1})$ 乘以 $H_k(z)$ 的分子和分母，可得

$$H_k(z)=\dfrac{1-W_N^k z^{-1}}{(1-W_N^{-k}z^{-1})(1-W_N^k z^{-1})}=\dfrac{1-W_N^k z^{-1}}{1-2\cos(2\pi k/N)z^{-1}+z^{-2}} \qquad (5-4-11)$$

相应的滤波器的结构图如图 5-4-2 所示。

由式(5-4-11)的滤波器表示的输入和输出的关系为

$$\left.\begin{array}{l}v_k(n)=2\cos(2\pi k/N)v_k(n-1)-v_k(n-2)+x(n)\\ y_k(n)=v_k(n)-W_N^k v_k(n-1)\end{array}\right\} \qquad (5-4-12)$$

在计算 $y_k(n)$ 时，只有一次复数运算，来自 $W_N^k v_k(N-1)$。由于输入信号 $x(n)$ 是实数，$v_k(n)$ 也是实数，所以这个复数运算只是一个实数与一个复数的乘积，故等价于只需 2 次实数相乘的运算。

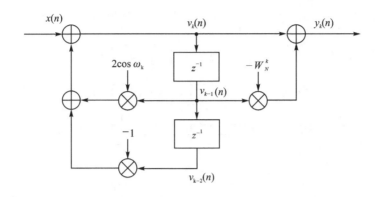

图 5-4-2　式(5-4-11)表示的滤波器结构

在具体应用 Goertzel 算法时，有时只关心信号的幅值$|X(k)|$或信号的能量$|X(k)|^2$，可表示为

$$|X(k)|^2 = |y_k(N)|^2 = [v_k(n) - W_N^k v_k(n-1)] \times [v_k(n) - W_N^k v_k(n-1)]^* = v_k^2(n) + v_k^2(n-1) + 2\cos(2\pi k/N) v_k(n) v_k(n-1) \quad (5-4-13)$$

5.4.2　DTMF 信号简介

DTMF（Dual Tone Multi-Frequency，双音多频）是为实现电话号码快速可靠传输的一种技术，它具有很强的抗干扰能力和较高的传输速度，因此广泛用于电话通信系统中。双音多频 DTMF 信令逐渐在全世界范围内应用在按键式电话机上(现在生产的座机和手机拨号系统中很多都是双音多频系统)，近年来 DTMF 也应用在交互式控制中，诸如语言菜单、语言邮件、电话银行和 ATM 终端等。将 DTMF 信令的产生与检测集成到任一个含有数字信号处理器(DSP)的系统中，是一项较有价值的工程应用。

DTMF 是用两个特定的单音频组合信号来代表数字信号，以实现其功能的一种编码技术。两个单音频的频率不同，代表的数字或实现的功能也不同。这种键盘上通常有 16 个按键(由于应用不同，键盘上的个数也不完全相同)，其中有 10 个数字键(0～9)和 6 个功能键(＊、＃、A、B、C、D)。按照组合原理，一般应有 8 种不同的单音频信号。因此可采用的频率也有 8 种，故称之为多频。

在 DTMF 制式的话机上，按下每一个拨号键即会产生一个 DTMF 信号。该信号由两个音频信号叠加构成，可简单地表示为

$$x(t) = A\sin(2\pi f_1 t) + A\sin(2\pi f_2 t) \quad (5-4-14)$$

8 个 DTMF 频率分为低频和高频，低频有 4 个，高频也有 4 个。它们的数值为：$f_L = [697, 770, 852, 941]$，$f_H = [1\,209, 1\,336, 1\,447, 1\,633]$。DTMF 键盘与频率 f_L 和 f_H 的对应关系如图 5-4-3 所示。

国际电信联盟 ITU 对 DTMF 的建议[12]如表 5-4-1 所列。

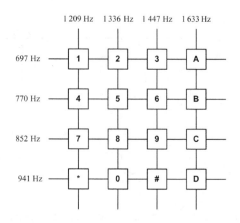

图 5-4-3 DTMF 键盘与频率对应图

表 5-4-1 ITU 对 DTMF 信号的建议

各项指标	信号特性	范围
允许频偏	有效	<1.5%
	无效	>3.5%
信号持续时间	有效	>40 ms
	无效	<23 ms
信号断续	暂停持续时间	<40 ms
	信号中断	>10 ms
信号反转	正向	<8 dB
	逆向	<4 dB
信号强度	信噪比	>15 dB
	信号功率	>−26 dBm

5.4.3 Goertzel 算法对 DTMF 的应用

本小节将 Goertzel 算法应用于 DTMF 信号的解码中。已知通过 FFT 可以从频谱分析捕捉到 DTMF 信号内正弦信号的频率,但正如 5.4.1 小节中所指出的那样:其一,要等采集完 N 个样点后方能进行 FFT 变换;其二,同时计算了 N 的频率,其中大部分的频率是不需要的。对于一般的 DTMF 来说,只需要 8 个频率;若大部分电话机(座机和手机)的键盘上没有 A、B、C 和 D 功能键,则只要检测 7 个频率。因此,可以使用 Goertzel 算法仅计算 8 个或 7 个 $X(k)$ 值,这就能对 DTMF 解码了。

在应用 Goertzel 算法对 DTMF 解码中,采样频率大部分都取为 8 000 Hz,而在运算中 N 应该取多大值呢?N 的选择是在频率分辨率和采集 N 个样值所需的时间这两个因素之间进行权衡,在本章参考文献[13]中给出的 $N=205$ 是最佳值。我们在以下的案例中也选择了 $N=205$。

在 f_s=8 000 和 N=205 下,图 5-4-3 中 DTMF 的 8 个频率对应的 k 值为多少呢?按照 N 个样点作 FFT 后谱线频率计算的方法,可以得到第 k 条谱线对应的频率为

$$f_k = \frac{kf_s}{N} \quad k = 0,1,2,\cdots,N-1 \qquad (5-4-15)$$

利用上式可以求出 DTMF 的 8 个频率对应的谱线索引号 k 值。这里以 f_k=697 Hz 为例,有

$$K_{max} = f_k \frac{N}{f_s} = \frac{697 \times 205}{8\ 000} = 17.860\ 6$$

K_{max} 是对应 f_k=697 Hz 的 k 值,但由于 k 值必须取整数,故根据四舍五入的原则,取 k=18。对于 DTMF 中的其他频率一样可以计算得到,8 个频率对应的 k 值表可参见表 5-4-2。

表 5-4-2 DTMF 的 8 个频率对应的 k 值表

基本频率/Hz	计算出的 k 值	取 k 值为整数
697	17.861	18
770	19.731	20
852	21.833	22
941	24.113	24
1 209	30.981	31
1 336	34.235	34
1 477	37.848	38
1 633	41.864	42

5.4.4 Goertzel 算法和 DTMF 编解码的 MATLAB 函数

goertzel 函数是 MATLAB 自带的。以下几个函数,除 TouchToneDialler 是由 University of Edinburgh 提供的,其他函数都是由作者编写的。

1. Goertzel 算法

名称:goertzel

功能:按照二阶滤波器进行 Goertzel 算法

调用格式:

X = goertzel(x,indvex)

说明:输入参数 x 是 N 个输入数据序列,indvex 是那些需要计算的频率的索引矢量。输出参数 X 是对应那些需要计算的频率 X(k)的幅值。

2. 产生带噪 DTMF 编码

名称:TouchToneDialler

功能:产生信噪比可设置的带噪 DTMF 编码序列

调用格式:

[out] = TouchToneDialler(number,SNR);

说明:输入参数 number 是字符串序列,表示一个电话号码,但可以包括 * 和 ♯,SNR 是设置的信噪比。输出参数 out 是按输入的电话号码编成的 DTMF 序列。该函数带有一个

TouchToneSim.p 函数。本函数在本书附带的程序包中可找到。

3. 产生 DTMF 编码

名称：gendtmfcs

功能：按电话号码产生 DTMF 编码

调用格式：

y = gendtmfcs(A,dth,Doption)

说明：输入参数 A 是字符串序列，表示一个电话号码，但可以包括 * 和 #。dth 是可以指定每个字符对应的 DTMF 波形的长度，单位是 s。设置了 dth 后，同时规定了两个字符的 DTFM 波形之间有 dth/2 长度的中断时间（间歇）。dth 的默认值为 0.1 s(100 ms)。Doption 是表示在程序中是否要显示出产生的 DTMF 信号的波形。在本函数中还调用了另一个函数 Dtmf_genm1，该函数是按 DTMF 的设定频率产生相应的信号，存放在一个数组中，以加快合成 DTMF 波形串的形成。

4. 利用 Goertzel 解码

名称：goertzel_decode

功能：通过 Goertzel 算法对输入的电话号码进行解码

调用格式：

B = goertzel_decode(y,Thd)

说明：输入参数 y 是输入的 DTMF 数据序列，Thd 是设置的阈值，主要是在噪声存在的情况下区分哪些是 DTMF 中断部分，哪些是 DTMF 的实际数据。

Gendtmfcs、Dtmf_genm1 和 goertzel_decode 函数的程序清单都在 5.4.5 小节中。

5.4.5 案例 5.7：如何产生 DTMF 编码和如何利用 Goertzel 算法在带噪 DTMF 中提取出数值

1. 概 述

在电话拨号和电话银行中广泛地使用 DTMF 信令系统，它包括了图 5-4-3 的键盘左面 3 列，对应的频率只有 7 个，所以产生 DTMF 信号只需要对这 7 个频率进行处理就够了。在本小节中介绍 DTMF 编解码。

2. 解决编码的方法

在式(5-4-14)中表示了任一个字符对应的 DTMF，其对应的频率已在图 5-4-3 上表示出来。在程序中先按式(5-4-14)产生两个正弦信号的叠加，如果信号长 100 ms(即有 800 个样点值)，则首先把产生后的信号序列存储在一个数组中，按频率从小到大的次序排列，不同的列数据代表不同的频率。这就是 Dtmf_genm1 函数完成的功能。程序清单如下：

```
function tones = Dtmf_genm1(Nsmp)
% 只处理电话键盘 12 个字符
% 12 个字符是 '1','2','3','4','5','6','7','8','9','*','0','#'
lfg = [697 770 852 941];                % DTMF 低频频率
hfg = [1209 1336 1477];                 % DTMF 高频频率
f   = [];                               % 初始化
```

```
for c = 1:4,                                  % 构成12个频率对的数组
    for r = 1:3,
        f = [ f [lfg(c);hfg(r)] ];
    end
end

Fs   = 8000;                                  % 采样频率8 kHz
N = Nsmp;                                     % 每个字符DTMF波形长度
t = (0:N-1)/Fs;                               % 构成时间序列
pit = 2*pi*t;

tones = zeros(N,size(f,2));                   % 初始化
for toneChoice = 1:12,                        % 产生12个字符对应DTMF的波形数组
    tones(:,toneChoice) = sum(sin(f(:,toneChoice)*pit))';
end
```

函数的输入参数为Nsmp，是一个DTMF字符波形的样点数；输出参数tones是一个数组，大小为Nsmp×12，每列表示一个DTMF字符的波形。

在拨打电话时通过键盘输入电话号码进入计算机的字符是由ASCII码表示的，1～9的ASCII码是49～57，而0、*和#的ASCII码是48、42和35。所以在程序中要对这些ASCII码进行识别，决定从DTMF波形数组中读取哪一列的数值。在每两个字符的中间加上合适的中断(在函数中是取dth/2长)，只要正确地识别和取来波形序列，就能对整串的ASCII码构成DTMF序列串了。gendtmfcs函数的程序清单如下：

```
function y = gendtmfcs(A,dth,Doption)
if nargin<2, dth = 0.1; Doption = 0; end      % 设置默认值
if nargin<3, Doption = 0; end
fs = 8000;                                    % 采样频率
Nsmp = ceil(dth*fs);                          % 计算每个DTMF波形的长度
Nsmp2 = Nsmp/2;                               % 设置中断的长度
tones = Dtmf_genm1(Nsmp);                     % 计算12个字符的DTMF波形存放在tones数组中
pa = zeros(Nsmp2,1);                          % 初始化
y = pa;

la = length(A);                               % 字符长度
for_index = zeros(1,la);                      % 初始化
for k = 1 : la                                % 计算每个字符将从tones数组中取第几个波形
    Chr = abs(A(k));                          % 得到字符的ASCII码
    if Chr>48 & Chr<58,                       % 若是数字1～9
        ld = Chr - 48; % end
    elseif Chr == 48                          % 若是0
        ld = 11;
    elseif Chr == 42                          % 若是*
        ld = 10;
    elseif Chr == 35                          % 若是#
```

```
            ld = 12;
        else                                    % 都不是,显示错误信息
            disp('错误!有非电话键盘字符!重新输入.')
        end
        y = [y; tones(1:Nsmp,ld); pa];          % 从 tones 数组中取波形构成 DTFM 波形
    end
    y = [y; pa];
    if nargout == 0                             % 函数没有输出将发声
        wavplay(y,fs);
    end
    if Doption                                  % 是否要把波形显示出来
        wavplay(y,fs);
        figure(90)
        M = length(y);
        n = 1:M;
        time = (n-1)/fs;
        plot(time,y,'k');
        xlim([0 max(time)]);
        xlabel('时间/s'); ylabel('幅值')
        set(gcf,'color','w');
    end
```

3. 解决解码的方法

在解码中主要有两个问题需要解决:第一,在带噪的 DTMF 波形中如何寻找出哪些时段是 DTMF 波形信号,哪些时段是 DTMF 中的中断(间歇)区间;第二,得到了一个字符的 DT-MF 波形后如何通过 Goertzel 算法识别出相应的字符。

对于第一个问题,我们采用曾在 4.4 节中介绍过的"提取信号中的特殊区间"方法,在 DT-MF 中即使带有噪声,但按 ITU 的建议,信噪比应大于 15 dB,所以一般信号的幅值还是比噪声要大多了。我们对 DTMF 的波形不是去寻找 DTMF 波形的区间,而是寻找 DTMF 中间歇的区间。因为对于 DTMF 波形很难设置阈值,它是两个正弦波的组合,有正、负值;而在每两个字符的 DTMF 波形之间的间歇区间的噪声幅值虽也会有正负值,但幅值总之比较小,可利用这个特点来设置一个阈值,当波形幅值小于这个阈值时认为是 DTMF 波形之间的间歇区间。决定了间歇区间后,在两个相邻的间歇区间之间就是 DTMF 波形区间,所以也同时解决了 DTMF 波形的区间。

在求得每一个字符的 DTMF 波形序列后,直接通过 goertzel 函数找出相应的频率。对于电话键盘拨号将对应 7 个频率,低频率组 4 个即[697,770,852,941],高频率组 3 个即[1 209,1 336,1 477]。因为我们已设定处理的数据长度 N=205,在表 5-4-2 中已列出了这 7 个频率对应 FFT 后谱线的索引号。在调用 goertzel 函数时,只要在输入参量中给出这 7 个频率的谱线索引号,就能求得这 7 个索引号对应谱线的幅值(通过 goertzel 函数直接输出相应索引号谱线的幅值),所以通过调用 goertzel 函数后得到 7 个频率对应的谱线幅值,同样是低频有 4 个幅值,对应频率[697,770,852,941];高频有 3 个幅值,对应频率[1 209,1 336,1 477]。在低频域 4 个幅值中寻找出最大值,这样就能找出低频域中哪一个频率的幅值最大,求出该

DTMF 低频率 f1；同样在高频域 3 个幅值中寻找出最大值，即求出该 DTMF 高频率 f2。有了 f1 和 f2 后就能按图 5-4-3 中键盘和频率的对应关系给出相应的字符。这就是第二个问题的解决方法。

在对 DTMF 波形提取间歇区间之前为了减少噪声的干扰，先对该 DTMF 波形序列进行带通滤波，滤波器的通带为 500～1 600 Hz。先计算滤波器系数，调用了 design_cheby2 函数，程序清单如下：

```matlab
function [b,a] = design_cheby2
fs = 8000;                          % 采样频率
fs2 = fs/2;
Wp = [500 1600]/fs2;                % 通带参数
Ws = [300 1800]/fs2;                % 阻带参数
Rp = 1; Rs = 40;                    % 波纹系数
[n,Wn] = cheb2ord(Wp,Ws,Rp,Rs);     % 求 n 和 Wn
[b,a] = cheby2(n,Rs,Wn);            % 求滤波器系数 b 和 a
```

基于 Goertzel 算法 DTMF 解码函数的程序清单如下：

```matlab
function B = goertzel_decode(y,Thd)
fs = 8000;                          % 采样频率
[b,a] = design_cheby2;              % 带通滤波
x = filtfilt(b,a,y);

tindex = find(x<Thd);               % 寻找小于阈值的样点
tseg = findSegment(tindex);         % 寻找小于阈值的区间
tk = length(tseg);                  % 有 tk 个小于阈值的区间
if tk == 0                          % 错误提示
    disp('寻找不到小于阈值的区间,或许阈值设置不合理,或许不是 DTMF 波形!!')
    return
end
i = 0;                              % 初始化
for k = 1 : tk                      % 确认 DTMF 中断的有效性
    if tseg(k).duration >= 80       % TDMF 中断时间要大于 10 ms
        i = i + 1;
        nxseg(i).begin = tseg(k).begin;
        nxseg(i).end = tseg(k).end;
        nxseg(i).duration = tseg(k).duration;
    end
end
I = i;                              % 共有 I 个 DTMF 中断

Nt = 205;                           % 设置 Goertel 算法的长度
lfg = [697 770 852 941];            % DTMF 低频率组
hfg = [1209 1336 1477];             % DTMF 高频率组
original_f = [lfg(:);hfg(:)];       % 构成高低频数组
K = round(original_f/fs * Nt);      % 计算出高低频在 FFT 中对应的谱线索引号
```

```matlab
        estim_f = round(K * fs/Nt);              % 近似的频率值
        j = 0;                                    % 初始化
        if nxseg(1).begin>Nt                      % 是否没有前导静音区间
            j = j + 1;                            % 是,一开始就是 DTMF 波形
            n1 = 1;                               % 求出该波形的区间
            n2 = nxseg(1).begin - 1;
            u = x(n1:n2);                         % 取出该波形
            toneuc(:,j) = u(1:Nt);                % 存放在 toneuc 数组中
        end
        for i = 1 : I-1                           % 寻找下一个 DTMF 波形
            j = j + 1;
            n1 = nxseg(i).end + 1;                % 求出该波形的区间
            n2 = nxseg(i+1).begin - 1;
            u = x(n1:n2);                         % 取出该波形
            toneuc(:,j) = u(1:Nt);                % 存放在 toneuc 数组中
        end
        I = j;                                    % 有 I 个 DTMF 波形
        % 对 I 个 DTMF 波形进行 Goertzel 算法运算
        for i = 1 : I
            tone = toneuc(:,i);                   % 取来一个 DTMF 波形
            ydft = goertzel(tone,K+1);            % 进行 Goertzel 算法运算
            [v1,uk1] = max(ydft(1:4));            % 在低频区间寻找一个最大值
            [v2,uk2] = max(ydft(5:7));            % 在高频区间寻找一个最大值
            f1 = lfg(uk1);                        % 对应的低频区间的频率
            f2 = hfg(uk2);                        % 对应的高频区间的频率
            Fum(:,i) = [f1 f2];                   % 每一个 DTMF 波形对应一个频率对[f1 f2]
        % 按图 5-4-3 来判断某个频率对是对应于哪一个字符
            if f1>1000                            % 如果 f1 和 f2 位置放反了,要颠倒过来
                var = f1;
                f1 = f2;
                f2 = var;
            elseif f1<1000
            end

            switch(f1);                           % 用 f1 来判断
              case{697};                          % f1 = 697
                switch(f2);                       % 用 f2 来判断
                  case{1209};                     % f2 = 1 209
                    taste = '1';
                  case{1336};                     % f2 = 1 336
                    taste = '2';
                  case{1477};                     % f2 = 1 477
                    taste = '3';
                end
              case{770};                          % f1 = 770
```

```
            switch(f2);                    % 用 f2 来判断
                case{1209};                % f2 = 1 209
                    taste = '4';
                case{1336};                % f2 = 1 336
                    taste = '5';
                case{1477};                % f2 = 1 477
                    taste = '6';
            end
        case{852};                         % f1 = 852
            switch(f2);                    % 用 f2 来判断
                case{1209};                % f2 = 1 209
                    taste = '7';
                case{1336};                % f2 = 1 336
                    taste = '8';
                case{1477};                % f2 = 1 477
                    taste = '9';
            end
        case{941};                         % f1 = 941
            switch(f2);                    % 用 f2 来判断
                case{1209};                % f2 = 1 209
                    taste = '*';
                case{1336};                % f2 = 1 336
                    taste = '0';
                case{1477};                % f2 = 1 477
                    taste = '#';
            end
    end
    B(i) = taste;                          % 把字符的 ASCII 码存放在 B 中
end
```

4. 实 例

例 pr5_4_1(pr5_4_1)　　在对 DTMF 解码过程中设置阈值。由于 DTMF 在编码中按 ITU 的建议来进行的，但在接收过程中由于环境和条件的不同，接收到的信号还是千差万别，在解码时必须要对具体的信号分别处理。在这里先用两种 DTMF 产生的方法（一种是不带噪声的情况，另一种是带噪声的情况）观察。程序清单如下：

```
% pr5_4_1
clear all; clc; close all;

A = input('请输入金额,小数点用 * 表示,以 # 结束:','s');
% 程序第一部分
fs = 8000;                                 % 采样频率
dth = 0.05;                                % DTMF 波形的时间长度
Doption = 1;                               % 将显示波形
x = gendtmfcs(A,dth,Doption);              % 调用 gendtmfcs 函数产生 DTMF 序列
B = goertzel_decode(x,0.1);                % 应用 Goertzel 算法解码
```

```
        fprintf('%s\n',B);                  % 显示解码出的字符串

        pause(1);
        % 程序第二部分
        SNR = 10;                           % 设置信噪比
        y = TouchToneDialler(A,SNR);        % 调用TouchToneDialler函数产生带噪DTMF序列
        B = goertzel_decode(y,1);           % 应用Goertzel算法解码
        fprintf('%s\n',B);                  % 显示解码出的字符串
        N = length(y);
        time = (0:N-1)/fs;                  % 时间刻度
        % 作图
        figure(1)
        plot(time,y,'k'); grid;
        line([0 max(time)],[1 1],'color','r');
        xlim([0 max(time)]);
        xlabel('时间/s'); ylabel('幅值')
        set(gcf,'color','w');
        wavplay(y,fs);
```

说明：程序第一部分是 DTMF 信号没有加噪声，调用 gendtmfcs 函数，在调用 goertzel_decode 函数解码时用的阈值是 0.1；而程序第二部分 DTMF 信号加噪声，调用 TouchToneDialler 函数，信噪比为 10 dB(ITU 建议信噪比应大于 15 dB，而这里用 10 dB，表示在很苛刻的条件下观察能否解码)，在调用 goertzel_decode 函数解码时用的阈值是 1。

运行 pr5_4_1 后将出现"请输入金额，小数点用 * 表示，以 # 结束"的文字，这里是仿真电话银行，因为在电话银行中用到符号 * 和 #。我们把 12 个字符都用上，输入"54309768 * 12 #"。程序接着运行并得到由 gendtmfcs 函数产生的 DTMF 波形(如图 5-4-4 所示)，以及由 TouchToneDialler 函数产生 DTMF 的波形(如图 5-4-5 所示)。同时产生的这两种波形经

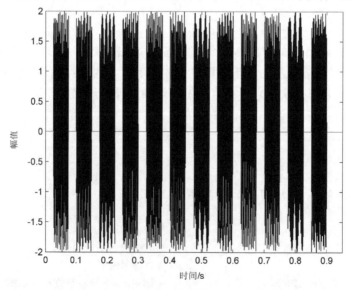

图 5-4-4 由 gendtmfcs 函数产生 DTMF 的波形

Goertzel 算法解码后输出为字符 B＝54309768＊12♯，与输入的字符相同。

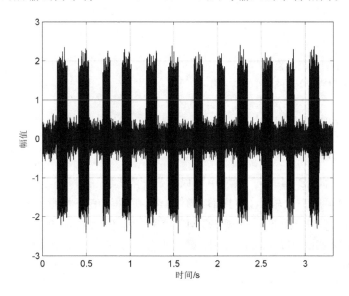

图 5－4－5　由 TouchToneDialler 函数产生的 DTMF 波形

从图 5－4－4 中看出由 gendtmfcs 函数产生 DTMF 的波形，在 DTMF 波形之间静止区间幅值为 0，所以把阈值设置为 0.1 就可以了；而从图 5－4－5 中看出由 TouchToneDialler 函数产生 DTMF 的波形，在 DTMF 波形之间静止区间幅值最大在 0.5 附近，有时会达到 0.8，所以把阈值设置为 1 较好。同时要指出，我们是由两个函数产生 DTMF 波形，信号的幅值在 2 左右，但不是所有 DTMF 发生器产生信号的幅值都在 2 左右，所以阈值的设置要根据接收到的信号具体情况来定。

5. 案例延伸

这里给出两个 DTMF 的波形，名称为 PhoneNumberA_2013.wav 和 PhoneNumberB_2013.wav（在随书程序包中有）。在有些院校或网站上经常用这两个波形来检验 DTMF 解码器。下面通过调用 goertzel_decode 函数对这两个信号解码，程序清单如下：

```
%  pr5_4_2
clear all; clc; close all;

[x1,fs1] = wavread('PhoneNumberA_2013.wav');    % 读入 PhoneNumberA_2013.wav
x1 = x1 - mean(x1);
B = goertzel_decode(x1,0.15);                   % 应用 Goertzel 算法解码
fprintf('%s\n',B);                              % 显示解码出的字符串
N1 = length(x1);                                % x1 的长度
time1 = (0:N1-1)/fs1;                           % x1 的时间刻度

[x2,fs2] = wavread('PhoneNumberB_2013.wav');    % 读入 PhoneNumberB_2013.wav
x2 = x2 - mean(x2);
B = goertzel_decode(x2,0.05);                   % 应用 Goertzel 算法解码
fprintf('%s\n',B);                              % 显示解码出的字符串
```

```
N2 = length(x2);                        % x1 的长度
time2 = (0:N2 - 1)/fs2;                 % x1 的时间刻度
% 作图
subplot 211; plot(time1,x1,'k');
xlabel('时间/s'); ylabel('幅值');
grid; xlim([0 max(time1)]);
subplot 212; plot(time2,x2,'k');
xlabel('时间/s'); ylabel('幅值');
grid; xlim([0 max(time2)]);
set(gcf,'color','w');
```

运行 pr5_4_2 后得图 5-4-6。从图中可以看出，信号 PhoneNumberA_2013 和信号 PhoneNumberB_2013 的幅值都比较小，并且都带有噪声，所以阈值要根据它们的幅值来设置：在处理 PhoneNumberA_2013 数据时发现 DTMF 信号的幅值大约为 0.3，所以把阈值设置为 Thd＝0.15；而在处理 PhoneNumberB_2013 数据时发现 DTMF 信号的幅值大约为 0.1，所以把阈值设置为 Thd＝0.05。

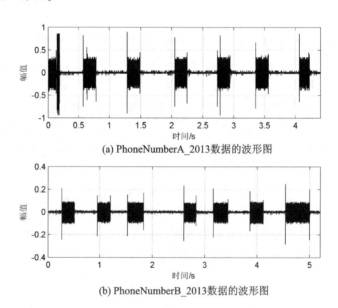

(a) PhoneNumberA_2013 数据的波形图

(b) PhoneNumberB_2013 数据的波形图

图 5-4-6　PhoneNumberA_2013 和 PhoneNumberB_2013 数据的波形图

通过 goertzel_decode 函数对这两个信号的解码得到 PhoneNumberA_2013 数据对应的编码为 85823096，PhoneNumberB_2013 数据对应的编码为 8141465。

参考文献

[1] 张贤达. 现代信号处理[M]. 北京：清华大学出版社，2002.

[2] 祁才君. 数字信号处理技术的算法分析与应用[M]. 北京：机械工业出版社，2005.

[3] Moyer E A, Stork R F. The zoom FFT using complex modulation[C]. Acoustics, Speech, and Signal Processing, IEEE International Conference on ICASSP '77, 1977, 2(5).

[4] 丁康，谢明，张彼德，等. 基于复解析带通滤波器的复调制细化谱分析原理和方法[J]. 振动工程学报，

2001,14(1):29-35.

[5] 丁康,谢明,杨志坚. 离散频谱分析校正理论与技术[M]. 北京:科学出版社,2008.

[6] 谢明,丁康. 基于复解析带通滤波器的复调制细化谱分析的算法研究[J]. 振动工程学报,2002,14(4):479-483.

[7] 王济,胡晓. MATLAB在振动信号处理中的应用[M]. 北京:中国水利水电出版社,2006.

[8] 胡广书. 数字信号处理——理论、算法与实践[M]. 北京:清华大学出版社,1997.

[9] 丁康,潘成灏,李巍华. ZFFT与Chirp-Z变换细化选带的频谱分析对比[J]. 振动与脉冲,2006,25(6):9-13.

[10] 李天昀,葛临东. 基于CZT和Zoom FFT的频谱细化分析中能量泄漏的研究[J]. 电子对抗技术,2003,18(5):11-15.

[11] 奥本海姆. 离散时间信号分析[M]. 黄建国,译. 北京:科学出版社,1999.

[12] ITU Blue Book. Recommendation Q. 24:Multi-frequency Push-button Signal Receptions[M]. Geneva:ITU,1989.

[13] 金鑫春,汪一鸣. Goertzel算法下DTMF信号检测及参数优化[J]. 现代电子技术,2010(6):152-156.

第 6 章

DFT 的内插

6.1 狄里克莱核与窗函数[1-3]

6.1.1 连续信号与加矩形窗相乘的傅里叶变换

设有单一频率信号

$$x(t) = Ae^{j\omega_0 t} = A[\cos(\omega_0 t) + j\sin(\omega_0 t)] \quad (6-1-1)$$

它的傅里叶变换 $X(\omega)$,有

$$X(\omega) = 2\pi A \delta(\omega - \omega_0) \quad (6-1-2)$$

另设矩形窗为

$$w_T(t) = \begin{cases} 1, & -\dfrac{T}{2} < t \leqslant \dfrac{T}{2} \\ 0, & \text{其他} \end{cases} \quad (6-1-3)$$

它的傅里叶变换是

$$W_T = T\frac{\sin(\pi T f)}{\pi T f} = \frac{\sin(\pi T f)}{\pi f} = \frac{\sin(\omega T/2)}{\omega/2} \quad (6-1-4)$$

把式(6-1-3)的矩形窗函数向右移动 $T/2$,即表示为

$$\hat{w}_T(t) = w_T(t - T/2) = \begin{cases} 1, & 0 < t \leqslant T \\ 0, & \text{其他} \end{cases} \quad (6-1-5)$$

在时间域上的位移相当于在频率域上旋转一个角度(参看 1.3 节中 DFT 的时间位移特性),即有

$$\hat{W}_T = W_T e^{-j2\pi f(T/2)} = \frac{\sin(\omega T/2)}{\omega/2} e^{-j\omega T/2} \quad (6-1-6)$$

连续时间信号在 T 间隔中的信号相当于 $x(t)$ 与 $w_T(t)$ 的乘积,即

$$\tilde{x}(t) = x(t)\hat{w}_T(t) \quad (6-1-7)$$

而 $\tilde{x}(t)$ 的傅里叶变换 $\tilde{X}(\omega)$ 为 $X(\omega)$ 和 $\hat{W}_T(\omega)$ 的卷积,即

$$\tilde{X}(\omega) = 2\pi A \int \hat{W}_T(\omega - \xi)\delta_{\omega_0}(\xi)d\xi = 2\pi A \frac{\sin\left(\dfrac{\omega - \omega_0}{2}T\right)}{\dfrac{\omega - \omega_0}{2}} \exp\left(-j\frac{\omega - \omega_0}{2}T\right)$$

$$(6-1-8)$$

6.1.2 连续信号离散化

在时间域上信号离散就是采样,采样序列表示为

$$P_\delta(t) = \sum_{n=-\infty}^{+\infty} \delta(t-nT) \quad (6-1-9)$$

信号采样以后表示为

$$x(n) = x(t) \cdot P_\delta(t) = x_a(t) \sum_{n=-\infty}^{+\infty} \delta(t-nT) = \sum_{n=-\infty}^{+\infty} x(nT)\delta(t-nT) \quad (6-1-10)$$

离散时间序列的离散傅里叶变换(DFT),与加窗连续信号傅里叶变换后在频域上的 $\widetilde{X}(\omega)$ 有什么关系?从频率的离散化得到[2]

$$\hat{X}(\omega_k) = \frac{1}{T}\widetilde{X}(\omega_k) \quad \text{或} \quad \hat{X}(k) = \frac{1}{T}\widetilde{X}(k\Delta\omega) \quad (6-1-11)$$

式中:$\Delta\omega=2\pi/T$;$\widetilde{X}(k\Delta\omega)$ 是加窗以后的连续谱 $\widetilde{X}(\omega)$ 在 $k\Delta\omega$ 的数值;$\hat{X}(k)$ 是加窗以后的离散谱。

6.1.3　离散矩形窗序列与狄里克莱核

连续时间函数的矩形窗如式(6-1-5)所示,但在离散时间序列中,矩形窗为

$$w_T(n) = \begin{cases} 1, & n=0,1,\cdots,N-1 \\ 0, & \text{其他} \end{cases} \quad (6-1-12)$$

$w_T(n)$ 的离散时间傅里叶变换将不同于连续傅里叶变换,有

$$W(\omega) = \sum_{n=0}^{N-1} w(n)e^{-j\omega n} = \sum_{n=0}^{N-1} e^{-j\omega n} = e^{-j\frac{N-1}{2}\omega} \frac{\sin(\omega N/2)}{\sin(\omega/2)} \quad (6-1-13)$$

$W(\omega)$ 是一个 ω 复函数,又可写为

$$W(\omega) = W_0(\omega)e^{-j\frac{(N-1)}{2}\omega} \quad (6-1-14)$$

$W(\omega)$ 的幅值 $W_0(\omega)$ 为

$$W_0(\omega) = \frac{\sin(\omega N/2)}{\sin(\omega/2)} \quad (6-1-15)$$

$W_0(\omega)$ 的响应曲线如图 6-1-1 所示。

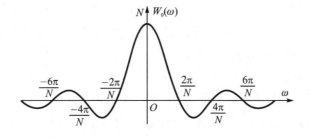

图 6-1-1　$W_0(\omega)$ 的响应曲线

$w_T(n)$ 的离散傅里叶变换 $W(k)$ 是将 $\omega=2\pi k/N$ 代入到 $W(\omega)$ 中,则 $W(k)$ 可写为

$$W_R(k) = e^{-j\frac{(N-1)}{N}\pi k} \frac{\sin(\pi k)}{\sin(\pi k/N)} \quad (6-1-16)$$

其中 $W_R(k)$ 的下标 R 表示为矩形窗，$k=0,1,\cdots,N-1$。对应的幅值 $W_0(k)$ 为

$$W_0(k) = \frac{\sin(\pi k)}{\sin(\pi k/N)} \quad (6-1-17)$$

令 $D(\theta)$ 为狄里克莱核（Dirichlet），其中 θ 是任意值（即以 θ 替代式（6-1-16）中的 k，同时 θ 不限于整数）：

$$D(\theta) = e^{-j\frac{N-1}{N}\pi\theta} \frac{\sin(\pi\theta)}{\sin(\pi\theta/N)} = W_R(\theta) \quad (6-1-18)$$

狄里克莱核是一个复数，它的幅值为

$$D_0(\theta) = \frac{\sin(\pi\theta)}{\sin(\pi\theta/N)} \quad (6-1-19)$$

如果把 θ 以不同的值代入 $D_0(\theta)$，则得图 6-1-2，图中 $x=\theta,y=D_0(\theta)$，这就是矩形窗泄漏的情况。

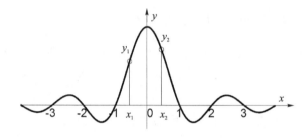

图 6-1-2 矩形窗的泄漏情况

式（6-1-19）表示了 $y=\dfrac{\sin(\pi x)}{\sin(\pi x/N)}$，因为 x 的取值在 0 附近的主瓣区间，当 $N\gg 1$ 时，$1/N\to 0$，所以 $\sin(\pi x/N)\to \pi x/N$，则式（6-1-19）简化为

$$y = N\frac{\sin(\pi x)}{\pi x} \quad (6-1-20)$$

由此证明 y 满足[2]

$$xy(x) = (x+1)y(x+1) \quad (6-1-21)$$

若任取两个点 x_1 和 x_2，且 $|x_2-x_1|=1$，对应的 y 值为 y_1 和 y_2（如图 6-1-2 所示），则式（6-1-21）表示两点的重心为坐标原点。如两点都在主瓣内，就相当于谱线采样的情况，可用求重心的方法求出主瓣的中心坐标，即有

$$x \cdot f(x) + (x+1) \cdot f(x+1) = x_0[f(x) + f(x+1)] \quad (6-1-22)$$

若有式（6-1-1）所示的单一频率信号，信号离散又乘以矩形窗后可表示为

$$x_m(n) = Ae^{j2\pi f_0 n/f_s} = A[\cos(2\pi f_0 n/f_s) + j\sin(2\pi f_0 n/f_s)] \quad (6-1-23)$$

其中 $n=0,1,\cdots,N-1$，A 是复数，包含幅值和初始相角。$x_m(n)$ 的离散时间傅里叶变换后得 $X_m(k)$ 为

$$X_m(k) = \sum_{n=0}^{N-1} x_m(n)e^{-2\pi nk/N} = \sum_{n=0}^{N-1} Ae^{-2\pi nk/N}e^{2\pi f_0 n/f_s} = A\sum_{n=0}^{N-1} e^{-2\pi n(k-\alpha)/N} = AW_R(k-\alpha)$$

$$(6-1-24)$$

其中设 $f_0/f_s = \alpha/N$。

6.1.4 余弦窗函数及其离散傅里叶变换

余弦窗函数的一般表达式为

$$w_K(n) = \sum_{k=0}^{K} (-1)^k a_k \cos\left(\frac{2\pi}{N}kn\right), \quad n=0,1,\cdots,N-1 \quad (6-1-25)$$

式中：K 是余弦窗的项数。$K=0$ 时，就是矩形窗。

为了满足插值计算的需要，对系数 a_k 有如下限制：

$$\left.\begin{array}{l} \sum_{k=0}^{K} a_k = 1 \\ \sum_{k=0}^{K} (-1)k a_k = 0 \end{array}\right\} \quad (6-1-26)$$

余弦窗函数的特点是它的 DFT 表达式很简单，可以表示为狄里克莱核的代数和：

$$W_K(\theta) = \sum_{k=0}^{K} (-1)^k \frac{a_k}{2}[D(\theta-k) + D(\theta+k)] \quad (6-1-27)$$

当式（6-1-23）所示的离散单一频率信号 $x_m(n)$ 乘以式（6-1-25）的余弦窗函数时，有

$$x_{mK}(n) = x_m(n) \times w_K(n) \quad (6-1-28)$$

$x_{mK}(n)$ 的离散时间傅里叶变换 $X_{mK}(\theta)$ 为

$$X_{mK}(\theta) = A\sum_{k=0}^{K} (-1)^k \frac{a_k}{2}[D(\theta-k-\alpha) + D(\theta+k-\alpha)] \quad (6-1-29)$$

式（6-1-29）又可以写为

$$X_{mK}(\theta) = AW_K(\theta-\alpha) \quad (6-1-30)$$

6.2 比值法校正[2-3]

6.2.1 矩形窗的比值法校正

由式（6-1-1）所示单一频率信号 $x(t) = Ae^{j\omega_m t}$，设角频率 $\omega_m = 2\pi f_m$，而频率 $f_m = \alpha \Delta f$，其中 α 不是整数，在离散化的情形中，$t = n\Delta t$，则有

$$x_m(n) = A\exp(j2\pi f_m t) = A_m\exp(j\theta)\exp(j2\pi\alpha\Delta f n\Delta t) =$$
$$A_m\exp(j\theta)\exp(j2\pi\alpha n/N), \quad n=0,1,\cdots,N-1 \quad (6-2-1)$$

其中：A 是一个复数，表示为 $A = A_m e^{j\theta}$，θ 是信号的初始相角；又 Δf 是频率分辨率，Δt 是时间分辨率，并且有 $\Delta f \Delta t = (f_s/N)(1/f_s) = 1/N$。

$x_m(n)$ 的 DFT 是 $X_m(k)$，可以导出 $X_m(k)$ 为

$$X_m(k) = A\sum_{n=0}^{N-1} x_m(n) e^{-j2\pi nk/N} = A\sum_{n=0}^{N-1} e^{j2\pi n\alpha/N} e^{-j2\pi nk/N} = A\sum_{n=0}^{N-1} e^{-j2\pi n(k-\alpha)/N} = AD(k-\alpha)$$

$$(6-2-2)$$

1. 频率校正

式(6-2-2)表示单频信号加矩形窗后的 DFT 值,而 $X_m(k)$ 的模值 $|X_m(k)|$ 为

$$|X_m(k)| = |A| \frac{\sin[\pi(k-\alpha)]}{\sin[\pi(k-\alpha)/N]} = A_m \frac{\sin[\pi(k-\alpha)]}{\sin[\pi(k-\alpha)/N]} \quad (6-2-3)$$

式(6-2-2)的谱图如图 6-2-1 所示,k 是谱线的索引值。信号频率 $f_m = \alpha \Delta f$ 在两条谱线之间,设频谱中最大值的谱线的索引号为 k,而次大的谱线索引号为 $k-1$ 和 $k+1$,分别如图 6-2-1(a) 和 (b) 所示。

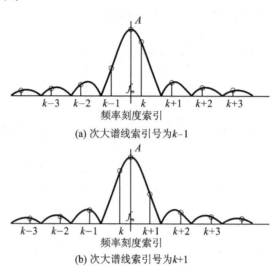

图 6-2-1 矩形窗信号的谱图

信号频率 f_m 在谱线 k 和 $k-1(k+1)$ 之间,谱线 k、$k-1$ 和 $k+1$ 对应的频率为 $k\Delta f$,$(k-1)\Delta f$ 和 $(k+1)\Delta f$;又它们对应的幅值有 y_k、y_{k-1} 和 y_{k+1}。频率 f_m 又可写为 $f_m = \alpha \Delta f = (k+\Delta k)\Delta f, 0 < |\Delta k| < 1$,以及 $\alpha = k + \Delta k$,当 f_m 在谱线 k 和 $k-1$ 之间 $\Delta k < 0$,当 f_m 在谱线 k 和 $k+1$ 之间时,$\Delta k > 0$。

若最大值谱线的索引号为 k,而次大谱线的索引号为 $k-1$,则按式(6-1-22)所示的主瓣重心横坐标有

$$x_0 = \frac{(k-1)y_{k-1} + ky_k}{y_k + y_{k-1}} = k + \frac{-y_{k-1}}{y_k + y_{k-1}}, \qquad y_{k+1} < y_{k-1}$$

若最大值的谱线的索引号为 k,而次大的谱线索引号为 $k+1$,则主瓣重心横坐标有

$$x_0 = k + \frac{y_{k+1}}{y_k + y_{k+1}}, \qquad y_{k+1} \geqslant y_{k-1}$$

由于

$$x_0 = k + \Delta k \quad (6-2-4)$$

则得到频率校正公式为

$$\Delta k = \begin{cases} \dfrac{y_{k+1}}{y_k + y_{k+1}}, & y_{k+1} \geqslant y_{k-1} \text{ 且 } 0 \leqslant \Delta k \leqslant 1 \\ \dfrac{-y_{k-1}}{y_k + y_{k-1}}, & y_{k+1} < y_{k-1} \text{ 且 } -1 \leqslant \Delta k \leqslant 0 \end{cases} \quad (6-2-5)$$

校正频率为

$$f_m = (k + \Delta k) \cdot f_s / N \qquad (6-2-6)$$

2. 幅值校正

由式(6-2-3)给出的主瓣函数在 $N \gg 1$ 又 $\alpha = k + \Delta k$ 时可简化为

$$|X_m(k)| = |A| \frac{\sin[\pi(k-\alpha)]}{\sin[\pi(k-\alpha)/N]} = N|A| \frac{\sin[\pi(k-\alpha)]}{\pi(k-\alpha)} = N|A| \frac{\sin(\pi\Delta k)}{\pi\Delta k}$$

所以

$$A_m = \frac{|X_m(k)|}{N} \cdot \frac{\pi\Delta k}{\sin(\pi\Delta k)} \qquad (6-2-7)$$

由于一般是处理正弦信号(不是复指数形式),又取单边谱处理,故幅值校正关系为

$$A_m = \frac{2|X_m(k)|}{N} \cdot \frac{\pi\Delta k}{\sin(\pi\Delta k)} \qquad (6-2-8)$$

3. 矩形窗相角修正

由式(6-1-16)得矩形窗频谱函数的相角有

$$\varphi = -\frac{N-1}{2} \cdot \frac{2\pi}{N}k = -\frac{N-1}{N}\pi k \qquad (6-2-9)$$

在主瓣内可近似认为 $(N-1)/N \approx 1$,则

$$\varphi = -\pi k \qquad (6-2-10)$$

这表明矩形窗的相角是线性的。通过谱线最大值 $X_m(k)$ 可以求出第 k 条谱线的初始相角为 $\arctan(I_k/R_k)$,其中 I_k 是 $X_m(k)$ 的虚部,而 R_k 是 $X_m(k)$ 的实部。当计算出 Δk 的位移量时,相角校正量为

$$\Delta\varphi = -\Delta k\pi \qquad (6-2-11)$$

校正后的相角为

$$\theta_m = \arctan\left(\frac{I_k}{R_k}\right) + \Delta\varphi \qquad (6-2-12)$$

6.2.2 汉宁窗的比值法校正

在频谱分析中,一阶窗函数(包括汉宁窗和海明窗)的定义为

$$w(n) = a - (1-a)\cos(2\pi n/N), \qquad n = 0, 1, 2, \cdots, N-1 \qquad (6-2-13)$$

$a = 0.5$ 时为汉宁窗,$a = 0.54$ 时为海明窗。

由式(6-1-25)可得 $w(n)$ 的 DFT 为

$$W(\theta) = aD(\theta) + \frac{(1-a)}{2}[D(\theta-1) + D(\theta+1)] \qquad (6-2-14)$$

式中:$D(\theta)$ 为式(6-1-18)所表示的狄里克莱核。式(6-2-14)中等号右边的三项相互间有近似相位差 $2\pi/N$,忽略三项之间的相位差(当 N 较大时误差不大),以三项的模之和作为 $W(\theta)$ 的模函数,并参照式(6-1-19)和式(6-1-20)的推导方法,可得汉宁窗的主瓣函数(其中把 N 省略了,因为最后是除去的):

$$y = aN\frac{\sin(\pi x)}{\pi x} + N\frac{1-a}{2}\left\{\frac{\sin[\pi(x-1)]}{\pi(x-1)} + \frac{\sin[\pi(x+1)]}{\pi(x+1)}\right\} = N\frac{\sin(\pi x)}{\pi x} \cdot \frac{a + (1-2a)x^2}{1-x^2}$$

$$(6-2-15)$$

式中:当 $x \to 0$ 时,$y \to a$;当 $x \to \pm 1$ 时,应用罗比塔法则有

$$\lim_{x \to \pm 1} \frac{\sin(\pi x)[a + (1-a)x^2]}{\pi x(1-x^2)} = \frac{1-a}{2}$$

将 $a=0.5$（汉宁窗）代入式(6-2-15)，其主瓣函数为

$$y = \frac{\sin(\pi x)}{\pi x} \cdot \frac{N}{2(1-x^2)} \qquad (6-2-16)$$

由式(6-2-16)与式(6-1-20)对比可知，汉宁窗主瓣函数等于矩形窗主瓣函数乘上因子 $\frac{1}{2(1-x^2)}$，主瓣在区间 $(-2,2)$ 内，通常主瓣内有 4 条谱线。

与矩形窗类似，函数 $y=f(x)=\frac{\sin(\pi x)}{\pi x} \cdot \frac{N}{2(1-x^2)}$ 满足以下关系[2]：

$$xf(x)+(x+1)f(x+1)=f(x)-f(x+1) \qquad (6-2-17)$$

1. 汉宁窗的频率校正

与矩形窗类似，在汉宁窗时用幅值谱峰主瓣内的两条谱线 y_k 和 y_{k+1} 求重心坐标，即类似式(6-1-22)，由此证明有

$$(x-1)\times f(x)+(x+2)\times f(x+1)=x_0[f(x)+f(x+1)] \qquad (6-2-18)$$

对应于

$$x_0 = \frac{(k-1)y_k+(k+2)y_{k+1}}{y_k+y_{k+1}} = k + \frac{2y_{k+1}-y_k}{y_k+y_{k+1}}$$

同理，用 y_{k-1} 和 y_k 谱线求得重心 $x_0=k+\frac{y_k-2y_{k-1}}{y_k+y_{k-1}}$。

由式(6-2-4)和 $x_0=k+\Delta k$ 可得到频率校正公式：

$$\Delta k = \begin{cases} \dfrac{2y_{k+1}-y_k}{y_k+y_{k+1}}, & y_{k+1} \geqslant y_{k-1} \\[2mm] \dfrac{y_k-2y_{k-1}}{y_k+y_{k-1}}, & y_{k+1} < y_{k-1} \end{cases} \qquad (6-2-19)$$

求出 Δk 后，代入式(6-2-6)，即可得校正频率。

2. 汉宁窗的幅值校正

将式(6-2-16)写成

$$y = A_m \frac{\sin[\pi(x-x_0)]}{\pi(x-x_0)} \cdot \frac{N}{2[1-(x-x_0)^2]} \qquad (6-2-20)$$

将 $y=|X_m(k)|$，$x-x_0=\Delta k$ 代入式(6-2-20)，又由于一般是处理正弦信号（不是复指数形式），又取单边谱处理，考虑到汉宁窗的幅值修正系数，可求得 A_m 的校正幅值为

$$A_m = \frac{4\pi\Delta k\,|X_m(k)|}{\sin(\pi\Delta k)}\cdot\frac{(1-\Delta k^2)}{N} \qquad (6-2-21)$$

3. 汉宁窗的相角校正

由式(6-2-14)和式(6-1-18)可知，汉宁窗的相角因子与矩形窗相同，为 $\mathrm{e}^{-j\frac{N-1}{N}\pi k}$，故可用式(6-2-11)和式(6-2-12)来校正相角。

6.2.3 比值校正法的 MATLAB 函数

这里只介绍一个用矩形窗和汉宁窗的 MATLAB 函数。

名称：specor_m1

功能：用矩形窗和汉宁窗进行比值法校正，计算出正弦信号的频率、幅值和初始相角

调用格式：

```
Z = specor_m1(x,fs,N,NX,method)
```

说明:本函数是参照振动论坛上 yangzj 提供的程序修改而来的。函数的输入参数 x 是被测的信号序列,fs 是采样频率,N 是 FFT 的长度(默认值是 x 的长度),NX 是寻找峰值的频率区间,给的是频率值(默认值是[0 fs/2]),method 是说明用矩形窗(method=1)或用汉宁窗(method=2)(默认值是 method=1)。输出参数 Z 有 3 个元素,Z(1)是正弦信号的频率,Z(2)是信号的幅值,Z(3)是信号的初始幅值(在 $-pi \sim pi$ 之间)。因为在信号中可能有许多峰值,为了求一个特定的峰值,则先设置求该峰值的频率区间 NX,可参看例 6-2-1。

函数的程序清单如下:

```
function Z = specor_m1(x,fs,N,NX,method)
if nargin<3, N = length(x); NX = [0 fs/2]; method = 1; end   % 参数不足时的设置
if nargin<4, NX = [0 fs/2]; method = 1; end
if nargin<5, method = 1; end
if method~ = 1 | method~ = 2                                  % method 不等于 1 或不等于 2,都设为 method = 1
    disp('method - value should be equal to 1 or 2');
    method = 1;
end
x = x(:)';                                                    % 设置 x 为行序列
w = hann(N,'periodic');                                       % 求出汉宁窗函数
if method == 2                                                % 若调用时用汉宁窗函数
    xf = fft(x.*w');                                          % 信号加窗后 FFT
    xf = xf(1:N/2)/N*4;                                       % 把信号的幅值修正
    WindowType = 2;                                           % 设 WindowType = 2;
else
    xf = fft(x);                                              % FFT
    xf = xf(1:N/2)/N*2;                                       % 把信号的幅值修正
    WindowType = 1;                                           % 设 WindowType = 1;
end
ddf = fs/N;                                                   % 求出频率分辨率
nx1 = NX(1); nx2 = NX(2);                                     % 给出求最大值频率的区间
n1 = fix(nx1/ddf);                                            % 按频率区间给出索引号
n2 = round(nx2/ddf);

A = abs(xf);                                                  % 求取模值
[Amax,index] = max(A(n1:n2));                                 % 从索引号区间求出最大值
index = index + n1 - 1;                                       % 给出最大值的索引号
phmax = angle(xf(index));                                     % 求出相角未修正时的数值

% 比值法_加矩形窗
if (WindowType == 1)                                          % 若是矩形窗
    indsecL = A(index - 1)>A(index + 1);                      % 给出 X(k-1)>X(k+1)的逻辑量
    % 按式(6-2-5)计算 Δk
    df = indsecL.*A(index - 1)./(Amax + A(index - 1)) - ...
        (1 - indsecL).*A(index + 1)./(Amax + A(index + 1));
```

```
            Z(1) = (index - 1 - df) * ddf;              % 按式(6-2-6)计算频率
            Z(2) = Amax/sinc(df);                       % 按式(6-2-8)计算幅值
            Z(3) = phmax + pi * df;                     % 按式(6-2-12)计算初始相角
        end

        % 比值法_加 Hanning 窗
        if (WindowType == 2)                            % 若是汉宁窗
            indsecL = A(index - 1) > A(index + 1);      % 给出 X(k-1)>X(k+1)的逻辑量
            % 按式(6-2-29)计算 Δk
            df = indsecL .* (2 * A(index - 1) - Amax) ./ (Amax + A(index - 1)) - ...
                 (1 - indsecL) .* (2 * A(index + 1) - Amax) ./ (Amax + A(index + 1));
            Z(1) = (index - 1 - df) * ddf;              % 按式(6-2-6)计算频率
            Z(2) = (1 - df^2) * Amax/sinc(df);          % 按式(6-2-31)计算幅值
            Z(3) = phmax + pi * df;                     % 按式(6-2-12)计算初始相角
        end
        Z(3) = mod(Z(3), 2 * pi);                       % 以保证初始相角在 -pi~pi 的区间中
        Z(3) = Z(3) - (Z(3) > pi) * 2 * pi + (Z(3) < -pi) * 2 * pi;
```

6.2.4 案例 6.1：如何消除信号中正弦信号的干扰

1. 概　述

在实际测量的信号中常常会混有正弦信号，有时不只含有一个正弦信号基波分量，而是一个畸变了的正弦信号，其中包含复杂的频率成分，即包含了基波和它的各次谐波。要消除这些基波和谐波当然可以用滤波的方法来清除，但如果基波外还有 2～99 次的谐波，那么要清除起来就不是那么轻松了。下面的例子就是包含有基波和 2～99 次的谐波，采用了类似于滤波的方法，但不是用滤波器来消除畸变了的正弦信号。

2. 理论基础

对于一个离散的正弦信号 $x(n)$，可以表示为

$$x(n) = A\cos(2\pi f_0 t + \varphi_0)$$

其中：A 是正弦信号 $x(n)$ 的幅值，f_0 和 φ_0 是 $x(n)$ 的频率和初始相角，它们是正弦信号的三个要素。因此在已知采样频率 f_s 的条件下，一旦这三个要素 A、f_0 和 φ_0 决定下来，则这个正弦信号就可以完整地被仿真出来，可以求出任何时刻 $x(n)$ 的值。若利用比值校正方法求出正弦信号的三个要素，设为 A'、f_0' 和 φ_0'，仿真出信号 $y(n)$ 为

$$y(n) = A'\cos(2\pi f_0' t + \varphi_0')$$

则它们的差值 $e(n) = x(n) - y(n)$。只要校正方法计算得到的 A'、f_0' 和 φ_0' 十分接近于 A、f_0 和 φ_0，那么 $e(n)$ 就是消除该正弦信号后的信号。我们用这种方法来消除正弦信号的干扰（不用滤波器的"滤波"），该方法的优点是不用滤波器，不会有滤波器造成的影响（包括信号的延迟、信号的瞬态响应等），缺点是消噪的程度取决于校正方法达到的精度。

同时这种方法不限于用比值校正法，但其他校正法一样适用，只要能求出正弦信号的三个要素，就能用本方法对正弦信号进行"滤波"。

3. 实 例

例 6-2-1(pr6_2_1) 实测得到一个系统的脉冲响应(在文件 uy_25a.txt 中),但在该脉冲响应中混有畸变了的正弦信号,该正弦信号几乎淹没了实际信号。希望通过消除这些正弦信号恢复出系统实际的脉冲响应信号。

先进行频谱分析,可以看到这系统的脉冲响应信号中混有 10 Hz 的基波和它的谐波,谐波的阶数差不多由 2 至 99 阶。所以通过比值校正法估算基波和每一阶谐波的参数,然后仿真它们,从原始信号中减去仿真值,以达到消除干扰的目的。程序 pr6_2_1 清单如下:

```
% pr6_2_1
clear all; clc; close all;

xx = load('uy_25a.txt');                      % 读入数据文件
t = xx(:,1); x = xx(:,2);                     % 得到时间序列和信号序列
dt = t(2) - t(1); fs = 1/dt;                  % 求出采样频率
N = length(x);                                % 数据长度
y = x;                                        % 保存原始信号在 y 中
n = 1:N; n2 = 1:N/2+1;                        % 设置 n 和 n2
df = fs/N;                                    % 给出频率分辨率
freq = (n2-1)*df;                             % 给出频率刻度
Y = fft(y);                                   % 给出原始信号的频谱

rad = pi/180;                                 % 1 弧度值
DX = [5 15];                                  % 寻找基波的区间
t = (0:N-1)/fs;                               % 设置时间刻度
for k = 1 : 99                                % 求基波及 2~99 阶谐波的参数
    if k == 1;                                % k 为 1,即求基波参数
        NX = DX;                              % 给出寻找基波的区间
        Z = specor_m1(x,fs,N,NX,2);           % 比值校正法求出基波的参数
        u = Z(2)*cos(2*pi*Z(1)*t+Z(3));       % 仿真出基波信号
        x = x'-u;                             % 从原始信号中减去基波的成分
        f0 = Z(1);                            % 基波的频率
    else                                      % 求 2~99 阶谐波的参数
        NX = [k*f0-DX(1) k*f0+DX(1)];         % 给出寻找 k 阶谐波的频率区间
        Z = specor_m1(x,fs,N,NX,2);           % 比值校正法求出 k 阶谐波的参数
        u = Z(2)*cos(2*pi*Z(1)*t+Z(3));       % 仿真出 k 阶谐波信号
        x = x-u;                              % 从原始信号中减去 k 阶谐波的成分
    end
end
X = fft(x);                                   % 消除正弦信号后的频谱
% 作图
figure(1);
subplot 211; plot(t,y,'k')
axis([0 5 -2e-3 2e-3]); title('处理前信号的时域波形');
xlabel('时间/s'); ylabel('幅值');
subplot 212; plot(freq,10*log10(abs(Y(n2))),'k');
```

```
axis([0 1000 -40 10]); title('处理前信号的频谱图');
xlabel('频率/Hz'); ylabel('幅值/dB'); grid;
set(gcf,'color','w');

figure(2);
subplot 211; plot(t,x,'k')
axis([0 5 -1.2e-3 1e-3]); title('处理后信号的时域波形');
xlabel('时间/s'); ylabel('幅值');
subplot 212; plot(freq,10*log10(abs(X(n2))),'k');
axis([0 1000 -40 10]); title('处理后信号的频谱图');
xlabel('频率/Hz'); ylabel('幅值/dB'); grid;
set(gcf,'color','w');
```

说明：

① 在程序中先求基波的频率，从频谱分析知道基波频率的大致区间，设置了寻找基波的频率区间 DX＝[5　15]。在求出基波后设置基波频率为 f0。

② 在求谐波时由于谐波频率不一定是基波的整数倍，而是在整数倍附近，所以对第 k 次谐波一样给出寻找频率的区间，设为 XN＝[k*f0－5　k*f0+5]。

③ 不论求出基波或谐波的参数后，都构成仿真的信号 u＝Z(2)*cos(2*pi*Z(1)*t＋Z(3))，并从原始信号中减去：x＝x－u。

④ 在本章参考文献[4]中指出用汉宁窗能达到较高的精度，所以在本程序中都用汉宁窗的比值校正。

运行程序 pr6_1_1 后得原始信号的波形图和频谱图如图 6-2-2 所示，而滤波处理后的信号波形图和频谱图如图 6-2-3 所示。

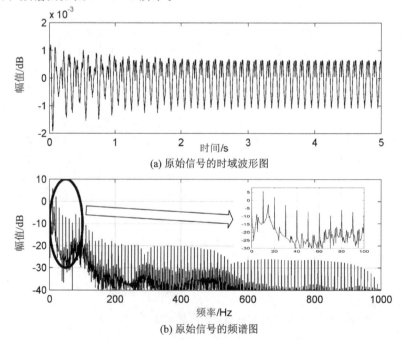

(a) 原始信号的时域波形图

(b) 原始信号的频谱图

图 6-2-2　原始信号的波形图和频谱图

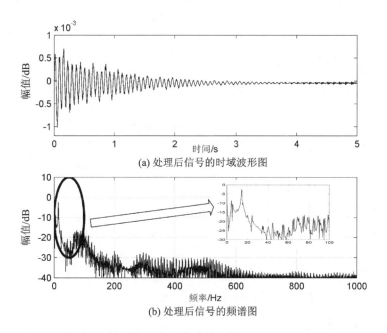

图 6 - 2 - 3　处理后信号的波形图和频谱图

在图 6 - 2 - 2(b)中给出了一个小图,显示 0~100 Hz 之间的频谱,可以看出正弦信号干扰的基波频率约为 10 Hz,谐波频率为 20 Hz、30 Hz、…附近。而在图 6 - 2 - 3(b)中也给出了一个小图,显示出 0~100 Hz 之间频谱,可以看出这干扰的正弦信号基本上被消除了。从图 6 - 2 - 3(a)所示波形图中也可以看到系统的脉冲响应恢复为一个随时间衰减的曲线。

用本方法不能完全把正弦信号消除,因为用校正方法得到正弦信号的参数只是实际信号参数的一个近似值,有一个精度的限制。本章参考文献[4]中介绍比值法时,由于相角的精度为 1°,相对误差约为 1%,故采用仿真波形来消除正弦波的干扰,能把干扰衰减约 40 dB。

4. 案例延伸

有时会发现估算出来的相角有较大的误差,这是什么原因。我们来看一个例子。

例 6 - 2 - 2(pr6_2_2)　设有一信号由 3 个正弦信号组成,信号频率为[80,150.232, 253.545 3],幅值为[4,3,1],初始相角为[30.7,75.2,240](单位为度(°))。采样频率为 1 024 Hz,数据长度为 1 024。信号表达式为

$$x(n) = A_1\sin\left(\frac{2\pi f_1 n}{f_s} + \phi_1\right) + A_2\sin\left(\frac{2\pi f_2 n}{f_s} + \phi_2\right) + A_3\cos\left(\frac{2\pi f_3 n}{f_s} + \phi_3\right)$$

程序 pr6_2_2 清单如下:

```
% pr6_2_2
close all; clear all; clc;
fs = 1024;                              % 采样频率
N = 1024;                               % 信号长度
rad = pi/180;                           % 1 rad
t = (0:N-1)/fs;                         % 时间序列
f1 = 80; phy1 = 30.7; A1 = 4;           % 信号 1 参数
f2 = 150.232; phy2 = 75.2; A2 = 3;      % 信号 2 参数
```

```
f3 = 253.5453; phy3 = 240; A3 = 1;                % 信号3参数
x = A1 * sin(2 * pi * f1 * t + phy1 * rad) + A2 * sin(2 * pi * f2 * t + phy2 * rad) + ...
        A3 * cos(2 * pi * f3 * t + phy3 * rad);
NXX = [75 85; 145 155; 250 260];                  % 设置寻找最大值区间
% 寻找峰值并提取正弦信号的参数
for k = 1 : 3
        NX = NXX(k,:);                            % 获取搜寻的区间
        Z = specor_m1(x,fs,N,NX,2);               % 通过比值修正法提取信号参数
        fprintf('%4d    %5.4f    %5.4f    %5.4f    %5.4f\n',k,Z(1),Z(2),Z(3),Z(3)/rad);
end
```

运行程序 pr6_2_2 得到如下结果：

序号	频率	幅值	初始角/rad	初始角/(°)
1	80.000 0	4.000 0	−1.035 0	−59.300 0
2	150.232 0	3.000 0	−0.258 3	−14.800 0
3	253.545 3	1.000 0	−2.094 4	−119.999 9

从以上计算结果来看，这3个正弦信号的分量在频率和幅值方面与设置值完全相同，但求出的初始相角似乎有较大的偏差。在2.2.2小节中曾指出，用MATLAB的angle函数求出的相角是针对余弦三角函数的，若信号是正弦三角函数，则差 π/2 或 90°。这样的论述也适用于修正法求出的初始相角，因为按式(6-2-12)进行相角修正时，MATLAB程序中一样要用angle函数。所以第1分量和第2分量求出的相角适用于余弦函数，而实际信号中是正弦函数，差90°。若把 −59.3° 和 −14.8° 分别加上 90°，则得 30.7° 和 75.2°，与设置值完全一致。第3个分量初始相角是 240°，但由修正法求出的初始相角在 −π～π 之间，所以 240° 应改为 −120°，这与计算值 −119.999 9 十分接近。

6.3　能量重心校正法[3,5]

在能量重心校正法中只介绍用海宁窗，因为用矩形窗产生的误差比较大。

汉宁窗的定义为

$$W(n) = 0.5 - 0.5\cos\frac{2\pi n}{N}, \quad n = 0,1,2,\cdots,N-1 \quad (6-3-1)$$

在6.2.2小节中给出的汉宁窗在频域主瓣的模函数为

$$y(x) = \frac{\sin(\pi x)}{\pi x} \cdot \frac{N}{2(1-x^2)} \quad (6-3-2a)$$

如果在谱分析处理中除以 N，则式(6-3-2a)可表示为

$$y(x) = \frac{\sin(\pi x)}{\pi x} \cdot \frac{1}{2(1-x^2)} \quad (6-3-2b)$$

令能量函数 $G(x) = y^2(x)$，则有

$$G(x) = \frac{\sin^2(\pi x)}{4\pi^2 x^2 (1-x^2)^2} \quad (6-3-3)$$

$G(x)$ 的曲线如图 6-3-1 所示。

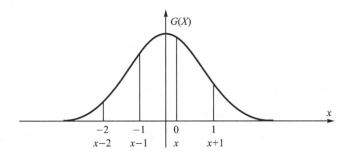

图 6-3-1 $G(x)$ 的曲线

对任意确定值 x,当 $n\to\infty$ 时(n 为自然数),可证明 $G(x)$ 满足[6]

$$\sum_{i=-a}^{a} G(x+i) \times (x+i) = 0 \qquad (6-3-4)$$

式(6-3-4)表明,海明窗离散频谱的能量重心无穷逼近坐标原点。由于海明窗旁瓣的功率谱值很小,根据其能量重心的特性,若 $x\in[-0.5,0.5]$,则可以用主瓣内功率谱值较大的几条谱线精确地求得主瓣的中心坐标。

对于矩形窗、海明窗、布莱克曼窗、Blackman-Harris 窗等常用的窗函数而言,当 n 足够大时,也一样能证明离散窗谱的能量重心都在原点附近。

6.3.1 能量重心法校正频率、幅值和相角的原理

设当信号 $u(n)=Ae^{j2\pi f_0 n/f_s}$ 时,以 x_0 为中心的海明窗频谱主瓣能量函数(如图 6-3-2 所示)为

$$y(x) = \frac{A^2 \sin^2[\pi(x-x_0)]}{4\pi^2 (x-x_0)^2 [1-(x-x_0)^2]^2} \qquad (6-3-5)$$

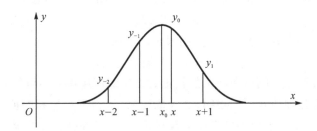

图 6-3-2 海明窗能量重心校正

相当于式(6-3-3)乘以系数 A^2 并平移到 $x=x_0$ 处,x_0 和 A 分别为分析信号的频率和幅值,y_0 为主瓣内谱线最大幅值平方(能量值)。当 $n\to\infty$ 时(n 为自然数),根据海明窗的能量重心特性有

$$\sum_{i=-a}^{a} y_i \times (x-x_0+i) = 0 \qquad (6-3-6)$$

化简得

$$\sum_{i=-a}^{a} y_i \times (x-x_0+i) = \sum_{i=-a}^{a} y_i \times (x+i) - \sum_{i=-a}^{a} y_i \times x_0 = 0 \qquad (6-3-7)$$

根据式(6-3-7)可求得主瓣的中心为

$$x_0 = \frac{\sum_{i=-a}^{a} y_i \cdot (x+i)}{\sum_{i=-a}^{a} y_i} \qquad (6-3-8)$$

式(6-3-8)就是加海明窗时单谐波信号谱分析的频率精确校正公式。设采样频率为 f_s，作 DFT 的点数为 N，主瓣内最大值的谱线号为 k，i 为谱线中相对于第 k 条谱线的差值 ($-a \leqslant i \leqslant a$)，$y_i$ 为谱对应 i 的能量谱线值，x_0 为主瓣中心，由式(6-3-8)就能得到能量校正法校正频率的通用公式：

$$x_0 = \frac{\sum_{i=-a}^{a} y_i (k+i) f_s / N}{\sum_{i=-a}^{a} y_i} \qquad (6-3-9)$$

对幅值的校正，由帕斯瓦定理知，$\sum_{i=-a}^{a} Y_i$ 就是主瓣峰值处功率谱的理论值(应考虑窗函数的能量恢复系数)，因此很容易求得信号的校正幅值。设能量恢复系数为 K_t，只要已知窗函数的理论数学表达式，K_t 可以由数值解法求出，在表 2-2-3 中已列出部分主要窗函数的恢复系数，K_t 是恢复系数的平方(所以 K_t 值有：加矩形窗时为 1，加汉宁窗时为 8/3，加海明窗时为 2.51635 等)，此恢复系数与点数 n 无关。校正后的幅值为

$$A = \sqrt{K_t \sum_{i=-n}^{n} Y_i} \qquad (6-3-10)$$

由式(6-3-9)知，设归一化频率的校正量为 Δk，有

$$\Delta k = (x_0 - m f_s / N) / (f_s / N) \qquad (6-3-11)$$

根据对称窗函数相角特点，频率校正量为 Δk 时，相角的校正量(参看式(6-2-11))应为

$$\Delta \varphi = -\Delta k \pi \qquad (6-3-12)$$

设信号 FFT 的实部为 R_m，虚部为 I_m，则校正后的相角为

$$\varphi_m = \arctan(I_m / R_m) + \Delta \varphi \qquad (6-3-13)$$

以上就是海明窗的频率、幅值和相角的校正。在实际应用中 n 不可能取无穷大，由于海明窗的旁瓣衰减很快，理论和仿真研究表明，当 n 取 1 时(即为三点卷积幅值校正)，其频率校正就能达到很高的精度。如果想要得到更高的校正精度，则可根据实际情况，适当增加 n 的值。

根据对称窗函数离散频谱的能量重心特性，数值计算表明，以上校正公式同样适用于其他窗，只是精度不同，选择的点数不同。

6.3.2 能量重心校正法的 MATLAB 函数

这里只介绍一个用汉宁窗的 MATLAB 函数。

名称：Energcentergrav

功能：用汉宁窗进行能量重心法校正，计算出正弦信号的频率、幅值和初始相角

调用格式：

Z = Energcentergrav(x,fs,NX,mord)

说明：本函数是从 MATLAB 中文论坛网友"倔强的笨蛋"提供的程序修改来的。函数的

输入参数 x 是被测的信号序列，fs 是采样频率，NX 是寻找峰值的频率区间，给的是频率值（默认值是[0,fs/2]），mord 是在用能量重心法中取 n 的长度（默认值为 3）。因为在信号中可能有许多峰值，故为了求一个特定的峰值，应先设置求该峰值的频率区间 NX。输出参数 Z 有 3 个元素，Z(1) 是正弦信号的频率、Z(2) 是信号的幅值和 Z(3) 是信号的初始相角（在 $-\pi \sim \pi$ 之间）。

函数 Energcentergrav 的程序清单如下：

```
function Z = Energcentergrav(x,fs,NX,mord)
if nargin<3, NX = [0 fs/2]; mord = 3; end      % 设定默认值
if nargin<4, mord = 3; end
if isempty(NX), NX = [0 fs/2]; end
x = x(:)';                                       % 输入数据成行序列
Z = zeros(1,3);                                  % 初始化
N = length(x);                                   % 数据长度
wind = hanning(N,'periodic');                    % 生成汉宁窗
X = fft(x.*wind');                               % FFT
k_cor = 2.667;                                   % 汉宁窗恢复系数
X = X(1:N/2+1)/N*2;                              % 单边复数谱
df = fs/N;                                       % 频率分辨率
n1 = floor(NX(1)/df)+1;                          % 对 NX 求出对应谱线的索引号
n2 = floor(NX(2)/df)+1;
X_abs = abs(X);                                  % 单边幅值谱
XP = X_abs.^2;                                   % 单边功率谱
[v1,kmax] = max(XP(n1:n2));                      % 寻找功率最大值
kmax = kmax + n1 - 1;                            % 调整最大值索引号
phmax = angle(X(kmax));                          % 最大值处对应的相角
dn = -mord:mord;                                 % 设置求和的区间
f_cor = sum((kmax+dn).*XP(kmax+dn))/sum(XP(kmax+dn));   % 按式(6-3-9)求 x0
Z(1) = (f_cor - 1)*df;                           % 频率校正
Z(2) = sqrt(k_cor*sum(XP(kmax+dn)));             % 按式(6-3-10)进行幅值校正
Z(3) = phmax + pi*(kmax - f_cor);                % 按式(6-3-13)进行相角校正
Z(3) = mod(Z(3),2*pi);                           % 把相角限定在[-pi,pi]区间内
Z(3) = Z(1,3) - (Z(3)>pi)*2*pi + (Z(3)<-pi)*2*pi;
```

6.3.3 案例 6.2：能量重心校正法与比值校正法的比较

1. 概　述

在 6.2 节中介绍了比值校正法，又在本节中介绍了能量重心校正法，这两种方法中哪一种的精度更高呢？在本小节中将举例进行比较。

2. 实　例

例 6-3-1(pr6_3_1)　使用的信号与例 6-2-2 中相同，即信号由 3 个正弦信号组成，信号为频率为[80,150.232,253.545 3]，幅值为[4,3,1]，初始相角[30.7,75.2,240]（单位为度(°)）。采样频率为 1 024 Hz，数据长度为 1 024。信号表达式为

$$x(n) = A_1 \sin(2\pi f_1 n/f_s + \phi_1) + A_2 \sin(2\pi f_2 n/f_s + \phi_2) + A_3 \cos(2\pi f_3 n/f_s + \phi_3)$$

用能量重心校正法计算正弦分量的参数。

程序 pr6_3_1 的清单如下：

```
% pr6_3_1
close all; clear all; clc;
fs = 1024;                              % 采样频率
N = 1024;                               % 信号长度
rad = pi/180;                           % 1 rad
t = (0:N-1)/fs;                         % 时间序列
f1 = 80; phy1 = 30.7; A1 = 4;           % 信号 1 参数
f2 = 150.232; phy2 = 75.2; A2 = 3;      % 信号 2 参数
f3 = 253.5453; phy3 = 240; A3 = 1;      % 信号 3 参数

x = A1 * sin(2 * pi * f1 * t + phy1 * rad) + A2 * sin(2 * pi * f2 * t + phy2 * rad) + ...
    A3 * cos(2 * pi * f3 * t + phy3 * rad);
NXX = [75 85; 145 155; 250 260];        % 设置寻找最大值区间
% 寻找峰值并提取正弦信号的参数
mord = 3;                               % 设置能量重心法中取 n 的长度
for k = 1 : 3
    NX = NXX(k,:);                      % 获取搜寻的区间
    Z = Energcentergrav(x,fs,NXX(k,:),mord);   % 能量重心校正法
    fprintf('%4d    %5.4f    %5.4f    %5.4f    %5.4f\n',k,Z(1),Z(2),Z(3),Z(3)/rad);
end
```

运行程序 pr6_2_2 得到如下结果：

序号	频率	幅值	初始角/rad	初始角/(°)
1	80.000 0	4.000 2	−1.035 0	−59.300 0
2	150.232 0	3.000 2	−0.258 2	−14.794 8
3	253.545 4	1.000 1	−2.094 8	−120.024 0

与例 6-2-2(用比值校正法)的结果相比较，两者的结果十分接近。

6.4 相位差校正法[3,6-7]

相位差校正法是把加窗的信号分成 2 段，且第 2 段和第 1 段相比，第 2 段的起始点或(和)长度与第 1 段不相同。设第 1 段的信号长度取为 T，时间从 0 开始取起。

相位差校正法共有以下 3 种：

第 1 种方法是时域平移，平移后经过傅里叶变换，利用对应峰值谱线相角的相位差进行频谱校正。

第 2 种方法是改变窗长法，两段信号有相同的起始点，但第 2 段序列的时长为 $a_2 T$，对这两段序列分别加不同长度的窗函数傅里叶变换，利用对应峰值谱线的两个相角的相位差进行频谱校正。

第 3 种方法是综合校正法——时域平移＋改变窗长＋加不同窗函数法，第 2 段时域序列

比第 1 段滞后 a_1T 开始取起,并只有时长 a_2T(信号至少为 $\max(T,(a_1+a_2)T)$ 长),对这两段信号时域加相同或不同的窗函数,分别进行不同长度的傅里叶变换,利用对应峰值谱线的相位差进行频谱校正。

由式(6-1-1)和式(6-1-2)可知,当信号 $x(t)=A\mathrm{e}^{\mathrm{j}2\pi f_0 t}$ 时,$x(t)$ 的傅里叶变换为

$$X(f)=A\delta(f-f_0) \tag{6-4-1}$$

其中:A 是一个复数,表示为 $A=A_m\mathrm{e}^{\mathrm{j}\theta}$,$A_m$ 是信号的幅值(即 $A_m=|A|$),θ 是信号的初始相角。

另设矩形窗为

$$w_T(t)=\begin{cases}1, & -T/2<t\leqslant T/2\\ 0, & \text{其他}\end{cases} \tag{6-4-2}$$

它的傅里叶变换为 W_T,若把式(6-4-2)的窗函数向右移动 $T/2$(如图 6-4-1 所示),则窗函数表示为

$$w_{T1}(t)=w_T(t-T/2)=\begin{cases}1, & 0<t\leqslant T\\ 0, & \text{其他}\end{cases} \tag{6-4-3}$$

由傅里叶变换的性质可知,在时间域上的位移相当于在频率域上旋转一个角度,故有 $W_{T1}=W_T\mathrm{e}^{-\mathrm{j}2\pi f(T/2)}$。

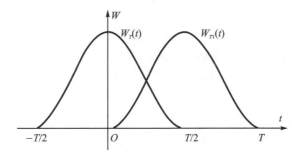

图 6-4-1 窗函数在时域中位移 $T/2$

连续时间信号 $x(t)$ 在 T 间隔中的信号相当于 $x(t)$ 与 $w_{T1}(t)$ 的乘积:

$$x_T(t)=x(t)w_{T1}(t) \tag{6-4-4}$$

而 $x_T(t)$ 的傅里叶变换 $X_T(f)$ 为 $X(f)$ 和 $W_{T1}(f)$ 的卷积:

$$\begin{aligned}X_T(f)&=A\int W_{T1}(\tau)\delta_{\omega_m}(f-f_0-\tau)\mathrm{d}\tau=AW_{T1}(f-f_0)=\\ &A_m\mathrm{e}^{\mathrm{j}\theta}W_T(f-f_0)\mathrm{e}^{-\mathrm{j}2\pi fT/2}=A_mW_T(f-f_0)\mathrm{e}^{\mathrm{j}[\theta-\pi(f-f_0)T]}\end{aligned} \tag{6-4-5}$$

6.4.1 时域平移相位差校正法

正弦信号 $x(t)$ 如图 6-4-2 所示,第 1 段信号从序列索引号 0 开始取起,第 2 段信号 $x_0(t)$ 从序列索引号 L 开始取起(对应时间刻度为 a_1T),两段信号长均为 N(对应时长为 T)。

对第 1 段信号序列是 $x(t)$ 乘以窗函数 $w_{T1}(t)$ 后 $x_T(t)$,按式(6-4-5),信号 $x_T(t)$ 的傅里叶变换 $X_T(f)=A_mW_T(f-f_0)\mathrm{e}^{\mathrm{j}[\theta-\pi(f-f_0)T]}$,从 $X_T(f)$ 中可得各频率的初始相角为

$$\Phi(f)=\theta-\pi T(f-f_0) \tag{6-4-6}$$

式中:f_0 是信号实际的频率。

对于第 2 段信号 $x_0(t)$ 是从连续信号 $x(t)$ 中向后平移 a_1T 后开始取信号,其中 $a_1>0$,$x_0(t)$ 与 $x(t)$ 的关系为

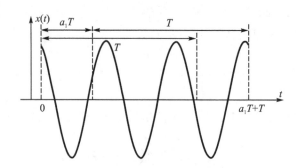

图 6-4-2 时域平移的两数据序列 $x(t)$ 和 $x_0(t)$

$$x_0(t) = x(t + a_1 T) \quad (6-4-7)$$

$x(t)$ 的傅里叶变换是 $X(f)$，$x_0(t)$ 的傅里叶变换是 $X_0(f)$，则它们的离散傅里叶变换关系式为

$$X_0(f) = X(f)\exp(j2\pi a_1 T f) \quad (6-4-8)$$

所以 $x_0(t)$ 的初始相角为

$$\theta_0 = \theta + 2\pi f_0 a_1 T \quad (6-4-9)$$

而 $x_0(t)$ 乘以窗函数 $w_{T1}(t)$，得

$$x_{T0}(t) = x_0(t) \cdot w_{T1}(t) \quad (6-4-10)$$

由式(6-4-5)，可以得到 $x_{T0}(t)$ 的傅里叶变换 $X_{T0}(f)$：

$$X_{T0}(f) = A_m W_T(f-f_0)e^{j[\theta_0-\pi(f-f_0)T]} = A_m W_T(f-f_0)e^{j[\theta+2\pi a_1 f_0 T-\pi(f-f_0)T]} \quad (6-4-11)$$

所以 $X_{T0}(f)$ 的初始相角为

$$\Phi_0(f) = \theta - \pi T(f-f_0) + 2\pi f_0 a_1 T \quad (6-4-12)$$

在频谱分析中找到 $X_T(f)$ 的最大值频率为 f_1，$X_{T0}(f)$ 的最大值频率为 f_2，由于 $x_T(t)$ 和 $x_{T0}(t)$ 信号傅里叶变换分析长度是相等的，故有 $f_2 = f_1$。

令 $\Delta f = f_1 - f_0$，则式(6-4-6)和式(6-4-12)为

$$\Phi(f_1) = \theta - \pi T(f_1 - f_0) = \theta - \pi T \Delta f \quad (6-4-13a)$$

$$\Phi_0(f_1) = \theta + 2\pi f_0 a_1 T - \pi T \Delta f \quad (6-4-13b)$$

由 $\Phi(f_1) - \Phi_0(f_1)$ 得

$$\Delta \Phi = \Phi - \Phi_0 = \theta - \pi T \Delta f - [\theta - \pi T \Delta f + 2\pi f_0 a_1 T] = -2\pi a_1 T f_0 = -2\pi a_1 T(f_1 - \Delta f) \quad (6-4-14)$$

由此可得其频率修正量为

$$\Delta f = \frac{2\pi a_1 T f_1 + \Delta \Phi}{2\pi a_1 T} \quad (6-4-15)$$

因为 $a_1 = L/N$，又 $T = N \mathrm{d}t = N/f_s$，$f_1 = k_1 \mathrm{d}f_1$，$\mathrm{d}f_1$ 是 N 点 FFT 时的频率间隔，代入式(6-4-15)可进一步展开为

$$\Delta f = \frac{2\pi a_1 T f_1 + \Delta \Phi}{2\pi a_1 T} = \frac{2\pi k_1 L/N + \Delta \Phi}{2\pi L} \cdot f_s \quad (6-4-16)$$

又设 $d_i = \Delta f / \mathrm{d}f$ 为归一化频率偏移量（$-0.5 < d_i < 0.5$），为

$$d_i = \frac{\Delta f}{\mathrm{d}f} = \frac{\Delta f N}{f_s} = \frac{2\pi k_1 L/N + \Delta \Phi}{2\pi L/N} \quad (6-4-17)$$

若已知 d_i，则可按 6.4.4 小节中介绍的方法进一步进行频率校正、幅值校正和相角校正。

6.4.2 改变窗长的相位差校正法

从正弦信号 $x(t)$ 中取 2 段信号，如图 6-4-3 所示。第 1 段信号从序列索引号 0 开始取起，信号长为 N（对应时长为 T）；第 2 段信号 $x_0(t)$ 也从序列索引号 0 开始取起，所取信号长为 M（对应时长为 a_2T）。

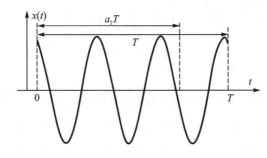

图 6-4-3 改变窗长度的 $x(t)$ 和 $x_0(t)$

第 1 段信号序列与 6.4.1 小节中的第 1 段信号相同，所以各频率的初始相角即为式(6-4-6)所示，而在最大值频率为 f_1 处的相角为式(6-4-13a)所示。

第 2 段信号 $x_0(t)$ 是从连续信号 $x(t)$ 中取 a_2T 长，其中 $a_2 > 0$。设有窗函数 $w_2(t)$，如式(6-4-2)所示，只是窗长为 a_2T。若把 $w_2(t)$ 右移 $a_2T/2$，得 $w_{T2}(t)$，如式(6-4-2)所示，则 $w_2(t)$ 与 $w_{T2}(t)$ 的关系为

$$w_{T2}(t) = w_2(t - a_2T/2) \quad (6-4-18)$$

它们傅里叶变换后的关系类似于 W_T 与 W_{T1} 的关系，有 $W_{T2} = W_2 e^{-j2\pi f(a_2T/2)}$。按以上推导的方法一样可以得到第 2 段信号在最大值频率为 f_2 处的相角为

$$\Phi_1(f_2) = \theta - \pi a_2 T(f_2 - f_0) \quad (6-4-19)$$

用式(6-4-13a)减去式(6-4-19)，又因为 $\Delta f = f_1 - f_0$，故求得相位差为

$$\Delta \Phi = \Phi - \Phi_1 = \theta - \pi T \Delta f - [\theta - \pi a_2 T(f_2 - f_0)] =$$
$$\pi a_2 T(f_2 - f_1) + \Delta f(\pi a_2 T - \pi T) \quad (6-4-20)$$

由此可得其频率修正量为

$$\Delta f = \frac{\Delta \Phi - \pi a_2 T(f_2 - f_1)}{\pi a_2 T - \pi T} = \frac{\pi a_2 T(f_2 - f_1) - \Delta \Phi}{\pi T(1 - a_2)} \quad (6-4-21)$$

设 $a_2 = M/N$，又 $T = Ndt = N/f_s$，$f_2 = k_2 df_2$，$f_1 = k_1 df_1$，df_1 是 N 点 FFT 时的频率间隔，df_2 是 M 点 FFT 时的频率间隔，k_1 为 N 点 FFT 时谱线最大值的索引号，k_2 为 M 点 FFT 时谱线最大值的索引号。把这些关系代入式(6-4-21)，可进一步展开为

$$\Delta f = \frac{\pi a_2 T(f_2 - f_1) - \Delta \Phi}{\pi T(1 - a_2)} = \frac{\pi(k_2 - k_1 M/N) - \Delta \Phi}{\pi(N - M)} \cdot f_s \quad (6-4-22)$$

又设 $d_i = \Delta f/df$ 是归一化频率偏移量（$-0.5 < d_i < 0.5$），则有

$$d_i = \frac{\Delta f}{dt} = \frac{N \Delta f}{f_s} = \frac{\pi(k_2 - k_1 M/N) - \Delta \Phi}{\pi(N - M)/N} \quad (6-4-23)$$

6.4.3 通用相位差法

从正弦信号 $x(t)$ 中取两段信号，如图 6-4-4 所示。第 1 段信号从序列索引号 0 开始取

起,信号长为 N(对应时长为 T);第 2 段信号 $x_0(t)$ 从序列索引号 L 开始取起(对应时间刻度为 a_1T),信号长为 M(对应时长为 a_2T)。

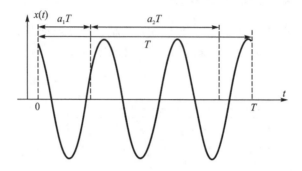

图 6-4-4 时域平移有不同窗长的 $x(t)$ 和 $x_0(t)$

第 1 段信号序列与 6.4.1 小节中的第 1 段信号相同,各频率的初始相角如式(6-4-6)所示,而在最大值频率为 f_1 处的相角如式(6-4-13a)所示。

第 2 段信号 $x_0(t)$ 是从连续信号 $x(t)$ 向后平移 a_1T 后开始取信号,其中 $a_1>0$。由于平移 a_1T 后开始取信号使初始相角发生了变化,如式(6-1-9)所示;信号的时长为 a_2T,按 6.4.2 小节中的介绍,第 2 段信号在最大值频率 f_2 处的相角为

$$\Phi_2 = \theta - \pi a_2 T(f_2 - f_0) + 2\pi a_1 T f_0 = \theta - \pi a_2 T(f_2 - f_0) + 2\pi a_1 T(f_1 - \Delta f) \tag{6-4-24}$$

式(6-4-13a)减式(6-4-24),求相位差得

$$\Delta\Phi = \Phi - \Phi_2 = \theta - \pi T \Delta f - [\theta - \pi a_2 T(f_2 - f_0) + 2\pi a_1 T f_0] = \pi a_2 T(f_2 - f_1) - 2\pi a_1 T f_1 + \Delta f(\pi a_2 T - \pi T + 2\pi a_1 T) \tag{6-4-25}$$

得其频率修正量为

$$\Delta f = \frac{\Delta\Phi - \pi a_2 T(f_2 - f_1) + 2\pi a_1 T f_1}{\pi a_2 T - \pi T + 2\pi a_1 T} = \frac{\Delta\Phi - \pi a_2 T(f_2 - f_1) + 2\pi a_1 T f_1}{(a_2 + 2a_1 - 1)\pi T} \tag{6-4-26}$$

但在上式中必须保证

$$a_2 + 2a_1 - 1 \neq 0 \tag{6-4-27}$$

以上推导并没有指定具体用哪一种窗函数,所以通用的相位差校正方法适用于所有的对称窗函数,时域平移相位差法和改变窗长的相位差法实际上分别是通用相位差当 $a_2=1$ 时和当 $a_1=0$ 时的特例。

从式(6-4-26)可见,当 $a_1=0$ 时就简化为改变窗长的相位差法:

$$\Delta f = \frac{\Delta\Phi - \pi a_2 T(f_2 - f_1) + 2\pi a_1 T f}{(a_2 - 2a_1 - 1)\pi T} = \frac{\Delta\Phi - \pi a_2 T(f_2 - f_1)}{(a_2 - 1)\pi T}$$

它与式(6-4-21)相同。式(6-4-26)中,若 $a_2=1$,则可简化为时域平移相位差法,此时 $f_2=f_1$,有

$$\Delta f = \frac{\Delta\Phi - \pi a_2 T(f_2 - f_1) + 2\pi a_1 T f}{(a_2 + 2a_1 - 1)\pi T} = \frac{\Delta\Phi + 2\pi a_1 T f}{(1 + 2a_1 - 1)\pi T} = \frac{2\pi a_1 T f + \Delta\Phi}{2a_1\pi T}$$

它与式(6-4-15)相同。

因为 $a_1=L/N, a_2=M/N, T=Ndt=N/f_s$,又 $f_2=k_2 df_2, f_1=k_1 df_1, df_1$ 是 N 点 FFT

时的频率间隔，df_2 是 M 点 FFT 时的频率间隔，k_1 为 N 点 FFT 时谱线最大值的索引号，k_2 为 M 点 FFT 时谱线最大值的索引号。把这些关系代入式(6-4-26)可进一步展开为

$$\Delta f = \frac{\Delta\Phi - \pi a_2 T(f_2 - f_1) + 2\pi a_1 T f_1}{(a_2 + 2a_1 - 1)\pi T} =$$

$$\frac{\Delta\Phi - \pi \dfrac{M}{f_s}\left(k_2 \dfrac{f_s}{M} - k_1 \dfrac{f_s}{N}\right) + 2\pi \dfrac{L}{f_s} k_1 \dfrac{f_s}{N}}{\pi \left(\dfrac{M}{N} + 2\dfrac{L}{N} - 1\right)\dfrac{N}{f_s}} =$$

$$\frac{\Delta\Phi - \pi M\left(\dfrac{k_2}{M} - \dfrac{k_1}{N}\right) + 2\pi k_1 \dfrac{L}{N}}{\pi(M + 2L - N)} f_s \quad (6-4-28)$$

令 $d_i = \Delta f / df = N\Delta f / f_s$，则有

$$d_i = \frac{\Delta\Phi - \pi M\left(\dfrac{k_2}{M} - \dfrac{k_1}{N}\right) + 2\pi k_1 \dfrac{L}{N}}{\pi\left(\dfrac{M}{N} + 2\dfrac{L}{N} - 1\right)} \quad (6-4-29)$$

设

$$\delta = \Delta\Phi + 2\pi k_1 \frac{L}{N} - \pi M\left(\frac{k_2}{M} - \frac{k_1}{N}\right) \quad (6-4-30)$$

则 d_i 简化为

$$d_i = \frac{\delta}{\pi\left(\dfrac{M}{N} - 2\dfrac{L}{N} - 1\right)} \quad (6-4-31)$$

d_i 是归一化的频率增量，$-0.5 \leqslant d_i \leqslant 0.5$。

6.4.4 相位差的校正计算公式

前面介绍的时域平移、改变窗长和通用相位差法中都得到了归一化的频率增量 d_i，在式(6-4-17)、式(6-4-23)和式(6-4-31)中，怎么从 d_i 进一步求出频率、相角和幅值的校正关系式呢？

归一化的频率增量 d_i 相当于在 6.2 节中求出的 $-\Delta k$，可以利用 6.2 节中的关系式求出频率、相角和幅值的校正关系式。

(1) 频率校正

由式(6-2-6)可得

$$f_0 = (k_1 - d_i) \cdot f_s / N \quad (6-4-32)$$

(2) 相角校正

由式(6-2-12)可得

$$\theta = \arctan\left(\frac{I_{k_1}}{R_{k_1}}\right) + \pi d_i \quad (6-4-33)$$

(3) 幅值校正

幅值校正与窗函数的傅里叶变换有关，一般形式为

$$A_m = \frac{|X(k_1)|}{W(d_i)} \qquad (6-4-34)$$

其中:$X(k_1)$是在最大值k_1处的幅值;$W(d_i)$是归一化的窗谱函数;d_i是归一化的频率偏移量。

对矩形窗来说,按式(6-2-8)有

$$A_m = \frac{2|X(k_1)|}{N} \cdot \frac{\pi d_i}{\sin(\pi d_i)} \qquad (6-4-35)$$

对汉宁窗来说,按式(6-2-21)有

$$A_m = \frac{4\pi d_i |X(k_1)|}{\sin(\pi d_i)} \cdot \frac{1-d_i^2}{N} \qquad (6-4-36)$$

在式(6-4-17)中求出了时域平移相位差法的d_i,在式(6-4-23)中求出了改变窗长相位差法的d_i,它们都可以按照式(6-4-32)和式(6-4-33)来计算校正后的频率和相角,按照式(6-4-35)和式(6-4-36)来计算矩形窗和汉宁窗校正的幅值。

6.4.5 通用相位差校正法的 MATLAB 函数

按照6.4.3小节和6.4.4小节中的介绍编写了通用相位差的 MATLAB 函数:
名称:Phase_Gmtda
功能:实现通用相位差校正法
调用格式:

Z = Phase_Gmtda(x,N,L,M,fs,nx1,nx2,wintype)

说明:输入参数 x 是被测信号序列,N 是第1段数据的长度(单位为样点数),L 是第2段起始位置对第1段起始位置的距离(单位为样点数),M 是第2段数据的长度(单位为样点数),fs 是采样频率(单位为 Hz),nx1 和 nx2 是寻找峰值的频率区间(单位为 Hz),wintype 是窗函数的类型,1为矩形窗,2为汉宁窗。输出参数 Z 是数组,Z(1)是信号的幅值,Z(2)是信号的频率,Z(3)是信号的初始相角值。

函数 Phase_Gmtda 的程序清单如下:

```
function Z = Phase_Gmtda(x,N,L,M,fs,nx1,nx2,wintype)
if M+2*L-N==0, disp('M+2*L-N不能为0,请重新设置'); return; end
x = x(:)';                           % 转为行序列
arc = pi/180;                        % 1 rad
u1 = x(1:N);                         % 两列数据
u2 = x(L+1:L+M);
if wintype == 1                      % 矩形窗
    U1 = fft(u1);                    % 第1序列 FFT
    U2 = fft(u2);                    % 第2序列 FFT
elseif wintype == 2                  % 汉宁窗
    w1 = hann(N,'periodic')';        % 汉宁窗函数,长 N
    w2 = hann(M,'periodic')';        % 汉宁窗函数,长 M
    U1 = fft(u1.*w1);                % 乘窗函数和 FFT
    U2 = fft(u2.*w2);
end
df1 = fs/N;                          % 第1序列分辨率
```

```
df2 = fs/M;                                        % 第2序列分辨率
n11 = fix(nx1/df1);                                % 第1序列 U1 中搜寻区间
n12 = round(nx2/df1);
n21 = fix(nx1/df2);                                % 第2序列 U2 中搜寻区间
n22 = round(nx2/df2);

[Umax,index] = max(abs(U1(n11:n12)));              % 第1序列寻找最大值
k1 = n11 + index - 2;                              % 可计算实际频率:k1 * df1
UMAX = Umax;                                       % 保留最大值的幅值
KMAX = k1;                                         % 保留最大值的 k1
k2 = k1 + 1;                                       % 最大值频率的索引号
angle1 = atan2(imag(U1(k2)),real(U1(k2)));         % 在四象限中寻找相角

[Umax,index] = max(abs(U2(n21:n22)));              % 第2序列寻找最大值
k1 = n21 + index - 2;                              % 可计算实际频率:k1 * df2
k2 = k1 + 1;                                       % 最大值频率的索引号
angle2 = atan2(imag(U2(k2)),real(U2(k2)));         % 在四象限中寻找相角

dangle = angle1 - angle2;                          % 计算相位差
delta = dangle - pi * (k1 - KMAX * M/N) + 2 * pi * KMAX * L/N;    % 按式(6-4-30)计算 delta
del = mod(delta,2 * pi);                           % 把 delta 限于 2 * pi 范围内
del = del - (del>pi) * 2 * pi + (del< - pi) * 2 * pi;  % 把 del 限于 -pi~pi 范围内
dk1 = - del * N/pi/(N - M - 2 * L);                % 按式(6-4-31)计算 di
dk = dk1 + (dk1< - 0.5) - (dk1>0.5);               % 把 di 限于 -0.5~0.5 范围内

Z(2) = (KMAX - dk) * fs/N;                         % 按式(6-4-32)计算频率
Z(3) = angle1 + dk * pi;                           % 按式(6-4-33)计算初始相角
if wintype == 1                                    % 按式(6-4-35)计算矩形窗的幅值
    Z(1) = 2 * UMAX/sinc(dk)/N;
elseif wintype == 2                                % 按式(6-4-36)计算汉宁窗的幅值
    Z(1) = 4 * UMAX * (1 - dk * dk)/sinc(dk)/N;
end
```

6.4.6 案例6.3:旋转机械的振动测试

1. 概　述

在旋转机械的振动测试分析中,使用最多的是频谱分析,常用的方法就是快速傅里叶变换法(FFT)。在使用 FFT 时,对数据进行加窗就会带来能量泄漏和栅栏效应从而引起计算误差,不容易精确测量信号的参数。而通过对频谱分析并采取校正技术是提高测量精度的重要途径。

本章参考文献[9]中用最小二乘法逼近来对振动信号进行校正。下面用相位差法,利用本章参考文献[9]中提供的数据进行校正。

2. 实　例

例 6-4-1(pr6_4_1)　有一组振动信号由 4 个正弦信号组成,设法用通用相位差法测量

这4个正弦信号的参数。4个信号的理论参数有:幅值为[3.3,5.4,8.7,2.6],频率为[42.7,196.3,250.4,354.8](Hz),初始相角为[30,50,80,140](°),采样频率为1 024 Hz,数据长度为1 024。设置第1段数据长度 N=1 024,而第2段数据的延迟量是128,数据长度是512,在校正中选用汉宁窗函数。

程序清单如下:

```
%  pr6_4_1
clear all; clc; close all;
fs = 1024;                                      % 采样频率
N  = 1024;                                      % 数据长

arc = pi/180;                                   % 1 rad
n1 = 1:1:N;                                     % 第1次取数值范围
n2 = 1:2*N;                                     % 数据长
t2 = (n2 - 1)/fs;                               % 时间刻度

Am = [3.3 5.4 8.7 2.6];                         % 幅值参数
Fr = [42.7 196.3 250.4 354.8];                  % 频率参数(Hz)
Theta = [30 50 80 140];                         % 初始相角参数(度)
x = zeros(1,2*N);                               % 数据初始化
% 产生信号
for k = 1 : 4
    x = x + Am(k)*cos(2*pi*Fr(k)*t2 + Theta(k)*arc);  % 信号
end
L = 128; M = N/2;                               % L 和 M
Z = Phase_Gmtda(x,N,L,M,fs,40,45,2);            % 检测第1个分量
fprintf('%5.6f   %5.6f   %5.6f\n',Z(1),Z(2),Z(3)/arc);

Z = Phase_Gmtda(x,N,L,M,fs,190,200,2);          % 检测第2个分量
fprintf('%5.6f   %5.6f   %5.6f\n',Z(1),Z(2),Z(3)/arc);

Z = Phase_Gmtda(x,N,L,M,fs,245,255,2);          % 检测第3个分量
fprintf('%5.6f   %5.6f   %5.6f\n',Z(1),Z(2),Z(3)/arc);

Z = Phase_Gmtda(x,N,L,M,fs,350,360,2);          % 检测第4个分量
fprintf('%5.6f   %5.6f   %5.6f\n',Z(1),Z(2),Z(3)/arc);
```

运行程序 pr6_4_1 后将显示出如下结果:

	幅值	频率/Hz	初始相角/(°)
第1分量	3.300 007	42.699 996	30.000 745
第2分量	5.399 954	196.299 984	50.002 823
第3分量	8.699 985	250.399 995	80.000 816
第4分量	2.599 997	354.800 007	139.998 691

3. 讨 论

把计算的结果与理论值比较,给出误差值如下:

	幅值	频率/Hz	初始相角/(°)
第1分量	0.000 007	−0.000 004	0.000 745
第2分量	−0.000 046	−0.000 016	0.002 823
第3分量	−0.000 017	−0.000 005	0.000 816
第4分量	−0.000 003	0.000 007	−0.001 309

从以上的结果可看出,幅值和频率的误差在小数点的第5位以后,而初始相角的误差虽大一些,也在小数点的第3位以后。这说明用相位差法进行校正能达到较高的精度。

6.4.7 案例6.4:感应电机转子故障电流的分析

1. 概 述

转子故障是感应电机的常见故障。在感应电机转子发生故障时,定子电流信号中会出现故障特征频率分量$(1\pm 2ks)f_0$(f_0为供电的基波频率,k为整数,s为转差率)。但是,由于电机稳态运行时转差率很小,使得最强的故障特征频率分量$(1\pm 2s)f_0$($k=1$)与基波频率分量很接近,且故障特征频率分量相对基波幅值小许多(将近−40 dB),很容易被基波分量的泄漏及环境噪声所淹没,使检测的准确性和可靠性降低,这长期以来一直是感应电动机转子故障检测的难点。有了频谱校正方法后一直设法用相位差校正法对定子电流信号的频谱进行校正,可准确计算故障特征频率分量的幅值,为转子故障的量化评估提供了依据。

本章参考文献[10]中采用相位差法对电机故障信号进行频谱校正分析,本案例将使用本章参考文献[10]中的数据来处理。

2. 理论基础

本章参考文献[10]中,相位差法内使用的是凯泽窗,但在以上各节中介绍的只是矩形窗和汉宁窗。在实际测量计算中也有可能会用到其他窗函数,在这种情况下如何使用相位差法进行校正呢?

本章参考文献[11]提出了不依赖窗函数的校正方法。对于相位差法来说,不同的窗函数将影响信号幅值的校正,如式(6-4-34)所示:$A_m=|X(k_1)|/W(d_i)$,式中$W(\cdot)$是归一化的窗谱函数。在计算中,变量取d_i,又由于d_i的数值是在−0.5~0.5范围之内(一般我们用的窗函数都是对称窗函数,它的频谱也是正、负频率对称的),所以对于$W(d_i)$的求取只能通过离散时间的傅里叶变换(DTFT)来计算。

已知式(2-2-2)表示的DTFT为

$$X(e^{j\Omega}) = \sum_{n=0}^{\infty} x(n) e^{-j\Omega n}$$

当数据n为有限时,$n=0,1,\cdots,N-1$,又

$$\Omega = \omega T_s = 2\pi f T_s = 2\pi f/f_s$$

所以DTFT可以表示为

$$X(f) = \sum_{n=0}^{N-1} x(n) e^{-j2\pi fn/f_s} \qquad (6-4-37)$$

其中 f 是连续变化的。设 $f=k\Delta f$，或者 $k=f/\Delta f$，$\Delta f=f_s/N$，其中 k 也是连续变化的，这样把 f 的函数转化为 k 的函数，所以式(6-4-37)可写为

$$X(k) = \sum_{n=0}^{N-1} x(n) e^{-j2\pi kn/N} \qquad (6-4-38)$$

k/N 就是关于归一化频率偏移量，即之前给出的 d_i。按式(6-4-38)编写相关的程序，计算归一化的窗谱函数。

3. 任意窗函数的通用相位差校正的 MATLAB 函数

(1) 计算归一化的窗谱函数

名称：dtft_dk

功能：计算归一化的窗谱函数

调用格式：

X = dtft_dkm(w,dk,nmsign)

说明：输入参数 w 是窗函数的时间序列，dk 是归一化频率偏移量，有时需要对 DTFT 的数值除以 N 时(归一化处理)把 nmsign 设为 1，而不需要除 N 时则设为 0。输出参数 X 是归一化窗谱在 dk 处的值，是一个复数值。

在第 2 章中曾给过 DTFT 的函数，现在其基础上进行修改。程序清单如下：

```
function X = dtft_dkm(w,dk,nmsign)
w = w(:)';                              % 使 w 为一个行序列
N = length(w);                          % w 的长度
m = dk/N;                               % 按式(6-4-38)
n1 = 0:N-1;                             % n 序列
p = n1' * 2 * pi * m;                   % 按式(6-4-38)
ewn = exp(-1j * p);                     % 指数序列
X = w * ewn;                            % DTFT
if nmsign == 1
    X = X/N;                            % 除 N
end
```

(2) 任意窗函数的通用相位差法校正

名称：phase_AnyWin

功能：可以是任意窗函数，用通用相位差法进行校正

调用格式：

Z = phase_AnyWind(x,N,L,M,fs,nx1,nx2,wind1,wind2)

说明：输入参数 x 被测信号序列，N 第 1 段数据的长度(单位为样点数)，L 是第 2 段起始位置对第 1 段起始位置的距离(单位为样点数)，M 是第 2 段数据的长度(单位为样点数)，fs 是采样频率(单位为 Hz)，nx1 和 nx2 是寻找峰值的频率区间(单位为 Hz)，wind1 和 wind2 是 N 和 M 长的窗函数序列(可以是任意的窗函数)。输出参数 Z 中，Z(1)是信号的幅值，Z(2)是信号的频率，Z(3)是信号的初始相角值。

程序中大部分与 phase_Gmtda 函数相同，只是修改了涉及窗函数的部分。phase_Any-

Wind 函数的程序清单如下:

```
function Z = phase_AnyWind(x,N,L,M,fs,nx1,nx2,wind1,wind2)
if nargin<9, disp('输入参数少于9个,请补充参数'); return; end

x = x(:)';                                        % 把 x 转成为行序列
u1 = x(1:N);                                      % 两列数据
u2 = x(L+1:L+M);
w1 = wind1(:)';                                   % 第 1 段的窗函数
w2 = wind2(:)';                                   % 第 2 段的窗函数
U1 = fft(u1.*w1);                                 % 数据乘窗函数后 FFT
U2 = fft(u2.*w2);

df1 = fs/N;                                       % 第 1 序列分辨率
df2 = fs/M;                                       % 第 2 序列分辨率
n11 = fix(nx1/df1);                               % 第 1 序列 U1 中搜寻区间
n12 = round(nx2/df1);
n21 = fix(nx1/df2);                               % 第 2 序列 U2 中搜寻区间
n22 = round(nx2/df2);

[Umax,index] = max(abs(U1(n11:n12)));             % 第 1 序列寻找最大值
k1 = n11 + index - 2;                             % 可计算实际频率:k1*df1
UMAX = Umax;                                      % 保留最大值的幅值
KMAX = k1;                                        % 保留 k1
k2 = k1 + 1;                                      % 最大值频率的索引号
angle1 = atan2(imag(U1(k2)),real(U1(k2)));        % 在四象限中寻找相角

[Umax,index] = max(abs(U2(n21:n22)));             % 第 2 序列寻找最大值
k1 = n21 + index - 2;                             % 可计算实际频率:k1*df2
k2 = k1 + 1;                                      % 最大值频率的索引号
angle2 = atan2(imag(U2(k2)),real(U2(k2)));        % 在四象限中寻找相角

dangle = angle1 - angle2;                         % 计算相位差
delta = dangle - pi*(k1-KMAX*M/N) + 2*pi*KMAX*L/N;  % 按式(6-4-30)计算 delta
del = mod(delta,2*pi);                            % 把 delta 限于 2*pi 范围内
del = del - (del>pi)*2*pi + (del<-pi)*2*pi;       % 把 del 限于 -pi~pi 范围内
dk1 = -del*N/pi/(N-M-2*L);                        % 按式(6-4-31)计算 di
dk = dk1 + (dk1<-0.5) - (dk1>0.5);                % 把 di 限于 -0.5~0.5 范围内

Z(2) = (KMAX-dk)*fs/N;                            % 按式(6-4-32)计算频率
Z(3) = angle1 + dk*pi;                            % 按式(6-4-33)计算初始相角
Wdk = dtft_dkm(w1,dk,1);                          % 求出 W(dk)
WA = abs(Wdk);                                    % 取模值
Z(1) = 2*UMAX/WA/N;                               % 求出任意窗条件下的幅值
```

4. 实　例

例 6-4-2(pr6_4_2) 利用本章参考文献[10]中感应电机转子发生故障时的数据,设定

感应电机供电频率为 $f_0=49.72$ Hz，$2sf_0=1.64$ Hz，则转子发生故障时的感应电机 A 相定子电流可表示为

$$i_a = 10\cos\left(2\pi\times 49.72t + \frac{32\pi}{180}\right) + 0.15\cos\left(2\pi\times 48.08t + \frac{73\pi}{180}\right) +$$
$$0.11\cos\left(2\pi\times 51.36t - \frac{13\pi}{180}\right)$$

式中：48.08 Hz 分量和 51.36 Hz 分量分别为 $(1-2s)f_0$ 和 $(1+2s)f_0$ 的分量。采样频率是 1 024 Hz，数据样点是 4 096。

在参考文献[10]中指出，由于定子电流信号 i_a 是由多个频率靠近的信号混合而成的其频谱是密集分布的频谱。为消除各频率分量之间的干涉，窗函数的选择十分重要，必须选择窗函数的旁瓣衰减速度较快的窗函数。这里选用 Blackman Harris 窗函数（本章参考文献[1]、[12]中都给出了 Blackman Harris 窗函数，读者也可参看 7.1 节），第 1 旁瓣对主峰将有 92 dB 的衰减，窗函数的表达式如下：

$$w_{bh}(n) = 0.358\,75 - 0.488\,29\cos\frac{2\pi n}{N} + 0.141\,28\cos\frac{4\pi n}{N} - 0.011\,68\cos\frac{6\pi n}{N}$$

(6-4-39)

在 MATLAB 中，由 blackmanharris 函数直接计算出该窗函数。这里用时域平移相位差法来计算，程序 pr6_4_2 清单如下：

```
% pr6_4_2
clear all; clc; close all;
fs = 1024;                                    % 采样频率
N  = 4096;                                    % 数据长

arc = pi/180;                                 % 1 rad
ra = [131 137];                               % 搜寻范围
n1 = 1:1:N;                                   % 第 1 次取数值范围
n2 = 1:2*N;                                   % 数据长
t2 = (n2-1)/fs;                               % 时间刻度

Am = [0.15 10 0.11];                          % 幅值参数
Fr = [48.08 49.72 51.36];                     % 频率参数
Theta = [73 32 -13];                          % 初始相角参数(度)
x = zeros(1,2*N);                             % 数据初始化

% 产生信号
for k = 1 : 3
    x = x + Am(k)*cos(2*pi*Fr(k)*t2 + Theta(k)*arc); % 信号
end
L = 1024; M = N;                              % L 和 M
wind1 = blackmanharris(N);                    % blackmanharris 窗函数
wind2 = blackmanharris(M);

Z = phase_AnyWind(x,N,L,M,fs,47,49,wind1,wind2);   % 检测第 1 个分量
```

```
fprintf('%5.6f   %5.6f   %5.6f\n',Z(1),Z(2),Z(3)/arc);

Z = phase_AnyWind(x,N,L,M,fs,49,51,wind1,wind2);      % 检测第 2 个分量
fprintf('%5.6f   %5.6f   %5.6f\n',Z(1),Z(2),Z(3)/arc);

Z = phase_AnyWind(x,N,L,M,fs,51,53,wind1,wind2);      % 检测第 3 个分量
fprintf('%5.6f   %5.6f   %5.6f\n',Z(1),Z(2),Z(3)/arc);
```

运行程序 pr6_4_2 将显示出如下结果：

	幅值	频率/Hz	初始相角/(°)
第 1 分量	0.149 980	48.080 169	72.849 488
第 2 分量	9.999 997	49.720 000	32.000 014
第 3 分量	0.109 926	51.359 795	−12.818 149

在本案例中故障特征信号的频率与供电频率只差 1.64 Hz，而幅值差不多比供电信号小 40 dB，但通过相位差校正法还是能得到较满意的结果。

6.4.8 案例 6.5：ZFFT 分析后的相位差校正法

1. 概述

对于密集分布的频谱，常用精细化 FFT(ZFFT)方法把密集分布的频谱分离。但在 ZFFT 后怎么用校正方法。下面还是以 6.4.7 小节案例中的数据为例，先进行 ZFFT，再做相位差法校正，求出各分量的参数。

2. 实例

例 6-4-3(pr6_4_3) 用 6.4.7 小节案例中相同的数据，首先通过精细化 FFT 分析(用 exzfft_ma 函数)，把密集分布的频谱分离开，再用相位差法求出各分量的参数。

数据设定与例 6-4-2 相同，设感应电机供电频率为 $f_0=49.72$ Hz，$2sf_0=1.64$ Hz，则转子发生故障时的感应电机 A 相定子电流表示为

$$i_a = 10\cos(2\pi \times 49.72t + 32\pi/180) + 0.15\cos(2\pi \times 48.08t + 73\pi/180) + 0.11\cos(2\pi \times 51.36t - 13\pi/180)$$

式中：48.08 Hz 分量和 51.36 Hz 分量分别为 $(1-2s)f_0$ 和 $(1+2s)f_0$ 的分量。采样频率是 1 024 Hz，数据样点是 40 960。

调用 exzfft_ma 函数进行 ZFFT 分析已在第 5 章中介绍过了(参见 5.2.3 小节和 5.2.4 小节)，把 exzfft_ma 输出参数中的 xx 作为校正处理的输入数据，因为 xx 是被频移(调制)后的复信号，不是单纯的正弦信号之和，所以只有用相位差法才能获得信号的参数。

程序清单如下：

```
% pr6_4_3
clear all; clc; close all;

fs = 1024;                          % 采样频率
N  = 40960;                         % 数据长
n1 = 1:1:N;                         % 第 1 次取数值范围
```

```
t2 = (n1 - 1)/fs;                               % 时间刻度
arc = pi/180;                                   % 1 rad

Am = [0.15 10 0.11];                            % 幅值参数
Fr = [48.08 49.72 51.36];                       % 频率参数
Theta = [73 32 -13];                            % 初始相角参数(度)
x = zeros(1,N);                                 % 数据初始化
% 产生信号
for k = 1 : 3
    x = x + Am(k) * cos(2 * pi * Fr(k) * t2 + Theta(k) * arc);  % 信号
end
% ZFFT
D = 128; fe = 50;                               % 细化倍数和中心频率
nfft = 256;                                     % nfft 长
[y,freq,xx] = exzfft_ma(x,fe,fs,nfft,D);        % ZFFT

% 校正分析
fs1 = fs/D;                                     % 降采样后的采样频率
fi = freq(1);                                   % 频率刻度第1点的值
Nw = 256; Lw = 32;                              % 设置 L 和 M
% 按时域平移相位差校正法计算
Z = phase1_afterexzfft(xx,fi,Nw,Lw,fs1,47.5,49);     % 检测第1个分量
fprintf('%5.6f   %5.6f   %5.6f\n',Z(1),Z(2),Z(3)/arc)
Z = phase1_afterexzfft(xx,fi,Nw,Lw,fs1,49,50.5);     % 检测第2个分量
fprintf('%5.6f   %5.6f   %5.6f\n',Z(1),Z(2),Z(3)/arc)
Z = phase1_afterexzfft(xx,fi,Nw,Lw,fs1,50.5,52);     % 检测第3个分量
fprintf('%5.6f   %5.6f   %5.6f\n',Z(1),Z(2),Z(3)/arc)
```

程序中主要调用 exzfft_ma 进行细化处理,细化后又调用了 phase1_afterexzff 函数。该函数是按时间平移相位差校正法编写的,用了汉宁窗。该函数的程序清单如下:

```
function Z = phase1_afterexzfft(xx,fi,Nw,Lw,fs1,nx1,nx2)
xx = xx(:).';                                   % 把 x 转为行序列
ddf = fs1/Nw;                                   % 计算出频率分辨率
u1 = xx(1:Nw);                                  % 两列数据
u2 = xx(Lw + 1:Lw + Nw);
w = hanning(Nw);                                % 汉宁窗函数
U1 = fft(u1. * w');                             % 数据乘窗函数后 FFT
U1 = fftshift(U1);                              % 频域重新排列
U2 = fft(u2. * w');                             % 数据乘窗函数后 FFT
U2 = fftshift(U2);                              % 频域重新排列
if nx1 - fi <= 0, nx1 = fi; end
n1 = floor((nx1 - fi)/ddf) + 1;
n2 = floor((nx2 - fi)/ddf) + 1;
```

```
[Umax,index] = max(abs(U1(n1:n2)));          % 第 1 序列寻找最大值
k1 = n1 + index - 2;                         % 可计算实际频率:k1 * df1
UMAX = Umax;                                 % 保留最大值的幅值
KMAX = k1;                                   % 保留 k1
k2 = k1 + 1;
angle1 = atan2(imag(U1(k2)),real(U1(k2)));   % 在四象限中寻找相角

[Umax,index] = max(abs(U2(n1:n2)));          % 第 2 序列寻找最大值
k1 = n1 + index - 2;                         % 可计算实际频率:k1 * df2
k2 = k1 + 1;                                 % 最大值频率的索引号
angle2 = atan2(imag(U2(k2)),real(U2(k2)));   % 在四象限中寻找相角

dangle = angle2 - angle1;                    % 计算相位差
delta = 2 * pi * KMAX * Lw/Nw - dangle;      % 按式(6-4-17)计算 delta
del = mod(delta,2 * pi);                     % 把 delta 限于 2 * pi 范围内
del = del - (del>pi) * 2 * pi + (del< - pi) * 2 * pi;   % 把 del 限于 - pi~pi 范围内
dk1 = del/2/pi/(Lw/Nw);                      % 按式(6-4-17)计算 di
dk = dk1 + (dk1< - 0.5) - (dk1>0.5);         % 把 di 限于 - 0.5~0.5 范围内

Z(2) = (KMAX - dk) * ddf + fi;               % 按式(6-4-32)计算频率并加上初始值
Z(3) = angle1 + dk * pi;                     % 按式(6-4-33)计算初始相角
Z(1) = 4 * UMAX * (1 - dk * dk)/sinc(dk)/Nw; % 按式(6-2-21)求出汉宁窗条件下的幅值
```

说明:在计算频率时,式(6-4-32)中频率的初始值是从 0 开始的,但在 ZFFT 以后,ZFFT 输出数据在计算频谱时频率刻度的初始点不是从 0 开始了,而是从某一个 fi 开始,所以在程序中频率计算式中要加 fi。

运行程序 pr6_4_3 后将显示如下结果:

	幅值	频率/Hz	初始相角/(°)
第 1 分量	0.150 404	48.080 004	73.281 274
第 2 分量	10.038 978	49.720 000	31.971 786
第 3 分量	0.110 311	51.360 002	-12.671 452

可以看出,计算结果很接近理论的设置值。

6.5 全相位校正技术[13-16]

6.5.1 全相位的数据结构和预处理

一般把信号序列作 FFT 时,设数据 $x(n)$ 长 N,则数据排列是 $x(0),x(1),\cdots,x(N-1)$。而在全相位处理中要求数据长 $2N-1$ 个,数据排列是 $x(-N+1),\cdots,x(0),x(1),\cdots,x(N-1)$。然后将这段数据分成 N 个数据长度为 N 的数据段,并以中心样本点也即是第 N 点对齐,将每段数据循环移位对齐,然后依次将相对应的位相叠加并归一化后得到一段样本长度为 N 的数据,这就是为全相位进一步处理构成的数据 $x'(n)$。

下面通过一个简单的例子来观察一下。设 $N=4$,分析的数据段为 $x(0)x(1)x(2)x(3)x(4)x(5)x(6)$。以下用矩形窗分别对该数据截断为 4 段,如图 6-5-1(a) 所示。通过循环位移把开始的数据对齐,如图 6-5-1(b) 所示。

$$
\begin{array}{ll}
1\text{段} & x(3)x(4)x(5)x(6) \\
2\text{段} & x(2)x(3)x(4)x(5) \\
3\text{段} & x(1)x(2)x(3)x(4) \\
4\text{段} & x(0)x(1)x(2)x(3) \\
\end{array}
$$

(a) 把数据分成4段

$$
\begin{array}{ll}
1\text{段} & x(3)x(4)x(5)x(6) \\
2\text{段} & x(3)x(4)x(5)x(2) \\
3\text{段} & x(3)x(4)x(1)x(2) \\
4\text{段} & x(3)x(0)x(1)x(2) \\
\end{array}
$$

4段相加　　$4x(3)$　$3x(4)+x(0)$　$2x(5)+2x(1)$　$x(6)+3x(2)$

(b) 数据经循环位移对齐相加

图 6-5-1　$N=4$ 时数据分段和对齐相加示意图

在图 6-5-1(b) 中把 4 段数据相加,这 4 个元素为

$$4x(3) \quad 3x(4)+x(0) \quad 2x(5)+2x(1) \quad x(6)+3x(2)$$

进一步归一化,就得到全相位处理的数据序列 $x'(n)$:

$$x'(n) = [4x(3) \quad 3x(4)+x(0) \quad 2x(5)+2x(1) \quad x(6)+3x(2)]/4 =$$
$$\left[x(3) \quad \frac{3}{4}x(4)+\frac{1}{4}x(0) \quad \frac{2}{4}x(5)+\frac{2}{4}x(1) \quad \frac{1}{4}x(6)+\frac{3}{4}x(2)\right]$$

该 4 阶矩形窗全相位预处理流程如图 6-5-2 所示。

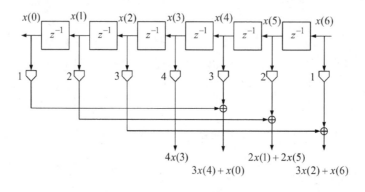

图 6-5-2　4 阶矩形窗全相位预处理流程

在图 6-5-2 中可以看到序列 {1,2,3,4,3,2,1},使用在 4 段叠加中,共有 $2N-1$ 个数据,该数据实际上是从 2 个 4 阶矩形窗的卷积得到的:{1,2,3,4,3,2,1}={1,1,1,1}*{1,1,1,1}(其中 * 表示卷积)。以上说明这个加权系数可以利用窗函数的卷积获得。

若索引是按 $-N+1 \leqslant n \leqslant N-1$ 排列的,则按图 6-5-2 中所示方式排列的 $x'(n)$ 通用表达式可以表示为

$$x'(n) = \left[\frac{N-n}{N}x(n) + \frac{n}{N}x(n-N)\right]R_N(n) \qquad (6-5-1a)$$

式中：$R_N(n)$ 是 N 阶矩形窗函数。而对于一般窗函数，按图 6-5-2 中所示方式排列的 $x'(n)$ 通用表达式可以表示为

$$x'(n) = \left[\frac{N-n}{N}x(n) + \frac{n}{N}x(n-N)\right]w_N(n) \tag{6-5-1b}$$

式中：$w_N(n)$ 是 N 阶窗函数（例如汉宁窗）。

6.5.2 全相位中的卷积窗函数

在 6.5.1 小节中提到了两个矩形窗的卷积，这就是卷积窗。在全相位处理中初始数据长 $2N-1$，需用长为 $2N-1$ 的卷积窗 w_c。w_c 是对中心样点 $x(0)$ 前后 $2N-1$ 个数据进行加权，然后对两两间隔为 N 的加权数据进行重叠相加形成 N 个数据，再作点数为 N 的 FFT 即得全相位谱分析结果（如图 6-5-2 所示）。卷积窗由前窗 f 与翻转的后窗 b 卷积而成[15-16]，即

$$w_c(n) = f(n) * b(-n), \quad -N+1 \leqslant n \leqslant N-1 \tag{6-5-2}$$

显然，当 f 和 b 为对称窗时，w_c 满足

$$w_c(n) = w_c(-n), \quad -N+1 \leqslant n \leqslant N-1 \tag{6-5-3}$$

若 $f=b=R_N$（R_N 为矩形窗），则称为无窗全相位频谱分析[15]；若 f 和 b 中其一为 R_N，则称单窗全相位频谱分析；若 $f=b\neq R_N$，则称为双窗全相位频谱分析。这里只讨论无窗和双窗情况，窗序列 f 如式 (6-1-5) 所示，则它的频谱 $F(j\omega)$ 为

$$F(j\omega) = F_g(\omega)e^{-jT\omega/2} \tag{6-5-4}$$

式中：$T/2$ 是位移量（见式 (6-1-6)），而 $F_g(\omega)$ 是窗函数没有位移时的傅里叶变换值。对式 (6-5-2) 两边取傅里叶变换，可得到

$$W_c(j\omega) = F(j\omega) \cdot F^*(j\omega) = |F_g(\omega)|^2 \tag{6-5-5}$$

式 (6-5-5) 表明卷积窗频谱为前窗 f 的幅度谱的平方。

6.5.3 全相位 FFT 谱分析

传统的 FFT 谱分析是对信号加窗函数截断后再作 DFT 变换，如图 6-5-3 所示。

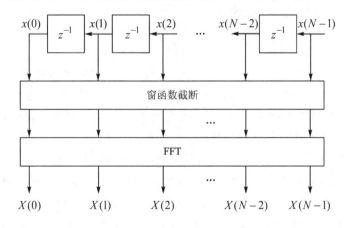

图 6-5-3 N 阶传统 FFT 频谱分析的结构图

以单频复指数信号为例，先对传统 FFT 进行谱分析。设单频复指数信号 $x(n)$ 为

$$x(n) = Ae^{j\left(\frac{2\pi}{N}k_0 n + \varphi_0\right)} \tag{6-5-6}$$

这里假设传统谱分析时的截断窗为一个 N 阶矩形窗(设为 $R_N(n), n=0,1,\cdots,N-1$,且原信号的离散序列为 $x(n)$,则经过矩形窗函数截断后的序列设为 $x_N(n)$,有

$$x_N(n) = x(n)R_N(n) \tag{6-5-7}$$

对其作傅里叶变换,由式(6-1-18)所示的狄里克莱核和式(6-2-2)可导出

$$X_N(k) = Ae^{j\varphi_0}D(k-k_0) = A\frac{\sin[\pi(k-k_0)]}{\sin[\pi(k-k_0)/N]}e^{-j(N-1)(k-k_0)\pi/N}e^{j\varphi_0} \tag{6-5-8}$$

将变换后的谱线除以 N 进行归一化后,即可得到

$$X_N(k) = \frac{A}{N} \cdot \frac{\sin[\pi(k-k_0)]}{\sin[\pi(k-k_0)/N]}e^{-j(N-1)(k-k_0)\pi/N}e^{j\varphi_0} \tag{6-5-9}$$

无窗时,全相位预处理后,如式(6-5-1a)或式(6-5-1b)所示,再作 DFT 变换,如图 6-5-4 所示。

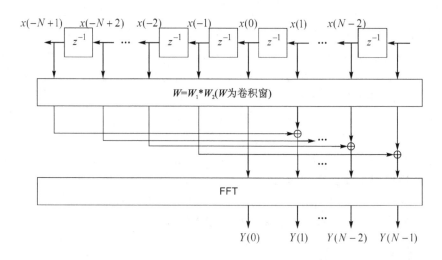

图 6-5-4　N 阶 apFFT 频谱分析的结构图

矩形窗时 FFT 谱分析后归一化的频谱可写为[13]

$$X_{Nap}(k) = \frac{A}{N^2}\left|\frac{\sin[\pi(k_0-k)]}{\sin[\pi(k_0-k)/N]}\right|^2 e^{j\varphi_0} \tag{6-5-10}$$

比较式(6-5-9)和式(6-5-10)可以看出:由式(6-5-10)表示的复指数单频信号的全相位 FFT(简称为 apFFT)谱幅值是传统 FFT 谱幅值的平方,注意这里的平方关系是对所有谱线而言,这意味着旁谱线相对于主谱线的比值也按照这种平方关系衰减下去,从而使主谱线更为突出,所以 apFFT 具有很好的抑制谱泄漏的性能。

式(6-5-9)和式(6-5-10)还表明:传统 FFT 各条谱线的相角值与其对应的频率偏离值$(k-k_0)$密切相关,而全相位 FFT 谱的相角值为 φ_0,即为中心样点 $x(0)$ 的理论相角值,该值与频率偏离值$(k-k_0)$无关。也就是说,全相位 FFT 具有相角不变性。这意味着,如图 6-5-4 所示的全相位 FFT 基本框图本身就可构成一个高精度的数字相角分析仪:对输入的 $2N-1$ 个数据进行 apFFT 后,从 apFFT 的谱分析结果找出峰值谱线 k,再测出此峰值谱线 k 的相角值,此测量值即是输入序列中 k_0 对应频率的理论相角值,而且频率值 k 不管偏离 k_0 值多少,在峰值谱线处所测的相角始终正确。同时这也适用于其他窗函数。

6.5.4 FFT/apFFT 综合相位差校正法

从谱分析步骤来看，由于全相位 FFT 是结合全相位数据预处理和传统 FFT 而得到的，且两种 FFT 方法存在很多相似的性质，充分利用它们的内在规律，可形成一种新的频谱校正法。

已证明若用窗序列 f 对单频复指数信号（如式(6-5-6)所示）进行加窗 FFT，得到的离散传统 FFT 的谱表达式如式(6-5-9)所示，无窗时全相位 FFT，得到的离散谱如式(6-5-10)所示，这种 FFT/apFFT 综合相位差校正法只需 $2N-1$ 个样点，先对后 N 个样点作 FFT，再对 $2N-1$ 个样点作 apFFT。

由 FFT 的谱表达式可以很容易找到频谱最大值处的索引号 k_1，得 k_1 处最大值谱线的幅值和相角：

$$a_1 = |X(k_1)| \quad (6-5-11a)$$
$$p_1 = \mathrm{ang}[X(k_1)] \quad (6-5-11b)$$

在 apFFT 的频谱中可以得到最大值的索引号 k_2 处的幅值和初始相角：

$$a_2 = |Y(k_2)| \quad (6-5-12a)$$
$$p_2 = \mathrm{ang}[Y(k_2)] \quad (6-5-12b)$$

由于 FFT 和 apFFT 都是信号 N 点的 FFT，所以 $k_1=k_2$。由式(6-5-10)可知，在 k_2 处 apFFT 的相角值为 φ_0，即相角校正值：

$$\varphi_0 = p2 \quad (6-5-13)$$

由 FFT 的 k_1 处相角值和 apFFT 的 k_1 处相角值计算，可得出信号频率 f_0。由式(6-5-9)可得

$$p_1 = \varphi_0 + \frac{N-1}{N}(k_0 - k_1)\pi$$

再减式(6-5-13)，得

$$p_1 - p_2 = \frac{N-1}{N}(k_0 - k_1)\pi = \frac{N-1}{N}k_0\pi - \frac{N-1}{N}k_1\pi$$

$$k_0 = k_1 + \frac{(p1-p2)N}{(N-1)\pi}$$

信号频率估算值 $\hat{f}_0$ 为 $k_0 \Delta f$（Δf 是频率分辨率），故有

$$\hat{f}_0 = k_1 \Delta f + \frac{p_1 - p_2}{(1-1/N)\pi} \Delta f \quad (6-5-14)$$

FFT 的 k_1 处的振幅值平方除以 apFFT 的 k_1 处的振幅值，即得振幅：

$$\hat{A} = \frac{(a_1)^2}{a_2} \quad (6-5-15)$$

6.5.5 全相位时移相位差法校正法

单频复指数序列 $x(n) = A\mathrm{e}^{\mathrm{j}(2\pi k_0 n/N + \varphi_0)}$，把数据分为两段，每段都有 $2N-1$ 个样点。第 1 段数据 n 在 $-N+1 \sim N-1$ 区间中，第 2 段数据 $x_0(n)$ 相对第 1 段数据位移 L 个样点后开始取数，$x_0(n)$ 可以表示为 $x_0(n) = A\mathrm{e}^{\mathrm{j}(2\pi k_0 n/N + \varphi_0 + 2\pi k_0 L/N)}$，$n$ 仍在 $-N+1 \sim N-1$ 区间中。它们取数的位置如图 6-5-5 所示。

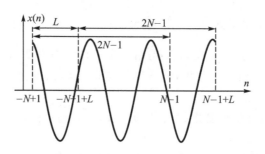

图 6-5-5 全相位时移相位差法中两段数据的取数位置

对第 1 段数据作 apFFT，找到频谱最大值处索引号 k_1，得 k_1 处最大值谱线的幅值和相角

$$a_1 = |X(k_1)| \quad (6-5-16a)$$

$$p_1 = \text{ang}[X(k_1)] \quad (6-5-16b)$$

再对第 2 段数据作 apFFT，一样找到频谱的最大值处索引号 k_2，得 k_1 处最大值谱线的幅值和相角。由于两段数据都是作 N 点的 FFT，它们的最大值索引号是相同的，$k_2 = k_1$。

$$a_2 = |Y(k_1)| \quad (6-5-17a)$$

$$p_2 = \text{ang}[Y(k_1)] \quad (6-5-17b)$$

从式 (6-5-10) 可知，第 1 段数据 apFFT 的相角值为 φ_0，即相角理论值：

$$p_1 = \varphi_0 \quad (6-5-18)$$

而第 2 段数据 apFFT 的相角值为

$$p_2 = \varphi_0 - 2\pi k_0 L/N \quad (6-5-19)$$

式 (6-5-18) 减式 (6-5-19) 得

$$p_1 - p_2 = 2\pi k_0 L/N \quad (6-5-20)$$

令 $\Delta\varphi = p_1 - p_2$，为了消除"模糊相角"现象[16]，设 $\Delta\varphi$ 为

$$\Delta\varphi = p_1 - p_2 + 2\pi k_1 L/N \quad (6-5-21)$$

又设 $k_0 = k_1 - \Delta k$，把式 (6-5-18) 和式 (6-5-19) 代入式 (6-5-21)，得

$$\Delta k = \frac{N\Delta\varphi}{2\pi L} \quad (6-5-22)$$

这样可以求出频率校正为

$$f_0 = k_0 \cdot f_s/N = (k_1 - \Delta k) \cdot f_s/N \quad (6-5-23)$$

由式 (6-5-16) 和式 (6-4-34) 可得幅值校正为

$$A_m = \frac{|X(k_1)|}{|W_c(\Delta k)|} = \frac{|X(k_1)|}{|F_g(\Delta k)|^2} \quad (6-5-24)$$

6.5.6 全相位校正技术的 MATLAB 函数

1. FFT/apFFT 综合相位差校正法的 MATLAB 函数

名称：FFT_apFFTcorrm

功能：用 FFT/apFFT 综合相位差校正法计算出正弦信号的幅值、频率和初始相角等参数

调用格式：

```
Z = FFT_apFFTcorrm(y,N,fs,NX1,NX2)
```

说明:本函数是参照了本章参考文献[13]中的 MATLAB 程序修改而来的。输入参数 y 是被测信号,信号长度必须不小于 $2*N-1$,N 是 FFT 和 apFFT 的长度,fs 是采样频率,NX1 和 NX2 是寻找峰值的频率区间。输出参数 Z 有 3 个元素,其中 Z(1) 是信号的幅值,Z(2) 是正弦信号的频率,Z(3) 是信号的初始幅值(在 $0\sim 2*pi$ 之间)。因为在信号中可能有许多峰值,为了求一个特定的峰值,可先设置求该峰值的频率区间 NX1 和 NX2。同时函数中只使用汉宁窗。

函数 FFT_apFFTcorrm 的程序清单如下:

```matlab
function Z = FFT_apFFTcorrm(y,N,fs,NX1,NX2)
y = y(:)';                                  % 把 y 设为一行序列
win = hanning(N)';                          % 汉宁窗
y1 = y(N:2*N-1);                            % 第 1 组数据取值
win2 = win/sum(win);                        % 归一化
y11 = y1.*win2;                             % 乘汉宁窗
y11_fft = fft(y11,N);                       % FFT
a1 = abs(y11_fft);                          % 按式(6-5-11a)求幅值
p1 = mod(phase(y11_fft),2*pi);              % 按式(6-5-11b)求相角

y2 = y(1:2*N-1);                            % 第 2 组数据取值
winn = conv(win,win);                       % 窗函数卷积
win2 = winn/sum(winn);                      % 归一化
y22 = y2.*win2;                             % 乘汉宁卷积窗
y222 = y22(N:end)+[0 y22(1:N-1)];           % 构成长 N 的 apFFT 输入数据序列
y2_fft = fft(y222,N);                       % FFT
a2 = abs(y2_fft);                           % 按式(6-5-12a)求幅值
p2 = mod( phase(y2_fft),2*pi);              % 按式(6-5-12b)求相角

dp = p1-p2;                                 % 求出相位差
dp = dp-(dp>pi)*2*pi+(dp<-pi)*2*pi;         % 把 del 限于 -pi~pi 范围内
ee = (dp)/pi/(1-1/N);                       % 按式(6-5-14)计算频率校正量
aa = (a1.^2)./a2*2;                         % 按式(6-5-15)计算信号幅值

df = fs/N;                                  % 频率分辨率
mx1 = fix(NX1/df)+1;                        % 求寻找极大值的谱线索引
mx2 = fix(NX2/df)+1;
[Amax,floc] = max(a2(mx1:mx2));             % 寻找极大值
floc = floc+mx1-1;                          % 极大值索引号
fcor = (floc-1)*df;                         % 极大值处对应的频率
Z(2) = fcor+ee(floc)*df;                    % 计算频率
Z(3) = p2(floc);                            % 计算初始相角
Z(1) = aa(floc);                            % 计算幅值
```

2. 全相位时移相位差校正法的 MATLAB 函数

名称:apFFTcorrm

功能:用全相位时移相位差校正法计算出正弦信号的幅值、频率和初始相角等参数

调用格式:

Z = apFFTcorrm(s,N,L,fs,NX1,NX2)

说明:本函数是参考了本章参考文献[13]中的 MATLAB 程序修改而来的。输入参数 s 是被测信号,信号长度必须不小于 2*N+L-1,N 是 apFFT 的长度,L 是时域位移取数的样点数,fs 是采样频率,NX1 和 NX2 是寻找峰值的频率区间。输出参数 Z 有 3 个元素,其中 Z(1) 是信号的幅值,Z(2) 是正弦信号的频率,Z(3) 是信号的初始相角(在 0~2*pi 之间)。因为在信号中可能有许多峰值,为了求一个特定的峰值,可先设置求该峰值的频率区间 NX1 和 NX2。同时函数中只使用汉宁窗。

函数 apFFTcorrm 的程序清单如下:

```
function Z = apFFTcorrm(s,N,L,fs,NX1,NX2)
if length(s)<2*N+L-1, disp('数据太短了,数据必须长 2N+L-1!!');  return; end
s = s(:)';                                      % 把 s 设为一行序列
df = fs/N;                                      % 频率分辨率
win = hanning(N)';                              % 汉宁窗 1
win1 = hann(N)';                                % 汉宁窗 2
win2 = conv(win,win1);                          % 窗函数卷积
win2 = win2/sum(win2);                          % 归一化
s1 = s(1:2*N-1);                                % 第 1 组(2N.1)个数据取值
y1 = s1.*win2;                                  % 乘汉宁卷积窗
y1a = y1(N:end) + [0 y1(1:N-1)];                % 构成长 N 的 apFFT 输入数据序列
Y1 = fft(y1a,N);                                % FFT
a1 = abs(Y1);                                   % 按式(6-5-16a)求幅值
p1 = mod(phase(Y1),2*pi);                       % 按式(6-5-16b)求相角

s2 = s(1+L:2*N+L-1);                            % 第 2 组(2N-1)数据取值
y2 = s2.*win2;                                  % 乘汉宁卷积窗
y2a = y2(N:end) + [0 y2(1:N-1)];                % 构成长 N 的 apFFT 输入数据序列
Y2 = fft(y2a,N);                                % FFT
a2 = abs(Y2);                                   % 按式(6-5-17a)求幅值
p2 = mod(phase(Y2),2*pi);                       % 按式(6-5-17b)求相角

mx1 = fix(NX1/df)+1;                            % 求寻找极大值的谱线索引
mx2 = fix(NX2/df)+1;
[fm,fl] = max(a1(mx1:mx2));                     % 寻找极大值
fl = fl + mx1 - 1;                              % 极大值索引号
rr = fl - 1;                                    % 用于频率计算
dp = p1(fl) - p2(fl);                           % 按式(6-5-20)计算相位差
dp = mod(dp,2*pi);                              % 把相位差限于 2*pi 以内
dp = dp - (dp>pi)*2*pi + (dp<-pi)*2*pi;         % 把 del 限于 -pi~pi 范围内
dk1 = dp*N/L/2/pi;                              % 按式(6-5-22)计算 dk
dk1 = mod(dk1,1);
dk = dk1 + (dk1<-0.5) - (dk1>0.5);              % 把 di 限于 -0.5~0.5 范围内
Z(2) = (rr-dk)*df;                              % 按式(6-5-23)计算频率
```

```
Z(3) = p1(fl);                          % 按式(6-5-18)计算初始相角
Wk = (1 - dk * dk)/sinc(dk);            % 汉宁窗幅值
Z(1) = 2 * abs((Wk^2) * a2(fl));        % 按式(6-5-24)计算幅值
```

6.5.7 案例 6.6：传统 FFT 相位差校正法与 FFT/apFFT 综合相位差校正法、全相位时移相位差校正法比较

1. 概　述

本案例将对全相位时移相位差法校正法（以下称方法 1）、FFT/apFFT 综合相位差校正法（以下称方法 2）和传统 FFT 的时移相位差校正法（以下称方法 3）进行比较。

2. 实　例

例 6-5-1(pr6_5_1)　类似于例 6-4-1，只是初始相角稍有不同。有一组振动信号由 5 个正弦信号组成，用 3 种不同的方法测量该 5 个正弦信号的参数。5 个信号的理论参数的幅值为[1, 0.8, 0.6, 0.4, 0.2]，频率为[49.1, 149.2, 249.3, 349.4, 449.5](Hz)，初始相角为[50, 100, 150, 200, 250](°)，采样频率为 2 000 Hz，FFT 变换长度为 1 024。在方法 3 中也是用 6.4 节中介绍的相位差法进行校正，在方法 1 和方法 3 中都设置第 2 段数据的延迟量 L 是 1 024，并在校正计算中选用汉宁窗函数。

程序 pr6_5_1 清单如下：

```
% pr6_5_1
close all;clc;clear all;

fs = 2000;                              % 采样频率
N  = 1024;                              % FFT 长
arc = pi/180;                           % 1 rad
n = -N + 1:2 * N - 1;                   % 数据索引的设置
t2 = n/fs;                              % 时间刻度

Am = [1 0.8 0.6 0.4 0.2];               % 幅值参数
Fr = [49.1 149.2 249.3 349.4 449.5];    % 频率参数(Hz)
Theta = [50 100 150 200 250];           % 初始相角参数(度)

x = zeros(1,3 * N - 1);                 % 数据初始化
% 产生信号
for k = 1 : 5
    x = x + Am(k) * cos(2 * pi * Fr(k) * t2 + Theta(k) * arc); % 构成信号
end
% 每个分量寻找频率的区间
NX = [45, 55; 145, 155; 245, 255; 345, 355; 445, 455];
L = N; M = N;

y = x(N:end);                           % 为传统 FFT 相位差法校正准备数据
EZ = zeros(3,5,3);                      % 对偏差值数组初始化
for k = 1 : 5                           % 计算 5 个正弦分量的参数并显示
```

```
        fprintf('%1d通道理论值    幅值 = %5.2f   频率 = %5.2f   初始相角 = %5.2f\n',...
            k,Am(k),Fr(k),Theta(k));
        Z = apFFTcorrm(x,N,L,fs,NX(k,1),NX(k,2));              % 方法1校正
        EZ(1,k,:) = [Am(k) - Z(1) Fr(k) - Z(2) Theta(k) - Z(3)/arc];    % 计算偏差值
        fprintf('方法1   %5.6f   %5.6f   %5.6f\n',Z(1),Z(2),Z(3)/arc);
        Z = FFT_apFFTcorrm(x,N,fs,NX(k,1),NX(k,2));            % 方法2校正
        fprintf('方法2   %5.6f   %5.6f   %5.6f\n',Z(1),Z(2),Z(3)/arc);
        EZ(2,k,:) = [Am(k) - Z(1) Fr(k) - Z(2) Theta(k) - Z(3)/arc];    % 计算偏差值
        Z = Phase_Gmtda(y,N,L,M,fs,NX(k,1),NX(k,2),2);         % 方法3校正
        if Z(3)<0, Z(3) = 2*pi + Z(3); end                     % 使相角在0～2*pi之间
        fprintf('方法3   %5.6f   %5.6f   %5.6f\n',Z(1),Z(2),Z(3)/arc);
        EZ(3,k,:) = [Am(k) - Z(1) Fr(k) - Z(2) Theta(k) - Z(3)/arc];    % 计算偏差值
        fprintf('\n');
end
% 显示计算5个正弦分量的参数和理论值的偏差
for k = 1 : 5
    fprintf('%1d通道\n',k);
    fprintf('方法1   %5.6e   %5.6e   %5.6e\n',EZ(1,k,1),EZ(1,k,2),EZ(1,k,3));
    fprintf('方法2   %5.6e   %5.6e   %5.6e\n',EZ(2,k,1),EZ(2,k,2),EZ(2,k,3));
    fprintf('方法3   %5.6e   %5.6e   %5.6e\n',EZ(3,k,1),EZ(3,k,2),EZ(3,k,3));
    fprintf('\n');
end
```

说明:在调用 Phase_Gmtda 函数时输出的初始相角 Z(3)在 $-pi\sim pi$ 之间,为便于与另两种方法的结果比较,都转为 $0\sim 2*pi$ 之间,所以调用 phase_Gmtda 函数时输出 Z(3)做进一步的判断,对 Z(3)小于 0 时将 $+2*pi$。

运行程序 pr6_5_1 后得到的结果如下:

第1通道理论值:	幅值=1.00	频率=49.10 Hz	初始相角=50.00°
估算值	幅值	频率/Hz	初始相角/(°)
方法1	1.000 000	49.100 000	50.000 000
方法2	1.000 003	49.099 999	50.000 000
方法3	1.000 001	49.100 000	49.999 897

第2通道理论值:	幅值=0.80	频率=149.20 Hz	初始相角=100.00°
估算值	幅值	频率/Hz	初始相角/(°)
方法1	0.800 000	149.200 000	100.000 000
方法2	0.800 000	149.199 998	100.000 000
方法3	0.800 000	149.200 001	99.999 705

第3通道理论值:	幅值=0.60	频率=249.30 Hz	初始相角=150.00°
估算值	幅值	频率/Hz	初始相角/(°)
方法1	0.600 000	249.300 000	150.000 000
方法2	0.600 000	249.300 002	150.000 000

第6章　DFT 的内插

方法3	0.600 001	249.299 999	150.000 324

第4通道理论值:	幅值=0.40	频率=349.40 Hz	初始相角=200.00°
估算值	幅值	频率/Hz	初始相角/(°)
方法1	0.400 000	349.400 000	200.000 000
方法2	0.400 000	349.400 002	200.000 000
方法3	0.400 000	349.399 999	200.000 216

第5通道理论值:	幅值=0.20	频率=449.50 Hz	初始相角=250.00°
估算值	幅值	频率/Hz	初始相角/(°)
方法1	0.200 000	449.500 000	250.000 000
方法2	0.200 000	449.500 001	250.000 000
方法3	0.200 000	449.500 000	250.000 103

第1通道:

偏差值	幅值	频率/Hz	初始相角/(°)
方法1	2.401 717e−008	−2.629 008e−013	−1.136 300e−010
方法2	−2.528 176e−006	7.487 942e−007	−7.567 991e−011
方法3	−1.329 718e−006	−2.288 913e−007	1.026 487e−004

第2通道:

偏差值	幅值	频率/Hz	初始相角/(°)
方法1	1.592 366e−007	1.136 868e−013	−1.085 283e−010
方法2	−1.076 598e−007	1.734 210e−006	−1.130 331e−010
方法3	−2.957 430e−007	−1.149 491e−006	2.948171e−004

第3通道:

偏差值	幅值	频率/Hz	初始相角/(°)
方法1	9.969 106e−008	−2.557 954e−013	3.031 175e−010
方法2	−1.068 069e−007	−2.046 035e−006	2.7597 48e−010
方法3	−5.135 228e−007	1.233 025e−006	−3.236207e−004

第4通道:

偏差值	幅值	频率/Hz	初始相角/(°)
方法1	5.681 647e−009	−3.410 605e−013	2.785 328e−010
方法2	−1.829 614e−007	−1.677 078e−006	3.024 923e−010
方法3	−3.591 413e−007	8.233 386e−007	−2.163 371e−004

第5通道:

偏差值	幅值	频率/Hz	初始相角/(°)
方法1	5.142 425e−009	−1.705 303e−013	5.550 760e−011

方法2	−2.917 289e−007	−1.318 982e−006	1.301 146e−010
方法3	−1.441 457e−007	3.826 884e−007	−1.028 930e−004

3. 讨 论

从计算出的估算值来看，这3种方法都能很精确地估算出理论值，最大误差在10^{-3}量级上。仔细观察计算出的偏差，可以看出：方法1在幅值、频率和初始相角的估算上精度最高，而方法2和方法3在幅值和频率的估算上偏差都比较接近，而在初始相角的估算上方法2要比方法3高数个量级。

正如本章参考文献[13]指出的：全相位时移相位差法的精度最高，FFT/apFFT综合相位差法精度次之，传统的时移相位差法的精度排第三。

一般校正的方法对噪声都是比较灵敏的，尤其是传统的FFT相位差校正方法。在本章参考文献[13]中还指出全相位的校正法在噪声的环境下效果都比较好。

参考文献

[1] 张伏生,耿中行,葛耀中. 电力系统谐波分析的高精度FFT算法[J]. 中国电机工程学报,1999,19(3):63-66.

[2] 谢明,丁康. 频谱分析校正法[J]. 振动工程学报,1994,7(2):172-178.

[3] 丁康,谢明,杨志坚. 离散频谱分析校正理论与技术[M]. 北京:科学出版社,2008.

[4] 朱小勇,丁康. 离散频谱校正方法的综合比较[J]. 信号处理,2001,17(1):91-97.

[5] 丁康,江利旗. 离散频谱的能量重心校正法[J]. 振动工程学报,2001,14(3):354-358.

[6] 丁康,钟舜聪. 通用的离散频谱相位差校正方法[J]. 电子学报,2003,31(1):142-145.

[7] 谢明,张晓飞,丁康. 频谱分析中用于相角和频率校正的相位差校正法[J]. 振动工程学报,1999,12(4):454-459.

[8] 丁康,朱小勇. 适用于加各种窗的一种离散频谱相位差校正法[J]. 电子学报,2001,29(7):987-989.

[9] 段虎明,秦树人. 离散频谱校正方法及其在旋转机械振动测试中的应用[C]. 第九届全国振动理论及应用学术会议论文集. 杭州:浙江大学出版社,2007.

[10] 李彧,侯新国,胡文彪,等. 离散频谱校正技术在感应电机转子故障诊断中的应用[J]. 海军工程大学学报,2013,25(4):41-46.

[11] 曹翌,丁康,杨志坚. 一种不依赖窗谱函数的通用离散频谱校正方法[J]. 振动与脉冲,2008,28(S):209-211.

[12] Nuttall A H. Some windows with very good sidelobe behavior[J]. IEEE Trans. on Acoustics Speech Signal Processing,1981,29(1):84-91.

[13] 王兆华,黄翔东. 数字信号全相位谱分析与滤波技术[M]. 北京:电子工业出版社,2009.

[14] 王兆华,侯正信,苏飞. 全相位FFT频谱分析[J]. 通信学报,2003,24(11A):6-19.

[15] 黄翔东,王兆华. 基于全相位频谱分析的相位差频谱校正法[J]. 电子与信息学报,2008,30(2):293-297.

[16] 黄翔东,王兆华. 全相位时移相位差频谱校正法[J]. 天津大学学报,2008,41(7):815-820.

第 7 章 谐波分析

随着电力电子技术的发展和广泛应用,电力系统谐波污染日益严重,已成为影响电能质量的公害,对电力系统的安全、经济运行造成极大的影响,所以需要对电网中的谐波含量进行实时测量,以确切掌握电网中谐波的实际状况。

谐波的一般定义是一个周期性的正弦波电气分量,其频率为基波频率的整数倍。我国电网频率为 50 Hz,则 n 次谐波的频率为 $n\times 50$ Hz;有些国家的额定频率为 60 Hz,则 n 次谐波的频率为 $n\times 60$ Hz。同时在电网中还存在间谐波等不规则的谐波成分,它们因为不是基波频率的整数倍,故不属于谐波的定义范围,但本章介绍的方法一样可以应用于间谐波的测量。

谐波产生的主要危害表现如下:

- 谐波对供电线路产生了附加损耗,降低了电网的功率因数以及发电、输电、用电设备的效率。在三相四线制低压配电系统中,由于某些负荷产生很大的 3 次谐波电流,可能使中性线电流的相电流明显增加,造成严重过负荷。
- 谐波产生脉冲磁场,影响电气设备的正常工作,造成电气设备的故障与损坏。使发电机产生附加损耗和机械振动;延长断路器故障电流的切除时间;继电保护和自动装置出现误动作。
- 谐波对测量仪器、计量仪表产生电能计量错误,增加供电部门的经济损失。

谐波检测是谐波治理的主要依据,准确并快速地掌握电网的谐波含量是有效抑制谐波的关键,是研究谐波问题的出发点,所以对谐波分量的准确分析将有利于电能质量的评估,也是采取必要的措施加以治理的必要前提。

对谐波检测的方法可以用第 6 章介绍的 FFT 内插方法,但也有不少新方法用于检测谐波和间谐波。在本章中将介绍单峰谱线修正、双峰谱线修正和 Prony 等检测方法。

7.1 窗函数的进一步介绍

在 2.2.8 小节中已介绍过窗函数,包括矩形窗、汉宁窗、海明窗和布莱克曼窗等。其中布莱克曼窗的第一旁瓣衰减最大,为 58 dB,汉宁窗和布莱克曼窗的旁瓣峰值衰减为 18 dB/oct。在谐波分析中往往对主瓣带宽的要求降低了,但要求第一旁瓣衰减更大,或(及)要求旁瓣峰值衰减更大,所以使用了有更好性能的窗函数,其中有 Blackman-Harris 窗函数、Rife-Vincent 窗函数和 Nuttall 窗函数。这些窗函数的特性如表 7-1-1 所列。

表 7-1-1 窗函数的特性

窗函数的类型	旁瓣峰值/dB	衰减速度/(dB·oct^{-1})
Hanning(汉宁窗)	−31	18
Blackman(布莱克曼窗)	−58	18
Blackman-Harris	−92	6
RV(Ⅰ)-3	−46.8	18
RV(Ⅲ)-3	−59.7	6
RV(Ⅰ)-4	−61	18
RV(Ⅲ)-4	−73.9	12
RV(Ⅲ)-5	−75	1
RV(Ⅰ)-5	−74	30
3 项最小旁瓣 Nuttall	−71	6
4 项 1 阶 Nuttall	−93	18
4 项 3 阶 Nuttall	−83	30
4 项最小旁瓣 Nuttall	−98	6
4 项 5 阶 Nuttall	−60.95	42

Blackman-Harris 窗函数、Rife-Vincent 窗函数和 Nuttall 窗函数都是余弦窗函数。

7.1.1 Blackman-Harris 窗函数

Blackman-Harris 窗函数的表示式为

$$w(n) = 0.35875 - 0.48829\cos(2\pi n/N) + 0.14128\cos(4\pi n/N) - 0.01168\cos(6\pi n/N) \tag{7-1-1}$$

Blackman-Harris 窗函数的幅值响应曲线如图 7-1-1 所示。

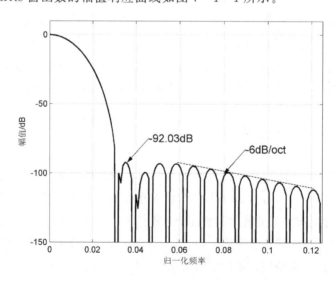

图 7-1-1 Blackman-Harris 窗函数的幅值响应曲线

在 MATLAB 中,可调用 blackmanharris 函数来设置 Blackman-Harris 窗函数。

7.1.2 Rife-Vincent 窗函数[1]

Rife-Vincent 窗是组合余弦窗函数的一种,最早由 Rife 和 Vincent 提出[1],有泄漏小的特点。根据 Rife-Vincent 窗函数的构造有 Rife-Vincent(Ⅰ)类和 Rife-Vincent(Ⅲ)类,此外还有几项,一般写为 RV(Ⅰ)-n 或 RV(Ⅲ)-n,表示为 n 项 RV(Ⅰ)类窗函数或 n 项 RV(Ⅲ)类窗函数。Rife-Vincent 窗函数一般可表示为

$$w(n) = \sum_{l=0}^{L-1} (-1)^l a_l \cos\frac{2\pi nl}{N}, \quad n = 0,1,2,\cdots,N-1 \qquad (7-1-2)$$

式中:L 表示窗函数的项数;a_l 满足约束条件 $\sum_{l=1}^{L-1}(-1)^l a_l = 0$。

Rife-Vincent 窗函数的特性已在表 7-1-1 中列出了,Rife-Vincent 窗函数的系数如表 7-1-2 所列。

表 7-1-2　Rife-Vincent 窗函数的系数

窗函数的类型	a_0	a_1	a_2	a_3	a_4
RV(Ⅰ)-3	1	1.333 33	0.333 33		
RV(Ⅲ)-3	1	1.196 85	0.196 85		
RV(Ⅰ)-4	1	1.5	0.6	0.1	
RV(Ⅲ)-4	1	1.435 96	0.497 54	0.061 58	
RV(Ⅲ)-5	1	1.566 27	0.725 448	0.017 921	
RV(Ⅰ)-5	1	1.6	0.8	0.228 57	0.028 57

RV(Ⅲ)-4 窗函数的幅值响应曲线如图 7-1-2 所示。

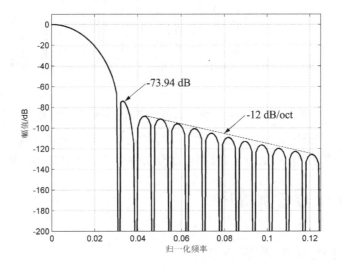

图 7-1-2　RV(Ⅲ)-4 窗函数的幅值响应曲线

对于其他项或其他类的 Rife-Vincent 窗函数,一样可以得到相应的幅值响应曲线。

7.1.3 Nuttall 窗函数[2]

Nuttall 窗函数也是组合余弦窗函数的一种,最早由 Nuttall 提出,一样有泄漏小的特点。Nuttall 窗函数也有几阶几项之分,其表示式同式(7-1-2),它们的系数如表 7-1-3 所列。

表 7-1-3 Nuttall 窗函数的系数

窗函数的类型	a_0	a_1	a_2	a_3
3 项最小旁瓣 Nuttall	0.424 380	0.497 340 6	0.078 279 3	
4 项 1 阶 Nuttall	0.355 768	0.487 396	0.144 232	0.012 604
4 项 3 阶 Nuttall	0.338 946	0.481 973	0.161 054	0.018 027
4 项最小旁瓣 Nuttall	0.363 581 9	0.489 177 5	0.136 599 5	0.010 641 1
4 项 5 阶 Nuttall	0.312 5	0.458 75	0.187 5	0.031 25

4 项 3 阶 Nuttall 窗函数的幅值响应曲线如图 7-1-3 所示。

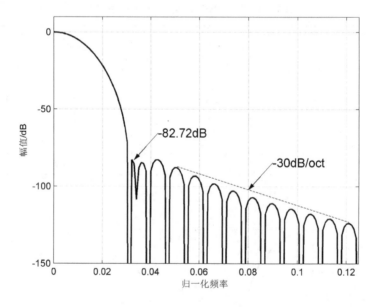

图 7-1-3 4 项 3 阶 Nuttall 窗函数的幅值响应曲线

对于其他阶和项的 Nuttall 窗函数一样可以得到相应的幅值响应曲线。

因为这些窗函数有泄漏小的特点,故在谐波分析中经常会用到这些窗函数。

7.2 单峰谱线插值算法[3]

7.2.1 单峰谱线插值算法原理

设 f_s 为采样频率,而采样间隔为 $T_s=1/f_s$,对单一频率信号 $x(t)$ 进行离散采样:

$$x(n) = A\cos(2\pi f_0 n T_s + \varphi_0) \quad (7-2-1)$$

式中:f_0、A 和 φ_0 分别为信号 $x(n)$ 的频率、幅值和初相角。

用余弦型窗函数 $x(n)$ 截断信号,则加窗后 $x(n)$ 的 FFT 为

$$X(f) = \sum_{-\infty}^{\infty} x(n)w(n)e^{-j2\pi fnT_s} \qquad (7-2-2)$$

采用欧拉公式将式(7-2-1)展开并代入式(7-2-2)和式(6-1-29),可得

$$X(f) = \frac{A}{2}e^{j\varphi_0}\{W[2\pi T_s(f-f_0)] + W[2\pi T_s(f+f_0)]\} \qquad (7-2-3)$$

对离散周期傅里叶变换(DTFT)进行离散抽样(离散抽样间隔为 $\Delta f = f_s/N$,N 为数据截断长度),同时只取正频率进行处理,可得加窗信号的离散傅里叶变换频谱为

$$X(k\Delta f) = \frac{A}{2}e^{j\varphi_0}W[2\pi T_s(k\Delta f - f_0)] \qquad (7-2-4)$$

其中:$W(\cdot)$ 是窗函数的傅里叶变换。

实际采样中很难对谐波整周期采样。设某谐波频率 $f_0 = k_0 \Delta f$,k_0 一般不是整数,所以不会落在离散谱线频点上,单峰谱线修正算法如下:

在谱分析中设峰值点左、右两侧的谱线索引分别为 k_1 和 k_2,它们对应的幅值为 $y_1 = |X(k_1\Delta f)|$ 和 $y_2 = |X(k_2\Delta f)|$,即峰值点附近的最大和次大谱线。设 $\alpha = k_0 - k_1$,由于 $k_1 \leqslant k_0 \leqslant k_2$,$k_2 = k_1 + 1$,因此 α 取值为 $[0,1]$,且 $k_2 - k_0 = 1 - \alpha$,$k_1 - k_0 = -\alpha$,由式(7-2-4)可得两谱线幅值比 β 为

$$\beta = \frac{y_2}{y_1} = \frac{|W[2\pi(k_2-k_0)/N]|}{|W[2\pi(k_1-k_0)/N]|} = \frac{|W[2\pi(1-\alpha)/N]|}{|W[2\pi(-\alpha)/N]|} \qquad (7-2-5)$$

对于给定的窗函数,由式(7-2-5)可得到 β 与 α 的关系式,由 y_1 和 y_2 值可得到 β 值,则可用式(7-2-5)求出频率修正量 α,在此基础上可得到相角 φ_0、幅值 A 的修正公式:

$$\phi_0 = \arg[X(k_i\Delta f)] + \arg[W2\pi(k_i-k_0)/N] \qquad (7-2-6)$$

其中:$\arg(\cdot)$ 表示求复数的相角。

$$A = \frac{2y_i}{|[W2\pi(k_i-k_0)/N]|} \qquad (7-2-7)$$

式(7-2-6)、式(7-2-7)中,根据 k_1 和 k_2 谱线确定 i 选 1 还是选 2。

7.2.2 基于多项式逼近的单峰谱线插值

由式(7-2-5)可知,k_1 和 k_2 两条谱线的幅值比 β 是关于 α 的函数:

$$\beta = \frac{y_2}{y_1} = \frac{|W[2\pi(1-\alpha)/N]|}{|W[2\pi(-\alpha)/N]|} = g(\alpha) \qquad (7-2-8)$$

当窗函数较复杂时,由直接比值法难以求取 α 的解析解,因此对于给定的窗函数,当 N 较大时,根据式(7-2-8)可用多项式逼近法求出 $\alpha = g^{-1}(\beta)$。由于 α 取值为 $[0,1]$,故可在该范围内取一组值代入式(7-2-8),得到一组 β 值,利用 MATLAB 多项式拟合函数 ployfit 可求取 $\alpha = g^{-1}(\beta)$ 的系数。

为了利用单峰谱线的离散频谱幅值精确估计谐波幅值,必须找到距离所求谐波峰值点最近的谱线,也就是在所求谐波峰值点附近幅值最大的谱线。由 7.2.1 小节可知,峰值频率 $f_0 = k_0 \Delta f$ 一般不落在离散谱线频点上,峰值点左、右两侧的谱线的索引分别为 k_1 和 k_2,那么谱线 k_1 和 k_2 即为距谐波峰值点幅值最大的谱线。不妨设该幅值最大的谱线索引为 k,若 k_1 为距峰值点幅值最大的谱线,则 k 为 k_1;反之 k 为 k_2。其幅值 $y_k = X(k\Delta f)$,且设 $\gamma = k_0 - k$,则

γ 的取值范围为 $[-0.5, 0.5]$，幅值修正公式(7-2-7)可转化为

$$A = \frac{2y_k}{|W[2\pi(-\gamma)/N]|} \quad (7-2-9)$$

当 N 较大时，同样采用多项式逼近的方法可求取式(7-2-9)分母部分的多项式逼近 $\lambda(\gamma)$，从而得到幅值修正公式为

$$A = N^{-1} \cdot y_k \cdot \lambda(\gamma) \quad (7-2-10)$$

由于 γ 取值在 $[-0.5, 0.5]$ 范围内，可任取一组 γ 值代入该窗函数对应的式(7-2-9)分母部分得到一组 $\lambda(\gamma)$ 值，利用 MATLAB 多项式拟合函数 ployfit 得到 $\lambda(\gamma)$ 的系数。

由上述分析求取 $\lambda(\gamma)$ 的系数后，γ 值仍为未知量，但前面由 y_1 和 y_2 以及式(7-2-8)的反函数可以求出 α 的值，并可由 α 推导出 γ。下面分两种情况讨论：

① 当 $0 \leqslant \alpha \leqslant 0.5$ 时，易知此时 k_1 为距谐波频点幅值最大的谱线，$y_k = y_1$ 且 $\gamma = \alpha$。

② 当 $0.5 < \alpha \leqslant 1$ 时，此时 k_2 为距谐波频点幅值最大的谱线，$y_k = y_2$ 且 $\gamma = -(1-\alpha)$。

在求得 $\lambda(\gamma)$ 的系数后，将 γ 值代入式(7-2-10)即可求出谐波信号幅值。这样可求出信号频率为

$$f = k_0 \Delta f = (k_1 + \alpha) f_s / N \quad (7-2-11)$$

由式(7-2-6)可得信号相角的修正公式为

$$\phi_0 = \arg[X(k_1 \Delta f)] - \pi \cdot \alpha \quad (7-2-12)$$

7.2.3 常用窗函数单峰谱线的修正公式

本章参考文献[3]中给出了一些典型窗函数的修正公式。

(1) 汉宁窗：

$$w(n) = 0.5 - 0.5\cos\frac{2\pi n}{N}, \quad n = 0, 1, \cdots, N-1$$

$\alpha = -0.986\,470\,58 + 2.876\,723\,16\beta - 2.499\,068\,03\beta^2 + 1.778\,144\,48\beta^3 - 0.942\,076\,33\beta^4 + 0.338\,042\,04\beta^5 - 0.072\,156\,13\beta^6 + 0.006\,859\,89\beta^7$

$A = N^{-1} \cdot y_k \cdot (3.999\,999\,14 + 2.579\,865\,09\gamma^2 + 0.992\,542\,08\gamma^4 + 0.341\,300\,08\gamma^6)$

(2) 海明窗：

$$w(n) = 0.54 - 0.46\cos\frac{2\pi n}{N}, \quad n = 0, 1, \cdots, N-1$$

$\alpha = -0.832\,878\,72 + 2.969\,596\,77\beta - 3.395\,937\,69\beta^2 + 3.083\,990\,59\beta^3 - 1.949\,215\,64\beta^4 + 0.788\,128\,45\beta^5 - 0.181\,812\,77\beta^6 + 0.018\,127\,12\beta^7$

$A = N^{-1} \cdot y_k \cdot (3.703\,702\,66 + 2.937\,585\,88\gamma^2 + 1.350\,601\,89\gamma^4 + 0.549\,113\,25\gamma^6)$

(3) Blackman-Harris 窗：

$$w(n) = 0.358\,75 - 0.499\,29\cos\frac{2\pi n}{N} + 0.141\,28\cos\frac{4\pi n}{N} - 0.116\,8\cos\frac{6\pi n}{N}$$

$n = 0, 1, \cdots, N-1$

$\alpha = -2.355\,573\,10 + 6.362\,144\,76\beta - 7.375\,237\,39\beta^2 + 6.971\,870\,36\beta^3 - 4.719\,387\,5\beta^4 + 2.099\,841\,84\beta^5 - 0.546\,568\,41\beta^6 + 0.062\,909\,52\beta^7$

$$A = N^{-1} \cdot y_k \cdot (5.574\,912\,82 + 2.111\,133\,99\gamma^2 + 0.432\,715\,98\gamma^4 + 0.067\,203\,18\gamma^6)$$

(4) RV(Ⅲ)-4 窗：

$$w(n) = 1.0 - 1.435\,96\cos\frac{2\pi n}{N} + 0.497\,54\cos\frac{4\pi n}{N} - 0.061\,58\cos\frac{6\pi n}{N}$$

$$n = 0, 1, \cdots, N-1$$

$$\alpha = -2.684\,769\,48 + 6.724\,900\,13\beta - 7.106\,200\,56\beta^2 + 6.275\,072\,98\beta^3 -$$
$$4.080\,505\,20\beta^4 + 1.776\,859\,15\beta^5 - 0.457\,948\,80\beta^6 + 0.052\,591\,81\beta^7$$

$$A = N^{-1} \cdot y_k \cdot (1.999\,999\,99 + 0.652\,996\,03\gamma^2 + 0.115\,841\,90\gamma^4 + 0.015\,538\,93\gamma^6)$$

7.2.4 案例 7.1：如何求不同余弦窗函数单峰修正法中 $\alpha = g^{-1}(\beta)$ 的系数和 $\lambda(\gamma)$ 的系数

1. 概　述

在 4.2.3 小节中给出了一部分典型窗函数的 $\alpha = g^{-1}(\beta)$ 的系数和 $\lambda(\gamma)$ 的系数，这些系数是怎么求出来的，或如果对于任意一个余弦窗函数，又怎么来求 $\alpha = g^{-1}(\beta)$ 的系数和 $\lambda(\gamma)$ 的系数。本小节将介绍计算这些系数的方法。

2. 理论基础

式(7-2-8)中给出了 $\beta = g(\alpha)$ 的关系如下：

$$\beta = \frac{|W[2\pi(1-\alpha)/N]|}{|W[2\pi(-\alpha)/N]|} = g(\alpha) \quad (7-2-13)$$

其中：$W(\cdot)$ 是余弦窗函数的离散时间傅里叶变换(DTFT)。α 取值范围为 $0\sim 1$，调用第 6 章介绍过的 dtft_dkm 函数，得到任意窗函数在区间内的 DTFT 值把 α 在 $0\sim 1$ 之间划分成许多样点，一个 α 值通过式(7-2-13)的计算得到一个 β 值，这样就得出 $\beta = g(\alpha)$ 的曲线。

在 MATLAB 中用多项式拟合函数，求出 $\alpha = g^{-1}(\beta)$ 的系数。多项式的最高阶次不超过 7。

式(7-2-9)中给出了 Ap 与 γ 的关系：

$$Ap = \frac{2}{|W[2\pi(-\gamma)]|} = \lambda(\gamma) \quad (7-2-14)$$

其中：γ 的取值范围为 $-0.5\sim 0.5$。仍把 γ 在 $-0.5\sim 0.5$ 之间划分成许多样点，一个 γ 值通过式(7-2-14)的计算得到一个 Ap 值，这样就得出 $Ap = \lambda(\gamma)$ 的曲线。

在 MATLAB 中用多项式拟合函数，求出 $Ap = \lambda(\gamma)$ 的系数。多项式的最高阶次不超过 7。

3. 实　例

例 7-2-1(pr7_2_1) 用汉宁窗函数，求出单峰修正法中 $\alpha = g^{-1}(\beta)$ 的系数和 $\lambda(\gamma)$ 的系数。

程序清单如下：

```
% pr7_2_1
% 汉宁窗
clear all; clc; close all;
```

```matlab
N=1024;                                    % 窗函数长
n=0:N-1;                                   % 索引号
w=0.5-0.5*cos(2*pi*n/N);                   % 窗函数
alpha=0:0.01:1;                            % 设置 alpha 矢量
M=length(alpha);                           % alpha 的长度
for k=1:M                                  % 计算 beta 和 alpha 的关系
    al=alpha(k);                           % 取一个 alpha 值
    dk1=-al;                               % 给出 -alpha
    dk2=1-al;                              % 给出 1-alpha
    W1=dtft_dkm(w,dk1,0);                  % 计算式(7-2-13)的分母
    W2=dtft_dkm(w,dk2,0);                  % 计算式(7-2-13)的分子
    beta(k)=abs(W2)/abs(W1);               % 求出 beta 值
end
a=polyfit(beta,alpha,7);                   % 计算 beta 对 alpha 的拟合多项式系数
y=polyval(a,beta);                         % 计算 beta 对 alpha 的拟合曲线
% 作图和显示 beta 对 alpha 拟合多项式系数
subplot 211; plot(beta,alpha,'k'); hold on
plot(beta,y,'r'); grid
xlabel('\beta'); ylabel('\alpha');
title('\alpha = g^-^1(\beta)')
fprintf('%5.6f   %5.6f   %5.6f   %5.6f\n',a)
fprintf('\n');

gamma=-0.5:0.01:0.5;                       % 设置 gamma 矢量
M=length(gamma);                           % gamma 长度
for k=1:M                                  % 计算 gamma 和 Ap 的关系
    al=gamma(k);                           % 取一个 gamma 值
    dk1=-al;                               % 给出 -gamma
    W1=dtft_dkm(w,dk1,0);                  % 计算式(7-2-14)的分母
    Ap(k)=2*N/abs(W1);                     % 求出 Ap 值
end
a=polyfit(gamma,Ap,6);                     % 计算 gamma 对 Ap 的拟合多项式系数
y=polyval(a,gamma);                        % 计算 gamma 对 Ap 的拟合曲线
% 作图和显示 gamma 对 Ap 拟合多项式系数
subplot 212; plot(gamma,Ap,'k'); grid;
plot(gamma,y,'r'); grid
xlabel('\gamma'); ylabel('Ap');
title('Ap = \lambda(\gamma)')
fprintf('%5.6f   %5.6f   %5.6f   %5.6f\n',a)
fprintf('\n');
set(gcf,'color','w');
```

程序运行后得图 7-2-1。其中图(a)是进行 $\alpha=g^{-1}(\beta)$ 的拟合,程序中先运行计算了 $\beta=g(\alpha)$ 的关系,用黑线画出了这条曲线,然后用 β 作为自变量拟合出 $\alpha=g^{-1}(\beta)$,用红线画出这条曲线,可看出二者完全重合。在图 7-2-1(b)中是进行 $Ap=\lambda(\gamma)$ 的拟合运算,先按

式(7-2-14)计算,用黑线画出曲线,再用 Ap=λ(γ)把γ多项式拟合曲线,拟合出的曲线用红线表示,也一样和黑线完全重合。

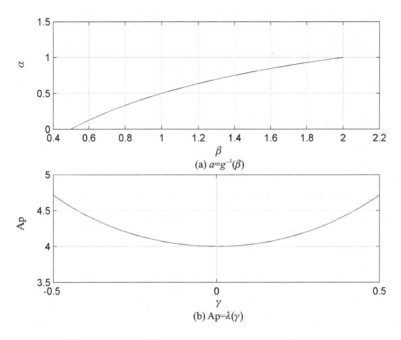

图 7-2-1 进行 $\alpha=g^{-1}(\beta)$ 和 $Ap=\lambda(\gamma)$ 曲线拟合图

运行 pr7_2_1 后给出 $\alpha=g^{-1}(\beta)$ 的系数如下:

    0.006 143 −0.066 571 0.320 022 −0.910 950

    1.747 132 −2.481 274 2.871 279 −0.985 782

给出 $Ap=\lambda(\gamma)$ 的系数如下:

    0.352 636 −0.000 000 0.989 796 0.000 000

    2.580 052 −0.000 000 3.999 998

综上,在汉宁窗条件下可计算出系数为

$$\alpha = -0.985\,782 + 2.871\,279\beta - 2.481\,274\beta^2 + 1.747\,132\beta^3 - 0.910\,95\beta^4 + 0.320\,022\beta^5 - 0.066\,571\beta^6 + 0.006\,143\beta^7$$

$$A = N^{-1} \cdot y_k \cdot (3.999\,998 + 2.580\,052\gamma^2 + 0.989\,796\gamma^4 + 0.352\,636\gamma^6)$$

4. 案例延伸

从式(7-2-13)和式(7-2-14)中可看到,W(·)是任意一种余弦窗函数,并没有指定某一种特定的窗函数,而程序 pr7_2_1 中用了汉宁窗函数:

w = 0.5 − 0.5 * cos(2 * pi * n/N);

(1) 把 w 改为其他窗函数,一样可以对其他窗函数计算单峰修正法中 $\alpha=g^{-1}(\beta)$ 的系数和 $\lambda(\gamma)$ 的系数。所以我们把 w 改为海明窗:

w = 0.54 − 0.42 * cos(2 * pi * n/N);

得到海明窗时 $\alpha = g^{-1}(\beta)$ 的系数有

| 0.010 260 | −0.115 065 | 0.554 489 | −1.513 424 |
| 2.617 836 | −3.110 829 | 2.877 437 | −0.820 730 |

得到 $Ap = \lambda(\gamma)$ 的系数有

| 0.565 824 | −0.000 000 | 1.345 842 | 0.000000 |
| 2.937 929 | −0.000 000 | 3.703 700 | |

(2) 把 w 改为布莱克曼窗：

$w = 0.42 - 0.5 * \cos(2 * pi * n/N) + 0.08 * \cos(4 * pi * n/N);$

得到布莱克曼窗时 $\alpha = g^{-1}(\beta)$ 的系数有

| 0.027 807 | −0.262 372 | 1.088 565 | −2.631 425 |
| 4.177 816 | −4.769 011 | 4.447 261 | −1.578 641 |

得到 $Ap = \lambda(\gamma)$ 的系数有

| 0.155 236 | 0.000 000 | 0.672 827 | −0.000 000 |
| 2.390 931 | 0.000 000 | 4.761 904 | |

(3) 把 w 改为 Blackman-Harris 窗：

$w = 0.35875 - 0.48829 * \cos(2 * pi * n/N) + 0.14128 * \cos(4 * pi * n/N) - 0.01168 * \cos(6 * pi * n/N)$

得到 Blackman-Harris 窗时 $\alpha = g^{-1}(\beta)$ 的系数有

| 0.055 074 | −0.491 347 | 1.934 912 | −4.448 870 |
| 6.708 777 | −7.223 542 | 6.314 136 | −2.349 139 |

得到 $Ap = \lambda(\gamma)$ 的系数有

| 0.067 945 | −0.000 000 | 0.432 510 | 0.000 000 |
| 2.111 148 | −0.000 000 | 5.574 913 | |

(4) 把 w 改为 RV(Ⅲ)-4 窗

$w = 1 - 1.43596 * \cos(2 * pi * n/N) + 0.49754 * \cos(4 * pi * n/N) - 0.06158 * \cos(6 * pi * n/N)$

得 RV(Ⅲ)-4 窗时 $\alpha = g^{-1}(\beta)$ 的系数有

| 0.047 607 | −0.423 245 | 1.674 384 | −3.914 381 |
| 6.115 817 | −7.016 253 | 6.697 249 | −2.681 178 |

得到 $Ap = \lambda(\gamma)$ 的系数有

| 0.015 691 | −0.000 000 | 0.115 798 | 0.000 000 |
| 0.653 039 | −0.000 000 | 2.000 000 | |

以上系数与本章参考文献[3]提供的系数比较接近。

7.2.5 案例7.2：用不同窗函数对一组谐波数据进行计算比较

1. 概　述

设置一组谐波数据，在本小节中用文献[4]提供的一组数据(该组数据常被引用)。分别用汉宁窗、Blackman-Harris 窗和 RV(Ⅲ)-4 窗等不同的窗函数对同一数据处理,观察不同窗函数检测数据的结果。

2. 实　例

例 7-2-2(pr7_2_2) 有一组谐波数据如表 7-2-1 所列,用汉宁窗函数对该组谐波数据进行检测。信号基波频率为 49.13 Hz,采样频率 3 200 Hz,数据长度为 2 048。

表 7-2-1　一组谐波数据

n	1	2	3	4	5	6	7	8	9	10	11
V	240.00	0.10	12.00	0.10	2.70	0.05	2.10	0.00	0.30	0.00	0.60
f_0	49.13	98.26	147.39	196.52	245.65	294.78	343.91	393.04	442.17	491.30	540.43
ϕ	0.00	10.00	20.00	30.00	40.00	50.00	60.00	70.00	80.00	90.00	100.00

说明：n 表示为谐波的阶次；V 表示为电压值；f_0 表示基波和谐波的频率,基波频率是 49.13 Hz,谐波是基波的整倍数；ϕ 表示为某次谐波的初始相角,单位是度(°)。

程序 pr7_2_2 清单如下：

```
% pr7_2_2
clc; clear all; close all;

f0 = 49.13;                              % 基波频率
fs = 3200;                               % 采样频率
N = 2048;                                % 数据长度
n = 0:N-1;                               % 数据索引
rad = pi/180;                            % 角度和弧度的转换因子
xb = [240,0.1,12,0.1,2.7,0.05,2.1,0,0.3,0,0.6];   % 谐波幅值
Q = [0,10,20,30,40,50,60,0,80,0,100] * rad;       % 谐波初始相角
s = zeros(1,N);                          % 初始化
M = 11;                                  % 谐波个数
for i = 1:M                              % 产生谐波信号
    s = s + xb(i) * cos(2 * pi * f0 * i * n./fs + Q(i));
end

w = 0.5 - 0.5 * cos(2 * pi * n./N);      % 汉宁窗
x = s.* w;                               % 信号乘以窗函数
v = fft(x,N);                            % FFT
u = abs(v);                              % 取频谱的幅值
k1 = zeros(1,M);                         % 初始化
k2 = zeros(1,M);
A = zeros(1,M);
ff = zeros(1,M);
```

```
Ph = zeros(1,M);
df = fs/N;                              % 频率分辨率

for i = 1:M                             % 计算基波和各阶谐波的参数
    if i == 1                           % 若计算基波,在 40~60 Hz 区间中寻找最大峰值
        n1 = fix(40/df); n2 = fix(60/df);   % 求出 40 Hz 和 60 Hz 对应的索引号
    else                                % 若计算谐波,从该谐波理论值 -10 和 +10 的区间中寻找最大值
        n1 = fix((i*ff(1) - 10)/df);    % 求出区间对应的索引号
        n2 = fix((i*ff(1) + 10)/df);
    end
    [um,ul] = max(u(n1:n2));            % 在区间中找出最大值
    k1(i) = ul + n1 - 1;                % 给出最大值的索引号
% 判断峰值在最大值左边还是右边,如果峰值在最大值左边,把 k1(i)进行修正
    if u(k1(i) - 1)>u(k1(i) + 1), k1(i) = k1(i) - 1; end
    k2(i) = k1(i) + 1;                  % 求出 k2(i),使峰值永远在 k1(i)和 k2(i)之间
    y1 = u(k1(i));                      % 求出 y1 和 y2
    y2 = u(k2(i));
    b = y2/y1;                          % 按式(7-2-5)计算出 beta
% 汉宁窗的 beta 对 alpha 的表示式
    a = -0.985782 + 2.871279*b - 2.481274*b^2 + 1.747132*b^3 - 0.91095*b^4 + ...
        0.320022*b^5 - 0.066571*b^6 + 0.0061436*b^7;
% 按 alpha 的数值决定最大值的索引号和 gamma 值
    if (a>=0) & (a<=0.5)                % 若 k1 是最大值索引
        yk = y1;
        gama = a;
    elseif (a>0.5) & (a<=1)             % 若 k2 是最大值索引
        yk = y2;
        gama = -(1 - a);
    end
% 按式(7-2-9)依汉宁窗的窗函数关系计算出谐波的幅值
    A(i) = yk*(3.999998 + 2.580052*(gama)^2 + 0.989796*(gama)^4 + ...
        0.352636*(gama)^6)/N;
    ff(i) = (k1(i) - 1 + a)*fs/N;       % 求出谐波的频率
    Ph(i) = phase(v(k1(i))) - pi*a;     % 求出谐波的初始相角
    Ph(i) = Ph(i) - (Ph(i)>pi)*2*pi + (Ph(i)< -pi)*2*pi;    % 对相角进行修正
% 若幅值过小设为 0,并对频率相角修正
    if A(i)<0.0005, A(i) = 0; ff(i) = i*ff(1); Ph(i) = 0; end
% 显示谐波参数
    fprintf('%4d      %5.6f      %5.6f      %5.6f\n',i,A(i),ff(i),Ph(i)/rad);
end
```

运行 pr7_2_2 后检测出谐波参数如下:

阶次	幅值	频率	初始相角/(°)
1	240.000 076	49.129 995	0.000 565

阶次	幅值	频率/Hz	初始相角/(°)
2	0.100 006	98.257 979	7.665 474
3	12.000 108	147.389 924	20.008 826
4	0.099 996	196.519 756	29.850 089
5	2.700 035	245.649 939	40.007 142
6	0.049 999	294.779 823	49.955 415
7	2.100 015	343.909 970	60.003 513
8	0.000 000	393.039 963	0.000 000
9	0.300 008	442.170 192	79.977 438
10	0.000 000	491.299 954	0.000 000
11	0.600 001	540.430 052	99.993 893

3. 案例延伸

在例 7-2-2 中只计算了汉宁窗，下面来计算 Blackman-Harris 窗和 RV(Ⅲ)-4 窗。

例 7-2-3(pr7_2_3) 同例 7-2-2，但用 Blackman-Harris 窗。程序清单不再列出，基本上和程序 pr7_2_2 相同，只是把窗函数换了，把计算 beta 与 alpha 的关系式以及计算 gamma 与 A 的关系式换成是针对 Blackman-Harris 窗的。程序清单可以在本书附带的程序包中找到。

运行程序 pr7_2_3 后检测出谐波参数如下：

阶次	幅值	频率/Hz	初始相角/(°)
1	240.000 076	49.130 004	−0.000 509
2	0.100 064	98.264 076	9.773 893
3	11.999 920	147.390 099	19.988 188
4	0.100 036	196.523 213	29.774 423
5	2.699 917	245.650 270	39.967 456
6	0.050 018	294.785 597	49.529 336
7	2.099 918	343.910 243	59.970 401
8	0.000 000	393.040 034	0.000 000
9	0.299 924	442.168 714	80.163 496
10	0.000 000	491.300 042	0.000 000
11	0.599 958	540.429 533	100.060 462

例 7-2-4(pr7_2_4) 同例 7-2-2，但用 RV(Ⅲ)-4 窗。程序清单不再列出，基本上和程序 pr7_2_2 相同，只是把窗函数换了，把计算 beta 与 alpha 的关系式以及计算 gamma 与 A 的关系式换成是针对 RV(Ⅲ)-4 窗的。程序清单可以在本书附带的程序包中找到。

运行程序 pr7_2_4 后检测出谐波参数如下：

阶次	幅值	频率/Hz	初始相角/(°)
1	239.999 998	49.130 000	0.000 027
2	0.100 000	98.260 005	10.002 445
3	11.999 999	147.390 000	20.000 053

4	0.100 000	196.520 002	29.999 880
5	2.700 000	245.649 999	40.000 065
6	0.050 000	294.780 001	49.999 925
7	2.100 000	343.909 999	60.000 087
8	0.000 000	393.039 998	0.000 000
9	0.300 000	442.170 007	79.999 180
10	0.000 000	491.299 998	0.000 000
11	0.600 000	540.430 004	99.999 550

运行程序 pr7_2_2、pr7_2_3 和 pr7_2_4，已对表 7-2-1 中这组谐波数据进行了检测，它们的结果都比较接近理论值（设置值），尤其在计算谐波的频率和幅值上比较精确。相对来说在频率和幅值上 RV(Ⅲ)-4 窗函数最好，而在计算相角上都有一些误差。现在把这三种窗函数在相角上计算值和理论值产生的误差进行比较，列在表 7-2-2 中。

表 7-2-2 汉宁窗、Blackman-Harris 窗和 RV(Ⅲ)-4 窗在相角上计算值和理论值产生的误比较

(°)

阶次	汉宁窗	Blackman-Harris 窗	RV(Ⅲ)-4 窗
1	−0.000 6	0.000 5	0
2	2.334 5	0.226 1	−0.002 4
3	−0.008 8	0.011 8	−0.000 1
4	0.149 9	0.225 6	0.000 1
5	−0.007 1	0.032 5	−0.000 1
6	0.044 6	0.470 7	0.000 1
7	−0.003 5	0.029 6	−0.000 1
8	0	0	0
9	0.022 6	−0.163 5	0.000 8
10	0	0	0
11	0.006 1	−0.060 5	0.000 5

从表 7-2-2 中可以看到，汉宁窗在计算第 2 阶谐波的初始相角产生较大的误差，在度的量级上。这是由于汉宁窗第一旁瓣衰减比较小，基波对第 2 阶谐波有较大的泄漏造成的。RV(Ⅲ)-4 窗函数计算的初始相角与理论值产生的误差都十分小，说明选择 RV(Ⅲ)-4 窗函数是一种理想的选择。而 Blackman-Harris 窗函数却不尽人意。

我们知道 Blackman-Harris 窗函数的第一旁瓣衰减为 −92 dB，这数值在这 3 种窗函数中是衰减最大的，但在计算初始相角产生的误差中可以看到，在第 2 阶、第 4 阶、第 6 阶和第 8 阶中误差都有 0.1°的量级，比 RV(Ⅲ)-4 窗函数明显差一点。这主要是由于 RV(Ⅲ)-4 窗函数虽然第一旁瓣衰减没有 Blackman-Harris 窗函数大，但 RV(Ⅲ)-4 窗函数在阻带峰值的衰减速度是 30 dB/oct，而 Blackman-Harris 窗函数在阻带峰值的衰减速度是 6 dB/oct（参看表 7-1-1）。这说明在谐波检测中，我们不能只选择第一旁瓣衰减大的，还必须要考虑阻带峰值的衰减速度。

7.3 双峰谱线插值算法[4-7]

7.3.1 双峰谱线插值算法原理

信号如同式(7-2-1)所表示的,乘以余弦窗截断信号后的傅里叶变换式如同式(7-2-2)和式(7-2-3)表示,数据长 N 时离散时间傅里叶变换(DTFT)进行离散抽样(离散抽样间隔为 $\Delta f=f_s/N$, N 为数据截断长度),同时只取正频率进行处理,可得加窗信号的离散傅里叶变换频谱为

$$X(k\Delta f) = \frac{A}{2}e^{j\phi_0}W[2\pi T_s(k\Delta f - f_0)] \qquad (7-3-1)$$

信号频率 f_0 可表示为 $f_0=k_0\Delta f$, k_0 一般不是整数。设峰值点左、右两侧的谱线索引分别为 k_1 和 k_2,这两条谱线应该是峰值点附近幅值大和次大的谱线,幅值分别是 $y_1=|X(k_1\Delta f)|$ 和 $y_2=|X(k_2\Delta f)|$,显然,$k_1 \leqslant k_0 \leqslant k_2$, $k_2=k_1+1$。在离散频谱中找到这两条谱线,以这两条谱线值相比:

$$\frac{y_1}{y_2} = \left| \frac{W[2\pi(k_1-k_0)/N]}{W[2\pi(k_2-k_0)/N]} \right| \qquad (7-3-2)$$

这就是单峰谱线修正算法,利用式(7-3-2)求出频率 f_0、幅值 A 和初始相角 ϕ_0,这就是在7.2节中介绍的方法。

由于 $0 \leqslant (k_0-k_1) \leqslant 1$,引入辅助参数 $\alpha=k_0-k_1-0.5$。显然,α 的数值范围是 $[-0.5, 0.5]$,又定义 β 如下:

$$\beta = \frac{y_2-y_1}{y_2+y_1} = \frac{|W[2\pi\cdot(-\alpha+0.5)/N]|-|W[2\pi\cdot(-\alpha-0.5)/N]|}{|W[2\pi\cdot(-\alpha+0.5)/N]|+|W[2\pi\cdot(-\alpha-0.5)/N]|] \qquad (7-3-3)$$

当 N 较大时,式(7-3-3)一般简化为 $\beta=g(\alpha)$,其反函数记为 $\alpha=g^{-1}(\beta)$。由 β 可以求出参数 α,频率修正公式为

$$f_0 = k_0\Delta f = (\alpha+k_1+0.5)\Delta f \qquad (7-3-4)$$

幅值修正值是和两条谱线进行加权平均,其计算公式为

$$A = \frac{A_1\cdot|W[2\pi\cdot(k_1-k_0)/N]|-A_2\cdot|W[2\pi\cdot(k_2-k_0)/N]|}{|W[2\pi\cdot(k_1-k_0)/N]|+|W[2\pi\cdot(k_2-k_0)/N]|} =$$
$$\frac{2(y_1+y_2)}{|W[2\pi\cdot(-\alpha-0.5)/N]|+|W[2\pi\cdot(-\alpha+0.5)/N]|} \qquad (7-3-5)$$

当 N 较大时,式(7-3-5)可进一步简化为

$$A = N^{-1}\cdot(y_1+y_2)\cdot v(\alpha) \qquad (7-3-6)$$

对初始相角的计算式可表示为

$$\phi_0 = \arg[X(k_i\Delta f)] + \arg\{W[2\pi(k_i-k_0)/N]\} \qquad (7-3-7)$$

7.3.2 基于多项式逼近的双峰谱线插值

由式(7-3-3)得到 β 和 α 的关系函数 $\beta=g(\alpha)$,和7.2节一样可以采用多项式逼近的方法计算 $\alpha=g^{-1}(\beta)$。α 的数值范围是 $[-0.5, 0.5]$,可在该范围内取一组值代入式(7-3-3),

得到一组 β 值,利用 MATLAB 多项式拟合函数 ployfit 可求取 $\alpha = g^{-1}(\beta)$ 的系数:

$$\alpha = g^{-1}(\beta) \approx \alpha_1 \beta + \alpha_3 \beta^3 + \cdots + \alpha_{2m+1} \beta^{2m+1} \qquad (7-3-8)$$

在式(7-3-6)中给出的 $v(\cdot)$ 是偶函数。可以采用多项式逼近的方法求出函数 $v(\cdot)$ 的近似计算公式,式中将不含有奇次项。这样,双峰谱线修正算法的计算公式就可改写为

$$A = N^{-1} \cdot (y_1 + y_2) \cdot (b_0 + b_2 \alpha^2 + \cdots + b_{2l} \alpha^{2l}) \qquad (7-3-9)$$

式中:$b_0, b_2, \cdots, b_{2l}$ 为 $2l$ 次逼近多项式的偶次项系数。

在已知 α 值时,初始相角的计算可简化为

$$\phi_0 = \arg[X(k_i)] - \pi[\alpha - (-1)^i \times 0.5], \qquad i = 1, 2 \qquad (7-3-10)$$

7.3.3 常用窗函数双峰谱线的修正公式

本章参考文献[5-7]给出了一些常用窗函数双峰谱线的修正公式。

汉宁窗函数:

$$w(n) = 0.5 - 0.5\cos\frac{2\pi n}{N}, \qquad n = 0, 1, \cdots, N-1$$

$$\alpha = 1.5\beta$$

$$A = N^{-1} \cdot (y_1 + y_2) \cdot (2.356\,194\,03 + 1.155\,436\,82\alpha^2 + 0.326\,078\,73\alpha^4 + 0.078\,914\,61\alpha^6)$$

海明窗函数:

$$w(n) = 0.54 - 0.46\cos\frac{2\pi n}{N}, \qquad n = 0, 1, \cdots, N-1$$

$$\alpha = 1.218\,749\,43\beta + 0.133\,495\,31\beta^3 + 0.053\,014\,20\beta^5 + 0.036\,560\,14\beta^7$$
$$A = N^{-1} \cdot (y_1 + y_2) \cdot (2.265\,571\,03 + 1.227\,199\,87\alpha^2 + 0.376\,077\,75\alpha^4 + 0.097\,673\,89\alpha^6)$$

布莱克曼窗函数:

$$w(n) = 0.42 - 0.5\cos\frac{2\pi n}{N} + 0.08\cos\frac{4\pi n}{N}, \qquad n = 0, 1, \cdots, N-1$$

$$\alpha = 1.960\,431\,63\beta + 0.152\,773\,25\beta^3 + 0.074\,258\,38\beta^5 + 0.04\,998\,548\beta^7$$
$$A = N^{-1} \cdot (y_1 + y_2) \cdot (2.702\,057\,74 + 1.071\,151\,06\alpha^2 + 0.233\,619\,15\alpha^4 + 0.040\,176\,68\alpha^6)$$

Blackman-Harris 窗函数:

$$w(n) = 0.358\,75 - 0.488\,29\cos\frac{2\pi n}{N} + 0.141\,28\cos\frac{4\pi n}{N} - 0.016\,8\cos\frac{6\pi n}{N}, \qquad n = 0, 1, \cdots, N-1$$

$$\alpha = 2.619\,790\,85\beta + 0.286\,567\,5\beta^3 + 0.128\,3\beta^5 + 0.080\,241\beta^7$$
$$A = N^{-1} \cdot (y_1 + y_2) \cdot (3.065\,396\,76 + 0.965\,559\,979\alpha^2 + 0.163\,556\alpha^4 + 0.019\,85\alpha^6)$$

4 项 3 阶 Nuttll 函数:

$$w(n) = 0.338\,946 - 0.481\,973\cos\frac{2\pi n}{N} + 0.161\,054\cos\frac{4\pi n}{N} - 0.018\,027\cos\frac{6\pi n}{N}$$

$$n = 0, 1, \cdots, N-1$$

$$\alpha = 2.954\,945\,14\beta + 0.176\,719\,43\beta^3 + 0.092\,306\,94\beta^5$$
$$A = N^{-1} \cdot (y_1 + y_2)(3.209\,761\,43 + 0.918\,739\,3\alpha^2 + 0.147\,342\,29\alpha^4)$$

7.3.4 案例 7.3：怎么求出不同余弦窗函数双峰修正法中 $\alpha = g^{-1}(\beta)$ 的系数和 $\nu(\gamma)$ 的系数

1. 概述
同单峰谱线修正法一样的方法，求出 $\alpha = g^{-1}(\beta)$ 的系数和 $\nu(\gamma)$ 的系数。

2. 理论基础
从式（7-3-3）和式（7-3-5）中可以看到，要计算 $|W[2\pi \cdot (-\alpha+0.5)/N]|$ 和 $|W[2\pi \cdot (-\alpha-0.5)/N]|$，在 $W(\cdot)$ 中的变量不是 α，而是 $-\alpha+0.5$ 和 $-\alpha-0.5$。所以在计算中要分别求出 $-\alpha+0.5$ 和 $-\alpha-0.5$。

又由式（7-3-5）得到

$$A = \frac{2(y_1 + y_2)}{|W[2\pi \cdot (-\alpha-0.5)/N]| + |W[2\pi \cdot (-\alpha+0.5)/N]|} =$$

$$\frac{(y_1 + y_2)}{N} \cdot \frac{2N}{|W[2\pi \cdot (-\alpha-0.5)/N]| + |W[2\pi \cdot (-\alpha+0.5)/N]|} =$$

$$\frac{(y_1 + y_2)}{N} \nu(\alpha)$$

其中 $\nu(\alpha)$ 定义为

$$\nu(\alpha) = \frac{2N}{|W[2\pi \cdot (-\alpha-0.5)/N]| + |W[2\pi \cdot (-\alpha+0.5)/N]|}$$

3. 实例

例 7-3-1(pr7_3_1) 用汉宁窗函数求双峰修正法中 $\alpha = g^{-1}(\beta)$ 的系数和 $\nu(\gamma)$ 的系数。

程序 pr7_3_1 清单如下：

```
% pr7_3_1
clear all; clc; close all;

N = 1024;                                          % 窗函数长
n = 0:N-1;                                         % 索引号
w = 0.5 - 0.5 * cos(2 * pi * n/N);                 % 窗函数
alpha = -0.5:0.01:0.5;                             % 设置 alpha 矢量
M = length(alpha);                                 % alpha 的长度
for k = 1 : M                                      % 计算 beta 和 alpha 的关系计算 alpha 和 nu 的关系
    al = alpha(k);                                 % 取一个 alpha 值
    dk1 = -al + 0.5;                               % 给出 -alpha + 0.5
    dk2 = -al - 0.5;                               % 给出 -alpha - 0.5
    W1 = dtft_dkm(w,dk1,0);                        % 计算式(7-3-3)的分子第 1 项
    W2 = dtft_dkm(w,dk2,0);                        % 计算式(7-3-3)的分子第 2 项
    beta(k) = (abs(W1) - abs(W2))/(abs(W1) + abs(W2));    % 求出 beta 值
    nu(k) = 2 * N/(abs(W1) + abs(W2));             % 求出 nu 值
end
a = polyfit(beta,alpha,6);                         % 计算 beta 对 alpha 的拟合多项式系数
y = polyval(a,beta);                               % 计算 beta 对 alpha 的拟合曲线
% 作图和显示 beta 对 alpha 拟合多项式系数
subplot 211; plot(beta,alpha,'k'); hold on
```

```
plot(beta,y,'r'); grid
xlabel('\beta'); ylabel('\alpha');
title('\alpha = g^-^1(\beta)')
fprintf('%5.6f   %5.6f   %5.6f   %5.6f\n',a)
fprintf('\n');
subplot 212; plot(alpha,nu,'k'); hold on
a = polyfit(alpha,nu,6);                    % 计算 alpha 对 nu 的拟合多项式系数
y = polyval(a,alpha);                       % 计算 alpha 对 nu 的拟合曲线
% 作图和显示 alpha 对 nu 拟合多项式系数
subplot 212; plot(alpha,nu,'k'); hold on
plot(alpha,y,'r'); grid
xlabel('\alpha'); ylabel('\nu');
title('\nu(\alpha)')
fprintf('%5.6f   %5.6f   %5.6f   %5.6f\n',a);
fprintf('\n');
```

运行程序 pr7_3_1 后得图 7-3-1。图(a)是进行 $\alpha=g^{-1}(\beta)$ 的拟合,程序中先运行计算了 $\beta=g(\alpha)$ 的关系,用黑线画出了这条曲线,然后把 β 作为自变量拟合出 $\alpha=g^{-1}(\beta)$,用红线画出这条曲线,可看出两者完全重合。在图(b)中是进行 $\nu(\alpha)$ 的拟合运算,先按式(7-2-14)计算,用黑线画出曲线,再用 $\nu(\alpha)$ 把 α 多项式拟合曲线,拟合出的曲线用红线表示,也一样和黑线完全重合。

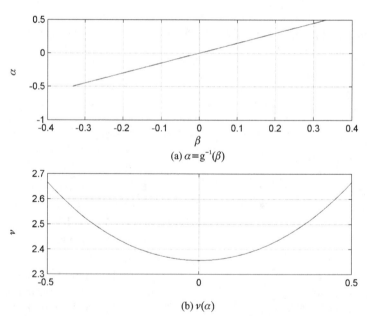

图 7-3-1 进行 $\alpha=g^{-1}(\beta)$ 和 $\nu(\alpha)$ 曲线拟合图

计算得 $\alpha=g^{-1}(\beta)$ 的系数如下:

　　　　-0.000 000　　0.000 000　　0.000 000　　-0.000 000
　　　　-0.000 000　　1.500 000　　-0.000 000

给出 $\nu(\alpha)$ 的系数如下:

0.078 535	−0.000 000	0.326 206	0.000 000
1.155 426	−0.000 000	2.356 194	

所以在汉宁窗的条件下可计算系数为

$\alpha = 1.5\beta$

$A = N^{-1} \cdot (y_1 + y_2) \cdot (2.356\ 194 + 1.155\ 426\alpha^2 + 0.326\ 206\alpha^4 + 0.078\ 535\alpha^6)$

4. 案例延伸

从式(7-2-13)和式(7-2-14)中可以看到,$W(\cdot)$是任意一种余弦窗函数,并没有指定某一种特定的窗函数;而程序 pr7_2_1 中用了汉宁窗函数。当把 w 改为其他窗函数时,一样可以对其他窗函数计算双峰修正法中 $\alpha = g^{-1}(\beta)$ 的系数和 $\nu(\alpha)$ 的系数。

把窗函数改为 Blackman-Harris 窗:

w = 0.358 75 − 0.488 29 * cos(2 * pi * n/N) + 0.141 28 * cos(4 * pi * n/N) − 0.011 68 * cos(6 * pi * n/N)

得到 Blackman-Harris 窗时 $\alpha = g^{-1}(\beta)$ 的系数如下:

0.080 307	−0.000 000	0.128 301	0.000 000
0.286 568	0.000 000	2.619 791	−0.000 000

得到 $\nu(\alpha)$ 的系数如下:

0.020 823	−0.000 000	0.163 413	0.000 000
0.965 567	−0.000 000	3.065 397	

以上系数与本章参考文献[7]提供的系数比较接近。

把窗函数改为 4 项 3 阶 Nuttall 窗:

w = .338946 − 0.481973 * cos(2 * pi * n/N) + 0.161054 * cos(4 * pi * n/N) − 0.018027 * cos(6 * pi * n/N);

得 4 项 3 阶 Nuttall 窗时 $\alpha = g^{-1}(\beta)$ 的系数如下:

0.000 000	0.092 435	−0.000 000	0.176 716
0.000 000	2.954 945	−0.000 000	

得到 $\nu(\alpha)$ 的系数如下:

0.016 482	−0.000 000	0.141 894	0.000 000
0.919 180	−0.000 000	3.209 756	

以上系数与本章参考文献[6]提供的系数比较接近。

7.3.5 案例 7.4:用不同窗函数对一组谐波数据进行计算比较

1. 概 述

还是用表 7-2-1 中的谐波数据,分别用汉宁窗、Blackman-Harris 窗和 4 项 3 阶 Nuttall 窗等不同的窗函数对同一数据进行处理,观察不同窗函数用双峰分析检测数据的结果。

2. 案例分析

十来年前在网上有一个双峰分析的程序,至今还有人引用并提出问题。该程序清单如下

（程序名为 bispe_old.m，在本书附带的程序包中能找到）：

```matlab
% bispe_old
clear all; clc; close all;
N = 128;                                    % 数据长
n = 0:1:127;                                % 数据索引
% load sam1 s                               % 从数据文件 sam 中装入采样数据到数组 s
fs = 50 * 32;                               % 采样频率
f0 = 50.5;                                  % 基波频率
w = 0.5 - 0.5 * cos(2 * pi * n./N);         % 汉宁窗
xb = [11,2,1,0.5,0.3,0.1,0.05];             % 谐波幅值
Q = [0.9,0.8,0.7,0.6,0.5,0.3,0.2];          % 谐波初始相角
s = zeros(1,N);                             % 初始化
for i = 1:7                                 % 产生谐波信号
    s = s + xb(i) * sin(2 * pi * i * f0 * n./fs + Q(i));
end

r = s.* w;                                  % 信号乘以窗函数
v = fft(r,128);                             % FFT
% vz = abs(v)/64 * 2;                       % 取频谱的幅值
u = abs(v);                                 % 取频谱的幅值
A = zeros(1,7);                             % 初始化
B = zeros(1,7);
C = zeros(1,7);
for I = 0:6                                 % 计算基波和各阶谐波的参数
    y1 = u(5 + 4 * I);                      % 设置 y1,y2 和 y3
    y2 = u(6 + 4 * I);
    y3 = u(4 + 4 * I);
    max = y2;                               % 设置 y2 为 max(不是表示为最大,只是一个变量名称)
    k = 5 + 4 * I;                          % k 表示的索引(代表索引 k1,k2 = k1 + 1)
    if y3 > y2                              % 若 y3 > y2
        max = y3;                           % 改成 y3 为 max
    end
    if max == y3                            % 若最大值为 y3
        t = y1;                             % 暂把 y1 放入 t
        y1 = max;                           % y1 为最大值
        y2 = t;                             % y2 为 t
        k = 4 + 4 * I;                      % k 表示的索引
    end
    b = (y2 - y1)/(y2 + y1);                % 按式(7-3-3)计算出 beta
    a = 1.5 * b;                            % 双峰谱线修正汉宁窗的 beta 对 alpha 的表示式
    A(I + 1) = (k + a - 0.5) * fs/N;        % 求出谐波的频率
    % 按式(7-3-9)依汉宁的窗函数关系计算出谐波的幅值
    B(I + 1) = (y1 + y2) * (2.35619403 + 1.15543682 * a^2 + 0.32607873 * a^4 + ...
        0.07891461 * a^6)/128;
```

```
        C(I+1) = angle(v(k))-pi*(a+0.5);          % 求出谐波的初始相角
        if C(I+1)>pi, C(I+1) = 2*pi-C(I+1); end
        fprintf('%4d   %5.6f    %5.6f    %5.6f\n',I,A(I+1),B(I+1),C(I+1)+pi/2);    % 显示
    end
```

bispe_old 程序最初是从 sam1 文件中读入数据,后改为计算机产生谐波信号。随着时间的推移,程序有很多不同的版本,但大致差不多。本案例对 bispe_old 程序加了注释说明语句的功能。bispe_old 程序是能运行的,得到的结果如下:

阶次	频率/Hz	幅值	初始相角/rad
1	50.512 382	10.997 345	0.896 801
2	100.983 688	2.005 185	0.803 838
3	151.492 815	1.002 306	0.701 532
4	201.981 703	0.501 719	0.604 248
5	252.439 669	0.301 216	0.514 886
6	302.832 552	0.100 880	0.342 705
7	353.268 263	0.050 384	0.257 764

bispe_old 程序是用双峰谱线修正法检测谐波的参数。它的主要特点是采样频率为 fs=1 600,数据长度 N=128,FFT 后频率分辨率 df=1 600/128=12.5。交流基波频率在 50 Hz 附近,所以 50/12.5=4,表示基波的谱线在谱线索引号 5(第 1 条谱线是直流分量)附近,二次谐波的谱线在谱线索引号 5+4 附近,三次谐波的谱线在谱线索引号 5+4*2 附近……这样可以找到任意 n 次谐波在哪个索引号附近。这就是程序中设置了"y1=u(5+4*I);I=0,1,…"。为了求出谐波峰值的区间,程序中又设置了"y2=u(6+4*I);y3=u(4+4*I);"并通过一系列的判断决定信号峰值在 y1 和 y2 之间,还是在 y1 和 y3 之间。

bispe_old 程序主要是在合适的采样频频率和合适的数据长度 N 下,可以用这样简单的方法求出 y1,y2 和 y3 是 y1 两旁的两条谱线;但这种方法不具有通用性。不少网友试了,若改变了采样频率或改变了数据长度 N 就会产生错误,且不能给出较为精确的结果。

3. 实例

例 7-3-2(pr7_3_2) 用表 7-2-1 中所列的一组谐波数据,用汉宁窗函数对该组谐波数据进行检测。信号基波频率为 49.13 Hz,采样频率 3 200 Hz,数据长度为 2 048。

程序清单如下:

```
% pr7_3_2
clear all; clc; close all;

f0 = 49.13;                                         % 基波频率
fs = 3200;                                          % 采样频率
N = 2048;                                           % 数据长度
n = 0:N-1;                                          % 数据索引
rad = pi/180;                                       % 角度和弧度的转换因子
xb = [240,0.1,12,0.1,2.7,0.05,2.1,0,0.3,0,0.6];     % 谐波幅值
Q = [0,10,20,30,40,50,60,0,80,0,100]*rad;           % 谐波初始相角
```

```
M = 11;                                    % 谐波个数
df = fs/N;                                 % 频率分辨率
t = n/fs;                                  % 时间序列
win = 0.5 - 0.5 * cos(2 * pi * n/N);       % 汉宁窗函数
x = zeros(1,N);                            % 初始化
for k = 1 : M                              % 产生谐波信号
    x = x + xb(k) * cos(2 * pi * f0 * k * t + Q(k));
end
X = fft(x .* win);                         % 信号乘以窗函数和 FFT
Y = abs(X);                                % 取频谱的幅值
A = zeros(1,M);                            % 初始化
ff = zeros(1,M);
Ph = zeros(1,M);

for k = 1 : M                              % 计算基波和各阶谐波的参数
    if k == 1                              % 若计算基波,在 40~60 Hz 区间中寻找最大峰值
        n1 = fix(40/df); n2 = fix(60/df);  % 求出 40 Hz 和 60 Hz 对应的索引号
    else                                   % 若计算谐波,从该谐波理论值 -10 和 +10 的
                                           % 区间中寻找最大值
        n1 = fix((k * ff(1) - 10)/df);     % 求出区间对应的索引号
        n2 = fix((k * ff(1) + 10)/df);
    end
    [Fm,nn] = max(Y(n1:n2));               % 在区间中找出最大值
    nm = nn + n1 - 1;                      % 给出最大值的索引号
    if Y(nm + 1) == Y(nm - 1)
        delta = 0;
    elseif Y(nm + 1) < Y(nm - 1);
        nm = nm - 1;
    end
    y1 = Y(nm);                            % 求出 y1 和 y2
    y2 = Y(nm + 1);
    beta = (y2 - y1)/(y2 + y1);            % 按式(7-2-5)计算出 beta
% 汉宁窗的 beta 对 alpha 的表示式
    alpha = 1.5 * beta;
% 按式(7-3-9)依汉宁窗的窗函数关系计算出谐波的幅值
    A(k) = (y1 + y2) * (2.35619403 + 1.15543682 * alpha^2 + 0.32607873 * alpha^4 + ...
        0.07891461 * alpha^6)/N;
    ff(k) = (nm - 1 + alpha + 0.5) * fs/N; % 求出谐波的频率
    Ph(k) = angle(X(nm)) - pi * (alpha + 0.5); % 求出谐波的初始相角
    Ph(k) = Ph(k) - (Ph(k)>pi) * 2 * pi + (Ph(k)< -pi) * 2 * pi;   % 对相角进行修正
% 若幅值过小,设为 0,并对频率相角修正
    if A(k)<0.0005, A(k) = 0; ff(k) = k * ff(1); Ph(k) = 0; end
% 显示谐波参数
    fprintf('%4d     %5.6f    %5.6f    %5.6f\n',k,ff(k),A(k),Ph(k)/rad);
end
```

运行程序 pr7_3_2 后得到的结果如下

阶次	频率/Hz	幅值	初始相角/(°)
1	49.129 997	240.000 006	0.000 388
2	98.257 944	0.100 006	7.669 593
3	147.389 922	12.000 111	20.009 022
4	196.519 748	0.099 996	29.851 023
5	245.649 936	2.700 032	40.007 484
6	294.779 817	0.049 999	49.956 125
7	343.909 972	2.100 015	60.003 240
8	393.039 975	0.000 000	0.000 000
9	442.170 093	0.300 009	79.988 844
10	491.299 969	0.000 000	0.000 000
11	540.430 020	0.600 003	99.997 548

4. 案例延伸

在实例中只计算了汉宁窗,下面来计算 Blackman-Harris 窗和 4 项 3 阶 Nuttall 窗。

例 7-3-3(pr7_3_3) 与例 7-3-2 相同,但用 Blackman-Harris 窗处理谐波信号[7]。程序清单不再列出,基本上和程序 pr7_3_2 相同,只是把窗函数换了,把计算 beta 与 alpha 的关系式以及计算 alpha 与 A 的关系式都换成针对 Blackman-Harris 窗的。程序清单可以在本书附带的程序包中找到。

运行程序 pr7_3_3 后检测出谐波参数如下:

阶次	频率/Hz	幅值	初始相角/(°)
1	49.130 003	240.000 167	−0.000 338
2	98.264 076	0.100 064	9.773 792
3	147.390 098	11.999 927	19.988 384
4	196.523 213	0.100 036	29.774 436
5	245.650 268	2.699 918	39.967 717
6	294.785 596	0.050 018	49.529 451
7	343.910 241	2.099 920	59.970 637
8	393.040 022	0.000 000	0.000 000
9	442.168 718	0.299 924	80.163 084
10	491.300 027	0.000 000	0.000 000
11	540.429 534	0.599 958	100.060 390

例 7-3-4(pr7_3_4) 与例 7-3-2 相同,但用 4 项 3 阶 Nuttall 窗处理谐波信号[6]。程序清单不再列出,基本上和程序 pr7_3_2 相同,只是把窗函数换了,把计算 beta 与 alpha 的关系式以及计算 alpha 与 A 的关系式换成针对 4 项 3 阶 Nuttall 窗的。程序清单可以在本书附带的程序包中找到。

运行程序 pr7_3_4 后检测出谐波参数如下:

阶次	频率/Hz	幅值	初始相角/(°)
1	49.130 000	239.999 972	−0.000 000
2	98.260 001	0.100 000	10.003 658
3	147.390 000	11.999 999	19.999 992
4	196.520 000	0.100 000	30.000 145
5	245.650 000	2.700 000	39.999 995
6	294.780 000	0.050 000	50.000 033
7	343.910 000	2.100 000	59.999 996
8	393.040 000	0.000 000	0.000 000
9	442.170 000	0.300 000	80.000 007
10	491.300 000	0.000 000	0.000000
11	540.430 000	0.600 000	100.000 004

运行程序 pr7_3_2、pr7_3_3 和 pr7_3_4,已对表 7-2-1 这组谐波数据进行了检测,它们的结果都比较接近理论值(设置值),尤其在计算谐波的频率和幅值上比较精确,相对来说在频率和幅值上 4 项 3 阶 Nuttall 窗函数最好。而在计算相角上都有一些误差,现在把这三种窗函数在相角上的计算值和理论值产生的误差进行比较,列在表 7-3-1 中。

表 7-3-1 汉宁窗、Blackman-Harris 窗和 4 项 3 阶 Nuttall 窗在相角上计算值和理论值产生的误差比较

(°)

阶次	汉宁窗	Blackman-Harris 窗	4 项 3 阶 Nuttall 窗
1	−0.000 4	0.000 3	0
2	2.330 4	0.226 2	−0.003 7
3	−0.009 0	0.011 6	−0.000 1
4	0.149 0	0.225 6	0
5	−0.007 5	0.032 3	0
6	0.043 9	0.470 5	0
7	−0.003 2	0.029 4	0
8	0	0	0
9	0.011 2	−0.163 1	0
10	0	0	0
11	0.002 5	−0.060 4	0

从表 7-3-11 中可以看到,汉宁窗在计算第 2 阶谐波的初始相角产生较大的误差,在度的量级上,这是由于汉宁窗第一旁瓣衰减比较小,基波对第 2 阶谐波有较大的泄漏造成的。Blackman-Harris 窗与 7.2 节一样,在第 2 阶、第 4 阶、第 6 阶和第 9 阶中误差都有 0.1°的量级。而 4 项 3 阶 Nuttall 窗计算的初始相角与理论值产生的误差都十分小,大部分误差都小于 0.000 1°。

7.4 Prony 法

1795年,法国数学家Prony提出了用复指数函数的线性组合来描述等间距采样数据的数学模型。经过不断的改进与扩充,Prony法已成为一种重要的信号分析工具。

7.4.1 Prony 法原理[8-9]

设N个测量数据为$x(0),x(1),\cdots,x(N-1)$。Prony法采用p个指数函数的线性组合对测量数据进行近似:

$$\hat{x}(n) = \sum_{k=1}^{p} b_k z_k^n, \quad n=0,1,\cdots,N-1 \tag{7-4-1}$$

其中

$$b_k = A_k e^{j\theta_k} \tag{7-4-2}$$

$$z_k = e^{(\alpha_k + j2\pi f_k)\Delta t} \tag{7-4-3}$$

式中:A_k为振幅;α_k为阻尼因子;f_k为振荡频率;θ_k为相角(单位为度(°));Δt为采样间隔。这时,平方误差为

$$\varepsilon = \sum_{n=0}^{N-1} |x(n) - \hat{x}(n)|^2 \tag{7-4-4}$$

令ε最小即可求出A_k、α_k、f_k、θ_k等参数。但求解这样一个非线性最小二乘问题比较困难,在这里只考虑常系数线性差分方程,有

$$\hat{x}(n) = \sum_{k=1}^{p} a_k \hat{x}(n-k) \tag{7-4-5}$$

求解式(7-4-5)可得到参数A_k、α_k、f_k、θ_k的线性估计。因此,Prony方法的关键是认识到式(7-4-1)为式(7-4-5)的齐次解。

设测量数据$x(n)$与其近似值$\hat{x}(n)$之间的差为$e(n)$,即

$$e(n) = x(n) - \hat{x}(n), \quad n=0,1,\cdots,N-1 \tag{7-4-6}$$

由式(7-4-5)、式(7-4-6)可得

$$x(n) = -\sum_{k=1}^{p} a_k x(n-k) + \sum_{k=0}^{p} a_k e(n-k) \tag{7-4-7}$$

定义

$$u(n) = \sum_{k=0}^{p} a_k e(n-k), \quad n=0,1,\cdots,N-1 \tag{7-4-8}$$

则式(7-4-7)可写为

$$x(n) = -\sum_{k=1}^{p} a_k x(n-k) + u(n) \tag{7-4-9}$$

这样,$x(n)$可以看作是噪声$u(n)$激励一个p阶自回归模型产生的输出。求解自回归模型的正则方程可以得到参数$a_k(k=1,2,\cdots,p)$,将a_k代入可得特征多项式:

$$\sum_{k=0}^{p} a_k z^{p-k} = 0 \tag{7-4-10}$$

通过式(7-4-10)求根可得到$z_k(k=1,2,\cdots,p)$,再由$z_k(k=1,2,\cdots,p)$可得到

$$\left.\begin{aligned}f_k &= \text{angle}(z_k)/(2\pi\Delta t) \\ \alpha_k &= ln\mid z_k \mid /\Delta t\end{aligned}\right\} \quad (7-4-11)$$

式中:f_k 为频率;α_k 为阻尼因子,$k=1,2,\cdots,p$。

根据式(7-4-1)可以得到矩阵方程:

$$\boldsymbol{Vb} = \hat{\boldsymbol{x}} \quad (7-4-12a)$$

其中:

$$\boldsymbol{V} = \begin{bmatrix} 1 & 1 & \cdots & 1 \\ z_1 & z_2 & \cdots & z_p \\ \vdots & \vdots & \ddots & \vdots \\ z_1^{N-1} & z_2^{N-1} & \cdots & z_p^{N-1} \end{bmatrix}, \boldsymbol{b} = \begin{bmatrix} b_1 \\ b_2 \\ \vdots \\ b_p \end{bmatrix}, \hat{\boldsymbol{x}} = \begin{bmatrix} \hat{x}(0) \\ \hat{x}(1) \\ \vdots \\ \hat{x}(N-1) \end{bmatrix} \quad (7-4-12b)$$

式(7-4-12a)的最小二乘解为

$$\boldsymbol{b} = (\boldsymbol{V}^{\text{H}}\boldsymbol{V})^{-1}\boldsymbol{V}^{\text{H}}\hat{\boldsymbol{x}} \quad (7-4-13)$$

由 $b_k(k=1,\cdots,p)$ 可得

$$\left.\begin{aligned}A_k &= \mid b_k \mid \\ \theta_k &= \text{angle}(b_k)\end{aligned}\right\} \quad (7-4-14)$$

式中:A_k 为振幅;θ_k 为相角,$k=1,2,\cdots,p$。

7.4.2 Prony 法的 MATLAB 函数

在 HOSA 工具箱(High Order Spectral Analysis Toolbox——MATLAB 第三方提供的[10])有一个 hprony 函数,可用于提取暂态信号的参数。

1. 提取暂态信号参数

名称:hprony

功能:提取暂态信号的参数

调用格式:

[a,theta,alpha,fr] = hprony(x,p)

说明:假设信号的模型为

$$x(n) = \sum_{k=1}^{p} A_k \text{e}^{\alpha_k n} \text{e}^{\text{j}(2\pi f_k n + \theta_k)}$$

其中:输入变量 x 是被测信号,p 为阶数(默认值为 x 长度除以 10);输出变量 a(A_k)是某一分量的幅值,theta(θ_k)是某一分量的初始相角,alpha(α_k)是某一分量的阻尼因子,fr(f_k)是某一分量的频率。

由于调用 hprony 函数的输出往往带有信号的正频率和负频率部分,还带有噪声的参数,所以在这里提供一个调用 hprony 函数并只输出正频率参数的 MATLAB 函数。

2. 提取暂态信号正频率参数

名称:signal_hpronys

功能:提取暂态信号正频率的参数

调用格式:

Z = signal_hpronys(x,p,fs,er)

说明:输入变量 x 是被测信号,p 为阶数,fs 采样频率,er 阈值(设信号分量的幅值小于该阈值将被忽略)输出变量 Z 为 4 列参数,Z(:,1) 为某一分量的阻尼因子,Z(:,2) 为某一分量的频率,Z(:,3) 某一分量的幅值,Z(:,4) 某一分量的初始相角。输出参数 Z 按频率从小到大的排列。函数 signal_hpronys 的程序清单如下:

```
function Z = signal_hpronys(x,p,fs,er)

[A,theta, alpha, fr] = hprony(x,p);          % 调用 hprony 函数提取参数
l = 0;
for k = 1 : p                                 % 寻找频率大于 0 和幅值大于 er 的模式
    if A(k)>er & fr(k)>0
        l = l + 1; I(l) = k;
    end
end
II = l;                                       % 满足频率大于 0 和幅值大于 er 的个数
for k = 1 : II                                % 把正频率部分的参数存放 AA,Alpha,Theta,F0
    AA(k) = A(I(k));
    Theta(k) = theta(I(k));
    Alpha(k) = alpha(I(k)) * fs;
    F0(k) = fr(I(k)) * fs;
end
[FF,IS] = sort(F0);                           % 对参数按频率排序
for k = 1 : II                                % 按排序的序列重新排列 AA,Alpha,Theta
    l = IS(k);
    A(k) = AA(l);
    alpha(k) = Alpha(l);
    theta(k) = Theta(l);
end
for k = 1 :II                                 % 把参数存放在输出变量 Z 中
    Z(k,1) = alpha(k);
    Z(k,2) = FF(k);
    Z(k,3) = 2 * A(k);                        % 因为取单边值所以乘 2
    Z(k,4) = theta(k);
end
```

7.4.3 案例 7.5:能否用 Prony 法分析处理谐波信号

1. 概 述

可以用 Prony 法处理稳态的谐波信号,在处理中相当于阻尼因子 $\alpha_k = 0$ 或 α_k 很小。下面还是用表 7-2-1 中的一组谐波数据,采用 Prony 分析方法来处理。

2. 实 例

例 7-4-1(pr7_4_1) 使用表 7-2-1 中的一组谐波数据,调用 signal_hpronys 函数分析谐波的参数。程序 pr7_4_1 清单如下:

```
% pr7_4_1
```

```
clear all; clc; close all;

f0 = 49.13;                                        % 基波频率
fs = 3200;                                         % 采样频率
N = 2048;                                          % 数据长度
n = 0:N-1;                                         % 数据索引
rad = pi/180;                                      % 角度和弧度的转换因子
xb = [240,0.1,12,0.1,2.7,0.05,2.1,0,0.3,0,0.6];    % 谐波幅值
Q = [0,10,20,30,40,50,60,0,80,0,100] * rad;        % 谐波初始相角

t = n/fs;
M = 11;
x = zeros(1,N);                                    % 初始化
for k = 1 : M                                      % 产生谐波信号
    x = x + xb(k) * cos(2 * pi * f0 * k * t + Q(k));
end
% 调用 signal_hpronys 函数检测谐波参数
Z = signal_hpronys(x,30,fs,0.0001);
K = size(Z,1);                                     % 获取谐波的个数
% 显示谐波参数
for k = 1 : K
    fprintf('%4d     alpha = %5.6f     F = %5.6f     A = %6.5f     theta = %6.5f\n',...
        k,Z(k,1),Z(k,2),Z(k,3),Z(k,4)/rad);
end
```

运行 pr7_4_1 程序后将得到如下结果。

序号	阻尼因子	频率/Hz	幅值	初始相角/(°)
1	alpha=−0.000 000	F=49.130 000	A=240.000 026	theta=0.000 039
2	alpha=−0.000 001	F=98.259 992	A=0.100 000	theta=10.000 672
3	alpha=0.000 000	F=147.390 000	A=12.000 028	theta=20.000 116
4	alpha=0.000 005	F=196.520 005	A=0.100 000	theta=29.999 945
5	alpha=−0.000 001	F=245.650 000	A=2.700 000	theta=40.000 063
6	alpha=−0.000 005	F=294.779 998	A=0.050 000	theta=50.000 019
7	alpha=0.000 000	F=343.910 000	A=2.100 000	theta=59.999 999
8	alpha=0.000 000	F=442.170 000	A=0.300 000	theta=80.000 000
9	alpha=0.000 000	F=540.430 000	A=0.600 000	theta=100.000 000

说明：在 Prony 处理中并没有检测出 8 阶和 10 阶谐波的参数（频率分别为 393.04 Hz 和 491.3 Hz），所以都没有显示出来。同 7.2 节一样，将检测的初始相角数值（单位为度（°））和设置值进行比较，计算出的误差值结果如表 7-4-1 所列。从表中数值可以看出，检测的初始相角和设置值的误差值都小于 0.001°。

表 7 - 4 - 1 检测的初始相角值和设置值的误差

(°)

阶次	1	2	3	4	5	6	7	9	11
误差	-0.000 039	-0.000 672	-0.000 116	0.000 055	-0.000 063	-0.000 019	0.000 001	0	0

3. 案例延伸

在本案例中共有 9 阶次的谐波,但在调用 signal_hpronys 函数时用 p=30,所以这里有 2 个问题:阶数怎么选择?以什么标准来选择阶数?

有不少文献都讨论过阶数的问题[11-14],但没有一个统一的答案。但不同文献都认为 p 的数值至少是实际系统模型阶数的 2 倍;同时又认为当阶数 p 取值过小时,会出现信号拟合不理想的情况;而阶数取太大也不好,并且阶数越高其计算量越大,所以应取一个适当的值,但这可能较难掌控。

本章参考文献[13-14]中给出了用 Prony 拟合原数据好坏的判断量即信噪比(Signal to Noise Ratio,SNR),用以判断阶数选择是否合理。信噪比的定义如下:

$$\text{SNR} = 20\lg \frac{\|x(n)\|}{\|x(n)-\hat{x}(n)\|} \quad (7-4-15)$$

式中:$\hat{x}(n)$ 为估计数据序列;$x(n)$ 为实测数据序列;$\|\cdot\|$ 为均方根;SNR 的单位为 dB(分贝)。SNR 的值越大表示估计的精度越高。

同时本章参考文献[14]指出,当测量的暂态信号中有直流分量(阶跃信号)

$$y(n) = \sum_{k=1}^{p} A_k e^{\alpha_k n} e^{j(2\pi f_k n + \theta_k)} + B_0 \quad (7-4-16)$$

时,应对测量数据进行预处理。先消除该直流分量 B_0,使得输出信号最终衰减到零,也就是取差值 $x(n)=y(n)-B_0$,$\lim_{n\to\infty} x(n)=0$。这样就能用实际系统的阶数来拟合曲线,求得其特征根。同时,在预处理中需要对数据进行平滑处理,滤除噪声信号,从而尽可能降低噪声对算法精度的影响。

这里提供一个函数 prony_snr 来计算 Prony 后的信噪比。

名称:prony_snr

功能:计算 prony 后的信噪比

调用格式:snr=prony_snr(x,y)

说明:输入变量 x 是实测数据序列 $x(n)$,y 是估计的数据序列 $\hat{x}(n)$,snr 是按式(7-4-15)计算出的信噪比,单位为 dB。

函数 prony_snr 的程序清单如下:

```
function snr = prony_snr(x,y)
N = length(x);                          % x 的长度
s1 = 0; s2 = 0;                         % 初始化

for k = 1 : N
    s1 = s1 + (x(k) - y(k))^2;          % 计算式(7-4-15)的分母
    s2 = s2 + x(k)^2;                   % 计算式(7-4-15)的分子
end

snr = 10 * log10(s2/s1);                % 计算式(7-4-15)
```

例 7-4-2(pr7_4_2) 利用 prony_snr 函数计算例 7-4-1 中经 Prony 法对谐波信号拟合后的信噪比。

运行程序 pr7_4_1 后得到的谐波参数需要设置在程序中,利用这些参数构成拟合信号,再与原始输入信号进行比较,计算信噪比。程序 pr7_4_2 清单如下:

```
% pr7_4_2
clear all; clc; close all;

f0 = 49.13;                                    % 基波频率
fs = 3200;                                     % 采样频率
N = 2048;                                      % 数据长度
n = 0:N-1;                                     % 数据索引
rad = pi/180;                                  % 角度和弧度的转换因子
xb = [240,0.1,12,0.1,2.7,0.05,2.1,0,0.3,0,0.6];    % 谐波幅值
Q = [0,10,20,30,40,50,60,0,80,0,100] * rad;    % 谐波初始相角
t = n/fs;
M = 11;
x = zeros(1,N);                                % 初始化
for k = 1 : M                                  % 产生谐波信号
    x = x + xb(k) * cos(2 * pi * f0 * k * t + Q(k));
end

% 从 pr7_4_1 得到的参数 Z
Z(:,1) = [2.7583e-6   -2.4827e-4   2.9546e-5   -1.2697e-4   -1.5198e-5 ...
          -4.1530e-6   1.3680e-6   1.7803e-8   -3.9620e-9];
Z(:,2) = [49.129997   98.259623   147.390008   196.520129   245.649998...
          294.779964   343.91   442.17   540.43];
Z(:,3) = [239.999981   0.100003   12.000005   0.099996   2.700002...
          0.049999   2.1   0.3   0.6];
Z(:,4) = [0   0.174767   0.349064   0.523684   0.698131   0.872657...
          1.047198   1.396263   1.745329];
% 重构拟合信号 y
K = size(Z,1);
y = zeros(1,N);
for k = 1 : K
    y = y + Z(k,3) * exp(Z(k,1) * t) .* cos(2 * pi * Z(k,2) * t + Z(k,4));
end
% 按式(7-4-15)计算信噪比
snr = prony_snr(x,y);
fprintf('SNR = %5.6f\n',snr);
```

运行 pr7_4_2 后给出信噪比的计算结果如下:

$$SNR = 102.946641$$

可以看出信噪比约为 103 dB,比较大,所以拟合的结果比较好,能精确地给出谐波各参数。

7.4.4 案例 7.6:用 Prony 法分析处理暂态信号

1. 概述

在本章参考文献[15]中仿真了正弦信号受到暂态信号的干扰,正弦信号由 3 个分量组成,

各分量的参数如表 7-4-2 所列。

表 7-4-2　正弦信号中 3 个分量的参数值

分　量	频率/Hz	阻尼因子/s^{-1}	幅值/pu	初始相角/rad
1	50.0	0	1.01	0.409
2	455.4	199.73	0.90	0.511
3	701.5	439.26	0.69	2.001

下面介绍通过 Prony 法来提取表 7-4-2 中各信号分量的参数。

2. 实　例

例 7-4-3(pr7_4_3)　　信号采样频率为 3 200 Hz，数据长度为 512，信号由 3 个分量组成，各分量参数如表 7-4-2 所列。调用 signal_hpronys 函数，提取各分量的参数。

一般电压(或电流)由于某种原因在 t_0 时刻突然发生暂态信号，如图 7-4-1 所示。为了能用 Prony 法去处理暂态信号，一定要移动时间轴，把 0 时刻移位到 t_0 时刻，如图 7-4-2 所示。在程序 pr7_4_3 中默认移动时间轴已经完成，暂态信号从时间 0 开始发生。

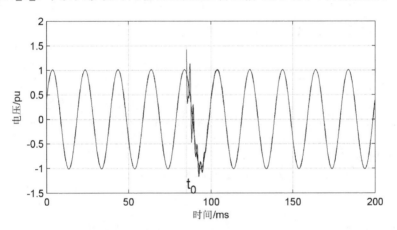

图 7-4-1　在 t_0 时刻突然发生暂态信号

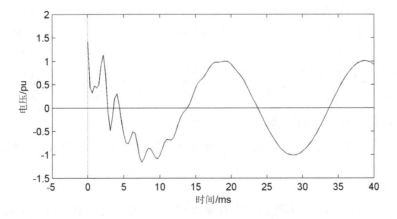

图 7-4-2　把时间轴 0 点位移到 t_0 处的暂态信号

程序 pr7_4_3 清单如下：

```
% pr7_4_3
clear all; clc; close all;
warning off

f = [50 455.4 701.5];                    % 频率
fs = 3200;                               % 采样频率
N = 512;                                 % 数据长度
n = 0:N-1;                               % 数据索引
t = n/fs;                                % 时间序列
rad = pi/180;                            % 角度和弧度的转换因子
% 生成3个分量的信号
s1 = 1.01 * cos(2 * pi * f(1) * t + 0.409);
s2 = 0.9 * exp( - 199.73 * t). * cos(2 * pi * f(2) * t + 0.511);
s3 = 0.69 * exp( - 439.26 * t). * cos(2 * pi * f(3) * t + 2.001);
s = s1 + s2 + s3;                        % 3个分量叠加在一起

Z = signal_hpronys(s,10,fs,0.0001);

K = size(Z,1);
y = zeros(1,N);
for k = 1 : K                            % 显示3个分量的参数
    fprintf('%4d     alpha = %5.6f    F = %5.6f    A = %5.6f    theta = %5.6f\n',...
        k,Z(k,1),Z(k,2),Z(k,3),Z(k,4));
% 把参数合成信号
    y = y + Z(k,3) * exp(Z(k,1) * t). * cos(2 * pi * Z(k,2) * t + Z(k,4));
end

snr = prony_snr(s,y);                    % 计算拟合的信噪比
fprintf('SNR = %5.6f\n',snr);            % 显示信噪比值
```

运行程序 r7_4_2 后得如下结果：

序号	阻尼因子	频率/Hz	幅值	初始相角/(°)
1	alpha = -0.000 000	F = 50.000 000	A = 1.010 000	theta = 0.409 000
2	alpha = -199.730 000	F = 455.400 000	A = 0.900 000	theta = 0.511 000
3	alpha = -439.260 000	F = 701.500 000	A = 0.690 000	theta = 2.001 000

信噪比 SNR = 245.027 285 dB。

把以上结果与表 7-4-2 比较，可以看到数值相同；而且 SNR 相当大，说明重构信号与原数据拟合得很好。

3. 案例延伸

以上的实例都是已知了信号有多少个分量组成，这里再给出一个不知信号成分的实例。

例 7-4-4(pr7_4_4) 已知被测信号数据在文件 damp_data2.mat 中。读入 damp_data2.mat 文件，从图中发现该信号带有直流分量。设法消除直流分量，再调用 signal_hpronys

函数提取各分量的参数，并计算 SNR 值。

程序 pr7_4_4 清单如下：

```
% pr7_4_4
close all; clear all; clc

load damp_data2.mat                          % 读入数据
plot(ti,x,'g');                              % 画出数据 x 曲线
grid; hold on
L = length(x);                               % 数据长度
x0 = mean(x(L-50:L));                        % 求出指数衰减终值
u = x - x0;                                  % 消除直流分量
plot(ti,u,'r','linewidth',2);                % 画出数据 u 曲线
title('信号数据曲线图');
xlabel('时间/s'); ylabel('电压/pu');
p = 30;                                      % 设置阶次
Z = signal_hpronys(u,p,fs,.01);              % Prony 法提取参数
K = size(Z,1);                               % K 中为多少个分量

y = zeros(1,L);                              % 初始化
for k = 1 : K                                % 显示 K 个信号分量的参数
    fprintf('%4d, D = %5.6f   F = %5.6f   A = %6.5f   theta = %6.5f\n',...
        k,Z(k,1),Z(k,2),Z(k,3),Z(k,4));
% 把 K 个分量重构成信号 y
    y = y + Z(k,3) * exp(Z(k,1) * ti) .* cos(2 * pi * Z(k,2) * ti + Z(k,4));
end
plot(ti,y,'k');                              % 画出重构信号 y 的曲线
legend('信号消除直流分量前','信号消除直流分量后','重构信号');
snr = prony_snr(u,y);                        % 计算 u 与 y 的信噪比
fprintf('SNR = %5.6f\n',snr);                % 显示信噪比
set(gcf,'color','w');
```

运行程序 pr7_4_4 后得图 7-4-3，并给出信号组成各分量的参数如下：

序号	阻尼因子	频率/Hz	幅值	初始相角/(°)
1	D = −35.671 187	F = 6.642 889	A = 2.348 23	theta = 0.881 74
2	D = −44.525 352	F = 18.212 270	A = 0.086 10	theta = 0.661 65
3	D = −59.893 877	F = 24.628 927	A = 1.719 94	theta = 2.347 69
4	D = −26.941 447	F = 33.344 392	A = 0.047 51	theta = −0.354 04
5	D = −86.756 859	F = 82.086 640	A = 1.509 27	theta = −0.799 82
6	D = −39.273 745	F = 126.062 314	A = 8.568 43	theta = −2.809 15

信噪比 SNR = 62.109 176 dB。

从图 7-4-3 中可看出，重构信号与消除直流分量后的信号重合得很好，同时计算出的信噪比为 62 dB，这数值也是比较大的，说明重构信号与消除直流分量后的信号拟合得很好。

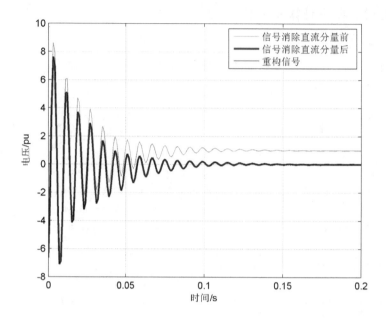

图 7-4-3　信号消除直流分量前、后的波形图、重构信号的波形图

在本例中也试了不同的 p 值,如 80、60、20 等,发现在 30 附近较好,所以程序中取 p＝30（p 值大于 30 时其结果和 p＝30 差不多）。在实际测量中对于任意未知的信号,p 值开始可以取大一些,再逐步缩小。

参考文献

[1] Rife D C, Vincent G A. Use of the discrete Fourier transform in the measurement of frequencies and levels of tones[J]. The Bell System Technical Journal,1970,49(2):197-228.

[2] Nuttall A H.　Some windows with very good sidelobe behavior[J]. IEEE Transactions on Acoustics Speech Signal Processing,1981,29(1):84-91.

[3] 肖先勇,王楠,刘亚梅. 基于多项式逼近的单峰谱线插值算法在间谐波分析中的应用[J]. 电网技术,2008,32(18):57-61.

[4] 曾博,滕召胜. 纳托尔窗改进 FFT 动态谐波参数估计方法[J]. 中国电机工程学报,2010,30(1):65-71.

[5] 庞浩,李东霞,俎云霄,等. 应用 FFT 进行电力系统谐波分析的改进算法[J]. 中国电机工程学报,2003,23(6):50-54.

[6] 卿柏元,滕召胜,高云鹏,等. 基于 NuttaII 窗双谱线插值 FFT 的电力谐波分析方法[J]. 中国电机工程学报,2008,28(25):153-158.

[7] 许珉,张鸿博. 基于 Blankman-harris 窗的加窗 FFT 插值修正算法[J]. 郑州大学学报,2005,26(4):99-101.

[8] 张贤达. 现代信号处理[M]. 北京:清华大学出版社,1995.

[9] 王济,胡晓. MATLAB 在振动信号处理中的应用[M]. 北京:中国水利水电出版社,2006.

[10] Swami A, Mendel J M, Nikias C L. High-Order Spectral Analysis Toolbox for Use with MATLAB[M]. The Mathworks Inc.,1998.

[11] 姚若苹,杨冠鲁,黄云江.基于扩展Prony算法的电力系统非整次谐波分析[J].中国工程机械学报,2006,4(2):196-200.

[12] 郭成,李群湛,贺建闽,等.电网谐波与间谐波检测的分段Prony算法[J].电网技术,2010,34(3):21-24.

[13] 赵成勇,刘娟.Prony算法在电力系统暂态信号分析中的应用[J].电力系统及其自动化学报,2008,20(2):60-64.

[14] 曹维,翁斌伟,陈陈.电力系统暂态变量的Prony分析[J].电工技术学报,2000,15(6):56-60.

[15] 刘应梅,高玉洁.基于Prony法的暂态扰动信号分析[J].电网技术,2006,30(4):26-30.

第 8 章

功率谱的估算

前几章讨论了确定性信号的特性,本章将讨论随机信号。随机信号和确定性信号是不同的,随机信号不能通过一个确切的数学公式来描述(确定性信号可以用正弦函数或指数函数来描述),也不能准确地进行预测。因此,对随机信号一般只能在统计意义上来研究,这就决定了其分析与处理的方法与确定性信号有着较大的差异。

在工程和实际生活中,随机信号的例子很多。例如:各种无线电系统及电子装置中的噪声与干扰,建筑物所承受的风载,船舶航行时所受到的波浪冲击,许多生物医学信号、语音信号等都是随机的。因此,研究随机信号的分析与处理方法有着重要的理论意义与实际意义。

随机信号可分为平稳和非平稳两大类,而平稳随机信号又可划分为各态遍历信号和非各态遍历信号。本章只讨论各态遍历平稳随机信号的分析。

随机信号是时间的函数,是无限长信号。在分析随机信号时,往往取某一段有限长信号用以研究随机信号的特征。通常,将有限长信号称为样本,而将无限长信号称为总体。各态遍历平稳随机信号中样本的时间平均值与总体平均值相等,因此可以用样本的统计特征来表示总体的特征,这样可简化随机信号的分析。

随机信号在时间上是无限的,其样本数也有无穷多个,因此是能量无限、功率有限的信号。而能量无限的信号不满足傅里叶变换绝对可积条件,因此随机信号的傅里叶变换是不存在的。但是随机信号的功率是有限的,采用功率谱可以从统计的角度来描述随机信号的频域特性,从而对随机信号的频域进行分析。

分析平稳随机过程统计特征要求随机信号无限长,而实际上只能用一个样本,即有限长序列来计算随机信号的统计特征。因此,所计算的统计特征不是随机信号的统计值,而仅仅是一种数据有限长度的估计。功率谱估计有多种方法,一般可以分为非参数化方法与参数方法。非参数方法中较为常用的是韦尔奇(Welch)方法,这种方法属于经典谱估计;参数化方法则主要围绕如何参数建模来更准确地估计信号的功率谱,属于现代谱估计方法,其频率分辨率往往要优于经典谱估计。本章将介绍常用的非参数方法和参数方法。

8.1 平稳随机信号及其特征描述[1]

与确定信号一样,平稳随机信号也有连续与离散之分。由于我们是使用 MATLAB 处理信号,所以仅对离散随机信号序列进行分析与处理。设平稳随机离散信号 $X(n)$ 是以时间 n 作为参数且按时序排列的,具有某种平稳性质的一类信号,可分别在时域和频域进行分析。平稳随机信号的特点是:当观察点或观察点组的观察时刻变化时,随机信号的统计特性不随时间选取而变化,即对随机信号 $X(n)$ 任意取 k 个随机变量,时刻分别为 $n_1, n_2, \cdots, n_k$,对应 k 个的随机变量 $X(n_1), X(n_2), \cdots, X(n_k)$,它们的联合分布函数 $F(\cdot)$ 不随时间而变化,当 k 个时刻 $n_1, n_2, \cdots, n_k$ 都推移 i 个时间样点,成为 $n_1+i, n_2+i, \cdots, n_k+i$ 时,相应的 k 个随机变量

$X(n_1+i), X(n_2+i), \cdots, X(n_k+i)$ 满足

$$F(x_1, x_2, \cdots, x_k; n_1+i, n_2+i, \cdots, n_k+i) = F(x_1, x_2, \cdots, x_k; n_1, n_2, \cdots, n_k) \quad (8-1-1)$$

如果上式对于任意的 $k \in Z^+$ 和 $i \in Z$ 都成立,则称 $X(n)$ 为严格平稳随机信号,又称狭义平稳信号。但是在实际生活中,严格平稳的随机信号基本上是不存在的。如果放松条件限制,则自然界中广泛存在另一类重要的平稳随机信号,即宽平稳随机信号,也称广义平稳信号。宽平稳随机信号必须同时满足以下三个条件:

① 均值为常数,即

$$\mu_X(n) = E[X(n)] = \mu_X$$

② 方差为有限值,且也为常数,即

$$\sigma_X^2(n) = E\{[X(n) - \mu_X]^2\} = \sigma_X^2$$

③ 自相关函数 $R_X(n_1, n_2)$ 和 n_1、n_2 的选取点无关,仅与 n_1、n_2 之差有关,即 $R_X(n_1, n_2) = E[X(n)X^*(n+\tau)] = R_X(\tau)$,其中 $\tau = n_2 - n_1$,$X^*(n+\tau)$ 为 $X(n+\tau)$ 的共轭。

平稳随机信号的数字特征主要有数学期望、均方值、方差、峰度与偏度、自相关与互相关函数、自协方差与互协方差等。

1. 数学期望

数学期望定义为离散随机信号 $X(n)$ 的所有样本函数在同一时刻取值的数学统计平均值。离散随机信号的平均值就是各样本取值逐项相加再被总的次数 N 除后所得的结果,即

$$\mu_X = E[X(n)] = \lim_{N \to \infty} \frac{1}{N} \sum_{n=0}^{N-1} x(n) \quad (8-1-2)$$

对于有限长随机离散信号序列 $x(n)$,其所计算出的数学期望为其数学期望估计,即

$$\hat{\mu}_X = E[X(n)] = \frac{1}{N} \sum_{n=0}^{N-1} x(n) \quad (8-1-3)$$

当序列长度足够长时,数学期望估计能够无限逼近真实的数学期望。

在 MATLAB 中,用来计算离散平稳随机信号数学期望的函数是 mean,其调用格式为

M = mean(x);
M = mean(x,dim);

其中:M 为函数 mean 返回的均值;x 为平稳信号序列(向量或矩阵);dim 表示序列 x 的维数的标量,如 mean(x, 2) 返回的是一个列向量,其中的元素是 x 中每行的均值。对于向量 x,mean(x) 是向量 x 中元素的均值;对于矩阵 x,mean(x) 返回一个行向量,其中每个一元素分别对应矩阵每一列的均值。

2. 均方值(二阶原点矩)

离散随机信号的均方值是 $X(n)$ 平方的数学期望,表示离散平稳随机信号的强度或功率,它反映了信号能量在时域上的变化情况,定义为

$$D_X^2 = E\{[X(n)]^2\} = \lim_{N \to \infty} \frac{1}{N} \sum_{n=0}^{N-1} x^2(n) \quad (8-1-4)$$

对于有限长随机离散信号序列 $x(n)$,其均方值估计的计算公式为

$$\hat{D}_X^2 = E\{[X(n)]^2\} = \frac{1}{N} \sum_{n=0}^{N-1} x^2(n) \quad (8-1-5)$$

当序列长度足够长时,均方值估计能够精确地逼近理论均方值。

在 MATLAB 中,可以采用 mean(x.*x) 来计算均方值。

3. 方差(二阶中心矩)

方差是用来说明离散随机信号各取样值对平均值的偏离程度,是随机信号在均值上下起伏变化的一种度量。它定义为取样值偏离平均值平方的数学期望,即

$$\sigma_X^2 = E\{[X(n) - \mu_X]^2\} \quad (8-1-6)$$

方差的平方根称为标准差或均方根,其表达式为

$$\sigma_X = \sqrt{E\{[X(n) - \mu_X]^2\}} \quad (8-1-7)$$

有限长平稳随机信号序列 $x(n)$ 的方差估计的计算公式为

$$\hat{\sigma}_X^2 = \frac{1}{N} \sum_{n=0}^{N-1} [x(n) - \mu_X]^2 \quad (8-1-8)$$

同样,当序列长度足够长时,方差估计也能够无限精确地逼近真实的方差值。

在 MATLAB 中,分别利用函数 var 和 std 来计算方差和标准差,它们的调用格式为

v = var(x);
s = std(x);
s = std(x,flag);
s = std(x,flag,dim);

其中:v 和 s 分别为函数 var 和 std 返回的方差值与标准差值;x 为离散随机序列;dim 为序列 x 维数的标量;flag 为标准差计算算法控制量,当 flag=0 时(默认值为 flag=0),计算无偏标准方差;当 flag=1 时,计算有偏标准方差,即

$$s = \begin{cases} \left[\dfrac{1}{N-1} \sum_{n=1}^{N} [x(n) - \mu_X]^2\right]^{1/2}, & \text{flag} = 0 \\ \left[\dfrac{1}{N} \sum_{n=1}^{N} [x(n) - \mu_X]^2\right]^{1/2}, & \text{flag} = 1 \end{cases} \quad (8-1-9)$$

离散随机信号的均值、均方值和方差之间存在如下关系:

$$\sigma_X^2 = D_X^2 - \mu_X^2 \quad (8-1-10)$$

式(8-1-10)表明方差等于信号平方的平均值减去平均值的平方。如果 $X(n)$ 代表 1 Ω 电阻上的噪声电压,则均方值 D_X^2 表示消耗在单位电阻上的瞬时功率的统计平均值,均值平方 μ_X^2 等效于某一时刻消耗在单位电阻上的直流功率,所以方差 σ_X^2 代表消耗在单位电阻上的瞬时交流功率统计平均值。

4. 偏度与峰度

信号的均值、均方值和方差能全面反应高斯分布的随机信号特征,如幅值和能量变换情况,但对随机信号偏离数学期望的程度未能描述。相比之下用信号的高阶矩构成的特征量,对于信号中存在的微小变化十分敏感。

偏度指数 α_3 和峰度指数 α_4 分别是信号的三阶矩阵和四阶矩阵,反映了信号概率密度函数的不对称程度和陡峭程度。其定义如下:

$$\alpha_3 = \int_{-\infty}^{+\infty} (x - \mu_x)^3 f_X(x) \mathrm{d}x \quad (8-1-11)$$

$$\alpha_4 = \int_{-\infty}^{+\infty} (x - \mu_x)^4 f_X(x) \mathrm{d}x \quad (8-1-12)$$

在实际工程应用中,通常用 K_3 和 K_4 来表示信号概率密度函数的不对称和陡峭程度,即:$K_3 = \alpha_3/\sigma_X^3$,$K_4 = \alpha_4/\sigma_X^4$,分别称为偏度和峰度。

有限长平稳随机信号序列 $\{x(k)\}$ 的偏度和峰度估计的计算公式分别为

$$\hat{K}_3 = \frac{1}{N-1} \sum_{i=0}^{N-1} \left[\frac{x(t_i) - \hat{\mu}_x}{\hat{\sigma}_x}\right]^3 \qquad (8-1-13)$$

$$\hat{K}_4 = \frac{1}{N-1} \sum_{i=0}^{N-1} \left[\frac{x(t_i) - \hat{\mu}_x}{\hat{\sigma}_x}\right]^4 \qquad (8-1-14)$$

在 MATLAB 中,分别用 skewness 和 kurtosis 函数来计算随机信号的偏度和峰度,调用格式如下:

```
sk = skewness(x);
sk = skewness(x,flag)
k = kurtosis(x);
k = kurtosis(x,flag);
```

其中:sk 和 k 为函数 skewness 与 kurtosis 返回的偏度和峰度值;x 为离散随机信号序列;flag 为计算算法的控制量,flag=0 表示计算无偏值,flag=1 则表示计算有偏值(类同 var 函数)。

5. 自相关与互相关函数

均值、方差、偏度及峰度分别为平稳随机信号的一阶原点矩和二阶、三阶、四阶中心矩。虽然都是常用的特征量,但它们描述的只是离散随机信号在某个时刻点的统计特性,而不能反映出在不同时间点上各随机变量之间的内在联系。通常,即使是两个随机信号具有相同的均值与方差,它们之间的变化规律也可能有很大差别,如:一个序列随时间变化缓慢,在不同时刻的取值关系密切,相关性较强;而另一个序列随时间变化剧烈,在不同时刻的取值关系松散,相关性较弱。

假设两个平稳随机信号为 $X = \{x(n)\}$,$Y = \{y(n)\}$,$n = 0, 1, \cdots, N-1$,其自相关函数定义为

$$R_X(m) = E[X(n)X^*(n+m)], \qquad m = 0, 1, \cdots, N-1 \qquad (8-1-15)$$

互相关函数定义为

$$R_{XY}(m) = E[X(n)Y^*(n+m)], \qquad m = 0, 1, \cdots, N-1 \qquad (8-1-16)$$

在实际应用中,因为只可能获得无穷长随机信号序列中的一段有限数据,所以也只能得到这两个相关函数的估计值。

常用于估算随机信号 $x(n)$ 和 $y(n)$ 之间的互相关函数的方法如下:

$$\hat{R}_{XY}(m) = \begin{cases} \sum_{n=0}^{N-|m|+1} x(n) y^*(n+m), & m \geqslant 0 \\ \hat{R}_{XY}^*(-m), & m < 0 \end{cases} \qquad (8-1-17)$$

MATLAB 信号处理工具箱提供 xcorr 函数来估计信号的自相关与互相关函数,该函数的调用格式如下:

```
c = xcorr(x);
c = xcorr(x,'option');
c = xcorr(x,maxlags);
```

```
c = xcorr(x,maxlags,'option');
c = xcorr(x,y);
c = xcorr(x,y,'option');
c = xcorr(x,y,maxlags);
c = xcorr(x,y,maxlags,'option');
[c,lags] = xcorr(…);
```

其中：x 和 y 是长度为 N 的两个独立的离散随机信号序列；c 为相关函数 xcorr 返回的估计值（若输入为单个信号序列，则返回该序列的自相关估计值；若输入为双信号序列，则返回它们的互相关估计值）；maxlags 为 x 和 y 之间的最大延迟，默认时函数返回值的长度为 2N－1；若设定 maxlags，则函数返回值的长度为 2×maxlags＋1；option 为控制选项，它有以下几种情况：

① option 默认时，函数 xcorr 按式(8－1－16)计算相关函数的估计值。

② option 为 biased 时，函数 xcorr 按下式计算有偏估计值：

$$R_{XY,\text{biased}}(m) = \frac{1}{N} R_{XY}(m) \tag{8-1-18}$$

③ option 为 unbiased 时，函数 xcorr 按下式计算无偏估计值：

$$R_{XY,\text{unbiased}}(m) = \frac{1}{N-|m|} R_{XY}(m) \tag{8-1-19}$$

④ option 为 coeff 时，对序列进行归一化处理，使得零延迟的自相关函数估计值为 1。

⑤ option 为 none 时，情况和 option 为默认时一样。

6. 自协方差与互协方差函数

一个平稳随机信号的自协方差函数定义为

$$C_X(m) = \mathrm{E}\{[X(n)-\mu_X][X(n+m)-\mu_X]^*\} \tag{8-1-20}$$

互协方差函数定义为

$$C_{XY}(m) = \mathrm{E}\{[X(n)-\mu_X][Y(n+m)-\mu_Y]^*\} \tag{8-1-21}$$

协方差与相关函数的关系如下：

$$C_X(m) = R_X(m) - \mu_X\mu_X^* \quad \text{或} \quad C_{XY}(m) = R_{XY}(m) - \mu_X\mu_Y^* \tag{8-1-22}$$

MATLAB 信号处理工具箱提供了函数 xcov 用于计算自协方差与互协方差，其调用格式如下：

```
v = xcov(x)
v = xcov(x,y)
v = xcov(x,'option')
[c,lags] = xcov(x,maxlags)
[c,lags] = xcov(x,y, maxlags)
[c,lags] = xcov(x,y,maxlags,'option')
```

函数 xcov 的参数定义与上述的 xcorr 函数基本类似，option 一样有默认、biased、unbiased、coeff、none 等选项，这些参数的含义与 xcorr 函数说明中相同。

与 xcov 有关的两个函数是 cov 和 corrcoef，是由标准的 MATLAB 环境提供的，其功能分别是计算样本的协方差矩阵和样本的相关系数矩阵，调用格式如下：

```
cv = cov(x);
cv = cov(x,y);
```

```
cf = corrcoef(x);
cf = corrcoef(x,y);
```

其中:当 x 为向量时,函数 cov(x) 与 corrcoef(x) 分别返回 x 的方差和相关系数;当 x 为矩阵时,函数 cov(x) 与 corrcoef(x) 分别返回 x 的自协方差矩阵和自相关系数矩阵。cov(x,y) 与 corrcoef(x,y) 分别计算两个等长度向量的互协方差矩阵和互相关系数矩阵。

8.2 非参数法的功率谱估计

由维纳辛钦定理可知,在离散的条件下功率谱密度和相关函数的关系如下。设离散随机序列 $x(n)$、自功率谱密度 $S_x(f)$ 和自相关函数 $R_x(m)$,有

$$S_x(f) = \sum_{m=-\infty}^{+\infty} R_x(m) e^{-j2\pi fmT_s} \tag{8-2-1}$$

其中 T_s 为数据采样间隔。

而离散随机序列 $x(n)$ 和 $y(n)$,互功率谱密度 $S_{xy}(f)$ 和互相关函数 $R_{xy}(m)$,有

$$S_{xy}(f) = \sum_{m=-\infty}^{+\infty} R_{xy}(m) e^{-j2\pi fmT_s} \tag{8-2-2}$$

且有

$$S_{yx}(-f) = S_{xy}(f), \qquad S_x(f)S_y(f) \geqslant |S_{xy}(f)|^2 \tag{8-2-3}$$

实际工程中随机序列长度均为有限长,因此利用有限长随机序列计算的自功率谱密度和互功率谱密度只是真实值的一种估计。

下面将介绍求取功率谱估计的非参数法以及调用工具箱中的函数,并进行比较。

8.2.1 相关图法[2]

从式(8-2-1)可知,平稳随机过程的功率谱密度等于自相关序列的离散时间傅里叶变换,这里我们也假设平稳随机过程的均值为 0。

在 8.1 节中已介绍过自(互)相关函数,设平稳随机过程的样本序列 $x(n), n=0,\cdots,N-1$,自相关估计 $\hat{r}_x(l)$ 的可取值范围为 $-(N-1) \leqslant l \leqslant N-1$,由式(8-1-18)和式(8-1-19)可得自相关估计 $\hat{r}_x(l)$:

$$\hat{r}_x(l) = \begin{cases} \dfrac{1}{N} \sum_{n=0}^{N-|l|+1} x(n) x^*(n+l), & l \geqslant 0 \\ \hat{r}_x^*(-l), & l < 0 \end{cases} \tag{8-2-4}$$

或

$$\hat{r}_x(l) = \begin{cases} \dfrac{1}{N-|l|} \sum_{n=0}^{N-|l|+1} x(n) x^*(n+l), & l \geqslant 0 \\ \hat{r}_x^*(-l), & l < 0 \end{cases} \tag{8-2-5}$$

式(8-2-4)表示的 $\hat{r}_x(l)$ 称为自相关函数的有偏估算,而式(8-2-5)表示的 $\hat{r}_x(l)$ 称为自相关函数的无偏估算。但无论哪一种估算,通过计算傅里叶变换都可以得到功率谱密度的估计。

定义相关图法功率谱密度估计 $S_x^{(Cor)}(\omega)$ 为

$$S_x^{(Cor)}(\omega) = \sum_{l=-(N-1)}^{N-1} \hat{r}_x(l) e^{-j\omega l} \qquad (8-2-6)$$

为了减少谱估计的方差,可采用长度为 $2M-1$ 的窗函数 $w_a(l)$ 对自相关函数进行截取,此时谱估计公式变为

$$S_x^{(CW)}(\omega) = \sum_{l=-(M-1)}^{M-1} \hat{r}_x(l) w_a(l) e^{-j\omega l} \qquad (8-2-7)$$

上标 CW 表示加窗相关图。$w_a(l)$ 也称为相关窗函数,由于自相关函数具有以 $l=0$ 为原点的偶对称性,所以要求相关窗函数也具有类似的偶对称性。根据傅里叶变换的性质,设 $W_a(\omega) =$ DTFT$[w_a(l)]$,并且功率谱密度 $S_x^{(Cor)}(\omega) \geqslant 0$(对所有 ω 成立),则 $S_x^{(CW)}(\omega) \geqslant 0$(对所有 ω 成立)的充分(但非必要)条件为 $W_a(\omega) \geqslant 0$(对所有 ω 成立)。在常见的窗函数中,只有三角窗(Bartlett 窗)具有傅里叶变换非负性,而矩形窗、汉宁窗、海明窗和凯泽窗等都没有这一特性。所以在计算相关图法功率谱密度时常用三角窗函数。

在本章参考文献[3]中指出,有偏的相关函数估算比无偏的估算更好,同时还指出有偏相关图功率谱密度估算与周期图功率谱密度估算一致。

8.2.2 周期图法[2]

周期图法是功率谱密度估计的另一种方法。给定平稳随机过程的样本序列 $x(n), n=0,1,\cdots,N-1$,则定义周期图为

$$S_x^{(Per)}(\omega) = \frac{1}{N} |X(e^{j\omega})|^2 = \frac{1}{N} \left| \sum_{n=0}^{N-1} x(n) e^{-j\omega n} \right|^2 \qquad (8-2-8)$$

以下讨论由式(8-2-6)定义的相关图与由式(8-2-8)定义的周期图之间的关系。设样本序列 $x(n)$ 在数据区间 $[0, N-1]$ 之外取零值,则

$$x(n) * x(-n) = \sum_{m=-\infty}^{\infty} x(m) x(n+m) = \begin{cases} \sum_{m=0}^{N-1-|m|} x(m) x(n+m), & |n| \leqslant N-1 \\ 0, & 其他 \end{cases} \qquad (8-2-9)$$

因此,代入式(8-2-4),得

$$\hat{r}_x(l) = \frac{1}{N} x(l) * x(-l) \qquad (8-2-10)$$

将式(8-2-10)代入式(8-2-6),再利用 DTFT 的性质,得

$$S_x^{(Cor)}(\omega) = \frac{1}{N} |X(e^{j\omega})|^2 = S_x^{(Per)}(\omega) \qquad (8-2-11)$$

因此,由式(8-2-8)定义的周期图谱估计和由式(8-2-6)定义的相关图谱估计计算过程不相同,但从理论上可证明两者的计算结果是相等的。在实际应用中,用式(8-2-7)计算相关图谱,并且 $M \leqslant N$,此时这两种谱估计的结果会有些不相同的。

在周期图谱估计中,取一段有限长的数据进行傅里叶变换,相当于对原始信号进行了加窗运算。除采用矩形窗作为数据窗外,还可以采用其他形式的窗函数。此外,为了采用数值计算,还必须用 DFT/FFT 代替式(8-2-8)中的 DTFT。因此,在实际应用中,周期图谱估计变为

$$S_x^{(\text{PW})}(k) = \frac{1}{N} \left| \sum_{n=0}^{N-1} x(n) w(n) e^{-j\frac{2\pi}{N}kn} \right|^2 \qquad (8-2-12)$$

其中：$w(n)$ 为数据窗函数；上标 PW 表示加窗周期图。

进一步讨论周期图谱估计的性能是必要的，但也是复杂的（在本章参考文献[4]中有对周期图谱估计性能的讨论），这里直接给出结论。首先，可以证明式(8-2-8)定义的周期图具有渐近无偏性，即

$$\lim_{N \to \infty} E[S_x^{(\text{Per})}(\omega)] = S_x(\omega) \qquad (8-2-13)$$

同时，由 Jenkins 和 Watts 给出的周期图方差为

$$\text{Var}[S_x^{(\text{Per})}(\omega)] \approx S_x^2(\omega) \left[1 + \left(\frac{\sin \omega N}{N \sin \omega} \right)^2 \right] \qquad (8-2-14)$$

当 N 较大时，可进一步近似为

$$\text{Var}[S_x^{(\text{Per})}(\omega)] \approx \begin{cases} S_x^2(\omega), & 0 < \omega < \pi \\ 2S_x^2(\omega), & \omega = 0, \pi \end{cases} \qquad (8-2-15)$$

由式(8-2-15)可以看出，周期图谱估计的方差不随数据记录长度 N 的增大而减小，而是近似于功率谱理论值的平方，说明了周期图谱估计不是一致估计。

在实际应用中，为了提高周期图谱估计的性能，减小估计方差，可以采用平滑或平均方法。8.2.3 小节和 8.2.4 小节将分别介绍周期图谱估计的两种改进算法。

8.2.3 周期图法的改进（一）：平滑单一周期图[2,6]

Daniel 于 1946 年提出了在频域中利用一个滑动平均滤波器平滑周期图谱的估计值以减小估计方差的方法。设滑动平均滤波器的长度为 $2M+1$，并具有零相位特性，则平滑周期图估计定义为

$$S_x^{(\text{PS})}(k) = \frac{1}{2M+1} \sum_{j=-M}^{M} S_x^{(\text{Per})}(k-j) = \sum_{j=-M}^{M} W(j) S_x^{(\text{Per})}(k-j) \qquad (8-2-16)$$

其中：$W(j) = 1/(2M+1)$，$S_x^{(\text{Per})}(k) = S_x^{(\text{Per})}(\omega)|_{\omega=\omega_k}$，$\omega_k = 2\pi k/N$，上标 PS 表示周期图平滑。假设在式(8-2-12)中，数据窗 $w(n)$ 为矩形窗，则 $S_x^{(\text{Per})}(k) = S_x^{(\text{PW})}(k)$。如果周期图谱的估计值之间互不相关，则平滑周期图的方差为

$$\text{Var}[S_x^{(\text{PS})}(k)] \approx \frac{1}{2M+1} \text{Var}[S_x^{(\text{Per})}(k)] \qquad (8-2-17)$$

因此，对 $2M+1$ 个相邻的估计值进行平均后，估计方差减少为原方差的 $1/(2M+1)$。然而，在减小方差的同时，功率谱估计的最小可分辨频率 $\Delta\omega$ 将近似地由 $2\pi/N$ 增大为 $(2M+1) \times (2\pi/N)$。所以，平滑周期图中降低方差是以减小频谱的分辨率为代价的，这在实际的谱分析中是一个必须要折中处理的问题。

Daniel 提出的方法是在频域上完成的，Blackman 和 Turkey 在 1959 年提出了在时域上的周期图平滑方法（常称为 Blackman-Turkey 法）。我们知道周期图取自相关序列的一致估计 $\hat{r}_x(k)$ 的傅里叶变换，但对有限数据长度 N，$\hat{r}_x(k)$ 的方差在 k 的值接近 N 时是较大的，例如 $k = N-1$ 时，$\hat{r}_x(k)$ 的估计为

$$\hat{r}_x(k)|_{k=N-1} = \frac{1}{N} x(N-1) x(0)$$

由于当 $k \to N$ 时 $\hat{r}_x(k)$ 的估计中几乎没有什么平均，因此不管 N 取得多大，这些估计都是不可靠的，或者说，这些估计值本身就带有很大的方差。降低周期图方差的唯一途径就是降低这些估计值的方差，也就是要减少它们对周期图的贡献。在 Blackman-Turkey 法中，为了降低周期图的方差，把 $\hat{r}_x(k)$ 加窗以减少不可靠的 $\hat{r}_x(k)$ 估计对周期图的贡献。Blackman-Turkey 谱估计为

$$\hat{P}^{\mathrm{BT}}(\mathrm{e}^{\mathrm{j}\omega}) = \sum_{k=-M}^{M} \hat{r}_x(k) w(k) \mathrm{e}^{-\mathrm{j}k\omega} \qquad (8-2-18)$$

其中：$w(k)$ 是作用于自相关估计 $\hat{r}_x(k)$ 的窗函数。例如：$w(k)$ 是 $-M$ 到 M 的矩形窗（$M<N-1$），因而具有较大方差的 $\hat{r}_x(k)$ 估计被置为零，结果使功率谱估计的方差较小。但这种方差的减小也是以降低分辨率为代价的，因为用于估计功率谱的自相关估值的数目减少了。式（8-2-18）中，上标 BT 表示 Blackman-Turkey 的周期图平滑法。

当 $N \gg M \gg 1$ 时，可以导出 Blackman-Turkey 法功率谱估计的方差为[6]

$$\mathrm{Var}\{\hat{P}^{\mathrm{BT}}(\mathrm{e}^{\mathrm{j}\omega})\} \approx P_x^2(\mathrm{e}^{\mathrm{j}\omega}) \frac{1}{N} \sum_{k=-M}^{M} w^2(k) \qquad (8-2-19)$$

为了减小方差，应使式（8-2-19）中的求和值最小，所以应取 M 较小。一般建议 M 的最大值不要超过 $N/5$。

8.2.4 周期图法的改进（二）：多个周期图求平均[2]

一般而言，K 个随机变量平均的方差是其中单个随机变量方差的 $1/K$，所以为了减小周期图的方差，可以对同一个平稳随机信号 K 个不同样本的周期图求平均。但是，在大多数实际应用中，只能得到一个样本。在这种情况下，可以把数据记录 $x(n)$（$0 \leqslant n \leqslant N-1$）切分为 K 个分段（帧），令

$$x_i(n) = x(iD+n) w(n), \qquad 0 \leqslant n \leqslant L-1 \text{ 且 } 0 \leqslant i \leqslant K-1 \qquad (8-2-20)$$

其中：$w(n)$ 是一个长度为 L 的窗函数；D 是偏移量。第 i 段的周期图定义为

$$S_{x,i}(\omega) = \frac{1}{L} |X_i(\mathrm{e}^{\mathrm{j}\omega})|^2 = \frac{1}{L} \left| \sum_{n=0}^{L-1} x_i(n) \mathrm{e}^{-\mathrm{j}\omega n} \right|^2 \qquad (8-2-21)$$

通过对 K 个周期图求平均，可以得到谱估计 $S_x^{(\mathrm{PA})}(\omega)$，即

$$S_x^{(\mathrm{PA})}(\omega) = \frac{1}{K} \sum_{i=0}^{K-1} S_{x,i}(\omega) = \frac{1}{KL} \sum_{i=0}^{K-1} |X_i(\mathrm{e}^{\mathrm{j}\omega})|^2 \qquad (8-2-22)$$

其中：上标 PA 表示周期图平均。在数据分段过程中，若 $D=L$，则相邻段之间没有数据重叠而是互为连续的，这种周期图平均方法称为 Bartlett 方法；若 $D=L/2$，则相邻段之间有一半的数据重叠，这种周期图平均方法称为 Welch 方法。因此，周期图平均又称为 Welch-Bartlett 方法。在式（8-2-19）中，$w(n)$ 直接应用于数据，称为数据窗。数据窗函数区别于相关窗函数，不要求满足以原点为中心的偶对称性。使用数据窗的目的是控制频谱泄漏，以及减小数据分段的端点效应。在功率谱估计中，常用的数据窗包括汉宁窗、海明窗和凯泽窗等。

设 K 个数据分段之间互不相关，则平均周期图估计的方差为

$$\mathrm{Var}[S_x^{(\mathrm{PA})}(\omega)] = \frac{1}{K} \mathrm{Var}[S_x^{(\mathrm{Per})}(\omega)] \qquad (8-2-23)$$

再将周期图估计的方差公式（8-2-15）代入式（8-2-23），得

$$\text{Var}[S_x^{(PA)}(\omega)] \approx \frac{1}{K}S_x^2(e^{j\omega}) \qquad (8-2-24)$$

显然,随着 K 的增加,方差将减小。所以,$S_x^{(Per)}(\omega)$ 给出了 $S_x(\omega)$ 的一个渐近无偏估计和一致估计。如果 N 固定,且 $N=KL$,则我们可以看到,为了降低方差(或等价地为了获得更平滑的估计)而增加 K,会导致 L 减小,也就是分辨率下降。

在实际应用中,我们用 DFT/FFT 计算 DTFT,设 FFT 的点数为 N_{FFT},则平均周期图的采样值为

$$S_x^{(PA)}(k) = S_x^{(PA)}(\omega_k) = \frac{1}{K}\sum_{i=0}^{K-1}S_{x,i}(\omega_k) = \frac{1}{KL}\sum_{i=0}^{K-1}|X_i(k)|^2 \qquad (8-2-25)$$

其中:$\omega_k = 2\pi k/N_{FFT}$,$X_i(k) = \text{DFT}\{x_i(n)\}$,$k=0,1,\cdots,N_{FFT}-1$。

图 8-2-1 给出了用周期图平均(Welch-Bartlett)法进行功率谱密度估计的计算框图。

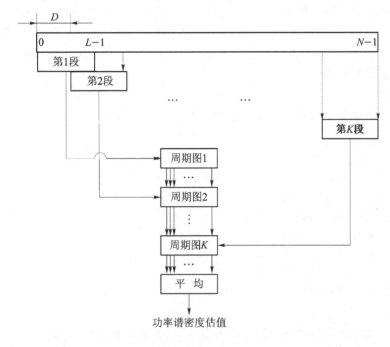

图 8-2-1 用周期图平均法进行功率谱密度估计的计算框图

8.2.5 非参数法功率谱估计的 MATLAB 函数

在 MATLAB 中,提供了 cpsd、pwelch、periodogram、pmtm 等可用于非参数功率谱估计的函数。

1. 周期图

名称:periodogram

功能:以周期图法计算信号的功率谱密度估值

调用格式:

[Pxx,w] = periodogram(x)
[Pxx,w] = periodogram(x,window)
[Pxx,w] = periodogram(x,window,nfft)

[Pxx,w] = periodogram(x,window,w)
[Pxx,f] = periodogram(x,window,nfft,fs)
[Pxx,f] = periodogram(x,window,f,fs)
[Pxx,f] = periodogram(x,window,nfft,fs,'range')
[Pxx,w] = periodogram(x,window,nfft,'range')
periodogram(…)

说明：输入参数：x 是被测信号；window 是窗函数，默认是矩形窗，长度为信号 x 的长；nfft 是 FFT 的长度，默认值是信号 x 的长；w 和 f 是指定某些特定的角频率或频率（w 是归一化后的值），即要求计算这些频率的周期图值，w 和 f 至少含有 2 个元素；fs 是采样频率；'range' 可以有两种选择，即 'onesided'（单边谱）和 'twosided'（双边谱），当信号为实数时默认为单边谱，当信号为复数时默认为双边谱，只有信号为实数时才可选单边谱或双边谱。

输出参数：Pxx 是以周期图法计算信号 x 的功率谱密度估值；w 是归一化后的角频率值，单边谱中是 $0\sim\pi$，双边谱中是 $0\sim 2\pi$；f 是实际频率，单边谱中是 $0\sim fs/2$，双边谱中是 $0\sim fs$。若直接用 periodogram(…)，没有任何输出参数，则将在屏幕上显示出功率谱密度的谱图。

2. 多个周期图平均法

名称：pwelch

功能：以 welch 法计算信号的功率谱密度估值

调用格式：

[Pxx,w] = pwelch(x)
[Pxx,w] = pwelch(x,window)
[Pxx,w] = pwelch(x,window,noverlap)
[Pxx,w] = pwelch(x,window,noverlap,nfft)
[Pxx,w] = pwelch(x,window,noverlap,w)
[Pxx,f] = pwelch(x,window,noverlap,nfft,fs)
[Pxx,f] = pwelch(x,window,noverlap,f,fs)
[…] = pwelch(x,window,noverlap,…,'range')
pwelch(x,…)

说明：输入参数：x 是被测信号，如果没有其他参数，x 将被默认分为 8 段，段与段之间有 50% 重叠，并用海明窗函数，然后分段计算周期图功率谱密度与求取平均值；window 是窗函数，默认是海明窗，window 参数既可以是矢量，表示某一种窗函数，窗长就是分段的长度，也可以是一个整数，表示分段的长度；noverlap 是相邻之间重叠的样点数，它必须为整数，且小于等于窗长，而默认值是窗长的 50%；nfft 是 FFT 的长度，默认值最小为 256，或是最接近大于段长 2 的整数次幂长；w 和 f 是指定某些特定的角频率或频率（w 是归一化的角频率值），即要求计算这些频率的周期图，则按 Goertzel 运算，计算最接近这些频率的功率谱密度谱线；fs 是采样频率；'range' 可以有两种选择，即 'onesided'（单边谱）和 'twosided'（双边谱），当信号为实数时默认为单边谱，当信号为复数时默认为双边谱，只有信号为实数时才可选单边谱或双边谱。

输出参数：Pxx 是以 welch 周期图平均法计算信号 x 的功率谱密度估值；w 是归一化后的角频率值，单边谱中是 $0\sim\pi$，双边谱中是 $0\sim 2\pi$；f 是实际频率，单边谱中是 $0\sim fs/2$，双边谱中是 $0\sim fs$。若直接用 pwelch(…)，没有任何输出参数，则将在屏幕上显示出以 welch 法计算信号功率谱密度的谱图。

3. 多窗口法改进周期图

名称：pmtm

功能：以多窗口法计算信号的功率谱密度估值

调用格式：

[Pxx,w] = pmtm(x,nw)

[Pxx,w] = pmtm(x,nw,nfft)

[Pxx,w] = pmtm(x,nw,w)

[Pxx,f] = pmtm(x,nw,nfft,fs)

[Pxx,w] = pmtm(x,nw,f,fs)

[Pxx,Pxxc,f] = pmtm(x,nw,nfft,fs)

[Pxx,Pxxc,f] = pmtm(x,nw,nfft,fs,p)

[…] = pmtm(…,'range')

pmtm(…)

说明：输入参数：x 是被测信号；nw 是时间带宽乘积，常选为 $2, \frac{5}{2}, 3, \frac{7}{2}, 4$，默认值为 4，按 $2*nw-1$ 个窗计算功率谱密度；nfft 是 FFT 的长度，默认值最小是 256，或是一个 2 的整数次幂的长度，且该长度大于但又最接近于 x 的长度；w 和 f 是指定某些特定的角频率或频率（w 是归一化的角频率值），即要求计算这些频率的功率谱密度，则按 Goertzel 运算，计算最接近这些频率的功率谱密度谱线；fs 是采样频率；p 是置信区间，在 0～1 之间（相当于 p*100%）；'range' 可以有两种选择，即 'onesided'（单边谱）和 'twosided'（双边谱），当信号为实数时默认为单边谱，当信号为复数时默认为双边谱，只有当信号为实数时才可选单边谱或双边谱。

输出参数：Pxx 是以多窗口周期图平均法计算信号 x 的功率谱密度估值；Pxxc 是 Pxx 的置信区，没有设置 p 时默认是 95% 的置信区，设置 p 时按 p*100% 计算置信区；w 是归一化后的角频率值，单边谱中是 0～π，双边谱中是 0～2π；f 是实际频率，单边谱中是 0～fs/2，双边谱中是 0～fs。若直接用 pmtm(…)，没有任何输出参数，则将在屏幕上显示出以多窗口法计算信号功率谱密度的谱图。

4. 互功率谱密度

名称：cpsd

功能：以 welch 法计算两信号的互功率谱密度估值

调用格式：

Pxy = cpsd(x,y)

Pxy = cpsd(x,y,window)

Pxy = cpsd(x,y,window,noverlap)

[Pxy,W] = cpsd(x,y,window,noverlap,nfft)

[Pxy,F] = cpsd(x,y,window,noverlap,nfft,fs)

[…] = cpsd(…,'twosided')

cpsd(…)

说明：除了输入时有两个信号 x 和 y 外，其他参数的设置和 pwelch 函数的设置相同。

8.2.6 案例8.1：求功率谱密度时，调用FFT与调用periodogram 函数有何差别

1. 概　述

对于一个信号$x(n)$，能否通过调用FFT来计算功率谱密度？在本案例中将给出肯定的答复。它的计算结果与调用periodogram函数计算的结果是否有差别呢？在本案例中将给出这两种方法对同一组信号计算功率谱密度，比较它们的差值。

2. 实　例

例8-2-1(pr8_2_1)　设某信号由两个正弦分量和随机数所组成，正弦信号的频率分别为50 Hz和120 Hz，50 Hz信号的幅值为1，120 Hz信号的幅值为3，采样频率为1 000 Hz，随机信号是均值为0，方差为1。用FFT来计算功率谱密度，并与调用periodogram函数计算功率谱密度结果比较。

程序pr8_2_1清单下：

```matlab
% pr8_2_1
clear all; clc; close all;

randn('state',0);                                    % 随机数初始化
Fs = 1000;                                           % 采样频率
t = 0:1/Fs:1-1/Fs;                                   % 时间刻度
f1 = 50; f2 = 120;                                   % 两个正弦分量频率
x = cos(2*pi*f1*t) + 3*cos(2*pi*f2*t) + randn(size(t));  % 信号
% 使用FFT
N = length(x);                                       % x长度
xdft = fft(x);                                       % FFT
xdft = xdft(1:N/2+1);                                % 取正频率
psdx = (1/(Fs*N)) * abs(xdft).^2;                    % 计算功率谱密度
psdx(2:end-1) = 2*psdx(2:end-1);                     % 乘2(2:end-1)
freq = 0:Fs/length(x):Fs/2;                          % 频率刻度
subplot 211
plot(freq,10*log10(psdx),'k')                        % 取对数作图
grid on; xlim([0 Fs/2]);
title('用FFT的周期图')
xlabel('频率/Hz')
ylabel('功率谱密度/dB')
% 调用periodogram函数
[Pxx,f] = periodogram(x,rectwin(length(x)),N,Fs);
subplot 212
plot(freq,10*log10(psdx),'k');                       % 取对数作图
grid on; xlim([0 Fs/2]);
title('调用periodogram函数的周期图')
xlabel('频率/Hz')
ylabel('功率谱密度/dB')
mxerr = max(psdx' - Pxx)                             % 求两种方法的最大差值
set(gcf,'color','w');
```

运行程序 pr8_2_1 后得图 8-2-2。

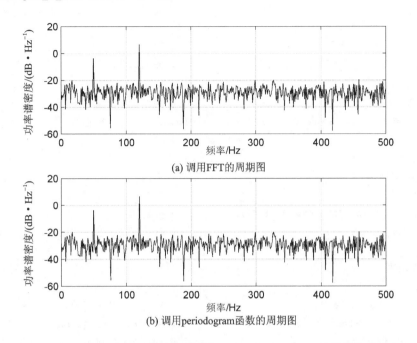

(a) 调用FFT的周期图

(b) 调用periodogram函数的周期图

图 8-2-2　调用 FFT 计算功率谱密度和调用 periodogram 计算功率谱密度

3. 讨　论

在程序中我们还计算了两种方法计算出的功率谱密度之间的差值，显示出最大的差值为

mxerr = 5.5511e-017

可以看到，两种方法计算出功率谱密度函数的最大差值在 10^{-17} 量级上，几乎可以忽略不计。说明这两种方法计算的结果是完全一致的。

虽然这两种方法计算的结果是完全相同，但调用 periodogram 函数计算功率谱密度还是方便许多，编程也更简洁，改变参数也更容易。

8.2.7　案例 8.2：对周期图法和自相关法求出的功率谱进行比较

1. 概　述

在 8.2.1 小节中曾指出有偏相关功率谱密度估算与周期图功率谱密度估算一致。怎么证明两种方法计算的功率谱密度估算是一致的？本小节不进行理论上的证明（可参看参考文献[3-4]），而用实际案例来观察。

2. 实　例

例 8-2-2(pr8_2_2)　与例 8-2-1 相同，信号由两个正弦频率和随机数组成，正弦信号的频率分别为 50 Hz 和 120 Hz，50 Hz 信号的幅值为 1，120 Hz 信号的幅值为 3，采样频率为 1 000 Hz，随机信号是均值为 0，方差为 1。调用函数 periodogram 计算功率谱密度，再计算有偏自相关函数和 FFT，求出有偏相关功率谱密度，并进行比较。程序 pr8_2_2 清单如下：

```
% pr8_2_2
clear all; clc; close all;
```

```matlab
Fs = 1000;                                          % 采样频率
N = 1000;                                           % 数据长度
n = 1:N;                                            % 索引号
t = (n-1)/Fs;                                       % 时间序列
randn('state',0);                                   % 随机数发生器初始化
f1 = 50; f2 = 120;                                  % 两个正弦分量频率
x = cos(2*pi*f1*t) + 3*cos(2*pi*f2*t) + randn(size(t));    % 信号

% 周期图法
window = boxcar(N);                                 % 窗函数
nfft = 1000;                                        % FFT 长
[Pxx1,f] = periodogram(x,window,nfft,Fs);           % 周期图
sqrt(sum(Pxx1)*Fs/nfft)                             % 计算周期图法平均能量

% 自相关图法
nfft = 1000;                                        % FFT 长
cxn = xcorr(x,500,'biased');                        % 求有偏自相关函数,延迟只有 N/2
cxn = cxn(1:nfft).*bartlett(nfft)';                 % 乘以 bartlett 窗函数
CXk = fft(cxn,nfft)/Fs;                             % 计算功率谱密度
Pxx2 = abs(CXk);                                    % 取幅值
ind = 1:nfft/2;                                     % 索引取一半,为取正频率部分
freq = (0:nfft-1)*Fs/nfft;                          % 频率刻度
plot_Pxx = Pxx2(ind);                               % 取正频率部分
plot_Pxx(2:end) = plot_Pxx(2:end)*2;                % 单边谱,把 2->nfft/2 这部分幅值乘 2
sqrt(sum(Pxx2)*Fs/nfft)                             % 计算自相关法平均能量

% 作图
plot(f,10*log10(Pxx1),'r');                         % 作对数刻度图
hold on; axis([0 500 -50 10]);
xlabel('频率/Hz');
ylabel('功率谱密度/(dB/Hz)');
plot(freq(ind),10*log10(plot_Pxx),'k');             % 作功率谱图
title('周期图法与自相关图法比较');
legend('周期图法','自相关图法')
set(gcf,'color','w');
```

说明:

① 计算自相关函数时延迟量只取 500 个样点,这样得到的自相关函数长 1 001(即 -500~500),而在求 FFT 时只取 nfft=1 000,这样与周期图有相同的变换样点数。

② 在用相关图法求功率谱密度中,按 8.2.1 小节的介绍用了有偏估算,并加了 Bartlett 窗函数。

③ 因为这两种方法原始信号不相同,周期图法的原始信号就是信号的本身,而相关图法的原始信号是信号的自相关函数,所以在求出功率谱密度后我们不能用例 8-2-1 中的方法求两个功率谱密度的差。这里是计算平均能量:

Eav = sum(Pxx) * Fs/Nfft

其中:Pxx 是功率谱密度;Fs 是采样频率;Nfft 是周期图法或自相关函数 FFT 的长度。

运行程序 pr8_2_2 后得图 8-2-3。

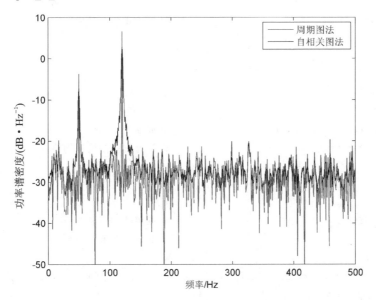

图 8-2-3 周期图法与相关图法的比较

同时运行程序后两种方法计算出的平均能量结果如下:

周期图法　Eav= 2.432 0　　相关图法　Eav= 2.430 8

可以看出这两种方法求出的平均能量小于 0.01,十分接近。

8.2.8 案例 8.3:对周期图法和改进周期图法求出的功率谱进行比较

1. 概　述

选用多个周期图平均的 welch 法来进行比较。设信号长 N,由于信号是实数,在周期图频率点是 $N/2$ 个,而 welch 法中把信号分了段,这样每段长度只有 L,得到的改进周期图的频点只有 $L/2$,所以频率分辨率就远低于周期图法,并且带宽也变宽了,峰值也下降了。但我们一样可以用例 8-2-2 中的平均能量来进行比较。

2. 实　例

例 8-2-3(pr8_2_3)　用与例 8-2-1 中相同的信号,信号由两个正弦频率和随机数所组成,正弦信号的频率分别为 50 Hz 和 120 Hz,50 Hz 信号的幅值为 1,120 Hz 信号的幅值为 3,采样频率为 1 000 Hz,随机信号是均值为 0,方差为 1。先调用 periodogram 函数计算功率谱密度,再调用 pwelch 函数求出功率谱密度,并进行比较。

程序 pr8_2_3 清单如下:

```
% pr8_2_3
clear all; clc; close all;

Fs = 1000;                                    % 采样频率
```

```
N = 1000;                                           % 数据长度
n = 1:N;                                            % 索引号
t = (n-1)/Fs;                                       % 时间序列
randn('state',0);                                   % 随机数发生器初始化
f1 = 50; f2 = 120;                                  % 两个正弦分量频率
x = cos(2*pi*f1*t) + 3*cos(2*pi*f2*t) + randn(size(t));    % 信号

% 周期图法
window = boxcar(N);                                 % 窗函数
nfft = 1000;                                        % FFT 长
[Pxx1,f] = periodogram(x,window,nfft,Fs);           % 周期图
sqrt(sum(Pxx1)*Fs/nfft)                             % 计算周期图法平均能量

% welch 法
Nfft = 128;
window = boxcar(Nfft);                              % 选用的窗口
noverlap = 100;                                     % 分段序列重叠的采样点数(长度)
range = 'onesided';                                 % 单边谱
[Pxx2,freq] = pwelch(x,window,noverlap,Nfft,Fs,range);   % 采用 Welch 方法估计功率谱
plot_Pxx = 10*log10(Pxx2);
sqrt(sum(Pxx2)*Fs/Nfft)                             % 计算 welch 法平均能量

% 作图
plot(f,10*log10(Pxx1),'r');                         % 作对数刻度图
hold on; axis([0 500 -50 10]);
xlabel('频率/Hz');
ylabel('功率谱密度/(dB/Hz)');
plot(freq,plot_Pxx,'k');
title('周期图法与 welch 法比较');
legend('周期图法','welch 法')
set(gcf,'color','w');
```

运行程序 pr8_2_3 后得图 8-2-4。同时运行程序后两种方法计算出的平均能量结果是

        周期图法　Eav= 2.432 0　　welch 法　Eav= 2.435 7

可以看出这两种方法求出的平均能量也小于 0.01，十分接近，还可以看出 welch 法谱图中的起伏明显减小，说明方差减小了。

8.2.9 案例 8.4：已知功率谱密度，能否求出对应的时域信号

1. 概　述

从式(8-2-1)～式(8-2-3)可知，功率谱密度中不包含有相位的信息，所以不可能严格地恢复出原始信号，这不同于 FFT 变换后带有相位信息，通过逆变换能得到原始信号。但在实际情况中却有这种要求，例如在某些实验中只给出随机数的功率谱密度，要求按已知的功率谱密度产生随机序列。图 8-2-5 中给出了一个要求随机加速度的期望功率谱密度图。

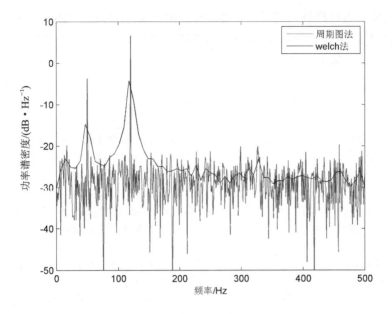

图 8-2-4 周期图法与 welch 法的比较

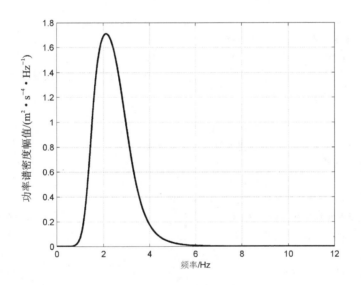

图 8-2-5 期望的加速度功率谱密度

2. 解决方法

在已知功率谱密度后可以求出信号在频域中的幅值。由于功率谱密度不带有相位信息，就不能严格地恢复出原始的数据，但可以用一个随机数来产生一组相位序列，代替丢失的相位信息，这样产生的时间序列也是随机数，同时该序列的功率谱密度会十分接近于期望的功率谱密度。应该注意的是，用这种方法产生的随机时间序列不是唯一的，而是有无数的，因为产生相角的随机数可以有无数种组合。

又已知期望的功率谱的密度，可以按式(8-2-8)求出期望信号频谱的幅值。

3. 实 例

例 8-2-4(pr8_2_4) 要求按图 8-2-5 所示的功率谱密度产生随机的加速度序列，并与期望的功率谱密度进行比较。期望功率谱密度数据在文件 Gpsd_7096.mat 中，读入该文件数据，用一个随机数产生相位序列，求出该序列的功率谱密度。

程序 pr8_2_4 清单如下：

```
% pr8_2_4
clc; clear all; close all

load Gpsd_7096.mat                              % 读入功率谱密度数值文件
L = length(freq);                               % 正频率长度
N = (L-1) * 2;                                  % 数据长度
Gxx = Gx;                                       % 双边功率谱密度
Gxx(2:L-1) = Gx(2:L-1)/2;                       % 把单边功率谱密度幅值变为双边功率谱密度幅值
Ax = sqrt(Gxx * N * fs);                        % 计算期望双边频谱幅值
% 用随机数构成相角
fik = pi * randn(1,L);                          % 产生随机相位角
Xk = Ax .* exp(1j * fik);                       % 产生单边频谱
Xk = [Xk conj(Xk(L-1:-1:2))];                   % 利用共轭对称性求出双边频谱
Xm = ifft(Xk);                                  % 傅里叶逆变换
xm = real(Xm);                                  % 取实部
time = (0:N-1)/fs;                              % 时间序列
% 对随机序列 xm 求周期图法的功率谱密度
[Gx1,f1] = periodogram(xm,boxcar(N),N,fs,'onesided');
Dgx = max(Gx - Gx1')                            % 计算两功率谱密度最大差值
% 作图
figure(1)
subplot 211; plot(freq,Gx,'k','linewidth',2)
xlabel('频率/Hz'); ylabel('功率谱密度幅值/m^2/(s^4Hz)')
title('期望功率谱密度 Gx'); grid;
subplot 212; plot(freq,Ax,'k','linewidth',2)
xlabel('频率/Hz'); ylabel('加速度频域幅值/m/s^2')
title('期望加速度频域幅值 Ax'); grid;
set(gcf,'color','w');
figure(2)
subplot 211; plot(time,xm,'k');
xlabel('时间/s'); ylabel('加速度幅值/m/s^2')
title('激励随机加速度序列波形图'); grid;
subplot 212; plot(freq,Gx,'r','linewidth',3); hold on
plot(f1,Gx1,'k');
xlabel('频率/Hz'); ylabel('功率谱密度幅值/m^2/(s^4Hz)')
title('期望功率谱密度和随机序列功率谱密度比较'); grid;
legend('期望功率谱密度 ','和随机序列功率谱密 ')
set(gcf,'color','w');
```

说明：

① 读入的功率谱密度数据是一个单边谱，所以对它的幅值进行相应处理后变成了双边谱的幅值。

② 因为是单边谱，所以只有正频率部分。但按第 2 章中的介绍，利用实数序列频谱共轭对称的特性可构成双边频谱。

运行程序 pr8_2_4 后得图 8-2-6 和图 8-2-7。

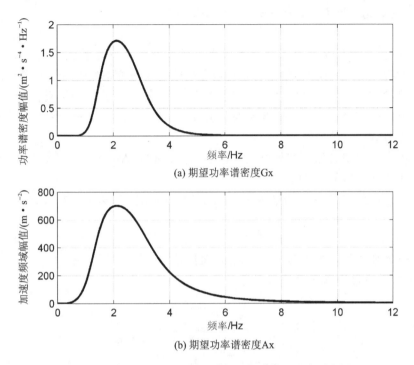

图 8-2-6　期望的功率谱密度和期望的加速度频域幅值图

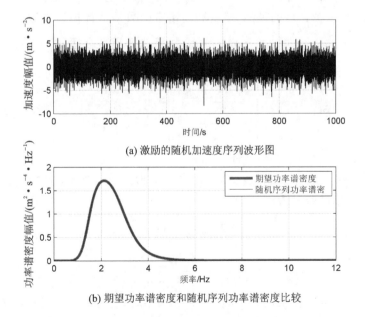

图 8-2-7　激励的随机加速度序列，及对应的功率谱密度图

程序 pr8_2_4 运行中，还对期望的功率谱密度和随机序列的功率谱密度进行了比较，求出

它们最大的差值。由于每次随机数都是不同的,但最大差值在 10^{-5} 量级上,说明计算得到的随机加速度序列与期望值十分接近,故满足要求。

8.3 参数法的功率谱估计[2,4-6]

本节中将讨论信号在建模的基础上参数法的功率谱估计。在参数法谱估计中,先假设所讨论的随机过程服从于某一个有限参数的模型,利用给定的随机序列值估计模型参数,然后把估计出来的模型参数代入该模型的理论功率谱密度计算公式中,就得到了谱估计。这种参数法谱估计在谱分辨率和谱真实性方面要比经典法有所改善,但改善的程度取决于所选模型是否恰当以及模型参数估计的质量。

经常使用的参数模型是随机信号的线性模型,即自回归(AR)模型、滑动平均(MA)模型和自回归滑动平均(ARMA)模型。

平稳随机信号序列 $x(n)$ 一般设置为一个 ARMA(p,q) 过程,那么它有如下的差分方程:

$$x(n) = -\sum_{k=1}^{p} a_k x(n-k) + \sum_{k=0}^{q} b_k w(n-k) \qquad (8-3-1)$$

其中:$w(n)$ 是一个均值为 0;方差为 σ_w^2 的白噪声激励信号。

式(8-3-1)随机过程的功率谱密度为

$$P_x(\omega) = \sigma_w^2 \left| \frac{1 + \sum_{k=1}^{q} b_k e^{-j\omega k}}{1 + \sum_{k=1}^{p} a_k e^{-j\omega k}} \right| = \sigma_w^2 \frac{|B(e^{j\omega})|^2}{|A(e^{j\omega})|^2} \qquad (8-3-2)$$

它是一个完全由参数 $\{a_1, a_2, \cdots, a_p\}$、$\{b_1, b_2, \cdots, b_q\}$ 和 σ_w^2 确定的有理函数。

通过先验知识选择一个合理的模型,然后利用给定的数据估计模型参数。设信号模型参数的估计值为 $\{\hat{a}_1, \hat{a}_2, \cdots, \hat{a}_p\}$、$\{\hat{b}_1, \hat{b}_2, \cdots, \hat{b}_q\}$ 和 $\hat{\sigma}_w^2$,如果选择模型合适,参数估计也足够准确,那么如下公式:

$$\hat{P}_x(\omega) = \hat{\sigma}_w^2 \left| \frac{1 + \sum_{k=1}^{q} \hat{b}_k e^{-j\omega k}}{1 + \sum_{k=1}^{p} \hat{a}_k e^{-j\omega k}} \right| = \hat{\sigma}_w^2 \frac{|\hat{B}(e^{j\omega})|^2}{|\hat{A}(e^{j\omega})|^2} \qquad (8-3-3)$$

将给出该信号功率谱密度的一个合理估计。

在 ARMA 模型中分为 AR、MA 或 ARMA 三种类型。当 ARMA 过程简化为 AR 模型时,它的差分方程和功率谱密度为

$$x(n) = -\sum_{k=1}^{p} a_k x(n-k) + w(n) \qquad (8-3-4)$$

$$P_{AR}(\omega) = \frac{\hat{\sigma}_w^2}{|1 + \hat{a}_1 e^{-j\omega} + \cdots + \hat{a}_p e^{-j\omega p}|^2} \qquad (8-3-5)$$

其中 $\sigma_w^2 = E[|w(n)|^2]$。当 ARMA 过程简化为 MA 模型时,它的差分方程和功率谱密度为

$$x(n) = \sum_{k=0}^{q} b_k w(n-k) \qquad (8-3-6)$$

$$P_{MA}(\omega) = \hat{\sigma}_w^2 \, [1 + \hat{b}_1 e^{-j\omega} + \cdots + \hat{b}_q e^{-j\omega q}]^2 \qquad (8-3-7)$$

由于 AR 模型是我们经常使用的,故在本节中主要介绍利用 AR 模型的功率谱估计。

由式(8-3-4)表示了 AR 模型中的差分方程,由式(8-3-5)表示了 AR 模型的功率谱密度估计。式(8-3-5)又可以表示为

$$\hat{P}_{AR}(\omega) = \frac{\hat{\sigma}_w^2}{\left|1 + \sum_{k=1}^{p} \hat{a}_k e^{-j\omega k}\right|^2} \quad (8-3-8)$$

式中:$\hat{a}_1, \hat{a}_2, \cdots, \hat{a}_p, \hat{\sigma}_w^2$ 都是已知一组观测数据 $\{x(0), x(1), \cdots, x(N-1)\}$,通过某一种估计方法检测到的模型参数的估计值。

AR 模型功率谱估计都是按式(8-3-8)来计算的,但求取 AR 模型的系数 $\hat{a}_1, \hat{a}_2, \cdots, \hat{a}_p$, $\hat{\sigma}_w^2$ 有不同的方法,在本节中将介绍最大熵法、自相关法、协方差法、改进协方差法和 burg 法等。

8.3.1 最大熵法

功率谱估计是一个典型的从局部估计全局的问题。在传统的谱估计方法(如 8.2 节中的相关图法)中具体给定长为 N 的观测值,只能估计 $|l| < N$ 时的自相关序列 $\hat{r}_x(l)$;对 $|k| \geqslant N$, $\hat{r}_x(l)$ 都取为零值。由于很多信号的自相关在 $|l| \geqslant N$ 时不为零,这一处理方法(也即加窗方法)可能会显著降低所估计谱的分辨率和精度,尤其是当信号具有窄带谱时,其自相关随 k 增加却衰减很慢,加窗效应明显。如果我们能对自相关进行更精确的外推,就可能减弱加窗效应。

最大熵谱估计的思想是:假设已知(或可以估计出)$r_x(0), r_x(1), \cdots, r_x(p)$,为了能用自相关序列计算功率谱,外推自相关函数,设外推得到的自相关为 $r_{ex}(p+1), r_{ex}(p+2), \cdots$,则该随机过程的功率谱为

$$P_x(\omega) = \sum_{l=-p}^{p} r_x(l) e^{-j\omega l} + \sum_{|l|>p} r_{ex}(l) e^{-j\omega l} \quad (8-3-9)$$

平稳随机过程的自相关序列满足共轭对称性,因而可以用正下标值推出负下标值,反过来也如此。有无穷多种外推方法,Burg 提出的一种外推准则是:在外推区间,使信号取最随机、最不可预测的值,换言之,就是使随机过程的熵最大。

一个功率谱为 $P_x(\omega)$ 的高斯随机过程,其熵定义为

$$H(x) = \frac{1}{2\pi} \int_{-\pi}^{\pi} \ln[P_x(\omega)] d\omega \quad (8-3-10)$$

因此对于高斯过程,若已知部分自相关序列 $r_x(0), r_x(1), \cdots, r_x(p)$,则其最大熵功率谱 $P_x(\omega)$ 应使式(8-3-10)最大化,同时应约束 $S_x(\omega)$ 的 IDTFT 在 $|l| \leqslant p$ 时等于给定的自相关值,即

$$\frac{1}{2\pi} \int_{-\pi}^{\pi} P_x(\omega) e^{j\omega l} d\omega = r_x(l), \quad |l| \leqslant p \quad (8-3-11)$$

利用拉格朗日(Lagrange)乘数法求解这个有约束的最优化问题,得

$$P_x(\omega) = \frac{\sigma^2}{\left|1 + \sum_{k=1}^{p} a_k e^{-j\omega k}\right|^2} \quad (8-3-12)$$

其中:参数 $a_k(k=1, 2, \cdots, p)$ 和 σ^2 分别满足方程

$$\begin{bmatrix} r_x(0) & r_x(1) & \cdots & r_x(p-1) \\ r_x(1) & r_x(0) & \cdots & r_x(p-2) \\ \vdots & \vdots & & \vdots \\ r_x(p-1) & r_x(p-2) & \cdots & r_x(0) \end{bmatrix} \begin{bmatrix} a_1 \\ a_2 \\ \vdots \\ a_p \end{bmatrix} = \begin{bmatrix} r_x(1) \\ r_x(2) \\ \vdots \\ r_x(p) \end{bmatrix} \quad (8-3-13)$$

和

$$\sigma^2 = r_x(0) + \sum_{k=1}^{p} a_k r_x^*(k) \quad (8-3-14)$$

式(8-3-13)和式(8-3-14)也是 Yule-Walker 方程表示的 AR 模型谱估计[6]，说明这两种方法所得到的结果是一致的。

8.3.2 自相关法[6]

在全极点建模的自相关法中，估计 AR 系数 $a_p(k)$ 用于求解如下自相关正则方程：

$$\begin{bmatrix} r_x(0) & r_x^*(1) & r_x^*(2) & \cdots & r_x^*(p) \\ r_x(1) & r_x(0) & r_x^*(1) & \cdots & r_x^*(p-1) \\ r_x(2) & r_x(1) & r_x(0) & \cdots & r_x^*(p-2) \\ \vdots & \vdots & \vdots & & \vdots \\ r_x(p) & r_x(p-1) & r_x(p-2) & \cdots & r_x(0) \end{bmatrix} \begin{bmatrix} 1 \\ a_p(1) \\ a_p(2) \\ \vdots \\ a_p(p) \end{bmatrix} = \sigma^2 \begin{bmatrix} 1 \\ 0 \\ 0 \\ \vdots \\ 0 \end{bmatrix}$$

$$(8-3-15)$$

其中

$$\hat{r}_x(k) = \frac{1}{N} \sum_{n=0}^{N-1-p} x(n+k) x^*(n), \quad k = 0, 1, \cdots, p \quad (8-3-16)$$

求解方程(8-3-15)获得系数 $\hat{a}_p(k)$，并取

$$\sigma^2 = \hat{r}_x(0) + \sum_{k=1}^{p} \hat{a}_p(k) \hat{r}_x^*(k) \quad (8-3-17)$$

然后将这些参数代入式(8-3-8)就产生了功率谱估计。这一过程也称为 Yule-Walker 方法（注：该名字的来源是因为自相关正则方程与 AR 过程的 Yule-Walker 方程在形式上是等效的）。注意：Yule-Walker 方法与8.3.1 小节的最大熵法是等价的。实际上，两种方法的唯一差别是对信号 $x(n)$ 的假设不同。Yule-Walker 方法是假设 $x(n)$ 是一个 AR 过程，而最大熵方法是假设 $x(n)$ 是高斯的。

由于自相关正则方程中的自相关阵 $\hat{R}_x$ 是 Toeplitz 阵，因此可用 Levinson-Durbin 递归求解该方程得 $\hat{a}_p(k)$。进一步，若 $\hat{R}_x > 0$，则 $A_p(z)$ 的根将在单位圆内。但由于自相关法在用式(8-3-16)估计自相关序列时实质上是对数据加了一个矩形窗，因此实质上是用数据补零来外推自相关序列。这样，自相关法与不对数据加窗的方法（如协方差法和 Burg 方法等）相比，一般估计的分辨率要低些。所以，对短数据记录一般不采用自相关法。

自相关法的一个主要缺陷是谱线分裂问题，即它可能会将谱中的一个峰值分裂成两个。一般是在 $x(n)$ 被超定建模，即阶数 p 太大时发生谱线分裂。

由于式(8-3-16)的自相关估计是有偏的，自相关法的一个变形就是采用 $\hat{r}_x(k)$ 的无偏估计：

$$\hat{r}_x(k) = \frac{1}{N-k} \sum_{n=0}^{N-1-p} x(n+k)x^*(n), \qquad k=0,1,\cdots,p \qquad (8-3-18)$$

但这时不能保证自相关矩阵是正定的,结果当 $\hat{\boldsymbol{R}}_x$ 是病态的或奇异的矩阵时,谱估计的方差将变大。因此,一般更倾向于用 $\hat{r}_x(k)$ 的有偏估计。

用自相关法估计功率谱时,在 MATLAB 中由函数 pyulear 完成。

8.3.3 协方差法[6]

协方差法与自相关法的不同之处在于自相关法是对信号加窗的,而协方差法无需对信号加窗,即不规定信号 $x(n)$ 的长度范围。它可使信号的 N 个样点上误差最小,即把计算均方误差的样点数固定下来。假设计算 $r(j)$ 把求和范围为固定值 N,因而有

$$r(j) = \sum_{n=-j}^{N-j-1} x(n)x(n+j), \qquad 0 \leqslant j \leqslant p \qquad (8-3-19)$$

为了对全部需要的 j 值估算 $r(j)$,所需要的 $x(n)$ 长度范围应该在 $-p \leqslant n \leqslant N-1$。即为了计算 $r(j)$,需要有 $N+p$ 个样本。有时为了方便,也可定义 $x(n)$ 的长度范围为 $0 \leqslant n \leqslant N-1$,但是计算 $r(j)$ 时,n 的范围为 $p \leqslant n \leqslant N-1$,这样误差便在 $[p,N-1]$ 范围内为最小。

一般将 $c(i,j)$ 表示为

$$c(i,j) = \sum_{n=p}^{N-1} x(n-j)x^*(n-i), \qquad 1 \leqslant i \text{ 且 } j \leqslant p \qquad (8-3-20)$$

习惯上又把 $c(i,j)$ 称为 $x(n)$ 的协方差,引入 $c(i,j)$ 之后,预测方程组变为如下形式:

$$\begin{bmatrix} c(1,1) & c(2,1) & \cdots & c(p,1) \\ c(1,2) & c(2,2) & \cdots & c(p,2) \\ \vdots & \vdots & & \vdots \\ c(1,p) & c(2,p) & \cdots & c(p,p) \end{bmatrix} \begin{bmatrix} \hat{a}(1) \\ \hat{a}(2) \\ \vdots \\ \hat{a}(p) \end{bmatrix} = - \begin{bmatrix} c(0,1) \\ c(0,2) \\ \vdots \\ c(0,p) \end{bmatrix} \qquad (8-3-21)$$

显然在矩阵中,$c(j,i) = c(i,j)$,因此上式由 $c(j,i)$ 组成的 $p \times p$ 阶矩阵是对称的,但它不是 Toeplitz 矩阵,因为 $c(j+k,i+k) \neq c(j,i)$。此时,求解矩阵方程式(8-3-21)不能采用自相关法中的简便算法,而比较复杂。但协方差法相比自相关法的优点是它不对数据加窗,因此,对短数据记录,协方差法一般可获得比自相关法更高分辨率的谱估计。

用协方差法估计功率谱时,在 MATLAB 中由函数 pcov 完成。

8.3.4 Burg 算法估计法[4]

由式(8-3-4)表示的线性预测是利用索引号 n 之前的 p 个值对 $x(n)$ 进行预测,称之为前向预测。与之对应的还可以做后向预测(可参考 4.6.2 小节)。为了便于区别,把前向预测改记为

$$\hat{x}^f(n) = -\sum_{k=1}^{p} a^f(k)x(n-k) \qquad (8-3-22)$$

并给出预测误差和预测误差功率:

$$\begin{aligned} e^f(n) &= x(n) - \hat{x}^f(n) \\ \rho^f &= \mathrm{E}[|e^f(n)|^2] \end{aligned} \qquad (8-3-23)$$

上标 f 表示前向预测(Forward Prediction)。

后向预测是利用某一时刻 n 以后的 p 个值，即 $x(n+1), x(n+2), \cdots, x(n+p)$ 来预测 $x(n)$，这样

$$\hat{x}^b(n) = -\sum_{k=1}^{p} a^b(k) x(n+k) \qquad (8-3-24)$$

上标 b 代表后向预测（Backward Prediction）。在实际工作中，我们总是利用同一段数据即 $x(n), x(n-1), \cdots, x(n-p)$ 来同时实现前向预测和后向预测的，这样式(8-3-24)应改写为

$$\hat{x}^b(n-p) = -\sum_{k=1}^{p} a^b(k) x(n-p+k) \qquad (8-3-25)$$

预测误差为

$$e^b(n-p) = x(n-p) - \hat{x}^b(n-p)$$

但习惯上把 $e^b(n-p)$ 写成 $e^b(n)$，即

$$e^b(n) = x(n-p) - \hat{x}^b(n-p) \qquad (8-3-26)$$

后向预测误差功率为

$$\rho^b = E[|e^b(n)|^2] \qquad (8-3-27)$$

Burg 算法是较早提出的建立在前、后向 AR 预测系数求解的有效算法。其特点如下：

① 令前、后向预测误差功率之和

$$\rho^{fb} = \frac{1}{2}[\rho^f + \rho^b] \qquad (8-3-28)$$

为最小（ρ^f 和 ρ^b 的定义如式(8-3-23)和式(8-3-27)所示），而不是像自相关法那样仅令 ρ^f 为最小。

② ρ^f 和 ρ^b 的求和范围不是从 0 至 $(N-1+p)$，而是从 p 至 $N-1$，这等效于 $e^f(n)$ 和 $e^b(n)$ 前后都不加窗，这时有

$$\rho_p^f = \frac{1}{N-p} \sum_{n=p}^{N-1} |e_p^f(n)|^2 \qquad (8-3-29)$$

$$\rho_p^b = \frac{1}{N-p} \sum_{n=p}^{N-1} |e_p^b(n)|^2 \qquad (8-3-30)$$

③ 式(8-3-30)中，当阶次 $m=1,2,\cdots,p$ 时，$e^f(n)$ 和 $e^b(n)$ 的递推关系如下：

$$\left.\begin{array}{l} e_m^f(n) = e_{m-1}^f(n) + k_m e_{m-1}^b(n-1) \\ e_m^b(n) = e_{m-1}^b(n-1) + k_m^* e_{m-1}^f(n) \\ e_0^f(n) = e_0^b(n) = x(n) \end{array}\right\} \qquad (8-3-31)$$

$m=1,2,\cdots,p$。这样，式(8-3-28)的 ρ^{fb} 仅是反射系数 $k_m(m=1,2,\cdots,p)$ 的函数。在阶次 m 时，令 ρ^{fb} 相对 k_m 为最小，即可估计出反射系数。

将式(8-3-29)、式(8-3-30)及式(8-3-31)代入式(8-3-28)，令 $\partial \rho^{fb}/\partial k_m = 0$，可得使 ρ^{fb} 最小的 $\hat{k}_m$ 为

$$\hat{k}_m = \frac{-2 \sum_{n=m}^{N-1} e_{m-1}^f(n) e_{m-1}^{b*}(n-1)}{\sum_{n=m}^{N-1} |e_{m-1}^f(n)|^2 + \sum_{n=m}^{N-1} |e_{m-1}^b(n-1)|^2} \qquad (8-3-32)$$

其中：$m=1,2,\cdots,p$。按上式估计出的 $\hat{k}_m$ 仍满足 $|\hat{k}_m|<1$。

④ 按式(8-3-32)估计出 $\hat{k}_m$ 后,在阶次为 m 时的 AR 模型系数仍然由 Levinson-Durbin 算法递推求出:

$$\left.\begin{array}{l}\hat{a}_m(k) = \hat{a}_{m-1}(k) + \hat{k}_m \hat{a}_{m-1}^*(m-k), \quad k=1,2,\cdots,m-1 \\ \hat{a}_m(m) = \hat{k}_m \end{array}\right\} \quad (8-3-33)$$

$$\hat{\rho}_m = (1-|\hat{k}_m|^2)\hat{\rho}_{m-1} \quad (8-3-34)$$

以上两式是假定在第 $m-1$ 阶时的 AR 参数已求出。

由于 Burg 算法具有以上特点,所以 Burg 算法比自相关法有着较好的分辨率。用 Burg 算法估计功率谱时,在 MATLAB 中由函数 pburg 完成。

8.3.5 改进的协方差估计法[4]

改进的协方差估计法的特点如下:

① 同 Burg 方法一样,仍是令前、后向预测误差功率之和

$$\rho^{fb} = \frac{1}{2}[\rho^f + \rho^b] \quad (8-3-35)$$

为最小。式中:

$$\rho^f = \frac{1}{N-p}\sum_{n=p}^{N-1}|e_p^f(n)|^2 = \frac{1}{N-p}\sum_{n=p}^{N-1}\left|x(n)+\sum_{k=1}^{p}a^f(k)x(n-k)\right|^2 \quad (8-3-36a)$$

$$\rho^b = \frac{1}{N-p}\sum_{n=p}^{N-1}|e_p^b(n)|^2 = \frac{1}{N-p}\sum_{n=p}^{N-1-p}\left|x(n)+\sum_{k=1}^{p}a^b(k)x(n+k)\right|^2 \quad (8-3-36b)$$

由此可以看出 $e^f(n)$ 和 $e^b(n)$ 前、后都不加窗。

② 在令 ρ^{fb} 为最小时,不仅令 ρ^{fb} 相对 $a_m(m)=k_m$ 为最小,而且令 ρ^{fb} 相对 $a_m(1),a_m(2),\cdots,a_m(m)$ 都为最小,$m=1,2,\cdots,p$。

将式(8-3-30)代入式(8-3-29),由于 $a^b(k)=a^{f*}(k)$,因此令 $\partial \rho^{fb}/\partial \hat{a}(i)=0$,其中 $\hat{a}(i)=a^f(i)(i=1,2,\cdots,p)$,则可得到如下的矩阵形式:

$$\begin{bmatrix} c_x(1,1) & c_x(1,2) & \cdots & c_x(1,p) \\ c_x(2,1) & c_x(2,2) & \cdots & c_x(2,p) \\ \vdots & \vdots & \ddots & \vdots \\ c_x(p,1) & c_x(p,2) & \cdots & c_x(p,p) \end{bmatrix} \begin{bmatrix} \hat{a}_1 \\ \hat{a}_2 \\ \vdots \\ \hat{a}_p \end{bmatrix} = -\begin{bmatrix} c_x(1,0) \\ c_x(2,0) \\ \vdots \\ c_x(p,0) \end{bmatrix} \quad (8-3-37)$$

其中:

$$c_x(i,k) = \frac{1}{2(N-p)}\left[\sum_{n=p}^{N-1}x^*(n-i)x(n-k) + \sum_{n=p}^{N-1-p}x^*(n+k)x(n+i)\right] \quad (8-3-38)$$

最小预测误差功率可由以下两式求出:

$$\rho_{\min} = \frac{1}{2(N-p)}\left\{\sum_{n=p}^{N-1}\left[\sum_{k=1}^{p}\hat{a}(k)x(n-k)\right]x^*(n) + \sum_{n=0}^{N-1-p}\left[x^*(n) + \sum_{k=1}^{p}\hat{a}(k)x^*(n+k)\right]x(n)\right\}$$

或

$$\rho_{\min} = c_x(0,0) + \sum_{k=1}^{p}\hat{a}(k)c_x(0,k) \tag{8-3-39}$$

③ 式(8-3-37)和式(8-3-39)构成了改进的协方差方法的正则方程,称为协方差方程。由于 $c_x(i,k)$ 不能写成 $c_x(k-i)$ 的函数,所以式(8-3-37)的系数矩阵不是 Toeplitz 矩阵,因此这一正则方程不能用 Levinson 算法求解。

④ Marple 于 1980 年提出了一个快速算法来实现协方差方程的求解。

用改进的协方差法估计功率谱时,在 MATLAB 中由函数 pmcov 完成。

8.3.6 AR 模型阶数的确定[2]

在信号建模过程中,确定阶数是至关重要的,AR 谱估计尤为如此。如果所用的模型阶数太小,估计的谱将被平滑,从而使分辨率较差;若所用的模型阶数太大,则可能会产生伪峰值,也有可能导致谱线分裂。因此,应该有一个准则来指导如何选择合适的 AR 模型阶数。我们首先想到的一种方法是,逐步增加模型阶数直到建模误差最小化。但该方法的问题是,建模误差是模型阶数 p 的单调非递增函数。为克服该缺点,可以在误差准则中加一个惩罚项,以使代价函数有极值。

学者们通过研究该问题给出了一些经验,有代表性的 AR 模型定阶准则包括:

① FPE(Final Prediction Error)准则:由 Akaike 于 1970 年提出,使准则函数

$$\text{FPE}(m) = \frac{N+m}{N-m}\hat{\sigma}_m^2 \tag{8-3-40}$$

取最小值的 m 确定为模型的阶数。这里,$\hat{\sigma}_m^2$ 是 m 阶预测误差信号的方差估值,也即 m 阶 AR 模型激励白噪声的方差。

② AIC(Akaike Information Criterion)准则:由 Akaike 于 1974 年提出,把能使信息函数

$$\text{AIC}(m) = N\ln\hat{\sigma}_m^2 + 2m \tag{8-3-41}$$

取最小值的 m 确定为 AR 模型的阶数。

③ MDL(Minimum Description Length)准则:由 Risannen 于 1978 年提出,其准则函数定义为

$$\text{MDL}(m) = N\ln\hat{\sigma}_m^2 + m\ln N \tag{8-3-42}$$

使该准则函数取最小值的 m 即为模型的阶数。

④ CAT(Criterion Autoregressive Transfer Function)准则:由 Parzen 于 1977 年提出,其准则函数定义为

$$\text{CAT}(m) = \frac{1}{N}\sum_{k=1}^{m}\frac{N-k}{N\hat{\sigma}_k^2} - \frac{N-m}{N\hat{\sigma}_m^2} \tag{8-3-43}$$

使该准则函数最小的 m 即为模型的阶数。

遗憾的是,在实际应用问题中采用这几种模型定阶准则不总是能给出相同的结果,同时也不是总能给出理想的结果。在已有先验知识的情况下,结合先验知识和模型定阶准则选择一个合适的阶数;在缺乏先验知识的情况下,可以试着用不同准则确定模型的阶,然后对最终的

谱估计结果进行分析和选择。

8.3.7 AR 模型功率谱密度估算的 MATLAB 函数

1. Yule-Walker 法的功率谱密度估算

名称：pyulear

功能：以 Yule-Walker 法求取 AR 模型的系数，并计算功率谱密度

调用格式：

Pxx = pyulear(x,p)

Pxx = pyulear(x,p,nfft)

[Pxx,w] = pyulear(...)

[Pxx,w] = pyulear(x,p,w)

Pxx = pyulear(x,p,nfft,fs)

Pxx = pyulear(x,p,f,fs)

[Pxx,f] = pyulear(x,p,nfft,fs)

[Pxx,f] = pyulear(x,p,f,fs)

[Pxx,f] = pyulear(x,p,nfft,fs,'range')

[Pxx,w] = pyulear(x,p,nfft,'range')

说明：输入参数：x 是离散信号的序列；p 是自回归预测模型的阶数，是一个整数；w 是归一化的角频率；f 是实际频率，nfft 是计算功率谱密度时 FFT 的长度；fs 是采样频率；一般对于 x 是实数序列只计算单边谱，x 是复数序列将计算双边谱，在 x 是实数序列时设定 'range' 可计算双边谱，即可设定 'range' 为 'onesided' 或 'twosided'。输出参数：Pxx 是离散信号的序列 x 的功率谱密度；w 是归一化的角频率；f 是实际频率。

2. Burg 法的功率谱密度估算

名称：pburg

功能：以 burg 法求取 AR 模型的系数，并计算功率谱密度

调用格式：

Pxx = pburg(x,p)

Pxx = pburg(x,p,nfft)

[Pxx,w] = pburg(...)

[Pxx,w] = pburg(x,p,w)

Pxx = pburg(x,p,nfft,fs)

Pxx = pburg(x,p,f,fs)

[Pxx,f] = pburg(x,p,nfft,fs)

[Pxx,f] = pburg(x,p,f,fs)

[Pxx,f] = pburg(x,p,nfft,fs,'range')

[Pxx,w] = pburg(x,p,nfft,'range')

说明：输入参数：x 是离散信号的序列；p 是自回归预测模型的阶数，是一个整数；w 是归一化的角频率；f 是实际频率，nfft 是计算功率谱密度时 FFT 的长度；fs 是采样频率；一般对于 x 是实数序列只计算单边谱，x 是复数序列将计算双边谱，在 x 是实数序列时设定 'range' 可计算双边谱，即可设定 'range' 为 'onesided' 或 'twosided'。输出参数：Pxx 是离散信号的序

列 x 的功率谱密度;w 是归一化的角频率;f 是实际频率。

3. 协方差法的功率谱密度估算

名称:pcov

功能:以协方差法求取 AR 模型的系数,并计算功率谱密度

调用格式:

Pxx = pcov(x,p)

Pxx = pcov(x,p,nfft)

[Pxx,w] = pcov(...)

[Pxx,w] = pcov(x,p,w)

Pxx = pcov(x,p,nfft,fs)

Pxx = pcov(x,p,f,fs)

[Pxx,f] = pcov(x,p,nfft,fs)

[Pxx,f] = pcov(x,p,f,fs)

[Pxx,f] = pcov(x,p,nfft,fs,'range')

[Pxx,w] = pcov(x,p,nfft,'range')

说明:输入参数:x 是离散信号的序列;p 是自回归预测模型的阶数,是一个整数;w 是归一化的角频率;f 是实际频率,nfft 是计算功率谱密度时 FFT 的长度;fs 是采样频率;一般对于 x 是实数序列只计算单边谱,x 是复数序列将计算双边谱,在 x 是实数序列时设定 'range' 可计算双边谱,即可设定 'range' 为 'onesided' 或 'twosided'。输出参数:Pxx 是离散信号的序列 x 的功率谱密度;w 是归一化的角频率;f 是实际频率。

4. 改进的协方差法的功率谱密度估算

名称:pmcov

功能:以改进协方差法求取 AR 模型的系数,并计算功率谱密度

调用格式:

Pxx = pmcov(x,p)

Pxx = pmcov(x,p,nfft)

[Pxx,w] = pmcov(...)

[Pxx,w] = pmcov(x,p,w)

Pxx = pmcov(x,p,nfft,fs)

Pxx = pmcov(x,p,f,fs)

[Pxx,f] = pmcov(x,p,nfft,fs)

[Pxx,f] = pmcov(x,p,f,fs)

[Pxx,f] = pmcov(x,p,nfft,fs,'range')

[Pxx,w] = pmcov(x,p,nfft,'range')

说明:输入参数:x 是离散信号的序列;p 是自回归预测模型的阶数,是一个整数;w 是归一化的角频率;f 是实际频率,nfft 是计算功率谱密度时 FFT 的长度;fs 是采样频率;一般对于 x 是实数序列只计算单边谱,x 是复数序列将计算双边谱,在 x 是实数序列时设定 'range' 可计算双边谱,即可设定 'range' 为 'onesided' 或 'twosided'。输出参数:Pxx 是离散信号的序列 x 的功率谱密度;w 是归一化的角频率;f 是实际频率。

8.3.8 案例8.5：比较四种AR模型功率谱密度估算的方法

1. 概　述

前面介绍了四种AR模型功率谱估算的方法，它们各自的性能如何呢？在本节中将以实例来说明。

2. 实　例

例8-3-1(pr8_3_1)　设有一个AR(4)系统，该系统在 $z=0.98e^{\pm j(0.2\pi)}$ 和 $z=0.98e^{\pm j(0.3\pi)}$ 处分别有一对极点，以单位方差高斯白噪声作为输入，数据长度 $N=256$，FFT变换长度为1 024。用Yule-Walker方法、协方差法、修正协方差法和Burg方法各算了L次进行功率谱密度估计(本程序中 $L=200$)，并与该系统的理论值进行比较。

程序pr8_3_1清单如下：

```
% pr8_3_1
clear all; clc; close all;

r1 = 0.98; r2 = 0.98;                          % 极点的半径
theta1 = 0.2 * pi; theta2 = 0.3 * pi;          % 极点的相角
% 计算滤波器传递函数的分母部分
A = conv([1 - 2 * cos(0.2 * pi) * 0.98 0.98 * 0.98],[1 - 2 * cos(0.3 * pi) * 0.98 0.98 * 0.98]);
B = 1;                                         % 滤波器传递函数的分子部分
P = 4;                                         % 阶数
N = 256;                                       % x(n)长度
M = 1024;                                      % FFT变换长度
M2 = M/2 + 1;                                  % 正频率长度
% PSD理论值
S1 = 20 * log10(abs(freqz(B, A, M2))) - 10 * log10(P);

f = (0 : M2 - 1)/M2;                           % 频率刻度
E_yu = zeros(M2,1);                            % 初始化
E_bg = zeros(M2,1);
E_cv = zeros(M2,1);
E_mv = zeros(M2,1);
L = 200;                                       % 用随机数循环次数
for k = 1 : L                                  % 进行L次循环
    w = randn(N,1);                            % 产生随机数
    x = filter(B, A, w);                       % 通过B/A构成的滤波器
    px1 = pyulear(x,4,M);                      % 用Yule-Walker法计算功率谱
    px2 = pburg(x,4,M);                        % 用Burg法计算功率谱
    px3 = pcov(x,4,M);                         % 用协方差法计算功率谱
    px4 = pmcov(x,4,M);                        % 用改进协方差法计算功率谱
    S_yule = 10 * log10(px1);                  % 取对数
    S_burg = 10 * log10(px2);
    S_cov  = 10 * log10(px3);
    S_mcov = 10 * log10(px4);
```

```
            E_yu = E_yu + S_yule;                        % 累加
            E_bg = E_bg + S_burg;
            E_cv = E_cv + S_cov;
            E_mv = E_mv + S_mcov;
        end
        E_yu = E_yu/L;                                    % 求取平均值
        E_bg = E_bg/L;
        E_cv = E_cv/L;
        E_mv = E_mv/L;
        % 作图
        subplot 221; plot(f,S1,'k',f,E_yu,'r');
        legend('True PSD', 'pyulear',3);
        title('Yule-Walker 法 ')
        ylabel(' 幅值(dB)'); grid; xlim([0 0.5]);
        subplot 222; plot(f,S1,'k',f,E_bg,'r');
        legend('True PSD', 'pburg',3);
        title('Burg 法 ')
        ylabel(' 幅值(dB)'); grid; xlim([0 0.5]);
        subplot 223; plot(f,S1,'k',f,E_cv,'r');
        legend('True PSD', 'pcov',3);
        title('Cov 法 ')
        xlabel(' 归一化频率 '); ylabel(' 幅值(dB)');grid; xlim([0 0.5]);
        subplot 224; plot(f,S1,'k',f,E_mv,'r');
        legend('True PSD', 'pmcov',3);
        title('Mcov 法 ')
        xlabel(' 归一化频率 '); ylabel(' 幅值(dB)');grid; xlim([0 0.5]);
        set(gcf,'color','w');
```

说明：

① 若已知系统任意第 i 对极点：$r_i \mathrm{e}^{\pm\mathrm{j}\theta_i}$，则该对极点对应的二阶传递函数为

$$H(z) = \frac{1}{(1-r_i\mathrm{e}^{\mathrm{j}\theta_i}z^{-1})(1-r_i\mathrm{e}^{-\mathrm{j}\theta_i}z^{-1})} = \frac{1}{1-2r_i\cos\theta_i z^{-1}+r_i^2 z^{-2}}$$

所以滤波器系数 B_i 和 A_i 为

$$B_i = 1 \quad A_i = \begin{bmatrix} 1 & -2r_i\cos\theta_i & r_i^2 \end{bmatrix}$$

当系统有两个极点对时，系统传递函数的系数等于该两个二阶系统系数的卷积，故在程序中有

```
        % 计算滤波器传递函数的分母部分
        A = conv([1 - 2 * cos(0.2 * pi) * 0.98  0.98 * 0.98],[1 - 2 * cos(0.3 * pi) * 0.98  0.98 * 0.98]);
        B = 1;                                            % 滤波器传递函数的分子部分
```

② 在计算理论功率谱的值时是使用以下语句计算功率谱密度函数(单位为 dB)：

```
        S1 = 20 * log10(abs(freqz(B, A, M2))) - 10 * log10(P);
```

已知滤波器的系数 B 和 A，可通过 abs(freqz(·)) 求出滤波器的幅值响应。从 8.2 节我们知道通过 FFT 求功率谱密度为 $|X(\omega)|^2/N/\mathrm{Fs}$，其中 $|X(\omega)|$ 是频域中的幅值，N 是有效数

据的长度,Fs 是采样频率。通过 abs(freqz(·))求了幅值的平方,并通过取以 10 为底的对数求出分贝值。又数据有效长度只有 P 位,所以要除以 P,取对数后变为减法。

③ 每一次产生的随机数计算出的功率谱都会有一些误差,通过平均可得到真实的功率谱。在本程序中用循环 200 次的平均值。

运行程序 pr8_3_1 后得图 8-3-1。

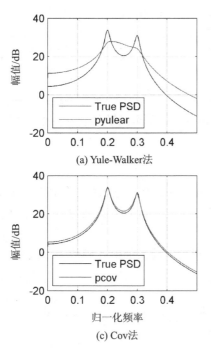
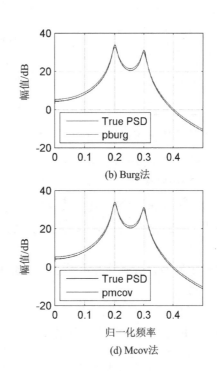

图 8-3-1 用四种不同的方法估计 AR(4)过程的功率谱

从图 8-3-1 中可以看到,对于这样一个窄带过程,除 Yule-Walker 方法外,其他方法的估计都是无偏的,且估计的方差性能不相上下,而 Yule-Walker 方法是不能分辨出谱线的峰值,且方差较大[6]。

8.4 MATLAB 中通用的功率谱估算函数

前面介绍了非参数法和参数法的功率谱估算方法和函数,在 MATLAB 中还有通用的功率谱估算函数,它能估算以上介绍的任一种功率谱估算,这就是 spectrum 和 psd 两个函数。

8.4.1 通用功率谱估算函数 spectrum 和 psd 的介绍

要计算功率谱的一种方法是调用 spectrum 和 psd 两个函数,spectrum 函数是按某一种方法给出该方法的参数集合,psd 函数是把这参数集合结合了具体的数据估算出功率谱密度。

在调用 spectrum 函数时要包含一个功率谱估算的方法即 spectrum. estmethod。estmethod 有以下几种,如表 8-4-1 所列。

表 8-4-1　estmethod 所含方法说明

spectrum.estmethod	具体方法	对应的功率谱函数
spectrum.periodogram	周期图法	periodogram
spectrum.welch	Welch 法	pwelch
spectrum.mtm	多窗口法	pmtm
spectrum.yulear	Yule-Walker 法	pyulear
spectrum.burg	Burg 法	pburg
spectrum.cov	协方差法	pcov
spectrum.mcov	改进协方差法	pmcov

在对信号的功率谱密度估算时,要把 spectrum 和 psd 这两个函数结合在一起使用:

Hd = spectrum.estmethod(参数 1,…)

Hpsd = psd(Hd,x,参数 1,…)

由函数 spectrum 得到的功率谱密度参数集合 Hd 是一个结构型数据,其中给出了某种方法的基本参数;通过函数 psd,把具体的数据代入,就估算出该数据在该方法下估算出的功率谱密度。

以下对不同的方法所带的参数进一步说明,并介绍共同使用的 psd 函数。

1. psd 函数

名称:psd

功能:把由 spectrum 函数得到功率谱密度参数集合 Hd,结合了具体的数据,给出指定方法的功率谱密度

调用格式:

Hpsd = psd(Hd,x)

Hpsd = psd(…,'Fs',Fs)

Hpsd = psd(…,'SpectrumType','twosided')

Hpsd = psd(…,'NFFT',nfft)

Hpsd = psd(…,'CenterDC',true)

Hpsd = psd(…,'FreqPoints','User Defined','FrequencyVector',f)

Hpsd = psd(…,'ConfLevel',p)

psd(…)

说明:在调用 psd 函数时,Hd 和 x 是必带的参数,其他参数均为可选的参数,介绍如下。

'Fs',Fs:选用了采样频率,若没有该选项,则为归一化角频率:对于单边谱默认值为 $0\sim\pi$,对于双边谱默认值为 $0\sim2\pi$。

'SpectrumType','twosided':在 x 为实数序列时一般都给出单边谱(默认),如果想要双边谱,可用这一个选项。

'NFFT',nfft:指定 FFT 变换的长度。

'CenterDC',true:指定频谱中 0 频率(直流分量)在频谱的中间。

'FreqPoints','User Defined','FrequencyVector',f:只对 f 指定的频率矢量估算功率谱密度。

'ConfLevel',p：给出置信区。p 是设置在 0～1 之间的置信概率，将给出 p×100% 的置信区间。

当没有输出变量时，将显示出功率谱密度的图。而输出参数 Hpsd 是功率谱参数集合，它是一个结构型数组，其中包含有功率谱密度、频率刻度和其他一些属性等信息。通过对这结构型数组的读取能得到功率谱密度和频率刻度的数值，请参看以下的案例程序。

2. spectrum 周期图法的函数

名称：spectrum.periodogram

功能：以周期图法给出基本参数，结合 psd 函数估算功率谱密度

调用格式：

Hd = spectrum.periodogram

Hd = spectrum.periodogram(winname)

Hd = spectrum.periodogram({winname,winparameter})

说明：输入参数中，winname 是窗函数的名称，默认值是矩形窗；winparameter 是指窗函数的参数，例如凯泽窗要有 beta 值。输出参数 Hd 是周期图法功率谱密度参数集合，它是一个结构型数据，它是按照输入参数给出的，当不带任何输入参数时，给出的 Hd 为

Hd =
    EstimationMethod: 'Periodogram'
        WindowName: 'Rectangular'

常用的窗函数如下：

'Blackman'

'Blackman-Harris'

'Hamming'

'Hann'

'Kaiser'

'Rectangular'

'Triangular'

注意：在这里，矩形窗用 'Rectangular' 表示，而不是用 boxcar 或 rectwin 表示。

3. spectrum 的 welch 法函数

名称：spectrum.welch

功能：以 welch 法给出基本参数，结合 psd 函数估算功率谱密度

调用格式：

Hd = spectrum.welch

Hd = spectrum.welch(WindowName)

Hd = spectrum.welch(WindowName,SegmentLength)

Hd = spectrum.welch(WindowName,SegmentLength,OverlapPercent)

说明：输入参数 WindowName 是窗函数的名称，SegmentLength 是分段的长度，OverlapPercent 是重叠部分所占的百分比（注意：不是重叠部分的长度），它对应于重叠部分的长度（分段的长度）。输出参数 Hd 是 welch 法功率谱密度参数集合，它是一个结构型数据，它是按照

输入参数给出的,当不带任何输入参数时,给出的 Hd 为

Hd =
  EstimationMethod: 'Welch'
   SegmentLength: 64
   OverlapPercent: 50
    WindowName: 'Hamming'
    SamplingFlag: 'symmetric'

常用的窗函数与周期图法中介绍的相同。

4. spectrum 的多窗口法函数

名称:spectrum.mtm

功能:以多窗口法给出基本参数,结合 psd 函数估算功率谱密度

调用格式:

Hd = spectrum.mtm
Hd = spectrum.mtm(TimeBW)
Hd = spectrum.mtm(DPSS,Concentrations)
Hd = spectrum.mtm(...,CombineMethod)

说明:输入参数,TimeBW 是时间宽带乘积,常选为 $2,\frac{5}{2},3,\frac{7}{2},4$,默认值为 4;DPSS 和 Concentrations 是通过 dpss 函数得到的两个值,其中[DPSS,Concentrations] = dpss(length(x),TimeBW)是产生离散扁圆型序列(Discrete Prolate Spheroidal Sequences),又给出频带集中部分,参数 TimeBW 与 DPSS/Concentrations 只能选一种,默认值是 TimeBW;CombineMethod 是指定结合的方法,有以下 3 种:

① 'adaptive' 自适应结合(是非线性的,也是默认值)。
② 'unity' 线性计权(是线性的)。
③ 'eigenvector' 计权的本征值(是线性的)。

输出参数 Hd 是多窗口法功率谱密度参数集合,它是一个结构型数据,它是按照输入参数给出的,当不带任何输入参数时,给出的 Hd 为

Hd =
   EstimationMethod: 'Thompson Multitaper'
  SpecifyDataWindowAs: 'TimeBW'
    CombineMethod: 'Adaptive'
      TimeBW: 4

5. spectrum 的 Yule-Walker 法函数

名称:spectrum.yulear

功能:以 Yule-Walker 法给出基本参数,结合 psd 函数估算功率谱密度

调用格式:

Hd = spectrum.yulear
Hd = spectrum.yulear(order)

说明:输入参数 order 是自回归模型的阶数,默认值为 4;输出参数 Hd 是 Yule-Walker 法

功率谱密度参数集合，它是一个结构型数据，它是按照输入参数给出的，当不带任何输入参数时，给出的 Hd 为

```
Hd = 
        EstimationMethod: 'Yule-Walker'
                   Order: 4
```

6. spectrum 的 burg 法函数

名称：spectrum.burg

功能：以 burg 法给出基本参数，结合 psd 函数估算功率谱密度

调用格式：

Hd = spectrum.burg

Hd = spectrum.burg(order)

说明：输入参数 order 是自回归模型的阶数，默认值为 4；输出参数 Hd 是 burg 法功率谱密度参数集合，它是一个结构型数据，它是按照输入参数给出的，当不带任何输入参数时，给出的 Hd 为

```
Hd = 
        EstimationMethod: 'Burg'
                   Order: 4
```

7. spectrum 协方差法的函数

名称：spectrum.cov

功能：以协方差法给出基本参数，结合 psd 函数估算功率谱密度

调用格式：

Hd = spectrum.cov

Hd = spectrum.cov(order)

说明：输入参数 order 是自回归模型的阶数，默认值为 4；输出参数 Hd 是协方差法功率谱密度参数集合，它是一个结构型数据，它是按照输入参数给出的，当不带任何输入参数时，给出的 Hd 为

```
Hd = 
        EstimationMethod: 'Covariance'
                   Order: 4
```

8. spectrum 改进协方差法的函数

名称：spectrum.mcov

功能：以改进协方差法给出基本参数，结合 psd 函数估算功率谱密度

调用格式：

Hd = spectrum.mcov

Hd = spectrum.mcov(order)

说明：输入参数 order 是自回归模型的阶数，默认值为 4；输出参数 Hd 是改进协方差法功率谱密度参数集合，它是一个结构型数据，它是按照输入参数给出的，当不带任何输入参数时，

给出的 Hd 为

```
Hd =
    EstimationMethod: 'Modified Covariance'
              Order: 4
```

8.4.2 案例 8.6：用传统功率谱函数和用 spectrum＋psd 函数有何差别

1. 概 述

在 8.2 节和 8.3 节中介绍了非参数法的功率谱估计和参数法的功率谱估计的 MATLAB 函数，本节中将介绍 spectrum＋psd 函数。对于某一种具体的方法，可以用不同的两种函数来计算。例如：用周期图法来估算功率谱密度，既可用 periodogram，又可用 spectrum.periodogram 和 psd 来估算功率谱密度，那么这两种方法有什么差别吗？

下面我们以周期图功率谱估算法为例给予说明。

2. 实 例

例 8-4-1(pr8_4_1) 还是用例 8-2-1 中的信号：信号由两个正弦分量和随机数所组成，正弦信号的频率分别为 50 Hz 和 120 Hz，50 Hz 信号的幅值为 1，120 Hz 信号的幅值为 3，采样频率为 1 000 Hz，随机信号是均值为 0，方差为 1。分别调用 periodogram 函数及 spectrum.periodogram 和 psd 计算功率谱密度，并将它们的结果进行比较。

程序 pr8_4_1 清单如下：

```
% pr8_4_1
clear all; clc; close all;

randn('state',0);                                          % 随机数初始化
Fs = 1000;                                                 % 采样频率
t = 0:1/Fs:1-1/Fs;                                         % 时间刻度
f1 = 50; f2 = 120;                                         % 两个正弦分量频率
x = cos(2 * pi * f1 * t) + 3 * cos(2 * pi * f2 * t) + randn(size(t));  % 信号
N = length(x);                                             % x 长度
% 调用 periodogram 函数
[Pxx,f] = periodogram(x,rectwin(length(x)),N,Fs);
% 调用 spectrum.periodogram 和 psd 函数
Hd = spectrum.periodogram('Rectangular');
Ps = psd(Hd,x,'Fs',Fs,'NFFT',N);
% 取功率谱密度和频率数值
Pxx1 = Ps.data;
f1 = Ps.frequencies;
% 作图
subplot 211
plot(f,10 * log10(Pxx),'k');                               % 取对数作图
grid on; xlim([0 Fs/2]);
title('调用 periodogram 函数的周期图 ');
xlabel('频率/Hz');
ylabel('功率谱密度/(dB/Hz)');
```

```
subplot 212
plot(f1,10 * log10(Pxx1),'k');                    % 取对数作图
grid on; xlim([0 Fs/2]);
title('调用 spectrum.periodogram 函数的周期图')
xlabel('频率/Hz')
ylabel('功率谱密度/(dB/Hz)')
mxerr = max(Pxx - Pxx1)                           % 求两种方法的最大差值
set(gcf,'color','w');
```

运行程序 pr8_4_1 后得图 8-4-1。

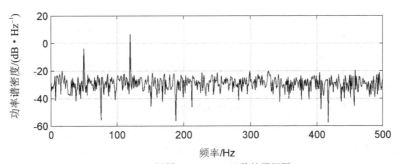

(a) 调用 periodogram 函数的周期图

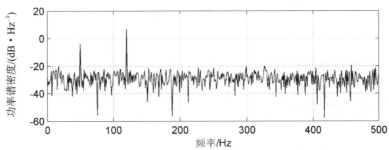

(b) 调用 spectrum.periodogram 函数的周期图

图 8-4-1 调用 periodogram 和 spectrum.periodogram 函数的结果比较

在程序 pr8_4_1 中还求出了调用 periodogram 和 spectrum.periodogram 函数计算所得的功率谱密度之间的最大差值为 0,说明两条曲线完全重合。

3. 案例延伸

在非参数法的功率谱估计和参数法的功率谱估计中也不是每一种方法用一般的功率谱估计函数和用 spectrum 函数得到的结果都完全一致,有时两者之间稍有一些差值,有时两者之间完全重合。以下以 welch 和 burg 两种方法为例。

例 8-4-2(pr8_4_2) 还是用例 8-4-1 中的信号:信号由两个正弦分量和随机数所组成,正弦信号的频率分别为 50 Hz 和 120 Hz,50 Hz 信号的幅值为 1,120 Hz 信号的幅值为 3,采样频率为 1 000 Hz,随机信号是均值为 0,方差为 1。分别调用 pwelch 函数及 spectrum.welch 和 psd 计算功率谱密度,并将它们的结果进行比较。

程序 pr8_4_2 清单如下:

```
% pr8_4_2
```

```matlab
clear all; clc; close all;

randn('state',0);                                          % 随机数初始化
Fs = 1000;                                                 % 采样频率
t = 0:1/Fs:1-1/Fs;                                         % 时间刻度
f1 = 50; f2 = 120;                                         % 两个正弦分量频率
x = cos(2*pi*f1*t) + 3*cos(2*pi*f2*t) + randn(size(t));    % 信号
% 调用 welch 函数
Nfft = 128;                                                % FFT 长度
window = boxcar(Nfft);                                     % 选用的窗口
noverlap = 100;                                            % 分段序列重叠的采样点数(长度)
range = 'onesided';                                        % 单边谱
[Pxx1,freq1] = pwelch(x,window,noverlap,Nfft,Fs,range);    % 采用 Welch 方法估计功率谱
% 调用 spectrum.welch 和 psd 函数
Hd = spectrum.welch('Rectangular',Nfft,noverlap/Nfft);
Ps = psd(Hd,x,'Fs',Fs,'NFFT',Nfft);
% 取功率谱密度和频率数值
Pxx2 = Ps.data;
freq2 = Ps.frequencies;
% 作图
subplot 211
plot(freq1,10*log10(Pxx1),'k');                            % 取对数作图
grid on; xlim([0 Fs/2]);
title('调用 pwelch 函数的改进周期图')
xlabel('频率/Hz')
ylabel('功率谱密度/(dB/Hz)')
subplot 212
plot(freq2,10*log10(Pxx2),'k');                            % 取对数作图
grid on; xlim([0 Fs/2]);
title('调用 spectrum.welch 函数的改进周期图')
xlabel('频率/Hz')
ylabel('功率谱密度/(dB/Hz)')
mxerr = max(Pxx1-Pxx2)                                     % 求两种方法的最大差值
set(gcf,'color','w');
```

运行程序 pr8_4_2 后得图 8-4-2。

程序运行中求出调用 pwelch 和 spectrum.welch 计算所得的功率谱密度之间的最大差值为 0.004 1,说明这两种方法基本相符,稍有差别。

例 8-4-3(pr8_4_3) 还是用例 8-4-1 中的信号:信号由两个正弦分量和随机数所组成,正弦信号的频率分别为 50 Hz 和 120 Hz,50 Hz 信号的幅值为 1,120 Hz 信号的幅值为 3,采样频率为 1 000 Hz,随机信号是均值为 0,方差为 1。分别调用 pburg 函数及 spectrum.burg 和 psd 计算功率谱密度,并将它们的结果进行比较。

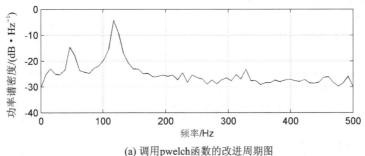

(a) 调用pwelch函数的改进周期图

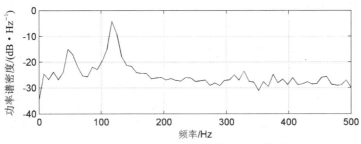

(b) 调用spectrum.welch函数的改进周期图

图 8-4-2 调用 pwelch 和 spectrum.welch 函数的结果比较

程序 pr8_4_3 清单如下：

```
% pr8_4_3
clear all; clc; close all;

randn('state',0);                                       % 随机数初始化
Fs = 1000;                                              % 采样频率
t = 0:1/Fs:1-1/Fs;                                      % 时间刻度
f1 = 50; f2 = 120;                                      % 两个正弦分量频率
x = cos(2*pi*f1*t) + 3*cos(2*pi*f2*t) + randn(size(t)); % 信号
nfft = 1024;                                            % FFT 长度
p = 12;                                                 % AR 模型阶数
% 调用 burg 函数
[Pxx1,freq1] = pburg(x,p,nfft,Fs);

% 调用 spectrum.burg 和 psd 函数
Hd = spectrum.burg(p);
Ps = psd(Hd,x,'Fs',Fs,'NFFT',nfft);
% 取功率谱密度和频率数值
Pxx2 = Ps.data;
freq2 = Ps.frequencies;
% 作图
subplot 211
plot(freq1,10*log10(Pxx1),'k');                         % 取对数作图
grid on; xlim([0 Fs/2]);
```

```
title('调用 pburg 函数的改进周期图 ')
xlabel('频率/Hz')
ylabel('功率谱密度/(dB/Hz)')
subplot 212
plot(freq2,10 * log10(Pxx2),'k');           % 取对数作图
grid on; xlim([0 Fs/2]);
title('调用 spectrum.burg 函数的改进周期图 ')
xlabel('频率/Hz')
ylabel('功率谱密度/(dB/Hz)')
mxerr = max(Pxx1 - Pxx2)                    % 求两种方法的最大差值
set(gcf,'color','w');
```

运行程序 pr8_4_3 后得图 8-4-3。

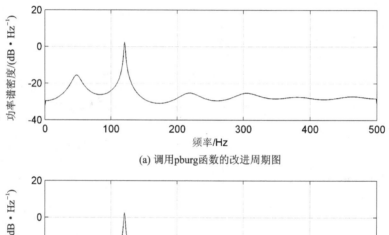

(a) 调用pburg函数的改进周期图

(b) 调用spectrum.burg函数的改进周期图

图 8-4-3 调用 pburg 和 spectrum.burg 函数的改进周期图

在程序 pr8_4_1 中还求出了调用 pburg 和 spectrum.burg 函数计算所得的功率谱密度之间的最大差值为 0,说明两条曲线完全重合。

8.5 传递函数和相干函数的估算

设有一个系统,传递函数为 H,平稳随机过程输入为 $x(t)$,输出为 $y(t)$(如图 8-5-1 所示),则有

$$y(t) = h(t) * x(t) \tag{8-5-1}$$

其中:$h(t)$ 是传递函数 H 的脉冲响应。在频域上有

$$Y(f) = H(f)X(f) \quad (8-5-2)$$

或
$$P_{yy}(f) = H^2(f)P_{xx}(f) \quad (8-5-3)$$

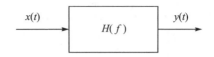

图 8-5-1　输入/输出系统

式中：$P_{xx}(f)$ 是 $x(t)$ 的自功率谱；$P_{yy}(f)$ 是 $y(t)$ 的自功率谱。在已知输入 $x(t)$ 和输出 $y(t)$ 时，可以求出传递函数 H 为

$$H(f) = \sqrt{\frac{P_{yy}(f)}{P_{xx}(f)}} \quad (8-5-4)$$

在离散条件下，式(8-5-4)转换为

$$H(k) = \sqrt{\frac{P_{yy}(k)}{P_{xx}(k)}} \quad (8-5-5)$$

式(8-5-4)中频率 f 用离散频率索引来表示，$f = k\Delta f$。

系统的相干函数定义为

$$\gamma_{xy}(f) = \frac{|P_{xy}(f)|^2}{P_{xx}(f)P_{yy}(f)} \quad (8-5-6)$$

其中：$P_{xx}(f)$ 是 $x(t)$ 的自功率谱；$P_{yy}(f)$ 是 $y(t)$ 的自功率谱；$P_{xy}(f)$ 是 $x(t)$ 和 $y(t)$ 的互功率谱。相干函数 $\gamma_{xy}(f)$ 可用来描述这两个信号在各频率点处的相关程度。

从相干函数 $\gamma_{xy}(f)$ 可以确定输出信号 $y(t)$ 在多大程度上来自于输入信号 $x(t)$。若 $\gamma_{xy}(f) = 1$，说明输出完全来自于输入，且系统必为线性系统；若 $\gamma_{xy}(f) < 1$，对于线性系统表明在频率点 f 处，输出谱 $P_{yy}(f)$ 有多少成分来自于输入谱 $P_{xx}(f)$，其余部分可能来自于另外的信号源或噪声；若 $\gamma_{xy}(f) = 0$，则 $x(t)$ 和 $y(t)$ 完全不相干。

在离散的条件下，式(8-5-6)转换为

$$\gamma_{xy}(k) = \frac{|P_{xy}(k)|^2}{P_{xx}(k)P_{yy}(k)} \quad (8-5-7)$$

与传递函数一样，式(8-5-6)中频率 f 用离散频率索引来表示，$f = k\Delta f$。

8.5.1　传递函数和相干函数的估算方法

我们先看用式(8-5-6)或式(8-5-7)来求相干函数，其恒等于 1。为什么呢？这是因为 $P_{xy}(f) = H(f)P_{xx}(f)$，$P_{yy}(f) = H^2(f)P_{xx}(f)$，把它们代入，可得

$$\gamma_{xy}(f) = \frac{|P_{xy}(f)|^2}{P_{xx}(f)P_{yy}(f)} = \frac{H^2(f)P_{xx}^2(f)}{P_{xx}(f)H^2(f)P_{xx}(f)} = 1$$

在 MATLAB 中用了与处理 welch 估算功率谱一样的方法来估算传递函数和相干函数，即是把多次估算自功率谱和互功率谱平均后再计算。把信号的数据记录 $x(n)$ 与 $y(n)$（$0 \leqslant n \leqslant N-1$）切分为 K 段(帧)，每段长为 L。令

$$\begin{aligned} x_i(n) &= x(iD+n)w(n), \quad 0 \leqslant n \leqslant L-1 \text{ 且 } 0 \leqslant i \leqslant K-1 \\ y_i(n) &= y(iD+n)w(n), \quad 0 \leqslant n \leqslant L-1 \text{ 且 } 0 \leqslant i \leqslant K-1 \end{aligned} \quad (8-5-8)$$

其中：$w(n)$ 是一个长度为 L 的窗函数；D 是偏移量。第 i 段 $x_i(n)$ 与 $y_i(n)$ 的自功率谱和互功率谱分别为 $P_{xx,i}(f)$、$P_{yy,i}(f)$ 和 $P_{xy,i}(f)$。它们的平均功率谱为

$$\left.\begin{array}{l}\bar{P}_{xx}(k) = \dfrac{1}{K}\sum_{i=1}^{K}P_{xx,i}(k) \\[4pt] \bar{P}_{yy}(k) = \dfrac{1}{K}\sum_{i=1}^{K}P_{yy,i}(k) \\[4pt] \bar{P}_{xy}(k) = \dfrac{1}{K}\sum_{i=1}^{K}P_{xy,i}(k)\end{array}\right\} \qquad (8-5-9)$$

利用自功率谱和互功率谱的平均功率谱来计算传递函数和相干函数,式(8-5-5)和式(8-5-7)转换为

$$H(k) = \sqrt{\dfrac{\bar{P}_{yy}(k)}{\bar{P}_{xx}(k)}} \qquad (8-5-10)$$

$$\gamma_{xy}(k) = \dfrac{|\bar{P}_{xy}(k)|^2}{\bar{P}_{xx}(k)\bar{P}_{yy}(k)} \qquad (8-5-11)$$

8.5.2 MATLAB 中的传递函数和相干函数

在 MATLAB 中有自带的传递函数和相干函数估算的函数。

1. 传递函数的估算

名称:tfestimate

功能:对输入/输出数据序列估算传递函数

调用格式:

Txy = tfestimate(x,y)
Txy = tfestimate(x,y,window)
Txy = tfestimate(x,y,window,noverlap)
[Txy,W] = tfestimate(x,y,window,noverlap,nfft)
[Txy,F] = tfestimate(x,y,window,noverlap,nfft,fs)
[…] = tfestimate(x,y,…,'twosided')
tfestimate(…)

说明:输入参数:x 和 y 是两列数据,表示系统的输入和输出;window 是窗函数,可参看 8.2.2 小节中 pwelch 的说明,默认时用海明窗;noverlap 是分段时两段之间的重叠部分(样点数);nfft 是傅里叶变换时的长度;fs 是采样频率;一般 x 和 y 为实数序列时求出的相干函数是单边谱,若要求双边谱可用参数 'twosided'。输出参数:Txy 是计算出的传递函数;W 是归一化的角频率矢量,在单边谱时在[0,pi]之间,双边谱在[0,2*pi]之间;F 是频率矢量,只有在输入参数中含有 fs 才给出 F,它是实际频率值。当没有输出参数时,将显示出传递函数的图谱。

2. 相干函数的估算

名称:mscohere

功能:对两个数据序列估算相干函数

调用格式:

Cxy = mscohere(x,y)
Cxy = mscohere(x,y,window)

```
Cxy = mscohere(x,y,window,noverlap)
[Cxy,W] = mscohere(x,y,window,noverlap,nfft)
[Cxy,F] = mscohere(x,y,window,noverlap,nfft,fs)
[...] = mscohere(x,y,...,'twosided')
mscohere(...)
```

说明：输入参数：x 和 y 是两列数据，表示系统的输入和输出；window 是窗函数，可参看 8.2.2 小节中 pwelch 的说明，默认时用海明窗；noverlap 是分段时两段之间的重叠部分；nfft 是傅里叶变换时的长度；fs 是采样频率；一般 x 和 y 为实数序列时求出的相干函数是单边谱，若要求双边谱可用参数 'twosided'。输出参数：Cxy 是计算出的相干函数；W 是归一化的角频率矢量，在单边谱时在[0,pi]之间，双边谱在[0,2*pi]之间；F 是频率矢量，只有在输入参数中含有 fs 才给出 F，它是实际频率值。当没有输出参数时，将显示出相干函数的图谱。

8.5.3 案例 8.7：已知输入和输出序列，如何求传递函数

1. 概　述

在已知输入和输出信号信号 $x(n)$ 和 $y(n)$ 后，求出的系统响应往往不对，似乎其中有什么要求。下面通过一个实例来说明。

2. 实　例

例 8-5-1(pr8_5_1) 有任意一个系统，它的 AR 模型参数在文件 arcoeff.mat 中。用随机数作为系统的输入，把系统的输入和输出用 tfestimate 求出系统的响应，并与该系统的理论值做比较。

程序 pr8_5_1 清单如下：

```
% pr8_5_1
clear all; clc; close all;

load arcoeff.mat                              % 读入 AR 系统系数
N = 1000;                                     % 设置数据长
x = randn(1,N);                               % 产生随机数,输入序列
fs = 1000;                                    % 采样频率
y = filter(1,ar,x);                           % 系统输出序列
nfft = 512;                                   % 段长,也是 FFT 长
noverlap = nfft-1;                            % 重叠长度
wind = hanning(nfft);                         % 窗函数
% 调用 tfestimate 函数计算系统传递函数
[Txy,F] = tfestimate(x,y,wind,noverlap,nfft,fs);
[H,f] = freqz(1,ar,[],fs);                    % 给出传递函数理论值
% 作图
figure
plot(f,abs(H),'r','linewidth',3); hold on
plot(F,abs(Txy),'k'); grid;
```

```
title('freqz 与 tfestimate 结果的比较');
xlabel('频率/Hz'); ylabel('幅值');
legend('理论值','由 tfestimate 计算得')
set(gcf,'color','w');
```

运行程序 pr8_5_1 后得图 8-5-2,从图中可以看出,由 tfestimate 求得的响应曲线与理论值完全重合。

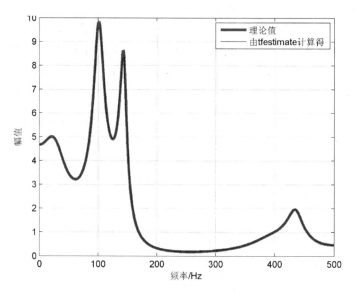

图 8-5-2 由 freqz 得到的 AR 系统理论值与由 tfestimate 函数
计算得到的响应曲线比较

3. 讨 论

① 在计算传递函数中我们用的是随机数。从式(8-5-10)可知传递函数是从功率谱求得的,而功率谱又用 welch 方法求出。在一般情况下实数序列功率谱求得的频域范围是在 $[0,pi]$ 之间,或是在 $[0,fs/2]$ 之间,所以求传递函数时需要对整个 $[0,pi]$ 或对 $[0,fs/2]$ 之间的频率都进行计算。若缺少某些频率分量,则在计算中有可能产生偏差。

② 随机数的频率响应曲线在理论上是一条水平直线,而在实际中因为每一次都只是取有限长度的随机数(样本),它们的频谱也不是一条直线,所以如果只用一个样本来计算,一样会带来较大的偏差。为了解决这个问题,要用尽可能多个样本的随机数参与计算,最后做平均。所以在以上程序中调用 tfestimate 函数时相邻两段之间段移为 1,这样在已知 N 和段长的条件下保证尽可能多的样本参与运算,这样才能得到一个较满意的结果。

8.5.4 案例 8.8:用求自谱和互谱的方法求得相干函数与调用 mscohere 函数得到的相干函数是否有差别

1. 概 述

在介绍相干函数时已说明,相干函数如式(8-5-2)所示,是由信号 $x(n)$ 和 $y(n)$ 互谱的幅值平方除以 $x(n)$ 和 $y(n)$ 的自谱。那么求得了 $x(n)$ 和 $y(n)$ 的自谱和互谱后,能否按式(8-5-5)计算相干函数? 与调用 mscohere 函数计算出的相干函数是否有差别呢?

本节中用一个具体的实例来证明两者是一致的。

2. 实 例

例 8-5-2(pr8_5_2) 有 2 个 FIR 滤波器,它们的系数分别为 h = ones(1,10)/10 和 h1 = fir1(30,0.2,rectwin(31))。由随机数列通过这两个滤波器产生输出序列为 $x(n)$ 和 $y(n)$,再用 $x(n)$ 和 $y(n)$ 以 welch 法求自谱及互谱,并计算出相干函数,然后调用 mscohere 函数计算出 $x(n)$ 和 $y(n)$ 的相干函数,比较这两种方法的计算结果。

程序 pr8_5_2 清单如下:

```
% pr8_5_2
clear all; clc; close all;

randn('state',0);                              % 随机数初始化
h = ones(1,10)/10;                             % 滤波器 1 系数
h1 = fir1(30,0.2,rectwin(31));                 % 滤波器 2 系数
r = randn(16384,1);                            % 产生随机数
x = filter(h,1,r);                             % 产生第 1 路信号 x
y = filter(h1,1,r);                            % 产生第 2 路信号 y

N = length(x);                                 % 数据点长度
[H,wh] = freqz(h,1);                           % 滤波器 1 的响应函数
[H1,wh1] = freqz(h1,1);                        % 滤波器 2 的响应函数

wind = hamming(1024);                          % 设置海明窗,窗长 1 024
noverlap = 512;                                % 重叠长度
Nfft = 1024;                                   % FFT 变换长度
PY1 = pwelch(x,wind,noverlap,Nfft);            % 求第 1 路信号自谱
PY2 = pwelch(y,wind,noverlap,Nfft);            % 求第 2 路信号自谱
[CY12,w1] = cpsd(x,y,wind,noverlap,Nfft);      % 求第 1 路和第 2 路信号的互谱
Co12 = abs(CY12).^2./(PY1.*PY2);               % 按式(8-5-5)计算相干函数
[CR,w2] = mscohere(x,y,wind,noverlap,Nfft);    % 调用 mscohere 函数计算相干函数
mcof = max(abs(Co12-CR))                       % 求两种方法的差值

% 作图
figure(1)
subplot 211; plot(x,'k'); title('第 1 路信号 x 波形 ');
ylabel(' 幅值 '); xlabel(' 样点 '); axis([0 N -1.2 1.2]);
subplot 212; plot(y,'k'); title('第 2 路信号 y 波形 ');
ylabel(' 幅值 '); xlabel(' 样点 '); axis([0 N -1.2 1.2]);
set(gcf,'color','w');
figure(2)
```

```
subplot 211;plot(wh/pi,20*log10(abs(H)),'k');grid;
ylim([-60 10]);title('滤波器1幅值响应曲线');
ylabel('幅值/dB');xlabel('归一化频率/pi');
subplot 212;plot(wh1/pi,20*log10(abs(H1)),'k');grid;
ylim([-70 10]);title('滤波器2幅值响应曲线');
ylabel('幅值/dB');xlabel('归一化频率/pi');
set(gcf,'color','w');
figure(3)
plot(w1/pi,Co12,'r','linewidth',2);
hold on;grid;
plot(w2/pi,CR,'k');
legend('调用自谱和互谱','调用mscohere',3)
title('两种方法求得相干函数比较');
ylabel('幅值');xlabel('归一化频率/pi');
set(gcf,'color','w');
```

运行程序pr8_5_2先得到$x(n)$和$y(n)$两序列的波形图,如图8-5-3所示;然后又给出了两个FIR滤波器的幅频响应,如图8-5-4所示。用两种方法计算了相干函数,并把这两个相干函数显示在一张图上,如图8-5-5所示,可以看出这两条曲线重合得很好。同时计算了两种方法的差值,得到两种方法的差值为0,说明这两种计算方法是一致的。

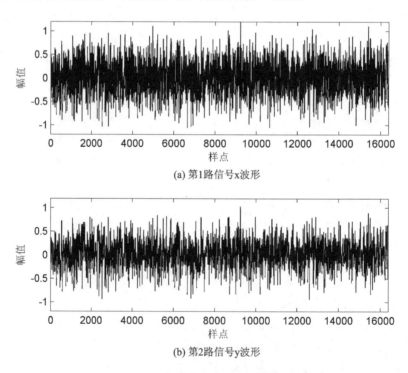

(a) 第1路信号x波形

(b) 第2路信号y波形

图8-5-3 两序列$x(n)$和$y(n)$的波形图

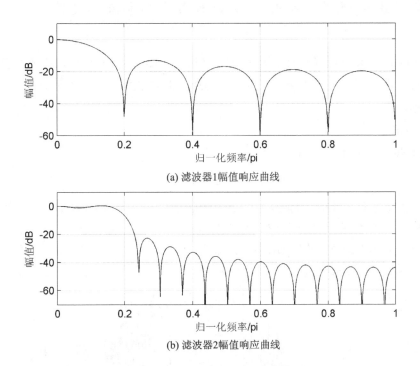

(a) 滤波器1幅值响应曲线

(b) 滤波器2幅值响应曲线

图 8-5-4　两个 FIR 滤波器的幅频响应曲线

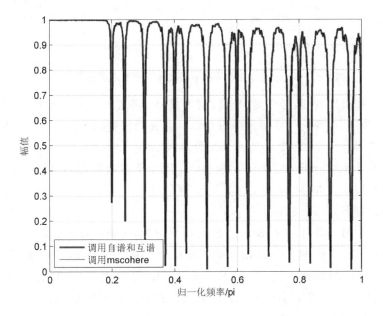

图 8-5-5　两种计算相干函数方法的结果比较

8.5.5 案例8.9：调用mscohere函数时其中的参数如何选择

1. 概述

在调用mscohere函数时经常会很困惑，该怎样选择mscohere函数中的参数呢？实际上对参数的选择没有严格的方法，一般只是在利弊之间选择折中的方法。因此，本节只是介绍对一些参数选择的依据。

2. 解决方法

函数mscohere的调用格式如下：

[Cxy,F] = mscohere(x,y,window,noverlap,nfft,fs)

其中需要选择的参数只有3个：window、noverlap和nfft，尤为重要的是窗长取多少。

先来观察一个例子，有2路地震信号的数据，要计算它们的相干函数。以窗长M为64和1 024为例，求得的相干函数谱线图如图8-5-6所示。

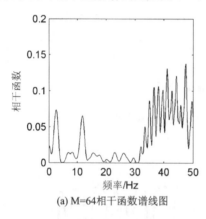
(a) M=64相干函数谱线图

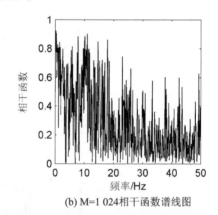
(b) M=1 024相干函数谱线图

图8-5-6 两路地震信号在不同窗长下的相干函数谱线图

从图8-5-6中可以看到，当窗长M=64时两信号似乎是在高频中更相干，而当窗长M=1 024时得到的结果相反，两信号在低频中更相干。那么同样是两个信号，哪一种说法更正确？实际上是更接近于哪一个？如果其中有一个错的，那么为什么会错呢？

严格来说在相干函数分析前应该有一些先验知识，如果没有先验知识则建议对信号做一个功率谱分析。同样以窗长M为64和1 024为例，对信号x以welch法做功率谱密度估计，求得的功率谱密度曲线如图8-5-7所示。

从图8-5-7中可以看出，不论M=64还是M=1 024，地震信号的主要成分在20 Hz以下，而峰值在2.5 Hz附近，若把M=1 024的功率谱图放大(如图8-5-7(b)中小图所示)，可以看到在0.5 Hz附近还有一个峰值。信号的主要成分在20 Hz以下，这并不能说明20 Hz以下的成分一定相干，但在相干分析中至少取的窗函数应包含这些成分，下面就来看一下M=64或M=1 024是否包含了这些成分。

在第2章曾提到过，当对信号分析某一频率时，信号的长度对该频率的成分最好包含有4~5个周期。地震信号的采样频率为100 Hz，当信号频率为2.5 Hz时它的周期长需40个样点，64个样点是将包含有2.5 Hz信号不到2个周期；而对0.5 Hz信号的周期长需200个样点，在

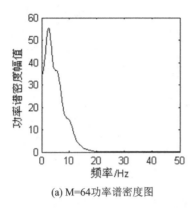
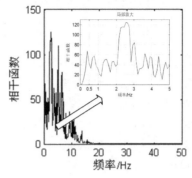

(a) M=64功率谱密度图　　　　(b) M=1024相干函数谱线图

图 8-5-7　一路地震信号在不同窗长下的功率谱密度曲线

M=64 的窗长中不可能包含有 0.5 Hz 的信号。这就是为什么在 M=64 窗长时分析不出低频信号，只留下了高频信号的原因。

从图 8-5-6 和图 8-5-7 中又可以看到，M=64 时相干曲线比较光滑。M=64 表示数据只取 64 个点，所以在 FFT 中两个相邻谱线的分辨率就比较大，一些精细结构分辨不了，所以不论功率谱图还是相干函数曲线图都显得很光滑；而 M=1 024 时，两个相邻谱线的分辨率就比较小，能看出地震信号频谱的精细结构，所以就不如 M=64 的曲线光滑。

在调用时，对 noverlap 和 nfft 的选择相对比较简单，nfft 是 FFT 的长度，它决定了 FFT 后两条谱线之间的频率间隔。若希望频率间隔小，就得选择大 nfft，但也会带来更多的计算时间。noverlap 是相邻两段数据之间的重叠长度，若重叠长度长，说明在分段中段数多，也是平均计算 K 大，见式(8-2-19)和式(8-5-9)。在 8.2 节的介绍中可知 K 大时能减小谱估计的方差，但同样会带来计算量的增加。当不能确定选择什么 noverlap 参数时，最简单的方法是选择段长的一半，不合适时再进行调整。

3. 实　例

例 8-5-3(pr8_5_3)　有两路地震信号的数据在 seismicdata.mat 中，读入地震信号数据，选择适当的参数对这两路信号计算相干函数。

程序 pr8_5_3 清单如下：

```
% pr8_5_3
clear all; clc; close all;

load seismicdata.mat                    % 读入数据
N = length(x);                          % 数据长度
time = (0:N-1)/fs;                      % 时间刻度


M = 1024;                               % 窗长
noverlap = M/2;                         % 重叠长度
w = hanning(M);                         % 选用汉宁窗
nfft = 1024;                            % FFT 的变换长度
```

```
[cxy,fxy] = mscohere(x,y,w,noverlap,nfft,fs);          % 计算相干函数值
% 作图
figure(1)
subplot 211; plot(time,x,'k'); xlim([0 max(time)]);
title('地震信号第 1 通道 x 的波形图');
xlabel('时间/s'); ylabel('幅值')
subplot 212; plot(time,y,'k'); xlim([0 max(time)]);
title('地震信号第 2 通道 y 的波形图');
xlabel('时间/s'); ylabel('幅值')
set(gcf,'color','w');

figure(2)
plot(fxy,cxy,'k');
title(['M = ' num2str(M) ' 相干函数谱线图 ']);
xlabel('频率/Hz'); ylabel('相干函数'); xlim([0 fs/2]);
set(gcf,'color','w');
```

运行程序 pr8_5_3 后给出信号的波形图,如图 8-5-8 所示。两路地震信号的相干函数图如图 8-5-9 所示。

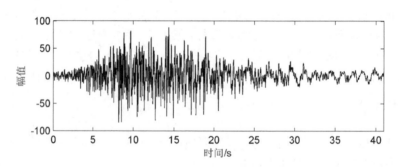

(a) 地震信号第1通道x的波形图

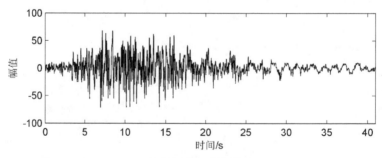

(b) 地震信号第2通道y的波形图

图 8-5-8 两路地震信号的波形图

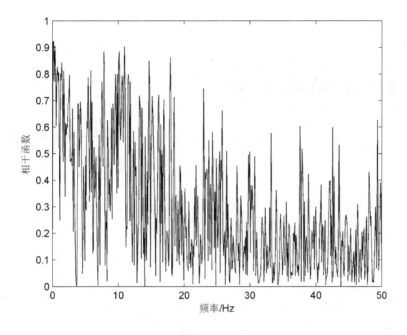

图 8-5-9 两路地震信号的相干函数图

参考文献

[1] 李正周. MATLAB 数字信号处理与应用[M]. 北京:清华大学出版社,2008.
[2] 杨鉴,梁虹. 随机信号处理原理与实践[M]. 北京:科学出版社,2010.
[3] Stoica P, Moses R. 现代信号谱分析[M]. 吴仁彪,等译. 北京:电子工业出版社,2007.
[4] 胡广书. 数字信号处理——理论、算法与实现[M]. 北京:清华大学出版社,1997.
[5] Junyou H. Study of Autoregressive (AR) Spectrum Estimation Algorithm for Vibration Signals of Industrial Turbines[J]. International Journal of Control and Automation,2014,7(8):349-362.
[6] 杨绿溪. 现代数字信号处理[M]. 北京:科技出版社,2007.

附 录

MATLAB 函数速查表

函 数	功 能	章 节
abs	取绝对值	2.1,2.2,3.2,3.7,3.13,3.15,4.3,4.5,4.6,5.1,5.3,5.4,6.2,6.3,6.5,7.2,7.3,8.2,8.5
ampl_ress	求滤波器振幅响应和器类型	3.12,3.13
angle	求相角	2.1,2.2,6.2,6.3,7.3
atan2	四象限反正切	6.4
axis	图形坐标的设定	2.1,2.2,3.2,3.7,3.13,3.14,4.1,4.4,4.5,4.6,5.1,6.2,8.2,8.5
bar	画柱状图	3.16
bilinear	双线性 Z 变换设计数字滤波器	3.6,3.7
bin2dec	二进制转换成十进制	2.1
blackman	布莱克曼窗函数	2.2,3.12,3.13
blackmanharris	布莱克曼窗-哈里斯函数	6.4
box	规范图形边框	2.2,3.7
boxcar	矩形窗函数	3.12,8.2
buttap	巴特沃斯低通滤波器原型	3.2
butter	计算巴特沃斯滤波器的系数	3.2,3.6,3.7,4.6
buttord	计算巴特沃斯滤波器的设计参数	3.2,3.6,3.7,4.6
cas2dir	变级联形式为直接形式	3.7
casfiltr	滤波器级联实现	3.7
ceil	朝正无穷方向取整	2.1,3.13,5.4
cheb1ap	切比雪夫 I 型低通滤波器原型	3.2
cheb1ord	计算切比雪夫 I 型滤波器设计参数	3.2,3.6,3.7
cheb2ap	切比雪夫 II 型低通滤波器原型	3.2
cheb2ord	计算切比雪夫 II 型滤波器设计参数	3.2,3.6,3.7,5.4
cheby1	计算切比雪夫 I 型滤波器系数	3.2,3.6,3.7
cheby2	计算切比雪夫 II 型滤波器系数	3.2,3.6,3.7,5.4

续表

函　数	功　能	章　节
chirp		5.1
clc	清除命令窗	2.1,2.2,3.2,3.7,3.13,3.14,3.15,3.16, 4.1,4.2,4.3,4.4,4.5,4.6,5.1,5.2,5.3, 5.4,6.2,6.3,6.4,6.5,7.2,7.3,7.4,8.2, 8.3,8.4,8.5
clear	从存储器中清除变量和函数	2.1,2.2,3.2,3.7,3.13,3.14,3.15,3.16, 4.1,4.2,4.3,4.4,4.5,4.6,5.1,5.2,5.3, 5.4,6.2,6.3,6.4,6.5,7.2,7.3,7.4,8.2, 8.3,8.4,8.5
close	关闭指定窗口	2.1,2.2,3.2,3.7,3.13,3.14,3.15,3.16, 4.1,4.2,4.3,4.4,4.5,4.6,5.1,5.2,5.3, 5.4,6.2,6.3,6.4,6.5,7.2,7.3,7.4,8.2, 8.3,8.4,8.5
conj	取复数共轭	2.2,8.2
contour	绘制等高线图形	5.1
conv	计算卷积	3.7,3.13,6.5,8.3
cos	余弦函数	2.1,2.2,3.13,4.5,4.6,5.1,5.2,5.3,6.2, 6.4,6.5,7.2,7.3,7.4,8.2,8.4
cpsd	计算互功率谱密度	8.5
czt	线性调频Z变换	5.3
dec2bin	十进制数转换为二进制数	2.1
decimate	降采样频率	3.16
design	滤波器设计	3.15,3.16
designmethods	滤波器设计方法	3.15
detrend	消除一阶趋势项	2.2,4.1,4.2
dfilt	数字滤波器的实施	3.15
dft	离散傅里叶变换	1.2
diff	求数值微分	4.4
dir2cas	变直接形式为级联形式	3.7
dir2par	变直接形式为并联形式	3.7
disp	显示矩阵或文本	5.4,6.2,6.4
dtft	离散时间傅里叶变换	1.2

续表

函 数	功 能	章 节
ellip	计算椭圆滤波器系数	3.2,3.6,3.7,3.15
ellipap	椭圆低通滤波器原型	3.2
ellipord	计算椭圆滤波器设计参数	3.2,3.6,3.7,3.15
exp	e 指数	1.2,2.1,3.7,4.3,5.2,5.3,6.4,7.4,8.2
fdatool	可视式滤波器设计工具	3.13
fdesign	设计滤波器参数集合	3.15,3.16
fft	快速傅里叶变换	2.1,2.2,3.7,3.16,4.3,5.2,6.2,6.3,6.4,6.5,7.2,7.3,8.2
fftshift	FFT 变换后矩阵左右转换	2.2,5.2,6.4
figure	打开一个新的视窗	2.2,3.7,3.13,3.16,4.2,4.3,5.1,5.2,5.4,6.2,8.2,8.5
filter	对数据进行滤波	3.6,3.7,3.16,8.3,8.5
filtfilt	对数据进行零相移滤波	3.6,3.7,3.16,4.6,5.4
find	在数据中搜索	2.2,4.4,5.4
findpeakm	在数据中寻找峰值(或谷值)	4.2,4.3
findpeaks	在数据中寻找峰值	4.2,5.3
findSegment	在 find 基础上寻找连续区间	4.4
fir1	设计 FIR 滤波器	3.12,3.13,8.5
fir2	设计基于频率采样的 FIR 滤波器	3.12,3.13
firpm	设计等波纹 FIR 滤波器	3.12,3.13
firpmord	计算等波纹 FIR 滤波器的阶数	3.12,3.13
fix	向零方向取整	5.1,6.2,6.4,6.5,7.2,7.3
fliplr	把矩阵左右翻转	2.1
floor	朝负无穷方向取整	2.1,3.13,5.1,6.3
for-end	循环语句,设定循环次数	2.1,2.2,3.7,3.15,3.16,4.2,4.4,4.5,4.6,5.2,5.3,5.4,6.2,6.4,6.5,7.2,7.3,7.4
fprint	按格式将数据写入文件或显示	2.1,2.2,3.2,3.7,3.13,3.14,3.15,3.16,4.2,4.4,4.5,4.6,5.1,5.3,5.4,6.2,6.3,6.4,6.5,7.2,7.3,7.4
freqs	用模拟滤波器系数计算幅频和相频响应	3.2,3.7
freqz	用数字滤波器系数计算幅频和相频响应	3.6,3.7,4.6,8.3,8.5
freqz_m	计算滤波器的响应特性参数	3.6,3.13,3.14

续表

函　数	功　能	章　节
function	附加在 MATLAB 库函数中的新函数	1.2,2.1,3.14,3.16,4.1,4.4,4.5,4.6,5.2,5.4,6.2,6.3,6.4,6.5,7.4
fvtool	显示出数字滤波器的响应曲线	3.6,3.15
get	获取对象属性	2.2,3.13,4.2,,4.6,5.1
goerterl	按照二阶滤波器进行 Goertzel 算法	5.4
grpdelay	计算滤波器群延迟	3.6,3.7
grid	对二维和三维图形加格栅	2.2,3.7,3.13,3.14,4.1,4.2,4.3,4.4,4.5,4.6,5.1,5.2,5.3,5.4,6.2,7.2,7.3,8.2,8.3,8.4
hamming	海明窗	3.12,3.13,5.1,8.5
hann	汉宁窗	6.2,6.4,6.5
hanning	汉宁窗	2.2,3.12,3.13,5.1,5.3,6.3,6.5,8.5
hilbert	希尔伯特变换	2.1,4.3
hold	保持当前图形	2.2,3.2,3.7,3.13,4.2,4.3,4.4,4.5,5.2,5.3,7.3,8.2,8.5
hr_type1	线性相位第 1 类 FIR 滤波器	3.12
hr_type2	线性相位第 2 类 FIR 滤波器	3.12
hr_type3	线性相位第 3 类 FIR 滤波器	3.12
hr_type4	线性相位第 4 类 FIR 滤波器	3.12
Ideal_lp	理想 FIR 低通滤波器	3.12,3.13
idft	离散傅里叶逆变换	1.2
if-end	条件语句	1.2,5.1,5.4,6.2,6.4,6.5,7.2,7.3,7.4
ifft	快速傅里叶逆变换	2.1,3.16,4.3,5.2,8.2
ifftshift	FFT 逆变换后矩阵左右转换	2.2
iirgrpdelay	计算 IIR 滤波器群延迟	3.6
iirnotch	IIR 带陷滤波器设计	3.6,3.7
imagesc	三维矩阵做成二维图像	5.1
impinvar	脉冲响应不变法设计数字滤波器	3.6,3.7
impulse	LTI 模型的脉冲响应	3.7
impz	数字滤波器的脉冲响应	3.6,3.7
info	有关 MATLAB 或目标对象信息	3.15
interp1	一维数据插入函数	4.2
isempty	确认是否为空序列	6.3

续表

函 数	功 能	章 节
iztrans	Z 逆变换	1.1
kaiser	凯泽窗函数	3.12,3.13
kaiserord	求取凯泽窗参数	3.12,3.13
legend	在图形上显示说明	1.2,2.2,3.7,3.15,3.16,4.1,4.2,4.3,4.4,4.5,4.6,5.1,5.2,5.3,5.4,6.2,6.3,6.5,7.2,7.3,8.2
length	向量长度	2.2,3.2,3.7,3.13,3.15,4.3,5.2,6.4,7.4,8.2,8.3,8.5
imag	取复数虚部	2.1,2.2,3.15,4.3,4.6
line	在图上画线	2.2,3.2,3.7
linspace	线性空间矢量	2.2
load	从磁盘上检索文件	2.2,3.7,3.13,3.14,4.1,4.2,4.3,4.4,4.5,5.1,6.2,7.4,8.2,8.5
log	取以 e 为底的对数	4.3
log10	取以 10 为底的对数	2.2,3.2,3.7,3.16,4.6,7.4,8.2,8.3,8.4,8.5
lp2bp	低通到带通模拟滤波器转换	3.2
lp2bs	低通到带阻模拟滤波器转换	3.2
lp2hp	低通到高通模拟滤波器转换	3.2
lp2lp	低通到低通模拟滤波器转换	3.2
lpc	计算线性预测系数	4.6
max	寻找最大值	2.2,3.13,4.1,4.2,5.1,5.2,5.4,6.2,6.3,6.4,6.5,7.2,7.3,7.4,8.2,8.4
mean	求平均值	4.2,5.4
mesh	画三维曲面图	5.1
min	寻找最小值	3.13,4.2,4.5,5.2
mod	相除取模	3.13,6.3,6.4,6.5
mscohere	计算相干函数	8.5
myistftfun	STFT 逆变换	5.1
mystftfun	STFT 变换	5.1
nextpow2	取大于又最接近的 2 的整数次幂	2.1,2.2,3.16
nargin	function 输入变量的个数	1.2,5.4,6.2,6.3
nargout	function 输出变量的个数	1.2,5.4
ones	1 矩阵	8.5
par2dir	变并联形式为直接形式	3.7

续表

函数	功能	章节
parfilt	滤波器的并联滤波实现	3.7
pause	暂停运行，等候用户响应	2.2,4.2,4.3,5.4
pburg	以burg方法计算功率谱密度	8.3,8.4
pcov	以协方差方法计算功率谱密度	8.3
periodogram	以周期图法计算功率谱密度	8.2,8.4
phase	计算相位角	6.5
plot	绘制向量或矩阵图	2.1,2.2,3.2,3.7,3.13,3.14,3.16,4.1,4.2,4.3,4.4,4.5,5.1,5.2,5.3,5.4,6.2,7.2,7.3,8.2,8.3,8.4
pmcov	以改进协方差方法计算功率谱密度	8.3
pmtm	以多窗口法计算功率谱密度	8.2
polyfit	多项式拟合	4.1,7.2,7.3
polyval	多项式求值	4.1,7.2,7.3
psd	与spectrum一起计算功率谱密度	8.4
pwelch	以welch方法计算功率谱密度	8.2,8.4,8.5
pyulear	Yule-Walker法计算功率谱密度	8.3
randn	正态分布随机数矩阵	2.1,4.5,8.2,8.3,8.4,8.5
real	取复数实部	2.1,2.2,3.1,3.15,3.16,4.3,6.4,8.2
rectwin	矩形窗函数	8.2
resample	改变采样速率	3.7
residue	分式极点留数计算	3.7
residuez	Z变换分式极点留数计算	1.1,3.7
return	返回调用函数	5.4,6.4
roots	求多项式根	3.15
round	四舍五入到最接近的整数	3.13,3.16,5.2,5.3,5.4,6.2,6.4
semilogy	Y轴刻度取对数	2.2
set	设定目标性质	2.1,2.2,3.2,3.7,3.13,3.14,3.15,3.16,4.1,4.2,4.3,4.4,4.5,4.6,5.1,5.2,5.3,5.4,6.2,7.2,7.3,8.2,8.3,8.4,8.5
sgolay	Savitzky-Golay滤波器设计	4.5
sgolayfilt	Savitzky-Golay滤波	4.1
sin	正弦函数	2.2,3.7,4.5,4.6,5.1,5.2,6.2
sinc	Sinc函数	6.2,6.4
size	求取矩阵大小	7.4

续表

函　数	功　能	章　节
smooth	平滑数据	4.5
sort	按升序或降序排序	7.4
sos2tf	变系统二阶分割形式为传递函数形式	3.14
specgram	以 STFT 分析信号（老版本）	5.1
spectrogram	以 STFT 分析信号	5.1
spectrum	设置求取功率谱密度方法的参数集合	8.4
spline	三次样条插值	4.3
sqrt	开平方根	3.2,3.16,6.3,8.2
stem	把离散序列以竖杆形式作图	2.2,3.13,5.3
stmcb	利用 Steiglitz-McBride 迭代方法求线性模型	3.7
subplot	在指定位置建立坐标系	2.1,2.2,3.7,3.13,4.1,4.2,4.4,4.5,5.1,5.2,5.3,6.2,7.2,7.3,8.2,8.3,8.4,8.5
sum	元素求和	3.16,4.3,5.2,5.4,6.3,6.5,8.2
switch-case-end	多分支结构	5.4
syms	快速创建多个符号对象	1.1
tan	正切函数	3.7
tf	建立或转换传递函数	3.14,3.15
tfestimate	从输入/输出中估算传递函数	8.5
tfristft	计算逆 STFT	5.1
tfrstft	计算 STFT 谱图	5.1
title	设置二维或三维图形标题	2.1,2.2,3.2,3.7,3.13,3.14,3.16,4.1,4.2,4.3,4.4,4.5,,4.6,5.1,5.2,5.3,6.2,7.2,7.3,8.2,8.3,8.4,8.5
TouchToneDialler	产生信噪比可调带噪 DTMF 编码序列	5.4
var	计算方差值	4.5,4.6,5.1
view	视点处理	5.1
warning	警告打开或关闭	7.4
wavplay	将向量转换成声信号	5.4
wavread	读入 wav 文件	2.2,3.7,3.16,4.2,5.1,5.4
while-end	不确定重复次数的循环	3.13
xcorr	计算相关函数	2.2,4.2
xlabel	在 X 轴做文本标记	2.1,2.2,3.2,3.7,3.13,3.14,3.16,4.1,4.2,4.3,4.4,4.5,,4.6,5.1,5.2,5.3,5.4,6.2,7.2,7.3,8.2,8.3,8.4,8.5

续表

函 数	功 能	章 节
xlim	设置 X 轴坐标范围	2.2,3.7,3.13,4.2,4.4,4.5,5.1,5.2,5.3,5.4,8.2,8.3,8.4,8.5
ylabel	在 Y 轴做文本标记	2.1,2.2,3.2,3.7,3.13,3.14,3.16,4.1,4.2,4.3,4.4,4.5,,4.6,5.1,5.2,5.3,5.4,6.2,7.2,7.3,8.2,8.3,8.4,8.5
ylim	设置 Y 轴坐标范围	2.2,3.7,3.13,4.2,5.1,5.2
zeros	零矩阵	2.1,3.7,3.16,4.6,5.4,6.3,6.4,6.5,7.2,7.4
zp2tf	变系统零极点增益形式为传递函数形式	3.2
zplane	离散系统零极点图	3.6
ztrans	Z 变换	1.1